U0249925

卫星轨道力学算法

刘 林 著

南京大学出版社

洞察者空间分析系统

图书在版编目(CIP)数据

卫星轨道力学算法 / 刘林著. — 南京：南京大学
出版社，2019.6
　ISBN 978-7-305-22227-6

　Ⅰ. ①卫… Ⅱ. ①刘… Ⅲ. ①卫星轨道－轨道力学
Ⅳ. ①V412.4

　　中国版本图书馆 CIP 数据核字(2019)第 097537 号

出版发行　南京大学出版社
社　　址　南京市汉口路 22 号　　　　邮　编　210093
出 版 人　金鑫荣

书　　名　**卫星轨道力学算法**
著　　者　刘　林
责任编辑　王南雁　　　　　　　　　编辑热线　025 - 83595840

照　　排　南京南琳图文制作有限公司
印　　刷　江苏苏中印刷有限公司
开　　本　787×1092　1/16　印张 26.75　字数 601 千
版　　次　2019 年 6 月第 1 版　2019 年 6 月第 1 次印刷
ISBN 978-7-305-22227-6
定　　价　180.00 元

网址：http://www.njupco.com
官方微博：http://weibo.com/njupco
官方微信号：njupress
销售咨询热线：(025) 83594756

　　刘林,南京大学天文与空间科学学院教授,天体力学与航天器轨道力学专家,我国航天器轨道力学的奠基人之一,被誉为我国航天器轨道力学学科的主要开创者和传授者。他长期从事天体力学的基础研究和航天器轨道力学的理论和应用研究,近年来,在神舟飞船、探月工程等重大航天任务中,做出了重要贡献。

　　刘林教授的很多开创性成果与我国航天工程紧密相连,近年来主要从事深空探测轨道力学研究,先后主持国家自然科学基金和多项航天领域研究课题,在国内外学术刊物上发表相关论文 250 多篇,出版专著和教材 10 余本。曾获 1978 年全国科学大会重大成果奖、中国天文学会张钰哲奖,三次获得国家教委科技进步二等奖等。曾任中国天文学会理事、天体力学与卫星动力学专业委员会主任、中国宇航学会理事等,现任中国天文学报编委、教育部深空探测联合研究中心学术委员会委员、中科院国家天文台外聘专家、COSPAR 中国委员等。

　　国际天文学联合会(IAU)国际小行星中心于 2016 年 4 月以南京大学刘林教授之名命名国际编号 261936 号小行星为"刘林星"。

前　言

　　"轨道力学"是航天动力学(航天系统工程)中的一个极其重要的基础领域,它涉及各类航天器的发射、总体(轨道设计、在轨测控等)和有效应用的各个方面。

　　这本专著,是作者50多年来在该领域的教学、科研和工程实践中总结出的应用部分。主要内容是针对太阳系中各类航天器(实际上都是环绕型的人造卫星,只是中心天体不同而已)的轨道运动问题,整理出一套有效的算法,包含航天器发射入轨后在轨运行中的测量、跟踪、定轨和预报,以及各类探测任务所需要的特定轨道的实现和保持。

　　书中,除包含必要的理论阐述和结果分析外,略去了计算原理的细节和公式推导的详细过程,基本上是给出具体的算法及其相应的计算公式,便于具有一定轨道力学基础的航天技术人员直接引用,亦可供相关人员从中获取必要的轨道力学知识。

　　全书内容主要引自公开发表的相关学术论文以及下面列出的11本著作和教材:

　　1. 刘林 等,人造地球卫星运动理论,北京,科学出版社,1974

　　2. 刘林,赵德滋,人造地球卫星轨道理论,南京,南京大学(铅印交流教材),1979

　　3. 刘林,人造地球卫星轨道力学,北京,高等教育出版社,1992

　　4. 刘林,天体力学方法,南京,南京大学出版社,1998

　　5. 刘林,航天器轨道理论,北京,国防工业出版社,2000

　　6. 刘林 等,人造地球卫星精密定轨中的数学方法,北京,解放军出版社,2002

　　7. 刘林,胡松杰,王歆,航天动力学引论,南京,南京大学出版社,2006

　　8. 刘林,王歆,月球探测器轨道力学,北京,国防工业出版社,2006

　　9. 刘林,汤靖师,卫星轨道理论与应用,北京,电子工业出版社,2015

　　10. 刘林,胡松杰 等,航天器定轨理论与应用,北京,电子工业出版社,2015

　　11. 刘林,侯锡云,轨道力学基础,北京,高等教育出版社,2018

　　书中前5章以及第8章、第9章的相关算法在我国自主研发的洞察者空间信息分析系统(教育免费版)中进行了软件实现,其他章内容实现于洞察者专业版和定制版中。洞察者系统在提供算法计算的同时,还通过相应的二、三维图形展示提供直观的分析比较结果,系统包含的动态链接库支持用户二次开发。感兴趣的读者可以扫二维码下载安装洞察者系统,结合本书进行学习。

　　在撰写这本书的全过程中,我的两个在航天领域工作的学生王彦荣和吴功友,根据他们在第一线的工作体会提出了很多宝贵建议,我的另一位学生杨志涛对书中第4章的主要内容作了部分复核工作,本书的出版还得到了南京大学天文与空间科学学院基地项目(NSFC J1210039)和江苏省品牌专业建设项目(TAPP)的支持,在此一并表示感谢。

目 录

1　太阳系中的轨道力学问题

任一天体(自然天体或人造天体)的宏观运动包含两类完全不同的形态,一类是其质心的运动,另一类是该天体各个部分相对其质心的运动,后者称为姿态运动,而前者就是轨道运动。研究这两类运动问题,分别形成了相应的轨道动力学(以下简称轨道力学)和姿态动力学。关于后者,早期研究地球的岁差、章动和月球的物理天平动就是一类典型的姿态动力学问题。本书所要阐述的就是太阳系天体的轨道力学问题,其主要内容是各类航天器质心的运动规律,在某些问题中会涉及姿态问题,如坐标系选择中会涉及地球赤道面摆动对应的岁差、章动问题,航天器的运动轨道(在考虑表面力类型的外力作用时)也同样会涉及其自身的姿态问题,但仅仅是引用相应姿态运动的结果而已。

太阳系是一个十分复杂的力学系统,除作为这一力学系统主天体存在的太阳外,还有 8 个大行星和数量众多的小行星以及自然卫星、彗星和空间尘埃等。研究太阳系大小天体的轨道运动及其演化问题就是天体力学的主要内容。而航天时代的到来,出现了大量的人造天体,尽管这些人造天体实质上就是一种小天体,但它们所涉及的运动问题,包括所处的力学环境和人们对其所关注的焦点,又不同于自然天体,这就再次扩展了太阳系动力学的研究背景和内容,并使天体力学与航天动力学的发展很自然地形成了紧密的联系。

太阳系中存在大量质量相对较小的小天体,包括小行星、大部分自然卫星、彗星以及各类人造航天器等。就动力学角度而言,什么样的天体称为小天体? 在太阳系动力学中,当其质量小到由于它的存在,并不"改变"它所在力学系统中其他天体的运动状态,这样的天体即称为小天体。显然,各类航天器就属于这种小天体的范畴,因为直到目前为止,从地面上送入空间的任何一种航天器,其质量相对而言确实很小,太阳系中各个天体(包括地球本身)并不会因出现这样一类航天器而发生运动状态的变化。

在研究各种天体的运动时,如果将相应力学系统中该运动天体和所有影响它的引力源和非引力源都处理成"质点"(暂且不考虑非质点引力或非引力的一些具体细节,这不会影响对问题的阐述),即形成一个 N 体系统,数学上就构成一个 N 体问题。如果所要论述的问题是:一个质量可忽略的小天体在另外 $(N-1)$ 个运动状态确定的"天体引力"(确切地说即相应的力源)作用下的运动,这一动力学问题就称为限制性 N 体问题,它与一般 N 体问题的提法和研究内容有重大区别。当 $N=3$ 时，就是天体力学(或轨道力学)中最著名的"**限制性三体问题**"。限制性问题与非限制性问题并不是一个简单的名称差别，由于待研究的运动小天体的质量小到可以忽略，这将导致在数学处理方法上和相应的运动特征都会出现重大差别。例如一般三体问题，除存在 10 个经典积分外，别无其他动力学信息，而限制性三体问题则不然，除该系统中两个大天体的运动状态能完全确定外，又可给出另一个小天体特有的运动特征，这对研究自然小天体(如小行星)的运动，或是人造小天体(即各类航天器)的运动而言，都是极其重要的动力学信息，更与深空探测器的发射和形成某种特殊的目标轨道(探测任务的特定需求)有密切关系。因此，深空探测器轨道力学与限制性问题这一动力学模型是分不开的。

上述模型是对 N 个质点引力系统而言的，这是经典提法。事实上在一定状态下，研究天体运动时，还要考虑外力源中各大天体的不"规则"形状和不均匀质量分布引起的非球形引力效应，大天体的非引力效应(辐射作用等)以及后牛顿效应(对牛顿力学的修正)等，但这些并不改变上述轨道力学问题的基本提法和处理方法，故有关轨道力学问题所涉及的力学系统，不必再拘泥于经典的 N 体质点引力系统的提法，只要将那些非质点引力因素看成相应的各种力源，而又能将它们对应的作用在运动天体上的力用数学形式表达出来即可。

2　轨道力学涉及的两类力学系统

事实上，每个大天体或小天体(包括各类航天器)运动涉及的力学系统中，对其运动有影响的外力源往往远超过两个。但就太阳系的现状(演化至今)而言，主要外力源至多两个。对于各大行星的运动，主要外力源只有一个，就是太阳，其他外力源都是摄动源(即小扰动)。小行星运动的主要外力源是太阳，或太阳和一个大行星；自然卫星的运动，主要外力源是相应的大行星；人造地球卫星的运动，主要外力源是地球；远地卫星(如在转移轨道段的月球探测器)的运动，主要外力源是地球和月球；深空探测器(探测大行星或自然卫星)的运动，主要外力源是太阳，或太阳和一个大行星，或目标行星及其一个自然卫星等。除两个主要外力源外，其他力源(包括上述非质点引力和非引力等)均可处理成摄动源。因此，在现实的太阳系中，研究各类航天器的运动，就轨道力学而言，合理的力学模型只有两类：环绕型航天器(即人造卫星，包括地球卫星、月球卫星等)的轨道问题，主要外力源只有一个(即其中心天体)，对应的是一个"**受摄二体问题**"，而另一类小天体(包括各类空间探测器)的轨道问题，主要外力源有一个或两个，对应的是一个"**受摄限制性三体问题**"。

3　卫星运动采用的数学模型——受摄二体问题[1~8]

　　太阳系各大行星和小行星的运动、各大行星的自然卫星的运动,以及人造目标天体轨道器(人造地球卫星、月球卫星、火星卫星等环绕型探测器)的运动,主要外力源只有一个。其中,各大行星和小行星的运动,主要外力源是太阳引力;自然卫星运动的主要外力源是相应的大行星;轨道器运动的主要外力源则是相应的目标天体。对于上述各类运动问题,除主要外力源外,其他各种外力作用相对较小,这就可以将一般 $N(N \geqslant 3)$ 体系统转化成一个受到"干扰"的二体系统,相应的数学问题通常就称为受摄二体问题。为了区别,将这一"受摄二体系统"中对应主要外力源的天体称为"中心天体",用符号 P_0 表示,相应的质量记作 m_0,而另一个待研究其运动的天体用符号 p 表示,质量记作 m,所要研究的问题,就是上述大小行星、自然卫星和人造卫星(环绕型探测器)在相应中心天体引力作用和若干摄动因素影响下的运动轨道问题。

　　对于受摄二体问题的轨道运动,可归结为一个常微初值问题,即

$$\ddot{\vec{r}} = -\frac{G(m_0 + m)}{r^3} \vec{r} + \sum_{i=1}^{k} \vec{F}_i \tag{1}$$

其中 G 是万有引力常数,$\vec{F}_i$ 是应考虑的各种摄动加速度,对应 $k>1$ 个摄动源。这里的坐标系原点是在中心天体 P_0 的质心上,$\vec{r} = \vec{r}(x,y,z)$ 是运动天体在该坐标系中的位置矢量,相应的初值条件为

$$t_0 : \vec{r}(t_0) = \vec{r}_0, \quad \dot{\vec{r}}(t_0) = \dot{\vec{r}}_0 \tag{2}$$

　　通常引用符号 μ:

$$\mu = G(m_0 + m) \tag{3}$$

对于小天体(包括各种环绕型探测器)而言,相应的运动天体 p 的质量 $m=0$,那么运动方程(1)即变为下列形式:

$$\ddot{\vec{r}} = -\frac{\mu}{r^3} \vec{r} + \sum_{i=1}^{k} \vec{F}_i \tag{4}$$

其中 $\mu = Gm_0$ 是中心天体的引力常数,例如研究人造地球卫星的运动,中心天体是地球,常用的符号 $\mu = Gm_0 = GE$ 就是地心引力常数,其值为 3.98603×10^{14}(m^3/s^2)。对于一个地球低轨卫星,如果在 300 km 高的近圆轨道上运行,地球中心引力加速度(μ/r^2)约为 9 m/s²,而自然存在的各种摄动加速度 $\vec{F}_i$($i=1,2,\cdots$)中最大的地球动力学扁率项的相对大小为 10^{-3},运动方程(4)对应的就是一个典型的受摄二体问题,相应的运动轨道是一个缓慢变化的椭圆。如果该卫星的质量有 1 t,并同时存在持续的 100 N 大小的推力(这一卫星相当于一个机动平台),相应的机动加速度为 0.1 m/s²,这仍可看作一种摄动力,其相对大小也仅达到 10^{-2},比月球环绕地球运动受到太阳的引力摄动(2×10^{-2})还小一些。对于这样一个空间机

动平台的运动,采用受摄二体问题模型来研究它的运动规律仍然有效。

3.1　二体问题与开普勒运动

受摄二体问题的参考模型即简单的二体问题,相应的常微初值问题如下:

$$\ddot{\vec{r}} = -\frac{\mu}{r^3}\vec{r} \tag{5}$$

初值条件同上,即(2)式。这是一个已完全解决的可积系统,对应的是众所周知的开普勒运动,其运动轨道为二次圆锥曲线——椭圆、抛物线和双曲线,轨道方程的形式如下:

$$r = \frac{p}{1+e\cos f} \tag{6}$$

其中 f 是真近点角,e 是偏心率,这里的符号 p 是半通径,对椭圆、抛物线和双曲线三种情况分别有

$$p = a(1-e^2), \quad e < 1 \tag{7}$$

$$p = 2q, \qquad\quad e = 1 \tag{8}$$

$$p = a(e^2-1), \quad e > 1 \tag{9}$$

(7)式和(9)式中的 a 是轨道半长径,(8)式中的 q 是近星距。

该问题中另一个关键性的积分直接体现运动体在轨道上的"位置",即近点角与时间 t 的关系。同样,对上述椭圆、抛物线和双曲线三种情况有不同的形式,即

$$E - e\sin E = n(t-\tau) = M \tag{10}$$

$$2\tan\frac{f}{2} + \frac{3}{2}\tan^3\frac{f}{2} = 2\sqrt{\mu}\,q^{-3/2}(t-\tau) \tag{11}$$

$$e\,\mathrm{sh}\,E - E = n(t-\tau) = M \tag{12}$$

上述三式就是著名的**开普勒方程**的三种形式,可以说开普勒运动的名称就与此有关。公式中的 τ 是运动体过近星点的时刻,f,E 和 M 各称为真近点角、偏近点角和平近点角,n 是平运动角速度,由下式定义:

$$n = \sqrt{\mu}\,a^{-3/2} \tag{13}$$

从上述内容可知,二体问题与开普勒运动通常是不加区分的,不过要说明的是:无论是二体问题,还是开普勒运动,都应包含上述三种轨道,即椭圆、抛物线和双曲线,只是人们通常关注的焦点是椭圆轨道罢了,因为这种轨道形式是太阳系中天体的主要运动形态。

3.2　受摄二体问题的处理

对于**受摄二体问题运动方程**(1)的处理,至今还没有其他更有效的方法,**参考轨道仍采**用开普勒轨道,实际运动则为缓慢变化的**开普勒轨道**,相应的运动状态,在任何时刻都可以用瞬时开普勒轨道(如**瞬时椭圆轨道**)来刻画。具体处理方法,即在上述参考模型解的基础上利用常数变易法转化为小参数方程,从而根据常微分方程解析理论(邦加雷定理)构造所需要的解析解(或称分析解)——小参数幂级数解,具体采用一阶、二阶或高阶解来表达。在

常数变易中,基本参数通常是采用二体问题完整解中具有明确轨道几何意义的积分常数——6 个开普勒根数 $a,e,\cdots,M$,不妨记作 σ:

$$\sigma=(a,e,i,\Omega,\omega,M)^{\mathrm{T}} \tag{14}$$

该式上标 T 表示转置。在二体问题中,开普勒根数为不变的积分常数。在中心天体坐标系中,这 6 个轨道根数定义为

a:轨道半长径,e:偏心率,i:轨道倾角,

Ω:轨道升交点经度,ω:近地点幅角,M:平近点角

其中前 3 个 a,e,i 为角动量,而后 3 个 Ω,ω,M 则为角变量(Ω 和 ω 是慢变量,M 是快变量)。

受摄二体问题(1),经常数变易后转化为下列小参数方程:

$$\dot{\sigma}=f(\sigma,t,\varepsilon) \tag{15}$$

其中 ε 是对应摄动加速度 $\vec{F}_\varepsilon$ 的小参数,该方程有多种形式,将在后面有关章节中具体阐述,相应的初值条件是

$$t_0:\sigma=\sigma_0 \tag{16}$$

这里 σ_0 即初始根数。

采用经典摄动法(或各种改进的摄动法)即可构造相应的受摄轨道根数变化的小参数幂级数解,取到 k 阶(对小参数 ε 而言)的形式如下:

$$\sigma(t)=\sigma^{(0)}+\Delta\sigma^{(1)}+\Delta\sigma^{(2)}+\cdots+\Delta\sigma^{(k)} \tag{17}$$

其中 $\sigma^{(0)}$ 是参考轨道,即无摄轨道根数。这一解的构造方法(摄动法)沿用至今,对变化椭圆和双曲线轨道均适用。

关于受摄二体问题(1),在天体力学和卫星轨道力学的发展过程中,也确实尝试过其他解决途径,如采用区别于上述无摄轨道作为参考轨道去构造摄动解的"中间轨道"法。所谓中间轨道,即比无摄运动轨道更接近真实轨道的一种包含部分摄动效应的运动轨道。早年的月球中间轨道解(对应 Hill 问题)就是一个成功的例子。同样在建立人造地球卫星的轨道解中,针对地球非球形引力位的特征,亦有过采用中间轨道解的工作,但这些轨道解实际上仍旧对应一种包含了部分摄动效应的变化椭圆,并无实质性的内涵,也没有必要去称其为非开普勒轨道。而且,无论是月球绕地球运动的 Hill 解,还是在地球卫星轨道力学中所寻找出的中间轨道解,都难以得到直接应用,还得借助变化椭圆轨道的处理方式去进一步考虑"剩余"摄动。因此,直到目前为止,在解决受摄二体问题中,开普勒轨道仍旧是最理想的**参考轨道**。

对于上述受摄二体问题(1),在实际问题处理中,经常数变易转化后的摄动运动方程中,第六个变量(或轨道根数)并未采用真正意义上的无摄运动的第六个积分常数 τ(τ 即运动天体过近星点的时刻),亦未采用 $M_0=n\tau,n=\sqrt{\mu}a^{-3/2}$,而是选择了平近点角 M。其原因很简单,一是因为在受摄运动中,τ 和 M_0 已无实用意义,而平近点角 M 的几何意义明确,引用方便;二是因为

$$M=n(t-\tau) \tag{18}$$

它是两个根数 a 和 τ 的组合,在相应的摄动运动方程中出现的 $\partial R/\partial a$ 就不再涉及摄动函数 R 中隐含 a(通过 M)的问题,因此时 M 本身是独立的,这可简化摄动运动方程的具体表达形式。

4 深空探测器运动涉及的受摄限制性三体问题

4.1 圆型和椭圆型限制性三体问题[9~12]

一个 $N=(2+1)$ 的三体系统中,有两个大天体和一个小天体。由于小天体对两个大天体的运动没有影响,因此两个大天体的运动即对应一个简单的二体问题,其相对运动(或相对该两个大天体质心的运动)的解是一圆锥曲线。既然讨论构成一个系统的问题,当然排除抛物线和双曲线的情况,即只有圆运动和椭圆运动,分别对应圆型和椭圆型限制性三体问题。对这样一类限制性三体问题,就是在两个大天体运动确定的条件下,研究第三个天体(小天体)的运动。

日—地—月三体系统,相应的三体质量分别记作 m_1,m_2 和 m,由于月球质量(m)相对日、地质量(m_1,m_2)均较小,大约有 $m=0.012m_2$,又地球绕日运动的椭圆轨道偏心率约为 0.017,故作为一种近似,可将该系统中月球的运动处理成圆型限制性三体问题,如果处理成椭圆型限制性三体问题就更接近真实情况。又如主带小行星(主带即处于火星与木星轨道之间的小行星带,这是太阳系小行星最集中的空间)的运动,主要受太阳和木星的引力作用,木星的轨道偏心率亦较小,因此也常把主带小行星的运动处理成圆型限制性三体问题。

深空探测器的发射,如月球探测器,发射的初始阶段是在近地空间轨道上运动,就相当于一个地球卫星,到达月球附近变为绕月飞行的月球卫星,其运动规律类似于地球卫星,而在地月间的飞行段(如果是地月系探测器,则主要是在地月空间的运行段)则对应一个地—月—探测器三体系统的典型的圆型或椭圆型限制性三体问题。又如火星探测器,从地球上发射的初始阶段是在近地空间轨道上运动,亦相当于一个地球卫星;飞出地—月系后还未靠近火星引力范围前,是一很长的受太阳引力制约的巡航段,对应一个以太阳作为中心天体的受摄二体问题;到达火星引力范围附近就变为日—火—探测器三体系统的典型的圆型或椭圆型限制性三体问题。太阳系中还不乏类似的实例。

对于上述模型,即使最简单的圆型限制性三体问题,就求解而言,至今亦未解决。只有当两个大天体的相对运动速度与小天体的运动速度相比甚小时,可以近似地将两个大天体看作"静止"的,对于这样一种状态,被称为限制性三体问题中的两个不动中心问题,这种类型是可积的,相应的解也已全部给出,但这种简单的力学模型无助于太阳系动力学和深空探测器轨道力学问题的解决。

4.2　限制性 N 体问题和受摄限制性三体问题模型[13,14]

这里 $N \geqslant 3$，即该系统中有 n 个大天体和一个小天体,例如上面提到的主带小行星的运动。为了更真实地体现这类小行星的运动及其空间分布的特征(Kirkwood 空隙),在考虑主要受力因素(太阳和木星的引力作用)外,进一步考虑土星和火星的引力作用,就在形式上构成一个限制性五体(4+1)问题。月球探测器除受地、月的引力作用外,还有太阳引力的显著影响,它就对应一个形式上的限制性四体(3+1)问题。在上述系统中,不管大天体有多少(即 N 的数值不同),无论是主带小行星的运动,还是月球探测器的运动,都是在相应大天体的运动确定情况下来研究小天体的运动。但是,在上述提到的两个动力学实例中,如果第三、第四个大天体的引力作用不足以明显改变原限制性三体问题模型的结果,那么即可将其作为原限制性三体问题模型的一些小扰动,这就相当于引进一个受摄限制性三体问题模型。事实上,对于上述两个实例,在研究过程中(不管是主带小行星的运动,还是月球探测器的运动)往往就是这样处理的,在当今对深空探测器的发射轨道和某些特殊目标轨道(如晕轨道)的设计中,同样是这样处理的,也就是充分利用限制性三体问题模型所能提供的重要信息。而若形式上采用限制性四体或五体问题模型,相应的三个或四个大天体的运动问题本身就未解决,这类看似更精确或吸引人的模型,却无助于对限制性问题的解决,至少目前如此。因此,在现实的太阳系中,处理大小天体和人造天体的轨道运动问题时,除上述**受摄二体问题模型**外,就是**受摄限制性三体问题**模型,特别是**受摄圆型限制性三体问题**模型。

4.3　限制性 $(n+k)$ 体问题[15,16]

这是一个 $N = n + k$ 体系统,其中包含 n 个大天体和 k 个小天体,但特指 $n \geqslant 2$ 和 $k \geqslant 2$ 的系统,若 $k = 1$ 则退化为上一节归纳的两种系统之一。在这一 $N = n + k$ 系统中有 n 个大天体和 k 个小天体,因此它实际上等价于两个问题,即一个一般 n 体问题和一个在 n 个大天体(运动状态已知)引力作用下的 k 个小天体的运动问题。尽管 k 个小天体的质量相对大天体而言很小,它们不会影响大天体的运动,但在某些系统中, k 个小天体之间的距离却很近,相互之间的引力作用需要考虑,否则就变为 k 个限制性 $(n+1)$ 体问题。

关于限制性 $(n+k)$ 体问题,在太阳系中也有相应的力学背景。例如,主带小行星群中两颗小行星之间的距离可以很近,需要考虑它们之间的引力作用,那么太阳、木星和这两颗小行星就构成一个限制性 $(2+2)$ 体问题;在地球赤道上空一个定点处发射两颗以上几吨重的地球"静止"卫星,相互之间的距离若为百米量级,在精度要求较高的问题中就需要考虑它们之间的相互引力作用,在此情况下,作为椭球体的地球(相当于一个质量密度均匀的球体和椭球体赤道的"多余"部分,视为两个大天体)和两个卫星同样构成一个限制性 $(2+2)$ 体问题。在深空探测器的发射中或许也会出现这样的状态,如在某个特殊位置附近定点多个探测器,相互之间的引力作用又不可忽视,在此情况下与两个相应的大天体就构成上述限制性 $(2+k)$ 体问题。

4.4 广义限制性三体问题

在牛顿引力作用下的限制性三体问题中,如果一个大天体有较强的辐射,还需要考虑该大天体的引力后牛顿效应(即对牛顿引力理论的修正),那么不妨称其为广义的限制性三体问题。在这种情况下,如果第二个大天体的运动不受上述因素影响(严格地说是影响小到可以忽略),那么问题就归结为研究小天体在运动过程中增加一种非引力和非牛顿引力影响,本书将不涉及这类问题。

参考文献

[1] Brower D. and Clemence G M. Methods of Celestial Mechanics. Academic Press, New York and London,1961. 2nd impr. ; Academic Press, Orlando, San Diego, New York, 1985. (刘林,丁华译. 天体力学方法. 北京:科学出版社,1986)

[2] Beutler G. Methods of Celestial Mechanics. Springer-Verlag Berlin, Heideberg, 2005.

[3] Vinti J P. Orbital and Celestial Methods. AIAA Education Series, American Institute of Aeronautics and Astronautics, Inc. , Reston, Virginia, 1998.

[4] Boccaletti D. Pucacco G. Theory of Orbits, Vol. 1~2, Springer-Verlag, Berlin, Heideberg, 1999.

[5] Kozai Y. The motion of a close earth satellite. Astron. J. , 1959,64(9):367-377.

[6] 刘林. 人造地球卫星轨道力学. 北京:高等教育出版社,1992.

[7] 刘林. 航天器轨道理论. 北京:国防工业出版社,2000.

[8] 刘林,胡松杰,王歆. 航天动力学引论. 南京:南京大学出版社,2006.

[9] Szebehely V. Theory of Orbit—The Restricted Problem of Three Bodies. Academic Press, New York, London, 1967.

[10] Brown E W. Solar Introductory Treatise on Lunar Theory. Cambridge University Press,1896.

[11] Murray C D. Dermott S F. Solar System Dynamics. Cambridge University Press,1999.

[12] Gómez G. et al. Dynamics and Mission Design Near Libration Points, Vol. 1~4, World Scientific, singapore, New Jersey, London, Hong Kong, 2001.

[13] 侯锡云,刘林. 共线平动点的动力学特征及其在深空探测中的应用. 宇航学报,2008,29(3):461-466.

[14] 刘林,侯锡云. 深空探测器轨道力学. 北京:电子工业出版社,2012.

[15] Whipple A L. Szebehely V. The Restricted Problem of $n+\nu$ Bodies. Celest. Mech. 1984,32(2):137-144.

[16] Whipple A L. Equilibrium Solutions of the Restricted Problem of 2+2 Bodies. Celest. Mech. 1984,33(3):271-294.

第1章 /

坐标系的选择及各种坐标系之间的转换

轨道力学涉及的主要内容是一个动力学问题,处理一个具体的动力学问题,首先需要选择适当的时空参考系。这里所指的运动天体,主要是人造小天体(地球卫星和各类深空探测器),这些小天体的运行轨道将涉及地球参考系、月球参考系、行星参考系及日心参考系。这一章将分别介绍上述各参考系及其相互转换关系,并给出具体的转换公式。

在广义相对论框架下,参考系表示为四维时空。在太阳系内,最重要的惯性参考系有两个:一个的原点在太阳系质心,相对于遥远类星体定向,叫作太阳系质心参考系,通常称为**质心天球参考系 BCRS**(Barycentric Celestial Reference System),所有太阳系天体的运动都与它相联系;另一个的原点在地球质心,叫作地心参考系,通常称为**地心天球参考系 GCRS**(Geocentric Celestial Reference System),包括地面观测者在内所有地球物体的运动都与它相联系。上述两个参考系对应的时间变量称为**坐标时**,快慢与局部引力场有关。这样就派生出了两个时间系统:适用于质心天球参考系的**质心坐标时 TCB**(Barycentric Coordinate Time)和适用于地心天球参考系的**地心坐标时 TCG**(Geocentric Coordinate Time)。这些都是理论上的定义,而在具体实现时却有些差别,下面分别介绍常用的时间系统和空间坐标系统。

1.1 时间系统与儒略日[1~2]

在上述两个参考系中,用作历表和动力学方程的时间变量基准不是 **TCB** 和 **TCG**,而是**质心力学时 TDB**(Barycentric Dynamical Time)和**地球时 TT**(Terrestrial Time),地球时,曾经叫作地球动力学时 TDT,1991 年后改称地球时 TT。两种动力学时的差别(TDB−TT)是由相对论效应引起的,它们之间的转换关系由引力理论确定。对实际应用而言,2000 年IAU 决议给出了两者之间的转换公式:

$$\text{TDB} = \text{TT} + 0^s.001657\sin g + 0^s.000022\sin(L - L_J) \tag{1.1}$$

其中 g 是地球绕日运行轨道的平近点角,$(L-L_J)$ 是太阳平黄经与木星平黄经之差,各由下式计算:

$$\begin{cases} g = 357°.53 + 0°.98560028t \\ L - L_J = 246°.00 + 0°.90251792t \end{cases} \tag{1.2}$$

$$t = JD(t) - 2451545.0 \tag{1.3}$$

这里的 $JD(t)$ 是时刻 t 对应的儒略日，其含义将在本节最后一段介绍。(1.1)式的适用时段为 1980—2050 年，误差不超过 30 μs(微秒)。在地面附近，如果精确到毫秒量级，则近似地有

$$TDB = TT \tag{1.4}$$

在新的时空参考系下，已采用 IAU(国际天文学联合会)2009 天文常数系统(见本书的附录1)，其中天文单位 AU 采用了 IAU2012 年决议，它与长度单位"米"直接联系起来，不再沿用过去的相对定义方法，该值就是 IAU2009 天文常数系统中的值：

$$1\ AU = 1.49597870700 \times 10^{11}\ m \tag{1.5}$$

1.1.1 时间基准的选择

关于时间基准，具体实现地球时 TT 的是原子时。用原子振荡周期作为计时标准的原子钟出现于 1949 年，1967 年第十三届国际度量衡会议规定铯 133 原子基态的两个超精细能级在零磁场下跃迁辐射振荡 9192631770 周所持续的时间为一个国际制秒，作为计时的基本尺度。以国际制秒为单位，1958 年 1 月 1 日世界时 0 时为原点的连续计时系统称为原子时，简写为 TAI(法文 Temps Atomique International 的缩写)。从 1971 年起，原子时由设在法国巴黎的国际度量局(BIPM)根据遍布世界各地的 50 多个国家计时实验室的 200 多座原子钟的测量数据加权平均得到并发布。原子时和地球时只有原点之差，两者的换算关系为

$$TT = TAI + 32^s.184 \tag{1.6}$$

原子时是当今最均匀的计时基准，其精度已接近 10^{-16} s(秒)，10 亿年内的误差不超过 1 秒。

1.1.2 时间系统

在地球上研究各种天体(包括各类探测器)的运动问题，既需要一个反映天体运动过程的均匀时间尺度，又需要一个反映地面观测站位置(与地球自转有关)的测量时间系统。采用原子时作为计时基准前，地球自转曾长期作为这两种时间系统的统一基准。但由于地球自转的不均匀性和测量精度的不断提高，问题也复杂化了，既要有一个均匀时间基准，又要与地球自转相协调(联系到对天体的测量)。因此，除均匀的原子时计时基准外，还需要一个与地球自转相关联的时间系统，以及如何解决两种时间系统之间的协调机制。

恒星时(ST)春分点连续两次过中天的时间间隔称为一"恒星日"，那么，恒星时就是春分点的时角，它的数值 S 等于上中天恒星的赤经 α，即

$$S = \alpha \tag{1.7}$$

这是经度为 λ(不要与黄经混淆)处的地方恒星时。与下述世界时密切相关的格林尼治(Greenwich)恒星时 S_G 由下式给出：

$$S_G = S - \lambda \tag{1.8}$$

格林尼治恒星时有真恒星时 GST 与平恒星时 GMST 之分。恒星时由地球自转所确定，那

么地球自转的不均匀性就可通过它与均匀时间尺度的差别来测定。

世界时(UT)与恒星时相同,世界时也是根据地球自转测定的时间,它以平太阳日为单位,1/86400 平太阳日为秒长。根据天文观测直接测定的世界时,记为 UT0,它对应于瞬时极的子午圈。加上引起测站子午圈位置变化的地极移动的修正,就得到对应平均极的子午圈的世界时,记为 UT1,即

$$UT1 = UT0 + \Delta\lambda \tag{1.9}$$

$\Delta\lambda$ 是极移改正量。

由于地球自转的不均匀性,UT1 并不是均匀的时间尺度。而地球自转不均匀性呈现三种特性:长期慢变化(每百年使日长增加 1.6 毫秒),周期变化(主要是季节变化,一年里日长约有 0.001 秒的变化,除此之外还有一些影响较小的周期变化)和不规则变化。这三种变化不易修正,只有周年变化可用根据多年实测结果给出的经验公式进行改正,改正值记为 ΔT_s,由此引进世界时 UT2:

$$UT2 = UT1 + \Delta T_s \tag{1.10}$$

相对而言,这是一个比较均匀的时间尺度,但它仍包含着地球自转的长期变化和不规则变化,特别是不规则变化,其物理机制尚不清楚,至今无法改正。

周期项 ΔT_s 的振幅并不大,而 UT1 又直接与地球瞬时位置相关联,因此,对于过去一般精度要求不太高的问题,就用 UT1 作为统一的时间系统。而对于高精度问题,即使 UT2 也不能满足,必须寻求更均匀的时间尺度,这正是引进原子时 TAI 作为计时基准的必要性。

国际原子时作为计时基准(TAI)的起算点靠近 1958 年 1 月 1 日的 UT2 零时,有

$$(TAI - UT2)_{1958.0} = -0^s.0039 \tag{1.11}$$

因上述原子时 TAI 是在地心参考系中定义的具有国际单位制秒长的坐标时间基准,从1984 年起,它就取代历书时(ET)正式作为动力学中所要求的均匀时间尺度。由此引入地球动力学时 TDT(1991 年后改称地球时 TT),它与原子时 TAI 的关系是根据 1977 年 1 月 1 日 $00^h\ 00^m\ 00^s$(TAI)对应 TDT 为 1977 年 1 月 1^d.0003725 而来,此起始历元的差别就是该时刻历书时与原子时的差别,这样定义起始历元就便于用 TT 系统代替 ET 系统。

协调世界时(UTC)有了均匀的时间系统,只能解决对精度要求日益增高的历书时的要求,也就是时间间隔对尺度的均匀要求,但它无法代替与地球自转相连的不均匀的时间系统。必须建立两种时间系统的协调机制,这就引进了协调世界时 UTC。尽管这带来一些麻烦,国际上一直有各种争论和建议,但至今仍无定论,结果仍是保留两种时间系统,各有各的用途。

上述两种时间系统,在 1958 年 1 月 1 日世界时零时,TAI 与 UT1 之差约为零:(UT1-TAI)$_{1958.0}$ = +0^s.0039,如果不加处理,由于地球自转长期变慢,这一差别将愈来愈大,会导致一些不便之处。针对这种现状,为了兼顾对世界时时刻和原子时秒长两种需要,国际时间"机构"引入第三种时间系统,即协调世界时 UTC。该时间系统仍旧是一种"均匀"时间系统,其秒长与原子时秒长一致,而在时刻上则要求尽量与世界时接近。从 1972 年起规定两

者的差值保持在±0ˢ.9以内。为此,可能在每年的年中或年底对 UTC 作一整秒的调整(即拨慢 1 秒,也叫闰秒),具体调整由国际时间局根据天文观测资料作出规定,可以在 EOP 的网站上得到相关的和最新的调整信息。到 2017 年 1 月 1 日为止,已调整37ˢ,有

$$TAI=UTC+37^s$$

具体由 UTC 到 UT1 的换算过程是:首先从 IERS 网站下载最新的 EOP 数据(对于过去距离现在超过一个月的时间,采用 B 报数据,对于其他时间则采用 A 报数据),内插得到 ΔUT,然后按下式计算即得到 UT1:

$$UT1=UTC+\Delta UT \tag{1.12}$$

通常给出的测量数据对应的时刻 t,如不加说明,均为协调世界时 UTC,这是国际惯例。

1.1.3 儒略日

除上述时间系统外,在计算中常常会遇到历元的取法以及几种年的长度问题。一种是贝塞耳(Bessel)年,或称假年,其长度为平回归年的长度,即 365.2421988 平太阳日。常用的贝塞耳历元是指太阳平黄经等于 280°的时刻,例如 1950.0,并不是 1950 年 1 月 1 日 0 时,而是 1949 年 12 月 31 日 22ʰ09ᵐ42ˢ(世界时),相应的儒略(Julian)日为 2433282.4234。另一种就是儒略年,其长度为 365.25 平太阳日。儒略历元是指真正的年初,例如 1950.0,即 1950 年 1 月 1 日 0 时。显然,引用儒略年较为方便。因此,从 1984 年起,贝塞耳年被儒略年代替,这两种历元之间的对应关系列于表 1.1。

表 1.1 两种历元的儒略日

贝塞耳历元	儒略历元	儒略日
1900.0	1900.000858	2415020.3135
1950.0	1949.999790	2433282.4234
2000.0	1999.998722	2451544.5333
1989.999142	1900.0	2415020.0
1950.000210	1950.0	2433282.5
2000.001278	2000.0	2451545.0

为了方便和缩短有效字长,常用简约儒略日(MJD),定义为

$$MJD=JD-2400000.5 \tag{1.13}$$

例如 JD(1950.0)对应 MJD=33282.0。与上述两种年的长度对应的回归世纪(即 100 年)和儒略世纪的长度分别为 36524.22 平太阳日和 36525 平太阳日。

1.2　空间坐标系统^[2~6]

事实上,坐标系是理论概念的数学表示,参考架是坐标系的物理实现,参考系是包含理论概念和物理实体(参考架)的综合系统。尽管参考系与坐标系在概念上有所区别,但在很多领域的实际应用中,在并不引起误解的情况下,一般就混用参考系与坐标系这两种称谓,如无需要,下面不再说明。

就太阳系而言,研究天体运动常采用的空间坐标系主要有三类:地平坐标系、赤道坐标系和黄道坐标系,无论是从地球角度看问题,还是从其他星球(大行星和月球等)上处理同类问题,都是如此。一个空间坐标系应包含三个要素:坐标原点、参考平面(xy 坐标面)和该平面的主方向(x 轴方向)。首先就地球而言,下面分别介绍这三类坐标系的具体定义。

地平坐标系(Horizontal System),确切地说应该是站心地平坐标系,坐标原点为观测站"中心"(或采样点),参考平面为过站心与地球参考椭球体相切的平面(地平面),其主方向是地平面中朝北的方向,即天球上的北点(N)方向,该坐标系的 z 轴方向即天球上的天顶(Z)方向,见图 1.1。

赤道坐标系(Equatorial System),又分为站心赤道坐标系和地心赤道坐标系。前者的原点是站心,后者的则是地心,参考平面是地球赤道面,但要注意,对于站心赤道坐标系,参考平面与地球赤道面平行,而在天球上两者合一,主方向都是春分点(γ)方向。因此,这两个坐标系之间只是一个平移关系。

黄道坐标系(Ecliptic System),可分为地心黄道坐标系和日心黄道坐标系。坐标原点各为地心和日心,参考平面都是地球绕日运动的轨道面,即黄道面,而主方向仍是春分点方向。

地平坐标系与赤道坐标系之间,赤道坐标系与黄道坐标系之间的几何关系分别见图 1.1 和图 1.2,图中各符号均为天文领域中的常用符号,不再加以说明。

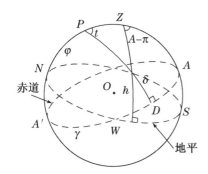

图 1.1　地平坐标系与赤道坐标系

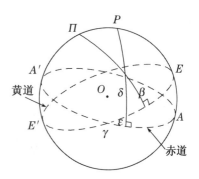

图 1.2　赤道坐标系与黄道坐标系

若在地平、地心赤道和日心黄道坐标系中,将天体的坐标矢量各记为$\vec{\rho},\vec{r}$和$\vec{R}$,则相应的球坐标即分别为ρ,A,h(或E);r,α,δ和R,λ,β。其中ρ,r和R各为天体到坐标原点的距离;A(不要与赤道圈AA'混淆)为地平经度,沿地平经圈NS上的北点N向东点(与图中西点W相对)方向(顺时针方向)计量,h为地平高度(或称高度角E);α为赤经,从春分点方向沿赤道向东计量(即赤道圈AA'上的弧$\overgroup{\gamma D}$),δ是赤纬;λ是黄经,从春分点方向γ沿黄道向东计量,β是黄纬。在各自对应的直角坐标系中,有下列关系存在:

$$\vec{\rho}=\rho\begin{bmatrix}\cos h\cos A\\-\cos h\sin A\\\sin h\end{bmatrix},\quad\vec{r}=r\begin{bmatrix}\cos\delta\cos\alpha\\\cos\delta\sin\alpha\\\sin\delta\end{bmatrix},\quad\vec{R}=R\begin{bmatrix}\cos\beta\cos\lambda\\\cos\beta\sin\lambda\\\sin\beta\end{bmatrix} \qquad (1.14)$$

关于地平经度A的度量,也有从南点(S)沿地平经圈向东(逆时针方向)计量的,请读者注意测量数据的说明,在此定义下,相应的表达式则改为

$$\vec{\rho}=\rho\begin{bmatrix}\cos h\cos A\\\cos h\sin A\\\sin h\end{bmatrix} \qquad (1.15)$$

站心赤道坐标系和地心黄道坐标系中的位置矢量用$\vec{r}'$和$\vec{R}'$表示,相应的表达式各与$\vec{r}$和$\vec{R}$相同,但r改为r',R改为R',α,δ和λ,β应理解为站心赤道坐标和地心黄道坐标。

上述几种坐标系之间的转换关系是简单的,仅涉及平移和旋转,有

$$\vec{r}'=R_z(\pi-S)R_y\left(\frac{\pi}{2}-\varphi\right)\vec{\rho} \qquad (1.16)$$

$$\vec{r}=\vec{r}'+\vec{r}_A \qquad (1.17)$$

$$\vec{R}'=R_z(\varepsilon)\vec{r} \qquad (1.18)$$

$$\vec{R}=\vec{R}'+\vec{R}_E \qquad (1.19)$$

其中,$S=\alpha+t$是春分点的时角,即测站的地方恒星时(图1.1中赤道圈AA'上的弧$\overgroup{\gamma D}+\overgroup{DA}$),$\varphi$是测站的天文纬度,$\vec{r}_A$是测站的地心坐标矢量,$\varepsilon$是黄赤交角,$\vec{R}_E$是地心的日心坐标矢量。

上述坐标转换中涉及的旋转矩阵由下式表达:

$$R_x(\theta)=\begin{bmatrix}1&0&0\\0&\cos\theta&\sin\theta\\0&-\sin\theta&\cos\theta\end{bmatrix} \qquad (1.20)$$

$$R_y(\theta)=\begin{bmatrix}\cos\theta&0&-\sin\theta\\0&1&0\\\sin\theta&0&\cos\theta\end{bmatrix} \qquad (1.21)$$

$$R_z(\theta) = \begin{bmatrix} \cos\theta & \sin\theta & 0 \\ -\sin\theta & \cos\theta & 0 \\ 0 & 0 & 1 \end{bmatrix} \tag{1.22}$$

在太阳系动力学中,讨论大行星和小行星的运动时,采用的是日心黄道坐标系,而在人造卫星(即环绕型探测器)动力学中,采用的则是中心天体的质心赤道坐标系,如地心赤道坐标系、月心赤道坐标系、火心赤道坐标系等。

对于人造地球卫星而言,所涉及的主要是地心天球坐标系和地固坐标系,它们的坐标原点都是地心,这一点并无问题。但参考平面及其主方向的选择,将会受到地球的岁差章动和地极移动的影响,而空间坐标系的复杂性正是由岁差章动和地极移动等原因所引起。日、月和大行星对地球非球形部分的吸引,会产生两种效应,一是作为刚体平动的力效应,将引起一种地球扁率间接摄动,二是作为刚体定点转动的力矩效应,使地球像陀螺那样,出现进动与章动,即自转轴在空间的摆动,这就是岁差章动。由于岁差章动,地球赤道面随时间在空间摆动。另外,由地球内部和表面物质运动引起的地球自转轴在其内部的移动(极移),都将影响坐标系中参考平面的选取问题。对于月球和火星也有同样的问题存在,基于上述原因,就出现了各种赤道坐标系统。下面分别就地球、月球和火星的各自特征,介绍相应的赤道坐标系统及其相应的转换关系。

1.3 地球坐标系统[2,6~10]

1.3.1 动力学参考系的实现与 J2000.0 平赤道参考系

当前的观测数据,如太阳系行星历表等,都是在**国际天球参考系 ICRS**(International Celestial Reference System)中描述的,该参考系的坐标原点在太阳系质心,其坐标轴的指向由一组精确观测的河外射电源的坐标实现,称作国际天球参考架(ICRF),而具体实现是使其基本平面和基本方向尽可能靠近 J2000.0 平赤道面和平春分点。由河外射电源实现的 ICRS,坐标轴相对于空间固定,所以与太阳系动力学和地球的岁差、章动无关,也脱离了传统意义上的赤道、黄道和春分点,因此更接近惯性参考系。

引入 ICRS 和河外射电源实现参考架之前,基本天文参考系是 FK5 动力学参考系(严格地说是由动力学定义,并考虑了恒星运动学改正的参考系),基于对亮星的观测和 IAU 1976 天文常数系统,参考系的基本平面是 J2000.0 的平赤道面,X 轴的方向为 J2000.0 平春分点。很明显,这样定义的动力学参考系是与历元相关的。最新的动力学参考系的实现仍建立在 FK5 星表的基础上,相应的动力学参考系即 **J2000.0 平赤道参考系**,通常就称其为 **J2000.0 平赤道坐标系**。考虑到参考系的延续性,ICRS 的坐标轴与 FK5 参考系在 J2000.0 历元需尽量地保持接近。ICRS 的基本平面由 VLBI 观测确定,它的极与动力学参考系的极之间的偏差大约为 **20 毫角秒**。ICRS 的参考系零点(零点的含义见下面第 1.3.2 小节)的选择也是任意的,为了实现 ICRS 和 FK5 的连接,选择了 23 颗射电源的平均赤经零点来作为 ICRS 的零点。ICRS 和 FK5 动力学参考系的关系由三个参数决定,分别是天极的偏差 ξ_0 和 η_0,以及经度零点差 $d\alpha_0$,它们的值分别为:

$$\begin{cases} \xi_0 = -0''.016617 \pm 0''.000010 \\ \eta_0 = -0''.006819 \pm 0''.000010 \\ d\alpha_0 = -0''.0146 \pm 0''.0005 \end{cases} \tag{1.23}$$

于是 ICRS 和 J2000.0 平赤道坐标系的关系可以写为:

$$\begin{cases} \vec{r}_{J2000.0} = B\vec{r}_{ICRS} \\ B = R_x(-\eta_0)R_y(\xi_0)R_z(d\alpha_0) \end{cases} \tag{1.24}$$

$\vec{r}_{J2000.0}$ 和 $\vec{r}_{ICRS}$ 是同一个矢量在不同参考系中的表示,其中常数矩阵 B 称为**参考架偏差矩阵**,由三个小角度旋转组成。

J2000.0 平赤道坐标系,正是当今航天器(特别是地球卫星)轨道力学中普遍采用的一种地心天球参考系 GCRS,如无特殊要求,上述**参考架偏差**就不再提及。

1.3.2 中间赤道及相应的三个基准点

为了更清楚地刻画**天球参考系**与**地球参考系**之间的联系,下面引进**中间赤道**的概念。天轴是地球自转轴的延长线,交天球于天极。由于进动运动,地球自转轴在天球参考系 CRS 中的指向随时间而变化,具有瞬时的性质,从而天极和天赤道也具有同样的性质。为了区别,IAU2003 规范特称现在所说的这种具有瞬时性质的天极和天赤道为**中间赤道和天球中间极 CIP**(Celestial Intermediate Pole)。

为了在天球参考系中进行度量,需要在中间赤道上选取一个相对于天球参考系没有转动的点作为零点,称其为**天球中间零点 CIO**(Celestial Intermediate Origin)。同样地,为了在地球参考系中进行度量,需要在中间赤道上选取一个相对于地球参考系没有转动的点作为零点,叫作**地球中间零点 TIO**(Terrestrial Intermediate Origin)。CIO 是根据叫作天球参考架的一组类星体选定的,接近国际天球参考系的赤经零点(**春分点**),TIO 则是根据叫作地球参考架的一组地面测站选定的,接近国际地球参考系的零经度方向或**本初子午线**方向(习惯称为**格林尼治**方向)。右图 1.3 所画圆周即表示地心参考系中的中间赤道,E 为地球质心,γ 为春分点。

在天球参考系中观察时,中间赤道与 CIO 固结,叫作**天球中间赤道**,TIO 沿赤道逆时针方向运动,周期为 1 恒星日。反之,在地球参考系中观察时,中间赤道与 TIO 固结,叫作**地球中间赤道**,CIO 以同样周期沿赤道顺时针方向运动。这两种观察所反映的都是地球绕轴自转的运动,CIO 和 TIO 之间的夹角是地球自转角度的度量,叫作**地球自**

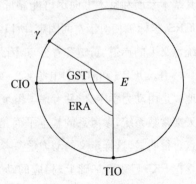

图 1.3　中间赤道示意图

转角 **ERA**(Earth Rotating Angle)。

1.3.3 三个地心坐标系的定义

(1) 地心天球坐标系 $O\text{-}xyz$

此坐标系实为历元(J2000.0)地心天球坐标系,即前面提到的 **J2000.0 平赤道参考系**,简称地心天球坐标系。其坐标原点 O 是地心,xy 坐标面是历元(J2000.0)时刻的平赤道面,x 轴方向是该历元的平春分点 $\overline{\gamma}_0$,它是历元 J2000.0 的平赤道与该历元时刻的瞬时黄道的交点。这是一个在一定意义下(即消除了坐标轴因地球赤道面摆动引起的转动)的"不变"坐标系,它可以将不同时刻运动天体(如地球卫星)轨道放在同一个坐标系中来表达,便于比较和体现天体轨道的实际变化,已是国内外习惯采用的空间坐标系。注意,在该坐标中,地球非球形引力位是变化的。

(2) 地固坐标系 $O\text{-}XYZ$

该坐标系即**地球参考系**(Terrestrial Reference System TRS),是一个跟随地球自转一起旋转的空间参考系,俗称**地固坐标系**。在这个坐标系中,与地球固体表面连接的测站的位置坐标几乎不随时间改变,仅仅由于构造或潮汐变形等地球物理效应而有很小的变化。

与 ICRS 要由 ICRF 具体实现一样,地球参考系也要由地球参考框架(TRF)实现。地球参考框架是一组在指定的附着于 TRS(笛卡尔、地球物理、测绘等)坐标系中具有精密确定坐标的地面物理点。最早的地球参考框架是**国际纬度局**(International Latitude Service)根据 1900—1905 五年的观测提出的**国际习用原点 CIO**(Conventional International Origin)定义了第三轴的指向,即原来的地球平均地极指向。该原点的缩写名称 CIO 已被现在的天球中间零点 CIO 所占用,不再采用这个缩写的国际习用原点称谓,请读者注意。

在上述定义下,**地固坐标系**的原点 O 是地心,XY 坐标面接近 1900.0 平赤道面[2],X 轴指向接近参考平面与格林尼治子午面交线方向,即本初子午线方向,亦可称其为格林尼治子午线方向。各种地球引力场模型及其参考椭球体也都是在这种坐标系中确定的,它们应该是一个自洽系统。根据目前状况,如不加说明,本书所提及的地固坐标系均符合 **WGS**(World Geodetic System)84 系统。对于该系统,有

$$GE=398600.4418(\text{km}^3/\text{s}^2)$$

$$a_e=6378.137(\text{km}),\frac{1}{f}=298.257223563 \tag{1.25}$$

其中 GE 是地心引力常数,a_e 是参考椭球体的赤道半径,f 是该参考椭球体的几何扁率。

在地固坐标系中,测站坐标矢量 $\vec{R}_e(H,\lambda,\varphi)$ 的三个直角坐标分量 X_e,Y_e,Z_e 与球坐标分量 (H,λ,φ) 之间的关系为

$$\begin{cases} X_e=(N+H)\cos\varphi\cos\lambda \\ Y_e=(N+H)\cos\varphi\sin\lambda \\ Z_e=[N(1-f)^2+H]\sin\varphi \end{cases} \tag{1.26}$$

其中

$$N = a_e [\cos^2\varphi + (1-f)^2 \sin^2\varphi]^{-1/2}$$
$$= a_e [1 - 2f(1-f/2)\sin^2\varphi]^{-1/2}$$

(1.27)

a_e 是相应的参考椭球体的赤道半径，f 是该参考椭球体的几何扁率。球坐标的三个分量 (H,λ,φ) 分别为测站的大地高、大地经度和大地纬度（亦称测地纬度），有

$$\tan\lambda = Y_e/X_e, \quad \sin^2\varphi = Z_e/[N(1-f)^2 + H]$$

(1.28)

（3）地心黄道坐标系 $O\text{-}x'y'z'$

该坐标系的原点 O 仍是地心，和日心黄道坐标系只是一个平移关系。$x'y'$ 坐标面是历元（J2000.0）时刻的黄道面，x' 轴方向与上述天球坐标系 $O\text{-}xyz$ 的指向一致，即该历元的平春分点方向。

1.3.4 地固坐标系 $O\text{-}XYZ$ 与地心天球坐标系 $O\text{-}xyz$ 之间的转换

1.3.4.1 转换（Ⅰ）——IAU1980 规范下的转换关系

分别用 $\vec{r}$ 和 $\vec{R}$ 表示探测器在地心天球坐标系 $O\text{-}xyz$ 和地固坐标系 $O\text{-}XYZ$ 中的位置矢量。探测器的位置矢量在这两个坐标系之间的转换关系为

$$\vec{R} = (HG)\vec{r}$$

(1.29)

其中坐标转换矩阵 (HG) 包含了四个旋转矩阵，有

$$(HG) = (EP)(ER)(NR)(PR)$$

(1.30)

这里 (PR) 是岁差矩阵，(NR) 是章动矩阵，(ER) 是地球自转矩阵，(EP) 是地球极移矩阵。它们分别由下列各式表达：

$$(EP) = R_y(-x_p)R_x(-y_p)$$

(1.31)

$$(ER) = R_z(S_G)$$

(1.32)

$$(NR) = R_x(-\Delta\varepsilon)R_y(\Delta\theta)R_z(-\Delta\mu)$$
$$= R_x(-(\varepsilon+\Delta\varepsilon))R_z(-\Delta\psi)R_x(\varepsilon)$$

(1.33)

$$(PR) = R_z(-z_A)R_y(\theta_A)R_z(-\zeta_A)$$

(1.34)

（1.31）式中的 x_p, y_p 是极移分量；（1.32）式中的格林尼治恒星时 S_G 由下式计算：

$$S_G = \bar{S}_G + \Delta\mu$$

(1.35)

这里的 μ 和 $\Delta\mu$ 是赤经岁差和章动，J2000.0 系统中的格林尼治平恒星时 $\bar{S}_G$ 由下式计算：

$$\bar{S}_G = 18^h.697374558 + 879000^h.051336907T + 0^s.093104T^2$$

(1.36)

$$T = \frac{1}{36525.0}[JD(t) - JD(J2000.0)]$$

(1.37)

式中引数 t 是 UT1 时间，但计算其他天文量（岁差章动等）时，该引数 t 则为 TDT 时间。

（1.34）式中的岁差常数 ζ_A, z_A 和 θ_A 的计算公式如下：

$$\begin{cases} \zeta_A = 2306''.2181T + 0''.30188T^2 \\ \theta_A = 2004''.3109T - 0''.42665T^2 \\ z_A = 2306''.2181T + 1''.09468T^2 \end{cases} \tag{1.38}$$

θ_A 是赤纬岁差,相应的赤经岁差 μ(或记作 m_A)为

$$\begin{aligned} \mu &= \zeta_A + z_A \\ &= 4612''.4362T + 1''.39656T^2 \end{aligned} \tag{1.39}$$

(1.33)式中的 ε 是平黄赤交角。IAU(1980)章动序列给出的黄经章动 $\Delta\psi$ 和交角章动 $\Delta\varepsilon$ 的计算公式,包括振幅大于 $0''.0001$ 的 106 项。考虑到一般问题涉及的轨道精度要求,只要取振幅大于 $0''.005$ 的前 20 项(按大小排列)即可,由于是周期项(最快的是月球运动周期项),没有累积效应,故小于 $0''.005$ 的项引起的误差只相当于地面定位误差为米级,对于时间而言的差别小于 $0^s.001$。取前 20 项的公式如下:

$$\begin{cases} \Delta\psi = \sum_{j=1}^{20} (A_{0j} + A_{1j}t)\sin\left(\sum_{i=1}^{5} k_{ji}\alpha_i(t)\right) \\ \Delta\varepsilon = \sum_{j=1}^{20} (B_{0j} + B_{1j}t)\cos\left(\sum_{i=1}^{5} k_{ji}\alpha_i(t)\right) \end{cases} \tag{1.40}$$

相应的赤经和赤纬章动 $\Delta\mu$ 和 $\Delta\theta$ 为

$$\begin{cases} \Delta\mu = \Delta\psi\cos\varepsilon \\ \Delta\theta = \Delta\psi\sin\varepsilon \end{cases} \tag{1.41}$$

其中平黄赤交角的计算公式如下:

$$\varepsilon = 23°26'21''.448 - 46''.8150t \tag{1.42}$$

(1.40)式中涉及的与太阳和月球位置有关中的 5 个基本幅角 $\alpha_i(i=1,\cdots,5)$ 的计算公式为

$$\begin{cases} \alpha_1 = 134°57'46''.733 + (1325^r + 198°52'02''.633)t + 31''.310t^2 \\ \alpha_2 = 357°31'39''.804 + (99^r + 359°03'01''.224)t - 0''.577t^2 \\ \alpha_3 = 93°16'18''.877 + (1342^r + 82°01'03''.137)t - 13''.257t^2 \\ \alpha_4 = 297°51'01''.307 + (1236^r + 307°06'41''.328)t - 6''.891t^2 \\ \alpha_5 = 125°02'40''.280 - (5^r + 134°08'10''.539)t + 7''.455t^2 \end{cases} \tag{1.43}$$

其中 $1^r = 360°$,章动序列前 20 项的有关系数见表1.2。如果按前面所说的米级精度考虑,公式(1.40)右端的 A_{1j} 和 B_{1j} 除表 1.2 中列出的 A_{11} 和 B_{11} 外亦可略去,但具体工作中的取项多少,不仅需要符合精度要求,还应考虑到相应软件的功能和适应性,如功能的扩张等因素。上述计算章动量的各式(1.40)~(1.43)中出现的 t,即(1.37)式中所定义的世纪数 T,但对应的是 TDT 时间。

表 1.2　IAU(1980)章动序列的前 20 项

j	周期（日）	k_{j1}	k_{j2}	k_{j3}	k_{j4}	k_{j5}	A_{0j} (0″.0001)	A_{1j}	B_{0j} (0″.0001)	B_{1j}
1	6798.4	0	0	0	0	1	−171996	−174.2	92025	8.9
2	182.6	0	0	2	−2	2	−13187	−1.6	5736	−3.1
3	13.7	0	0	2	0	2	−2274	−0.2	977	−0.5
4	3399.2	0	0	0	0	2	2062	0.2	−895	0.5
5	365.2	0	1	0	0	0	1426	−3.4	54	−0.1
6	27.6	1	0	0	0	0	712	0.1	−7	0.0
7	121.7	0	1	2	−2	2	−517	1.2	224	−0.6
8	13.6	0	0	2	0	1	−386	−0.4	200	0.0
9	9.1	1	0	2	0	2	−301	0.0	129	−0.1
10	365.3	0	−1	2	−2	2	217	−0.5	−95	0.3
11	31.8	1	0	0	−2	0	−158	0.0	−1	0.0
12	177.8	0	0	2	−2	1	129	0.1	−70	0.0
13	27.1	−1	0	2	0	2	123	0.0	−53	0.0
14	27.7	1	0	0	0	1	63	0.1	−33	0.0
15	14.8	0	0	0	2	0	63	0.0	−2	0.0
16	9.6	−1	0	2	2	2	−59	0.0	26	0.0
17	27.4	−1	0	0	0	1	−58	−0.1	32	0.0
18	9.1	1	0	2	0	1	−51	0.0	27	0.0
19	205.9	2	0	0	−2	0	48	0.0	1	0.0
20	1305.5	−2	0	2	0	1	46	0.0	−24	0.0

上述内容中涉及的各旋转矩阵 $R_x(\theta)$，$R_y(\theta)$，$R_z(\theta)$ 的计算公式见(1.20)～(1.22)式。注意，旋转矩阵 $R_x(\theta)$，… 是正交矩阵，有 $R_x^{\mathrm{T}}(\theta)=R_x^{-1}(\theta)=R_x(-\theta)$，…。

1.3.4.2　转换（Ⅱ）——IAU2000 规范下的转换关系

在 **IAU2000** 规范下，地心天球参考系(GCRS)到国际地球参考系(ITRS)的转换过程由下式表述：

$$[\mathrm{ITRS}]=W(t)R(t)M(t)[\mathrm{GCRS}] \tag{1.44}$$

其中[GCRS]和[ITRS]各对应前面 **IAU1980** 规范下的**地心天球坐标系**和**地固坐标系**。为了表达的连贯性，仍采用同一位置矢量在两个坐标系中的符号 $\vec{r}$ 和 $\vec{R}$ 来表达变换关系，即

$$\vec{R}=W(t)R(t)M(t)\vec{r} \tag{1.45}$$

$M(t)$ 是岁差、章动矩阵，$R(t)$ 是地球自转矩阵，$W(t)$ 是极移矩阵。

关于岁差、章动矩阵 $M(t)$，基于春分点的转换关系，岁差、章动矩阵可以写为：

$$M(t)=N(t)P(t)B \tag{1.46}$$

其中 $N(t)$，$P(t)$ 和 B 分别为章动、岁差和参考架偏差矩阵，其中参考架偏差矩阵 B 已在前

面有过说明，它是一个旋转量很小的常数矩阵，在直接引用 **J2000.0 平赤道坐标系**作为**地心天球坐标系**时，就作为单位阵略去，不再考虑，如有特殊需要，考虑它也极其简单，见(1.24)式。于是有

$$M(t) = N(t)P(t) \tag{1.47}$$

各矩阵的计算方法由下面分别给出。

（1）岁差、章动量的计算

在第 24 届国际天文联合会大会（2000 年 8 月，Manchester）上通过决议，从 2003 年 1 月 1 日起正式采纳 IAU2000 岁差—章动模型取代 IAU1976 岁差模型和 IAU1980 章动理论。关于岁差章动的计算就是基于 IAU2000 模型，根据不同精度要求，又分为 IAU2000A 模型和 IAU2000B 模型，前者精度为 0.2 mas（毫角秒），后者的精度稍低，为 1 mas，下面对此作一简要介绍。

关于岁差量的计算，由标准历元 J2000.0 到计算历元，平赤道坐标系之间转换的三个赤道岁差参数 ζ_A, z_A, θ_A，由下式计算：

$$
\begin{aligned}
\zeta_A &= 2''.650545 + 2306''.083227t + 0''.2988499t^2 + 0''.01801828t^3 \\
&\quad - 0''.000005971t^4 - 0''.0000003173t^5 \\
\theta_A &= 2004''.191903t - 0''.4294934t^2 - 0''.04182264t^3 \\
&\quad - 0''.000007089t^4 - 0''.0000001274t^5 \\
z_A &= 2''.650545 + 2306''.077181t + 1''.0927348t^2 + 0''.01826837t^3 \\
&\quad - 0''.000028596t^4 - 0''.0000002904t^5
\end{aligned}
\tag{1.48}
$$

其中 t 是自标准历元 J2000.0 起算的计算历元（TT 时刻）的儒略世纪数，即

$$t = (JD(TT) - 2452545.0)/36525 \tag{1.49}$$

关于章动量的计算，IAU2000 模型的黄经章动 $\Delta\psi$ 和交角章动 $\Delta\varepsilon$ 的计算公式如下：

$$
\begin{aligned}
\Delta\psi &= \Delta\psi_p + \sum_{i=1}^{77} (A_i + A'_i t)\sin(\alpha_i) + (A''_i + A'''_i t)\cos(\alpha_i) \\
\Delta\varepsilon &= \Delta\varepsilon_p + \sum_{i=1}^{77} (B_i + B'_i t)\cos(\alpha_i) + (B''_i + B'''_i t)\sin(\alpha_i)
\end{aligned}
\tag{1.50}
$$

该式中 t 的意义同前，见(1.49)式，$\Delta\psi_p, \Delta\varepsilon_p$ 是行星章动的长周期项，有

$$\Delta\psi_p = -0''.135 \times 10^{-3}, \quad \Delta\varepsilon_p = 0''.388 \times 10^{-3} \tag{1.51}$$

章动序列中的幅角 α_i 同样表示成 5 个基本幅角的线性组合形式：

$$\alpha_i = \sum_{k=1}^{5} n_{ik}F_k = n_{i1}l + n_{i2}l' + n_{i3}F + n_{i4}D + n_{i5}\Omega \tag{1.52}$$

式中 n_{ik} 是整数，5 个与太阳、月亮位置有关的基本幅角 F_k 由下式表达：

$$
\begin{aligned}
F_1 &\equiv l = 134°.96340251 + 1717915923''.2178t + 31''.8792t^2 \\
&\quad + 0''.051635t^3 - 0''.00024470t^4
\end{aligned}
\tag{1.53}
$$

$$
\begin{aligned}
F_2 &\equiv l' = 357°.52910918 + 129596581''.0481t - 0''.5532t^2 \\
&\quad + 0''.000136t^3 - 0''.00001149t^4
\end{aligned}
\tag{1.54}
$$

$$F_3 \equiv F = 93°.27209062 + 1739527262''.8478t - 12''.7512t^2$$
$$- 0''.001037t^3 + 0''.00000417t^4 \tag{1.55}$$

$$F_4 \equiv D = 297°.85019547 + 1602961601''.2090t - 6''.3706t^2$$
$$+ 0''.006593t^3 - 0''.00003169t^4 \tag{1.56}$$

$$F_5 \equiv \Omega = 125°.04455501 - 6962890''.5431t + 7''.4722t^2$$
$$+ 0''.007702t^3 - 0''.00005939t^4 \tag{1.57}$$

这 5 个与太阳、月球位置有关的基本幅角 $F_k(k=1,\cdots,5)$，分别为月球的平近点角、太阳的平近点角、月球的平升交点角距、日月平角距和月球轨道升交点平黄经。这 5 个基本幅角 $F_k(k=1,\cdots,5)$ 就是前面 IAU1980 章动序列中出现的 5 个基本幅角 $\alpha_i(i=1,\cdots,5)$，见 (1.43)式。

为了比较，对应 IAU1980 章动序列的前 20 项系数，同样列出 IAU2000B 章动模型前 20 项系数 $A_i, A_i', A_i'', A_i''', B_i, B_i', B_i'', B_i'''$ 的主要部分于表 1.3：

表 1.3　IAU2000B 章动序列前 20 项的主要部分

i	n_1	n_2	n_3	n_4	n_5	周期（天）	A_i (mas)	A_i' (mas)	B_i (mas)	B_i' (mas)
1	0	0	0	0	1	−6798.383	−17206.4161	−17.4666	9205.2331	0.9086
2	0	0	2	−2	2	182.621	−1317.0906	−0.1675	573.0336	−0.3015
3	0	0	2	0	2	13.661	−227.6413	−0.0234	97.8459	−0.0485
4	0	0	0	0	2	−3399.192	207.4554	0.0207	−89.7492	0.0470
5	0	1	0	0	0	365.260	147.5877	−0.3633	7.3871	−0.0184
6	0	1	2	−2	2	121.749	−51.6821	0.1226	22.4386	−0.0677
7	1	0	0	0	0	27.555	71.1159	0.0073	−0.6750	0.0000
8	0	0	2	0	1	13.633	−38.7298	−0.0367	20.0728	0.0018
9	1	0	2	0	2	9.133	−30.1461	−0.0036	12.9025	−0.0063
10	0	−1	2	−2	2	365.225	21.5829	−0.0494	−9.5929	0.0299
11	0	0	2	−2	1	177.844	12.8227	0.0137	−6.8982	−0.0009
12	−1	0	2	0	2	27.093	12.3457	0.0011	−5.3311	0.0032
13	−1	0	0	2	0	31.812	15.6994	0.0010	−0.1235	0.0000
14	1	0	0	0	1	27.667	6.3110	0.0063	−3.3228	0.0000
15	−1	0	0	0	1	−27.443	−5.7976	−0.0063	3.1429	0.0000
16	−1	0	2	2	2	9.557	−5.9641	−0.0011	2.5543	−0.0011
17	1	0	2	0	1	9.121	−5.1613	−0.0042	2.6366	0.0000
18	−2	0	2	0	1	1305.479	4.5893	0.0050	−2.4236	−0.0010
19	0	0	0	2	0	14.765	6.3384	0.0011	−0.1220	0.0000
20	0	0	2	2	2	7.096	−3.8571	−0.0001	1.6452	−0.0011

（2）岁差矩阵 $P(t)$ 的计算

1）经典的三次旋转

$$P(t)=R_z(\zeta_A)R_y(-\theta_A)R_z(z_A) \tag{1.58}$$

其中各旋转角的计算公式见(1.48)式。

2）岁差矩阵 $P(t)$ 的四次旋转

$$P(t)=R_x(-\varepsilon_0)R_z(\psi_A)R_x(\omega_A)R_z(-\chi_A) \tag{1.59}$$

其中后三个旋转角的计算公式如下：

$$
\begin{aligned}
\psi_A &= 5038''.481507t-1''.0790069t^2-0''.00114045t^3 \\
&\quad +0''.000132851t^4-0''.0000000951t^5 \\
\omega_A &= \varepsilon_0-0''.025754t+0''.0512623t^2-0''.007725036t^3 \\
&\quad -0''.000000467t^4+0''.0000003337t^5 \\
\chi_A &= 10''.556403t-2''.3814292t^2-0.00121197t^3+0''.000170663t^4 \\
&\quad -0''.0000000560t^5
\end{aligned} \tag{1.60}
$$

ε_0 的计算见(1.63)式。(1.60)式中 t 的意义同前，见(1.49)式。

（3）章动矩阵 $N(t)$ 的计算

$$
\begin{aligned}
N(t) &= R_x(-\varepsilon_A)R_z(\Delta\psi)R_x(\varepsilon_A+\Delta\varepsilon) \\
&= R_z(\Delta\mu)R_y(-\Delta\theta)R_x(\Delta\varepsilon)
\end{aligned} \tag{1.61}
$$

其中 $\Delta\mu=\Delta\psi\cos\varepsilon_A$，$\Delta\theta=\Delta\psi\sin\varepsilon_A$ 是赤经和赤纬章动，$\Delta\psi$ 是黄经章动，$\Delta\varepsilon$ 是交角章动，ε_A 为瞬时平赤道面与黄道面的交角，称为平黄赤交角，计算公式为

$$
\begin{aligned}
\varepsilon_A &= \varepsilon_0-46''.836769t-0''.05127t^2+0''.00200340t^3 \\
&\quad -0''.000000576t^4-0''.0000000434t^5
\end{aligned} \tag{1.62}
$$

$$\varepsilon_0=84381''.406=23°26'21''.406 \tag{1.63}$$

ε_0 即历元(J2000.0)平黄赤交角。

（4）地球自转矩阵 $R(t)$ 的计算

这与 **IAU1980** 规范有差别，涉及时刻 t 的格林尼治恒星时 S_G 的计算，前面已有介绍，**IAU2000** 规范中格林尼治真恒星时 GST 与地球自转角 ERA 有严格区别(见图1.3)。在此前提下，矩阵 $R(t)$ 的计算公式变为如下形式：

$$
\begin{cases}
R(t)=R_z(\text{GST}) \\
\text{GST}=\text{GMST}+\text{EE}
\end{cases} \tag{1.64}
$$

GMST，EE 分别为格林尼治平恒星时和二分差(equation of the equinoxes)，计算公式如下：

$$
\begin{aligned}
\text{GMST} &= \theta(\text{UT1})+0''.014506+4612''.156534t+1''.3915817t^2 \\
&\quad -0''.00000044t^3-0''.000029956t^4-0''.0000000368t^5
\end{aligned} \tag{1.65}
$$

$$\text{EE}=\Delta\psi\cos\varepsilon_A-\sum_k C_k\sin\alpha_k-0''.00000087t\sin\Omega \tag{1.66}$$

(1.65)式中的 $\theta(\text{UT1})$ 即地球自转角 **ERA**，它是世界时 UT1 的线性函数，计算公式为

$$\theta(\text{UT1})=2\pi(0.7790572732640+1.00273781191135448d) \tag{1.67}$$

其中 d 为自标准历元 J2000.0 起算的世界时儒略日数(对应 UT1 时刻),即

$$d=\text{JD}(\text{UT1})-2451545.0 \tag{1.68}$$

(1.66)式右端求和项的幅角和振幅列于下表 1.4:

表 1.4 α_k,C_k 值

k	α_k	C_k	k	α_k	C_k
1	Ω	$-0''.00264073$	7	$2F+\Omega$	$-0''.00000198$
2	2Ω	$-0''.00006352$	8	3Ω	$+0''.00000172$
3	$2F-2D+3\Omega$	$-0''.00001175$	9	$l'+\Omega$	$+0''.00000141$
4	$2F-2D+\Omega$	$-0''.00001121$	10	$l'-\Omega$	$+0''.00000126$
5	$2F-2D+2\Omega$	$+0''.00000455$	11	$l+\Omega$	$+0''.00000063$
6	$2F+3\Omega$	$-0''.00000202$	12	$l-\Omega$	$+0''.00000063$

该表中的 α_k 与(1.50)式中的 α_i 同类型,涉及的基本幅角 $F_k(F,D,\Omega)$,见(1.55)~(1.57)式。

与地球自转角不同,格林尼治真恒星时 GST 是从真春分点起量的,它与 ERA 的关系为

$$\text{GST}=\theta(\text{UT1})-\text{EO} \tag{1.69}$$

其中 EO 称为**零点差**,与岁差、章动在中间赤道上的分量有关。根据 IAU 2006/2000A 岁差-章动模型,零点差的表达式(包含在 1975—2025 年之间,所有大于 $0.5\ \mu as$ 的项)为

$$\text{EO} = -0''.014506-4612''.156534t-1''.3915817t^2 \tag{1.70}$$
$$+0''.00000044t^3-\Delta\psi\cos\varepsilon_A+\sum_k C_k\sin\alpha_k$$

其中 t 是从 J2000.0 起算的儒略世纪数,参数 α_k 和振幅 C_k 见表 1.4。

(5) 极移矩阵 $W(t)$ 的计算

$$W(t)=R_x(-y_p)R_y(-x_p)R_z(s') \tag{1.71}$$

其中 x_p,y_p 是天球中间极 CIP 在地球参考系 ITRS 中的两个极移分量,s' 称为地球中间零点 TIO 的定位角,它提供 TIO 在 CIP 赤道上的位置,是 x_p,y_p 的函数:

$$s'(t)=\left(\frac{1}{2}\right)\int_{t_0}^t (x_p\dot y_p-\dot x_p y_p)\text{d}t \tag{1.72}$$

$s'(t)$ 无法事先获得,但其量级很小,可以用下列线性公式作为其近似:

$$s'(t)=-(4''.7\times10^{-6})t \tag{1.73}$$

其中 t 的定义同前,即计算时刻距标准历元 J2000.0 的儒略世纪数。

1.3.5 IAU1980 规范与 IAU2000 规范之间的对应关系

上述 IAU2000 新规范与 IAU1980 规范之间,除岁差章动等有关参数有较小差别外,地球坐标系与天球坐标系的定义与相关符号的采用也与在老规范前提下的习惯用法有所差

别,下面厘清两者相关计算公式之间的对应关系。

在 **IAU2000** 规范中,天球参考系(celestial reference system——CRS)到地球参考系(terrestrial reference system——TRS)的转换关系为

$$[ITRS] = W(t)R(t)M(t)[GCRS] \tag{1.74}$$

其中 $M(t)$ 是岁差、章动矩阵,$R(t)$ 是地球自转矩阵,$W(t)$ 是极移矩阵。而在 **IAU1980** 规范下的习惯用法,即记卫星在地球参考系和天球参考系的位置矢量分别为 $\vec{R}$ 和 $\vec{r}$,则上述转换关系(1.74)可类似地写成下列形式:

$$\vec{R} = (HG)\vec{r}$$
$$(HG) = W(t)R(t)M(t) \tag{1.75}$$

应有如下的对应关系:

$$M(t) = N(t)P(t) = (NR)(PR) \tag{1.76}$$
$$P(t) = (PR) = R_z(-z_A)R_y(\theta_A)R_z(-\zeta_A) \tag{1.77}$$
$$N(t) = (NR) = R_x(-\Delta\varepsilon)R_y(\Delta\theta)R_z(-\Delta\mu) \tag{1.78}$$
$$= R_x(-(\varepsilon+\Delta\varepsilon))R_z(-\Delta\psi)R_x(\varepsilon)$$
$$R(t) = (ER) = R_z(S_G) \tag{1.79}$$
$$W(t) = (EP) = R_y(-x_p)R_x(-y_p) \tag{1.80}$$

根据上述比较不难看出,关于岁差(按三次旋转考虑)、章动和地球自转(两个规范的格林尼治恒星时 S_G 稍有差异)三个相关矩阵,除相应的参数稍有微小差别外,转换过程和计算公式完全相同;唯有极移矩阵的表达形式有差别,按 **IAU2000** 规范,极移矩阵 $W(t)$ 应由前面(1.71)式表达,即

$$W(t) = R_x(-y_p)R_y(-x_p)R_z(s') $$

除增加一个微小的转动矩阵 $R_z(s')$ 外,剩下两个转动矩阵 $R_x(-y_p)R_y(-x_p)$ 却与上述(1.80)式的转动次序相反。但因为极移量 x_p,y_p 很小,这样的转动次序改变引起的差别应该比极移量更小,最终的转换(指地球参考系与天球参考系的转换)结果不会有明显差别,作者已通过实际算例得到证实。

不仅地球自转矩阵如此,IAU2000 与 IAU1980 两个规范,在地球参考系与天球参考系的位置矢量 $\vec{R}$ 与 $\vec{r}$ 之间的完整转换中,亦无明显差别。如新老规范对章动序列均取到前 20 项,两个规范计算出的格林尼治恒星时与标准值(年历所载)之差都不超过 $0^s.001$,相应的位置量转换(包括 **IAU2000** 规范中的两种岁差矩阵的转换方法)之差都在米级以内。

1.3.6 关于地球赤道面摆动引起坐标系选择的复杂性问题

对人造地球卫星的轨道运动而言,必然涉及地固坐标系与地心天球坐标系,而地球赤道面的摆动,就导致在相关领域中给坐标系的选择带来一些麻烦甚至混乱。关于这一问题,将在后面第4章的第4.4.5小节中详细论述。

1.3.7　一些与卫星测量、姿态以及轨道误差表达有关的坐标系

对于卫星测量、姿态以及轨道误差的描述等,有其特定的要求,需要定义相应的空间坐标系。除此之外,还有卫星星下点(即卫星-地心的连线与地球表面的交点)位置的计算等,将涉及具体坐标系的定义和卫星轨道,故在后面第2章建立轨道概念后再具体介绍。

1.4　月球坐标系统

就月球探测器的运动而言,将涉及三类月心坐标系,即月固坐标系、月心赤道球坐标系和月心黄道坐标系。

1.4.1　三个月心坐标系的定义[6]

与地球赤道面在空间的摆动类似,月球赤道面亦有此摆动现象,即物理天平动,它同样引起月心赤道坐标系的各种不同定义,这将涉及环月卫星运动的轨道确定和星下点(即卫星与月心连线在月球表面的交点)位置的确定。

(1) 月固坐标系 $O\text{-}XYZ$

坐标原点 O 是月心,而 Z 轴方向是月球的自转轴方向,XY 坐标面即过月心并与自转轴方向垂直的月球赤道面,X 轴指向月球上的"格林尼治"子午线方向:基本平面(XY 坐标面)与过月面上 Sinus Medii 子午面的交线方向,即月球赤道面上指向地球惯性主轴的方向。显然,在这种坐标系中,相应的月球引力位亦是确定的。各种月球引力场模型及其参考椭球体也都是在这种坐标系中给定的,它们同样是一个自洽系统。

(2) 月心赤道坐标系 $O\text{-}xyz$

此类坐标系又有两种定义。

一种定义是**历元(J2000.0)月心天球坐标系**,该坐标系的原点 O 同样是月心,但 xy 坐标面却是历元(J2000.0)时刻的地球平赤道面,x 轴方向是该历元的平春分点 $\overline{\gamma}$ 方向。这一坐标系的选择,在深空探测中便于将地球坐标系与探测目标天体坐标系(这里指的就是月球坐标系)相联系,详见下面第1.5节的内容。

另一种定义与历元(J2000.0)地心天球坐标系类似,该坐标系的 xy 坐标面就是历元(J2000.0)时刻的月球平赤道面,x 轴方向是该赤道面上的平春分点 $\overline{\gamma}$ 方向,这一方向是由月球绕地运行轨道升交点的平黄经 Ω_m 确定的,见后面给出的图1.4。与处理地球卫星轨道问题类似,这是处理环月探测器轨道问题中必须采用的坐标系,但为了区别上述 J2000.0 月心天球坐标系,故称其为历元(J2000.0)月心平赤道坐标系,或简称 J2000.0 月心赤道坐标系。与地心天球坐标系类似,它也是一个在一定意义下(即消除了坐标轴因月球赤道面摆动引起的转动)月心"不变"的坐标系,它可以在同一个坐标系中表达不同时刻的探测器轨道,同样,在该坐标系中,月球非球形引力位也是变化的。

（3）月心黄道坐标系 $O\text{-}x'y'z'$

该坐标系的原点 O 仍是月心，和地心黄道坐标系只是一个平移关系。$x'y'$ 坐标面是历元（J2000.0）时刻的黄道面，x' 轴方向与上述天球坐标系 $O\text{-}xyz$ 的指向一致，即该历元的平春分点方向。

1.4.2 月球物理天平动

（1）两种物理天平动的表达形式

月球的物理天平动同样是一个复杂的定点转动问题。与地球自转的岁差章动类似，多年来的研究，曾先后给出过多种有关物理天平动的理论，几乎都以物理天平动的经度分量、倾角分量和节点分量（τ,ρ,σ）的分析解来表达，这三个量就将月球的平赤道与真赤道以分析形式相联系。

对于平赤道，根据 Cassini 定律，月球轨道、黄道与月球平赤道交于一点 $\overline{N}$。由于天平动的原因，月球真赤道将通过（ι,ρ,σ）二个量在空间与平赤道联系起来，见图 1.4。图中各量的关系如下：

$$\begin{cases} \psi=\Omega_m \\ I=I_m \\ \varphi=L_m-\Omega_m+\pi \end{cases} \tag{1.81}$$

$$\begin{cases} \psi'=\Omega_m+\sigma \\ I'=I_m+\rho \\ \varphi'=L_m-\Omega_m+\pi+(\tau-\sigma) \end{cases} \tag{1.82}$$

其中 I_m,Ω_m,L_m 分别为月球平黄赤交角、轨道升交点平黄经和月球平黄经。

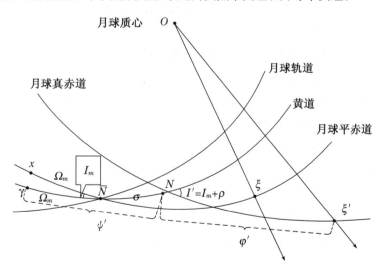

图 1.4 月球真赤道与月球平赤道之间的关系

美国喷气推进实验室(JPL)的数值历表(如 DE405)却以另一种形式表达了月球物理天平动,它是直接给出另三个欧拉角(Ω',i_s,Λ)每天的具体数值(见图1.5),可用于计算月球卫星在月固坐标系中的精确位置。

上述两种物理天平动的表达形式,可通过图1.5来表明它们之间的关系。图中 x_b 是月固坐标系的 X 轴指向,即图1.4中的 ξ' 方向。三个欧拉角(Ω',i_s,Λ)在图中已表明清楚,不再加以说明,ε 是地球的平黄赤交角。

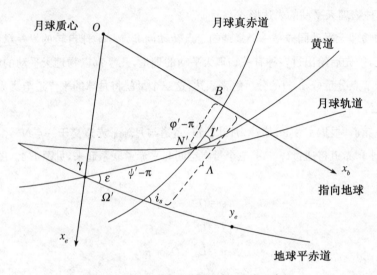

图 1.5　月心坐标系与物理天平动示意图

根据月球自转理论,给出的天平动三个参数(τ,ρ,σ)的分析表达式,类似于地球的章动序列,亦包含几百项,最大的周期项振幅超过100角秒($100''$),但没有地球赤道摆动中的长周期项(即周期近26000年的岁差项)。月球自转理论越来越精确,给出的分析表达式与DE405高精度数值历表也越来越接近,相差不到$1''$。但若精度要求高,分析表达式取项太多,不便应用,而数值历表似乎简洁易用,但它不便对某些问题的分析。下面将分别作一比较,从而可以表明,在不同问题中可采用不同的表达形式,即分析解(τ,ρ,σ)或数值历表(Ω',i_s,Λ)。通过比较证实,在涉及弧段不太长(1～2天或更长些)的情况下,探测器定轨或预报,无论是采用数值法还是分析法,涉及物理天平动问题,均可采用下一小节给出的Eckhardt分析解的前四项简化表达式(1.84)。

（2）两种物理天平动表达形式的比较

下面首先列出两种表达式(τ,ρ,σ)的前几项,作为与数值历表(Ω',i_s,Λ)的比对依据。其一是 Hayn 结果的前三项[11]:

$$\begin{cases} \tau=59''.0\sin l'-12''.0\sin l+18''.0\sin 2\omega_m \\ \rho=-107''.0\cos l+37''.0\cos(l+2\omega_m)-11''.0\cos(2l+2\omega_m) \\ I\sigma=-109''.0\sin l+37''.0\sin(l+2\omega_m)-11''.0\sin(2l+2\omega_m) \end{cases} \tag{1.83}$$

其二是 Eckhardt 结果的前四项[12]:

$$\begin{cases} \tau = 214''.170 + 90''.7\sin l' + 17''.0\sin(2l-2F) - 16''.8\sin l + 9''.9\sin(2l-2D) \\ \rho = \qquad\qquad -99''.1\cos l + 24''.6\cos(l-2F) - 10''.5\cos 2F - 80''.8\sin F \\ I\sigma = \qquad\qquad -101''.4\sin l - 24''.6\sin(l-2F) - 10''.1\sin 2F + 80''.8\cos F \end{cases} \tag{1.84}$$

(1.84)式中 τ 包含了自由项 214″.170。两式中的 $I=1°.542461=5552''.86$ 即前面(1.81)式中已出现过的月球的平黄赤交角。l, l', F 和 D 各为月球的平近点角、太阳的平近点角、月球的平升交点角距(即 $F=l+\omega_m$，ω_m 是月球轨道的近地点幅角)，和日月平角距，它们的计算公式如下：

$$\begin{cases} l = 134°.9633964 + 477198°.8675055T \\ l' = 357°.5291092 + 35999°.0502909T \\ F = 93°.27209062 + 483202°.0174577T \\ D = 297°.85019547 + 445267°.1114469T \end{cases} \tag{1.85}$$

$$T = \frac{\mathrm{JD}(t) - \mathrm{JD}(\mathrm{J}2000.0)}{36525.0} \tag{1.86}$$

其中角度 F 和 D 在前面地球坐标系涉及的计算公式中出现过，见(1.55)和(1.56)式。

下面将采用 (τ,ρ,σ) 的分析表达式(1.83)和(1.84)与 DE405 数值历表值 (Ω', i_s, Λ) 通过坐标转换来进行比较。(Ω', i_s, Λ) 涉及月心天球坐标系 $O\text{-}x_e y_e z_e$，这里所说的月心天球坐标系中，$x_e y_e$ 坐标面即前面定义的 J2000.0 地球平赤道面，为了区别起见，将该坐标系中的坐标矢量记做 $\vec{r_e}$，月固坐标系 $O\text{-}XYZ$(即图 1.3 中的 $O\text{-}\xi'\eta'\zeta'$)中相应的坐标矢量记做 $\vec{R}$。对这两种坐标系，分别采用上述两种天平动表达形式(数值和分析)建立坐标转换关系，有

$$\vec{R} = (M_1)\vec{r_e} = (M_2)\vec{r_e} \tag{1.87}$$

其中两个转换关系分别由下两式表达：

$$(M_1) = R_z(\Lambda)R_x(i_s)R_z(\Omega') \tag{1.88}$$

$$(M_2) = R_z(\varphi'-\pi)R_x(I')R_z(\psi'-\pi)R_x(\varepsilon) \tag{1.89}$$
$$= R_z(\varphi')R_x(-I')R_z(\psi')R_x(\varepsilon)$$

(1.89)式的第一行是按图 1.5 给出的，而第二行是按图 1.4 给出的，两者实为同一转换关系。上述(1.88)和(1.89)式分别给出的两种转换矩阵之间的差别取决于 (τ,ρ,σ) 的取项多少，分别计算 2003 年 11 月 1 日 0 时，2004 年 6 月 15 日 0 时和 2008 年 1 月 1 日 0 时月球表面一点的空间坐标转换到月固坐标系中的位置，结果表明，两种转换之差为千米级，相应转换矩阵元素的最大差别达到 10^{-3}。具体采用哪一种转换关系应根据不同问题的具体要求而定。

根据上述比较可知，直接采用分析解的简化表达式，在某些问题中是不能满足精度要求的。但在考虑物理天平动对环月探测器轨道的影响时，在一定精度要求的前提下，则无妨，因为它是通过非球形引力位(最大的 J_2 项仅为 10^{-4} 的量级)来体现的。定轨或预报中涉及轨道外推弧段为 10^2 时(对低轨探测器为 1~2 天的间隔)，要保证 10 米级甚至米级精度，采用 Eckhardt 的前四项表达形式(1.84)是可以达到的。

鉴于上述比较结果,加上要建立月球卫星轨道理论,了解轨道变化的规律,或直接反映月球卫星相对月心坐标系的几何状况,又必须采用月心赤道坐标系,而不是月心地球赤道坐标系(即前面定义的 J2000.0 月心天球坐标系),那么采用 (τ,ρ,σ) 的分析表达式来建立历元月心平赤道坐标系 $O-xyz$ 与月固坐标系(对应真赤道)$O-\xi'\eta'\zeta'$ 之间的关系,显然是可取的。而若要通过历元月心平赤道坐标系 $O-xyz$ 与月心天球坐标系 $O-x_ey_ez_e$ 之间的转换关系(即利用高精度的 Ω',i_s,Λ 值)来计算月球卫星在月固坐标系中的精确位置 $\vec{R}$ 也很简单,有

$$\begin{cases} \vec{R}=(M_1)\vec{r}_e,\vec{r}_e=(N)^{\mathrm{T}}\vec{r} \\ (N)=R_z(-\Omega_m)R_x(-I_m)R_z(\Omega_m)R_x(\varepsilon) \end{cases} \tag{1.90}$$

$\vec{r}$ 是通过定轨或预报给出月心平赤道坐标系中月球卫星的位置矢量。这里变换矩阵 (N) 并不涉及物理天平动的表达形式,转换的精度只取决于月球卫星定轨或预报的精度。

1.4.3 三个月心坐标系之间的转换关系

(1) 月固坐标系 $O-XYZ$ 与月心赤道坐标系 $O-xyz$ 之间的转换

对于月球卫星的运动,要构造相应的轨道分析解,就不必像对待人造地球卫星那样,为了避免岁差章动的影响,引进混合形式的轨道坐标系[13~15],完全可以在历元月心平赤道坐标系中考虑问题。该坐标系的 xy 坐标面即采用历元(如 J2000.0)平赤道,x 轴方向采用相应的平春分点方向,该方向可由月球轨道升交点的平黄经 Ω_m 来确定。在分析法定轨和数值法定轨以及预报中均采用这种统一坐标系,只需要给出相应的由物理天平动引起的坐标系附加摄动即可,而这种附加摄动并不复杂,作者已经具体给出[16]。为此,首先要建立历元月心赤道坐标系与月固坐标系之间的转换关系。

分别记月心赤道坐标系(即历元月心平赤道坐标系)$O-xyz$ 和月固坐标系(对应真赤道)$O-\xi'\eta'\zeta'$ 中月球卫星的坐标矢量为 $\vec{r}(x,y,z)$ 和 $\vec{R}(X,Y,Z)$,两者之间的转换关系为

$$\begin{cases} \vec{r}=R_z(-\Omega_m)R_x(-I)R_z(-\sigma)R_x(I+\rho)R_z(-(\varphi+\tau-\sigma))\vec{R}=(A)\vec{R} \\ \vec{R}=R_z(\varphi+\tau-\sigma)R_x(-(I+\rho))R_z(\sigma)R_x(I)R_z(\Omega_m)\vec{r}=(A)^{\mathrm{T}}\vec{r} \end{cases} \tag{1.91}$$

其中 $R_z(-\Omega_m),R_x(-I),R_z(-\sigma),R_x(I+\rho),R_z(-(\varphi+\tau-\sigma))$ 是正交矩阵。在建立月球卫星轨道解时,涉及坐标系附加摄动问题,需要给出上述转换关系的具体表达形式。略去推导过程,且仅保留 τ,σ,ρ 的一阶量,可得

$$\vec{r}=(A)\vec{R},(A)=(a_{ij}) \tag{1.92}$$

$$\begin{cases} a_{11}=\cos(\varphi+\Omega_m)-(\tau-\sigma+\sigma\cos I)\sin(\varphi+\Omega_m)=\cos(\varphi+\Omega_m)-\tau\sin(\varphi+\Omega_m)+O(10^{-5}) \\ a_{12}=-\sin(\varphi+\Omega_m)-(\tau-\sigma+\sigma\cos I)\cos(\varphi+\Omega_m)=-\sin(\varphi+\Omega_m)-\tau\cos(\varphi+\Omega_m)+O(10^{-5}) \\ a_{13}=-\sigma\sin I\cos\Omega_m-\rho\sin\Omega_m=-I\sigma\cos\Omega_m-\rho\sin\Omega_m \end{cases}$$

$$\begin{cases} a_{21}=\sin(\varphi+\Omega_m)+(\tau-\sigma+\sigma\cos I)\cos(\varphi+\Omega_m)=\sin(\varphi+\Omega_m)+\tau\cos(\varphi+\Omega_m)+O(10^{-5}) \\ a_{22}=\cos(\varphi+\Omega_m)-(\tau-\sigma+\sigma\cos I)\sin(\varphi+\Omega_m)=\cos(\varphi+\Omega_m)-\tau\sin(\varphi+\Omega_m)+O(10^{-5}) \\ a_{23}=-\sigma\sin I\sin\Omega_m+\rho\cos\Omega_m=-I\sigma\sin\Omega_m+\rho\cos\Omega_m \end{cases}$$

$$\tag{1.93}$$

$$\begin{cases} a_{31}=\sigma\sin I\cos\varphi-\rho\sin\varphi=I\sigma\cos\varphi-\rho\sin\varphi \\ a_{32}=-\sigma\sin I\sin\varphi-\rho\cos\varphi=-I\sigma\sin\varphi-\rho\cos\varphi \\ a_{33}=1 \end{cases}$$

若记(1.84)式为

$$\begin{cases} \tau=\tau_0+\tau_1\sin(l')+\tau_2\sin(l)+\tau_3\sin(2\omega_m)+\tau_4\sin(2l-2D) \\ \rho=\rho_1\cos(l)+\rho_2\cos(l+2\omega_m)+\rho_3\cos(2l+2\omega_m)+\rho_4\sin(l+\omega_m) \\ I\sigma=\sigma_1\sin(l)+\sigma_2\sin(l+2\omega_m)+\sigma_3\sin(2l+2\omega_m)+\sigma_4\cos(l+\omega_m) \end{cases} \tag{1.94}$$

且取合理近似：

$$\rho_1=\sigma_1,\rho_2=\sigma_2=24''.6,\rho_3=\sigma_3=-10''.1,\rho_4=-\sigma_4=-80''.8 \tag{1.95}$$

并利用下列近似：

$$\cos\tau=1+O(10^{-6}),\quad \sin\tau=\tau[1+O(10^{-6})]$$

可进一步将矩阵(A)中的元素a_{ij}简化如下：

$$\begin{cases} a_{11}=-\cos(L_m+\tau) \\ a_{12}=\sin(L_m+\tau) \\ a_{13}=-\sigma_1\sin(L_m-\omega_m)-\sigma_2\sin(L_m+\omega_m)-\sigma_3\sin(2L_m-\Omega_m)-\sigma_4\cos(L_m) \\ a_{21}=-\sin(L_m+\tau) \\ a_{22}=-\cos(L_m+\tau) \\ a_{23}=\sigma_1\cos(L_m-\omega_m)+\sigma_2\cos(L_m+\omega_m)+\sigma_3\cos(2L_m-\Omega_m)-\sigma_4\sin(L_m) \\ a_{31}=\sigma_1\sin(\omega_m)-\sigma_2\sin(\omega_m)-\sigma_3\sin(l+\omega_m)-\sigma_4 \\ a_{32}=\sigma_1\cos(\omega_m)+\sigma_2\cos(\omega_m)+\sigma_3\cos(l+\omega_m)+\sigma_4\sin(2l+2\omega_m) \\ a_{33}=1 \end{cases} \tag{1.96}$$

（2）月心天球坐标系与地心天球坐标系之间的转换

由于目前对月球探测器的测控都是由地面测控站来完成的，这就涉及历元地心天球坐标系，同时出现了历元地心天球坐标系、历元月心天球坐标系和历元月心赤道坐标系。它们之间的转换，会涉及月球的地心坐标，这同样可由两种途径获得，一种是高精度的数值历表（如 JPL 历表），另一种即精度较低的分析历表，或精度稍高一些的半分析历表。

月球在 J2000.0 地心黄道坐标系中的平均轨道根数$\bar\sigma'$为

$$\begin{cases} \bar a=384747.981\text{km} \\ \bar e=0.054880 \\ \bar i=J=5°.1298 \\ \bar\Omega=125°.0446-1934°.14t \\ \bar\omega=318°.3087+6003°.15t \\ \bar M=134°.9634+13°.0650d \end{cases} \tag{1.97}$$

31

上式中出现的 t 和 d 分别为由标准历元 J2000.0 起算的世纪数和儒略日,定义在前面已介绍过,不再重复。

由于月球轨道摄动变化较大,最大的周期项振幅可达 2×10^{-2},下面给出考虑了主要周期项、位置精度 $|\Delta \vec{r}'|/r'$ 可达 10^{-3} 的计算方法。

首先计算月球的地心黄道坐标 (λ, β, π),公式如下:

$$\lambda = 218°.32 + 481267°.883t + \sum_{j=1}^{6} K_j \sin(\alpha_j) \tag{1.98}$$

$$\beta = \sum_{j=7}^{10} K_j \sin(\alpha_j) \tag{1.99}$$

$$\pi = 0°.9508 + \sum_{j=11}^{14} K_j \cos(\alpha_{j-10}) \tag{1.100}$$

$$\begin{cases} K_1 = 6°.29 & K_2 = -1°.27 & K_3 = 0°.66 & K_4 = 0°.21 \\ K_5 = -0°.19 & K_6 = -0°.11 & K_7 = 5°.13 & K_8 = 0°.28 \\ K_9 = -0°.28 & K_{10} = 0°.17 & K_{11} = 0°.0518 & K_{12} = 0°.0095 \\ K_{13} = 0°.0078 & K_{14} = 0°.0028 \end{cases} \tag{1.101}$$

$$\begin{cases} \alpha_1 = 134°.9 + 477198°.85t & \alpha_2 = 259°.2 - 413335°.38t \\ \alpha_3 = 235°.7 + 890534°.23t & \alpha_4 = 269°.9 + 954397°.70t \\ \alpha_5 = 357°.5 + 35999°.05t & \alpha_6 = 186°.6 + 966404°.05t \\ \alpha_7 = 93°.3 + 483202°.13t & \alpha_8 = 228°.2 + 960400°.87t \\ \alpha_9 = 318°.3 + 6003°.18t & \alpha_{10} = 217°.6 - 407332°.20t \end{cases} \tag{1.102}$$

由上述 (λ, β, π) 计算月球的地心赤道坐标 $\vec{R} = (X, Y, Z)$

$$\vec{R} = \begin{bmatrix} X \\ Y \\ Z \end{bmatrix} = R \hat{R} \tag{1.103}$$

$$R = 1/\sin \pi \tag{1.104}$$

$$\hat{R} = \begin{bmatrix} \cos\beta\cos\lambda \\ 0.9175\cos\beta\sin\lambda - 0.3978\sin\beta \\ 0.3978\cos\beta\sin\lambda + 0.9175\sin\beta \end{bmatrix} \tag{1.105}$$

这是瞬时平赤道坐标系中的位置矢量。相应的历元 J2000.0 地心平赤道坐标系中的位置矢量 $\vec{r}'$ 需经岁差改正,有

$$\vec{r}' = (PR)^{\mathrm{T}} \vec{R} \tag{1.106}$$

上述各式中出现的 t,与前面(1.97)式中出现的 t 意义相同。

1.5　行星坐标系统

关于太阳系各大行星和月球的坐标系统,根据多年的观测,IAU 工作组于 2009 年提出了一个方案(以下简称 IAU 方案),该方案定义了类似地球和月球的相应坐标系统,详见本书附录 3。当然,对于地球和月球,前面已作过介绍,各自都另有高精度的坐标系统和转换方案,IAU 方案对地球和月球而言只是为了提供一种备选策略,未必采用。

行星探测器轨道涉及的坐标系,除相应行星的星固坐标系外,其空间坐标系,将分为既是各自独立又有一定联系的两个系统,即卫星环绕轨道涉及的该行星的天球坐标系统和探测器从地球发射涉及的地心天球坐标系统。下面以火星为例介绍有关内容,以供采用。

1.5.1　三个火心坐标系的定义

对于环火探测器轨道问题,主要涉及**历元(J2000.0)火心赤道坐标系**和**火固坐标系**。关于火固坐标系,与地固坐标系类似,同样与火星引力位以及探测器星下点在火星表面的位置等量有关,因此,它也对应一定的火星引力场模型。

关于**历元(J2000.0)火心赤道坐标系**,与月球坐标系统中相应坐标系的引入类似,同样涉及地心坐标系与火心坐标系的相互联系问题。关于火心赤道坐标系,坐标原点当然是火星的质心(简称火心),而基本坐标面(xy 坐标面)有两种选择。考虑到实用性,这里引用 IAU2000 天体(包括各大行星和月球等天体)定向模型[6~7]来确定基本坐标面,对火星而言,即火星定向模型,见图 1.6。

在 IAU2000 规范中分别定义了**历元(J2000.0)火心天球坐标系**和**火心赤道坐标系**,前者的基本坐标面(xy 坐标面)是 **J2000.0** 的地球平赤道面,第一方向(即 x 轴方向)仍是相应的平春分点 γ 方向;而后者基本坐标面则是 **J2000.0** 的火星平赤道面,相应的第一方向即 IAU2000 火星定向模型中的 J2000.0 地球平赤道与 J2000.0 火星平赤道的交点 Q 方向,该点就相当于火星赤道坐标系中的"春分点",见图 1.6。尽管这一模型没有考虑章动效应,但火星章动量较小(最大项的摆幅约 $1''$),对轨道的影响又无"累积"效应,对于一般问题无需考虑。既然不考虑章动,那么在下面的阐述中,除严格下定义外,不再区分**真赤道面**和**平赤道面**,或称平赤道面,或就简称赤道面。

IAU2000 火星定向模型(图 1.6)给出了因岁差原因火星平天极在火心天球坐标系中的赤经、赤纬计算公式如下:

$$\alpha = 317°.68143 - 0°.1061T$$
$$\delta = 52°.88650 - 0°.0609T \tag{1.107}$$

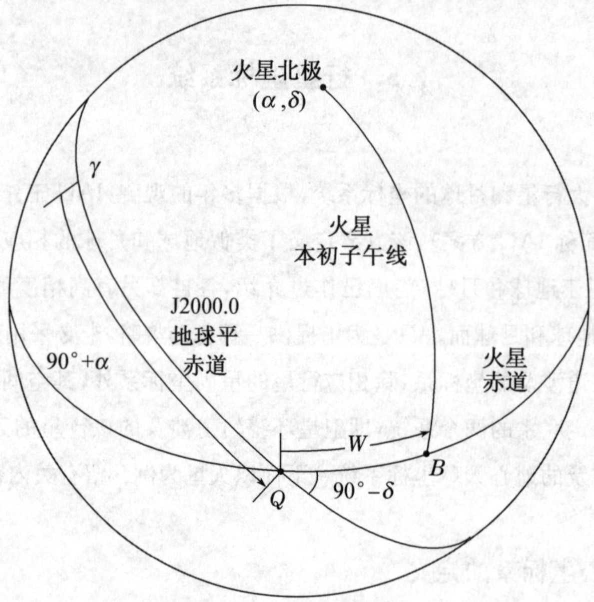

图 1.6 IAU 火星定向模型

T 即前面定义的自 J2000.0 起算的时刻 t 对应的儒略世纪数。(1.107)式表达的是类似地球平天极的长期(长周期)变化,对于 J2000.0 历元,有

$$\alpha_0 = 317^\circ.68143, \quad \delta_0 = 52^\circ.88650 \qquad (1.108)$$

此为火星历元平极在火心天球坐标系中的指向。

在上述定义下,火星自转角将由图 1.6 中的 $W(\widehat{QB})$ 定义,即从 Q 点向东计量至 B 点(即火星本初子午线方向,相当于火星上的格林尼治方向),可以将角度 W 看作火星上的格林尼治恒星时,由于没有考虑火星自转的章动效应,故不再区分真恒星时和平恒星时。IAU2000 模型给出火星的自转矩阵为

$$R_{\text{IAU}}(t) = R_z(W) \qquad (1.109)$$
$$W = 176^\circ.630 + 350^\circ.89198226d$$

d 即自 J2000.0 起算的儒略日。

上述选择容易与地球坐标系统相联系,这对处理火星探测器的轨道问题,包括发射轨道和环火运行轨道及其有关问题都很方便。

1.5.2 火星的岁差矩阵

根据上述(1.107)式表达的 IAU2000 火星定向模型中火星平天极的变化规律,可以用图 1.7 来示意因岁差引起的火星平赤道面的变化状态。该图中的 α_0, δ_0 即为历元 J2000.0 时火星平极的赤经、赤纬,其值由(1.108)式给出。

图 1.7 表达了 J2000.0 地球平赤道与 J2000.0 火星平赤道以及瞬时火星平赤道之间的空间几何关系,而 α, δ 则为 t 时刻瞬时火星平极的赤经、赤纬,由(1.107)式表达。在此式

下,图中的 Q 和 Q' 即火星坐标系统中的历元平春分点和瞬时平春分点。若分别用 $\vec{r}$ 和 $\vec{r}'$ 记作历元平赤道坐标系(即火心赤道坐标系)和瞬时平赤道坐标系中同一探测器的位置矢量,它们之间的转换关系如下:

$$\vec{r}' = (PR)\vec{r} \tag{1.110}$$

其中坐标转换矩阵 (PR) 即火星的岁差矩阵,注意,该符号与地球的岁差矩阵相同,其具体形式为

$$(PR) = R_x(90° - \delta)R_z(-(\alpha_0 - \alpha))R_x(-(90° - \delta_0)) \tag{1.111}$$
$$= R_x(90° - \delta)R_z(\alpha - \alpha_0)R_x(\delta_0 - 90°)$$

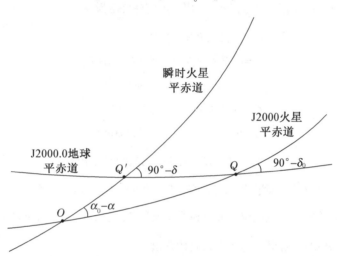

图 1.7　IAU2000 火星定向模型给出的火星平赤道变化示意图

1.5.3　火心赤道坐标系与火固坐标系之间的转换

对于环火探测器轨道问题,显然要涉及火心赤道坐标系与火固坐标系之间的转换关系。按照通常习惯,探测器的空间位置矢量在上述火心赤道坐标系和火固坐标系中分别记作 $\vec{r}$ 和 $\vec{R}$,那么在不考虑火星地极移动和天极章动的前提下,两个坐标系之间的转换关系如下:

$$\vec{R} = (MP)\vec{r} \tag{1.112}$$

其中坐标转换矩阵 (MP) 只包含两个旋转矩阵,有

$$(MP) = (MR)(PR) \tag{1.113}$$

这里的旋转矩阵 (MR) 即火星自转矩阵:$(MR) = R_{\text{IAU}}(t) = R_z(W)$,见(1.109)式。

1.5.4　地心坐标系统与火心坐标系统之间的转换关系

涉及这两个系统之间坐标转换的物理量大致包含两类:探测器的位置和速度矢量,太阳与大行星的位置矢量。在建立转换关系中将要涉及地球和火星的日心黄道坐标矢量,记作 $\vec{R}_E, \vec{R}_M$,对于高精度问题,可引用 JPL 历表(如 DE405),而对一般问题则可采用简单的分析历表。该历表可由相应的平均轨道给出,这里与地球的平均轨道根数一并列出如下:

地球在 J2000.0 日心黄道坐标系中的平均轨道根数$\bar{\sigma}$为

$$\begin{cases} \bar{a}=1.00000102(\text{AU}) \\ \bar{e}=0.01670862-0.000042040T \\ \bar{i}=0.°0 \\ \bar{\Omega}=0°.0 \\ \bar{\omega}=102°.937347+0°.3225621T \\ \bar{M}=357°.529100+0°.98560028169d \end{cases} \tag{1.114}$$

火星在 J2000.0 日心黄道坐标系中的平均轨道根数$\bar{\sigma}$为

$$\begin{cases} \bar{a}=1.52367934(\text{AU}), \\ \bar{e}=0.09340062+0.000090484T \\ \bar{i}=1°.849726-0°.0006011T \\ \bar{\Omega}=49°.558093+0°.7720956T \\ \bar{\omega}=286°.502141+1°.068949T \\ \bar{M}=19°.373041+0°.52402068219d \end{cases} \tag{1.115}$$

两式中的 T 和 d 在前面已给出过定义,即自 J2000.0 起算的时刻 t 对应的儒略世纪数和儒略日。由轨道根数转换成位置矢量和速度矢量的运算:$\sigma(a,e,i,\Omega,\omega,M) \Rightarrow \vec{R}(X,Y,Z,\dot{X},\dot{Y},\dot{Z})$ 是一个常识性的问题,这里不再具体列出。

在火星探测的轨道问题中,将会涉及地心坐标系与火心坐标系之间的两类转换关系,下面具体介绍。

(1) 探测器的地心坐标与火心坐标之间的转换

分别记地固坐标系、地心天球坐标系、火固坐标系和火心赤道坐标系中探测器的位置矢量为 $\vec{R}_e, \vec{r}_e, \vec{R}_m, \vec{r}_m$,速度矢量为 $\dot{\vec{R}}_e, \dot{\vec{r}}_e, \dot{\vec{R}}_m, \dot{\vec{r}}_m$,探测器在两个星固坐标系中的位置矢量 $\vec{R}_e, \vec{R}_m$ 不要与地球和火星的日心位置矢量 $\vec{R}_E, \vec{R}_M$ 相混淆。

我们需要的是探测器的位置矢量由地心坐标系到火心坐标系的转换:$\vec{R}_e \Rightarrow \vec{r}_e \Rightarrow \vec{r}_m \Rightarrow \vec{R}_m$,或其逆转换:$\vec{R}_m \Rightarrow \vec{r}_m \Rightarrow \vec{r}_e \Rightarrow \vec{R}_e$。

地心坐标系到火心坐标系的转换 $\vec{R}_e \Rightarrow \vec{r}_e \Rightarrow \vec{r}_m \Rightarrow \vec{R}_m$,按下列过程进行:

$$\vec{r}_e=(HG)^{\mathrm{T}} \vec{R}_e \tag{1.116}$$

$$\vec{r}_e'=R_x(\varepsilon)\vec{r}_e \tag{1.117}$$

$$\vec{r}_m'=(\vec{r}_e'+\vec{R}_E)-\vec{R}_M \tag{1.118}$$

$$\vec{r}_m=(ME)\vec{r}_m' \tag{1.119}$$

$$\vec{R}_m=(MP)\vec{r}_m \tag{1.120}$$

$$(HG) = (EP)(ER)(NR)(PR) \tag{1.121}$$

$$(ME) = R_x\left(\frac{\pi}{2}-\delta_0\right)R_z\left(\frac{\pi}{2}+\alpha_0\right)R_x(-\varepsilon) \tag{1.122}$$

$$(MP) = (MR)(PR) \tag{1.123}$$

其中,转换矩阵(HG)即前面已给出的(1.30)式,或采用(1.75)式;转换矩阵(ME)中出现的α_0,δ_0由(1.108)式给出,即历元$(J2000.0)$时刻火星平天极在火心天球坐标系中的赤经、赤纬(见图 1.6),ε是历元$(J2000.0)$时刻的平黄赤交角,由(1.63)式给出;而构成转换矩阵(MP)的火星岁差矩阵(PR)和自转矩阵$(MR)=R_z(W)$,分别见(1.111)式和(1.113)式。$\vec{R}_E$,$\vec{R}_M$前面已有说明,即日心黄道坐标系中的地球和火星的位置矢量。

火心坐标系到地心坐标系的转换$\vec{R}_m \Rightarrow \vec{r}_m \Rightarrow \vec{r}_e \Rightarrow \vec{R}_e$,即上述转换的逆过程,按下列过程进行:

$$\vec{r}_m = (MP)^{\mathrm{T}}\vec{R}_m \tag{1.124}$$

$$\vec{r}_m' = (ME)^{\mathrm{T}}\vec{r}_m \tag{1.125}$$

$$\vec{r}_e' = \vec{r}_m' + (\vec{r}_M - \vec{r}_E) \tag{1.126}$$

$$\vec{r}_e = R_x(-\varepsilon)\vec{r}_e' \tag{1.127}$$

$$\vec{R}_e = (HG)\vec{r}_e \tag{1.128}$$

其中涉及的转换矩阵均已在前面列出。

(2) 太阳和地球的位置矢量涉及的坐标转换

在环火卫星轨道问题中会涉及太阳、大行星(以地球为代表)和火星的两颗自然卫星的摄动影响,这就需要提供这些天体在火心赤道坐标系中的位置矢量。关于两颗自然卫星(火卫一 Phobos 和火卫二 Deimos),其轨道本身就是在火心天球坐标系中建立的,无需再作讨论。下面列出太阳和地球的位置矢量在火心赤道坐标系中的表达形式,分别记该坐标系中太阳和地球的位置矢量为$\vec{r}_S$和$\vec{r}_E$,有

$$\vec{r}_S = (ME)(-\vec{R}_M) \tag{1.129}$$

$$\vec{r}_E = (ME)(\vec{R}_E - \vec{R}_M) \tag{1.130}$$

关于探测器和各天体的速度矢量在不同坐标系之间的转换,不再具体列出,但要指明一点:由于岁差、章动等量的变率都很小,相应的转换矩阵均可当作常数矩阵处理,在速度矢量转换过程中只有地球和火星的自转矩阵需要考虑其变化,变率即它们各自的自转角速度。

1.5.5 引用 IAU2000 天体定向模型的进一步说明

对于太阳系其他大行星(如金星、木星等)、月球和相关天体的坐标系选择问题,均可参考上述火星坐标系的处理方式,引用 IAU2000 天体定向模型,这里不再重复阐述,有关细节和相关数据见附录 3。

参考文献

[1] 刘佳成,朱紫. 2000 年以来国际天文学联合会(IAU)关于基本天文学的决议及其应用. 天文学进展,2014,30(4):411-437.

[2] 黄珹,刘林. 参考坐标系及航天应用. 北京:电子工业出版社,2015.

[3] 夏一飞,黄天衣. 球面天文学. 南京:南京大学出版社,1995.

[4] 刘林. 人造地球卫星轨道力学. 北京:高等教育出版社,1992.

[5] 刘林. 航天器轨道理论. 北京:国防工业出版社,2000.

[6] 刘林,侯锡云. 深空探测器轨道力学. 北京:电子工业出版社,2012.

[7] Archinal B A. A'Hearn M F. Bowell, E. Conrad, A. Consolmagno, G. J. Courtin, R. Fukushima, T. Hestroffer, D. Hilton, J L. Krasinsky, G A. Neumann, G. . Oberst, J. Seidelmann, P K. Stooke, P. Tholen, D J. Thomas, P C. Williams, I P. Report of the IAU working group on cartographic coordinates and rotational elements: 2009. Celest. Mech. Dyn. Astron. 2011, 109: 101-135.

[8] Seidelmann, P K. Archinal, B A. A'Hearn, M F. Conrad, A. Consolmagno, G. J. Hestroffer, D. Hilton, J L. Krasinsky, G A. Neumann, G. Oberst, J. Stooke, P. Tedesco, E. Tholen, D J. Thomas, P C. Williams, I P. : Report of the IAU/IAG working group on cartographic coordinates and rotational elements: 2006. Celest. Mech. Dyn. Astron. 2007,98: 155-180.

[9] SPICE tutorial, the Navigation and Ancillary Information Facility team. ASA/JPL.

[10] Gerard Petit, Brian Luzum, IERS Conventions 2010. IERS Conventions Center, 2010.

[11] Gappellari J O. Velez C E. & Fuchs A J. Mathematical Theory of Goddard Trajectory Determination System, Goddard Space Flight Center, Greenbeit, Maryland. 1976, N76-24291-24302: 3-31-3-32.

[12] Eckhardt D H. Theory of the Libration of the Moon, The Moon and the Planets. 1981, 25: 3-49.

[13] Kozai Y. Effect of Precession and Nutation on the Obital Elements of a Close Earth Satellite, Astron. J. 1960, 65(10): 621-623.

[14] Lambeck Y. Precession, Nutation and the Choice of Reference System for Close Earth Satellite Orbits, Celest. Mech. 1973, 7(2): 139-155.

[15] Kozai Y. and Kinoshita H. Effects of Motion of the Equatorial Plane on the Obital Elements of an Earth Satellite, Celest. Mech. 1973, 7(3): 356-366.

[16] 刘林,王歆. 月球探测航天器轨道力学(第五章). 北京:国防工业出版社,2006.

第2章 /

二体问题的完全解

卫星(各类环绕型探测器)运动对应一个受摄力学系统,最常用的数学模型即受摄二体问题,二体问题是其基本参考模型,该模型的解就作为解决相应轨道问题的基础。因此,尽管有关天体力学方法的著作和教材[1~6],对二体问题已有不同的介绍,但作为这本书,对此基础问题仍需作些必要的阐述,并针对解决受摄二体问题的各种背景,着重介绍椭圆运动涉及的算法问题,给出完整的轨道解及其相应的计算公式。

2.1　二体问题的六个积分

作为二体问题,两个天体 P_0 和 p 均作为质点对待。分别将该二天体的质量记作 m_0 和 m,讨论天体 p 相对天体 P_0 的运动。此时可将绪论中的运动方程(5)改写为下列形式:

$$\ddot{\vec{r}} = -\frac{G(m_0+m)}{r^2}\hat{r} \tag{2.1}$$

该式中 $\hat{r}=\vec{r}/r$ 是中心天体 P_0 到运动天体 p 方向的单位矢量。相应的运动坐标系 $O\text{-}XYZ$(见图 2.1)的原点 O 在天体 P_0 上(注意:此时 P_0 是质点),但基本平面(XY 坐标面)可有多种选择。根据轨道力学问题的具体特点,对于人造地球卫星的运动问题,XY 平面与地球赤道面一致,对月球卫星、火星卫星等亦有类似处理,而处理太阳系中大行星和小行星的运动问题,往往取日心黄道面作为 XY 平面。至于 X 轴方向的确定,对于太阳系而言,无论是讨论行星运动,还是各大天体(包括月球)

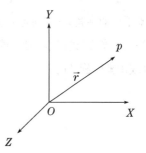

图 2.1　运动坐标系 $O\text{-}XYZ$

的人造卫星的运动,几乎都是取春分点方向作为 X 轴方向。另外,有关赤道面、黄道面以及春分点方向的变化,对基本平面(XY 坐标面)和基本方向(X 轴方向)的选取有何影响,这里不再一一细谈,读者可在后面各有关章节的阐述中获知,本章参考文献[6]中的第 1 章和第 6 章也有专门讨论。

为了简便,常记

$$\mu = G(m_0+m) \tag{2.2}$$

方程(2.2)对应的是一有心力问题,不仅是可积的(这里的可积是指上述微分方程的解可以写成求积形式),而且容易给出六个独立积分的完整表达式。

关于上述二体问题对应的常微分方程(2.1)的完全解,通常是指如下形式:

$$\begin{cases} \vec{r} = \vec{r}(t; C_1, \cdots, C_6) \\ \dot{\vec{r}} = \dot{\vec{r}}(t; C_1, \cdots, C_6) \end{cases}$$

但很难直接获得该结果,可通过寻找六个独立积分来达到获取完全解的目的,而且通过这六个独立积分可以更清楚地了解二体问题具有的运动规律,下面具体介绍。

2.1.1 动量矩积分(或称面积积分)

据有心力的性质,可直接写出方程(2.1)的动量矩积分,若记$\vec{h} = \vec{r} \times \dot{\vec{r}}$为面积速度矢量,则动量矩积分的具体形式如下:

$$\vec{h} = \vec{r} \times \dot{\vec{r}} = h\hat{R} \tag{2.3}$$

这表明$\vec{h}$为一常矢量,天体p相对P_0的运动为一平面运动。其中$h = |\vec{r} \times \dot{\vec{r}}|$为面积速度常数,单位矢量$\hat{R}$即表示面积速度方向,它是天体运动平面的法向单位矢量。

常用天体运动轨道来描述动量矩积分的几何意义,引用辅助天球(见图2.2),图中大圆AA'和BB'分别表示基本平面(XY坐标面)和运动天体轨道在辅助天球上的投影,$\hat{R}$方向即轨道面法向,i就是轨道面与基

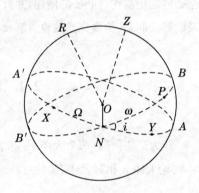

图 2.2 辅助天球

本平面的夹角,Ω即轨道升交点方向N(或称节点,并特指运动天体由南半球向北半球运行的那个交点)的经度(对地球卫星就是赤经),从X方向起量。利用球面三角形的余弦公式(或用坐标旋转的方法),即可导出法向单位矢量$\hat{R}$在坐标系O-XYZ中的表达式如下:

$$\hat{R} = \frac{\vec{r} \times \dot{\vec{r}}}{h} = \begin{pmatrix} R_x \\ R_y \\ R_z \end{pmatrix} = \begin{pmatrix} \sin i \sin \Omega \\ -\sin i \cos \Omega \\ \cos i \end{pmatrix} \tag{2.4}$$

动量矩积分(2.3)包含了h, i, Ω三个积分常数,h是面积速度的两倍,i, Ω则确定了轨道平面的空间方向。关于积分常数h,在具体应用中采用的往往是另一表达式形式,这与下面给出的轨道积分有相应的联系。

2.1.2 运动平面内的轨道积分和活力公式

既然是平面运动,而相应的平面已由(i, Ω)确定,那么,接着就可在这一确定的平面内讨论降阶后的方程。引入平面极坐标(r, θ),运动方程(2.1)的径向分量为

$$\ddot{r} - r\dot{\theta}^2 = -\frac{\mu}{r^2} \tag{2.5}$$

而横向分量为

$$r\ddot{\theta}+2\dot{r}\dot{\theta}=\frac{1}{r}\frac{\mathrm{d}}{\mathrm{d}t}(r^2\dot{\theta})=0 \tag{2.6}$$

此方程给出一个积分：

$$r^2\dot{\theta}=h \tag{2.7}$$

由空间极坐标(三个轴方向的单位矢量分别记作 $\hat{r}$，$\hat{\theta}$，$\hat{k}$，$\hat{k}$ 即前面的 $\hat{R}$)中 $\vec{r}$ 和 $\dot{\vec{r}}$ 的表达式

$$\vec{r}=r\hat{r}，\quad \dot{\vec{r}}=\dot{r}\hat{r}+r\dot{\theta}\hat{\theta} \tag{2.8}$$

立即可得

$$\vec{r}\times\dot{\vec{r}}=r^2\dot{\theta}\hat{k}=r^2\dot{\theta}\hat{R} \tag{2.9}$$

这表明积分(2.7)就是动量矩积分(2.3)的标量形式，或称面积积分。方程(2.5)和(2.7)构成了平面运动系统对应的三阶常微分方程，需要再寻找三个独立积分。

上述方程组的特点是不显含自变量 t，由常微分方程的基本知识可知，对于这类方程，通过分离自变量 t 的方法可使它降一阶，即能够首先讨论 r 对 θ 的变化规律。为此，记 $r'=\mathrm{d}r/\mathrm{d}\theta$，$r''=\mathrm{d}^2r/\mathrm{d}\theta^2$，由方程(2.7)得

$$\begin{cases} \dot{r}=\dfrac{\mathrm{d}r}{\mathrm{d}t}=\dfrac{\mathrm{d}r}{\mathrm{d}\theta}\dot{\theta}=\dfrac{h}{r^2}r' \\[2mm] \ddot{r}=\dfrac{\mathrm{d}\dot{r}}{\mathrm{d}t}=\dfrac{\mathrm{d}\dot{r}}{\mathrm{d}\theta}\dot{\theta}=\dfrac{h^2}{r^2}\left(-\dfrac{2}{r^3}r'^2+\dfrac{1}{r^2}r''\right) \end{cases} \tag{2.10}$$

将这一关系代入方程(2.5)，即可给出 r 对 θ 的二阶方程。但相应的方程仍不便于求解，如果在降阶的同时，再作变量变换：

$$r=1/u \tag{2.11}$$

有 $\dot{r}=-hu'$，$\ddot{r}=-h^2u^2u''$。利用这一关系即可得到 u 对 θ 的一个二阶常系数线性方程：

$$u''+u=\frac{\mu}{h^2} \tag{2.12}$$

这显然是可积的，由此即可给出一轨道积分：

$$r=\frac{1}{u}=\frac{h^2/\mu}{1+e\cos(\theta-\omega)} \tag{2.13}$$

e 和 ω 即两个新积分常数。这是一圆锥曲线，在一定条件下它表示椭圆，中心天体(即 O 点)在其一个焦点上，考虑到本书的内容，主要涉及椭圆运动的情况，至于抛物线和双曲线轨道，将在本章最后一节作一简单介绍。对于椭圆，可令

$$p=a(1-e^2)=h^2/\mu \tag{2.14}$$

那么积分(2.7)和(2.13)又可写成

$$r^2\dot{\theta}=\sqrt{\mu p}=\sqrt{\mu a(1-e^2)} \tag{2.15}$$

$$r=\frac{a(1-e^2)}{1+e\cos(\theta-\omega)} \tag{2.16}$$

积分常数 h 由 a 代替，这里 p 是椭圆的半通径，a 是半长径，e 是偏心率，ω 则称为运动天体

过近星点 P 的幅角,因在 P 点方向 $\theta = \omega$ 时,r 达到最小值,故称 P 点方向为近星点方向。注意,近星点幅角 ω 和极坐标变量 θ 都是从节点 N 方向起量的,这在二体问题中无区别,当有摄动时,椭圆随时间变化,升交点方向也在变化,ω 应从该变化的升交点方向起量,而极坐标变量 θ 却仍应从一个定义的不变方向起量,两者是有区别的。

将 $r = r(\theta)$ 的关系代入方程(2.15),原则上可以给出最后一个与时间 t 有关的积分,这留待下一小节介绍,这里给出椭圆运动的几个常用关系。由(2.15)和(2.16)两式,经简单的运算可得

$$v^2 = \dot{r}^2 + r^2 \dot{\theta}^2 = \mu \left(\frac{2}{r} - \frac{1}{a} \right) \tag{2.17}$$

此即活力公式。另外,既然是椭圆运动,那么运动天体的向径在一个周期 T 内扫过的面积就是椭圆的面积 $\pi a^2 \sqrt{1-e^2}$,由此可知两倍的面积速度 h 为

$$h = \sqrt{\mu a (1-e^2)} = 2\pi a^2 \sqrt{(1-e^2)}/T \tag{2.18}$$

整理后可给出如下关系式:

$$\frac{a^3}{T^2} = \frac{\mu}{4\pi^2} \tag{2.19}$$

若引进平运动角速度 $n = 2\pi/T$,则上式又可写成

$$n^2 a^3 = \mu \tag{2.20}$$

这两个表达式就是万有引力定律导出的开普勒(Kepler)第三定律。

这里要说明一点:上述活力公式(2.17),与动量矩积分(2.3)式的获得类似,也可直接由运动方程(2.1)式两端点乘 $\dot{r}$ 获得,即

$$\dot{r} \cdot \ddot{r} = -\frac{\mu}{r^3} \vec{r} \cdot \dot{\vec{r}}, \quad \frac{1}{2}(\dot{\vec{r}}^2) = \mu \frac{\mathrm{d}}{\mathrm{d}t} \left(\frac{1}{r} \right)$$

由此立即可给出一积分如下:

$$v^2 = \mu \left(\frac{2}{r} + C \right)$$

此即活力积分,实际上就是 $N(N \geqslant 2)$ 体问题 10 个经典积分中的能量积分在上述二体相对运动中的表现形式。但从二体问题求解的角度寻找六个独立积分的过程来看,上述处理直至轨道积分(2.13)式共五个独立积分的给出,是为了进一步寻找 10 个经典积分以外的另两个独立积分,其中之一即轨道积分,尽管它对应二阶方程,它与活力积分一共只有两个是独立的,故称(2.17)式为活力公式为宜。剩下一个独立积分必与自变量 t(即轨道运动的反映)有关。

2.1.3 第六个运动积分——开普勒方程

为了运算方便,在寻找第六个积分时,不直接引用方程(2.15)式按 $\mathrm{d}\theta/\mathrm{d}t$ 求解,而是利用(2.17)式按 $\mathrm{d}r/\mathrm{d}t$ 积分,有

$$\dot{r}^2 = \mu\left(\frac{2}{r} - \frac{1}{a}\right) - (r\dot{\theta})^2 = \mu\left(\frac{2}{r} - \frac{1}{a}\right) - \mu\frac{p}{r^2}$$

通过(2.20)式消去 μ 整理后得

$$n\mathrm{d}t = \frac{r\mathrm{d}r}{a\sqrt{a^2e^2 - (a-r)^2}} \qquad (2.21)$$

对于椭圆轨道，r 的极大和极小值分别为

$$r_{\max} = a(1+e), \quad r_{\min} = a(1-e) \qquad (2.22)$$

因此有 $|a-r| \leqslant ae$，故可按下式引入辅助量 E：

$$a - r = ae\cos E$$

或写成

$$r = a(1 - e\cos E) \qquad (2.23)$$

代入(2.21)式可得

$$n\mathrm{d}t = (1 - e\cos E)\mathrm{d}E$$

由此便可给出第六个积分：

$$E - e\sin E = n(t - \tau) \qquad (2.24)$$

这又称为开普勒方程，τ 是积分常数。当 $t = \tau$ 时，$E = 0$，相应的 $r = a(1-e) = r_{\min}$，故 τ 就是运动天体过近星点的时刻。

最后引进两个角度 f 和 M，定义如下：

$$f = \theta - \omega, \quad M = n(t - \tau) \qquad (2.25)$$

f, M 和 E 是三个角度量，分别称为真近点角、平近点角和偏近点角，都是从近星点开始计量的，E 的几何意义见图 2.3，图中 O 是椭圆焦点（也是坐标系原点），O' 是辅助圆的圆心。显然，在二体问题中，面积积分(2.7)可简化为下列形式：

$$r^2\dot{f} = h \qquad (2.26)$$

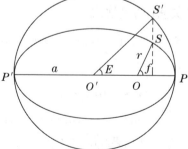

图 2.3 椭圆轨道和辅助圆

上述六个独立积分常数实为描述天体运动轨道的一组独立参数，通常称为轨道根数，只要初始条件给定，它们就完全被确定。根数 a, e 是确定轨道大小和形状的参数；i, Ω 和 ω 是轨道平面和拱线（长半轴）的空间定向参数；而第六个根数 τ 通常被三种近点角所代替，特别

是平近点角 M 常被引用,三种近点角本身同时包含时间 t,即随 t 而变化,而不是常数,故也被称作时间根数。特别要强调一点:上述六个轨道根数 $a,e,i,\Omega,\omega,M(f,E)$,也常被称作开普勒根数,这一称呼联系到天体力学发展的历史。

2.2 椭圆运动的基本关系式

上述六个积分已完全确定了二体问题中天体的运动,但这六个积分的表达形式对某些实际问题使用不便,有必要在上述基础上导出一些常用关系式。这里将根据实际工作的需要整理于下,所涉及的量不外乎六个轨道根数、时间 t、各种近点角、向径和速度等。

2.2.1 椭圆运动中各量之间的几何关系

首先从图 2.3 和开普勒方程(2.24)不难看出,三种近点角的象限关系很清楚,它们同时处在 $[0,\pi]$ 或 $[\pi,2\pi]$ 区间上,这是一个很重要的关系,它们之间的联系即

$$r=\frac{a(1-e^2)}{1+e\cos f}=a(1-e\cos E) \tag{2.27}$$

$$E-e\sin E=M \tag{2.28}$$

另外,根据椭圆的性质可知,图 2.3 中的 $\overline{OO'}=ae$,于是有

$$r\cos f=a(\cos E-e) \tag{2.29}$$

$$r\sin f=a\sqrt{1-e^2}\sin E \tag{2.30}$$

$$\tan\frac{f}{2}=\sqrt{\frac{1+e}{1-e}}\tan\frac{E}{2} \tag{2.31}$$

2.2.2 位置矢量 $\vec{r}$ 和速度矢量 $\dot{\vec{r}}$ 的表达式

作为二阶方程(2.1)的完整解,即本节一开始提到的如下形式:

$$\begin{cases}\vec{r}=\vec{r}(t;C_1,\cdots,C_6)\\ \dot{\vec{r}}=\dot{\vec{r}}(t;C_1,\cdots,C_6)\end{cases} \tag{2.32}$$

既然六个积分已得到,那么可以写出解(2.32)式的具体形式。这里的积分常数 $C_1,\cdots,C_6$ 即前面的六个轨道根数,其中 C_6 是 τ,如果改用 M,(2.32)式中的 t 将包含在 M 中。

显然有

$$\vec{r}=r\hat{r}=r\cos f\hat{P}+r\sin f\hat{Q} \tag{2.33}$$

$$=a(\cos E-e)\hat{P}+a\sqrt{1-e^2}\sin E\hat{Q}$$

其中 $\hat{P}$ 和 $\hat{Q}$ 分别表示近星点和半通径方向的单位矢量。通过坐标旋转,很容易给出它们在直角坐标系 $O\text{-}XYZ$ 中的表达式。若在以轨道面作为 xy 平面的直角坐标系中,x 轴指向近星

点方向,则相应的单位矢量 $\hat{P}_0$ 有下列形式:

$$\hat{P}_0 = \begin{bmatrix} 1 \\ 0 \\ 0 \end{bmatrix} \qquad (2.34)$$

于是 $O\text{-}XYZ$ 坐标系中 $\hat{P}$ 的表达式将由下列矩阵旋转得到:

$$\hat{P} = R_z(-\Omega)R_x(-i)R_z(-\omega)\hat{P}_0 \qquad (2.35)$$

其中三个旋转矩阵的形式如下:

$$R_z(-\omega) = \begin{bmatrix} \cos\omega & -\sin\omega & 0 \\ \sin\omega & \cos\omega & 0 \\ 0 & 0 & 1 \end{bmatrix} \qquad (2.36)$$

$$R_x(-i) = \begin{bmatrix} 1 & 0 & 0 \\ 0 & \cos i & -\sin i \\ 0 & \sin i & \cos i \end{bmatrix} \qquad (2.37)$$

$$R_z(-\Omega) = \begin{bmatrix} \cos\Omega & -\sin\Omega & 0 \\ \sin\Omega & \cos\Omega & 0 \\ 0 & 0 & 1 \end{bmatrix} \qquad (2.38)$$

至于 $\hat{Q}$ 的表达式,只要将 $R_z(-\omega)$ 改为 $R_z(\alpha)$,$\alpha = -(\omega + 90°)$ 即得。

为了某些应用的需要,将 $\hat{P}$ 和 $\hat{Q}$ 的具体表达式写出,即

$$\hat{P} = \begin{bmatrix} \cos\Omega\cos\omega - \sin\Omega\sin\omega\cos i \\ \sin\Omega\cos\omega + \cos\Omega\sin\omega\cos i \\ \sin\omega\sin i \end{bmatrix} \qquad (2.39)$$

$$\hat{Q} = \begin{bmatrix} -\cos\Omega\sin\omega - \sin\Omega\cos\omega\cos i \\ -\sin\Omega\sin\omega + \cos\Omega\cos\omega\cos i \\ \cos\omega\sin i \end{bmatrix} \qquad (2.40)$$

关于 $\dot{\vec{r}}$,根据二体问题的性质,由 $\vec{r}$ 的表达式(2.33)可得

$$\dot{\vec{r}} = \frac{\partial \vec{r}}{\partial f}\frac{\mathrm{d}f}{\mathrm{d}t} = \frac{\partial \vec{r}}{\partial E}\frac{\mathrm{d}E}{\mathrm{d}t} \qquad (2.41)$$

由面积积分(2.26)给出 $\dot{f}$ 或由 Kepler 方程(2.28)给出 $\dot{E}$,即可具体写出 $\dot{\vec{r}}$ 的表达式,即

$$\dot{\vec{r}} = -\sqrt{\frac{\mu}{p}}\left[\sin f\,\hat{P} - (\cos f + e)\hat{Q}\right]$$

$$= -\frac{\sqrt{\mu a}}{r}\left[\sin E\,\hat{P} - \sqrt{1-e^2}\cos E\,\hat{Q}\right] \qquad (2.42)$$

有些问题需要将六个积分常数改用初值 $t = t_0$,$\vec{r}(t_0) = \vec{r}_0$,$\dot{\vec{r}}(t_0) = \dot{\vec{r}}_0$ 来表达,即

$$\begin{cases} \vec{r} = \vec{r}(t; t_0, \vec{r}_0, \dot{\vec{r}}_0) \\ \dot{\vec{r}} = \dot{\vec{r}}(t; t_0, \vec{r}_0, \dot{\vec{r}}_0) \end{cases} \qquad (2.43)$$

这容易从表达式(2.33)和(2.42)转换而得。首先将 $\hat{P}$ 和 $\hat{Q}$ 表达成 $\vec{r}_0, \dot{\vec{r}}_0$ 的形式,由

$$\begin{cases} \vec{r}_0 = a(\cos E_0 - e)\hat{P} + a\sqrt{1-e^2}\sin E_0 \hat{Q} \\ \dot{\vec{r}}_0 = \dfrac{\sqrt{\mu a}}{r_0}\left[(-\sin E_0)\hat{P} + \sqrt{1-e^2}\cos E_0 \hat{Q}\right] \end{cases} \tag{2.44}$$

可解出 $\hat{P}$ 和 $\hat{Q}$,以此代入(2.33)式和(2.42)式,经整理即可将 $\vec{r}(t)$ 和 $\dot{\vec{r}}(t)$ 用 $\vec{r}_0, \dot{\vec{r}}_0$ 的"线性"组合来表达:

$$\begin{cases} \vec{r} = F\vec{r}_0 + G\dot{\vec{r}}_0 \\ \dot{\vec{r}} = F'\vec{r}_0 + G'\dot{\vec{r}}_0 \end{cases} \tag{2.45}$$

但 F, G, F', G' 仍与 $\vec{r}_0, \dot{\vec{r}}_0$ 有关。F, G 的形式如下:

$$\begin{cases} F = 1 - \dfrac{a}{r_0}(1 - \cos \Delta E) \\ G = \Delta t - \dfrac{1}{n}(\Delta E - \sin \Delta E) \end{cases} \tag{2.46}$$

其中 $\Delta t = t - t_0$,$\Delta E = E - E_0$,而 a 和 ΔE 由下式计算:

$$a = \left(\dfrac{2}{r_0} - \dfrac{v_0^2}{\mu}\right)^{-1}, \quad v_0^2 = \dot{\vec{r}}^2 \tag{2.47}$$

$$\Delta E = n\Delta t + \left[\left(1 - \dfrac{r_0}{a}\right)\sin \Delta E - \dfrac{r_0 \dot{r}_0}{\sqrt{\mu a}}(1 - \cos \Delta E)\right] \tag{2.48}$$

$$n = \sqrt{\mu} a^{-3/2}, \quad r_0 \dot{r}_0 = \vec{r}_0 \cdot \dot{\vec{r}}_0 \tag{2.49}$$

由于

$$\left(1 - \dfrac{r_0}{a}\right) = O(e), \quad r_0 \dot{r}_0 / \sqrt{a} = O(e) \tag{2.50}$$

(2.48)式类似于 Kepler 方程,故 ΔE 的计算还是比较方便的,特别当 Δt 不大时,比解 Kepler 方程(解法在后面第 2.5 节中给出)还快速。关于 F', G',根据 $F' = \dot{G}, G' = \dot{F}$ 可导出

$$\begin{cases} F' = 1 - \dfrac{a}{r}(1 - \cos \Delta E) \\ G' = -\dfrac{1}{r}\left(\dfrac{\sqrt{\mu a}}{r_0}\sin \Delta E\right) \end{cases} \tag{2.51}$$

不难看出,当 Δt 比较小时,有

$$\begin{cases} F = 1 + O(\Delta t^2), \\ G = \Delta t[1 + O(\Delta t^2)] \end{cases} \tag{2.52}$$

根据 F, G, F', G' 的上述特征,可以采用 Δt 的幂级数来表达。关于这一表达形式,本章参考文献[5]和[6]中均有具体形式,为了让读者了解与其有关的知识,这里简单介绍一下其由来。凡是学过常微分方程的读者都知道:只要运动方程(2.1)的右函数满足相关条件(这里不再具体写出,方程(2.1)确实满足该条件),其满足初始条件的解即存在,且可展成时间

间隔 $\Delta t = t - t_0$ 的幂级数：

$$\vec{r}(t) = \vec{r}_0 + \vec{r}_0^{(1)} \Delta t + \frac{1}{2!} \vec{r}_0^{(2)} \Delta t^2 + \cdots + \frac{1}{k!} \vec{r}_0^{(k)} \Delta t^k + \cdots \tag{2.53}$$

其中 $\vec{r}_0^{(k)}$ 为 $\vec{r}(t)$ 对 t 的 k 阶导数在 t_0 时刻的取值,即

$$\vec{r}_0^{(k)} = \left(\frac{\mathrm{d}^k \vec{r}}{\mathrm{d} t^k}\right)_{t=t_0} \tag{2.54}$$

要给出级数解(2.53)满足初始条件的具体形式,就要计算各阶导数 $\vec{r}^{(k)}$ 在 t_0 处的值 $\vec{r}_0^{(k)}$。已给出 $\vec{r}_0^{(1)} = \dot{\vec{r}}_0$,而二阶以上各阶导数值 $\vec{r}_0^{(k)}$ $(k \geqslant 2)$ 均可根据运动方程(2.1)由 $\vec{r}_0$ 和 $\dot{\vec{r}}_0$ 构成,即

$$\vec{r}_0^{(k)} = \vec{r}_0^{(k)}(t_0, \vec{r}_0, \dot{\vec{r}}_0), \quad k \geqslant 2 \tag{2.55}$$

因此,上述幂级数解(2.53)可以按 $\vec{r}_0$ 和 $\dot{\vec{r}}_0$ 整理如下:

$$\vec{r}(t) = F(\vec{r}_0, \dot{\vec{r}}_0, \Delta t) \vec{r}_0 + G(\vec{r}_0, \dot{r}, \Delta t) \dot{\vec{r}}_0 \tag{2.56}$$

对于本章论述的由运动方程(2.1)表达的二体问题,F 和 G 即可由 Δt 的幂级数表达。为了在实际工作中引用方便,且有利于量级分析,在具体给出 F 和 G 的展开式时,采用归一化单位,即采用相应的质量和长度单位,使引力常数 $G = 1$ 和 $\mu = G(m_0 + m) = 1$,这里的质量单位是 $(m_0 + m)$,长度单位记作 L(例如中心天体 P_0 的赤道半径,或适当的长度),相应的时间单位即 $(L^3/G(m_0 + m))^{1/2}$。在此单位系统中,有

$$\begin{cases} F = 1 - \left(\frac{1}{2} u_0\right) \Delta t^2 + \left(\frac{1}{2} u_0 p_0\right) \Delta t^3 + \left(\frac{1}{8} u_0 q_0 - \frac{1}{12} u_0^2 - \frac{5}{8} u_0 p_0^2\right) \Delta t^4 + O(\Delta t^5) \\ G = \Delta t - \left(\frac{1}{6} u_0\right) \Delta t^3 + \left(\frac{1}{4} u_0 p_0\right) \Delta t^4 + O(\Delta t^5) \end{cases} \tag{2.57}$$

其中

$$u_0 = 1/r_0^3, \quad p_0 = \vec{r}_0 \dot{\vec{r}}_0 / r_0^2, \quad q_0 = v_0^2 / r_0^2 \tag{2.58}$$

相应地有

$$\begin{cases} F' = 1 - \left(\frac{1}{2} u_0\right) \Delta t^2 + (u_0 p_0) \Delta t^3 + O(\Delta t^4) \\ G' = -(u_0) \Delta t + \left(\frac{3}{2} u_0 p_0\right) \Delta t^2 + \left(\frac{1}{2} u_0 q_0 - \frac{1}{3} u_0^2 - \frac{5}{2} u_0 p_0^2\right) \Delta t^3 + O(\Delta t^4) \end{cases} \tag{2.59}$$

不难看出,在上述归一化单位系统中,若将 r_0 近似地看作运动天体轨道的半长径 a,则 $u_0 = r_0^{-3} \approx n^2$,$n$ 即平运动角速度。于是 F, G 的量级特征为

$$\begin{cases} F = 1 + O(\Delta \tau^2) \\ G = \Delta t[1 + O(\Delta \tau^2)] \end{cases} \tag{2.60}$$

其中 $\Delta \tau = n \Delta t$ 是运动弧段,这一特征在初轨确定中是一个重要的初始信息,在本书的第 6 章中将会具体阐述其应用价值。

2.2.3 椭圆运动中一些量对轨道根数的偏导数

在研究天体运动规律或计算其位置时，除遇到六个轨道根数 a,e,i,Ω,ω,M 外，还会涉及由它们构成的一些函数，而这些函数关系中的基本量就是 E,f,r，因此，只要给出这些量对轨道根数的偏导数就够了。

首先分析上述量与六个独立根数之间的函数关系，由方程(2.27)～(2.30)式可知

$$\begin{cases} E=E(e,M) \\ f=f(e,E(e,M),a/r(e,M))=f(e,M) \\ r=r(a,e,E(e,M))=r(a,e,M) \end{cases}$$

那么，利用前面的几何关系即可推出相应的偏导数，它们是

$$\begin{cases} \dfrac{\partial E}{\partial e}=\dfrac{a}{r}\sin E, & \dfrac{\partial E}{\partial M}=\dfrac{a}{r} \\ \dfrac{\partial f}{\partial e}=\dfrac{1}{1-e^2}\left(1+\dfrac{p}{r}\right)\sin f, & \dfrac{\partial f}{\partial M}=\sqrt{1-e^2}\left(\dfrac{a}{r}\right)^2 \\ \dfrac{\partial r}{\partial a}=\dfrac{r}{a}, & \dfrac{\partial r}{\partial e}=-a\cos f, & \dfrac{\partial r}{\partial M}=\dfrac{ae}{\sqrt{1-e^2}}\sin f \end{cases} \quad (2.61)$$

若独立根数 M 改为 E，则有

$$M=M(e,E), \quad f=f(e,E), \quad r=r(a,e,E)$$

$$\begin{cases} \dfrac{\partial M}{\partial e}=-\sin E, & \dfrac{\partial M}{\partial E}=\left(\dfrac{r}{a}\right)=1-e\cos E \\ \dfrac{\partial f}{\partial e}=\dfrac{\sin f}{1-e^2}, & \dfrac{\partial f}{\partial E}=\left(\dfrac{a}{r}\right)\sqrt{1-e^2} \\ \dfrac{\partial r}{\partial a}=\left(\dfrac{r}{a}\right), & \dfrac{\partial r}{\partial e}=-a\cos E, & \dfrac{\partial r}{\partial E}=ae\sin E \end{cases} \quad (2.62)$$

若独立根数 M 改为 f，则有

$$E=E(e,f), \quad M=M(e,E(e,f))=M(e,f), \quad r=r(a,e,f)$$

$$\begin{cases} \dfrac{\partial E}{\partial e}=-\dfrac{\sin E}{1-e^2}, & \dfrac{\partial E}{\partial f}=\left(\dfrac{r}{a}\right)/\sqrt{1-e^2} \\ \dfrac{\partial M}{\partial e}=-\left[1+\left(\dfrac{r}{a}\right)/(1-e^2)\right]\left(\dfrac{r}{a}\right)\dfrac{\sin f}{\sqrt{1-e^2}}, & \dfrac{\partial M}{\partial f}=\left(\dfrac{r}{a}\right)^2/\sqrt{1-e^2} \\ \dfrac{\partial r}{\partial a}=\left(\dfrac{r}{a}\right), & \dfrac{\partial r}{\partial e}=\dfrac{r}{1-e^2}(\cos E+e), & \dfrac{\partial r}{\partial f}=\left(\dfrac{r}{a}\right)^2\left(\dfrac{ae}{1-e^2}\right)\sin f \end{cases} \quad (2.63)$$

在实际应用中，常常出现 $\left(\dfrac{a}{r}\right)$ 这一因子，由 $\partial r/\partial\sigma$ 可直接得到 $\partial\left(\dfrac{a}{r}\right)/\partial\sigma$。显然，$\left(\dfrac{a}{r}\right)$ 只是 e 和近点角的函数，因此有

$$\dfrac{\partial\left(\dfrac{a}{r}\right)}{\partial e}=-\left(\dfrac{a}{r^2}\right)\left(\dfrac{\partial r}{\partial e}\right), \quad \dfrac{\partial\left(\dfrac{a}{r}\right)}{\partial\theta}=-\left(\dfrac{a}{r^2}\right)\left(\dfrac{\partial r}{\partial\theta}\right)$$

其中 θ 是 M,E,f 中的一个。

对于小偏心率问题，往往不采用上述六个轨道根数作为基本变量，而改用

$$a,\quad e,\quad i,\quad \xi=e\cos\omega,\quad \eta=e\sin\omega,\quad \lambda=M+\omega$$

六个变量，f,E 将由 $u=f+\omega,v=E+\omega$ 代替。若要推出相应的偏导数，其关键仍在于首先分析清楚函数关系。由

$$e^2=\xi^2+\eta^2,\quad \omega=\arctan(\eta/\xi),\quad M=\lambda-\arctan(\eta/\xi) \tag{2.64}$$

可知

$$f=f(e(\xi,\eta),M(\xi,\eta,\lambda))$$
$$E=E(e(\xi,\eta),M(\xi,\eta,\lambda))$$
$$\frac{a}{r}=\frac{a}{r}(e(\xi,\eta),M(\xi,\eta,\lambda))$$

利用这一关系再推导相应的偏导数显然是容易的，例如

$$\begin{cases}\dfrac{\partial}{\partial\xi}\left(\dfrac{a}{r}\right)=\dfrac{\partial}{\partial e}\left(\dfrac{a}{r}\right)\dfrac{\partial e}{\partial\xi}+\dfrac{\partial}{\partial M}\left(\dfrac{a}{r}\right)\dfrac{\partial M}{\partial\xi}\\[2mm]\dfrac{\partial}{\partial\eta}\left(\dfrac{a}{r}\right)=\dfrac{\partial}{\partial e}\left(\dfrac{a}{r}\right)\dfrac{\partial e}{\partial\eta}+\dfrac{\partial}{\partial M}\left(\dfrac{a}{r}\right)\dfrac{\partial M}{\partial\eta}\\[2mm]\dfrac{\partial}{\partial\lambda}\left(\dfrac{a}{r}\right)=\dfrac{\partial}{\partial M}\left(\dfrac{a}{r}\right)\dfrac{\partial M}{\partial\lambda}\end{cases} \tag{2.65}$$

其中 $\dfrac{\partial}{\partial e}\left(\dfrac{a}{r}\right),\dfrac{\partial}{\partial M}\left(\dfrac{a}{r}\right)$ 前面已给出，剩下的问题只是根据上述函数关系(2.64)式去推导 $\dfrac{\partial e}{\partial\xi}$，$\dfrac{\partial M}{\partial\xi}$，…，这对读者来说是极其简单的，这里不再一一列出。

在定轨问题中，还会用到 $\dfrac{\partial\vec{r}}{\partial\sigma},\dfrac{\partial\dot{\vec{r}}}{\partial\sigma}$ 这两组偏导数。由 $\vec{r}$ 和 $\dot{\vec{r}}$ 的表达式(2.33)和(2.42)不难得知，它们分别涉及两类偏导数。如果仍用 a,e,i,Ω,ω,M 作为基本变量 σ，则一类偏导数是前面已导出的 $\dfrac{\partial(r,f,E)}{\partial(a,e,M)}$，另一类是单位矢量 $\hat{P}$ 和 $\hat{Q}$ 对三个角度量的偏导数，即 $\dfrac{\partial\hat{P}}{\partial(i,\Omega,\omega)}$，$\dfrac{\partial\hat{Q}}{\partial(i,\Omega,\omega)}$，直接由 $\hat{P}$ 和 $\hat{Q}$ 的表达式(2.39)和(2.40)可以推导，但不便于将结果写成简单形式，若用矢量旋转法就方便得多，具体结果如下：

$$\begin{cases}\dfrac{\partial\vec{r}}{\partial a}=\dfrac{1}{a}\vec{r}\\[2mm]\dfrac{\partial\vec{r}}{\partial e}=H\vec{r}+K\dot{\vec{r}}\\[2mm]\dfrac{\partial\vec{r}}{\partial M}=\dfrac{1}{n}\dot{\vec{r}}\\[2mm]\dfrac{\partial\vec{r}}{\partial i}=\hat{J}_N\times\vec{r}=\dfrac{z}{\sin i}\hat{R},\quad \hat{J}_N=\begin{pmatrix}\cos\Omega\\\sin\Omega\\0\end{pmatrix}\\[4mm]\dfrac{\partial\vec{r}}{\partial\Omega}=\hat{J}_z\times\vec{r}=\begin{pmatrix}-y\\x\\0\end{pmatrix},\quad \hat{J}_z=\begin{pmatrix}0\\0\\1\end{pmatrix}\\[4mm]\dfrac{\partial\vec{r}}{\partial\omega}=\hat{R}\times\vec{r}=\begin{pmatrix}zR_y-yR_z\\xR_z-zR_x\\yR_x-xR_y\end{pmatrix}\end{cases} \tag{2.66}$$

$$\begin{cases} \dfrac{\partial \dot{\vec{r}}}{\partial a} = -\dfrac{1}{2a}\dot{\vec{r}} \\[3mm] \dfrac{\partial \dot{\vec{r}}}{\partial e} = H'\vec{r} + K'\dot{\vec{r}} \\[3mm] \dfrac{\partial \dot{\vec{r}}}{\partial M} = -n\left(\dfrac{a}{r}\right)^3 \vec{r} = -\dfrac{\mu}{n}\left(\dfrac{\vec{r}}{r^3}\right) \\[3mm] \dfrac{\partial \dot{\vec{r}}}{\partial i} = \hat{J}_N \times \dot{\vec{r}} = \dfrac{\dot{z}}{\sin i}\hat{R} \\[3mm] \dfrac{\partial \dot{\vec{r}}}{\partial \Omega} = \hat{J}_z \times \dot{\vec{r}} = \begin{bmatrix} -\dot{y} \\ \dot{x} \\ 0 \end{bmatrix} \\[5mm] \dfrac{\partial \dot{\vec{r}}}{\partial \omega} = \hat{R} \times \dot{\vec{r}} = \begin{bmatrix} \dot{z}R_y - \dot{y}R_z \\ \dot{x}R_z - \dot{z}R_x \\ \dot{y}R_x - \dot{x}R_y \end{bmatrix} \end{cases} \tag{2.67}$$

其中 $\hat{R}$ 即轨道面法向单位矢量,其表达式即前面的(2.4)式,又可写成下列形式:

$$\hat{R} = \frac{1}{\sqrt{\mu p}}(\vec{r} \times \dot{\vec{r}}) \tag{2.68}$$

相应的有

$$\sin i = \sqrt{1 - \cos^2 i} = \sqrt{1 - R_z^2} \tag{2.69}$$

而 H,K,H',K' 则由下列各式表达:

$$H = -\frac{a}{p}(\cos E + e), \quad K = \frac{\sin E}{n}\left(1 + \frac{r}{p}\right) \tag{2.70}$$

$$H' = \frac{\sqrt{\mu a}}{rp}\sin E\left[1 - \frac{a}{r}\left(1 + \frac{p}{r}\right)\right], \quad K' = \frac{a}{p}\cos E \tag{2.71}$$

2.2.4　近点角 M,E,f 与时间 t 之间的微分关系

根据三种近点角的定义,利用面积积分(2.26)和 Kepler 方程(2.28)以及上述各有关表达式,可给出

$$\frac{dM}{dt} = n, \quad \frac{dE}{dt} = n\left(\frac{a}{r}\right), \quad \frac{df}{dt} = n\sqrt{1-e^2}\left(\frac{a}{r}\right)^2 \tag{2.72}$$

在后面要讨论的问题中,积分时常遇到上述几种变量之间的转换,为了方便,不妨根据(2.72)式将这些关系整理如下:

$$dM = ndt = \left(\frac{r}{a}\right)dE = \frac{1}{\sqrt{1-e^2}}\left(\frac{r}{a}\right)^2 df \tag{2.73}$$

$$dE = n\left(\frac{a}{r}\right)dt = \left(\frac{a}{r}\right)dM = \frac{1}{\sqrt{1-e^2}}\left(\frac{r}{a}\right)df \tag{2.74}$$

$$\mathrm{d}f = n\sqrt{1-e^2}\left(\frac{a}{r}\right)^2\mathrm{d}t = \sqrt{1-e^2}\left(\frac{a}{r}\right)^2\mathrm{d}M = \sqrt{1-e^2}\left(\frac{a}{r}\right)\mathrm{d}E \tag{2.75}$$

$$\mathrm{d}t = \frac{1}{n}\mathrm{d}M = \frac{1}{n}\left(\frac{r}{a}\right)\mathrm{d}E = \frac{1}{n}\frac{1}{\sqrt{1-e^2}}\left(\frac{r}{a}\right)^2\mathrm{d}f \tag{2.76}$$

注意,这组微分关系是建立在六个轨道根数为常数基础上的,严格地说,它们仅适用于二体问题,这与前面的几何关系式以及相应的偏导数关系式不一样。

2.3 椭圆运动的展开式

在很多问题中,需要将有关量通过平近点角 M 表示成时间 t 的显函数,但由 Kepler 方程可知,这将涉及超越函数关系,无法直接达到上述要求。因此,必须将 f、E、$\left(\frac{a}{r}\right)$ 等量展开成 M 的三角级数,而在这些展开式中又要用到两个特殊函数:第一类贝塞耳(Bessel)函数和超几何函数(或称超几何级数),为了读者引用方便,首先简单地介绍一下这两个函数的有关知识,详细内容请翻阅特殊函数一类书籍。

第一类贝塞耳函数 $J_n(x)$ 是二阶线性常微分方程

$$x^2\frac{\mathrm{d}^2 y}{\mathrm{d}x^2} + x\frac{\mathrm{d}y}{\mathrm{d}x} + (x^2 - n^2)y = 0$$

的一个解,它由下列级数表达:

$$J_n(x) = \sum_{k=0}^{\infty}\frac{(-1)^k}{(n+k)!k!}\left(\frac{x}{2}\right)^{n+2k} \tag{2.77}$$

其中 n 为整数($n=0,1,2,\cdots$),x 为任意实数,而 $k!$ 由下式定义

$$\begin{cases} k! = k(k-1)\cdots(k-(k-2))\cdot 1 \\ 0! = 1 \end{cases} \tag{2.78}$$

$J_n(x)$ 又是 $\mathrm{e}^{\frac{x}{2}\left(z-\frac{1}{z}\right)}$ 展开式的函数,即

$$\mathrm{e}^{\frac{x}{2}\left(z-\frac{1}{z}\right)} = \sum_{n=-\infty}^{\infty}J_n(x)z^n \tag{2.79}$$

其中 e 是自然对数的底,而 z 可以是复变量。由此可给出 $J_n(x)$ 的积分表达式,即

$$J_n(x) = \frac{1}{2\pi}\int_0^{2\pi}\mathrm{e}^{\sqrt{-1}(x\sin\theta - n\theta)}\mathrm{d}\theta = \frac{1}{2\pi}\int_0^{2\pi}\cos(x\sin\theta - n\theta)\mathrm{d}\theta \tag{2.80}$$

根据 $J_n(x)$ 的定义不难得出下列一些重要性质:

$$\begin{cases} J_{-n}(x) = (-1)^n J_n(x), \quad J_n(-x) = (-1)^n J_n(x), \quad J_{-n}(-x) = J_n(x) \\ J_n(x) = \frac{x}{2n}[J_{n-1}(x) + J_{n+1}(x)] \\ \frac{\mathrm{d}}{\mathrm{d}x}J_n(x) = \frac{1}{2}[J_{n-1}(x) - J_{n+1}(x)] \end{cases} \tag{2.81}$$

超几何函数 $F(a,b,c;x)$ 是如下二阶线性常微分方程

$$(x^2-x)y''+[(a+b+1)x-c]y'+aby=0$$

的一个解,其中 a,b,c 是常数,解的形式如下:

$$F(a,b,c;x)=1+\sum_{n=1}^{\infty}\frac{a(a+1)\cdots(a+n-1)\cdot b(b+1)\cdots(b+n-1)}{n!\cdot c(c+1)\cdots(c+n-1)}x^n$$

$$=1+\frac{a\cdot b}{1\cdot c}x+\frac{a(a+1)\cdot b(b+1)}{1\cdot 2\cdot c(c+1)}x^2+\cdots$$

$$(2.82)$$

2.3.1 $\sin kE$ 和 $\cos kE$ 的展开式

这里直接列出展开结果,它们在本章参考文献[1]~[2]中有详细的推导。对 $k>1$ 有

$$\sin kE=\sum_{n=1}^{\infty}\frac{k}{n}[J_{n-k}(ne)+J_{n+k}(ne)]\sin nM \tag{2.83}$$

$$\cos kE=\sum_{n=1}^{\infty}\frac{k}{n}[J_{n-k}(ne)-J_{n+k}(ne)]\cos nM \tag{2.84}$$

对 $k=1$ 有

$$\sin E=\frac{2}{e}\sum_{n=1}^{\infty}\frac{1}{n}J_n(ne)\sin nM \tag{2.85}$$

$$\cos E=-\frac{e}{2}+\sum_{n=1}^{\infty}\frac{1}{n}[J_{n-1}(ne)-J_{n+1}(ne)]\cos nM \tag{2.86}$$

$$=-\frac{e}{2}+\sum_{n=1}^{\infty}\frac{2}{n^2}\frac{\mathrm{d}}{\mathrm{d}e}[J_n(ne)]\cos nM$$

2.3.2 $E,\dfrac{r}{a}$ 和 $\dfrac{a}{r}$ 的展开式

由

$$E=M+e\sin E,\quad \frac{r}{a}=1-e\cos E,\quad \frac{a}{r}=\frac{\partial E}{\partial M}$$

可给出

$$E=M+2\sum_{n=1}^{\infty}\frac{1}{n}J_n(ne)\sin nM \tag{2.87}$$

$$\frac{r}{a}=1+\frac{e^2}{2}-2e\sum_{n=1}^{\infty}\frac{1}{n^2}\frac{\mathrm{d}}{\mathrm{d}e}[J_n(ne)]\cos nM \tag{2.88}$$

$$\frac{a}{r}=1+2\sum_{n=1}^{\infty}J_n(ne)\cos nM \tag{2.89}$$

2.3.3 $\sin f$ 和 $\cos f$ 的展开式

利用偏导数关系式(2.61)可得

$$\frac{\partial}{\partial M}\left(\frac{r}{a}\right)=\frac{\partial}{\partial M}\left(\frac{a}{r}\right)^{-1}=\frac{e}{\sqrt{1-e^2}}\sin f$$

由此给出

$$\sin f=\frac{\sqrt{1-e^2}}{e}\frac{\partial}{\partial M}\left(\frac{r}{a}\right) \tag{2.90}$$

$$=2\sqrt{1-e^2}\sum_{n=1}^{\infty}\frac{1}{n}\frac{\mathrm{d}}{\mathrm{d}e}[J_n(ne)]\sin nM$$

由轨道方程(2.16)给出

$$\cos f=\frac{1}{e}\left[-1+(1-e^2)\frac{a}{r}\right] \tag{2.91}$$

$$=-e+\frac{2}{e}(1-e^2)\sum_{n=1}^{\infty}J_n(ne)\cos nM$$

2.3.4 f 的展开式

利用 $\sin f$ 和 $\cos f$ 的展开式,取到 e^4 项有

$$f=M+\left(2e-\frac{1}{4}e^3+\cdots\right)\sin M+\left(\frac{5}{4}e^2-\frac{11}{24}e^4+\cdots\right)\sin 2M \tag{2.92}$$

$$+\left(\frac{13}{12}e^3-\cdots\right)\sin 3M+\left(\frac{103}{96}e^4-\cdots\right)\sin 4M+\cdots$$

2.3.5 $\left(\frac{r}{a}\right)^n\cos mf$ 和 $\left(\frac{r}{a}\right)^n\sin mf$ 的展开式

这里 n 和 m 均为任意整数(包括零)。若仅用上述基本展开式,要给出这两个函数对 M 的三角级数(特别是一般表达式),那是相当困难的,下面就对这两个函数直接进行傅立叶(Fourier)展开。函数 $F(f)$ 展成傅立叶级数的基本形式为

$$\begin{cases}F(f)=\frac{a_0}{2}+\sum_{p=1}^{\infty}(a_p\cos pM+b_p\sin pM)\\ a_p=\int_0^{2\pi}F(f)\cos pM\mathrm{d}M,\quad b_p=\int_0^{2\pi}F(f)\sin pM\mathrm{d}M\end{cases} \tag{2.93}$$

$\left(\frac{r}{a}\right)^n\cos mf$ 是偶函数,$b_p=0$,且

$$a_p=\int_0^{2\pi}\left(\frac{r}{a}\right)^n[\cos(mf-pM)+\cos(mf+pM)]\mathrm{d}M \tag{2.94}$$

对于被积函数的第二部分,可令 $p=-p$,对应 $p=-1,-2,\cdots,-\infty$,由此给出

$$\left(\frac{r}{a}\right)^n\cos mf=\sum_{p=-\infty}^{\infty}X_p^{n,m}(e)\cos pM \tag{2.95}$$

其中

$$X_p^{n,m}(e)=\frac{1}{2\pi}\int_0^{2\pi}\left(\frac{r}{a}\right)^n\cos(mf-pM)\mathrm{d}M \tag{2.96}$$

$\left(\dfrac{r}{a}\right)^n \sin mf$ 是奇函数，$a_p = 0$，b_p 的计算公式为

$$b_p = \frac{1}{2\pi} \int_0^{2\pi} \left(\frac{r}{a}\right)^n \left[\cos(mf - pM) - \cos(mf + pM)\right] \mathrm{d}M \qquad (2.97)$$

对被积函数第二部分的处理同上，结果为

$$\left(\frac{r}{a}\right)^n \sin mf = \sum_{p=-\infty}^{\infty} X_p^{n,m}(e) \sin pM \qquad (2.98)$$

由于上述两个函数的展开式系数相同，可用指数形式将它们表达成统一形式，即

$$\begin{cases} \left(\dfrac{r}{a}\right)^n \exp(\mathrm{j}mf) = \displaystyle\sum_{p=-\infty}^{\infty} X_p^{n,m}(e) \exp(\mathrm{j}pM) \\[4mm] X_p^{n,m}(e) = \dfrac{1}{2\pi} \displaystyle\int_0^{2\pi} \left(\dfrac{r}{a}\right)^n \exp[\mathrm{j}(mf - pM)] \mathrm{d}M \end{cases} \qquad (2.99)$$

其中 $\mathrm{j} = \sqrt{-1}$ 是虚数单位。因

$$\int_0^{2\pi} \left(\frac{r}{a}\right)^n \sin(mf - pM) \mathrm{d}M = 0$$

(2.99)式中的 $X_p^{n,m}(e)$ 就是由(2.96)式表达的 $X_p^{n,m}(e)$，称为汉森(Hansen)系数，它是偏心率 e 的函数，无法用初等函数来表达它的具体形式，只能引用贝塞耳函数和超几何函数，详细推导见本章参考文献[7]，这里直接列出展开结果。

$$X_p^{n,m}(e) = (1 + \beta^2)^{-(n+1)} \sum_{q=-\infty}^{\infty} J_q(pe) X_{p,q}^{n,m} \qquad (2.100)$$

$$\beta = \frac{1}{e}(1 - \sqrt{1-e^2}) = \frac{e}{1 + \sqrt{1-e^2}} \qquad (2.101)$$

$$X_{p,q}^{n,m} = \begin{cases} (-\beta)^{(p-m)-q} \begin{pmatrix} n-m+1 \\ p-m-q \end{pmatrix} F(p-q-n-1, -m-n-1, p-m-q+1, \beta^2) \\ \qquad\qquad (q \leqslant p-m), \\[4mm] (-\beta)^{q-(p-m)} \begin{pmatrix} n+m+1 \\ q-p+m \end{pmatrix} F(q-p-n-1, m-n-1, q-p+m+1, \beta^2) \\ \qquad\qquad (q \geqslant p-m) \end{cases} \qquad (2.102)$$

$$\begin{cases} \begin{pmatrix} n \\ m \end{pmatrix} = \dfrac{n!}{m!\,(n-m)!}, \quad \begin{pmatrix} -n \\ m \end{pmatrix} = (-1)^m \begin{pmatrix} n+m-1 \\ m \end{pmatrix} \\[4mm] \begin{pmatrix} n \\ -m \end{pmatrix} = \begin{pmatrix} -n \\ -m \end{pmatrix} = 0, \quad \begin{pmatrix} n \\ 0 \end{pmatrix} = \begin{pmatrix} -n \\ 0 \end{pmatrix} = 1 \end{cases} \qquad (2.103)$$

由(2.96)式即可给出

$$X_{-p}^{n,-m} = X_p^{n,m} \qquad (2.104)$$

又根据 $J_q(pe) = O(e^{|q|})$ 可知

$$X_p^{n,m}(e) = O(e^{|m-p|}) \qquad (2.105)$$

由上述展开式可以看出，要具体给出 $\left(\dfrac{r}{a}\right)^n\cos mf$ 和 $\left(\dfrac{r}{a}\right)^n\sin mf$ 的展开式，是较麻烦的。为此，针对实际应用状况，作者给出了精确到 $O(e^4)$ 的 $X_p^{n,m}(e)$ 表达式[8]，形式如下：

$$
\begin{cases}
X_m^{n,m}(e)=1+\dfrac{e^2}{4}(n^2+n-4m^2)+\dfrac{e^4}{64}[n^4-2n^3-(1+8m^2)n^2 \\
\qquad\qquad +2n-m^2(9-16m^2)] \\[6pt]
X_{m+1}^{n,m}(e)=-\dfrac{e}{2}(n-2m)-\dfrac{e^3}{16}[n^3-(1+2m)n^2-(3+5m+4m^2)n \\
\qquad\qquad +m(2+10m+8m^2)] \\[6pt]
X_{m-1}^{n,m}(e)=-\dfrac{e}{2}(n+2m)-\dfrac{e^3}{16}[n^3-(1-2m)n^2-(3-5m+4m^2)n \\
\qquad\qquad -m(2-10m+8m^2)] \\[6pt]
X_{m+2}^{n,m}(e)=\dfrac{e^2}{8}[n^2-(4m+3)n+m(4m+5)]+\dfrac{e^4}{96}[n^4-(6+4m)n^3 \\
\qquad\qquad -(1-3m)n^2+(22+47m+48m^2+16m^3)n-m(22+64m \\
\qquad\qquad +60m^2+16m^3)] \\[6pt]
X_{m-2}^{n,m}(e)=\dfrac{e^2}{8}[n^2+(4m-3)n+m(4m-5)]+\dfrac{e^4}{96}[n^4-(6-4m)n^3-(1+3m)n^2 \\
\qquad\qquad +(22-47m+48m^2-16m^3)n+m(22-64m+60m^2-16m^3)] \\[6pt]
X_{m+3}^{n,m}(e)=-\dfrac{e^3}{48}[n^3-(9+6m)n^2+(17+33m+12m^2)n-m(26+30m+8m^2)] \\[6pt]
X_{m-3}^{n,m}(e)=-\dfrac{e^3}{48}[n^3-(9-6m)n^2+(17-33m+12m^2)n+m(26-30m+8m^2)] \\[6pt]
X_{m+4}^{n,m}(e)=\dfrac{e^4}{384}[n^4-(18+8m)n^3+(95+102m+24m^2)n^2-(142+330m+192m^2 \\
\qquad\qquad +32m^3)n+(206m+283m^2+120m^3+16m^4)] \\[6pt]
X_{m-4}^{n,m}(e)=\dfrac{e^4}{384}[n^4-(18-8m)n^3+(95-102m+24m^2)n^2-(142-330m \\
\qquad\qquad +192m^2-32m^3)n-(206m-283m^2+120m^3-16m^4)]
\end{cases}
\tag{2.106}
$$

以上各展开式的系数都是关于偏心率 e 的无穷级数，只有当 $e<e_1=0.6627\cdots$ 时才收敛，e_1 就称为拉普拉斯（Laplace）极限。

除上述展开式外，有些问题还需要其他类型的展开式，下面给出。

2.3.6 $\left(\dfrac{a}{r}\right)^p,E,f-M$ 对 f 的展开式

$$
\left(\dfrac{a}{r}\right)^p=(1-e^2)^{-p/2}\left[T_0(p,0)+2\sum_{n=1}^{\infty}T_n(p,0)\binom{p}{n}\beta^n\cos nf\right]
\tag{2.107}
$$

其中 p 为正、负整数，β 的意义同前，见(2.101)式，$T_n(p,q)$ 由超几何函数定义[2]，即

$$T_n(p,q) \equiv F\left(-p-q, p-q+1, n+1, -\frac{\beta^2}{1-\beta^2}\right) \tag{2.108}$$

当 $p=-1,-2$ 时,有

$$\begin{cases} T_n(-1,0) = T_0(-1,0) = 1 \\ T_n(-2,0) = \frac{1}{n+1}\left(n+\frac{1}{\sqrt{1-e^2}}\right), \quad T_0(-2,0) = \frac{1}{\sqrt{1-e^2}} \end{cases} \tag{2.109}$$

由上述一般表达式可给出如下两个具体展开式:

$$\left(\frac{r}{a}\right) = \sqrt{1-e^2}\left[1 + 2\sum_{n=1}^{\infty}(-1)^n\beta^n\cos nf\right] \tag{2.110}$$

$$\left(\frac{r}{a}\right)^2 = \sqrt{1-e^2}\left[1 + 2\sum_{n=1}^{\infty}(-1)^n(1+n\sqrt{1-e^2})\beta^n\cos nf\right] \tag{2.111}$$

利用这两个展开式,由

$$\frac{\partial E}{\partial f} = (1-e^2)^{-1/2}\left(\frac{r}{a}\right), \quad \frac{\partial M}{\partial f} = (1-e^2)^{-1/2}\left(\frac{r}{a}\right)^2$$

积分即给出

$$E = f + 2\sum_{n=1}^{\infty}\frac{1}{n}(-1)^n\beta^n\sin nf \tag{2.112}$$

$$f - M = 2\sum_{n=1}^{\infty}(-1)^{n+1}\left(\frac{1}{n}+\sqrt{1-e^2}\right)\beta^n\sin nf \tag{2.113}$$

2.4 轨道根数与位置、速度矢量之间的转换关系

2.4.1 由轨道根数 $\sigma(t)$ 计算位置矢量 $\vec{r}(t)$ 和速度矢量 $\dot{\vec{r}}(t)$

这是一个星历计算问题。关于轨道根数 $\sigma(t)$,如果其中时间根数采用真近点角 f 或偏近点角 E,那么问题就很简单,由公式(2.33)和(2.42)便可直接计算 $\vec{r}(t)$ 和 $\dot{\vec{r}}(t)$。但在实际应用中,往往被采用的时间根数却是平近点角 M,而不是 f 或 E。因此,由轨道根数 σ 计算 $\vec{r}$ 和 $\dot{\vec{r}}$ 时就必须求解由(2.24)式表达的 Kepler 方程,给出所需要的偏近点角 E。关于 Kepler 方程的解法,见后面第 2.5 节。

2.4.2 由 $\vec{r}(t)$ 和 $\dot{\vec{r}}(t)$ 计算轨道根数 $\sigma(t)$

(1) 根数 a,e,M 的计算

a,e,M 三个根数可以确定椭圆轨道的大小、形状和轨道器在轨道平面内相对近星点的位置,都是轨道平面内的量。根据活力公式(2.17),r 的表达式(2.23),$\vec{r}$ 和 $\dot{\vec{r}}$ 的数量积以及

Kepler 方程的解,可给出分别计算 a,e,M 的表达式,即

$$\frac{1}{a}=\frac{2}{r}-\frac{v^2}{\mu} \tag{2.114}$$

$$\begin{cases} e\cos E=1-\dfrac{r}{a} \\ e\sin E=r\dot{r} / \sqrt{\mu a} \end{cases} \tag{2.115}$$

$$M=E-e\sin E \tag{2.116}$$

这里用到 $\vec{r}$ 和 $\dot{\vec{r}}$ 的表达式(2.33)和(2.42)式。上述各式中的 r,v 和 $r\dot{r}$ 由下式计算

$$\begin{cases} r^2=x^2+y^2+z^2 \\ v^2=\dot{x}^2+\dot{y}^2+\dot{z}^2 \\ r\dot{r}=\vec{r}\cdot\dot{\vec{r}}=x\dot{x}+y\dot{y}+z\dot{z} \end{cases} \tag{2.117}$$

(2) 三个定向根数 i,Ω,ω 的计算

从第 2.1 节和 2.2 节中已了解到这三个根数确定了 $\hat{P},\hat{Q},\hat{R}$ 三个单位矢量,而这三个单位矢量又是由 $\vec{r}$ 和 $\dot{\vec{r}}$ 确定的。那么由(2.33)和(2.42)式容易解出

$$\hat{P}=\frac{\cos E}{r}\vec{r}-\sqrt{\frac{a}{\mu}}\sin E\dot{\vec{r}} \tag{2.118}$$

$$\sqrt{1-e^2}\hat{Q}=\frac{\sin E}{r}\vec{r}+\sqrt{\frac{a}{\mu}}(\cos E-e)\dot{\vec{r}} \tag{2.119}$$

而动量矩积分则给出

$$\hat{R}=\frac{(\vec{r}\times\dot{\vec{r}})}{\sqrt{\mu a(1-e^2)}} \tag{2.120}$$

只需要 P_z,Q_z 和 R_x,R_y,R_z,即可计算 i,Ω,ω。由 $\hat{P},\hat{Q},\hat{R}$ 表达式(2.39),(2.40)和(2.4),可给出

$$\begin{cases} P_z=\sin i\sin\omega, \quad Q_z=\sin i\cos\omega \\ \begin{bmatrix} R_x \\ -R_y \\ R_z \end{bmatrix}=\begin{bmatrix} \sin i\sin\Omega \\ \sin i\cos\Omega \\ \cos i \end{bmatrix} \end{cases} \tag{2.121}$$

则

$$\omega=\arctan(P_z/Q_z) \tag{2.122}$$

$$\Omega=\arctan(R_x/(-R_y)) \tag{2.123}$$

$$i=\arccos R_z \tag{2.124}$$

计算 ω,Ω 与 E 一样,均有确定象限问题,故必须用两个三角函数值,而对 i 只需用一个 $\cos i$ 值就够了,关于这一点,读者是容易理解的。

2.4.3 由 $\vec{r}(t_1)$ 和 $\vec{r}(t_2)$ 计算 $\sigma(t_0)$

这里 t_0 可以是 t_1 或 t_2,亦可取其他值,例如中间值 $t_0=(t_1+t_2)/2$。由 $\vec{r}_1=\vec{r}(t_1)$ 和 $\vec{r}_2=\vec{r}(t_2)$ 计算 $\sigma_0=\sigma(t_0)$ 的方法很多,下面介绍一种比较典型的方法。

首先由 $\vec{r}_1$ 和 $\vec{r}_2$ 计算 $\vec{r}_0$ 和 $\dot{\vec{r}}_0$,然后按照上一节的方法计算 σ_0。根据关系式(2.45),有

$$\begin{cases} \vec{r}_1=F_1\,\vec{r}_0+G_1\,\dot{\vec{r}}_0 \\ \vec{r}_2=F_2\,\vec{r}_0+G_2\,\dot{\vec{r}}_0 \end{cases} \tag{2.125}$$

其中 F_1,G_1 和 F_2,G_2,即由公式(2.46)或(2.57)表达。相应的 Δt 分别为

$$\Delta t_1=t_1-t_0, \quad \Delta t_2=t_2-t_0 \tag{2.126}$$

由(2.125)式可解出

$$\begin{cases} \vec{r}_0=\dfrac{G_2\,\vec{r}_1-G_1\,\vec{r}_2}{F_1 G_2-F_2 G_1} \\[2mm] \dot{\vec{r}}_0=\dfrac{F_2\,\vec{r}_1-F_1\,\vec{r}_2}{F_2 G_1-F_1 G_2} \end{cases} \tag{2.127}$$

求解 $\vec{r}_0$ 和 $\dot{\vec{r}}_0$ 实为一迭代过程,$F_j,G_j(j=1,2,\cdots)$ 的初值可取

$$\begin{cases} F=1-\left(\dfrac{1}{2}u_0\right)\Delta t^2 \\[2mm] G=\Delta t-\left(\dfrac{1}{6}u_0\right)\Delta t^3 \end{cases} \tag{2.128}$$

其中

$$u_0=1/r_0^3, \quad r_0=\frac{1}{2}(r_1+r_2) \tag{2.129}$$

具体计算 F,G 时,可采用展开式(2.57)或封闭形式(2.46)～(2.49)。

获得 $\vec{r}_0$ 和 $\dot{\vec{r}}_0$ 后,即可按照上一节的方法计算 σ_0,其过程不再重复。

2.4.4 开普勒方程的解法

根据(2.25)式定义的平近点角 M,Kepler 方程(2.24)式可写成

$$E-e\sin E=M \tag{2.130}$$

当 $e=0$ 时,对应圆轨道,有 $E=M$,这是一个简单关系式,而当 $e=1$ 时,则转化为 Barker 方程[9~10]。对于椭圆运动,则有 $0<e<1$,Kepler 方程实为一超越方程。

关于这一超越方程,其解法曾经出现过多种,当偏心率较小时,前面的级数展开式(2.87)即便于由 (e,M) 直接计算偏近点角 E。但是对于各种不同的偏心率和不同的精度要求,最好有一种较通用的简单算法,按此要求,对于 e 不接近 1 的轨道,普通迭代法和简单的牛顿法(或称微分改正法)便是较理想的近似解法。

(1)简单迭代法

由于 $e<1$,下述迭代法是收敛的,

$$E_{k+1} = M + e\sin E_k, \quad k = 0,1,\cdots \tag{2.131}$$

（2）牛顿法

记

$$f(E) = (E - e\sin E) - M \tag{2.132}$$

根据

$$\begin{cases} f(E_{k+1}) = f(E_k) + f'(E_k)[E_{k+1} - E_k] + \cdots \\ f'(E_k) = 1 - e\cos E_k \end{cases} \tag{2.133}$$

有

$$E_{k+1} = E_k - \frac{f(E_k)}{f'(E_k)}, \quad k = 0,1,\cdots \tag{2.134}$$

关于上述两种方法中初值 E_0 的选取,本章参考文献[9]中有详尽的讨论,在一般情况下,可作简单的选取,即取 $E_0 = M$。对于 e 接近 1 的情况,读者可参阅有关文献。但必须注意,任何包含迭代过程的近似解法,对收敛的控制标准 ε,即 $\Delta E_k = E_{k+1} - E_k \leqslant \varepsilon$ 中的 ε 值,既要考虑问题的精度要求,又要考虑所用计算机的实际有效字长,否则将会造成"死循环"。另外,对于 e 较大的问题,为了节省计算机时,最好能避开选取平近点角 M 作为第六个根数,这在采用数值方法求解以轨道根数作为基本变量的天体运动方程时是可以实现的,后面第 6 章将会介绍这一内容。

2.5　卫星轨道量的几种表达形式与计算

第 1 章关于坐标系的介绍已指出,对于卫星测量、姿态以及轨道误差的描述等,有其特定的要求,需要定义相应的空间坐标系。这类坐标系都涉及卫星运动的轨道,尽管卫星的轨道是变化的,但下一章要阐述的对卫星轨道变化采用的处理方法,会给出这样的结论:任一瞬间,卫星轨道都可以看作瞬时椭圆(抛物线或双曲线),相应的轨道与坐标、速度之间的几何关系同样遵循二体问题对应的规律。在此基础上,容易建立卫星测量、姿态以及轨道误差表达中所需要的转换关系。

2.5.1　卫星轨道升交点经度的两种表达形式

在卫星发射过程中,由于需要,往往有人采用一种过渡的"地固坐标系"来定义卫星轨道升交点的经度,实际上这种提法容易引起误解,在真正的地固坐标系中去看卫星的运动轨道,并不是简单的椭圆,这一点无需多加解释。上述所谓的"地固坐标系",实指"修正"的地心天球坐标系,仅仅将该坐标系的 X 坐标轴从春分点方向移至地固坐标系中采用的格林尼治子午线方向(详见第 1 章 1.3.3 小节),从地面发射角度来考虑,这是容易理解的。在此坐标系中,卫星轨道升交点经度就是通常所指的地理经度,记作 Ω_G,有如下简单的换算关系:

$$\Omega_G = \Omega - S_G \tag{2.135}$$

该式中的 S_G 即格林尼治恒星时,其计算方法见第 1 章的 1.3.4～1.3.5 两小节。

这里顺便作一简单说明,由于习惯称谓,地球上站点经纬度中的经度容易和描述轨道升交点中的经度相混淆。显然,前者是指从格林尼治子午线方向起量的,而后者习惯将赤道坐标系中的赤经和黄道坐标系中的黄经就简称为经度。了解这一点,就不会因上述轨道升交点经度的两种提法而引起坐标系定义的混淆。

2.5.2 地面跟踪站对卫星方位测量采用的表达形式

地面跟踪站对卫星的方位测量,往往采用两种测量装置,即地平式和赤道式,由此,对卫星跟踪的采样分别对应地平坐标和赤道坐标(均对应站心坐标系)。通常将站心地平和赤道坐标系中的位置矢量分别用 $\vec{\rho}$ 和 $\vec{r}'$ 表示,在各自对应的直角坐标系中,有下列关系存在:

$$\vec{\rho} = \rho \begin{bmatrix} \cos h \cos A \\ -\cos h \sin A \\ \sin h \end{bmatrix}, \quad \vec{r}' = r' \begin{bmatrix} \cos\delta\cos\alpha \\ \cos\delta\sin\alpha \\ \sin\delta \end{bmatrix} \tag{2.136}$$

其中 ρ 和 r' 各为卫星到坐标原点的距离,A 为地平经度,h 为地平高度(或称高度角 E),α 为赤经,δ 是赤纬,具体计量在前面第 1.2 节中已有说明。

在轨道问题的处理中,需要将这两种跟踪测量资料归算到地心天球坐标系中,这涉及站心地平坐标和站心赤道坐标与地心天球坐标系(相应的坐标矢量记作 $\vec{r}$,前面各有关内容中均已采用)之间的转换关系,该转换由旋转和平移完成,即

$$\vec{r}' = R_z(\pi - S) R_y\left(\frac{\pi}{2} - \varphi\right)\vec{\rho} \tag{2.137}$$

$$\vec{r} = \vec{r}' + \vec{r}_A \tag{2.138}$$

其中,φ 是测站的天文纬度,$S = \alpha + t$ 是春分点的时角,即测站的地方恒星时(见图 1.1),$\vec{r}_A$ 是测站的地心坐标矢量。

在卫星跟踪过程中,需要将轨道预报给出的状态量(可归结为地心天球坐标系中的坐标矢量 $\vec{r}$)转换成预报观测量:地平坐标型 (A, h),或赤道坐标型 (α, δ)。相应的转换关系即上述转换的逆变换:

$$\vec{r}' = \vec{r} - \vec{r}_A \tag{2.139}$$

$$\vec{\rho} = R_y\left(\varphi - \frac{\pi}{2}\right) R_z(S - \pi)\vec{r}' \tag{2.140}$$

地面跟踪站对卫星的方位测量,涉及跟踪站的站址坐标,在相应的地固坐标系中,跟踪站的大地坐标记作 (H, λ, φ),三个坐标分量为大地高、经度和纬度。

地心天球坐标系中的站址坐标矢量即上述 $\vec{r}_A$,在相应的地固坐标系中,习惯记作 $\vec{R}_e$,两者之间的转换关系即第 1 章 1.3 节中给出的转换公式(1.29),这里记作

$$\vec{r}_A = (HG)^{\mathrm{T}}\vec{R}_e \tag{2.141}$$

其中坐标转换矩阵(HG)包含了四个旋转矩阵,即岁差、章动矩阵,地球自转矩阵和地球极移矩阵,在 IAU1980 规范和 IAU2000 规范中分别表示如下:

$$(HG)=(EP)(ER)(NR)(PR) \tag{2.142}$$

$$(HG)=W(t)R(t)M(t) \tag{2.143}$$

(2.143)式中的矩阵 $M(t)$ 包含了岁差和章动两个矩阵,详见第 1 章 1.3.5 小节的有关内容。关于地固坐标系中,跟踪站坐标矢量 $\vec{R}_e(H,\lambda,\varphi)$ 的三个直角坐标分量 X_e,Y_e,Z_e 与球坐标分量 (H,λ,φ) 之间的关系,见第 1 章 1.3.3 小节中的(1.26)~(1.28)式。

2.5.3 卫星星下点的赤道坐标

卫星星下点即卫星到地心的连线与地球参考椭球面的交点,其位置是在地球坐标系(如无特殊要求,均指第 1 章中定义的地固坐标系)中定义的,相应的两个球坐标分量为大地经纬度 (λ,φ)。

在地心天球坐标系中,卫星的坐标矢量即 $\vec{r}(x,y,z)=\vec{r}(\sigma)$,其中 σ 是 6 个轨道根数:(a,e,i,Ω,ω,M)。而卫星在地固坐标系中相应的坐标矢量即 $\vec{R}(X,Y,Z)$,有

$$\vec{R}(X,Y,Z)=(HG)\vec{r}(x,y,z) \tag{2.144}$$

其中坐标转换矩阵(HG)已在上一小节中作过说明。

在上述表达下,很容易给出相应的卫星星下点的坐标。如果描述星下点位置需要的是地心纬度 φ',则很简单,有如下关系:

$$\vec{R}(t)=\begin{pmatrix} X \\ Y \\ Z \end{pmatrix}=\begin{pmatrix} R\cos\varphi'\cos\lambda \\ R\cos\varphi'\sin\lambda \\ R\sin\varphi' \end{pmatrix} \tag{2.145}$$

其中 R 是卫星的地心距,而 (λ,φ') 即星下点在地球参考椭球面上的位置,由该式即可给出相应的经纬度 (λ,φ'):

$$\begin{cases} \lambda=\arctan(Y/X) \\ \varphi'=\arctan\left(\dfrac{Z}{R}\right)=\arctan\left(\dfrac{Z}{\sqrt{X^2+Y^2}}\right) \end{cases} \tag{2.146}$$

如果需要的是大地纬度 φ,则可根据第 1 章 1.3.3 小节中的(1.26)式令大地高 $H=0$ 即得

$$\begin{aligned} \tan\varphi &=\frac{1}{(1-f)^2}\tan\varphi' \\ &=\frac{1}{(1-f)^2}\left(\frac{Z}{\sqrt{X^2+Y^2}}\right) \end{aligned} \tag{2.147}$$

注意,这里的 f 是参考椭球体的几何扁率。

2.5.4 星体坐标系

在某些测量任务中,会涉及卫星姿态问题所采用的星体坐标系,这里仅从轨道角度阐明

有关定义，即如何将地心天球坐标系转换至卫星轨道坐标系，这里所说的卫星轨道坐标系，是指卫星轨道面为其坐标系的主平面，即 x-y 坐标面，而 x 轴方向即卫星方向。该坐标系即由地心天球坐标系经 3 次旋转来实现，若记该旋转矩阵为(GD)，有

$$(GD) = R_z(u) R_x(i) R_z(\Omega) \tag{2.148}$$

其中 $u = f + \omega$ 是卫星的纬度角，这里的 f 是卫星的真近点角。接下来要做的就是将坐标原点平移至卫星的"质心"等，这些都将由具体航天测量任务的需求来确定。

2.5.5 卫星位置误差的几种表达形式

无论是卫星定轨还是轨道预报，均涉及相应位置误差的表达形式。卫星位置误差的基本表达形式即 $\Delta \vec{r} = (\Delta x\ \Delta y\ \Delta z)^{\mathrm{T}}$，而更能直接反映轨道误差特征的表达形式是：轨道径向、横向和轨道面法向三分量形式，记作 $\Delta \vec{r} = (\Delta r\ \Delta t\ \Delta w)^{\mathrm{T}}$，三分量的构成如下：

$$\Delta r = \Delta \vec{r} \cdot \hat{r}, \quad \Delta t = \Delta \vec{r} \cdot \hat{t}, \quad \Delta w = \Delta \vec{r} \cdot \hat{w} \tag{2.149}$$

三个方向的单位矢量由下式计算：

$$\begin{cases} \hat{r} = \cos u\, \hat{P} + \sin u\, \hat{Q} \\ \hat{t} = -\sin u\, \hat{P} + \cos u\, \hat{Q} \\ \hat{w} = \hat{r} \times \hat{t} \end{cases} \tag{2.150}$$

其中 $u = f + \omega$ 是卫星的纬度角，$\hat{P}$ 和 $\hat{Q}$ 分别表示近星点和半通径方向的单位矢量，见本章的(2.39)和(2.40)式。

在轨道偏心率不太大的情况下，上述横向与轨道切向接近，因此横向误差分量 Δt 基本上就反映了轨道沿迹误差的大小，这是轨道误差中最重要的分量。

2.6　抛物线轨道和双曲线轨道

尽管从轨道力学方法这一角度来看，显然应该着重讨论椭圆轨道及其变化规律，但无论是自然天体的运动，还是人造天体的运动(特别是深空探测器的运动)，有些问题亦会涉及抛物线和双曲线轨道，特别是双曲线轨道。因此，从实际应用角度考虑，对这两种轨道作一简单介绍也是有必要的。

2.6.1 抛物线轨道

此时，$e = 1$，$a \to \infty$，故面积积分(2.15)式和轨道积分(2.13)式变为

$$r^2 \dot{\theta} = \sqrt{\mu p}, \quad p = 2q \tag{2.151}$$

$$r = \frac{p}{1 + \cos(\theta - \omega)} \tag{2.152}$$

该抛物线的焦点仍在中心天体上，p 是半通径，q 是近星距。仍定义 f 为真近点角，有

$$f = \theta - \omega \tag{2.153}$$

那么(2.151)和(2.152)式即可分别写成下列形式：

$$r^2 \dot{f} = \sqrt{2\mu q} \tag{2.154}$$

$$r = \frac{p}{1+\cos f} = q \sec^2 \frac{f}{2} \tag{2.155}$$

将式(2.155)代入式(2.154)，积分该式即给出

$$2\tan \frac{f}{2} + \frac{3}{2}\tan^3 \frac{f}{2} = \sqrt{2\mu} q^{-3/2}(t-\tau) \tag{2.156}$$

其中 τ 是最后一个积分常数，与椭圆运动类似，它也是运动天体 p 过近星点的时刻。因此，抛物线轨道根数由于 $e=1$ 只剩下 5 个，即 $i, \Omega, q, \omega, \tau$。

2.6.2 双曲线轨道

此时 $e > 1$，相应的面积积分(2.15)式和轨道方程(2.13)式变为

$$r^2 \dot{\theta} = \sqrt{\mu p} \tag{2.157}$$

$$r = \frac{p}{1+e\cos f} \tag{2.158}$$

其中

$$p = a(e^2 - 1) \tag{2.159}$$

$$f = \theta - \omega \tag{2.160}$$

这里的 p 亦称为半通径，p 和 a 的几何意义见图 2.4，f 是真近点角，ω 是近星点角距，而相应的近星距为

$$r_p = a(e-1) \tag{2.161}$$

活力公式(2.17)在这里变为下列形式：

$$v^2 = \dot{r}^2 + r^2 \dot{\theta}^2 = \mu\left(\frac{2}{r} + \frac{1}{a}\right) \tag{2.162}$$

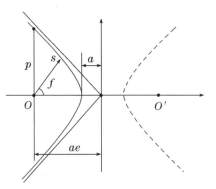

图 2.4　天体 s 相对天体 P_0
（即焦点 O）的双曲线轨道

类似于对椭圆运动的积分方法，由(2.162)式利用(2.157)式消除 $\dot{\theta}$ 给出

$$\begin{cases} na\,dt = \dfrac{r\,dr}{\sqrt{(r+a)^2 - a^2 e^2}} \\ n = \sqrt{\mu}\, a^{-3/2} \end{cases} \tag{2.163}$$

引进辅助变量 E

$$r = a(e\,\mathrm{ch}\,E - 1) \tag{2.164}$$

代入(2.163)式后积分该式即给出双曲线运动的第六个积分：

$$e\,\mathrm{sh}\,E - E = n(t-\tau) = M \tag{2.165}$$

其中 τ 为第六个积分常数，亦是过近星点的时刻。虽然这里引进的 E 与椭圆运动中的偏近

点角 E 意义不同,但上述 f,E 和 M 之间的几何关系与椭圆运动中的相应关系类似,即

$$\begin{cases} r\cos f = a(e-\mathrm{ch}E) \\ r\sin f = a\sqrt{e^2-1}\,\mathrm{sh}E \end{cases} \tag{2.166}$$

$$\tan\frac{f}{2}=\sqrt{\frac{e+1}{e-1}}\tan\frac{E}{2} \tag{2.167}$$

由轨道方程(2.158)不难看出,$1+e\cos f=0$,$r\rightarrow\infty$,由此可知:

$$-\pi+\arccos\left(\frac{1}{e}\right)\leqslant f\leqslant\pi-\arccos\left(\frac{1}{e}\right) \tag{2.168}$$

方程(2.165)类似椭圆运动中的 Kepler 方程,但由于 $e>1$,不能用一般的迭代法求解,若用简单的牛顿迭代法,亦容易由给定的 e,M 求出 E。若取初值 $E=E^{(0)}$,则改正公式为

$$\begin{cases} \Delta E = \dfrac{M-(e\mathrm{sh}E^{(0)}-E^{(0)})}{e\mathrm{ch}E^{(0)}-1} \\ E^{(1)} = E^{(0)}+\Delta E-\dfrac{1}{2}\dfrac{e\mathrm{sh}E^{(0)}}{(e\mathrm{ch}E^{(0)}-1)}\Delta E^2 \end{cases} \tag{2.169}$$

一般情况下,迭代过程中(2.169)式的改正部分只要取到 ΔE 的一次项,即

$$E^{(1)}=E^{(0)}+\Delta E \tag{2.170}$$

算例如下:

由 $e=1.5$,$M=\pi/4=0.785398163$,求 E 值。取 $E^{(0)}=M$,相应的改正过程如下:

$$E^{(1)}=1.056738913$$
$$E^{(2)}=1.018032116$$
$$E^{(3)}=1.016994172$$
$$E^{(4)}=1.016993449$$

$E^{(4)}$ 对应的 $e\mathrm{sh}E-E=0.785398163$,与 M 值在 9 位有效数字上完全相同。当然,还可充分利用计算机的条件,采用更快速的迭代算法,这里只是举一个简单的算例供读者参考。

2.6.3 位置矢量和速度矢量的计算公式

对于上述两种轨道,运动天体的位置矢量 $\vec{r}$ 的表达式与椭圆轨道相同,即

$$\vec{r}=r\cos f\,\hat{P}+r\sin f\,\hat{Q} \tag{2.171}$$

其中 $\hat{P}$ 和 $\hat{Q}$ 即近星点方向和半通径方向的单位矢量,它们的表达式与椭圆运动中的形式相同,见(2.39)和(2.40)两式。

关于速度矢量 $\dot{\vec{r}}$ 的表达式,两种轨道稍有不同,对于抛物线轨道和双曲线轨道分别为

$$\begin{cases} \dot{\vec{r}}=\sqrt{\dfrac{\mu}{p}}\left[(-\sin f)\hat{P}+(\cos f+1)\hat{Q}\right] \\ p=2q \end{cases} \tag{2.172}$$

$$\begin{cases} \dot{\vec{r}}=\sqrt{\dfrac{\mu}{p}}\left[(-\sin f)\hat{P}+(\cos f+e)\hat{Q}\right] \\ p=a(e^2-1) \end{cases} \tag{2.173}$$

64

参考文献

[1] Smart，W M. Celestial Mechanics. University of Glasgow,1953.

[2] Brower, D. and Clemence,G. M. Methods of Celestial Mechanics. Academic Press,
New York and London，1961.

2nd impr. , Academic Press, Orlando, San Diego, New York,1985.

(刘林,丁华译. 天体力学方法. 北京:科学出版社,1986)

[3] 易照华. 天体力学基础. 南京:南京大学出版社,1994.

[4] 刘林. 天体力学方法. 南京:南京大学出版社,1998.

[5] Beutler G. Methods of Celestial Mechanics, Springer-Verlag Berlin, Heideberg, 2005.

[6] 刘林,侯锡云. 轨道力学基础. 北京:高等教育出版社,2018.

[7] Giacaglia，G. E. O. Celest. Mech. 1976,14:515－523.

[8] 刘林. 航天动力学引论. 南京:南京大学出版社,2006.

[9] Taff, L G. Brennan, T A. Celest. Mech. , 1989, 46:163－176.

[10] Battin R. H. An Introduction to the Mathematics and Methods of Astrodynamics.
AIAA, Inc. ,Reston,Virginia, 1999.

第3章 /

构造卫星轨道摄动解的分析方法

卫星(各类环绕型探测器)轨道运动对应的数学问题,涉及的是一个受摄力学系统,而且在绪论的第 3 节中已指出,对于现实的太阳系而言,归结为一个受摄二体问题,运动方程的一般形式如下:

$$\ddot{\vec{r}} = \vec{F}_0(r) + \vec{F}_\varepsilon(\vec{r}, \dot{\vec{r}}, t; \varepsilon) \tag{3.1}$$

$$\vec{F}_0(\vec{r}) = -\frac{\mu}{r^2}\left(\frac{\vec{r}}{r}\right) \tag{3.2}$$

其中 $\mu = G(m_0 + m)$,m_0 和 m 各为中心天体和运动天体的质量,对于航天器这类小天体而言,取 $m = 0$,$\vec{F}_\varepsilon$ 是摄动加速度,其形式由具体的摄动源所确定。这一章就以一般形式的运动方程(3.1)式作为背景,给出相应的处理方法。

3.1 受摄二体问题的数学处理

首先考虑无摄运动(即二体问题),此时 $\vec{F}_\varepsilon = 0$,相应的运动方程为

$$\ddot{\vec{r}} = -\frac{\mu}{r^2}\left(\frac{\vec{r}}{r}\right) \tag{3.3}$$

第 2 章已给出该问题的解,可归结为下列形式:

$$\vec{r} = \vec{f}(c_1, c_2, \cdots, c_6, t) \tag{3.4}$$

$$\dot{\vec{r}} = \vec{g}(c_1, c_2, \cdots, c_6, t) \tag{3.5}$$

其中

$$\dot{\vec{r}} = \frac{\partial \vec{r}}{\partial t} = \frac{\partial \vec{f}}{\partial t} \tag{3.6}$$

六个积分常数 $c_1, c_2, \cdots, c_6$ 即六个轨道根数,对于椭圆运动,即 $a, e, i, \Omega, \omega, \tau$。第六个根数 τ 为运动天体过近星点的时刻,若用平近点角 M 代替 τ,则解(3.4)和(3.5)中将不显含 t,但这些解并不是直接以 M 的形式出现,而是以真近点角 f 或偏近点角 E 的形式出现。

回到方程(3.1), $\vec{F}_\varepsilon \neq 0$,解(3.4)和(3.5)式当然不满足该方程。如果要使这一无摄运动解的形式仍满足受摄运动方程(3.1),则 $c_1, c_2, \cdots, c_6$ 不再是常数,应为 t 的函数,这就是

常微分方程求解中的常数变易法。根据这一原理导出的原积分常数 $c_j(j=1,2,\cdots,6)$ 所满足的微分方程,就称为通常所指的"摄动运动方程"。尽管本书主要是为读者提供相应问题的算法,但为了使读者深入了解轨道力学领域中这一最重要的基本原理,有助于对算法的准确理解,有必要对摄动运动方程建立过程中如何引用常数变易原理作必要的阐述,简述如下:

(3.4)式对 t 求导数得

$$\frac{\mathrm{d}\vec{r}}{\mathrm{d}t} = \frac{\partial \vec{f}}{\partial t} + \sum_{j=1}^{6} \frac{\partial \vec{f}}{\partial c_j} \frac{\mathrm{d}c_j}{\mathrm{d}t} \tag{3.7}$$

由于要求(3.5)式亦满足受摄运动方程,故应有

$$\frac{\mathrm{d}\vec{r}}{\mathrm{d}t} = \frac{\partial \vec{f}}{\partial t} = \vec{g}(c_1,\cdots,c_6;t) \tag{3.8}$$

此式再对 t 求一次导数,并让其满足受摄运动方程(3.1),即

$$\frac{\mathrm{d}^2 \vec{r}}{\mathrm{d}t^2} = \frac{\partial \vec{g}}{\partial t} + \sum_{j=1}^{6} \frac{\partial \vec{g}}{\partial c_j} \frac{\mathrm{d}c_j}{\mathrm{d}t} = \vec{F}_0 + \vec{F}_\varepsilon \tag{3.9}$$

而 $\partial \vec{g}/\partial t = \vec{F}_0$,由此可知,常数变易的两个条件应为

$$\begin{cases} \sum_{j=1}^{6} \frac{\partial \vec{f}}{\partial c_j} \frac{\mathrm{d}c_j}{\mathrm{d}t} = 0 \\ \sum_{j=1}^{6} \frac{\partial \vec{g}}{\partial c_j} \frac{\mathrm{d}c_j}{\mathrm{d}t} = \vec{F}_\varepsilon \end{cases} \tag{3.10}$$

这是关于 $\frac{\mathrm{d}c_j}{\mathrm{d}t}$ 的代数方程组,其系数 $\partial \vec{f}/\partial c_j$ 和 $\partial \vec{g}/\partial c_j$ 都是 c_j 和 t 的已知函数,这些偏导数在第 2 章中均已给出。原则上可由这一方程组导出 $\mathrm{d}c_j/\mathrm{d}t$ 的显形式:

$$\frac{\mathrm{d}c_j}{\mathrm{d}t} = f(c_1,\cdots,c_6,t;\varepsilon), \quad j=1,2,\cdots,6 \tag{3.11}$$

此即所需要的摄动运动方程。但上述关于 $\mathrm{d}c_j/\mathrm{d}t$ 的线性代数方程组(3.10)的系数 $\partial \vec{f}/\partial c_j$ 和 $\partial \vec{g}/\partial c_j$ 比较繁杂,直接推导很麻烦,在一些天体力学书籍[1~2]中有详细的推导过程,推导方法大致可分为两类,一类是针对保守力以摄动函数 R 的偏导数形式($\partial R/\partial\sigma$)代替摄动加速度 $\vec{F}_\varepsilon$ 进行推导,另一类则是直接以摄动加速度 $\vec{F}_\varepsilon$ 的三个分量形式(如径向、横向和轨道面法向分量)进行推导。作者曾在本章参考文献[3]和[4]中给出了后一类形式的简单推导方法,读者如有需要,可阅读这两篇文献之一中的有关内容,下一节将直接列出结果。

在列出受摄运动方程的具体形式之前,有一个重要概念问题必须作一阐明。关于常数变易的含义及其在求解受摄运动方程中的作用,其最主要的一点是:无摄运动解的表达形式(3.4)和(3.5),即第 2 章中的表达式(2.33)和(2.42),仍适用于受摄运动,它是受摄运动的瞬时根数与位置矢量和速度矢量之间的一个严格关系式,所不同的只是无摄运动中 $c_j(j=1,2,\cdots,6)$ 是常数,而在受摄运动中,$c_j = c_j(t)$ 是时间 t 的函数。既然如此,受摄运动的轨道即可看成一个变化的椭圆(或二次圆锥曲线),第 2 章中给出的椭圆运动的各种几何关系和

偏导数关系,在受摄运动中全部成立。但要注意,对时间 t 的导数却不再成立,特别是面积积分的形式应正确地理解为

$$\begin{cases} r^2\,\dot{\theta}=\sqrt{\mu a(1-e^2)} \\ \dot{\theta}=\dot{f}+\dot{\omega}+\dot{\Omega}\cos i \end{cases} \tag{3.12}$$

只是在无摄运动中 $\dot{\omega}=0,\dot{\Omega}=0$,该积分才退化为二体问题中的表达形式(2.26):

$$r^2\,\dot{f}=h=\sqrt{\mu a(1-e^2)}$$

3.2 摄动运动方程的几种常用形式

3.2.1 摄动加速度 (S,T,W) 和 (U,N,W) 型表达的摄动运动方程

在有些情况下,摄动力并非保守力,即便是保守力,亦可采用摄动加速度分量的形式来建立相应的摄动运动方程。通常是将(3.1)式中的摄动加速度 $\vec{F_\varepsilon}$ 分解成径向、横向和轨道面法向三分量,依次记为 S,T,W;或分解成切向、主法向和次法向(即轨道面法向)三分量,分别记为 U,N,W。(S,T) 与 (U,N) 之间的转换关系如下:

$$\begin{cases} S=\dfrac{e\sin f}{\sqrt{1+2e\cos f+e^2}}U-\dfrac{1+e\cos f}{\sqrt{1+2e\cos f+e^2}}N \\ T=\dfrac{1+e\cos f}{\sqrt{1+2e\cos f+e^2}}U+\dfrac{e\sin f}{\sqrt{1+2e\cos f+e^2}}N \end{cases} \tag{3.13}$$

因此,容易由 (S,T,W) 型方程转换成 (U,N,W) 型方程。

直接由摄动加速度构造的形式统称为高斯(Gauss)型摄动运动方程,下面列出相应的具体表达形式。

(1) (S,T,W) 型摄动运动方程

$$\begin{cases} \dfrac{da}{dt}=\dfrac{2}{n\sqrt{1-e^2}}\big[S e\sin f+T(1+e\cos f)\big] \\[2mm] \dfrac{de}{dt}=\dfrac{\sqrt{1-e^2}}{na}\big[S\sin f+T(\cos f+\cos E)\big] \\[2mm] \dfrac{di}{dt}=\dfrac{r\cos u}{na^2\sqrt{1-e^2}}W \\[2mm] \dfrac{d\Omega}{dt}=\dfrac{r\sin u}{na^2\sqrt{1-e^2}\sin i}W \\[2mm] \dfrac{d\omega}{dt}=\dfrac{\sqrt{1-e^2}}{nae}\Big[-S\cos f+T\Big(1+\dfrac{r}{p}\Big)\sin f\Big]-\cos i\dfrac{d\Omega}{dt} \\[2mm] \dfrac{dM}{dt}=n-\dfrac{1-e^2}{nae}\Big[-S\Big(\cos f-2e\dfrac{r}{p}\Big)+T\Big(1+\dfrac{r}{p}\Big)\sin f\Big] \end{cases} \tag{3.14}$$

其中 $u=f+\omega,p=a(1-e^2)$,f 和 E 分别为真近点角和偏近点角。

(2) (U, N, W) 型摄动运动方程

$$
\begin{cases}
\dfrac{\mathrm{d}a}{\mathrm{d}t} = \dfrac{2}{n\sqrt{1-e^2}}(1+2e\cos f+e^2)^{1/2}U \\[3mm]
\dfrac{\mathrm{d}e}{\mathrm{d}t} = \dfrac{\sqrt{1-e^2}}{na}(1+2e\cos f+e^2)^{-1/2}\big[2(\cos f+e)U-(\sqrt{1-e^2}\sin E)N\big] \\[3mm]
\dfrac{\mathrm{d}\omega}{\mathrm{d}t} = \dfrac{\sqrt{1-e^2}}{nae}(1+2e\cos f+e^2)^{-1/2}\big[(2\sin f)U+(\cos E+e)N\big]-\cos i\dfrac{\mathrm{d}\Omega}{\mathrm{d}t} \\[3mm]
\dfrac{\mathrm{d}M}{\mathrm{d}t} = n-\dfrac{1-e^2}{nae}(1+2e\cos f+e^2)^{-1/2}\left[\left(2\sin f+\dfrac{2e^2}{\sqrt{1-e^2}}\sin E\right)U+(\cos E-e)N\right]
\end{cases}
$$

$$(3.15)$$

其中 $\dfrac{\mathrm{d}i}{\mathrm{d}t}$ 和 $\dfrac{\mathrm{d}\Omega}{\mathrm{d}t}$ 与 (3.14) 式中的表达相同。

关于 S, T, W 三分量如何给出，这要根据具体摄动源的状况而定。如果不易直接给出，那么当摄动力是保守力，并已知摄动函数 R 的形式，则可由下列关系式给出 S, T, W：

$$
S=\frac{\partial R}{\partial r}, \quad T=\frac{1}{r}\frac{\partial R}{\partial \theta}=\frac{1}{r}\frac{\partial R}{\partial u}, \quad W=\frac{\partial R}{\partial z}=\frac{1}{r\sin u}\frac{\partial R}{\partial i} \tag{3.16}
$$

若 $\vec{F_\varepsilon}$ 的直角坐标分量 $\vec{F}_{1x}, \vec{F}_{1y}, \vec{F}_{1z}$ 容易给出，则可由下列转换关系导出 S, T, W：

$$
\begin{pmatrix} S \\ T \\ W \end{pmatrix} = (ZH)\begin{pmatrix} \vec{F}_{1x} \\ \vec{F}_{1y} \\ \vec{F}_{1z} \end{pmatrix} \tag{3.17}
$$

转换矩阵 (ZH) 由三次旋转构成：$(ZH)=R_z(u)R_x(i)R_z(\Omega)$，其具体形式为

$$
(ZH)=R_z(u)R_x(i)R_z(\Omega)=\begin{bmatrix} l_1 & m_1 & n_1 \\ l_2 & m_2 & n_2 \\ l_3 & m_3 & n_3 \end{bmatrix}
$$

$$
=\begin{bmatrix} \cos u\cos\Omega+\sin u(-\sin\Omega\cos i) & \cos u\sin\Omega+\sin u(\cos\Omega\cos i) & \sin u\sin i \\[2mm] -\sin u\cos\Omega+\cos u(-\sin\Omega\cos i) & -\sin u\sin\Omega+\cos u(\cos\Omega\cos i) & \cos u\sin i \\[2mm] \sin\Omega\sin i & -\cos\Omega\sin i & \cos i \end{bmatrix}
$$

$$(3.18)$$

于是，由 $\vec{F_\varepsilon}$ 到 (S, T, W) 的转换公式即可写成

$$
S=\vec{F_\varepsilon}\cdot\hat{r}, \quad T=\vec{F_\varepsilon}\cdot\hat{t}, \quad W=\vec{F_\varepsilon}\cdot\hat{w} \tag{3.19}
$$

其中 $\hat{r}, \hat{t}, \hat{w}$ 分别为径向、横向和轨道面法向单位矢量，有

$$
\hat{r}=\begin{pmatrix} \cos u(\cos\Omega)+\sin u(-\cos i\sin\Omega) \\ \cos u(\sin\Omega)+\sin u(\cos i\cos\Omega) \\ \sin u(\sin i) \end{pmatrix}=\cos u\,\hat{P}^*+\sin u\,\hat{Q}^* \tag{3.20}
$$

$$\hat{t} = -\sin u P^* + \cos u \hat{Q}^* \tag{3.21}$$

$$\hat{w} = \begin{pmatrix} \sin i \sin \Omega \\ -\sin i \cos \Omega \\ \cos i \end{pmatrix} = \hat{P}^* \times \hat{Q}^* \tag{3.22}$$

这里的 $\hat{P}^*$ 和 $\hat{Q}^*$ 与第 2 章中的 $\hat{P}$ 和 $\hat{Q}$ 方向不同(见(2.39)和(2.40)式),其表达式为

$$\hat{P}^* = \begin{pmatrix} \cos\Omega \\ \sin\Omega \\ 0 \end{pmatrix}, \quad \hat{Q}^* = \begin{pmatrix} -\cos i \sin\Omega \\ \cos i \cos\Omega \\ \sin i \end{pmatrix} \tag{3.23}$$

3.2.2 摄动函数表达的 $\partial R/\partial\sigma$ 型摄动运动方程

如果摄动力是保守力,则相应的摄动加速度 $\vec{F}_\varepsilon$ 可由下式表达:

$$\vec{F}_\varepsilon = \mathrm{grad}(R) \tag{3.24}$$

这里的 R 即摄动函数,一般有 $R = R(\vec{r}, t; \varepsilon)$,其形式由具体的摄动源所确定。

关于 $\partial R/\partial\sigma$ 型的摄动运动方程,容易由 S, T, W 型摄动运动方程转换而得。略去这一转换过程,直接列出其具体形式如下:

$$\begin{cases} \dfrac{\mathrm{d}a}{\mathrm{d}t} = \dfrac{2}{na}\dfrac{\partial R}{\partial M} \\[2mm] \dfrac{\mathrm{d}e}{\mathrm{d}t} = \dfrac{1-e^2}{na^2 e}\dfrac{\partial R}{\partial M} - \dfrac{\sqrt{1-e^2}}{na^2 e}\dfrac{\partial R}{\partial \omega} \\[2mm] \dfrac{\mathrm{d}i}{\mathrm{d}t} = \dfrac{1}{na^2\sqrt{1-e^2}\sin i}\left(\cos i\dfrac{\partial R}{\partial \omega} - \dfrac{\partial R}{\partial \Omega}\right) \\[2mm] \dfrac{\mathrm{d}\Omega}{\mathrm{d}t} = \dfrac{1}{na^2\sqrt{1-e^2}\sin i}\dfrac{\partial R}{\partial i} \\[2mm] \dfrac{\mathrm{d}\omega}{\mathrm{d}t} = \dfrac{\sqrt{1-e^2}}{na^2 e}\dfrac{\partial R}{\partial e} - \cos i\dfrac{\mathrm{d}\Omega}{\mathrm{d}t} \\[2mm] \dfrac{\mathrm{d}M}{\mathrm{d}t} = n - \dfrac{1-e^2}{na^2 e}\dfrac{\partial R}{\partial e} - \dfrac{2}{na}\dfrac{\partial R}{\partial a} \end{cases} \tag{3.25}$$

对存在 R 的情况,原是直接利用常数变易原理导出,称为拉格朗日(Lagrange)型摄动运动方程。由于直接推导很麻烦,从实用角度来看,无需再去了解这一具体推导过程。

摄动运动方程(3.25)式有一明显特点:在前三个方程的右端项中,只涉及 $\partial R/\partial(\Omega,\omega,M)$,而在后三个方程的右端项中却只涉及 $\partial R/\partial(a,e,i)$,具有一种"对称性",这也是三个角变量 Ω,ω,M 与三个角动量 a,e,i 之间的差别,特别是角变量中的快变量 M,其变化的快慢主要由运动天体的平运动角速度 $n = \sqrt{\mu}a^{-3/2}$ 所确定。

3.2.3 摄动运动方程的正则形式

对于 Hamilton 系统,采用分析力学方法建立相应的摄动运动方程是很容易的,当采用

正则共轭变量,如德洛纳(Delaunay)变量 L,G,H,l,g,h 时,相应的摄动运动方程的形式极其简单,有一种共轭对称性,即

$$\begin{cases} \dfrac{dL}{dt}=\dfrac{\partial F}{\partial l}, & \dfrac{dl}{dt}=-\dfrac{\partial F}{\partial L} \\[2mm] \dfrac{dG}{dt}=\dfrac{\partial F}{\partial g}, & \dfrac{dg}{dt}=-\dfrac{\partial F}{\partial G} \\[2mm] \dfrac{dH}{dt}=\dfrac{\partial F}{\partial h}, & \dfrac{dh}{dt}=-\dfrac{\partial F}{\partial H} \end{cases} \tag{3.26}$$

其中 F 为 Hamilton 函数,与常用的 Hamilton 函数 K(区别于变量 H)相差一负号,即

$$F=-K=\frac{\mu^2}{2L^2}+R \tag{3.27}$$

因此,方程(3.26)亦与常用形式相差一负号。这里的 L,G,H 为矩(角动量),相当于广义动量 p,而 l,g,h 为角变量,相当于广义坐标 q。它们与椭圆轨道根数之间的关系如下:

$$\begin{cases} L=\sqrt{\mu a}, & l=M \\[2mm] G=\sqrt{\mu a(1-e^2)}, & g=\omega \\[2mm] H=\sqrt{\mu a(1-e^2)}\cos i, & h=\Omega \end{cases} \tag{3.28}$$

由此不难看出,容易由方程(3.26)利用关系(3.28)导出前面的以轨道根数作为基本变量的拉格朗日型摄动运动方程(3.25)。从这一联系来看,尽管 Hamilton 力学主要用于相关的理论研究领域,但为了解决实际应用问题,了解上述基本原理以及与常用变量之间的关系还是有必要的。

3.2.4 摄动运动方程的奇点与处理方法

从摄动运动方程(3.14),(3.15)或(3.25)式可以看出,$\dfrac{d\omega}{dt}$ 和 $\dfrac{dM}{dt}$ 的右端含有因子 $\dfrac{1}{e}$,而 $\dfrac{d\Omega}{dt}$ 和 $\dfrac{d\omega}{dt}$ 的右端含有 $\dfrac{1}{\sin i}$,因此,$e=0$ 和 $\sin i=0$(即 $i=0$ 或 $180°$)是摄动运动方程的奇点。它将在下面一章的摄动解中反映出来,当 $e\approx0$,$i\approx0$ 或 $180°$ 时,解就将失效,但是,相应的运动仍然是正常的,例如近圆轨道显然是存在的。这一小 e、小 i 问题的产生,是由于相应基本变量的选择不当引起的。因为当 $e=0$ 时,ω 不确定,与之有关的 M 也随之不确定;而当 $i=0$ 或 $180°$ 时,Ω 不确定,与之有关的 ω 亦随之不确定。这种选择不当,在上述方程中必然要反映出来,只要改变相应变量的选择,即可消除上述奇点。

(1) 适用于任意偏心率($0\leqslant e<1$)的摄动运动方程

引进下述变量

$$a,\quad i,\quad \Omega,\quad \xi=e\cos\omega,\quad \eta=e\sin\omega,\quad \lambda=M+\omega \tag{3.29}$$

对 $e=0$ 而言是一组无奇点变量,显然,当 $e=0$ 时,ξ,η,λ 均是有意义的。

按定义(3.29)和下列关系

$$\begin{cases} \dfrac{d\xi}{dt} = \cos\omega \, \dfrac{de}{dt} - e\sin\omega \, \dfrac{d\omega}{dt} \\[3mm] \dfrac{d\eta}{dt} = \sin\omega \, \dfrac{de}{dt} + e\cos\omega \, \dfrac{d\omega}{dt} \\[3mm] \dfrac{d\lambda}{dt} = \dfrac{dM}{dt} + \dfrac{d\omega}{dt} \end{cases} \tag{3.30}$$

即可导出以新变量表达的无奇点摄动运动方程,其形式如下:

1) $\partial R/\partial \sigma$ 型

$$\begin{cases} \dfrac{da}{dt} = \dfrac{2}{na} \dfrac{\partial R}{\partial \lambda} \\[3mm] \dfrac{di}{dt} = \dfrac{1}{na^2 \sqrt{1-e^2}\sin i} \left(\cos i \left(\xi \dfrac{\partial R}{\partial \eta} - \eta \dfrac{\partial R}{\partial \xi} + \dfrac{\partial R}{\partial \lambda} \right) - \dfrac{\partial R}{\partial \Omega} \right) \\[3mm] \dfrac{d\Omega}{dt} = \dfrac{1}{na^2 \sqrt{1-e^2}\sin i} \dfrac{\partial R}{\partial i} \\[3mm] \dfrac{d\xi}{dt} = -\dfrac{\sqrt{1-e^2}}{na^2} \dfrac{\partial R}{\partial \eta} - \xi \dfrac{\sqrt{1-e^2}}{na^2(1+\sqrt{1-e^2})} \dfrac{\partial R}{\partial \lambda} + \eta\cos i \dfrac{d\Omega}{dt} \\[3mm] \dfrac{d\eta}{dt} = \dfrac{\sqrt{1-e^2}}{na^2} \dfrac{\partial R}{\partial \xi} - \eta \dfrac{\sqrt{1-e^2}}{na^2(1+\sqrt{1-e^2})} \dfrac{\partial R}{\partial \lambda} - \xi\cos i \dfrac{d\Omega}{dt} \\[3mm] \dfrac{d\lambda}{dt} = n - \dfrac{2}{na} \dfrac{\partial R}{\partial a} + \dfrac{\sqrt{1-e^2}}{na^2(1+\sqrt{1-e^2})} \left(\xi \dfrac{\partial R}{\partial \xi} + \eta \dfrac{\partial R}{\partial \eta} \right) - \cos i \dfrac{d\Omega}{dt} \end{cases} \tag{3.31}$$

2) S, T, W 型

$$\begin{cases} \dfrac{da}{dt} = \dfrac{2}{n\sqrt{1-e^2}} \left[S(\xi\sin u - \eta\cos u) + T\left(\dfrac{p}{r}\right) \right] \\[3mm] \dfrac{d\xi}{dt} = \dfrac{\sqrt{1-e^2}}{na} \left\{ S\sin u + \dfrac{T}{\sqrt{1-e^2}} \left[(\cos\tilde{u} + \sqrt{1-e^2}\cos u) - \dfrac{\xi}{1+\sqrt{1-e^2}}(\xi\cos\tilde{u} + \eta\sin\tilde{u}) \right] \right\} \\[3mm] \qquad + \eta\cos i \dfrac{d\Omega}{dt} \\[3mm] \dfrac{d\eta}{dt} = -\dfrac{\sqrt{1-e^2}}{na} \left\{ S\cos u - \dfrac{T}{\sqrt{1-e^2}} \left[(\sin\tilde{u} + \sqrt{1-e^2}\sin u) - \dfrac{\eta}{1+\sqrt{1-e^2}}(\xi\cos\tilde{u} + \eta\sin\tilde{u}) \right] \right\} \\[3mm] \qquad - \xi\cos i \dfrac{d\Omega}{dt} \\[3mm] \dfrac{d\lambda}{dt} = n - \dfrac{\sqrt{1-e^2}}{na} \left\{ 2S\sqrt{1-e^2}\left(\dfrac{r}{p}\right) + \dfrac{1}{1+\sqrt{1-e^2}} \left[S(\xi\cos u + \eta\sin u) \right. \right. \\[3mm] \qquad \left. \left. - T\left(1+\dfrac{r}{p}\right)(\xi\sin u - \eta\cos u) \right] \right\} - \cos i \dfrac{d\Omega}{dt} \end{cases}$$

$$\tag{3.32}$$

其中 $\tilde{u} = E + \omega$。di/dt 和 $d\Omega/dt$ 同 (3.14) 中的形式。

上述变换过程中用到

$$1-\sqrt{1-e^2}=e^2/(1+\sqrt{1-e^2}) \tag{3.33}$$

在新方程中已不再出现因子 $1/e$,即 $1/\sqrt{\xi^2+\eta^2}$。

关于 ξ,η 的选择,在原 1998 年南京大学出版社出版的《天体力学方法》教材[4]和相关的文章中曾采用过下列形式:

$$\xi=e\cos\omega, \quad \eta=-e\sin\omega \tag{3.34}$$

多年前在作者的相关工作和文字材料中已改为上述(3.29)式的形式,并已在相关工作中正式采用。读者如果仍要按原选择引用相应的计算公式,只要把本书的 η 全部改作 $(-\eta)$ 即可。

(2) 适用于任意偏心率$(0\leqslant e<1)$和倾角$(0\leqslant i<180°)$的摄动运动方程

下述变量

$$a, \quad e, \quad h=\sin\frac{i}{2}\cos\Omega, \quad k=\sin\frac{i}{2}\sin\Omega, \quad \tilde{\omega}=\omega+\Omega, \quad M \tag{3.35}$$

对 $i=0$ 而言是一组无奇点变量,显然,当 $i=0$ 时,$h,k,\tilde{\omega}$ 是有意义的。一般不会出现 $i=180°$ 情况,而同时出现 $e=0$ 和 $i=0$ 的情况是有的,为此引进下述无奇点变量:

$$\begin{cases} a, \quad h=\sin\dfrac{i}{2}\cos\Omega, \quad k=\sin\dfrac{i}{2}\sin\Omega \\[2mm] \xi=e\cos\tilde{\omega}, \quad \eta=e\sin\tilde{\omega}, \quad \lambda=M+\tilde{\omega} \end{cases} \tag{3.36}$$

其中

$$\tilde{\omega}=\omega+\Omega \tag{3.37}$$

相应地有

$$\begin{cases} \dfrac{\mathrm{d}h}{\mathrm{d}t}=\dfrac{1}{2}\cos\dfrac{i}{2}\cos\Omega\dfrac{\mathrm{d}i}{\mathrm{d}t}-\sin\dfrac{i}{2}\sin\Omega\dfrac{\mathrm{d}\Omega}{\mathrm{d}t} \\[3mm] \dfrac{\mathrm{d}k}{\mathrm{d}t}=\dfrac{1}{2}\cos\dfrac{i}{2}\sin\Omega\dfrac{\mathrm{d}i}{\mathrm{d}t}+\sin\dfrac{i}{2}\cos\Omega\dfrac{\mathrm{d}\Omega}{\mathrm{d}t} \\[3mm] \dfrac{\mathrm{d}\xi}{\mathrm{d}t}=\cos(\omega+\Omega)\dfrac{\mathrm{d}e}{\mathrm{d}t}-e\sin(\omega+\Omega)\left(\dfrac{\mathrm{d}\omega}{\mathrm{d}t}+\dfrac{\mathrm{d}\Omega}{\mathrm{d}t}\right) \\[3mm] \dfrac{\mathrm{d}\eta}{\mathrm{d}t}=\sin(\omega+\Omega)\dfrac{\mathrm{d}e}{\mathrm{d}t}+e\cos(\omega+\Omega)\left(\dfrac{\mathrm{d}\omega}{\mathrm{d}t}+\dfrac{\mathrm{d}\Omega}{\mathrm{d}t}\right) \\[3mm] \dfrac{\mathrm{d}\lambda}{\mathrm{d}t}=\dfrac{\mathrm{d}M}{\mathrm{d}t}+\dfrac{\mathrm{d}\omega}{\mathrm{d}t}+\dfrac{\mathrm{d}\Omega}{\mathrm{d}t} \end{cases} \tag{3.38}$$

针对实际应用情况,下面列出 S,T,W 型的无奇点摄动运动方程:

$$\frac{\mathrm{d}a}{\mathrm{d}t}=\frac{2}{n\sqrt{1-e^2}}\left[S(\xi\sin u-\eta\cos u)+T\left(\frac{p}{r}\right)\right] \tag{3.39}$$

$$\begin{aligned} \frac{\mathrm{d}\xi}{\mathrm{d}t}=\frac{\sqrt{1-e^2}}{na}&\left\{S\sin u+T\left[(\cos\tilde{u}+\cos u)-\frac{\eta}{\sqrt{1-e^2}(1+\sqrt{1-e^2})}(\xi\sin\tilde{u}-\eta\cos\tilde{u})\right]\right.\\ &\left.+W\left(\frac{r}{p}\right)\left[-\frac{\eta}{\cos(i/2)}(h\sin u-k\cos u)\right]\right\} \end{aligned} \tag{3.40}$$

$$\frac{\mathrm{d}\eta}{\mathrm{d}t}=\frac{\sqrt{1-e^2}}{na}\left\{-S\cos u+T\left[(\sin\tilde{u}+\sin u)+\frac{\xi}{\sqrt{1-e^2}(1+\sqrt{1-e^2})}(\xi\sin\tilde{u}-\eta\cos\tilde{u})\right]\right.$$

$$\left.+W\left(\frac{r}{p}\right)\left[\frac{\xi}{\cos(i/2)}(h\sin u-k\cos u)\right]\right\} \tag{3.41}$$

$$\frac{\mathrm{d}h}{\mathrm{d}t}=\frac{\sqrt{1-e^2}}{2na\cos(i/2)}W\left(\frac{r}{p}\right)\left[\cos u-h(h\cos u+k\sin u)\right] \tag{3.42}$$

$$\frac{\mathrm{d}k}{\mathrm{d}t}=\frac{\sqrt{1-e^2}}{2na\cos(i/2)}W\left(\frac{r}{p}\right)\left[\sin u-k(h\cos u+k\sin u)\right] \tag{3.43}$$

$$\frac{\mathrm{d}\lambda}{\mathrm{d}t}=n-\frac{\sqrt{1-e^2}}{na}\left\{2S\sqrt{1-e^2}\left(\frac{r}{p}\right)+\frac{1}{1+\sqrt{1-e^2}}\left[S(\xi\cos u+\eta\sin u)-T\left(1+\frac{r}{p}\right)(\xi\sin u-\eta\cos u)\right]\right.$$

$$\left.-W\left(\frac{r}{p}\right)\left(\frac{h\sin u-k\cos u}{\cos(i/2)}\right)\right\} \tag{3.44}$$

上述各方程的右端,一些中间量 $n,e^2,p,\sin^2 i,\tilde{u}=E+\tilde{\omega},u=f+\tilde{\omega},\cdots$ 的计算公式如下:

$$n=\sqrt{\mu}a^{-3/2} \tag{3.45}$$

$$e^2=\xi^2+\eta^2 \tag{3.46}$$

$$p=a(1-e^2) \tag{3.47}$$

$$\sin^2\frac{i}{2}=h^2+k^2,\quad\cos i=1-2(h^2+k^2),\quad\cos\frac{i}{2}=[1-(h^2+k^2)]^{1/2} \tag{3.48}$$

$$\tilde{u}-\lambda=\xi\sin\tilde{u}-\eta\cos\tilde{u} \tag{3.49}$$

$$\frac{a}{r}=[1-(\xi\cos\tilde{u}+\eta\sin\tilde{u})]^{-1} \tag{3.50}$$

$$\sin u=\left(\frac{a}{r}\right)\left[(\sin\tilde{u}-\eta)-\frac{\xi}{1+\sqrt{1-e^2}}(\xi\sin\tilde{u}-\eta\cos\tilde{u})\right]$$

$$\cos u=\left(\frac{a}{r}\right)\left[(\cos\tilde{u}-\xi)+\frac{\eta}{1+\sqrt{1-e^2}}(\xi\sin\tilde{u}-\eta\cos\tilde{u})\right] \tag{3.51}$$

右函数中的摄动加速度 S,T,W 三个分量可由摄动加速度 $\vec{F_\varepsilon}$ 构成,转换如下:

$$S=\vec{F_\varepsilon}\cdot\hat{r},\quad T=\vec{F_\varepsilon}\cdot\hat{t},\quad W=\vec{F_\varepsilon}\cdot\hat{w} \tag{3.52}$$

$$\hat{r}=\cos u\hat{P}^*+\sin u\hat{Q}^* \tag{3.53}$$

$$\hat{t}=-\sin u\hat{P}^*+\cos u\hat{Q}^* \tag{3.54}$$

$$\hat{w}=\hat{r}\times\hat{t} \tag{3.55}$$

其中单位矢量 $\hat{P}^*,\hat{Q}^*$ 由下式表达:

$$\hat{P}^*=\begin{Bmatrix}1-2k^2\\2hk\\-2k\cos\dfrac{i}{2}\end{Bmatrix} \tag{3.56}$$

$$\hat{Q}^* = \begin{pmatrix} 2hk \\ 1-2h^2 \\ 2h\cos\dfrac{i}{2} \end{pmatrix} \tag{3.57}$$

相应地有

$$\hat{w} = \begin{pmatrix} 2k\cos\dfrac{i}{2} \\ -2h\cos\dfrac{i}{2} \\ \cos i \end{pmatrix} \tag{3.58}$$

$$\vec{r} = r\hat{r} \tag{3.59}$$

$$\dot{\vec{r}} = \sqrt{\dfrac{\mu}{p}}\left[-(\sin u+\eta)\hat{P}^* + (\cos u+\xi)\hat{Q}^*\right] \tag{3.60}$$

（3）无奇点正则共轭变量

只要变量选择不当,小 e 和小 i 问题在正则运动方程中同样要出现,下面列出一组无奇点正则共轭变量,即消除奇点 $e=0$ 的正则共轭变量 $(\tilde{L},\tilde{G},\tilde{H},\tilde{l},\tilde{g},\tilde{h})$:

$$\begin{cases} \tilde{L}=L, & \tilde{l}=l+g \\ \tilde{G}=\sqrt{2(L-G)}\cos g, & \tilde{g}=\sqrt{2(L-G)}\sin g \\ \tilde{H}=H, & \tilde{h}=h \end{cases} \tag{3.61}$$

其中

$$\sqrt{2(L-G)}=[L\sqrt{2/(L+G)}]e \tag{3.62}$$

这组无奇点变量与前面由(3.29)式定义的那一组相对应。(3.61)式和(3.62)式中出现的 L,G,H,l,g,h 即原德洛纳变量。

这里不再列出由上述无奇点正则共轭变量表达的摄动运动方程,因为在求解摄动运动方程时,若采用正则共轭变量,其解法主要是变换方法,通常是在一些理论研究问题中引用,读者如有需要,可参阅本章参考文献[3～6]中的有关内容。

3.3　构造小参数幂级数解的摄动法

3.3.1　小参数方程

经常数变易法的处理,原受摄运动方程

$$\ddot{\vec{r}} = \vec{F}_0 + \vec{F}_\varepsilon \tag{3.63}$$

的求解问题已转化为相应的摄动运动方程

$$\frac{\mathrm{d}\boldsymbol{\sigma}}{\mathrm{d}t} = f_\varepsilon(\sigma,t,\varepsilon) \tag{3.64}$$

的求解问题。这里 σ 表示一 6 维矢量,6 个分量即瞬时轨道根数,或相应的正则共轭变量,或上一节引进的无奇点变量。右函数 f_ϵ 则是 6 维矢量函数,有

$$|(f_\epsilon)_i| = O(\epsilon) \ll 1, \quad i = 1, 2, \cdots, 6 \tag{3.65}$$

原受摄运动问题的解将由两部分组成,即

$$\vec{r} = \vec{r}(\sigma, t), \quad \dot{\vec{r}} = \dot{\vec{r}}(\sigma, t) \tag{3.66}$$

$$\sigma(t) = \sigma(\sigma_0, t_0; t, \epsilon), \quad \sigma(t_0) = \sigma_0 \tag{3.67}$$

其中 $\vec{r}$ 和 $\dot{\vec{r}}$ 的表达式是已知的,即第二章中的 (2.33) 和 (2.42) 式,它们对应于一个瞬时椭圆,σ_0 即 t_0 时刻椭圆根数或相应变量的初值。剩下的问题是如何求解小参数方程 (3.64),给出摄动解 $\sigma(t)$。

尽管方程 (3.64) 式是复杂的非线性方程组,但其右端为小量(对应小参数 ϵ),给出相应的小参数幂级数解并不困难,已有成熟的方法,即摄动法。为了让读者深入了解摄动法的原理,以便学习后面几章要介绍的针对航天器轨道力学中出现的各种解法,有必要在天体力学基础上对小参数幂级数解的存在性以及如何构造相应级数解的基本过程作一简要阐述。

3.3.2 小参数幂级数解的存在性

这是常微分方程分析理论中的一个基本问题。与天体力学密切相关的一个基本定理,即邦加雷(Poincaré)定理,叙述如下:

设小参数方程

$$\frac{\mathrm{d}x_i}{\mathrm{d}t} = X_i(x_1, x_2, \cdots, x_n, t; \epsilon), \quad i = 1, 2, \cdots, n \tag{3.68}$$

的右函数 X_i 在 $0 \leqslant t < t_1$ 时对 t 连续且可展为 x 及 ϵ 的收敛幂级数,则此方程组的解 $x_i = f_i(t, \epsilon)$ 当 $0 \leqslant t < t_1$,ϵ 充分小时,可展为小参数 ϵ 的收敛幂级数,t_1 满足下列条件:

$$\frac{\alpha\epsilon}{(1 + \alpha\epsilon)^2} \exp(n\alpha M t_1) < \frac{1}{4} \tag{3.69}$$

其中 M 是右函数 X_i 在所讨论区间上的最大值,α 是与变量 x_i 有关的实数。

这一收敛条件可看成相应幂级数解的收敛范围,对于运动天体而言,可理解为该级数解在天体运动弧段 s 满足下列条件时是有意义的,即

$$s \sim \frac{1}{\epsilon} \tag{3.70}$$

这里改用弧段 $s = nt_1$,是因为 t 涉及不同的时间尺度和运动速度的快慢,无"统一"的定量意义,而运动弧段 s 能明确反映轨道运动延续的尺度。摄动小参数 ϵ 愈小,幂级数解的收敛区间就愈大,这是容易理解的。在收敛区间内,可具体构造相应的幂级数解,这样构造的幂级数解虽然只能反映运动天体在局部区间的运动特征,但已能解决实际问题。至于运动的全局结构,已不是本书所涉及的内容。

3.3.3 小参数幂级数解的构造——摄动法

如果第六个根数采用 τ 或 $M_0 = -n\tau$,则方程(3.64)式右函数 f_ε 的 6 个元素的量级均为 $O(\varepsilon)$,即满足(3.65)式。然而,通常第六个根数是采用平近点角 M,那么上述右函数 f_ε 的第 6 个元素含有一项 $n = \sqrt{\mu} a^{-3/2} = O(\varepsilon^0)$,这时方程(3.64)应改写成下列形式

$$\frac{\mathrm{d}\sigma}{\mathrm{d}t} = f_0(a) + f_1(\sigma, t, \varepsilon) \tag{3.71}$$

其中

$$\begin{cases} f_0(a) = \delta n \\ \delta = \begin{pmatrix} 0 \\ 0 \\ 0 \\ \vdots \\ 1 \end{pmatrix} = (0 \ \ 0 \ \ 0 \ \ 0 \ \ 0 \ \ 1)^{\mathrm{T}} \end{cases} \tag{3.72}$$

$$|f_{1i}(\sigma, t, \varepsilon)| = O(\varepsilon), \quad i = 1, 2, \cdots, 6 \tag{3.73}$$

这里将原 f_ε 改写成 f_1 是为了方便表达摄动量的阶,即 $f_1 = O(\varepsilon)$,$f_2 = O(\varepsilon^2)$,$\cdots$,方程 (3.71)式的右端增加 $f_2 = O(\varepsilon^2)$,$\cdots$,并不影响下面的论述。

方程(3.71)式的小参数幂级数解的形式为

$$\sigma(t) = \sigma^{(o)}(t) + \Delta\sigma^{(1)}(t, \varepsilon) + \Delta\sigma^{(2)}(t, \varepsilon^2) + \cdots + \Delta\sigma^{(l)}(t, \varepsilon^l) + \cdots \tag{3.74}$$

$$\Delta\sigma^{(l)}(t, \varepsilon^l) = \varepsilon^l \beta_l(t), \quad l = 1, 2, \cdots$$

其中 $\sigma^{(o)}(t)$ 是对应 $\varepsilon = 0$ 的无摄运动解,即

$$\sigma^{(o)}(t) = \sigma_0 + \delta n_0(t - t_0) \tag{3.75}$$

或具体写成

$$a^{(0)}(t) = a_0, \quad e^{(0)}(t) = e_0, \quad i^{(0)}(t) = i_0,$$

$$\Omega^{(0)}(t) = \Omega_0, \quad \omega^{(0)}(t) = \omega_0$$

$$M^{(0)}(t) = M_0 + n_0(t - t_0) \tag{3.76}$$

其中 $\sigma_0(a_0, e_0, i_0, \Omega_0, \omega_0, M_0)$ 是历元(即初始时刻)t_0 的根数。不难看出,对 ε 展开的小参数幂级数解(3.74),实际上就是解 $\sigma(t)$ 在参考轨道无摄运动解 $\sigma^{(o)}(t)$ "处"的展开式。$\Delta\sigma^{(l)}(t, \varepsilon^l)$ 即 l 阶摄动变化项,简称 l 阶摄动项。将形式解(3.74)代入方程(3.71)得

$$\frac{\mathrm{d}}{\mathrm{d}t}[\sigma^{(o)} + \Delta\sigma^{(1)} + \Delta\sigma^{(2)} + \cdots + \Delta\sigma^{(l)} + \cdots]$$

$$= f_0(a) + \frac{\partial f_0}{\partial a}[\Delta a^{(1)} + \Delta a^{(2)} + \cdots] + \frac{1}{2}\frac{\partial^2 f_0}{\partial a^2}[\Delta a^{(1)} + \cdots]^2 + \cdots$$

$$+ f_1(\sigma, t, \varepsilon) + \sum_{j=1}^{6} \frac{\partial f_1}{\partial \sigma_j}[\Delta\sigma_j^{(1)} + \Delta\sigma_j^{(2)} + \cdots] \tag{3.77}$$

$$+ \frac{1}{2}\sum_{j=1}^{6}\sum_{k=1}^{6} \frac{\partial^2 f_1}{\partial \sigma_j \partial \sigma_k}[\Delta\sigma_j^{(1)} + \cdots][\Delta\sigma_k^{(1)} + \cdots]$$

$$+ \cdots$$

该式右端各项中出现的根数 σ 均应取参考轨道 $\sigma^{(\omega)}(t)$。若级数解(3.77)收敛(该收敛性前面已有说明),则可比较展开式(3.77)两端同次幂(ε^i)的系数,于是得

$$\begin{cases} \sigma^{(\omega)}(t) = \sigma_0 + \delta n_0(t-t_0) \\ \Delta\sigma^{(1)}(t) = \int_{t_0}^{t} \left[\delta \frac{\partial n}{\partial a} \Delta a^{(1)} + f_1(\sigma,t,\varepsilon)_1 \right]_{\sigma^{(\omega)}} \mathrm{d}t \\ \Delta\sigma^{(2)}(t) = \int_{t_0}^{t} \left[\delta \left(\frac{\partial n}{\partial a} \Delta a^{(2)} + \frac{1}{2} \frac{\partial^2 n}{\partial a^2} (\Delta a^{(1)})^2 \right) + \sum_j \frac{\partial f_1}{\partial \sigma_j} \Delta\sigma_j^{(1)} \right]_{\sigma^{(\omega)}} \mathrm{d}t \\ \cdots \end{cases} \tag{3.78}$$

显然,这是一个有效的递推过程:由低阶摄动项求高阶摄动项。将 $f_1(\sigma,t,\varepsilon)_1$ 的具体形式代入后,即可给出解(3.74)中各阶摄动项的表达式,从而构造出摄动运动方程(3.71)的小参数幂级数解。这一构造级数解的方法,即摄动法。

下面举一简单例子,以体现上述采用摄动法构造级数解的具体过程。

例:用摄动法求解下列二阶小参数方程

$$\ddot{x} + \omega^2 x = -\varepsilon x^3, \quad \varepsilon \ll 1 \tag{3.79}$$

其中 $\omega > 0$ 是实常数。

解:当 $\varepsilon = 0$ 时,无摄运动方程

$$\ddot{x} + \omega^2 x = -\varepsilon x^3, \quad \varepsilon \ll 1 \tag{3.80}$$

的解为

$$\begin{cases} x = a\cos(\omega t + M_0) \\ \dot{x} = -\omega a \sin(\omega t + M_0) \end{cases} \tag{3.81}$$

这里初始时刻 $t_0 = 0$,积分常数 a 和 M_0 相当于两个无摄根数。

当 $\varepsilon \neq 0$ 时,用常数变易法建立相应的摄动运动方程,相应的常数变易满足下列条件:

$$\begin{cases} \dfrac{\partial x}{\partial a}\dot{a} + \dfrac{\partial x}{\partial M_0}\dot{M_0} = 0 \\ \dfrac{\partial \dot{x}}{\partial a}\dot{a} + \dfrac{\partial \dot{x}}{\partial M_0}\dot{M_0} = -\varepsilon x^3 \end{cases} \tag{3.82}$$

由此导出摄动运动方程如下:

$$\begin{cases} \dot{a} = \dfrac{\varepsilon}{\omega}a^3\left(\dfrac{1}{4}\sin 2M + \dfrac{1}{8}\sin 4M\right) = (f_1)_a \\ \dot{M} = \omega + \dot{M_0} \\ \quad = \omega + \dfrac{\varepsilon}{\omega}a^2\left(\dfrac{3}{8} + \dfrac{1}{2}\cos 2M + \dfrac{1}{8}\cos 4M\right) = \omega + (f_1)_M \end{cases} \tag{3.83}$$

其中 $M = M_0 + \omega t$,它代替了 M_0,该方程的小参数幂级数解即

$$\begin{cases} \sigma(t) = \sigma^{(\omega)}(t) + \Delta\sigma^{(1)}(t) + \cdots \\ \sigma^{(\omega)}(t) = \begin{bmatrix} a_0 \\ M_0 + \omega t \end{bmatrix} \end{cases} \tag{3.84}$$

因 $\omega = \text{const}$，于是由

$$\Delta\sigma^{(1)}(t) = \int_0^t \left[f_1(\sigma, t, \varepsilon) \right]_{\sigma^{(0)}} \mathrm{d}t \tag{3.85}$$

积分得

$$\begin{cases} \Delta a^{(1)}(t) = \dfrac{\varepsilon}{\omega^2} a^3 \left(-\dfrac{1}{8}\cos 2M - \dfrac{1}{32}\cos 4M \right)_0^t \\ \Delta M^{(1)}(t) = \dfrac{\varepsilon}{\omega^2} a^2 \left(\dfrac{3}{8}\omega t + \dfrac{1}{4}\sin 2M + \dfrac{1}{32}\sin 4M \right)_0^t \end{cases} \tag{3.86}$$

二阶摄动项的推导公式为

$$\begin{cases} \Delta a^{(2)}(t) = \int_0^t \left[\dfrac{\partial (f_1)_a}{\partial a} \Delta a^{(1)} + \dfrac{\partial (f_1)_a}{\partial M} \Delta M^{(1)} \right]_{\sigma^{(0)}} \mathrm{d}t \\ \Delta M^{(2)}(t) = \int_0^t \left[\dfrac{\partial (f_1)_M}{\partial a} \Delta a^{(1)} + \dfrac{\partial (f_1)_M}{\partial M} \Delta M^{(1)} \right]_{\sigma^{(0)}} \mathrm{d}t \end{cases} \tag{3.87}$$

将 $\Delta\sigma^{(1)}$ 代入后积分即得二阶摄动项 $\Delta a^{(2)}$ 和 $\Delta M^{(2)}$。不难看出，由于 $\Delta M^{(1)}$ 中含有 ωt 这种项，那么求 $\Delta\sigma^{(2)}(t)$ 时，将会出现下列形式的积分：

$$\int_0^t \begin{bmatrix} \sin kM \\ \cos kM \end{bmatrix} \omega t \, \mathrm{d}t, \quad k = 0, 1, \cdots \tag{3.88}$$

这正是摄动法在轨道力学中用来求解摄动运动方程时应重视的问题。

3.3.4 周期项和长期项

如果摄动力是保守力，在有限时间间隔内，通常 a, e, i 仅有周期变化，Ω, ω 有随时间的长期变化，但比近点角 M（或 E, f）的变化缓慢得多，因为 M 是直接反映运动天体绕中心天体运动的位置根数，而 Ω 和 ω 的变化仅仅是由摄动作用引起的。故通常称 a, e, i 为"不变量"，Ω 和 ω 为慢变量，而 M（或 E, f）为快变量。在上述情况下，各阶摄动变化 $\Delta\sigma^{(1)}$，$\Delta\sigma^{(2)}$，$\cdots$ 中一般包含三种性质不同的项：长期项、长周期项和短周期项，长期项是 $(t - t_0)$ 的线性函数或多项式，其系数仅是 a, e, i 的函数，长周期项是 Ω 或 ω 的三角函数，而短周期项则是 M 的周期函数（亦是三角函数）。对于短周期项，也会因某种通约因素而导致其转化为长周期项（下面一章的有关内容将会讨论它）。另外，还有形如 $(t - t_0)\sin(At + B)$ 和 $(t - t_0) \cdot \cos(At + B)$ 等形式的混合项，亦称泊松（Poisson）项，上一小节最后提到的 (3.88) 式类型的积分就可能导致这种混合项的出现。

从上一小节用摄动法构造级数解的过程和例子中不难看出，即使摄动力为保守力，也会导致 $\varepsilon(t - t_0)$，$\varepsilon^2(t - t_0)^2$，$\cdots$ 这种多项式型的长期项的出现，而且与 ω 或 Ω 有关的长周期项将会变为长期项或泊松项。由于参考轨道取无摄运动解 $\sigma^{(0)}(t)$，那么将会有如下形式的摄动项出现：

$$\int_{t_0}^t \cos\omega_0 \, \mathrm{d}t = \cos\omega_0 (t - t_0) \tag{3.89}$$

再按 (3.78) 式表达的摄动解的构造过程，即可导致 $(t - t_0)^2$，$(t - t_0)^3$，$\cdots$ 这种类型的长期项

或泊松项的出现。而若积分时,ω 取为 $\bar{\omega}=\bar{\omega}_0+\dot{\omega}(t-t_0)$,让其代替 $\omega^{(0)}(t)=\omega_0$,则上述积分将变为下列形式:

$$\int_{t_0}^{t} \cos\bar{\omega}\,\mathrm{d}t = \left(\frac{\sin\bar{\omega}}{\dot{\omega}}\right)_{t_0}^{t} \tag{3.90}$$

此为长周期项,就不会出现上面提到的那类摄动项。从定性角度看,当摄动力为保守力时,通常 a,e,i 是没有长期变化的,若按上述经典摄动法来构造摄动解,即会导致 a,e,i 出现长期变化,这就"歪曲"了轨道变化的性质。即使从定量角度来看,虽然对于短弧而言无关紧要,但对于长弧情况,长周期项与长期项的差别将会明显,这将影响解的精度。因此,对于某些实际问题(特别是轨道变化相对较快的人造地球卫星的有关问题),采用参考轨道为无摄运动解的经典摄动法来构造相应的摄动分析解,无论是从定性角度来看,还是从定量角度来看,均有明显的不足之处,对它进行改进是有必要的,下面几节将具体阐述该相关内容。

3.4 摄动法的改进——平均根数法

第 3 章 3.3.4 小节中已指出,对于卫星轨道运动而言,特别是解决某些实际应用问题,采用无摄运动解作为参考轨道的经典摄动法,构造相应的摄动分析解有明显的不足之处,事实上,二十世纪人造地球卫星上天后,各种改进方法就相继出现。改进的基础就是非线性力学中的平均法和天体力学中早已出现过的变换方法(即当时针对保守力系统建立在 Hamilton 力学基础上的正则变换方法)。

本书将要介绍的几种改进方法,相应的参考轨道不再是对应初始椭圆轨道(对卫星运动而言)的无摄运动解 $\sigma^{(0)}(t_0)$,而是一种"长期"进动椭圆,相应的轨道根数是带有长期变化的所谓平均根数 $\bar{\sigma}(t)$,或同时包含长期变化和长周期变化的拟平均根数 $\bar{\sigma}'(t)$,由此获得的摄动解的结构并不复杂,其包含的各类周期项均由简单的三角函数构成。这种改进的实质,即将摄动变化项按其不同性质区分开,以解除经典摄动法中所遇到的问题,但其构造相应摄动分析解的原理和具体过程,仍旧遵循经典摄动法的全部理论依据,因此,它显然不同于通常意义下的中间轨道,后者往往会导致相应轨道解的结构极其复杂。

3.4.1 平均根数法的引入

关于采用平均根数法构造卫星受摄运动轨道解的工作,可以说首先是由日本天文学家古在由秀(Kozai)完成的[8],尽管当初他的结果还不够完善,但他的工作在早期人造地球卫星轨道及有关工作中起了很大作用。本章要介绍的平均根数法,是作者在其工作基础上作了一些必要的改进,包括参考解的明确提出,对平均根数的严格处理(按定义分清不同性质的变化),以及轨道半长径 a 的长周期变化 $a_l^{(1)}(t), a_l^{(2)}(t)$ 的严格导出等[3~5],使该方法得以完善。

引入平均轨道作为参考轨道,既有非线性力学中平均法的思想,同时也是变换方法的一种"直观"体现,但从应用角度考虑,本书不再介绍变换方法,读者如有需要,可参阅本章给出的参考文献[3]～[7]中的有关内容。

仍记

$$\sigma = (a, e, i, \Omega, \omega, M)^{\mathrm{T}} \qquad (3.91)$$

相应的摄动运动对应的初值问题为

$$\begin{cases} \dfrac{\mathrm{d}\sigma}{\mathrm{d}t} = f_0(a) + f_\varepsilon(\sigma, t, \varepsilon) \\ \sigma_0 = \sigma(t_0) \end{cases} \qquad (3.92)$$

其中

$$f_0(a) = \delta n, \quad n = \sqrt{\mu} a^{-3/2} \qquad (3.93)$$

$$\delta = (0 \quad 0 \quad 0 \quad 0 \quad 0 \quad 1)^{\mathrm{T}} \qquad (3.94)$$

这里引用符号 δ 是为了区分 a, e, i, Ω, ω 五个根数与复合根数 M 的差别,该根数的变化包含了 0 阶摄动部分,对应原"无摄运动",而 $f_\varepsilon(\sigma, t, \varepsilon)$ 即对应摄动部分。

现将根数的摄动变化 $\Delta\sigma^{(1)}, \Delta\sigma^{(2)}, \cdots$,按其性质分解成长期变化、长周期变化和短周期变化三部分(定义见第 3.3.4 小节),分别记作 $\sigma_1(t-t_0), \cdots, \Delta\sigma_l^{(1)}, \cdots, \Delta\sigma_s^{(1)}, \cdots$,而方程组(3.92)的小参数幂级数解的形式改为下列形式:

$$\sigma(t) = \bar{\sigma}(t) + \sigma_l^{(1)} + \cdots + \sigma_s^{(1)} + \cdots \qquad (3.95)$$

其中

$$\bar{\sigma}(t) = \bar{\sigma}^{(0)}(t) + \sigma_1(t-t_0) + \sigma_2(t-t_0) + \cdots \qquad (3.96)$$

$$\bar{\sigma}^{(0)}(t) = \bar{\sigma}_0 + \delta \bar{n}(t-t_0) \qquad (3.97)$$

$$\bar{\sigma}_0 = \bar{\sigma}(t_0) = \sigma_0 - [\sigma_l^{(1)}(t_0) + \cdots + \sigma_s^{(1)}(t_0) + \cdots] \qquad (3.98)$$

此即一个收敛幂级数中相关项的重新组合,原摄动变化 $\Delta\sigma^{(1)}(t), \Delta\sigma^{(2)}(t), \cdots$,不仅按其变化性质分为不同部分,还改为以摄动项表达的形式,即原

$$\Delta\sigma_l^{(1)}(t) = \sigma_l^{(1)}(t) - \sigma_l^{(1)}(t_0), \quad \Delta\sigma_s^{(1)}(t) = \sigma_s^{(1)}(t) - \sigma_s^{(1)}(t_0), \cdots$$

在表达式(3.95)中只出现 $\sigma_l^{(1)}(t), \cdots, \sigma_s^{(1)}(t), \cdots$,而 $\sigma_l^{(1)}(t_0), \cdots, \sigma_s^{(1)}(t_0), \cdots$,已按(3.98)式从 σ_0 中消去。这样的分解就使得 $\bar{\sigma}(t)$ 只包含长期变化,故称其为平均轨道根数,简称平均根数,或平根数。

平均根数法就是采用 $\bar{\sigma}(t)$ 作为其参考解,显然,$\bar{\sigma}(t)$ 对应的仍是一个椭圆轨道,但它不再是一个不变的椭圆轨道,而是一个包含长期摄动变化的椭圆轨道,确实不是通常意义下的中间轨道。在保守力摄动下,它将是一个长期进动椭圆,原椭圆运动的各种几何关系式对它仍适用,这就表明,平均根数法仍是建立在受摄二体问题基础上的一种摄动法,可以称其为改进的摄动法。

3.4.2 椭圆运动中有关量的平均值

有些量无法直接得出其随时间的变化性质,如 $\left(\dfrac{a}{r}\right)$, $\cos f$ 等,它们是 f 的周期函数,但

对时间 t 积分时,在一个运动周期内的累积效果并不为零(除非偏心率 $e=0$)。那么,为了区分一个函数的变化性质,需要采用对时间 t 求平均值的方法来加以区分。

任一函数 $F(t)$,在一个运动周期 T 内的平均值 $\overline{F}$ 定义为

$$\overline{F} = \frac{1}{T}\int_0^T F(t)\mathrm{d}t \tag{3.99}$$

若记 F_s 和 F_c 分别为周期项和非周期项,则显然有

$$F_c = \overline{F}, \quad F_s = F - \overline{F} \tag{3.100}$$

于是,可用对一个运动周期求平均值的方法将周期项分离出来,相应的函数 $F(t)$ 即被分解成两个部分:

$$F(t) = F_c + F_s \tag{3.101}$$

从上述过程可以清楚地看出,在求积分(3.99)时,无论用什么方法,都不会影响由(3.100)式和(3.101)式表示的函数分解结果的严格性。因此,尽管这一分解是针对采用相应方法求解运动天体轨道摄动变化的需要,可这里计算积分(3.99)时却能采用椭圆运动关系。当然,考虑摄动时,运动周期 T 及所有椭圆轨道根数均要发生缓慢的变化,但它不会改变周期项 F_s 的基本特征。因此,上述分解不仅严格,而且仍能保持原分解的力学意义。

处理椭圆轨道摄动变化时所涉及的摄动力,有各种各样的函数形式,但需要通过求平均值来分离周期项的,基本上有下面四类:

$$\left(\frac{a}{r}\right)^p \sin qf, \quad \left(\frac{a}{r}\right)^p \cos qf,$$

$$\left(\frac{a}{r}\right)^p (f-M)\sin qf, \quad \left(\frac{a}{r}\right)^p (f-M)\cos qf, \quad p,q=0,1,2,\cdots$$

首先用几个实例来介绍求平均值的基本方法以及平均值的特征,并借此熟悉一下前面所介绍的各种椭圆关系式的具体应用。

(1) $p=0,q=1$ 对应的 $\sin f$ 和 $\cos f$

$$\overline{\sin f} = \frac{1}{T}\int_0^T \sin f\mathrm{d}t = \frac{1}{2\pi}\int_0^{2\pi} \sin f\mathrm{d}M$$
$$= \frac{1}{2\pi}\int_0^{2\pi} \sin f\left(\frac{r}{a}\right)\mathrm{d}E = \frac{1}{2\pi}\int_0^{2\pi} \sqrt{1-e^2}\sin E\mathrm{d}E = 0 \tag{3.102}$$

$$\overline{\cos f} = \frac{1}{T}\int_0^T \cos f\mathrm{d}t$$
$$= \frac{1}{2\pi}\int_0^{2\pi} \cos f\left(\frac{r}{a}\right)\mathrm{d}E = \frac{1}{2\pi}\int_0^{2\pi} (\cos E - e)\mathrm{d}E = -e \tag{3.103}$$

(2) $p=3,q=0$ 对应的 $\left(\frac{a}{r}\right)^3$

$$\overline{\left(\frac{a}{r}\right)^3} = \frac{1}{T}\int_0^T \left(\frac{a}{r}\right)^3\mathrm{d}t = \frac{1}{2\pi}(1-e^2)^{-1/2}\int_0^{2\pi}\left(\frac{a}{r}\right)\mathrm{d}f$$
$$= \frac{1}{2\pi}(1-e^2)^{-3/2}\int_0^{2\pi}(1+e\cos f)\mathrm{d}f = (1-e^2)^{-3/2} \tag{3.104}$$

（3）$p=-1,q=0$ 对应的 $\overline{\left(\dfrac{r}{a}\right)}$

$$\overline{\left(\frac{r}{a}\right)}=\frac{1}{T}\int_0^T\left(\frac{r}{a}\right)\mathrm{d}t=\frac{1}{2\pi}\int_0^{2\pi}\left(\frac{r}{a}\right)^2\mathrm{d}E=\frac{1}{2\pi}\int_0^{2\pi}(1-e\cos E)^2\mathrm{d}E=1+\frac{1}{2}e^2$$

（3.105）

上述三个例子，一方面可使我们看出求平均值的方法，基本上是引用时间 t 与近点角 E,f 之间的变换和相应的几何关系；另外，还可以看出对什么量求平均值很重要，例如 $\cos f$ 对 f 的平均值显然为零，而对 t 的平均值却是 $-e$，这正说明椭圆运动的不均匀性。

利用上述方法，直接给出这四类函数平均值的一般表达式，以供读者查用，结果如下：

$$\overline{\left(\frac{a}{r}\right)^p\sin qf}=0\quad(p,q=0,1,2,\cdots)$$

（3.106）

$$\overline{\cos qf}=(1+q\sqrt{1-e^2})\left(\frac{-e}{1+\sqrt{1-e^2}}\right)^q\quad(q=0,1,2,\cdots)$$

（3.107）

$$\overline{\left(\frac{a}{r}\right)\cos qf}=\left(\frac{-e}{1+\sqrt{1-e^2}}\right)^q\quad(q=0,1,2,\cdots)$$

（3.108）

$$\overline{\left(\frac{a}{r}\right)^p\cos qf}=\begin{cases}0\quad(p\geqslant2,q\geqslant p-1)\\-(1-e^2)^{-(p-3/2)}\sum_{n(2)=q}^{(p-2)-\delta}\begin{bmatrix}p-2\\n\end{bmatrix}\begin{bmatrix}n\\\frac{1}{2}(n-q)\end{bmatrix}\left(\frac{e}{2}\right)^n\quad(p\geqslant2,q<p-1)\end{cases}$$

（3.109）

$$\overline{\left(\frac{a}{r}\right)^p(f-M)\cos qf}=0\quad(p\geqslant0,q\geqslant0)$$

（3.110）

$$\overline{\left(\frac{a}{r}\right)^2(f-M)\sin qf}=-\frac{1}{q}\frac{\overline{\cos qf}}{\sqrt{1-e^2}}\quad(q\geqslant1)$$

（3.111）

$$\overline{\left(\frac{a}{r}\right)^p(f-M)\sin qf}=(1-e^2)^{-(p-3/2)}\sum_{n=0}^{p-2}\sum_{m=0}^n\begin{bmatrix}p-2\\n\end{bmatrix}\begin{bmatrix}n\\m\end{bmatrix}\left(\frac{e}{2}\right)^n$$

（3.112）

$$\times\left(-\frac{\cos(q+n-2m)f}{q+n-2m}\right)_{2m\neq q+n}\quad(p\geqslant3,q\geqslant1)$$

关于 $p=0,1$ 的情况，很少遇到，不再讨论。上述推导中要用到有关三角函数的两个表达式：

$$\sin^nf=\frac{1}{2^n}\sum_{m=0}^n(-1)^{\frac{1}{2}(2m+n-\delta_1)}\begin{bmatrix}n\\m\end{bmatrix}\left[(1-\delta_1)\cos(n-2m)f+\delta_1\sin(n-2m)f\right]$$

$$=\frac{1}{2^n}\sum_{m=0}^{\frac{1}{2}(n-\delta_2)}2^{\delta_2}(-1)^{\frac{1}{2}(2m+n-\delta_1)}\begin{bmatrix}n\\m\end{bmatrix}\left[(1-\delta_1)\cos(n-2m)f+\delta_1\sin(n-2m)f\right]$$

（3.113）

$$\cos^n f = \frac{1}{2^n} \sum_{m=0}^{n} \begin{bmatrix} n \\ m \end{bmatrix} \cos(n-2m)f \qquad (3.114)$$

$$= \frac{1}{2^n} \sum_{m=0}^{\frac{1}{2}(n-\delta_1)} 2^{\delta_2} \begin{bmatrix} n \\ m \end{bmatrix} \cos(n-2m)f$$

上述表达式中出现的符号 δ, δ_1 和 δ_2 定义如下:

$$\delta = \frac{1}{2}\big[1-(-1)^{p-q}\big] \qquad (3.115)$$

$$\delta_1 = \frac{1}{2}\big[1-(-1)^n\big] \qquad (3.116)$$

$$\delta_2 = \begin{cases} 0, & n-2m=0 \\ 1, & n-2m\neq 0 \end{cases} \qquad (3.117)$$

3.4.3 平均根数法——形式解的构造[3~8]

通常,方程(3.92)右函数的摄动部分 $f_\varepsilon(\sigma, t, \varepsilon)$ 亦可展为小参数的幂级数,即

$$f_\varepsilon(\sigma, t, \varepsilon) = f_1(\sigma, t, \varepsilon) + f_2(\sigma, t, \varepsilon^2) + \cdots + f_N(\sigma, t, \varepsilon^N) + \cdots$$

$$f_N = O(\varepsilon^N) \qquad (3.118)$$

为了适应平均根数法中将摄动变化分解为长期项和周期项的需要,可利用上一小节求平均值的方法,将 $f_N(\sigma, t, \varepsilon^N)$, $N=1,2,\cdots$ 分解成相应的三个部分,即

$$f_N = f_{Nc} + f_{Nl} + f_{Ns}, \quad N=1,2,\cdots \qquad (3.119)$$

这里的第二个下标"c","l"和"s",各表示长期、长周期和短周期部分,即 f_{Nc} 只与 a, e, i 有关,f_{Nl} 的周期取决于慢变量 Ω 和 ω 的变化,或是通约项(后面有关内容中会遇到),f_{Ns} 的周期则取决于快变量 M。要使平均根数法有效,则要求

$$f_{1l} = 0 \qquad (3.120)$$

这在环绕型探测器运动涉及的轨道力学问题中是常被满足的。

将形式解(3.95)代入方程组(3.92),右函数在 $\bar{\sigma}(t)$ 处展开,给出

$$\frac{\mathrm{d}}{\mathrm{d}t}\big[\bar{\sigma}^{(0)}(t) + \sigma_1(t-t_0) + \sigma_2(t-t_0) + \cdots + \sigma_l^{(1)}(t) + \cdots + \sigma_s^{(1)}(t) + \cdots\big]$$

$$= f_0(\bar{a}) + \frac{\partial f_0}{\partial a}\big[a_l^{(1)}(t) + a_l^{(2)}(t) + \cdots + a_s^{(1)}(t) + a_s^{(2)}(t) + \cdots\big]$$

$$+ \frac{1}{2}\frac{\partial^2 f_0}{\partial a^2}\big[a_l^{(1)}(t) + \cdots + a_s^{(1)}(t) + \cdots\big]^2 + \cdots$$

$$+ f_1(\bar{\sigma}, t, \varepsilon) + \sum_{j=1}^{6} \frac{\partial f_1}{\partial \sigma_j}\big[\sigma_l^{(1)}(t) + \sigma_l^{(2)}(t) + \cdots + \sigma_s^{(1)}(t) + \sigma_s^{(2)}(t) + \cdots\big]_j + \cdots$$

$$+ \sum_{k=1}^{6}\sum_{j=1}^{6} \frac{\partial^2 f_1}{\partial \sigma_j \partial \sigma_k}\big[\sigma_l^{(1)}(t) + \cdots + \sigma_s^{(1)}(t) + \cdots\big]_j\big[\sigma_l^{(1)}(t) + \cdots + \sigma_s^{(1)}(t) + \cdots\big]_k + \cdots$$

$$+ f_2(\bar{\sigma}, t, \varepsilon^2) + \sum_{j=1}^{6} \frac{\partial f_2}{\partial \sigma_j}\big[\sigma_l^{(1)}(t) + \cdots + \sigma_s^{(1)}(t) + \cdots\big]_j + \cdots$$

$$+ f_N(\bar{\sigma}, t, \varepsilon^N) + \cdots$$

$$\qquad (3.121)$$

该式右端出现的根数 σ 均为参考解 $\bar{\sigma}(t)$，f_0 的形式见(3.93)式。若级数(3.95)收敛(其收敛性前面已阐明)，则比较展开式(3.121)两端同次幂(ε^N)的系数，并分别积分，得

$$\bar{\sigma}^{(0)}(t) = \int_{t_0}^t f_0(\bar{a})\mathrm{d}t = \bar{\sigma}_0 + \delta\bar{n}(t-t_0) \tag{3.122}$$

$$\sigma_1(t-t_0) = \int_{t_0}^t \left[f_{1c}\right]_{\bar{\sigma}}\mathrm{d}t \tag{3.123}$$

$$\sigma_s^{(1)}(t) = \int^t \left[\delta\frac{\partial n}{\partial a}a_s^{(1)}(t) + f_{1s}\right]_{\bar{\sigma}}\mathrm{d}t \tag{3.124}$$

$$\sigma_2(t-t_0) = \int_{t_0}^t \left[\delta\frac{1}{2}\frac{\partial^2 n}{\partial a^2}(a_s^{(1)})_c^2 + \left(\sum_j \frac{\partial f_1}{\partial \sigma_j}(\sigma_l^{(1)}+\sigma_s^{(1)})_j\right)_c + f_{2c}\right]_{\bar{\sigma}}\mathrm{d}t \tag{3.125}$$

$$\sigma_l^{(1)}(t) = \int^t \left[\delta\frac{\partial n}{\partial a}a_l^{(2)} + \delta\frac{1}{2}\frac{\partial^2 n}{\partial a^2}(a_s^{(1)})_l^2 + \left(\sum_j \frac{\partial f_1}{\partial \sigma_j}(\sigma_l^{(1)}+\sigma_s^{(1)})_j\right)_l + f_{2l}\right]_{\bar{\sigma}}\mathrm{d}t \tag{3.126}$$

$$\sigma_s^{(2)}(t) = \int^t \left[\delta\frac{\partial n}{\partial a}a_s^{(2)} + \delta\frac{1}{2}\frac{\partial^2 n}{\partial a^2}(a_s^{(1)})_s^2 + \left(\sum_j \frac{\partial f_1}{\partial \sigma_j}(\sigma_l^{(1)}+\sigma_s^{(1)})_j\right)_s + f_{2s}\right]_{\bar{\sigma}}\mathrm{d}t \tag{3.127}$$

上列各式右端被积函数中出现的 $(A)_c$，$(A)_l$，$(A)_s$ 分别表示括号中函数 A 的长期、长周期和短周期部分。例如

$$A = \cos f + \cos(f+\omega)$$
$$= \cos f + \cos f\cos\omega - \sin f\sin\omega$$

利用求平均值的方法，即可分解为

$$A = (A)_c + (A)_l + (A)_s$$
$$(A)_c = -e$$
$$(A)_l = -e\cos\omega$$
$$(A)_s = (\cos f + e) + (\cos f + e)\cos\omega - \sin f\sin\omega$$

容易证明，当 $f_{1l}=0$ 时，有 $a_l^{(1)}(t)=0$，详见下一节。因此，只要满足条件(3.120)式，平均根数法对应的上述递推过程就有效，即由低阶摄动求高阶摄动。但有几点要说明，即

(1) 对于保守力摄动，a,e,i 的变化无长期项，那么在 Ω,ω,M 的摄动变化中，长期项将是 $(t-t_0)$ 的线性函数，因为它们的长期项 $\sigma_1,\sigma_2,\cdots$ 对应的被积函数都是 a,e,i 的函数，且积分时取 $\bar{a}=\bar{a}_0$，$\bar{e}=\bar{e}_0$，$\bar{i}=\bar{i}_0$。如果是耗散力，则解的结构要复杂些，例如长期项将不再是 $(t-t_0)$ 的线性函数，但在一般情况下，耗散力相对较小，即与 ε^2 同阶的二阶小量，或更小，它不会影响级数解的构造，下面在类似问题中不再重复说明这一点。

(2) 与经典摄动法不同，参考解 $\bar{\sigma}(t)$ 实际上是在递推过程中形成的，但它并不影响上述级数解的构造。例如，对于保守力摄动，有

$$\int \cos\bar{\omega}\mathrm{d}t = \frac{\sin\bar{\omega}}{(\omega_1+\omega_2+\cdots)}$$

其中 $\omega_1+\omega_2+\cdots$ 是 ω 变化的各阶长期项系数，它们都是 $\bar{a},\bar{e},\bar{i}$ 的函数，积分时不必知道它们

的具体形式,只是在导出结果后引用该公式计算时才会涉及其具体形式。

(3) 对于长周期项,其变化取决于慢变量 ω 和 Ω,例如 ω,因 $\bar{\omega}=\bar{\omega}_0+\omega_1(t-t_0)+\cdots$,其中 $\omega_1=O(\varepsilon)$ 是一阶小量,不像近点角 M 的变化速度那么快,即 $\bar{M}=\bar{M}_0+\bar{n}_0(t-t_0)+M_1(t-t_0)$ $+\cdots$,其中 $\bar{n}_0=O(\varepsilon^0)$。因此,若 $f_{2l}=\varepsilon^2\cos\omega$,将有

$$\int_t f_{2l}\mathrm{d}t=\int_t^t \varepsilon^2\cos\bar{\omega}\mathrm{d}t=\frac{\varepsilon^2\sin\bar{\omega}}{(\omega_1+\cdots)}=A\sin\bar{\omega}$$

这里 $A=O(\varepsilon)$。积分结果给出的是一阶长周期项,而不是二阶长周期项,这就是长周期项积分的降阶现象,(3.126)式左端记为 $\sigma_l^{(1)}(t)$ 即由此而来。实际上,在不太长的间隔内,$\sigma_l^{(1)}(t)$ 对应的 $\Delta\sigma_l^{(1)}(t)=\sigma_l^{(1)}(t)-\sigma_l^{(1)}(t_0)$ 与二阶长周期项 $\sigma_2(t-t_0)$ 相当(后面有关问题处理中将会用到这一点),在经典摄动法中就是给出 $\sigma_2(t-t_0)$ 这样的结果,而在平均根数法中却以 $\sigma_l^{(1)}(t)$ 的形式出现,它保持了周期项的特征,比较合理。由 f_{3l} 积分给出 $\sigma_l^{(2)}(t)$,依此类推。但这又引起另一问题,即由(3.126)式计算 $\sigma_l^{(1)}(t)$ 时,右端被积函数中不仅用到 $\sigma_l^{(1)}(t)$,对于第六个根数 M 的相应解还用到 $a_l^{(2)}(t)$。有关这一点,如果仔细分析,即可知道,它并不影响解的构造,导出相应结果亦较简单,这正是作者在本节一开始的第3.4.1小节中提到的对古在由秀工作所作的改进,下面第3.5节中将有具体阐述。

3.4.4 例

这里仍用求解本章第3.3.3小节中提出的含小参数的方程(3.79)作为一例,一则是为了让读者初步了解如何用平均根数法构造摄动解,同时也可与经典摄动法作一简单比较。该方程即

$$\ddot{x}+\omega^2 x=-\varepsilon x^3$$

其中 $\varepsilon\ll1,\omega>0$ 是实常数。上一章已给出无摄运动解,即

$$\begin{cases}x=a\cos(\omega t+M_0)\\ \dot{x}=-\omega a\sin(\omega t+M_0)\\ M=M_0+\omega t\end{cases} \tag{3.128}$$

相应的摄动运动方程为

$$\begin{cases}\dot{a}=\dfrac{\varepsilon}{\omega}a^3\left(\dfrac{1}{4}\sin 2M+\dfrac{1}{8}\sin 4M\right)\\ \dot{M}=\omega+\dfrac{\varepsilon}{\omega}a^2\left(\dfrac{3}{8}+\dfrac{1}{2}\cos 2M+\dfrac{1}{8}\cos 4M\right)\end{cases} \tag{3.129}$$

现用平均根数法解方程,其形式改写为

$$\begin{cases}\dot{a}=(f_{1s})_a\\ \dot{M}=(f_0)_M+(f_{1c})_M+(f_{1s})_M\end{cases} \tag{3.130}$$

其中

$$(f_{1s})_a = \frac{\varepsilon}{\omega} a^3 \left(\frac{1}{4} \sin 2M + \frac{1}{8} \sin 4M \right) \tag{3.131}$$

$$\begin{cases} (f_0)_M = \omega = \text{const} \\ (f_{1c})_M = \dfrac{\varepsilon}{\omega} a^2 \left(\dfrac{3}{8} \right) \\ (f_{1s})_M = \dfrac{\varepsilon}{\omega} a^2 \left(\dfrac{1}{2} \cos 2M + \dfrac{1}{8} \cos 4M \right) \end{cases} \tag{3.132}$$

按平均根数法构造级数解的过程(3.122)~(3.127)式,首先有

$$\begin{cases} \bar{a}^{(0)}(t) = \bar{a}_0 \\ \overline{M}^{(0)}(t) = \overline{M}_0 + \omega(t - t_0) \end{cases} \tag{3.133}$$

由此积分(3.123)和(3.124)式给出

$$\begin{cases} a_1(t - t_0) = 0 \\ M_1(t - t_0) = \dfrac{\varepsilon}{\omega^2} \bar{a}_0^2 \left(\dfrac{3}{8} \right) \omega(t - t_0) \end{cases} \tag{3.134}$$

$$\begin{cases} a_s^{(1)}(t) = \dfrac{\varepsilon}{\omega^2 (1 + M_1/\omega + \cdots)} \bar{a}_0^3 \left(-\dfrac{1}{8} \cos 2\overline{M} - \dfrac{1}{32} \cos 4\overline{M} \right) \\ M_s^{(1)}(t) = \dfrac{\varepsilon}{\omega^2 (1 + M_1/\omega + \cdots)} \bar{a}_0^2 \left(\dfrac{1}{4} \sin 2\overline{M} + \dfrac{1}{32} \sin 4\overline{M} \right) \end{cases} \tag{3.135}$$

$$\begin{cases} a_2(t - t_0) = \displaystyle\int_{t_0}^{t} \left[\dfrac{\partial (f_{1s})_a}{\partial a} a_s^{(1)}(t) + \dfrac{\partial (f_{1s})_a}{\partial M} M_s^{(1)}(t) \right]_c \mathrm{d}t = 0 \\ M_2(t - t_0) = \displaystyle\int_{t_0}^{t} \left[\dfrac{\partial (f_{1s})_M}{\partial a} a_s^{(1)}(t) + \dfrac{\partial (f_{1s})_M}{\partial M} M_s^{(1)}(t) \right]_c \mathrm{d}t = \left(\dfrac{\varepsilon}{\omega^2} \bar{a}_0^2 \right)^2 \left(-\dfrac{51}{256} \right) \omega(t - t_0) \end{cases} \tag{3.136}$$

由于 $M_1/\omega = O(\varepsilon)$,那么 $a_s^{(1)}(t)$ 和 $M_s^{(1)}(t)$ 右端的分母 $\omega^2(1 + M_1/\omega + \cdots)$,在准到一阶周期项时,可直接写成 ω^2。

从上列各阶摄动项的表达式可以看出,解的结构比上一章摄动法给出的简单,而且不会出现形如(3.89)式的积分,即不会导致泊松项(或称混合项)的出现,解的形式为

$$\begin{cases} a(t) = \bar{a}_0 + a_s^{(1)}(t) + \cdots \\ M(t) = \overline{M}_0 + \omega(t - t_0) + (M_1 + M_2 + \cdots)(t - t_0) + M_s^{(1)}(t) + \cdots \end{cases} \tag{3.137}$$

3.4.5　关于平均根数法的两点注解

前面第 3.4.1 小节中已指出,对于古在由秀采用平均根数法构造卫星轨道摄动解的一些细节,特别是 $a_l^{(1)}(t) = 0$ 的一般性和 $a_l^{(2)}(t)$ 的具体导出问题,有必要作进一步的阐明。

(1) $a_l^{(1)}(t) = 0$ 的证明

考虑定常保守系统,它对应一定常 Hamilton 系统,即使非定常情况亦无妨,因为总可用正则扩充的办法转化为定常系统。对于引力摄动,受摄二体问题对应的 Hamilton 函数为

$$H = \frac{1}{2}v^2 - V \tag{3.138}$$

其中 V,包含中心天体的质点引力位和各种摄动位,由于摄动力是保守力,则有

$$V = \frac{\mu}{r} + R(r, \varepsilon) \tag{3.139}$$

$\mu = G(m_0 + m)$,R 即相应的摄动函数。对于受摄二体问题,活力积分仍成立,即

$$v^2 = \mu\left(\frac{2}{r} - \frac{1}{a}\right)$$

代入(3.138)式得

$$H = -\frac{\mu}{2a} - R \tag{3.140}$$

该力学系存在一积分(能量积分)

$$\frac{\mu}{2a} + R = C \tag{3.141}$$

该积分在参考解 $\bar{\sigma}(t)$ 展开,并将不同性质的项分开,有

"常数项": $\quad \frac{\mu}{2a} + (R_{1c} + R_{2c} + \cdots) + \cdots = C \tag{3.142}$

一阶长周期项: $\quad \frac{\partial}{\partial a}\left(\frac{\mu}{2a}\right)[a_l^{(1)}(t)] + R_{1l} = 0 \tag{3.143}$

一阶短周期项: $\quad \frac{\partial}{\partial a}\left(\frac{\mu}{2a}\right)[a_s^{(1)}(t)] + R_{1s} = 0 \tag{3.144}$

·········

由于 $f_{1l} = 0$,而摄动运动方程的这一 f_{1l} 又是由 $\partial R_{1l}/\partial \sigma$ 形成的,那么必有 $R_{1l} = 0$,因此

$$\frac{\partial}{\partial a}\left(\frac{\mu}{2a}\right)[a_l^{(1)}(t)] = 0$$

显然,$\frac{\partial}{\partial a}\left(\frac{\mu}{2a}\right) \neq 0$,故证得:$a_l^{(1)}(t) = 0$。

(2) 构造地球非球形引力扁率项 J_2 摄动解中 $a_l^{(2)}(t)$ 的导出问题

关于作者在古在由秀工作基础上所作的改进之一:采用平均根数法构造人造地球卫星在地球非球形引力扁率项 J_2 摄动下的轨道解中,严格按平均根数的定义给出轨道半长径 a 的二阶长周期项 $a_l^{(2)}(t)$,在此前提下完整地构造出相应的卫星轨道摄动解,从而使平均根数法得以完善,具体推导 $a_l^{(2)}(t)$ 的简要说明如下:

对于第六个根数 M 的相应解,推导 $M_l^{(1)}(t)$ 中要用到 $a_l^{(2)}(t)$,直接按前面第 3.4.3 小节构造摄动解(3.121)的过程,需要展开到三阶项,其麻烦的程度不容多说。同样采用上面第(1)小段的类似方法,仍以 $\bar{\sigma}(t)$ 作为参考解,在此统一定义下,利用能量积分就可以简单地推出 $a_l^{(2)}(t)$,具体结果为

$$a_l^{(2)}(t) = \left(\frac{3J_2}{2p^2}\right)^2 a \sqrt{1-e^2}$$

$$\times \left\{ \left[-\frac{1}{6}\sin^2 i(4-5\sin^2 i)\overline{\cos 2f} + e^2\sin^2 i\left(\frac{17}{12}-\frac{19}{8}\sin^2 i\right)\right]\cos 2\omega \right.$$

$$\left. + \frac{e^4}{1-e^2}\left[\frac{7}{3}\sin^2 i\left(1-\frac{3}{2}\sin^2 i\right)\cos 2\omega + \frac{1}{32}\sin^4 i\cos 4\omega\right]\right\}$$

$$(3.145)$$

其中

$$\overline{\cos 2f} = \frac{1+2\sqrt{1-e^2}}{(1+\sqrt{1-e^2})^2}e^2 \qquad (3.146)$$

作者是从 1963 年至 1975 年在完善平均根数法等方面作的上述有关工作,于 1975 年将完整的卫星轨道分析解提交航天应用部门,并在该部门的赞助下,将作者在卫星轨道力学方面的系统研究成果撰写成一本教材内部出版(刘林,赵德滋编著,人造地球卫星轨道理论. 南京大学铅印交流教材,1979),一直到 1992 年被高等教育出版社正式出版的教材《人造地球卫星轨道力学》[3] 所替代。

3.5 拟平均根数法——形式解的构造

3.5.1 摄动解表达式中的小分母问题

采用平均根数法构造摄动解时,对于中心天体非球形引力中的扁率 J_2 项摄动,一阶长周期项会出现如下形式的结果:

$$\sigma_l^{(1)}(t) = \int^t f_{2l}\,dt = \int^t J_2^2 \cos\bar\omega\,dt = \frac{J_2^2}{(\omega_1+\cdots)}\sin\bar\omega \qquad (3.147)$$

其中一阶长期项变率 ω_1 的形式为

$$\omega_1 = \frac{3J_2}{2p^2}n\left(2-\frac{5}{2}\sin^2 i\right) \qquad (3.148)$$

当卫星轨道倾角 $i=63°26'$ 时,$\left(2-\frac{5}{2}\sin^2 i\right)\approx 0$,给(3.147)式带来小分母,此即临界倾角引起的通约问题,它将使平均根数法构造的摄动解在形式上失效。

另外,构造非球形引力中的赤道椭率项 $J_{2,2}$ 摄动解和第三体引力摄动解时,在周期项中亦会出现另一类小分母引起的通约问题。例如由 $J_{2,2}$ 项摄动引起的地球中轨卫星轨道变化 $a_s^{(2)}(t, J_{2,2}; \alpha)$(对应半日运动周期),保持到 $O(e)$ 项的形式如下:

$$a_s^{(2)}(t) = \frac{3J_{2,2}}{2a}\left\{(1+\cos i)^2\left[-\frac{e}{2(1-2\alpha)}\cos(M+2\omega+2\Omega_{2,2})\right]\right.$$

$$\left. + 2\sin^2 i\left[\frac{3e}{2(1-2\alpha)}\cos(M+2\Omega_{2,2})\right]\right\} \qquad (3.149)$$

其中 α 的定义如下：

$$\alpha = n'/n \qquad (3.150)$$

n 和 n' 各为卫星平运动角速度和地球自转角速度，当 $\alpha = n'/n \approx 1/2$ 时，通约的体现即上述摄动项表达式中的因子 $1/(1-2\alpha)$。对于地球的高轨卫星，例如 GEO 卫星，相应的通约因子变为 $1/(1-\alpha)$，对应 $\alpha = n'/n \approx 1$。

上述各类周期项中小分母引起的通约问题，都会导致采用平均根数法构造摄动解在形式上失效，但这并不意味相应的卫星轨道运动出现实质性的异常。摄动解中周期项的小分母引起的通约问题，是天体力学领域的一个理论问题，相应的轨道变化确有一些不同于非通约时的状态，这里不去讨论，而在实际应用中关心的是如何构造普遍实用的摄动分析解。

事实上，就构造受摄运动的小参数幂级数解而言，上述小分母引起的通约奇点完全可以采用适当方法消除，如按小参数 $\varepsilon^{1/2}$ 的幂构造级数解即可消除这类小分母问题[11,12]，但从具体应用角度来看，其展开式的表达形式较复杂，不便于应用。作者考虑到这一点，仍然在原平均根数法的基础上进行改进，使其达到消除奇点的目的。具体方法就是在充分保留平均根数法优点的前提下，对平均根数的定义作了合理的修正，将出现小分母问题的长周期项与通常意义下的长周期项一并与长期项作统一处理，引进拟平均根数的概念，相应的小参数幂级数解即构成下列形式：

$$\sigma(t) = \bar{\sigma}(t) + \sigma_s^{(1)}(t) + \sigma_s^{(2)}(t) + \cdots \qquad (3.151)$$

$$\begin{cases} \bar{\sigma}(t) = \bar{\sigma}_0 + (\delta\bar{n}_0 + \sigma_1 + \sigma_2 + \cdots)(t-t_0) + \Delta\sigma_l^{(1)}(t) + \cdots \\ \bar{\sigma}_0 = \sigma_0 - [\sigma_s^{(1)}(t_0) + \sigma_s^{(2)}(t_0) + \cdots] \\ \Delta\sigma_l^{(1)} = \sigma_l^{(1)}(t) - \sigma_l^{(1)}(t_0) \end{cases} \qquad (3.152)$$

为简便起见，(3.152)式中定义的拟平均根数，仍记作 $\bar{\sigma}(t)$，其他各量的意义同前，不再说明。采用如此定义的拟平均根数 $\bar{\sigma}(t)$ 代替平均根数作为参考轨道，构造相应的小参数幂级数解，不妨称其为拟平均根数法。1973 年，作者结合对地球扁率 J_2 项摄动出现的临界倾角问题的处理，初步提出了这一方法，后发表在《中国天文学报》1974 年第 2 期上[9]。

上述对长周期项（包括存在通约奇点的短周期项）的处理，即可解决经典摄动法和平均根数法中由于各类小分母导致摄动解的失效问题，而且仍然保持平均轨道 $\bar{\sigma}(t)$ 的主要特征，并未失去对经典摄动法引进平均法意图的改进实质。由于这样的 $\bar{\sigma}(t)$ 不仅包含长期变化，还包含在一定程度上与之相近的长周期变化，故称其为拟平均轨道根数，相应的改进摄动法即称为拟平均根数法。下一小节将介绍该方法构造相应小参数幂级数解的完整过程。

3.5.2 拟平均根数法——形式解的构造

仍记 $\sigma = (a,e,i,\Omega,\omega,M)^T$，相应的摄动运动对应的初值问题为

$$\begin{cases} \dfrac{d\sigma}{dt} = f_0(a) + f_1(\sigma,t,\varepsilon) + f_2(\sigma,t,\varepsilon^2) + \cdots \\ \sigma_0 = \sigma(t_0) \end{cases} \qquad (3.153)$$

其中

$$f_0(a) = \delta n, \quad n = \sqrt{\mu} a^{-3/2} \tag{3.154}$$

这里引用符号 $\delta = (0 \quad 0 \quad 0 \quad 0 \quad 0 \quad 1)^{\mathrm{T}}$ 同样是为了区分 a, e, i, Ω, ω 五个根数与复合根数 M 的区别。

与平均根数法一样,要将 $f_N(\sigma, t, \varepsilon^N), N = 1, 2, \cdots$ 分解成相应的三个部分,即

$$f_N = f_{Nc} + f_{Nl} + f_{Ns}, \quad N = 1, 2, \cdots \tag{3.155}$$

这里的第二个下标 "c"、"l" 和 "s",各表示长期、长周期和短周期部分,即 f_{Nc} 只与 a, e, i 有关,f_{Nl} 的周期取决于慢变量 Ω 和 ω 的变化,或是通约项(后面第 4 章中会具体给出),f_{Ns} 的周期则取决于快变量 M。因拟平均根数法是在平均根数法的基础上通过改变摄动项的结构形成的,要使其有效,同样要保持原平均根数法的要求:

$$f_{1l} = 0 \tag{3.156}$$

将形式解(3.151)代入方程(3.153),右函数在拟平均根数 $\bar{\sigma}(t)$ 处展开,得

$$\frac{\mathrm{d}}{\mathrm{d}t} \left[\bar{\sigma}^{(0)}(t) + \sigma_1(t - t_0) + \sigma_2(t - t_0) + \cdots + \Delta\sigma_l^{(1)}(t) + \cdots + \sigma_s^{(1)}(t) + \sigma_s^{(2)}(t) + \cdots \right]$$

$$= f_0(\bar{a}) + \frac{\partial f_0}{\partial a} \left[a_s^{(1)}(t) + a_s^{(2)}(t) + \cdots \right] + \frac{1}{2} \frac{\partial^2 f_0}{\partial a^2} \left[a_s^{(1)}(t) + \cdots \right]^2 + \cdots$$

$$+ f_1(\bar{\sigma}, t, \varepsilon) + \sum_{j=1}^{6} \frac{\partial f_1}{\partial \sigma_j} \left[\sigma_s^{(1)}(t) + \sigma_s^{(2)}(t) + \cdots \right]_j$$

$$+ \sum_{k=1}^{6} \sum_{j=1}^{6} \frac{\partial^2 f_1}{\partial \sigma_j \partial \sigma_k} \left[\sigma_s^{(1)}(t) + \cdots \right]_j \left[\sigma_s^{(1)}(t) + \cdots \right]_k + \cdots$$

$$+ f_2(\bar{\sigma}, t, \varepsilon^2) + \sum_{j=1}^{6} \frac{\partial f_2}{\partial \sigma_j} \left[\sigma_s^{(1)}(t) + \cdots \right]_j + \cdots + f_N(\bar{\sigma}, t, \varepsilon^N) + \cdots$$

$$+ \cdots \tag{3.157}$$

该式右端出现的根数 σ 均为参考解 $\bar{\sigma}(t)$。同样,在小参数幂级数解(3.151)的收敛范围内,比较展开式(3.157)两端同次幂(ε^N)的系数,并由此分别积分各阶项,得

$$\bar{\sigma}^{(0)}(t) = \int_{t_0}^{t} f_0(\bar{a}) \mathrm{d}t = \bar{\sigma}_0 + \delta\bar{n}(t - t_0) \tag{3.158}$$

$$\sigma_1(t - t_0) = \int_{t_0}^{t} \left[f_{1c} \right]_{\bar{\sigma}} \mathrm{d}t \tag{3.159}$$

$$\sigma_s^{(1)}(t) = \int^{t} \left[\delta \frac{\partial n}{\partial a} a_s^{(1)}(t) + f_{1s} \right]_{\bar{\sigma}} \mathrm{d}t \tag{3.160}$$

$$\sigma_2(t - t_0) = \int_{t_0}^{t} \left[\delta \frac{1}{2} \frac{\partial^2 n}{\partial a^2} (a_s^{(1)})_c^2 + \left(\sum_j \frac{\partial f_1}{\partial \sigma_j} (\sigma_s^{(1)})_j \right)_c + f_{2c} \right]_{\bar{\sigma}} \mathrm{d}t \tag{3.161}$$

$$\Delta\sigma_l^{(1)}(t) = \sigma_l^{(1)}(t) - \sigma_l^{(1)}(t_0)$$

$$= \int_{t_0}^{t} \left[\delta \frac{1}{2} \frac{\partial^2 n}{\partial a^2} (a_s^{(1)})_l^2 + \left(\sum_j \frac{\partial f_1}{\partial \sigma_j} (\sigma_s^{(1)})_j \right)_l + f_{2l} \right]_{\bar{\sigma}} \mathrm{d}t \tag{3.162}$$

$$\sigma_s^{(2)}(t) = \int^t \left[\delta \frac{\partial n}{\partial a} a_s^{(2)} + \delta \frac{1}{2} \frac{\partial^2 n}{\partial a^2} (a_s^{(1)})_s^2 + \left(\sum_j \frac{\partial f_1}{\partial \sigma_j} (\sigma_s^{(1)})_j \right)_s + f_{2s} \right]_{\bar{\sigma}} \mathrm{d}t \quad (3.163)$$

......

上列各式右端被积函数中出现的 $(HS)_c$、$(HS)_l$、$(HS)_s$ 分别表示括号中函数 HS 的长期、长周期和短周期部分。

消除短周期项 $\sigma_s^{(1)}(t)$，$\sigma_s^{(2)}(t)$，$\cdots$ 后的拟平均轨道 $\bar{\sigma}(t)$ 满足的运动方程如下：

$$\begin{cases} \dfrac{\mathrm{d}\bar{\sigma}}{\mathrm{d}t} = f_0(\bar{a}) + \left[f_\varepsilon(\bar{\sigma}, t, \varepsilon) \right]_{c,l} \\ \bar{\sigma}_0 = \bar{\sigma}(t_0) \end{cases} \quad (3.164)$$

如果考虑到其右函数的变化缓慢，进一步采用大步长的数值积分提供轨道解 $\bar{\sigma}(t)$，那么也可以称之为**半分析法**。这类方法在太阳系动力演化的某些问题研究中有成功的应用。不过，对于构造单个小天体的轨道解，特别是环绕型探测器（即卫星）的轨道解而言，这已没有必要，因为上述拟平均系统的分析解 $\bar{\sigma}(t)$ 很容易构造，也容易计算。事实上，这类构造小参数幂级数解的分析方法，主要麻烦在于具体分离出短周期项 $\sigma_s^{(1)}(t)$，$\sigma_s^{(2)}(t)$，$\cdots$ 的过程，而分离后的拟平均系统已相当简单（相对原完整动力系统而言），如果再去采用数值求解方程(3.153)的方法，就完全失去了通过分析解提供运动天体轨道变化特征的功能，而且也无助于提高计算效率，因为这类计算问题与太阳系动力演化问题的计算要求并不相同。

3.6 无奇点轨道摄动解的构造方法

为了使一种方法可普遍适用于各种情况，最好能同时消除各类奇点，包括前面第 3 章 3.2.4 小节中提到的轨道几何奇点，即状态变量选择 Kepler 根数导致的 $e=0$ 和 $i=0$ 问题。当 $e\approx0$，$i\approx0$ 或 180°时，摄动解失效，但是相应的运动仍然是正常的，例如近圆轨道显然是存在的。这与上一节各类周期项中小分母引起的通约问题"类似"，小 e、小 i 问题的产生只是由于相应的基本变量的选择不当引起的，这种选择不当，可以通过改变相应变量的选择来解决。因此，考虑到实际应用背景，本节将给出如下两类无奇点轨道摄动解的构造方法：

(1) 同时消除小 e 和通约奇点的摄动解的构造方法，

(2) 同时消除小 e，小 i 和通约奇点的摄动解的构造方法。

关于无奇点轨道摄动解的构造方法，**前面提到的有关作者于 1975 年以完整的卫星轨道分析解提交给航天应用部门的文本和相继的技术报告中，已包含了此内容的初步结果，同时在 1975 年的《中国天文学报》上发表了相关文章：一种人造地球卫星的摄动计算方法**[8]。经过多年的实际应用，不断改进完善，最终的结果除部分融入某些航天工程应用的技术报告外，已系统地纳入近年来的两本著作中，详见本章参考文献[9,10]。下面暂以中心天体的扁率 J_2 项摄动为背景，介绍这两类方法构造无奇点轨道摄动解的基本轮廓。

3.6.1　第一类无奇点摄动解的构造

（1）基本变量和基本方程

为了解决小 e 问题，引用由第 3.2.4 小节（3.29）式定义的第一类无奇点变量，即

$$a,\quad i,\quad \Omega,\quad \xi=e\cos\omega,\quad \eta=e\sin\omega,\quad \lambda=M+\omega \tag{3.165}$$

并仍然统一记为矢量形式 σ，其六个分量按上述次序排列，相应的摄动运动方程采用以摄动函数（$\partial R/\partial\sigma$）表达的无奇点形式，即第 3.2 节的（3.31）式。

若以中心天体非球形引力位中的主要摄动源（扁率项 J_2 部分）为例，则有

$$R=\frac{J_2}{2a^3}\left(\frac{a}{r}\right)^3\left[\left(1-\frac{3}{2}\sin^2 i\right)+\frac{3}{2}\sin^2 i\cos 2(f+\omega)\right] \tag{3.166}$$

借助求平均值的方法将其分为如下两个部分：

$$R=R_1=R_{1c}+R_{1s} \tag{3.167}$$

$$R_{1c}=\frac{J_2}{2a^3}\left(1-\frac{3}{2}\sin^2 i\right)(1-e^2)^{-3/2} \tag{3.168}$$

$$R_{1s}=\frac{J_2}{2a^3}\left\{\left(1-\frac{3}{2}\sin^2 i\right)\left[\left(\frac{a}{r}\right)^3-(1-e^2)^{-3/2}\right]+\frac{3}{2}\sin^2 i\cos 2(f+\omega)\right\} \tag{3.169}$$

其中

$$e^2=\xi^2+\eta^2,\omega=\arctan(\eta/\xi),M=\lambda-\arctan(\eta/\xi),f=f(M(\xi,\eta,\lambda),e(\xi,\eta)) \tag{3.170}$$

以此代入上述（$\partial R/\partial\sigma$）型的摄动运动方程组（3.31）式，即得

$$\dot\sigma=f_0(a)+f_1(\sigma,\varepsilon) \tag{3.171}$$

$$f_0(a)=\delta n,\quad n_0=a_0^{-3/2} \tag{3.172}$$

$$f_1(\sigma,\varepsilon)=f_{1c}(a,e(\xi,\eta),i)+f_{1s}(a,e(\xi,\eta),i,\omega(\xi,\eta),f(\lambda,\xi,\eta)) \tag{3.173}$$

该式中的 f_{1c} 和 f_{1s}，分别对应 R_{1c} 和 R_{1s}。

这里说明一点，关于上述公式的表达形式，均采用了归一化的无量纲形式，包括前面由（3.145）和（3.149）式表达的 $a_l^{(2)}(t)$ 和 $a_s^{(2)}(t,J_{2,2};\alpha)$，相应的中心天体引力常数 $\mu=Gm_0=1$，有关该归一化无量纲单位的选择及其具体细节，将在后面第 4 章中介绍。

（2）无奇点摄动解的构造

显然，采用上述拟平均根数法，在构造相应的一阶摄动解中，由于对长周期项（包括存在通约奇点的短周期项）的处理与平均根数法有所差别，导致原（3.125）~（3.127）式求和项中的

$$\sum_j\frac{\partial(f_{1c}+f_{1s})}{\partial\sigma_j}(\sigma_l^{(1)}+\sigma_s^{(1)})_j$$

变为下列形式：

$$\sum_j\frac{\partial(f_{1c}+f_{1s})}{\partial\sigma_j}(\sigma_s^{(1)})_j \tag{3.174}$$

这是构造一阶摄动解（包括一阶短周期项，一、二阶长期项和一阶长周期变化项）过程中的主要运算部分。

如果直接采用无奇点变量及摄动运动方程（3.31）式来构造相应的摄动解，其具体推导

相当麻烦,那么能否利用原 Kepler 根数解的相应结果获得? 下面作一介绍。

首先证明一个结论:对任一函数 $\widetilde{F} = \widetilde{F}(a, i, \Omega, \xi, \eta, \lambda)$,若用原 6 个 Kepler 根数来表达,则记作 $F = F(a, e, i, \Omega, \omega, M)$,有 $\widetilde{F} = F$。在此前提下,有下列结论:

$$\sum_j \frac{\partial \widetilde{F}}{\partial \sigma_j}(\sigma_s^{(1)})_j = \frac{\partial \widetilde{F}}{\partial a} a_s^{(1)} + \frac{\partial \widetilde{F}}{\partial i} i_s^{(1)} + \frac{\partial \widetilde{F}}{\partial \Omega} \Omega_s^{(1)} + \frac{\partial \widetilde{F}}{\partial \xi} \xi_s^{(1)} + \frac{\partial \widetilde{F}}{\partial \eta} \eta_s^{(1)} + \frac{\partial \widetilde{F}}{\partial \lambda} \lambda_s^{(1)}$$

$$= \frac{\partial F}{\partial a} a_s^{(1)} + \frac{\partial F}{\partial i} i_s^{(1)} + \frac{\partial F}{\partial \Omega} \Omega_s^{(1)} + \frac{\partial F}{\partial e} e_s^{(1)} + \frac{\partial F}{\partial \omega} \omega_s^{(1)} + \frac{\partial F}{\partial M} M_s^{(1)} = \sum_j \frac{\partial F}{\partial \sigma_j}(\sigma_s^{(1)})_j$$

$$(3.175)$$

该式 $\widetilde{F} = \widetilde{F}(a, i, \Omega, \xi, \eta, \lambda)$ 中的 σ 与 $F = F(a, e, i, \Omega, \omega, M)$ 中的 σ 分别表示不同变量。

要证明上述结论,只要看该等式两部分的后三项。首先,由两类变量之间的摄动运动方程的如下关系:

$$\begin{cases} \dfrac{d\xi}{dt} = \cos\omega \dfrac{de}{dt} - e\sin\omega \dfrac{d\omega}{dt} \\[2mm] \dfrac{d\eta}{dt} = \sin\omega \dfrac{de}{dt} + e\cos\omega \dfrac{d\omega}{dt} \\[2mm] \dfrac{d\lambda}{dt} = \dfrac{dM}{dt} + \dfrac{d\omega}{dt} \end{cases} \tag{3.176}$$

可给出

$$\begin{cases} \xi_s^{(1)}(t) = \cos\omega \cdot e_s^{(1)}(t) - e\sin\omega \cdot \omega_s^{(1)}(t) \\[2mm] \eta_s^{(1)}(t) = \sin\omega \cdot e_s^{(1)}(t) + e\cos\omega \cdot \omega_s^{(1)}(t) \\[2mm] \lambda_s^{(1)}(t) = M_s^{(1)}(t) + \omega_s^{(1)}(t) \end{cases} \tag{3.177}$$

由变量关系(3.170)式又可给出

$$\begin{cases} \dfrac{\partial \widetilde{F}}{\partial \xi} = \dfrac{\partial F}{\partial e}\left(\dfrac{\xi}{e}\right) + \dfrac{\partial F}{\partial \omega}\left(-\dfrac{\eta}{e^2}\right) + \dfrac{\partial F}{\partial M}\left(\dfrac{\eta}{e^2}\right) \\[3mm] \dfrac{\partial \widetilde{F}}{\partial \eta} = \dfrac{\partial F}{\partial e}\left(-\dfrac{\eta}{e}\right) + \dfrac{\partial F}{\partial \omega}\left(-\dfrac{\xi}{e^2}\right) + \dfrac{\partial F}{\partial M}\left(\dfrac{\xi}{e^2}\right) \\[3mm] \dfrac{\partial \widetilde{F}}{\partial \lambda} = \dfrac{\partial F}{\partial M} \end{cases} \tag{3.178}$$

将此式和(3.176)式一并代入(3.175)式的求和式 $\sum_j \frac{\partial \widetilde{F}}{\partial \sigma_j}(\sigma_s^{(1)})_j$,即可证得

$$\sum_j \frac{\partial \widetilde{F}}{\partial \sigma_j}(\sigma_s^{(1)})_j = \sum_j \frac{\partial F}{\partial \sigma_j}(\sigma_s^{(1)})_j$$

既然有上述结论,那么,对 a, i, Ω, λ 四个变量,上述"运算项" $\sum_j \frac{\partial \widetilde{F}}{\partial \sigma_j}(\sigma_s^{(1)})_j$ 可直接引用原 Kepler 根数的结果。而对于 ξ 和 η,根据定义有

$$(\widetilde{f}_{1s})_\xi = \cos\omega(f_{1s})_e - e\sin\omega(f_{1s})_\omega \tag{3.179}$$

$$(\widetilde{f}_{1s})_\eta = \sin\omega(f_{1s})_e + e\cos\omega(f_{1s})_\omega \tag{3.180}$$

$$\sum_j \frac{\partial (\tilde{f}_{1s})_\xi}{\partial \sigma_j} (\sigma_s^{(1)})_j = \cos\omega \sum_j \frac{\partial (f_{1s})_e}{\partial \sigma_j} (\sigma_s^{(1)})_j - e\sin\omega \sum_j \frac{\partial (f_{1s})_\omega}{\partial \sigma_j} (\sigma_s^{(1)})_j$$
$$- [\sin\omega (f_{1s})_e + e\cos\omega (f_{1s})_\omega] \omega_s^{(1)} - [\sin\omega (f_{1s})_\omega] e_s^{(1)} \quad (3.181)$$

$$\sum_j \frac{\partial (\tilde{f}_{1s})_\eta}{\partial \sigma_j} (\sigma_s^{(1)})_j = \sin\omega \sum_j \frac{\partial (f_{1s})_e}{\partial \sigma_j} (\sigma_s^{(1)})_j + e\cos\omega \sum_j \frac{\partial (f_{1s})_\omega}{\partial \sigma_j} (\sigma_s^{(1)})_j$$
$$+ [\cos\omega (f_{1s})_e - e\sin\omega (f_{1s})_\omega] \omega_s^{(1)} + [\cos\omega (f_{1s})_\omega] e_s^{(1)} \quad (3.182)$$

经计算给出

$$\frac{1}{2\pi} \int_0^{2\pi} [(f_{1s})_e \omega_s^{(1)} + (f_{1s})_\omega e_s^{(1)}] \mathrm{d}M = 0 \quad (3.183)$$

$$\frac{1}{2\pi} \int_0^{2\pi} [(f_{1s})_\omega \omega_s^{(1)}] \mathrm{d}M = 0 \quad (3.184)$$

故有

$$\left(\sum_j \frac{\partial (\tilde{f}_{1s})_\xi}{\partial \sigma_j} (\sigma_s^{(1)})_j \right)_{c,l} = \frac{\xi}{e} \left(\sum_j \frac{\partial (f_{1s})_e}{\partial \sigma_j} (\sigma_s^{(1)})_j \right)_{c,l} - \eta \left(\sum_j \frac{\partial (f_{1s})_\omega}{\partial \sigma_j} (\sigma_s^{(1)})_j \right)_{c,l} \quad (3.185)$$

$$\left(\sum_j \frac{\partial (\tilde{f}_{1s})_\eta}{\partial \sigma_j} (\sigma_s^{(1)})_j \right)_{c,l} = \frac{\eta}{e} \left(\sum_j \frac{\partial (f_{1s})_e}{\partial \sigma_j} (\sigma_s^{(1)})_j \right)_{c,l} + \xi \left(\sum_j \frac{\partial (f_{1s})_\omega}{\partial \sigma_j} (\sigma_s^{(1)})_j \right)_{c,l} \quad (3.186)$$

这说明,对于 ξ 和 η,也可按上述关系式直接引用原 Kepler 根数的结果作相应的组合。

上述结果表明:就扁率项 J_2 的一阶无奇点摄动解的构造而言,可以由原 Kepler 根数的解按相应的关系进行组合而成,对其他摄动源(如果其摄动量级与扁率项 J_2 相近)是否成立,特别是关系式(3.183),仍要具体检验。

(3) 无奇点摄动解的表达形式

上一小节以中心天体非球形引力位中的主要摄动源(扁率项 J_2 部分)为例,给出了采用拟平均根数法构造无奇点根数摄动解的具体构造方法,对照前面第 3.4 节中采用平均根数法构造 Kepler 根数摄动解的过程,有两点需要进一步说明,即

1) 6 个无奇点变量 (a,e,i,Ω,ω,M) 对应的拟平均根数 $\tilde\sigma$ 只分离出短周期摄动项 $\sigma_s^{(1)}(t)$,$\sigma_s^{(2)}(t)$,…,因此,在摄动解的构造过程中,二阶摄动项的运算部分,由原平均根数法中的

$$\sum_j \frac{\partial (f_{1c}+f_{1s})}{\partial \sigma_j} (\sigma_s^{(1)} + \sigma_l^{(1)})_j$$

变为

$$\sum_j \frac{\partial (f_{1c}+f_{1s})}{\partial \sigma_j} (\sigma_s^{(1)})_j$$

这一差别表明,若要直接利用原 Kepler 根数摄动解构造上述无奇点根数摄动解,必须删除原过程中的如下运算部分:

$$\sum_j \frac{\partial (f_{1c}+f_{1s})}{\partial \sigma_j} (\sigma_l^{(1)})_j$$

2) 具体给出无奇点根数摄动分析解时,可以将表达式中的所有变量都转化为由无奇点变量 (a,ξ,η,h,k,λ) 表达的完整形式,在作者过去的工作中往往是这样表达的,见本章参考

文献[3~5],但该表达形式较复杂,不仅给相应的软件编制带来麻烦,而且影响计算效率。事实上,经具体分析和实际计算比较表明,就有效的应用而言,没有必要采用这种表面完美的表达形式,可在摄动表达式中按严格定义保留轨道几何意义十分清晰的 Kepler 根数形式。因此,上述第一类无奇点摄动解的表达式可直接由下列关系实现:

对于引力摄动,长期项(包括长周期变化项)由下列各表达式构成:

$$\Delta a(t) = 0 \tag{3.187}$$

$$\Delta i(t) = \Delta i_l(t) \tag{3.188}$$

$$\Delta \Omega(t) = \Delta \Omega_c(t) + \Delta \Omega_l(t) \tag{3.189}$$

$$\Delta \xi(t) = \cos \omega [\Delta e(t)] - \sin \omega [e \Delta \omega(t)] \tag{3.190}$$

$$\Delta \eta(t) = \sin \omega [\Delta e(t)] + \cos \omega [e \Delta \omega(t)] \tag{3.191}$$

$$\Delta \lambda(t) = \bar{n}(t - t_0) + [\Delta M(t) + \Delta \omega(t)] \tag{3.192}$$

其中 $\bar{n} = \bar{a}^{-3/2} = \bar{a}_0^{-3/2}$, $\Delta \sigma(t)$ 包括长期项和长周期变化项。

上述(3.190)和(3.191)表达式是线性形式,其中包含了地球引力 J_2 项的一阶长期摄动部分,若问题要准到二阶长期摄动部分,考虑到 J_2 项摄动,对其相应的由 ω 的长期变化所引起的长期项部分,还应采用原第一类无奇点摄动解的"完整"表达形式,即

$$\Delta \xi(t) = \bar{\xi}_0 \cos \Delta \omega(t) - \bar{\eta}_0 \sin \Delta \omega(t) \tag{3.193}$$

$$\Delta \eta(t) = \bar{\eta}_0 \cos \Delta \omega(t) + \bar{\xi}_0 \sin \Delta \omega(t) \tag{3.194}$$

其中 $\bar{\xi}_0$ 和 $\bar{\eta}_0$ 的定义不变。

短周期项由下列各表达式构成:

$$a_s(t) = a_s^{(1)}(t) + a_s^{(2)}(t) \tag{3.195}$$

$$i_s^{(1)}(t) = i_s^{(1)}(t) \tag{3.196}$$

$$\Omega_s^{(1)}(t) = \Omega_s^{(1)}(t) \tag{3.197}$$

$$\xi_s^{(1)}(t) = \cos \omega [e_s^{(1)}(t)] - \sin \omega [e \omega_s^{(1)}(t)] \tag{3.198}$$

$$\eta_s^{(1)}(t) = \sin \omega [e_s^{(1)}(t)] + \cos \omega [e \omega_s^{(1)}(t)] \tag{3.199}$$

$$\lambda_s^{(1)}(t) = [M_s^{(1)}(t)] + [\omega_s^{(1)}(t)] \tag{3.200}$$

上列摄动解(3.188)~(3.200)式中涉及的 $\Delta e(t), \cdots, \Delta M(t)$ 和 $a_s^{(1)}(t), \cdots, M_s^{(1)}(t)$,就是 Kepler 根数解的"相应"结果,具体形式在下一小节列出。按照上述处理方法,由原 Kepler 根数的解组合而成的无奇点摄动解,不会再出现 $(1/e)$ 型的因子。

(4) 无奇点摄动解的计算

采用拟平均根数法构造的无奇点摄动解(3.151)~(3.152)式,其各摄动项均可由原 Kepler 根数解按一定方式组成,即(3.187)~(3.200)式,而计算过程中 Kepler 根数的出现只起一个中间变量作用,它们是由无奇点变量转换而来,见(3.170)式,不受小偏心率的影响,相应的 Kepler 根数解的表达式,将在下一章中具体给出。

3.6.2　第二类无奇点摄动解的构造

（1）基本变量和无奇点摄动解的构造

为了解决小 e，小 i 以及通约小分母问题，引用由第 3.2.4 小节(3.36)式定义的第二类无奇点变量，即

$$a, \qquad \xi=e\cos\tilde{\omega}, \qquad \eta=e\sin\tilde{\omega}$$
$$h=\sin\frac{i}{2}\cos\Omega, \quad k=\sin\frac{i}{2}\sin\Omega, \quad \lambda=M+\tilde{\omega} \tag{3.201}$$

其中 $\tilde{\omega}=\omega+\Omega$。相应的摄动运动方程采用相应的第二类无奇点形式，即第 3.2 节的(3.39)～(3.44)式。同样可像提供第一类无奇点摄动解的处理方式具体构造第二类无奇点摄动解，其基本原理类似，具体细节不再重复。

（2）第二类无奇点摄动解的表达形式

同样以中心天体非球形引力位的主要摄动源为例，除采用变量与第一类无奇点变量形式不同外，构造相应摄动解的方法仍由原 Kepler 根数的解按相应的关系进行组合而成。无奇点轨道分析解的形式仍为

$$\sigma(t)=\bar{\sigma}+\sigma_s^{(1)}(t)+\sigma_s^{(2)}(t)+\cdots \tag{3.202}$$

这里 $\bar{\sigma}(t)$ 同样是仅消除短周期项的拟平均根数，定义见(3.152)式。

6 个无奇点根数 $\sigma=(a,\xi,\eta,h,k,\lambda)$ 摄动分析解的长期项（包括长周期变化项）由下列各表达式构成：

$$\Delta a(t)=0 \tag{3.203}$$

$$\Delta\xi(t)=\cos\tilde{\omega}[\Delta e(t)]-\sin\tilde{\omega}[e\Delta\omega(t)+e\Delta\Omega(t)] \tag{3.204}$$

$$\Delta\eta(t)=\sin\tilde{\omega}[\Delta e(t)]+\cos\tilde{\omega}[e\Delta\omega(t)+e\Delta\Omega(t)] \tag{3.205}$$

$$\Delta h(t)=\frac{1}{2}\cos\frac{i}{2}\cos\Omega[\Delta i(t)]-\sin\Omega[\sin\frac{i}{2}\Delta\Omega(t)] \tag{3.206}$$

$$\Delta k(t)=\frac{1}{2}\cos\frac{i}{2}\sin\Omega[\Delta i(t)]+\cos\Omega[\sin\frac{i}{2}\Delta\Omega(t)] \tag{3.207}$$

$$\Delta\lambda(t)=\bar{n}(t-t_0)+[\Delta M(t)+\Delta\omega(t)+\Delta\Omega(t)] \tag{3.208}$$

其中 $\bar{n}=\bar{a}^{-3/2}=\bar{a}_0^{-3/2}$，$\Delta\sigma(t)$ 包括长期项和长周期变化项。

短周期项由下列形式构成：

$$a_s(t)=a_s^{(1)}(t)+a_s^{(2)}(t) \tag{3.209}$$

$$\xi_s^{(1)}(t)=\cos\tilde{\omega}[e_s^{(1)}(t)]-\sin\tilde{\omega}[e\omega_s^{(1)}(t)+e\Omega_s^{(1)}(t)] \tag{3.210}$$

$$\eta_s^{(1)}(t)=\sin\tilde{\omega}[e_s^{(1)}(t)]+\cos\tilde{\omega}[e\omega_s^{(1)}(t)+e\Omega_s^{(1)}(t)] \tag{3.211}$$

$$h_s^{(1)}(t)=\frac{1}{2}\cos\frac{i}{2}\cos\Omega[i_s^{(1)}(t)]-\sin\Omega[\sin\frac{i}{2}\Omega_s^{(1)}(t)] \tag{3.212}$$

$$k_s^{(1)}(t)=\frac{1}{2}\cos\frac{i}{2}\sin\Omega[i_s^{(1)}(t)]+\cos\Omega[\sin\frac{i}{2}\Omega_s^{(1)}(t)] \tag{3.213}$$

$$\lambda_s^{(1)}(t)=\Omega_s^{(1)}(t)+\omega_s^{(1)}(t)+M_s^{(1)}(t) \tag{3.214}$$

上列公式(3.203)～(3.214)的各表达式中出现的 $\Delta e(t),\Delta i(t),\Delta \omega(t),\Delta \Omega(t),\Delta M(t)$ 和 $a_s^{(1)}(t),e_s^{(1)}(t),i_s^{(1)}(t),\omega_s^{(1)}(t),\Omega_s^{(1)}(t),M_s^{(1)}(t)$，以及 $a_s^{(2)}(t)$，也都是 Kepler 根数解的相应结果。由此提供的无奇点摄动解，除不会再出现临界倾角奇点因子外，也同样不会再出现 $(1/e)$ 和 $(1/\sin i)$ 型的因子。

关于前面(3.200)式表达的 $\lambda_s^{(1)}(t)=[M_s^{(1)}(t)]+[\omega_s^{(1)}(t)]$，很容易看出不再有小 e 问题。与该组合类似，这里由(3.214)式表达的 $\lambda_s^{(1)}(t)$ 同样如此，可以明确给出相应的消除小 e，小 i 因子的无奇点形式，详见下一章的相关内容。

尽管上述内容只是具体针对中心天体非球形引力位的主要摄动源进行讨论的，但其原理同样适用于其他摄动源。另外，在具体引用相应摄动解进行轨道外推时，基本状态量必须是无奇点变量，而中间过程变量却是由相应的无奇点变量（瞬时量 $\sigma(t)$ 或平均量 $\bar{\sigma}(t)$）转换后的 Kepler 根数：$a(t),e(t),\cdots$ 或 $\bar{a}(t),\bar{e}(t),\cdots$。

参考文献

[1] Smart, W M. Celestial Mechanics. University of Glasgow, 1953.

[2] Bruwer, D. and Clemence, G. M. Method of Celestial Mechanics, Academics Press, New York and London, 1961.

2nd impr. , Academic Press, Orlando, San Diego, New York, 1985.

（刘林，丁华译. 天体力学方法. 北京:科学出版社,1986）

[3] 刘林. 人造地球卫星轨道力学. 北京:高等教育出版社,1992.

[4] 刘林. 天体力学方法. 南京:南京大学出版社,1998.

[5] 刘林. 航天器轨道理论. 北京:国防工业出版社,2000.

[6] 刘林,汤靖师. 卫星轨道理论与应用. 北京:电子工业出版社,2015.

[7] 刘林,侯锡云. 轨道力学基础. 北京:高等教育出版社,2018.

[8] Kozai Y. Effect of Precession and Nutation on the Obital Elements of a Close Earth Satellite, Astron. J. 1960, 65(10):621 - 623.

[9] 刘林. 人造地球卫星在临界角附近运动的解. 天文学报. 1974,15(2):230 - 240.

LIU Lin, A Solution of the Motion of an Artificial Satellite in the Vicinity of the Critical Inclination, Chin. Astron. Astrophys. 1977,1(1):31 - 42.

[10] 刘林. 一种人造地球卫星的摄动计算方法. 天文学报. 197516(1):5 - 80.

LIU Lin A Method of Calculation the Perturbation of Artifical Satellites. Chin. Astron. Astrophys. 1977,1(1):63 - 78.

[11] Garfinkel B. Formal solution in the problem of small divisors. Astron. J. 1966,71(8): 657 - 669.

[12] Garfinkel B. Jupp A H. and Williams C A. A recursive Von Zeipel algorithm for the ideal resonance probLem. Astron. J. 1971,6(2):157 - 166.

第 4 章

地球卫星受摄运动轨道外推的无奇点分析解

4.1　卫星运动采用的完整力模型

本书绪论已指出:太阳系各大行星和小行星的运动、各大行星的自然卫星以及人造卫星(人造地球卫星、月球卫星、火星卫星等环绕型探测器)的运动,主要外力源只有一个。对于人造地球卫星的轨道运动而言,主要外力源就是作为均匀球体的地球中心引力,其他各种外力作用相对较小,归结为一个受到"扰动"的二体系统,相应的数学问题即受摄二体问题。作为主要外力源的地球称为"中心天体",用符号 P_0 表示,相应的质量记作 m_0,而另一个待研究其运动的地球卫星用符号 p 表示,质量记作 m。所要研究的问题,就是人造卫星在相应的中心天体引力作用和若干摄动因素影响下的轨道运动问题。

对于受摄二体问题的轨道运动,可归结为一个常微初值问题,即

$$\begin{cases} \ddot{\vec{r}} = -\dfrac{G(m_0+m)}{r^3}\,\vec{r} + \sum_{i=1}^{N} \vec{F_i} \\ \vec{r}(t_0) = \vec{r}_0, \quad \dot{\vec{r}}(t_0) = \dot{\vec{r}}_0 \end{cases} \tag{4.1}$$

其中 G 是万有引力常数,$\vec{F_i}$ 是应考虑的各种摄动加速度。这里的坐标系原点是在中心天体 P_0 的质心上,$\vec{r} = \vec{r}(x, y, z)$ 是运动天体在该坐标系中的位置矢量。

通常引用符号 μ:

$$\mu = G(m_0 + m) \tag{4.2}$$

对于人造小天体(包括各种环绕型探测器)的运动而言,相应的运动天体 p 的质量 $m = 0$,那么问题(4.1)的运动方程即变为下列形式:

$$\ddot{\vec{r}} = -\frac{\mu}{r^3}\,\vec{r} + \sum_{i=1}^{N} \vec{F_i} \tag{4.3}$$

其中 $\mu = Gm_0$ 是中心天体的引力常数,对于人造地球卫星的运动,中心天体是地球,常用的符号为 $\mu = Gm_0 = GE$,GE 就是地心引力常数。

4.1.1　卫星轨道力学中计算单位的选择

动力学问题涉及的计算单位,基本量有三个,即长度单位[L],质量单位[M]和时间单

位$[T]$,对于卫星轨道力学问题分别取为下列参考值:

$$\begin{cases} [L]=a_e & (a_e\text{ 是中心天体参考椭球体的赤道半径}) \\ [M]=m_0 & (m_0\text{ 是中心天体的质量}) \\ [T]=(a_e{}^3/Gm_0)^{1/2} \end{cases} \quad (4.4)$$

其中时间单位$[T]$是导出单位,目的是使该计算单位系统中,引力常数$G=1$和中心天体引力常数$\mu=Gm_0=1$。这种处理,一方面是为了各物理量的单位归一化,便于有关量级的估计和比较,同时也可简化计算公式的表达。

在卫星轨道力学中,会涉及大行星的绕日运行轨道问题,对于日-地系统和日-地+月系统,上述长度单位$[L]$是选用日地平均距离,即天文单位 AU,而相应的时间单位则改为$[T]$ $=(\text{AU}^3/G(m_0+m))^{1/2}$,其中$Gm$分别为地心引力常数$GE$和月心引力常数$GL$。下面一并列出日心系统和地球、火星、金星、月球系统计算单位选择的参考值。

太阳、地球、火星、金星和月球的引力常数分别为

$$GS=1.32712440041\times10^{11}(\text{km}^3/\text{s}^2),$$
$$GE=398600.4418(\text{km}^3/\text{s}^2), \qquad \text{对应 WGS84 系统}$$
$$GM=42828.3719(\text{km}^3/\text{s}^2), \qquad \text{对应 GMM-2B 系统} \qquad (4.5)$$
$$GV=324858.64(\text{km}^3/\text{s}^2), \qquad \text{对应 GVM-1 系统}$$
$$GL=4902.800269(\text{km}^3/\text{s}^2), \qquad \text{对应 LP75G 系统}$$

对日-地系统,有

$$[T]=58^d.1323535673601 \qquad (4.6a)$$

对日-地+月系统,有

$$[T]=58^d.13235249375701 \qquad (4.6b)$$

对于地球,如果采用 WGS(World Geodetic System)84 系统,则有

$$a_e=6378.137(\text{km})$$
$$GM=398600.4418(\text{km}^3/\text{s}^2) \qquad (4.7)$$
$$[T]=13^m.4468520637382$$

相应的地球形状扁率为$\in=0.00335281$,动力学扁率为$J_2=1.082636022\times10^{-3}$。

对于火星,如果采用美国 Goddard Mars Model:GMM-2B,则有

$$a_e=3397.0(\text{km})$$
$$GM=42828.3719(\text{km}^3/\text{s}^2) \qquad (4.8)$$
$$[T]=15^m.945064755181$$

相应的火星形状扁率为$\in=0.005231844$,动力学扁率为$J_2=1.955453679\times10^{-3}$。

对于金星,如果采用美国 Goddard 和 JPLd11993 年联合给出的 Venus Model:GVM-1,则有

$$a_e = 6051.8130(\text{km})$$
$$GM = 324858.64(\text{km}^3/\text{s}^2) \tag{4.9}$$
$$[T] = 13^m.766698101341069$$

相应的金星形状扁率为 $\in = 0.0$,动力学扁率为 $J_2 = 4.45749887 \times 10^{-6}$。

对于月球,如果采用美国 JPL 引力模型:LP75G,则有

$$a_e = 1738.0(\text{km}),$$
$$GM = 4902.800269(\text{km}^3/\text{s}^2), \tag{4.10}$$
$$[T] = 17^m.246513279967907$$

相应的月球形状扁率为 $\in = 0.000178366$,动力学扁率为 $J_2 = 2.034284544 \times 10^{-4}$。

4.1.2 卫星轨道运动中的受力分析

以人造地球卫星的运动为背景,运动方程(4.3)右端的主要外力源记作 $\vec{F}_0$,有

$$\vec{F}_0 = -\frac{\mu}{r^3}\vec{r} = -\frac{1}{r^3}\vec{r} \tag{4.11}$$

相应的地球质点引力加速度记作 g,由下式给出:

$$g = \frac{GE}{r^2} = \frac{1}{r^2} \tag{4.12}$$

那么,地球表面和上空高度 h 分别为 $200,300,600,1200(\text{km})$ 处的 $g(\text{m}/\text{s}^2)$ 值如下:

$$g = \begin{cases} 9.798285, & h = 0.0 \text{ km} \\ 9.211534, & h = 200.0 \text{ km} \\ 8.937728, & h = 300.0 \text{ km} \\ 8.185756, & h = 600.0 \text{ km} \\ 7.537636, & h = 1200.0 \text{ km} \end{cases} \tag{4.13}$$

这是针对地球低轨卫星所考虑的。在此前提下,其他外力源 $\vec{F}_i(i=1,N)$ 涉及的各类摄动因素,包括地球非球形引力、第三体质点引力、地球形变、大气阻力、太阳光压和后牛顿效应等,下面分别对各摄动因素作一简单的定量分析。

(1)地球非球形引力扁率项 J_2 的摄动量级

就地球低轨卫星而言,除地球质点引力作用外,最大的摄动源是地球非球形引力部分中的动力学扁率 J_2 项,相应的摄动加速度即运动方程(4.3)右端的 $F_1(J_2)$,在上述高度范围内,其影响程度与地球质点引力加速度 g 之比的量级为

$$\varepsilon_1 = \frac{F_1}{g} = O\left(\frac{J_2}{r^2}\right) = O(10^{-3}) \tag{4.14}$$

(2)地球非球形引力椭率项 $J_{2,2}$ 的摄动量级

$$\varepsilon_2 = \frac{F_2}{g} = O\left(\frac{J_{2,2}}{r^2}\right) = O(10^{-6}) \tag{4.15}$$

(3) 地球非球形引力位中高次带谐项 $J_l(l \geqslant 3)$ 的摄动量级

$$\varepsilon_3 = \frac{F_3}{g} = O\left(\frac{J_l}{r^l}\right) = O(10^{-6}) \tag{4.16}$$

(4) 地球非球形引力位中高次田谐项 $J_{l,m}(l \geqslant 3, m = 1-l)$ 的摄动量级

$$\varepsilon_4 = \frac{F_4}{g} = O\left(\frac{J_{l,m}}{r^l}\right) = O(10^{-6}) \tag{4.17}$$

(5) 日、月引力摄动量级

$$\varepsilon_5 = \frac{F_5}{g} = m'\left(\frac{r}{r'}\right)^3 = O(10^{-7}) \tag{4.18}$$

其中，m'，r' 分别为日、月的归一化单位质量和其到地心的平均距离。

(6) 地球形变摄动量级

$$\varepsilon_6 = \frac{F_6}{g} = O\left(\left(\frac{k_2}{r^5}\right)m'\left(\frac{r}{r'}\right)^3\right) = O\left(\left(\frac{k_2}{r^5}\right)\varepsilon_5\right) = O(10^{-8}) \tag{4.19}$$

该式中的 k_2 是地球潮汐形变的二次 Love 数，其数值接近 0.30。

(7) 太阳光压摄动量级

太阳光压和大气阻力都是表面力，相应的摄动效应将涉及卫星的等效面积质量比（简称面质比），在地球系统的计算单位中，表示为归一化单位的换算关系如下：

$$1(\text{m}^2/\text{kg}) = 1.4686 \times 10^{11} \tag{4.20}$$

通常，卫星的面质比为 $1\,\text{m}^2/100\,\text{kg}$，那么在归一化单位中其面质比为 10^9，相应的光压摄动量级为

$$\varepsilon_7 = \frac{F_7}{g} = \kappa\left(\frac{S}{m}\right)\rho_\odot r^2 = O(10^{-8} - 10^{-7}) \tag{4.21}$$

其中，$\kappa = 1 + \eta$，η 就是卫星表面的反射系数，若为完全反射，$\eta = 1$，完全吸收则对应 $\eta = 0$，通常 $0 < \eta < 1$，(S/m) 即卫星的等效面质比，$\rho_\odot$ 是地球附近的光压强度，有

$$\rho_\odot = 4.5606 \times 10^{-6}(\text{N} \cdot \text{m}^{-2}) = 0.3169 \times 10^{-17} \tag{4.22}$$

其后一种表达是归一化计算单位中的无量纲值。

(8) 大气阻力摄动量级

对于地面高度 $h = 200\,\text{km}$ 以上的高空，大气阻力加速度表达式的常用形式即

$$D = \frac{1}{2}\left(C_D \frac{S}{M}\right)\rho v^2 \tag{4.23}$$

相应的大气阻力摄动量级即

$$\varepsilon_8 = \frac{F_8}{g} = \frac{1}{2}\left(\frac{C_D S}{m}\right)\rho v^2 / \left(\frac{1}{r^2}\right) \approx \left(\frac{C_D S}{m}\rho\right)\frac{r}{2} \tag{4.24}$$

其中阻力系数 C_D 在 $h = 200\,\text{km}$ 以上取值 2.2。大气阻力问题亦是表面力问题，与上述处理光压问题类似，卫星的等效面质比取为 10^9。大气密度 ρ 的常用单位是 (kg/m^3)，表示为归一化单位的换算公式如下：

$$1(\text{kg/m}^3) = 0.4343 \times 10^{-4} \tag{4.25}$$

大气密度采用国际标准大气模型给出的平均密度,按正常状态,在地球上空高度分别为 $h=$ 200,400,600(km)处的平均密度分别为

$$\bar{\rho}(\mathrm{kg/m^3}) = \begin{cases} 0.291\times10^{-9}, & h=200.0\ \mathrm{km} \\ 0.428\times10^{-11}, & h=400.0\ \mathrm{km} \\ 0.186\times10^{-12}, & h=600.0\ \mathrm{km} \end{cases} \tag{4.26}$$

在上述状态下,卫星承受相应的大气阻力加速度 $D(\mathrm{m/s^2})$ 如下:

$$D = \begin{cases} 1.736\times10^{-4}, & h=200.0\ \mathrm{km} \\ 2.517\times10^{-6}, & h=400.0\ \mathrm{km} \\ 1.062\times10^{-7}, & h=600.0\ \mathrm{km} \end{cases} \tag{4.27}$$

在上述几个高度上大气阻力的摄动量级 ε_8 如下:

$$\varepsilon_8 = \frac{F_8}{g} = \begin{cases} 1.9\times10^{-5}, & h=200.0\ \mathrm{km} \\ 2.9\times10^{-7}, & h=400.0\ \mathrm{km} \\ 1.3\times10^{-8}, & h=600.0\ \mathrm{km} \end{cases} \tag{4.28}$$

(9) 后牛顿效应的摄动量级

关于后牛顿效应问题,对于人造地球卫星的轨道运动,除主要的一体效应外,还有测地岁差、自转效应和扁率效应,相应的后牛顿加速度 $\vec{A}_{PN}$ 可写成下列形式:

$$\vec{A}_{PN} = \vec{A}_1 + \vec{A}_2 + \vec{A}_3 + \vec{A}_4$$

其具体表达形式这里暂不讨论。对于近地卫星,这四种摄动相对地球中心引力加速度的大小分别为

$$10^{-9}, 10^{-11}, 10^{-12}, 10^{-12}$$

由此可知,对于低轨卫星,后牛顿效应的摄动量级 ε_9 如下:

$$\varepsilon_9 = \frac{F_9}{g} = O(10^{-9}) \tag{4.29}$$

综上分析,对于低轨地球卫星,其轨道运动方程(4.3)式在完整的力模型下有如下形式:

$$\ddot{\vec{r}} = -\frac{\vec{r}}{r^3} + \sum_{i=1}^{9} \vec{F}_i \tag{4.30}$$

若采用 Kepler 根数 $\sigma(a,e,i,\Omega,\omega,M)$ 作为状态量,则相应的轨道摄动运动方程为

$$\frac{\mathrm{d}\sigma}{\mathrm{d}t} = f_0(a) + \sum_{j=1}^{9} f_j(\sigma,t,\varepsilon) \tag{4.31}$$

其中

$$\begin{cases} f_0(a) = \delta n, \quad n = a^{-3/2} \\ \delta = \begin{pmatrix} 0 \\ 0 \\ 0 \\ \vdots \\ 1 \end{pmatrix} = (0\ \ 0\ \ 0\ \ 0\ \ 0\ \ 1)^{\mathrm{T}} \end{cases} \tag{4.32}$$

$$|f_j(\sigma,t,\varepsilon)|=O(\varepsilon), \quad j=1,2,\cdots,9 \tag{4.33}$$

如果将这里的 f_j 按前面对各摄动源分析给出的定量大小区分,则应改写成 $f_1=O(\varepsilon)$,$f_2=O(\varepsilon^2)$,$f_3=O(\varepsilon^3)$,$\cdots$,那么摄动运动方程(4.31)应写作下列形式:

$$\dot{\sigma}=f_0(a)+f_1(\sigma;J_2)+f_2(\sigma,t;\varepsilon^2)+f_3(\sigma,t;\varepsilon^3) \tag{4.34}$$

以地球低轨卫星的运动作为背景,同时考虑地球非球形扁率项(J_2)摄动,那么摄动小参数 ε 的量级为 10^{-3},J_2 项即作为一阶小量,而上述其他各摄动因素对应的摄动量级均为二阶、三阶或更高阶小量,为了进一步了解这些摄动因素对卫星轨道影响的特征,形式上可按二阶小量处理,至于在实际问题中是否需要考虑相应的摄动因素,那是具体取舍问题,并不影响理论上的处理与分析,于是往往将相应的轨道摄动运动方程写成如下形式:

$$\begin{cases} \dot{\sigma}=f_0(a)+f_1(\sigma;\varepsilon)+f_2(\sigma,t;\varepsilon^2) \\ \varepsilon=O(J_2) \end{cases} \tag{4.35}$$

4.1.3 受力状况的进一步分析

尽管上述受力分析是以地球低轨卫星为背景所做出的,但分析方法和处理细节同样适用于地球中、高轨卫星和其他天体(包括月球、火星等以及自然卫星、小行星)的环绕型探测器轨道运动的受力分析。

就地球高轨卫星而言,除动力学扁率 J_2 项摄动量级要变小,日、月引力摄动量级要变大,地球大气的影响变小或"消失"外,所有这些细节只是改变摄动量级的大小和构造具体摄动解时的取舍处理,并无实质性变化。鉴于这一特征,对于其他类型卫星轨道运动的受力分析不再重复阐述,相应的受摄运动方程都可写成下列形式:

$$\dot{\sigma}=f_0(a)+f_1(\sigma;\varepsilon)+f_2(\sigma,t;\varepsilon^2)+\cdots \tag{4.36}$$

至于摄动小参数 ε 的选择,要根据具体动力学背景而确定,这将在后面有关的具体内容中确定,例如构造月球的低轨卫星轨道摄动解中,该小参数 ε 的选择并不是月球的动力学扁率 J_2,而是人为地作下列选择:

$$\varepsilon=10^{-2} \tag{4.37}$$

详见后面第 6 章的相关内容。

4.2 地球非球形引力扁率项 J_2 的一阶摄动解

4.2.1 Kepler 根数形式的一阶摄动解[1~5]

在地心赤道坐标系中,扁球形地球对卫星的引力加速度 $\vec{F}$ 由引力位 $V(\vec{r})$ 的梯度表达:

$$\vec{F}=\mathrm{grad}V(\vec{r})$$

$$V(\vec{r})=\frac{GE}{r}\left[1-J_2\left(\frac{a_e}{r}\right)^2 P_2(\sin\varphi)\right] \tag{4.38}$$

其中 $\vec{r}$ 是卫星的位置矢量,GE 和 a_e 分别为地心引力常数和赤道半径,r 和 φ 是卫星的向径和纬度。注意,卫星运动摄动解的建立,应该在 J2000 地心天球坐标系中,而上述地心赤道坐标系实为**地固坐标系**,这两者的差别将在后面第 4.4 节中作详细介绍。

$P_2(\sin\varphi)$ 是二阶勒让德(Legendre)多项式,有

$$P_2(\sin\varphi)=\frac{3}{2}\sin^2\varphi-\frac{1}{2} \tag{4.39}$$

相应的系数即动力学扁率,其大小即反映地球对均匀球体的偏离程度(包括形状和质量分布),通常它与地球的几何扁率(只体现形状)同量级,因此,J_2 就是摄动小参数 ε,有

$$J_2=O(10^{-3}) \tag{4.40}$$

如果采用归一化计算单位,即前面第 4.1.1 小节中给出的计算单位的选择,地球的质量 E 和赤道半径 a_e 分别作为质量和长度单位,时间单位取为 $(a_e^3/GE)^{1/2}$,则引力常数 $G=1$,$\mu=GE=1$。采用这一计算单位,即形成无量纲形式,便于公式表达和定量分析。那么(4.38)式中的引力位可以写成下列形式:

$$V(\vec{r})=V_0+V_1 \tag{4.41}$$

$$V_0=\frac{1}{r},\quad V_1=-\frac{J_2}{r^3}\left(\frac{3}{2}\sin^2\varphi-\frac{1}{2}\right) \tag{4.42}$$

通常称 V_1 为摄动函数,记作 R,即摄动位 $V_1=R$,显然,这一受摄系统对应的是定常系统。

4.2.1.1 摄动函数 R 的分解

由球面三角公式 $\sin\varphi=\sin i\sin(f+\omega)$ 代入(4.42)式的摄动位,得

$$R=\frac{J_2}{2a^3}\left(\frac{a}{r}\right)^3\left[\left(1-\frac{3}{2}\sin^2 i\right)+\frac{3}{2}\sin^2 i\cos 2(f+\omega)\right] \tag{4.43}$$

利用下列平均值

$$\overline{\left(\frac{a}{r}\right)^3}=(1-e^2)^{-3/2},\quad \overline{\left(\frac{a}{r}\right)^3\cos 2f}=0,\quad \overline{\left(\frac{a}{r}\right)^3\sin 2f}=0 \tag{4.44}$$

可将 R 分解成长期和周期两个部分 R_{1c} 和 R_{1s},即

$$R_{1c}=\frac{J_2}{2a^3}\left(1-\frac{3}{2}\sin^2 i\right)(1-e^2)^{-3/2} \tag{4.45}$$

$$R_{1s}=\frac{J_2}{2a^3}\left\{\left(1-\frac{3}{2}\sin^2 i\right)\left[\left(\frac{a}{r}\right)^3-(1-e^2)^{-3/2}\right]+\frac{3}{2}\left(\frac{a}{r}\right)^3\sin^2 i\cos 2(f+\omega)\right\} \tag{4.46}$$

4.2.1.2 摄动运动方程

将 R 的表达形式(4.43)代入 $(\partial R/\partial\sigma)$ 型的摄动运动方程,即可给出

$$\dot{\sigma}=f_0(a)+f_{1c}(a,e,i)+f_{1s}(a,e,i,\omega,M) \tag{4.47}$$

$$f_0(a)=\delta n,\quad n=a^{-3/2} \tag{4.48}$$

$$\delta=(0\ \ 0\ \ 0\ \ 0\ \ 0\ \ 1)^{\mathrm{T}} \tag{4.49}$$

上述表达式中的 σ 仍为表达 Kepler 根数的符号矢量,即

$$\sigma=(a\ \ e\ \ i\ \ \Omega\ \ \omega\ \ M)^{\mathrm{T}} \tag{4.50}$$

f_{1c} 和 f_{1s} 的各个分量的具体形式如下:

$$(f_{1c})_a = 0 \tag{4.51}$$

$$(f_{1c})_e = 0 \tag{4.52}$$

$$(f_{1c})_i = 0 \tag{4.53}$$

$$(f_{1c})_\Omega = -\frac{3J_2}{2p^2} n \cos i \tag{4.54}$$

$$(f_{1c})_\omega = \frac{3J_2}{2p^2} n \left(2 - \frac{5}{2} \sin^2 i \right) \tag{4.55}$$

$$(f_{1c})_M = \frac{3J_2}{2p^2} n \left(1 - \frac{3}{2} \sin^2 i \right) \sqrt{1-e^2} \tag{4.56}$$

$$(f_{1s})_a = \frac{3J_2}{a} n \sqrt{1-e^2} \left(\frac{a}{r} \right)^4 \left\{ -\frac{e \sin f}{1-e^2} \right.$$
$$\left. \times \left[\left(1 - \frac{3}{2} \sin^2 i \right) + \frac{3}{2} \sin^2 i \cos 2(f+\omega) \right] - \sin^2 i \left(\frac{a}{r} \right) \sin 2(f+\omega) \right\} \tag{4.57}$$

$$(f_{1s})_e = \frac{3J_2}{2a^2 e} n \sqrt{1-e^2} \left(\frac{a}{r} \right)^4 \left\{ -e \sin f \left[\left(1 - \frac{3}{2} \sin^2 i \right) + \frac{3}{2} \sin^2 i \cos 2(f+\omega) \right] \right.$$
$$\left. -(1-e^2) \sin^2 i \left(\frac{a}{r} \right) \sin 2(f+\omega) + \sin^2 i \left(\frac{r}{a} \right) \sin 2(f+\omega) \right\} \tag{4.58}$$

$$(f_{1s})_i = -\frac{3J_2}{2a^2 \sqrt{1-e^2}} n \sin i \cos i \left(\frac{a}{r} \right)^3 \sin 2(f+\omega) \tag{4.59}$$

$$(f_{1s})_\Omega = -\frac{3J_2}{2a^2 \sqrt{1-e^2}} n \cos i \left\{ \left[\left(\frac{a}{r} \right)^3 - (1-e^2)^{-3/2} \right] - \left(\frac{a}{r} \right)^3 \cos 2(f+\omega) \right\} \tag{4.60}$$

$$(f_{1s})_\omega = -\frac{3J_2}{2a^2 \sqrt{1-e^2}} n \cos^2 i \left\{ \left[\left(\frac{a}{r} \right)^3 - (1-e^2)^{-3/2} \right] - \left(\frac{a}{r} \right)^3 \cos 2(f+\omega) \right\}$$
$$+ \frac{3J_2}{2a^2 e} n \sqrt{1-e^2} \left\{ \left(1 - \frac{3}{2} \sin^2 i \right) \left[\left(\frac{a}{r} \right)^4 \cos f - e(1-e^2)^{-5/2} \right] \right.$$
$$+ \frac{3}{2} \sin^2 i \left(\frac{a}{r} \right)^4 \cos f \cos 2(f+\omega)$$
$$\left. - \frac{\sin^2 i}{1-e^2} \left(\frac{a}{r} \right)^3 (2 + e \cos f) \sin f \sin 2(f+\omega) \right\} \tag{4.61}$$

$$(f_{1s})_M = \left(-\frac{3n}{2a} \right) a_s^{(1)}(t) + \frac{3J_2}{a^2} n \left\{ \left(1 - \frac{3}{2} \sin^2 i \right) \left[\left(\frac{a}{r} \right)^3 - (1-e^2)^{-3/2} \right] \right.$$
$$\left. + \frac{3}{2} \sin^2 i \left(\frac{a}{r} \right)^3 \cos 2(f+\omega) \right\}$$
$$- \frac{3J_2}{2a^2 e} n(1-e^2) \left\{ \left(1 - \frac{3}{2} \sin^2 i \right) \left[\left(\frac{a}{r} \right)^4 \cos f - e(1-e^2)^{-5/2} \right] \right.$$
$$+ \frac{3}{2} \sin^2 i \left(\frac{a}{r} \right)^4 \cos f \cos 2(f+\omega)$$
$$\left. - \frac{\sin^2 i}{1-e^2} \left(\frac{a}{r} \right)^3 (2 + e \cos f) \sin f \sin 2(f+\omega) \right\} \tag{4.62}$$

4.2.1.3 摄动解

平均根数法可以有效地构造如下表达式的小参数幂级数解:

$$\sigma(t)=\bar{\sigma}_0+\delta\bar{n}(t-t_0)+(\sigma_1+\sigma_2+\cdots)(t-t_0)+\sigma_l^{(1)}(t)+\sigma_s^{(2)}(t)+\cdots \tag{4.63}$$

(1) 一阶长期项 $\sigma_1(t-t_0)$

$$a_1(t-t_0)=0, \quad e_1(t-t_0)=0, \quad i_1(t-t_0)=0 \tag{4.64}$$

$$\Omega_1(t-t_0)=-\frac{3J_2}{2p^2}\cos in(t-t_0) \tag{4.65}$$

$$\omega_1(t-t_0)=\frac{3J_2}{2p^2}\left(2-\frac{5}{2}\sin^2 i\right)n(t-t_0) \tag{4.66}$$

$$M_1(t-t_0)=\frac{3J_2}{2p^2}\left(1-\frac{3}{2}\sin^2 i\right)\sqrt{1-e^2}\,n(t-t_0) \tag{4.67}$$

其中 $p=a(1-e^2)$。上列各式右端出现的根数 a,e,i 均为平均根数,并有

$$\bar{a}=\bar{a}_0, \quad \bar{e}=\bar{e}_0, \quad \bar{i}=\bar{i}_0 \tag{4.68}$$

(2) 一阶短周期项 $\sigma_s^{(1)}(t)$ 和 $a_s^{(2)}(t)$

$$a_s^{(1)}(t)=\frac{3J_2}{2a}\left\{\frac{2}{3}\left(1-\frac{3}{2}\sin^2 i\right)\left[\left(\frac{a}{r}\right)^3-(1-e^2)^{-3/2}\right]+\sin^2 i\left(\frac{a}{r}\right)^3\cos 2(f+\omega)\right\} \tag{4.69}$$

$$
\begin{aligned}
e_s^{(1)}(t)&=\frac{1-e^2}{e}\left[\frac{1}{2a}a_s^{(1)}(t)-(\tan i)i_s^{(1)}(t)\right]\\
&=\left(\frac{J_2}{2a^2}\right)\left(\frac{1-e^2}{e}\right)\left\{\left(1-\frac{3}{2}\sin^2 i\right)\left[\left(\frac{a}{r}\right)^3-(1-e^2)^{-3/2}\right]\right.\\
&\quad+\frac{3}{2}\sin^2 i\left(\frac{a}{r}\right)^3\cos 2(f+\omega)\\
&\quad\left.-\frac{3}{2}\sin^2 i(1-e^2)^{-2}\left[e\cos(f+2\omega)+\cos 2(f+\omega)+\frac{1}{3}e\cos(3f+2\omega)\right]\right\}\\
&=\left(\frac{3J_2}{2p^2}\right)\left\{\frac{1}{3}\left(1-\frac{3}{2}\sin^2 i\right)\left[e\left(\frac{1}{1+\sqrt{1-e^2}}+\sqrt{1-e^2}\right)\right.\right.\\
&\quad+\cos f(3(1+e\cos f)+(e\cos f)^2)\Big]\\
&\quad+\frac{1}{2}\sin^2 i\Big[(e+\cos f(3(1+e\cos f)+(e\cos f)^2))\cos 2(f+\omega)\\
&\quad\left.\left.-(1-e^2)(\cos(f+2\omega)+\frac{1}{3}\cos(3f+2\omega))\right]\right\}
\end{aligned} \tag{4.70}
$$

$$i_s^{(1)}(t)=\left(\frac{3J_2}{2p^2}\right)\sin 2i\left\{\frac{e}{4}\cos(f+2\omega)+\frac{1}{4}\cos(2f+2\omega)+\frac{e}{12}\cos(3f+2\omega)\right\} \tag{4.71}$$

$$
\begin{aligned}
\Omega_s^{(1)}(t)&=-\left(\frac{3J_2}{2p^2}\right)\cos i\Big\{(f-M+e\sin f)\\
&\quad-\frac{1}{2}\left[e\sin(f+2\omega)+\sin(2f+2\omega)+\frac{e}{3}\sin(3f+2\omega)\right]\Big\}
\end{aligned} \tag{4.72}
$$

$$\omega_s^{(1)}(t) = -\cos i \Omega_s^{(1)}(t) + [\omega_s^{(1)}(t)]_1$$

$$[\omega_s^{(1)}(t)]_1 = \frac{1}{e}\left(\frac{3J_2}{2p^2}\right) \times \left\{\left(1-\frac{3}{2}\sin^2 i\right)\left[(f-M+e\sin f)e + \left(1-\frac{e^2}{4}\right)\sin f + \frac{e}{2}\sin 2f + \frac{e^2}{12}\sin 3f\right]\right.$$

$$+ \sin^2 i\left[-\left(\frac{1}{4}-\frac{7}{16}e^2\right)\sin(f+2\omega) + \frac{3}{4}e\sin 2(f+\omega)\right.$$

$$+ \left(\frac{7}{12}+\frac{11}{48}e^2\right)\sin(3f+2\omega) + \frac{3}{8}e\sin(4f+2\omega)$$

$$\left.\left.+ \frac{e^2}{16}(\sin(5f+2\omega)+\sin(f-2\omega))\right]\right\} \tag{4.73a}$$

两部分合并后的形式如下：

$$\omega_s^{(1)}(t) = \frac{1}{e}\left(\frac{3J_2}{2p^2}\right)\left\{\left(2-\frac{5}{2}\sin^2 i\right)(f-M+e\sin f)e\right.$$

$$+ \left(1-\frac{3}{2}\sin^2 i\right)\left[\left(1-\frac{e^2}{4}\right)\sin f + \frac{e}{2}\sin 2f + \frac{e^2}{12}\sin 3f\right]$$

$$- \frac{e}{2}\left[e\sin(f+2\omega) + \sin 2(f+\omega) + \frac{e}{3}\sin(3f+2\omega)\right] \tag{4.73}$$

$$+ \sin^2 i\left[\frac{e^2}{16}\sin(f-2\omega) - \left(\frac{1}{4}-\frac{15}{16}e^2\right)\sin(f+2\omega) + \frac{5}{4}e\sin 2(f+\omega)\right.$$

$$\left.\left.+ \left(\frac{7}{12}+\frac{19}{48}e^2\right)\sin(3f+2\omega) + \frac{3}{8}e\sin(4f+2\omega) + \frac{e^2}{16}\sin(5f+2\omega)\right]\right\}$$

$$M_s^{(1)}(t) = -\sqrt{1-e^2}[\omega_s^{(1)}(t)]_1$$

$$+ \left(\frac{3J_2}{2p^2}\right)\sqrt{1-e^2}\left\{\left(1-\frac{3}{2}\sin^2 i\right)(f-M+e\sin f)\right. \tag{4.74}$$

$$\left.+ \sin^2 i\left[\frac{3}{4}e\sin(f+2\omega) + \frac{3}{4}\sin(2f+2\omega) + \frac{1}{4}e\sin(3f+2\omega)\right]\right\}$$

在一阶摄动解的精度要求下，上列各式中的 $\bar{\sigma}(t)$ 只需取如下形式：

$$\begin{cases} \bar{a}=\bar{a}_0, \quad \bar{e}=\bar{e}_0, \quad \bar{i}=\bar{i}_0 \\ \bar{\omega}=\bar{\omega}_0+\omega_1(t-t_0), \quad \overline{M}=\overline{M}_0+(\bar{n}+M_1)(t-t_0) \end{cases} \tag{4.75}$$

除此之外，还需要给出 $a_s^{(2)}(t)$，这有两种形式，分别给出如下：

$$[a_s^{(2)}(t)]_1 = -\left(\frac{2}{a}\right)\left\{a_s^{(1)}(t) + \left(\frac{3J_2}{2a}\right)(1-e^2)^{-3/2}\left(1-\frac{3}{2}\sin^2 i\right)\right\}a_s^{(1)}$$

$$+ \left(\frac{3J_2}{2a}\right)\left\{\left[2e(1-e^2)^{-5/2}\left(1-\frac{3}{2}\sin^2 i\right)\right](e_s^{(1)}-\overline{e_s^{(1)}})\right.$$

$$\left.- \left[(1-e^2)^{-3/2}\sin 2i\right](i_s^{(1)}-\overline{i_s^{(1)}})\right\}$$

$$+ \left(\frac{3J_2}{2a}\right)\left\{2\left(1-\frac{3}{2}\sin^2 i\right)\left[\left(\frac{a}{r}\right)^4\cos f - e(1-e^2)^{-5/2}\right]\right.$$

$$- \frac{4}{1-e^2}\sin^2 i\left(\frac{a}{r}\right)^3\left(1+\frac{e}{2}\cos f\right)\sin f\sin 2(f+\omega)$$

$$+3\sin^2 i\left(\frac{a}{r}\right)^4\cos f\cos 2(f+\omega)\Big\}(e_s^{(1)}+e_l^{(1)})$$

$$+\left(\frac{3J_2}{2a}\right)\Big\{\sin 2i\Big[\left(\frac{a}{r}\right)^3\cos 2(f+\omega)-\Big(\left(\frac{a}{r}\right)^3-(1-e^2)^{-3/2}\Big)\Big](i_s^{(1)}+i_l^{(1)})$$

$$+\left(\frac{3J_2}{2a}\right)\Big\{-2\sin^2 i\left(\frac{a}{r}\right)^3\sin 2(f+\omega)\Big\}(\omega_s^{(1)}+\omega_l^{(1)})$$

$$+\left(\frac{3J_2}{2a}\right)\Big\{-\frac{e}{\sqrt{1-e^2}}\left(\frac{a}{r}\right)^4\sin f\Big[2\left(1-\frac{3}{2}\sin^2 i\right)+3\sin^2 i\cos 2(f+\omega)\Big]$$

$$-2\sqrt{1-e^2}\sin^2 i\left(\frac{a}{r}\right)^5\sin 2(f+\omega)\Big\}(M_s^{(1)}+M_l^{(1)})$$

$$-\Big\{\Big[aD\Big(\frac{a_s^{(1)}}{a}\Big)\Big]_c+\Big[aD\Big(\frac{a_s^{(1)}}{a}\Big)\Big]_l\Big\}\tag{4.76}$$

$$\Big\{\Big[aD\Big(\frac{a_s^{(1)}}{a}\Big)\Big]_c+\Big[aD\Big(\frac{a_s^{(1)}}{a}\Big)\Big]_l\Big\}$$

$$=\left(\frac{3J_2}{2p^2}\right)^2a\sqrt{1-e^2}\Big\{\Big(1-\frac{3}{2}\sin^2 i\Big)^2\Big[\Big(\frac{16}{9}+\frac{19}{9}e^2\Big)+\frac{1}{1-e^2}\Big(\frac{35}{18}e^4\Big)+\frac{2}{9}\sqrt{1-e^2}\Big]$$

$$+\sin^2 i\Big(1+\frac{2}{3}e^2\Big)+\sin^4 i\Big[-\Big(\frac{5}{6}-\frac{25}{24}e^2\Big)+\frac{1}{1-e^2}\Big(\frac{35}{16}e^4\Big)\Big]$$

$$+\sin^2 i\Big[-\frac{2}{3}\Big(2-\frac{5}{2}\sin^2 i\Big)\overline{\frac{\cos 2f}{e^2}}+\Big(\frac{5}{6}-\frac{7}{4}\sin^2 i\Big)+\frac{e^2}{1-e^2}\Big(\frac{7}{3}-\frac{7}{2}\sin^2 i\Big)\Big]e^2\cos 2\omega$$

$$+\sin^4 i\Big[\frac{1}{32(1-e^2)}\Big]e^4\cos 4\omega\Big\}\tag{4.77}$$

$$[a_s^{(2)}(t)]_2=-\left(\frac{1}{a}\right)\Big\{2a_s^{(1)}(t)+\left(\frac{3J_2}{2a}\right)(1-e^2)^{-3/2}\Big(1-\frac{3}{2}\sin^2 i\Big)\Big\}a_s^{(1)}$$

$$-\left(\frac{3J_2}{2a}\right)\Big\{\Big[2(1-e^2)^{-3/2}\tan i\Big(2-\frac{5}{2}\sin^2 i\Big)\Big]\Big\}(i_s^{(1)}-\overline{i_s^{(1)}})$$

$$+\left(\frac{3J_2}{2a}\right)\Big\{2\Big(1-\frac{3}{2}\sin^2 i\Big)\Big[\left(\frac{a}{r}\right)^4\cos f-e(1-e^2)^{-5/2}\Big]$$

$$-\frac{4}{1-e^2}\sin^2 i\left(\frac{a}{r}\right)^3\Big(1+\frac{e}{2}\cos f\Big)\sin f\sin 2(f+\omega)$$

$$+3\sin^2 i\left(\frac{a}{r}\right)^4\cos f\cos 2(f+\omega)\Big\}(e_s^{(1)}+e_l^{(1)})$$

$$+\left(\frac{3J_2}{2a}\right)\Big\{\sin 2i\Big[\left(\frac{a}{r}\right)^3\cos 2(f+\omega)-\Big(\left(\frac{a}{r}\right)^3-(1-e^2)^{-3/2}\Big)\Big](i_s^{(1)}+i_l^{(1)})$$

$$+\left(\frac{3J_2}{2a}\right)\Big\{-2\sin^2 i\left(\frac{a}{r}\right)^3\sin 2(f+\omega)\Big\}(\omega_s^{(1)}+\omega_l^{(1)})$$

$$+\left(\frac{3J_2}{2a}\right)\Big\{-\frac{e}{\sqrt{1-e^2}}\left(\frac{a}{r}\right)^4\sin f\Big[2\left(1-\frac{3}{2}\sin^2 i\right)+3\sin^2 i\cos 2(f+\omega)\Big]$$

$$-2\sqrt{1-e^2}\sin^2 i\left(\frac{a}{r}\right)^5\sin 2(f+\omega)\Big\}(M_s^{(1)}+M_l^{(1)})$$

$$-\Big\{\Big[aD\Big(\frac{a_s^{(1)}}{a}\Big)\Big]_c+\Big[aD\Big(\frac{a_s^{(1)}}{a}\Big)\Big]_l\Big\}\tag{4.78}$$

上述两种形式，$[a_s^{(2)}(t)]_1$ 中的 $(e_s^{(1)}-\overline{e_s^{(1)}})$ 这一项是独立处理的，而 $[a_s^{(2)}(t)]_2$ 中，该项是表达成 $a_s^{(1)}(t)$ 和 $(i_s^{(1)}-\overline{i_s^{(1)}})$ 后分别列入相应的两项中，不再出现 $(e_s^{(1)}-\overline{e_s^{(1)}})$ 这一项。

（3）二阶长期项 $\sigma_2(t-t_0)$

$$\begin{cases} a_2(t-t_0)=0 \\ e_2(t-t_0)=0 \\ i_2(t-t_0)=0 \end{cases} \tag{4.79}$$

$$\Omega_2(t-t_0)=-\left(\frac{3J_2}{2p^2}\right)^2\cos i$$
$$\times\left[\left(\frac{3}{2}+\frac{1}{6}e^2+\sqrt{1-e^2}\right)-\sin^2 i\left(\frac{5}{3}-\frac{5}{24}e^2+\frac{3}{2}\sqrt{1-e^2}\right)\right]n(t-t_0) \tag{4.80}$$

$$\omega_2(t-t_0)=\left(\frac{3J_2}{2p^2}\right)^2\left[\left(4+\frac{7}{12}e^2+2\sqrt{1-e^2}\right)-\sin^2 i\left(\frac{103}{12}+\frac{3}{8}e^2+\frac{11}{2}\sqrt{1-e^2}\right)\right.$$
$$\left.+\sin^4 i\left(\frac{215}{48}-\frac{15}{32}e^2+\frac{15}{4}\sqrt{1-e^2}\right)\right]n(t-t_0) \tag{4.81}$$

$$M_2(t-t_0)=\left(\frac{3J_2}{2p^2}\right)^2\sqrt{1-e^2}\left[\frac{1}{2}\left(1-\frac{3}{2}\sin^2 i\right)^2\sqrt{1-e^2}+\left(\frac{5}{2}+\frac{10}{3}e^2\right)\right.$$
$$-\sin^2 i\left(\frac{19}{3}+\frac{26}{3}e^2\right)+\sin^4 i\left(\frac{233}{48}+\frac{103}{12}e^2\right)$$
$$\left.+\frac{e^4}{1-e^2}\left(\frac{35}{12}-\frac{35}{4}\sin^2 i+\frac{315}{32}\sin^4 i\right)\right]n(t-t_0) \tag{4.82}$$

（4）一阶长周期项 $\sigma_l^{(1)}(t)$

$$a_l^{(1)}(t)=0 \tag{4.83}$$

$$e_l^{(1)}(t)=-\left(\frac{1-e^2}{e}\tan i\right)i_l^{(1)}(t) \tag{4.84}$$
$$=\left(\frac{3J_2}{2p^2}\right)\frac{2\sin^2 i}{4-5\sin^2 i}\left(\frac{7}{24}-\frac{5}{16}\sin^2 i\right)(1-e^2)e\cos 2\omega$$

$$i_l^{(1)}(t)=-\left(\frac{3J_2}{2p^2}\right)\frac{\sin 2i}{4-5\sin^2 i}\left(\frac{7}{24}-\frac{5}{16}\sin^2 i\right)e^2\cos 2\omega \tag{4.85}$$

$$\Omega_l^{(1)}(t)=-\left(\frac{3J_2}{2p^2}\right)\frac{\cos i}{(4-5\sin^2 i)^2}\left(\frac{7}{3}-5\sin^2 i+\frac{25}{8}\sin^4 i\right)e^2\sin 2\omega \tag{4.86}$$

$$\omega_l^{(1)}(t)=-\left(\frac{3J_2}{2p^2}\right)\frac{1}{(4-5\sin^2 i)^2}\left[\sin^2 i\left(\frac{25}{3}-\frac{245}{12}\sin^2 i+\frac{25}{2}\sin^4 i\right)\right.$$
$$\left.-e^2\left(\frac{7}{3}-\frac{17}{2}\sin^2 i+\frac{65}{6}\sin^4 i-\frac{75}{16}\sin^6 i\right)\right]\sin 2\omega \tag{4.87}$$

$$M_l^{(1)}(t)=\left(\frac{3J_2}{2p^2}\right)\frac{\sqrt{1-e^2}}{4-5\sin^2 i}\sin^2 i\left[\left(\frac{25}{12}-\frac{5}{2}\sin^2 i\right)-e^2\left(\frac{7}{12}-\frac{5}{8}\sin^2 i\right)\right]\sin 2\omega \tag{4.88}$$

这里说明一点，利用平均根数法导出的上述长、短周期项 $\sigma_l^{(1)}(t)$ 和 $\sigma_s^{(1)}(t)$，原完整形式

为 $<\sigma_l^{(1)}(t)>$ 和 $<\sigma_s^{(1)}(t)>$，有

$$<\sigma_s^{(1)}(t)>=\sigma_s^{(1)}(t)-\overline{\sigma_s^{(1)}}(t), \quad <\sigma_l^{(1)}(t)>=\sigma_l^{(1)}(t)+\overline{\sigma_s^{(1)}}(t) \tag{4.89}$$

其中 $\sigma_s^{(1)}(t)$ 的平均值 $\overline{\sigma_s^{(1)}}(t)\neq0$，但根据平均根数法的原理，摄动解中的 $\sigma_l^{(1)}(t)$ 和 $\sigma_s^{(1)}(t)$ 都是以同一平均根数 $\bar{\sigma}(t)$ 作为变量计算的，那么显然有

$$<\sigma_s^{(1)}(t)>+<\sigma_l^{(1)}(t)>=\sigma_s^{(1)}(t)+\sigma_l^{(1)}(t)$$

因此，可以采用前面分别给出的 $\sigma_s^{(1)}(t)$ 和 $\sigma_l^{(1)}(t)$，而不必引进 $\overline{\sigma_s^{(1)}}(t)$。但在拟平均根数中，必须严格区分长、短周期项，其形式将会在后面相关部分具体给出。

4.2.2　第一类无奇点根数的摄动解

为了使一种方法可普遍适用于各种情况，应能同时消除各类奇点，包括轨道变量的几何奇点（即状态变量选择导致的 $e=0$ 和 $i=0$ 问题）和摄动解中的通约奇点，相应的无奇点摄动解有如下两类：

（1）同时消除小 e 和通约奇点的摄动解，称为**第一类无奇点摄动解**。

（2）同时消除小 e，小 i 和通约奇点的摄动解，称为**第二类无奇点摄动解**。

作为中、低轨卫星，轨道倾角一般不会接近于零，在此应用背景下，需要构造第一类无奇点摄动解，至于同时考虑小 e，小 i 和通约奇点的第二类无奇点摄动解，将在下面第 4.2.3 小节中作相应的介绍。

4.2.2.1　基本变量的选择

为了解决小 e 问题，引用第一类无奇点变量，即

$$a, \quad i, \quad \Omega, \quad \xi=e\cos\omega, \quad \eta=e\sin\omega, \quad \lambda=M+\omega \tag{4.90}$$

并仍然统一记为矢量形式 σ，其六个分量按上述次序排列，相应的摄动运动方程采用以摄动函数 $\left(\dfrac{\partial R}{\partial \sigma}\right)$ 表达的无奇点形式。

仍以中心天体非球形引力位中的主要摄动源（扁率项 J_2 部分）为背景，则有

$$R=\frac{J_2}{2a^3}\left(\frac{a}{r}\right)^3\left[\left(1-\frac{3}{2}\sin^2 i\right)+\frac{3}{2}\sin^2 i\cos 2(f+\omega)\right] \tag{4.91}$$

借助求平均值的方法将其分为如下两个部分：

$$R=R_1=R_{1c}+R_{1s} \tag{4.92}$$

$$R_{1c}=\frac{J_2}{2a^3}\left(1-\frac{3}{2}\sin^2 i\right)(1-e^2)^{-3/2} \tag{4.93}$$

$$R_{1s}=\frac{J_2}{2a^3}\left\{\left(1-\frac{3}{2}\sin^2 i\right)\left[\left(\frac{a}{r}\right)^3-(1-e^2)^{-3/2}\right]+\frac{3}{2}\sin^2 i\cos 2(f+\omega)\right\} \tag{4.94}$$

其中

$$e^2=\xi^2+\eta^2, \quad \omega=\arctan(\eta/\xi), \quad M=\lambda-\arctan(\eta/\xi),$$
$$f=f(M(\xi,\eta,\lambda),e(\xi,\eta)) \tag{4.95}$$

以此代入$(\partial R/\partial\sigma)$型的摄动运动方程即得

$$\dot{\sigma}=f_0(a)+f_1(\sigma,\varepsilon) \tag{4.96}$$

$$f_0(a)=\delta n,\quad n=a^{-3/2} \tag{4.97}$$

$$f_1(\sigma,\varepsilon)=f_{1c}(a,e(\xi,\eta),i)+f_{1s}(a,e(\xi,\eta),i,\omega(\xi,\eta),f(\lambda,\xi,\eta)) \tag{4.98}$$

f_{1c}和f_{1s}分别对应R_{1c}和R_{1s}。为了前后公式表达一致,这里所有公式亦采用无量纲形式。

4.2.2.2　无奇点摄动解的构造方法[3~7]

采用的是拟平均根数法,其构造的小参数幂级数解的形式如下:

$$\sigma(t)=\bar{\sigma}_0+[\delta\bar{n}(t-t_0)+(\sigma_1+\sigma_2+\cdots)(t-t_0)+\Delta\sigma_l^{(1)}(t)+\cdots]+\sigma_s^{(1)}(t)+\cdots \tag{4.99}$$

详见前面第3章的3.6和3.7两节的介绍。显然,采用拟平均根数法,在构造相应的一阶摄动解中,由于对长周期项(包括存在通约奇点的短周期项)的处理与平均根数法有所差别,导致原求和项

$$\sum_j\frac{\partial(f_{1c}+f_{1s})}{\partial\sigma_j}(\sigma_l^{(1)}+\sigma_s^{(1)})_j$$

的计算变为下列形式:

$$\sum_j\frac{\partial(f_{1c}+f_{1s})}{\partial\sigma_j}(\sigma_s^{(1)})_j \tag{4.100}$$

这是构造一阶摄动解(包括一阶短周期项,一、二阶长期项和一阶长周期变化项)过程中的主要运算部分。关于这一内容,前面第3章中已给出证明,可直接利用原Kepler根数解的相应结果组合而成,详见前面第3.7.1小节的相关内容。

4.2.2.3　无奇点摄动解的表达形式

根据理论证明,对于引力摄动,长期项(包括长周期项)可由下列各表达式构成:

$$\Delta a(t)=0 \tag{4.101}$$

$$\Delta i(t)=\Delta i_l(t) \tag{4.102}$$

$$\Delta\Omega(t)=\Delta\Omega_c(t)+\Delta\Omega_l(t) \tag{4.103}$$

$$\Delta\xi(t)=\cos\omega[\Delta e(t)]-\sin\omega[e\Delta\omega(t)] \tag{4.104}$$

$$\Delta\eta(t)=\sin\omega[\Delta e(t)]+\cos\omega[e\Delta\omega(t)] \tag{4.105}$$

$$\Delta\lambda(t)=\bar{n}(t-t_0)+[\Delta M(t)+\Delta\omega(t)] \tag{4.106}$$

其中$\bar{n}=\bar{a}^{-3/2}=\bar{a}_0^{-3/2}$,$\Delta\sigma(t)$包括长期项和长周期变化项。

考虑到$(4.104)\sim(4.105)$表达式是线性形式,其中包含了地球引力J_2项的一阶长期摄动部分,而对于一阶摄动解往往又要精确到二阶长期摄动部分,因此,考虑到J_2项摄动,对其相应的由ω的长期变化所引起的长期项部分,还是采用原第一类无奇点摄动解的"完整"表达形式,即

$$\Delta\xi(t)=\bar{\xi}_0\cos\Delta\omega(t)-\bar{\eta}_0\sin\Delta\omega(t) \tag{4.107}$$

$$\Delta\eta(t)=\bar{\eta}_0\cos\Delta\omega(t)+\bar{\xi}_0\sin\Delta\omega(t) \tag{4.108}$$

其中$\bar{\xi}_0$和$\bar{\eta}_0$的定义不变。

短周期项由下列各表达式构成：

$$a_s(t) = a_s^{(1)}(t) + a_s^{(2)}(t) \tag{4.109}$$

$$i_s^{(1)}(t) = i_s^{(1)}(t) \tag{4.110}$$

$$\Omega_s^{(1)}(t) = \Omega_s^{(1)}(t) \tag{4.111}$$

$$\xi_s^{(1)}(t) = \cos\omega \left[e_s^{(1)}(t) \right] - \sin\omega \left[e\omega_s^{(1)}(t) \right] \tag{4.112}$$

$$\eta_s^{(1)}(t) = \sin\omega \left[e_s^{(1)}(t) \right] + \cos\omega \left[e\omega_s^{(1)}(t) \right] \tag{4.113}$$

$$\lambda_s^{(1)}(t) = \left[M_s^{(1)}(t) \right] + \left[\omega_s^{(1)}(t) \right] \tag{4.114}$$

上列摄动解涉及的表达式(4.102)~(4.114)中的 $\Delta e(t),\Delta i(t),\Delta\omega(t),\Delta\Omega(t),\Delta M(t)$ 和 $a_s^{(1)}(t),e_s^{(1)}(t),i_s^{(1)}(t),\omega_s^{(1)}(t),\Omega_s^{(1)}(t),M_s^{(1)}(t)$,就是 Kepler 根数解的"相应"结果,具体形式在下面第 4.2.2.4 小节列出。按照上述处理方法,由原 Kepler 根数的解组合而成的无奇点摄动解,不会再出现 $(1/e)$ 型的因子。

4.2.2.4　无奇点摄动解对应的 Kepler 根数解的表达式

根据上一小节的说明,无奇点摄动解中所对应的 Kepler 根数解的"相应"形式如下：

1) $\Delta\sigma(t)$ 中 $\sigma_1(t-t_0)$ 和 $\sigma_2(t-t_0)$ 的变率 σ_1 和 σ_2

$$a_1 = 0, \quad e_1 = 0, \quad i_1 = 0 \tag{4.115}$$

$$\Omega_1 = -\frac{3J_2}{2p^2} n\cos i \tag{4.116}$$

$$\omega_1 = \frac{3J_2}{2p^2} n \left(2 - \frac{5}{2}\sin^2 i \right) \tag{4.117}$$

$$M_1 = \frac{3J_2}{2p^2} n \left(1 - \frac{3}{2}\sin^2 i \right) \sqrt{1-e^2} \tag{4.118}$$

$$a_2 = 0, \quad e_2 = 0, \quad i_2 = 0 \tag{4.119}$$

$$\Omega_2 = -\left(\frac{3J_2}{2p^2}\right)^2 n\cos i \left[\left(\frac{3}{2} + \frac{1}{6}e^2 + \sqrt{1-e^2} \right) - \left(\frac{5}{3} - \frac{5}{24}e^2 + \frac{3}{2}\sqrt{1-e^2} \right)\sin^2 i \right] \tag{4.120}$$

$$\omega_2 = \left(\frac{3J_2}{2p^2}\right)^2 n \left[\left(4 + \frac{7}{12}e^2 + 2\sqrt{1-e^2} \right) - \left(\frac{103}{12} + \frac{3}{8}e^2 + \frac{11}{2}\sqrt{1-e^2} \right)\sin^2 i \right.$$
$$\left. + \left(\frac{215}{48} - \frac{15}{32}e^2 + \frac{15}{4}\sqrt{1-e^2} \right)\sin^4 i \right] \tag{4.121}$$

$$M_2 = \left(\frac{3J_2}{2p^2}\right)^2 n \sqrt{1-e^2} \left[\frac{1}{2}\left(1 - \frac{3}{2}\sin^2 i \right)^2 \sqrt{1-e^2} + \left(\frac{5}{2} + \frac{10}{3}e^2 \right) \right.$$
$$- \left(\frac{19}{3} + \frac{26}{3}e^2 \right)\sin^2 i + \left(\frac{233}{48} + \frac{103}{12}e^2 \right)\sin^4 i$$
$$\left. + \frac{e^4}{1-e^2}\left(\frac{35}{12} - \frac{35}{4}\sin^2 i + \frac{315}{32}\sin^4 i \right) \right] \tag{4.122}$$

2) $\Delta\sigma(t)$ 中的长周期变化部分 $\Delta\sigma_l^{(1)}(t) = \sigma_l^{(1)}(t) - \sigma_l^{(1)}(t_0)$

$$\Delta a_l^{(1)}(t) = 0 \tag{4.123}$$

113

$$\Delta e_l^{(1)}(t) = \left(\frac{3J_2}{2p^2}\right)(1-e^2)e\sin^2 i\left[\frac{1}{3}\left(2-\frac{5}{2}\sin^2 i\right)F_2(e)+\left(\frac{7}{12}-\frac{5}{8}\sin^2 i\right)\right]G2s \quad (4.124)$$

$$\Delta i_l^{(1)}(t) = -\left(\frac{3J_2}{2p^2}\right)e^2\sin i\cos i\left[\frac{1}{3}\left(2-\frac{5}{2}\sin^2 i\right)F_2(e)+\left(\frac{7}{12}-\frac{5}{8}\sin^2 i\right)\right]G2s \quad (4.125)$$

$$\Delta\Omega_l^{(1)}(t) = \left(\frac{3J_2}{2p^2}\right)e^2\cos i\left[\left(\frac{2}{3}-\frac{5}{3}\sin^2 i\right)F_2(e)+\left(\frac{7}{12}-\frac{5}{4}\sin^2 i\right)\right]G2c \quad (4.126)$$

$$\Delta\omega_l^{(1)}(t) = -\left(\frac{3J_2}{2p^2}\right)\left\{\sin^2 i(4-5\sin^2 i)\left(\frac{1}{8}+\frac{1-e^2}{6}F_2(e)\right)e\right.$$

$$+e^2\left(\frac{2}{3}-\frac{11}{3}\sin^2 i+\frac{10}{3}\sin^4 i\right)F_2$$

$$\left.-\sin^2 i\left(\frac{25}{12}-\frac{5}{2}\sin^2 i\right)+e^2\left(\frac{7}{12}-\frac{79}{24}\sin^2 i+\frac{45}{16}\sin^4 i\right)\right\}G2c \quad (4.127)$$

$$\Delta M_l^{(1)}(t) = -\left(\frac{3J_2}{2p^2}\right)\sqrt{1-e^2}\sin^2 i\left\{\left[-(4-5\sin^2 i)\left(\frac{e^2}{4}+\frac{1+2e^2}{6}\right)F_2(e)\right.\right.$$

$$+\left(\frac{19}{12}-\frac{15}{8}\sin^2 i\right)+e^2\left(\frac{2}{3}-2\sin^2 i\right)\right]G2c$$

$$\left.+\frac{e^4}{1-e^2}\left[\frac{7}{2}\left(1-\frac{3}{2}\sin^2 i\right)G2c+\left(\frac{3}{64}\sin^2 i\right)G4c\right]\right\} \quad (4.128)$$

$$F_2(e) = \overline{\frac{\cos 2f}{e^2}} = \frac{1+2\sqrt{1-e^2}}{(1+\sqrt{1-e^2})^2} = \frac{3}{4}+\frac{1}{8}e^2+\frac{3}{64}e^4+\cdots \quad (4.129)$$

$$\begin{cases} G2s = \dfrac{(\cos 2\bar\omega-\cos 2\bar\omega_0)}{2\left(2-\frac{5}{2}\sin^2 i\right)}\to -\sin 2\bar\omega_0\left(\dfrac{3J_2}{2p^2}\right)n(t-t_0) \\[4mm] G2c = \dfrac{-(\sin 2\bar\omega-\sin 2\bar\omega_0)}{2\left(2-\frac{5}{2}\sin^2 i\right)}\to -\cos 2\bar\omega_0\left(\dfrac{3J_2}{2p^2}\right)n(t-t_0) \\[4mm] G4c = \dfrac{-(\sin 4\bar\omega-\sin 4\bar\omega_0)}{4\left(2-\frac{5}{2}\sin^2 i\right)}\to -\cos 4\bar\omega_0\left(\dfrac{3J_2}{2p^2}\right)n(t-t_0) \end{cases} \quad (4.130)$$

上述各式中的 a,e,i,n 均为拟平均根数 $\bar a_0,\bar e_0,\bar i_0,\bar n_0=\sqrt{\mu}\bar a_0^{(-3/2)}$,而 $p=a(1-e^2)$ 即 $p_0=\bar a_0(1-\bar e_0^2)$。另外,$\bar\omega_0$ 为 t_0 时刻近地点幅角的拟平均根数 $\bar\omega_0(t_0)$,该式表明长周期变化项 $\Delta\sigma_l^{(1)}(t)$ 可有两种算法:当卫星倾角 i 接近临界倾角 $i_c=63.4°$ 时,就按(4.130)式右端计算,否则即按(4.130)式左端计算,这就避免了由其引起的通约小分母问题。

3) $\sigma_s^{(1)}(t)$ 和 $a_s^{(2)}(t)$

$$a_s^{(1)}(t) = \frac{3J_2}{2a}\left\{\frac{2}{3}\left(1-\frac{3}{2}\sin^2 i\right)\left[\left(\frac{a}{r}\right)^3-(1-e^2)^{-3/2}\right]+\sin^2 i\left(\frac{a}{r}\right)^3\cos 2(f+\omega)\right\}$$

$$(4.131)$$

$$e_s^{(1)}(t) = \left(\frac{3J_2}{2p^2}\right)\left\{\frac{1}{3}\left(1-\frac{3}{2}\sin^2 i\right)\left[e\left(\frac{2+\sqrt{1-e^2}-e^2}{1+\sqrt{1-e^2}}\right)+\cos f(3(1+e\cos f)+(e\cos f)^2)\right]\right.$$

$$+\frac{1}{2}\sin^2 i\left[\left(e+\cos f(3(1+e\cos f)+(e\cos f)^2)\right)\cos 2(f+\omega)\right.$$

$$\left.\left.-(1-e^2)\left(\cos(f+2\omega)+\frac{1}{3}\cos(3f+2\omega)\right)\right]\right\} \tag{4.132}$$

$$i_s^{(1)}(t) = \left(\frac{3J_2}{2p^2}\right)\sin 2i\left\{\frac{e}{4}\cos(f+2\omega)+\frac{1}{4}\cos(2f+2\omega)+\frac{e}{12}\cos(3f+2\omega)\right\} \tag{4.133}$$

$$\Omega_s^{(1)}(t) = -\left(\frac{3J_2}{2p^2}\right)\cos i\left\{(f-M+e\sin f)\right.$$

$$\left.-\frac{1}{2}\left[e\sin(f+2\omega)+\sin(2f+2\omega)+\frac{e}{3}\sin(3f+2\omega)\right]\right\} \tag{4.134}$$

$$e\omega_s^{(1)}(t) = \left(\frac{3J_2}{2p^2}\right)\left\{\left(2-\frac{5}{2}\sin^2 i\right)(f-M+e\sin f)e\right.$$

$$+\left(1-\frac{3}{2}\sin^2 i\right)\left[\left(1-\frac{e^2}{4}\right)\sin f+\frac{e}{2}\sin 2f+\frac{e^2}{12}\sin 3f\right]$$

$$-\frac{e}{2}\left[e\sin(f+2\omega)+\sin 2(f+\omega)+\frac{e}{3}\sin(3f+2\omega)\right]$$

$$+\sin^2 i\left[\frac{e^2}{16}\sin(f-2\omega)-\left(\frac{1}{4}-\frac{15}{16}e^2\right)\sin(f+2\omega)+\frac{5}{4}e\sin 2(f+\omega)\right.$$

$$\left.\left.+\left(\frac{7}{12}+\frac{19}{48}e^2\right)\sin(3f+2\omega)+\frac{3}{8}e\sin(4f+2\omega)+\frac{e^2}{16}\sin(5f+2\omega)\right]\right\} \tag{4.135}$$

$$\lambda_s^{(1)}(t) = M_s^{(1)}(t)+\omega_s^{(1)}(t)$$

$$= -\cos i\Omega_s^{(1)}(t)$$

$$+\left(\frac{3J_2}{2p^2}\right)\sqrt{1-e^2}\left\{\left(1-\frac{3}{2}\sin^2 i\right)(f-M+e\sin f)\right.$$

$$\left.+\sin^2 i\left[\frac{3}{4}e\sin(f+2\omega)+\frac{3}{4}\sin(2f+2\omega)+\frac{1}{4}e\sin(3f+2\omega)\right]\right\}$$

$$+\frac{1}{1+\sqrt{1-e^2}}\left(\frac{3J_2}{2p^2}\right)\left\{\left(1-\frac{3}{2}\sin^2 i\right)\left[(f-M+e\sin f)e^2\right.\right.$$

$$\left.+\left(1-\frac{e^2}{4}\right)e\sin f+\frac{e^2}{2}\sin 2f+\frac{e^3}{12}\sin 3f\right]$$

$$+\sin^2 i\left[-\left(\frac{1}{4}-\frac{7}{16}e^2\right)e\sin(f+2\omega)+\frac{3}{4}e^2\sin 2(f+\omega)\right.$$

$$+\left(\frac{7}{12}+\frac{11}{48}e^2\right)e\sin(3f+2\omega)+\frac{3}{8}e^2\sin(4f+2\omega)$$

$$\left.\left.+\frac{e^3}{16}(\sin(5f+2\omega)+\sin(f-2\omega))\right]\right\} \tag{4.136}$$

上述 $\sigma_s^{(1)}(t)$ 的完整表达式为 $\sigma_s^{(1)}(t)-\overline{\sigma_s^{(1)}(t)}$，$\overline{\sigma_s^{(1)}(t)}$ 的具体形式如下：

$$\begin{cases} \overline{a_s^{(1)}(t)} = 0 \\ \overline{e_s^{(1)}(t)} = \frac{1}{6}\left(\frac{3J_2}{2p^2}\right)\sin^2 i F_2(e)(1-e^2)e\cos 2\omega \\ \overline{i_s^{(1)}(t)} = -\frac{1}{6}\left(\frac{3J_2}{2p^2}\right)\sin i\cos i F_2(e)e^2\cos 2\omega \\ \overline{\Omega_s^{(1)}(t)} = -\frac{1}{6}\left(\frac{3J_2}{2p^2}\right)\cos i F_2(e)e^2\sin 2\omega \\ \overline{\omega_s^{(1)}(t)} = \frac{1}{6}\left(\frac{3J_2}{2p^2}\right)\left[\sin^2 i\left(\frac{3}{4}+(1-e^2)F_2(e)\right)+\cos^2 i(e^2 F_2(e))\right]\sin 2\omega \\ \overline{\lambda_s^{(1)}(t)} = \frac{1}{6}\left(\frac{3J_2}{2p^2}\right)\left[\sin^2 i\left(\frac{1}{1+\sqrt{1-e^2}}\right)\left(\frac{3}{4}+\left(1+\frac{e^2}{2}\right)F_2(e)\right)+\left(1-\frac{5}{2}\sin^2 i\right)F_2(e)\right]e^2\sin 2\omega \end{cases}$$

$$(4.137)$$

关于 $a_s^{(2)}(t)$，考虑到上述处理方法，即可由原 Kepler 根数的解组合成无奇点摄动解而不会再出现 $(1/e)$ 型因子的原理，需要给出采用拟平均根数法时，Kepler 根数解中 $a_s^{(2)}(t)$ 的形式。显然应该采用对应前面 (4.76) 式的转化形式，直接列出如下：

$$\begin{aligned}
\left[a_s^{(2)}(t)\right]_1 = & -\left(\frac{2}{a}\right)\left\{a_s^{(1)}(t)+\left(\frac{3J_2}{2a}\right)(1-e^2)^{-3/2}\left(1-\frac{3}{2}\sin^2 i\right)\right\}a_s^{(1)} \\
& +\left(\frac{3J_2}{2a}\right)\left\{\left(1-\frac{3}{2}\sin^2 i\right)\left[2\left(\frac{a}{r}\right)^4\cos f-e(1-e^2)^{-5/2}\right]\right. \\
& \qquad -\frac{4}{1-e^2}\sin^2 i\left(\frac{a}{r}\right)^3\left(1+\frac{e}{2}\cos f\right)\sin f\sin 2(f+\omega) \\
& \qquad \left.+3\sin^2 i\left(\frac{a}{r}\right)^4\cos f\cos 2(f+\omega)\right\}(e_s^{(1)}-\overline{e_s^{(1)}}) \\
& +\left(\frac{3J_2}{2a}\right)\left\{\sin 2i\left(\frac{a}{r}\right)^3[\cos 2(f+\omega)-1](i_s^{(1)}-\overline{i_s^{(1)}})\right. \\
& +\left(\frac{3J_2}{2a}\right)\left\{-2\sin^2 i\left(\frac{a}{r}\right)^3\sin 2(f+\omega)\right\}(\omega_s^{(1)}-\overline{\omega_s^{(1)}}) \\
& +\left(\frac{3J_2}{2a}\right)\left\{-\frac{e}{\sqrt{1-e^2}}\left(\frac{a}{r}\right)^4\sin f\left[2\left(1-\frac{3}{2}\sin^2 i\right)+3\sin^2 i\cos 2(f+\omega)\right]\right. \\
& \qquad \left.-2\sqrt{1-e^2}\sin^2 i\left(\frac{a}{r}\right)^5\sin 2(f+\omega)\right\}(M_s^{(1)}-\overline{M_s^{(1)}}) \\
& -\left\{\left[aD\left(\frac{a_s^{(1)}}{a}\right)\right]_c+\left[aD\left(\frac{a_s^{(1)}}{a}\right)\right]_l\right\}
\end{aligned}$$

$$(4.138)$$

其中有关 $(\omega_s^{(1)}-\overline{\omega_s^{(1)}})$ 和 $(M_s^{(1)}-\overline{M_s^{(1)}})$ 的两大项需要作消除 $\left(\frac{1}{e}\right)$ 的处理，即

$$\left(\frac{3J_2}{2a}\right)\left\{-2\sin^2 i\left(\frac{a}{r}\right)^3\sin 2(f+\omega)\right\}(\omega_s^{(1)}-\overline{\omega_s^{(1)}})$$

$$+\left(\frac{3J_2}{2a}\right)\left\{-\frac{e}{\sqrt{1-e^2}}\left(\frac{a}{r}\right)^4\sin f\left[2\left(1-\frac{3}{2}\sin^2 i\right)+3\sin^2 i\cos 2(f+\omega)\right]\right.$$

$$\left.-2\sqrt{1-e^2}\sin^2 i\left(\frac{a}{r}\right)^5\sin 2(f+\omega)\right\}(M_s^{(1)}-\overline{M_s^{(1)}})$$

$$=\left(\frac{3J_2}{2a}\right)\left\{-\frac{1}{\sqrt{1-e^2}}\left(\frac{a}{r}\right)^4\sin f\left[2\left(1-\frac{3}{2}\sin^2 i\right)+3\sin^2 i\cos 2(f+\omega)\right]\right\}(eM_s^{(1)}-e\overline{M_s^{(1)}})$$

$$+\left(\frac{3J_2}{2a}\right)\left\{-2\sin^2 i\left(\frac{a}{r}\right)^3\sin 2(f+\omega)\right\}(\lambda_s^{(1)}-\overline{\lambda_s^{(1)}})$$

$$+\left(\frac{3J_2}{2a}\right)\left\{2\sin^2 i\left(\frac{a}{r}\right)^3\sin 2(f+\omega)\right\}\left[1-\sqrt{1-e^2}\left(\frac{a}{r}\right)^2\right](M_s^{(1)}-\overline{M_s^{(1)}})$$

由此给出 $a_s^{(2)}(t)$ 的下列表达形式：

$$\left[a_s^{(2)}(t)\right]_1=-\left(\frac{2}{u}\right)\left\{a_r^{(1)}(t)+\left(\frac{3J_2}{2a}\right)(1-e^2)^{-3/2}\left(1-\frac{3}{2}\sin^2 i\right)\right\}a_s^{(1)}$$

$$+\left(\frac{3J_2}{2a}\right)\left\{\left(1-\frac{3}{2}\sin^2 i\right)\left[2\left(\frac{a}{r}\right)^4\cos f-e(1-e^2)^{-5/2}\right]\right.$$

$$-\frac{4}{1-e^2}\sin^2 i\left(\frac{a}{r}\right)^3\left(1+\frac{e}{2}\cos f\right)\sin f\sin 2(f+\omega)$$

$$\left.+3\sin^2 i\left(\frac{a}{r}\right)^4\cos f\cos 2(f+\omega)\right\}(e_s^{(1)}-\overline{e_s^{(1)}})$$

$$+\left(\frac{3J_2}{2a}\right)\left\{\sin 2i\left(\frac{a}{r}\right)^3\left[\cos 2(f+\omega)-1\right](i_s^{(1)}-\overline{i_s^{(1)}})\right.$$

$$+\left(\frac{3J_2}{2a}\right)\left\{-2\sin^2 i\left(\frac{a}{r}\right)^3\sin 2(f+\omega)\right\}(\lambda_s^{(1)}-\overline{\lambda_s^{(1)}})$$

$$+\left(\frac{3J_2}{2a}\right)\left\{\frac{2}{(1-e^2)^2}\sin^2 i\left(\frac{a}{r}\right)^3\sin 2(f+\omega)\left[e\left(\frac{-1-2\sqrt{1-e^2}}{1+\sqrt{1-e^2}}+e^2\right)\right.\right.$$

$$\left.-\sqrt{1-e^2}(2\cos f+e\cos^2 f)\right]$$

$$\left.-\frac{1}{\sqrt{1-e^2}}\left(\frac{a}{r}\right)^4\sin f\left[2\left(1-\frac{3}{2}\sin^2 i\right)+3\sin^2 i\cos 2(f+\omega)\right]\right\}(eM_s^{(1)}-e\overline{M_s^{(1)}})$$

$$-\left\{\left[aD\left(\frac{a_s^{(1)}}{a}\right)\right]_c+\left[aD\left(\frac{a_s^{(1)}}{a}\right)\right]_l\right\}$$

$$(4.139)$$

其中，$\left\{\left[aD\left(\frac{a_s^{(1)}}{a}\right)\right]_c+\left[aD\left(\frac{a_s^{(1)}}{a}\right)\right]_l\right\}$ 的表达形式见(4.77)式。表达形式(4.139)不再出现因子 $\left(\frac{1}{e}\right)$。

如有需要，$a_s^{(2)}(t)$ 还可以直接采用原无奇点变量表达的形式，仅就该项而言，不会给具体计算带来麻烦，形式如下：

$$a_s^{(2)}(t) = -\left(\frac{2}{a}\right)\left\{a_s^{(1)}(t) + \left(\frac{3J_2}{2a}\right)(1-e^2)^{-3/2}\left(1-\frac{3}{2}\sin^2 i\right)\right\}a_s^{(1)}$$

$$-\left(\frac{3J_2}{2a}\right)\left\{\sin 2i\left(\frac{a}{r}\right)^3(1-\cos 2u)\right\}(i_s^{(1)}-\overline{i_s^{(1)}})$$

$$-\left(\frac{3J_2}{2a}\right)\left\{\frac{1}{\sqrt{1-e^2}}\left(\frac{a}{r}\right)^4(\xi\sin u-\eta\cos u)[2-3\sin^2 i(1-\cos 2u)]\right.$$

$$\left.+\sqrt{1-e^2}\left(\frac{a}{r}\right)^5\sin^2 i\sin 2u\right\}(\lambda_s^{(1)}-\overline{\lambda_s^{(1)}})$$

$$+\left(\frac{3J_2}{a}\right)\left\{\left(\frac{a}{r}\right)^4\left[1-\frac{3}{2}\sin^2 i(1-\cos 2u)\right][\cos u+F_4(e)(\eta^2\cos u-\xi\eta\sin u)]\right.$$

$$+(1-e^2)^{-3/2}\left(\frac{a}{r}\right)^3\sin^2 i\sin 2u\left[-F_5(e)\eta-2\sin u-\frac{1}{2}(\xi\sin 2u-\eta\cos 2u)\right.$$

$$\left.\left.+\frac{1}{2}F_1(e)\xi\left(4(\xi\sin u-\eta\cos u)+(\xi^2-\eta^2)\sin 2u-2\xi\eta\cos 2u\right)\right]\right\}\xi_s^{(1)}$$

$$+\left(\frac{3J_2}{a}\right)\left\{\left(\frac{a}{r}\right)^4\left[1-\frac{3}{2}\sin^2 i(1-\cos 2u)\right][\sin u+F_4(e)(\xi^2\sin u-\xi\eta\cos u)]\right.$$

$$+(1-e^2)^{-3/2}\left(\frac{a}{r}\right)^3\sin^2 i\sin 2u\left[F_5(e)\xi+2\cos u+\frac{1}{2}(\xi\cos 2u+\eta\sin 2u)\right.$$

$$\left.\left.-\frac{1}{2}F_1(e)\eta\left(4(\xi\sin u-\eta\cos u)+(\xi^2-\eta^2)\sin 2u-2\xi\eta\cos 2u\right)\right]\right\}\eta_s^{(1)}$$

$$-\left(\frac{3J_2}{2p^2}\right)^2 a\sqrt{1-e^2}\left\{\left(1-\frac{3}{2}\sin^2 i\right)^2\left[\left(\frac{16}{9}+\frac{19}{9}e^2\right)+\frac{1}{1-e^2}\left(\frac{35}{18}e^4\right)+\frac{2}{9}\sqrt{1-e^2}\right]\right.$$

$$+\sin^2 i\left(1+\frac{2}{3}e^2\right)+\sin^4 i\left[-\left(\frac{5}{6}-\frac{25}{24}e^2\right)+\frac{1}{1-e^2}\left(\frac{35}{16}e^4\right)\right]$$

$$+\sin^2 i\left[-\frac{2}{3}\left(2-\frac{5}{2}\sin^2 i\right)F_2(e)+\left(\frac{5}{6}-\frac{7}{4}\sin^2 i\right)+\frac{e^2}{1-e^2}\left(\frac{7}{3}-\frac{7}{2}\sin^2 i\right)\right](\xi^2-\eta^2)$$

$$+\sin^4 i\left[\frac{1}{32(1-e^2)}(\xi^4-6\xi^2\eta^2+\eta^4)\right]\right\} \tag{4.140}$$

上述短周期项各式右端出现的根数均为 $\bar{\sigma}(t)$。短周期项中出现的无奇点变量 ξ, η 同样可按定义由 Kepler 根数给出，即 $\xi=e\cos\omega, \eta=e\sin\omega, u=f+\omega, f$ 为真近点角。计算过程中需求 f 和 $\left(\frac{a}{r}\right)$，均按下列公式计算：

$$\left(\frac{a}{r}\right)=(1-e\cos E)^{-1} \tag{4.141}$$

$$\sin f=\frac{a}{r}\sqrt{1-e^2}\sin E, \quad \cos f=\frac{a}{r}(\cos E-e) \tag{4.142}$$

计算中涉及的轨道偏近点角 E 将由下列 Kepler 方程的解给出：

$$E=M+e\sin E \tag{4.143}$$

另一组辅助量 $F_1(e), F_2(e), \cdots, F_5(e)$ 由下式表达：

$$\begin{cases} F_1(e)=\dfrac{1}{(1+\sqrt{1-e^2})} \\[2mm] F_2(e)=\dfrac{\overline{\cos 2f}}{e^2}=\dfrac{1+2\sqrt{1-e^2}}{(1+\sqrt{1-e^2})^2}=\dfrac{3}{4}+\dfrac{1}{8}e^2+\dfrac{3}{64}e^4+\cdots \\[2mm] F_3(e)=\dfrac{1}{e^4}\left(\overline{\cos 2f}-\dfrac{3}{4}e^2\right)=\dfrac{1+3\sqrt{1-e^2}}{4(1+\sqrt{1-e^2})^3}=\dfrac{1}{8}+\dfrac{3}{64}e^2+\dfrac{3}{128}e^4+\cdots \\[2mm] F_4(e)=\dfrac{1}{\sqrt{1-e^2}(1+\sqrt{1-e^2})}=\dfrac{1}{\sqrt{1-e^2}}F_1(e) \\[2mm] F_5(e)=\dfrac{5+3\sqrt{1-e^2}-2e^2}{2(1+\sqrt{1-e^2})}=\dfrac{1}{2}(5+3\sqrt{1-e^2}-2e^2)F_1(e) \end{cases} \quad(4.144)$$

4.2.2.5 无奇点摄动解的计算

采用拟平均根数法构造的无奇点摄动解即

$$\sigma(t)=\bar\sigma+\sigma_s^{(1)}(t)+\sigma_s^{(2)}(t)+\cdots \quad(4.145)$$

这里仍采用符号$\bar\sigma(t)$记作仅消除短周期项的拟平均根数,有

$$\begin{cases} \bar\sigma(t)=\bar\sigma_0+(\delta\bar n_0+\sigma_1+\sigma_2+\cdots)(t-t_0)+\Delta\sigma_l^{(1)}(t)+\cdots \\[2mm] \bar\sigma_0=\sigma_0-[\sigma_s^{(1)}(t_0)+\sigma_s^{(2)}(t_0)+\cdots] \\[2mm] \Delta\sigma_l^{(1)}(t)=\sigma_l^{(1)}(t)-\sigma_l^{(1)}(t_0) \end{cases} \quad(4.146)$$

这里δ的含义同前,见(4.49)式。在此处理下,$\Delta\sigma_l^{(1)}(t)$与$\sigma_2(t-t_0)$相当,特别在轨道外推弧段不太长时,长周期变化项确实与长期变化项并无明显差别,这更符合平均法的构想。具体的计算公式见第4.2.2.3和4.2.2.4小节提供的相应的表达形式。

4.2.3 第二类无奇点根数的摄动解

4.2.3.1 基本变量的选择与摄动解的构造

对于高轨卫星,会同时出现小e、小i的状态,为此,引用下述第二类无奇点变量:

$$\begin{aligned} a,\quad &\xi=e\cos\tilde\omega,\qquad\qquad \eta=e\sin\tilde\omega \\ &h=\sin\dfrac{i}{2}\cos\Omega,\quad k=\sin\dfrac{i}{2}\sin\Omega,\qquad \lambda=M+\tilde\omega \end{aligned} \quad(4.147)$$

其中$\tilde\omega=\omega+\Omega$。同样可像提供第一类无奇点摄动解的处理方式,采用拟平均根数法具体构造相应的无奇点摄动解,即同时消除小e、小i和通约奇点的摄动解。

4.2.3.2 第二类无奇点摄动解的表达形式

同样以扁率项(J_2)摄动源为例,除采用变量与第一类无奇点变量形式不同外,构造相应摄动解的方法仍由原Kepler根数的解按相应的关系进行组合而成。无奇点轨道摄动分析解的表达形式即(4.145)式:

$$\sigma(t)=\bar\sigma+\sigma_s^{(1)}(t)+\sigma_s^{(2)}(t)+\cdots$$

这里$\bar\sigma(t)$同样是仅消除短周期项的拟平均根数,其定义不再重复,表达的形式与第一类无奇

点摄动解相同,见前面的(4.146)式。

(1) 6 个无奇点根数 $\sigma=(a,\xi,\eta,h,k,\lambda)$ 摄动解的长期项(包括长周期变化项)表达式由下列形式构成:

$$\Delta a(t)=0 \tag{4.148}$$

$$\Delta\xi(t)=\cos\tilde\omega[\Delta e(t)]-e\sin\tilde\omega[\Delta\omega(t)+\Delta\Omega(t)] \tag{4.149}$$

$$\Delta\eta(t)=\sin\tilde\omega[\Delta e(t)]+e\cos\tilde\omega[\Delta\omega(t)+\Delta\Omega(t)] \tag{4.150}$$

$$\Delta h(t)=\frac{1}{2}\left(\cos\frac{i}{2}\cos\Omega\right)[\Delta i(t)]-\left(\sin\frac{i}{2}\sin\Omega\right)[\Delta\Omega(t)] \tag{4.151}$$

$$\Delta k(t)=\frac{1}{2}\left(\cos\frac{i}{2}\sin\Omega\right)[\Delta i(t)]+\left(\sin\frac{i}{2}\cos\Omega\right)[\Delta\Omega(t)] \tag{4.152}$$

$$\Delta\lambda(t)=\bar n(t-t_0)+[\Delta M(t)+\Delta\omega(t)+\Delta\Omega(t)] \tag{4.153}$$

其中 $\bar n=\bar a^{-3/2}=\bar a_0^{-3/2}$,$\Delta\sigma(t)$ 包括长期项和长周期变化项。

(2) 短周期项由下列形式构成:

$$a_s(t)=a_s^{(1)}(t)+a_s^{(2)}(t) \tag{4.154}$$

$$\xi_s^{(1)}(t)=\cos\tilde\omega[e_s^{(1)}(t)]-e\sin\tilde\omega[\omega_s^{(1)}(t)+\Omega_s^{(1)}(t)] \tag{4.155}$$

$$\eta_s^{(1)}(t)=\sin\tilde\omega[e_s^{(1)}(t)]+e\cos\tilde\omega[\omega_s^{(1)}(t)+\Omega_s^{(1)}(t)] \tag{4.156}$$

$$h_s^{(1)}(t)=\frac{1}{2}\cos\frac{i}{2}\cos\Omega[i_s^{(1)}(t)]-\sin\Omega\left[\sin\frac{i}{2}\Omega_s^{(1)}(t)\right] \tag{4.157}$$

$$k_s^{(1)}(t)=\frac{1}{2}\cos\frac{i}{2}\sin\Omega[i_s^{(1)}(t)]+\cos\Omega\left[\sin\frac{i}{2}\Omega_s^{(1)}(t)\right] \tag{4.158}$$

$$\lambda_s^{(1)}(t)=[M_s^{(1)}(t)]_1+(1-\sqrt{1-e^2})[\omega_s^{(1)}(t)]_1+(1-\cos i)[\Omega_s^{(1)}(t)] \tag{4.159}$$

上列公式(4.149)~(4.159)的各表达式中出现的 $\Delta e(t),\Delta i(t),\Delta\omega(t),\Delta\Omega(t),\Delta M(t)$ 和 $a_s^{(1)}(t),e_s^{(1)}(t),i_s^{(1)}(t),\omega_s^{(1)}(t),\Omega_s^{(1)}(t),M_s^{(1)}(t)$,就是 Kepler 根数解的相应结果,其中 $\sigma_s^{(1)}(t)$ 的完整表达式为 $\sigma_s^{(1)}(t)-\overline{\sigma_s^{(1)}(t)}$。按照上述处理方法提供的无奇点摄动解,同样不会再出现 $(1/e)$ 和 $(1/\sin i)$ 型因子。与第一类无奇点摄动解中关于 $\lambda_s^{(1)}(t)$ 表达式的组合类似,亦可以明确给出相应的消除小 e,小 i 因子的无奇点形式,如下:

$$\begin{aligned}\lambda_s^{(1)}(t)&=(1-\cos i)[\Omega_s^{(1)}(t)]+(1-\sqrt{1-e^2})[\omega_s^{(1)}(t)]_1+[M_s^{(1)}(t)]_1\\ &\quad-[\overline{\Omega_s^{(1)}(t)}+\overline{\omega_s^{(1)}(t)}+\overline{M_s^{(1)}(t)}]\\ &=\frac{1}{1+\cos i}[\sin^2 i\Omega_s^{(1)}(t)]\\ &\quad+\frac{3J_2}{2p^2}\Big\{\left(2-\frac{5}{2}\sin^2 i\right)[(f-M)+e\sin f]\\ &\quad+F_1(e)\left(1-\frac{3}{2}\sin^2 i\right)\left[\left(1-\frac{e^2}{4}\right)e\sin f+\frac{e^2}{2}\sin 2f+\frac{e^3}{12}\sin 3f\right]\end{aligned}$$

$$-\left(1-\frac{5}{2}\sin^2 i\right)\left[\frac{1}{2}e\sin(f+2\omega)+\frac{1}{2}\sin(2f+2\omega)+\frac{1}{6}e\sin(3f+2\omega)\right]$$

$$-F_1(e)\sin^2 i\left[\left(\frac{1}{4}+\frac{5}{16}e^2\right)e\sin(f+2\omega)-\left(\frac{7}{12}-\frac{1}{48}e^2\right)e\sin(3f+2\omega)\right.$$

$$\left.\left.-\frac{3}{8}e^2\sin(4f+2\omega)-\frac{e^3}{16}(\sin(5f+2\omega)+\sin(f-2\omega))\right]\right]\Big\}$$

$$-\left[\overline{\Omega_s^{(1)}(t)}+\overline{\omega_s^{(1)}(t)}+\overline{M_s^{(1)}(t)}\right] \tag{4.160}$$

其中$\overline{\Omega_s^{(1)}(t)}$, $\overline{\omega_s^{(1)}(t)}$, $\overline{M_s^{(1)}(t)}$三项没有$(1/e)$和$(1/\sin i)$因子,不再具体写出,见表达式(4.137)。

在具体引用相应摄动解进行轨道外推时,基本状态量必须是无奇点变量,而中间过程变量却是由相应的无奇点变量(瞬时量$\sigma(t)$或平均量$\bar\sigma(t)$)转换后的 Kepler 根数:$a(t)$,$e(t)$,$\cdots$或$\bar a(t)$,$\bar e(t)$,$\cdots$。

这一小节提供的无奇点摄动解,除不会再出现临界倾角等通约奇点因子外,也同样不会再出现$(1/e)$和$(1/\sin i)$型的因子。关于$a_s^{(2)}(t)$,与第一类无奇点摄动解形式相同,见表达式(4.139)或(4.140),原本就不含$(1/\sin i)$型的因子。

4.3 地球椭率项 $J_{2,2}$ 的一阶摄动解

4.3.1 Kepler 根数形式的一阶摄动解

4.3.1.1 $J_{2,2}$项摄动的短周期效应

为了简便,将谐系数$C_{2,2}$,$S_{2,2}$以$J_{2,2}$和相应的幅角$\lambda_{2,2}$的形式表达,有

$$\begin{cases}R_{2,2}=\dfrac{J_{2,2}}{r^{J+1}}P_{2,2}(\sin\varphi)\cos m\bar\lambda\\[2mm]J_{2,2}=(C_{2,2}^2+S_{2,2}^2)^{1/2},\quad P_{2,2}(\sin\varphi)=3\cos^2\varphi\\[2mm]\bar\lambda=\lambda-\lambda_{2,2},\quad 2\lambda_{2,2}=\arctan\left(\dfrac{S_{2,2}}{C_{2,2}}\right)\end{cases} \tag{4.161}$$

见图 4.1,$\lambda_{2,2}$即由谐项系数$C_{2,2}$,$S_{2,2}$所确定的地球赤道"对称轴"方向($\overline{X}$方向)的地理经度。

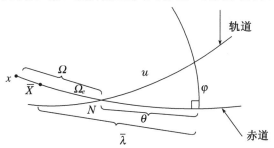

图 4.1　地固坐标系和天球坐标系

J_2 项摄动是反映非球形引力位的扁率效应,而 $J_{2,2}$ 项摄动则是反映赤道椭率效应。对于一般轨道问题,$J_{2,2}$ 项摄动只有短周期效应,记作 $\sigma_s^{(2)}(t,J_{2,2})$,形式如下:

$$a_s^{(2)}(t)=\frac{3(J_{2,2})}{2a}\Big\{(1+\cos i)^2\Big[-\frac{e}{2(1-2\alpha)}\cos(M+2\omega+2\Omega_{2,2})$$
$$+\frac{1}{1-\alpha}\cos(2M+2\omega+2\Omega_{2,2})+\frac{7e}{2(1-2\alpha/3)}\cos(3M+2\omega+2\Omega_{2,2})\Big]$$
$$+2\sin^2 i\Big[\frac{3e}{2(1-2\alpha)}\cos(M+2\Omega_{2,2})+\frac{3e}{2(1+2\alpha)}\cos(M-2\Omega_{2,2})\Big]$$
$$+(1-\cos i)^2\Big[-\frac{e}{2(1+2\alpha)}\cos(M+2\omega-2\Omega_{2,2})$$
$$+\frac{1}{1+\alpha}\cos(2M+2\omega-2\Omega_{2,2})+\frac{7e}{2(1+2\alpha/3)}\cos(3\Omega+2\omega-2\Omega_{2,2})\Big]\Big\}$$

$$(4.162)$$

$$e_s^{(2)}(t)=\frac{3(J_{2,2})}{4a^2}$$
$$\times\Big\{(1+\cos i)^2\Big[\frac{1}{2(1-2\alpha)}\cos(M+2\omega+2\Omega_{2,2})-\frac{e}{2(1-\alpha)}\cos(2M+2\omega+2\Omega_{2,2})$$
$$+\frac{7}{6(1-2\alpha/3)}\cos(3M+2\omega+2\Omega_{2,2})+\frac{17e}{4(1-\alpha/2)}\cos(4M+2\omega+2\Omega_{2,2})\Big]$$
$$+2\sin^2 i\Big[\frac{3}{2(1-2\alpha)}\cos(M+2\Omega_{2,2})+\frac{9e}{4(1-\alpha)}\cos(2M+2\Omega_{2,2})$$
$$+\frac{3}{2(1+2\alpha)}\cos(M-2\Omega_{2,2})+\frac{9e}{4(1+\alpha)}\cos(2M-2\Omega_{2,2})\Big]$$
$$+(1-\cos i)^2\Big[\frac{1}{2(1+2\alpha)}\cos(M+2\omega-2\Omega_{2,2})-\frac{e}{2(1+\alpha)}\cos(2M+2\omega-2\Omega_{2,2})$$
$$+\frac{7}{6(1+2\alpha/3)}\cos(3M+2\omega-2\Omega_{2,2})+\frac{17e}{4(1+\alpha/2)}\cos(4M+2\omega-2\Omega_{2,2})\Big]\Big\}$$

$$(4.163)$$

$$i_s^{(2)}(t)=\frac{3(J_{2,2})}{2a^2}\sin i\Big\{(1+\cos i)\Big[\frac{e}{2(1-2\alpha)}\cos(M+2\omega+2\Omega_{2,2})$$
$$-\frac{1}{2(1-\alpha)}\cos(2M+2\omega+2\Omega_{2,2})-\frac{7e}{6(1-2\alpha/3)}\cos(3M+2\omega+2\Omega_{2,2})\Big]$$
$$+2\Big[-\frac{3e}{2(1-2\alpha)}\cos(M+2\Omega_{2,2})+\frac{1}{2\alpha}\cos(2\Omega_{2,2})+\frac{3e}{2(1+2\alpha)}\cos(M-2\Omega_{2,2})\Big]$$
$$+(1-\cos i)\Big[-\frac{e}{2(1+2\alpha)}\cos(M+2\omega-2\Omega_{2,2})$$
$$+\frac{1}{2(1+\alpha)}\cos(2M+2\omega-2\Omega_{2,2})+\frac{7e}{6(1+2\alpha/3)}\cos(3M+2\omega-2\Omega_{2,2})\Big]\Big\}$$

$$(4.164)$$

$$\Omega_s^{(2)}(t)=\frac{3(J_{2,2})}{2a^2}\left\{(1+\cos i)\left[\frac{e}{2(1-2\alpha)}\sin(M+2\omega+2\Omega_{2,2})\right.\right.$$

$$-\frac{1}{2(1-\alpha)}\sin(2M+2\omega+2\Omega_{2,2})-\frac{7e}{6(1-2\alpha/3)}\sin(3M+2\omega+2\Omega_{2,2})\Big]$$

$$+2\cos i\left[\frac{3e}{2(1-\alpha)}\sin(M+2\Omega_{2,2})-\frac{1}{2\alpha}\sin(2\Omega_{2,2})+\frac{3e}{2(1+\alpha)}\sin(M-2\Omega_{2,2})\right]$$

$$+(1-\cos i)\left[-\frac{e}{2(1+2\alpha)}\sin(M+2\omega-2\Omega_{2,2})\right.$$

$$\left.+\frac{1}{2(1+\alpha)}\sin(2M+2\omega-2\Omega_{2,2})+\frac{7e}{6(1+2\alpha/3)}\sin(3M+2\omega-2\Omega_{2,2})\right]\Big\}$$

$$(4.165)$$

$$\omega_s^{(2)}(t)=-\cos i\,\Omega_s^{(2)}(t)$$

$$+\frac{3(J_{2,2})}{4a^2}\left(\frac{1}{e}\right)\left\{(1+\cos i)^2\left[-\frac{1}{2(1-2\alpha)}\sin(M+2\omega+2\Omega_{2,2})\right.\right.$$

$$-\frac{5e}{2(1-\alpha)}\sin(2M+2\omega+2\Omega_{2,2})+\frac{7}{6(1-2\alpha/3)}\sin(3M+2\omega+2\Omega_{2,2})$$

$$\left.+\frac{17e}{4(1-\alpha/2)}\sin(4M+2\omega+2\Omega_{2,2})\right]$$

$$+2\sin^2 i\left[\frac{9e}{4(1-\alpha)}\sin(2M+2\Omega_{2,2})+\frac{3}{2(1-2\alpha)}\sin(M+2\Omega_{2,2})\right.$$

$$\left.-\frac{3e}{2\alpha}\sin(2\Omega_{2,2})+\frac{3}{2(1+2\alpha)}\sin(M-2\Omega_{2,2})+\frac{9e}{4(1+\alpha)}\sin(2M-2\Omega_{2,2})\right]$$

$$+(1-\cos i)^2\left[-\frac{1}{2(1+2\alpha)}\sin(M+2\omega-2\Omega_{2,2})-\frac{5e}{2(1+\alpha)}\sin(2M+2\omega-2\Omega_{2,2})\right.$$

$$\left.+\frac{7}{6(1+2\alpha/3)}\sin(3M+2\omega-2\Omega_{2,2})+\frac{17e}{4(1+\alpha/2)}\sin(4M+2\omega-2\Omega_{2,2})\right]\Big\}$$

$$(4.166)$$

$$M_s^{(2)}(t)=-\left(1-\frac{e^2}{2}\right)(\omega_s^{(1)}(t)+\cos i\,\Omega_s^{(1)})$$

$$+\frac{9(J_{2,2})}{4a^2}\left\{(1+\cos i)^2\left[-\frac{e}{(1-2\alpha)}\left(1-\frac{1}{2(1-2\alpha)}\right)\sin(M+2\omega+2\Omega_{2,2})\right.\right.$$

$$+\frac{1}{(1-\alpha)}\left(1-\frac{1}{2(1-2\alpha)}\right)\sin(2M+2\omega+2\Omega_{2,2})$$

$$\left.+\frac{7e}{3(1-2\alpha/3)}\left(1-\frac{1}{2(1-2\alpha/3)}\right)\sin(3M+2\omega+2\Omega_{2,2})\right]$$

$$+2\sin^2 i\left[\frac{3e}{(1-2\alpha)}\left(1-\frac{1}{2(1-2\alpha)}\right)\sin(M+2\Omega_{2,2})-\frac{1}{\alpha}\sin(2\Omega_{2,2})\right.$$

$$\left.+\frac{3e}{(1+2\alpha)}\left(1-\frac{1}{2(1+2\alpha)}\right)\sin(M-2\Omega_{2,2})\right]$$

$$+(1-\cos i)^2\left[\frac{-e}{(1+2\alpha)}\left(1-\frac{1}{2(1+2\alpha)}\right)\sin(M+2\omega-2\Omega_{2,2})\right.$$

$$+\frac{1}{(1+\alpha)}\Big(1-\frac{1}{2(1+\alpha)}\Big)\sin(2M+2\omega-2\Omega_{2,2})$$

$$+\frac{7e}{3(1+2\alpha/3)}\Big(1-\frac{1}{2(1+2\alpha/3)}\Big)\sin(3M+2\omega-2\Omega_{2,2})\Big]\Big\} \tag{4.167}$$

其中 Ω,ω,M 分别为 t 时刻的拟平均根数 $\overline{\Omega}(t),\bar{\omega}(t),\overline{M}(t)$。

上述各式中出现的 $\Omega_{2,2}$ 的计算公式如下：

$$\begin{cases}\Omega_{2,2}=(\Omega-\theta_{2,2})-n_e(t-t_0)\\ \theta_{2,2}=S_G+\lambda_{2,2}\end{cases} \tag{4.168}$$

$\theta_{2,2}$ 是 t_0 时刻地球赤道"对称轴"方向（经度即 $\lambda_{2,2}$）的地方"恒星时"，n_e 是地球自转角速度，S_G 是格林尼治恒星时，按 IAU1980 规范的计算公式如下：

$$\begin{cases}S_G=\bar{S}_G+\Delta\mu,\\ \bar{S}_G=18^h.6973746+879000^h.0513367t+0^s.093104t^2,\\ t=\frac{1}{36525.0}[\mathrm{JD}(t)-\mathrm{JD}(2000.0)]\end{cases} \tag{4.169}$$

其中 $\Delta\mu$ 是赤经章动，有关计算的细节详见章动计算，相应的地球自转角速度可取近似，有 $n_e\approx\dot{\bar{S}}_G=360°.98564745/\mathrm{day}$。

若按 IAU2000 规范计算，格林尼治恒星时 S_G 的表达形式为

$$\mathrm{GAST}=\mathrm{GMST}+\mathrm{EE} \tag{4.170}$$

其中 GAST 即对应 IAU1980 规范中的真恒星时 S_G，而 GMST，EE 则分别称为格林尼治平恒星时和二均差（各对应 IAU1980 规范中的平恒星时 $\bar{S}_G$ 和赤经章动 $\Delta\mu$），它们的具体计算公式详见第 1 章中给出的 IAU2000 规范的章动计算公式：(1.65)和(1.66)式。

4.3.1.2 $J_{2,2}$ 项摄动效应中的通约部分

考虑两种主要的通约状态，即中轨卫星（如 MEO 卫星）和高轨卫星（如 GEO 卫星）轨道。

（1）中轨状态

由 $J_{2,2}$ 项摄动引起的地球中轨卫星轨道变化的共振部分 $\sigma_s^{(2)}(t,J_{2,2};\alpha)$（对应半日运动周期），保持到 $O(e)$ 项的形式如下：

$$a_s^{(2)}(t)=\frac{3J_{2,2}}{2a}\Big\{(1+\cos i)^2\Big[-\frac{e}{2(1-2\alpha)}\cos(M+2\omega+2\Omega_{2,2})\Big]$$
$$+2\sin^2 i\Big[\frac{3e}{2(1-2\alpha)}\cos(M+2\Omega_{2,2})\Big]\Big\} \tag{4.171}$$

$$e_s^{(2)}(t)=\frac{3(J_{2,2})}{4a^2}\Big\{(1+\cos i)^2\Big[\frac{1}{2(1-2\alpha)}\cos(M+2\omega+2\Omega_{2,2})\Big]$$
$$+2\sin^2 i\Big[\frac{3}{2(1-2\alpha)}\cos(M+2\Omega_{2,2})\Big]\Big\} \tag{4.172}$$

$$i_s^{(2)}(t)=\frac{3(J_{2,2})}{2a^2}\sin i\Big\{(1+\cos i)\Big[\frac{e}{2(1-2\alpha)}\cos(M+2\omega+2\Omega_{2,2})\Big]$$
$$+2\Big[-\frac{3e}{2(1-2\alpha)}\cos(M+2\Omega_{2,2})\Big]\Big\} \tag{4.173}$$

$$\Omega_s^{(2)}(t) = \frac{3(J_{2,2})}{2a^2}\left\{(1+\cos i)\left[\frac{e}{2(1-2\alpha)}\sin(M+2\omega+2\Omega_{2,2})\right]\right.$$
$$\left. +2\cos i\left[\frac{3e}{2(1-2\alpha)}\sin(M+2\Omega_{2,2})\right]\right\} \tag{4.174}$$

$$\omega_s^{(2)}(t) = -\cos i\Omega_s^{(2)}(t)$$
$$+\frac{3(J_{2,2})}{4a^2}\left(\frac{1}{e}\right)\left\{(1+\cos i)^2\left[-\frac{1}{2(1-2\alpha)}\sin(M+2\omega+2\Omega_{2,2})\right]\right.$$
$$\left. +2\sin^2 i\left[\frac{3}{2(1-2\alpha)}\sin(M+2\Omega_{2,2})\right]\right\} \tag{4.175}$$

$$M_s^{(2)}(t) = -\left(1-\frac{e^2}{2}\right)(\omega_s^{(1)}(t)+\cos i\Omega_s^{(1)})$$
$$+\frac{9(J_{2,2})}{4a^2}\left\{(1+\cos i)^2\left[-\frac{e}{(1-2\alpha)}\left(1-\frac{1}{2(1-2\alpha)}\right)\sin(M+2\omega+2\Omega_{2,2})\right]\right.$$
$$\left. +2\sin^2 i\left[\frac{3e}{(1-2\alpha)}\left(1-\frac{1}{2(1-2\alpha)}\right)\sin(M+2\Omega_{2,2})\right]\right\} \tag{4.176}$$

上述各式中出现的 $\Omega_{2,2}$ 意义同前,见(4.168)式。

通约的体现即上述摄动项表达式中的因子 $\dfrac{1}{1-2\alpha}$,其中 α 的定义如下:

$$\alpha = n'/n \tag{4.177}$$

这里 n 是卫星平运动角速度,当

$$\alpha = n'/n \approx \frac{1}{2} \tag{4.178}$$

时出现通约问题,这对应半日运动周期的地球中轨卫星轨道。

(2)高轨状态

如 GEO 卫星,有 $\alpha = n'/n \approx 1$,这就导致相应的短周期项 $\sigma_s^{(2)}(t,J_{2,2})$ 转化为带有通约性质的长周期项,记作 $\sigma_l^{(1)}(t,J_{2,2})$,具体形式如下:

$$a_l^{(1)}(t) = \frac{3(J_{2,2})}{2a}\left[(1+\cos i)^2\frac{\cos(2M+2\omega+2\Omega_{2,2})}{(n-n')+(\Omega_1+\omega_1+M_1)}\right]n \tag{4.179}$$

$$e_l^{(1)}(t) = \frac{3(J_{2,2})}{8a^2}e\left[-(1+\cos i)^2\frac{\cos(2M+2\omega+2\Omega_{2,2})}{(n-n')+(\Omega_1+\omega_1+M_1)}+9\sin^2 i\frac{\cos(2M+2\Omega_{2,2})}{(n-n')+(\Omega_1+\omega_1+M_1)}\right]n \tag{4.180}$$

$$i_l^{(1)}(t) = \frac{3(J_{2,2})}{4a^2}\left[-\sin i(1+\cos i)\frac{\cos(2M+2\omega+2\Omega_{2,2})}{(n-n')+(\Omega_1+\omega_1+M_1)}\right]n \tag{4.181}$$

$$\Omega_l^{(1)}(t) = \frac{3(J_{2,2})}{4a^2}\left[-(1+\cos i)\frac{\sin(2M+2\omega+2\Omega_{2,2})}{(n-n')+(\Omega_1+\omega_1+M_1)}\right]n \tag{4.182}$$

$$\omega_l^{(1)}(t) = -\cos i [\Omega_l^{(1)}(t)]$$

$$+ \frac{3(J_{2,2})}{4a^2} \left[\frac{5}{2}(1+\cos i)^2 \frac{\sin(2M+2\omega+2\Omega_{2,2})}{(n-n')+(\Omega_1+\omega_1+M_1)} \right. \tag{4.183}$$

$$\left. + \frac{9}{2}\sin^2 i \frac{\sin(2M+2\Omega_{2,2})}{(n-n')+(\Omega_1+M_1)} \right] n$$

$$M_l^{(1)}(t) = -\frac{3(J_{2,2})}{4a^2} \left[\frac{5}{2}(1+\cos i)^2 \frac{\sin(2M+2\omega+2\Omega_{2,2})}{(n-n')+(\Omega_1+\omega_1+M_1)} \right.$$

$$\left. + \frac{9}{2}\sin^2 i \frac{\sin(2M+2\Omega_{2,2})}{(n-n')+(\Omega_1+M_1)} \right] n \tag{4.184}$$

$$+ \frac{9(J_{2,2})}{4a^2} \left[(1+\cos i)^2 \frac{\sin(2M+2\omega+2\Omega_{2,2})}{(n-n')+(\Omega_1+\omega_1+M_1)} \right] n$$

上述各式中出现的 $\Omega_{2,2}$ 意义亦同前，见(4.168)式。

4.3.2 第一类无奇点根数的摄动解

$J_{2,2}$ 项摄动只有短周期效应，相应的短周期项由下列各表达式构成：

$$a_s^{(2)}(t) = a_s^{(2)}(t) \tag{4.185}$$

$$i_s^{(2)}(t) = i_s^{(2)}(t) \tag{4.186}$$

$$\Omega_s^{(2)}(t) = \Omega_s^{(2)}(t) \tag{4.187}$$

$$\xi_s^{(2)}(t) = \cos\omega [e_s^{(2)}(t)] - \sin\omega [e\omega_s^{(2)}(t)] \tag{4.188}$$

$$\eta_s^{(2)}(t) = \sin\omega [e_s^{(2)}(t)] + \cos\omega [e\omega_s^{(2)}(t)] \tag{4.189}$$

$\lambda_s^{(2)}(t) = [M_s^{(2)}(t)] + [\omega_s^{(2)}(t)]$，其具体形式如下：

$$\lambda_s^{(2)}(t) = -\cos i \Omega_s^{(2)}(t)$$

$$+ \frac{3(J_{2,2})}{4a^2}\left(\frac{e}{2}\right)\left\{(1+\cos i)^2\left[-\frac{1}{2(1-2\alpha)}\sin(M+2\omega+2\Omega_{2,2})\right.\right.$$

$$\left. + \frac{7}{6(1-2\alpha/3)}\sin(3M+2\omega+2\Omega_{2,2})\right]$$

$$+ 2\sin^2 i\left[\frac{3}{2(1-2\alpha)}\sin(M+2\Omega_{2,2}) + \frac{3}{2(1+2\alpha)}\sin(M-2\Omega_{2,2})\right]$$

$$+ (1-\cos i)^2\left[-\frac{1}{2(1+2\alpha)}\sin(M+2\omega-2\Omega_{2,2})\right.$$

$$\left.\left. + \frac{7}{6(1+2\alpha/3)}\sin(3M+2\omega-2\Omega_{2,2})\right]\right\}$$

$$+ \frac{9(J_{2,2})}{4a^2}\left\{(1+\cos i)^2\left[-\frac{e}{(1-2\alpha)}\left(1-\frac{1}{2(1-2\alpha)}\right)\sin(M+2\omega+2\Omega_{2,2})\right.\right.$$

$$+ \frac{1}{(1-\alpha)}\left(1-\frac{1}{2(1-2\alpha)}\right)\sin(2M+2\omega+2\Omega_{2,2})$$

$$\left.\left. + \frac{7e}{3(1-2\alpha/3)}\left(1-\frac{1}{2(1-2\alpha/3)}\right)\sin(3M+2\omega+2\Omega_{2,2})\right]\right.$$

$$+2\sin^2 i\Big[\frac{3e}{(1-2\alpha)}\Big(1-\frac{1}{2(1-2\alpha)}\Big)\sin(M+2\Omega_{2,2})-\frac{1}{\alpha}\sin(2\Omega_{2,2})$$

$$+\frac{3e}{(1+2\alpha)}\Big(1-\frac{1}{2(1+2\alpha)}\Big)\sin(M-2\Omega_{2,2})\Big]$$

$$+(1-\cos i)^2\Big[-\frac{e}{(1+2\alpha)}\Big(1-\frac{1}{2(1+2\alpha)}\Big)\sin(M+2\omega-2\Omega_{2,2})$$

$$+\frac{1}{(1+\alpha)}\Big(1-\frac{1}{2(1+\alpha)}\Big)\sin(2M+2\omega-2\Omega_{2,2})$$

$$+\frac{7e}{3(1+2\alpha/3)}\Big(1-\frac{1}{2(1+2\alpha/3)}\Big)\sin(3M+2\omega-2\Omega_{2,2})\Big]\Big\} \tag{4.190}$$

上列摄动解表达式右端出现的 $a_s^{(1)}(t),e_s^{(1)}(t),i_s^{(1)}(t),\omega_s^{(1)}(t),\Omega_s^{(1)}(t),M_s^{(1)}(t)$，就是 Kepler 根数解的"相应"结果。按照上述处理方法，由原 Kepler 根数的解组合而成的无奇点摄动解，不会再出现 $(1/e)$ 型的因子。

4.3.3 第二类无奇点根数的摄动解

第二类无奇点变量同前，见定义 (4.147) 式。同样采用拟平均根数法具体构造相应的无奇点摄动解，即同时消除小 e，小 i 和通约奇点的摄动解。

对 $J_{2,2}$ 项摄动而言，同样只有短周期效应，相应的短周期项由下列各表达式构成：

$$a_s^{(2)}(t)=a_s^{(2)}(t) \tag{4.191}$$

$$\xi_s^{(2)}(t)=\cos\tilde\omega[e_s^{(2)}(t)]-\sin\tilde\omega[e\omega_s^{(2)}(t)+e\Omega_s^{(2)}(t)] \tag{4.192}$$

$$\eta_s^{(2)}(t)=\sin\tilde\omega[e_s^{(2)}(t)]+\cos\tilde\omega[e\omega_s^{(2)}(t)+e\Omega_s^{(2)}(t)] \tag{4.193}$$

$$h_s^{(2)}(t)=\frac{1}{2}\cos\frac{i}{2}\cos\Omega[i_s^{(2)}(t)]-\sin\Omega\Big[\sin\frac{i}{2}\Omega_s^{(2)}(t)\Big] \tag{4.194}$$

$$k_s^{(2)}(t)=\frac{1}{2}\cos\frac{i}{2}\sin\Omega[i_s^{(2)}(t)]+\cos\Omega\Big[\sin\frac{i}{2}\Omega_s^{(2)}(t)\Big] \tag{4.195}$$

$\lambda_s^{(2)}(t)=M_s^{(2)}(t)+\omega_s^{(2)}(t)+\Omega_s^{(2)}(t)$，其具体形式如下：

$$\lambda_s^{(2)}(t)=(1-\cos i)\Omega_s^{(2)}(t)$$

$$+\frac{3(J_{2,2})}{4a^2}\Big(\frac{e}{2}\Big)\Big\{(1+\cos i)^2\Big[-\frac{1}{2(1-2\alpha)}\sin(M+2\omega+2\Omega_{2,2})$$

$$+\frac{7}{6(1-2\alpha/3)}\sin(3M+2\omega+2\Omega_{2,2})\Big]$$

$$+2\sin^2 i\Big[\frac{3}{2(1-2\alpha)}\sin(M+2\Omega_{2,2})+\frac{3}{2(1+2\alpha)}\sin(M-2\Omega_{2,2})\Big]$$

$$+(1-\cos i)^2\Big[-\frac{1}{2(1+2\alpha)}\sin(M+2\omega-2\Omega_{2,2})$$

$$+\frac{7}{6(1+2\alpha/3)}\sin(3M+2\omega-2\Omega_{2,2})\Big]\Big\}$$

$$+\frac{9(J_{2,2})}{4a^2}\Big\{(1+\cos i)^2\Big[-\frac{e}{(1-2\alpha)}\Big(1-\frac{1}{2(1-2\alpha)}\Big)\sin(M+2\omega+2\Omega_{2,2})$$

$$+\frac{1}{(1-\alpha)}\Big(1-\frac{1}{2(1-2\alpha)}\Big)\sin(2M+2\omega+2\Omega_{2,2})$$

$$+\frac{7e}{3(1-2\alpha/3)}\Big(1-\frac{1}{2(1-2\alpha/3)}\Big)\sin(3M+2\omega+2\Omega_{2,2})\Big]$$

$$+2\sin^2 i\Big[\frac{3e}{(1-2\alpha)}\Big(1-\frac{1}{2(1-2\alpha)}\Big)\sin(M+2\Omega_{2,2})-\frac{1}{\alpha}\sin(2\Omega_{2,2})$$

$$+\frac{3e}{(1+2\alpha)}\Big(1-\frac{1}{2(1+2\alpha)}\Big)\sin(M-2\Omega_{2,2})\Big]$$

$$+(1-\cos i)^2\Big[-\frac{e}{(1+2\alpha)}\Big(1-\frac{1}{2(1+2\alpha)}\Big)\sin(M+2\omega-2\Omega_{2,2})$$

$$+\frac{1}{(1+\alpha)}\Big(1-\frac{1}{2(1+\alpha)}\Big)\sin(2M+2\omega-2\Omega_{2,2})$$

$$+\frac{7e}{3(1+2\alpha/3)}\Big(1-\frac{1}{2(1+2\alpha/3)}\Big)\sin(3M+2\omega-2\Omega_{2,2})\Big]\Big\}$$

$$(4.196)$$

上列摄动解表达式右端出现的 $a_s^{(1)}(t)$，$e_s^{(1)}(t)$，$i_s^{(1)}(t)$，$\omega_s^{(1)}(t)$，$\Omega_s^{(1)}(t)$，$M_s^{(1)}(t)$，就是 Kepler 根数解的"相应"结果。按照上述处理方法，由原 Kepler 根数的解组合而成的无奇点摄动解，不会再出现 $(1/e)$ 和 $(1/\sin i)$ 型的因子。

4.4　一阶摄动解意义下的坐标系附加摄动

4.4.1　坐标系附加摄动的提出[3,8]

对人造地球卫星(特别是中、低轨卫星)的轨道运动而言，最重要的摄动源就是上述地球非球形引力，而地球引力位却是在地固坐标系(对应"真赤道面")中定义的，这就导致在历元地心天球坐标系(即地心平赤道坐标系)中处理卫星运动问题时，必须考虑地球引力位的变化对卫星轨道的影响。

在地心平赤道坐标系中，地球非球形引力摄动 $\vec{F}$ 由相应的引力位 $V(\vec{r})$ 的梯度表达：

$$\vec{F}=\text{grad}V(\vec{r}) \tag{4.197}$$

而直接给出的地球引力位是在地固坐标系中定义的，即 $V(\vec{R})$，采用归一化单位的形式即

$$V(\vec{R})=\frac{GE}{R}\Big\{1-J_2\Big(\frac{a_e}{R}\Big)^2 P_2(\sin\varphi)$$
$$+\Big(\frac{a_e}{R}\Big)^2 P_{2,2}(\sin\varphi)[C_{2,2}\cos2\lambda_G+S_{2,2}\sin2\lambda_G]\Big\} \tag{4.198}$$

其中 R,φ,λ_G 是地固坐标系中 $\vec{R}$ 的三个球坐标分量。

考虑到问题表达的方便和定量精度的现实要求，采用 IAU1980 规范来处理卫星轨道解中的坐标系附加摄动问题显然是可取的，至于 IAU1980 规范与 IAU2000 规范之间的差别，无论从定性还是定量的角度来看，都不会影响坐标系附加摄动的结果。

分别用 $\vec{r}$ 和 $\vec{R}$ 表示卫星在地心天球坐标系 $O\text{-}xyz$ 和地固坐标系 $O\text{-}XYZ$ 中的位置矢量。卫星的位置矢量在这两个坐标系之间的转换关系,已在第 1 章第 1.3.4 小节中给出,即

$$\vec{R} = \begin{bmatrix} X \\ Y \\ Z \end{bmatrix} = (HG)\vec{r} = (HG)\begin{bmatrix} x \\ y \\ z \end{bmatrix} \tag{4.199}$$

转换矩阵 (HG) 的定义如下:

$$(HG) = (EP)(ER)(NR)(PR) \tag{4.200}$$

该矩阵包含了岁差矩阵 (PR)、章动矩阵 (NR)、地球自转矩阵 (ER) 和地球极移矩阵 (EP)。对于分析解而言,从实用角度来看,只要考虑到一阶摄动解的精度需求,在此前提下给出如下关系:

$$\begin{aligned} X = (x\cos S_G + y\sin S_G) \\ -[(\mu + \Delta\mu)y + (\theta_A + \Delta\theta)z]\cos S_G + [(\mu + \Delta\mu)x - (\Delta\varepsilon)z]\sin S_G + (x_p z) \end{aligned} \tag{4.201}$$

$$\begin{aligned} Y = (y\cos S_G - x\sin S_G) \\ +[(\mu + \Delta\mu)x - (\Delta\varepsilon)z]\cos S_G + [(\mu + \Delta\mu)y + (\theta_A + \Delta\theta)z]\sin S_G + (-y_p z) \end{aligned} \tag{4.202}$$

$$\begin{aligned} Z = z + [(\theta_A + \Delta\theta)x + (\Delta\varepsilon)y] \\ +[-x_p(x\cos S_G + y\sin S_G) + y_p(y\cos S_G - x\sin S_G)] \end{aligned} \tag{4.203}$$

在历元地心天球坐标系中,由于地球赤道面摆动会引起地球非球形引力位的变化,在最大的 J_2 项上的反映为 $\Delta V(J_2)$,其值的量级为

$$\Delta V(J_2) = O(J_2\theta) = J_2 \times 2004''T \tag{4.204}$$

离历元 J2000.0 的时间间隔 $\Delta t = 10 \sim 20$ 年时,该差别可达到 10^{-6} 的量级。略去的岁差、章动量的二次项相当于三阶摄动量,这正符合一阶摄动解的精度需求,上述处理显然是合理的。利用上述两个坐标系之间的转换关系(4.201)~(4.203)式,引入到地球非球形引力位(5.208)式中的 J_2 部分,即可给出相应的附加位,其结果记作 $\Delta V_1(J_2)$,有

$$\begin{aligned} \Delta V(J_2) = \left(\frac{3J_2}{2a^3}\right)\left(\frac{a}{r}\right)^3 \sin i \{\cos i[(\theta_A + \Delta\theta)\sin\Omega - \Delta\varepsilon\cos\Omega]\} \\ -\left(\frac{3J_2}{2a^3}\right)\left(\frac{a}{r}\right)^3 \sin i \{[(\theta_A + \Delta\theta)\cos\Omega + \Delta\varepsilon\sin\Omega]\sin 2u \\ +\cos i[(\theta_A + \Delta\theta)\sin\Omega - \Delta\varepsilon\cos\Omega]\cos 2u \} \end{aligned} \tag{4.205}$$

其中 r 和 $a, i, \Omega, u = f + \omega$ 是卫星的地心距和轨道根数,而 $\theta_A, \Delta\theta, \Delta\varepsilon$ 即岁差章动量,有

$$\begin{cases} \theta_A = 2004.3109''t, & \Delta\theta = -6.84''\sin\Omega' \\ \Delta\varepsilon = 9.20''\cos\Omega' \end{cases} \tag{4.206}$$

这里的 Ω' 是月球轨道(白道)升交点平黄经,t 的定义见后面的(4.214)式。

上述由于坐标系的选取而导致的引力位变化量,就转化为对卫星轨道的摄动影响,此即

坐标系附加摄动。

4.4.2　Kepler 根数形式的附加摄动解

坐标系附加摄动效应将会出现混合形式的长周期项,随着时刻 t 离标准历元的增大而增大,不可忽视,通常就将该混合型的长周期项记作一阶长周期项 $\sigma_l^{(1)}(t)$。下面给出相应的长周期变化项 $\Delta\sigma_l^{(1)}(t)=\sigma_l^{(1)}(t)-\sigma_l^{(1)}(t_0)$ 和短周期项 $\sigma_s^{(2)}(t)$。

长周期变化项 $\Delta\sigma_l^{(1)}(t)=\sigma_l^{(1)}(t)-\sigma_l^{(1)}(t_0)$ 中的 $\sigma_l^{(1)}(t)$ 如下:

$$a_l^{(1)}(t)=0 \tag{4.207}$$

$$e_l^{(1)}(t)=0 \tag{4.208}$$

$$i_l^{(1)}(t)=I \tag{4.209}$$

$$\Omega_l^{(1)}(t)=(\cot i)Q \tag{4.210}$$

$$\omega_l^{(1)}(t)=(-\sec i)\Omega_l^{(1)} \tag{4.211}$$

$$M_l^{(1)}(t)=0 \tag{4.212}$$

其中

$$\begin{cases} I=(2004''.3t)\sin\Omega-8''.0\cos(\Omega-\Omega')-1''.2\cos(\Omega+\Omega') \\ Q=(2004''.3t)\cos\Omega+8''.0\sin(\Omega-\Omega')+1''.2\sin(\Omega+\Omega') \end{cases} \tag{4.213}$$

$$t=\frac{\mathrm{JD}(t_0)-\mathrm{JD}(\mathrm{J}2000.0)}{36525} \tag{4.214}$$

这里 t_0 是定轨历元或外推起始历元对应的时刻。在几天弧段内,岁差、章动变化甚小,不必考虑,故上述相应的系数不变,即将混合项处理成一般的长周期项。

短周期项 $\sigma_s^{(2)}(t)$ 如下:

$$a_s^{(2)}(t)=\frac{3J_2}{a}\sin i\left\{\cos iA(\theta)\left[\left(\frac{a}{r}\right)^3-(1-e^2)^{-3/2}-\left(\frac{a}{r}\right)^3\cos 2u\right]-B(\theta)\left[\left(\frac{a}{r}\right)^3\sin 2u\right]\right\} \tag{4.215}$$

$$\begin{aligned} e_s^{(2)}(t)=\frac{3J_2}{2p^2}\sin i\Bigg\{ & \cos iA(\theta)\Bigg[\left(3+\frac{3}{4}e^2\right)\cos f+\frac{3}{2}e\cos 2f+\frac{1}{4}e^2\cos 3f \\ & -\frac{e^2}{8}\cos(f-2\omega)-\left(\frac{1}{2}+\frac{11}{8}e^2\right)\cos(f+2\omega)-\frac{5}{2}e\cos(2f+2\omega) \\ & -\left(\frac{7}{6}+\frac{17}{24}e^2\right)\cos(3f+2\omega)-\frac{3}{4}e\cos(4f+2\omega)-\frac{e^2}{8}\cos(5f+2\omega)\Bigg] \\ & -B(\theta)\Bigg[-\frac{e^2}{8}\sin(f-2\omega)+\left(\frac{1}{2}+\frac{11}{8}e^2\right)\sin(f+2\omega)+\frac{5}{2}e\sin(2f+2\omega) \\ & +\left(\frac{7}{6}+\frac{17}{24}e^2\right)\sin(3f+2\omega)+\frac{3}{4}e\sin(4f+2\omega)+\frac{e^2}{8}\sin(5f+2\omega)\Bigg]\Bigg\} \end{aligned} \tag{4.216}$$

$$\begin{aligned} i_s^{(2)}(t)=\frac{3J_2}{4p^2}\Bigg\{ & -\cos 2iA(\theta)\left[e\cos(f+2\omega)+\cos(2f+2\omega)+\frac{e}{3}\cos(3f+2\omega)\right] \\ & -\cos iB(\theta)\left[2(f-M)+2e\sin f+e\sin(f+2\omega)\right. \end{aligned}$$

$$+\sin(2f+2\omega)+\frac{e}{3}\sin(3f+2\omega)\bigg]\bigg\} \tag{4.217}$$

$$\Omega_s^{(2)}(t)=\frac{3J_2}{2p^2}\left(\frac{1}{\sin i}\right)\bigg\{\cos 2iA(\theta)\bigg[(f-M)+e\sin f-\frac{e}{2}\sin(f+2\omega)$$

$$-\frac{1}{2}\sin(2f+2\omega)-\frac{e}{6}\sin(3f+2\omega)\bigg]$$

$$+\cos iB(\theta)\bigg[\frac{e}{2}\cos(f+2\omega)+\frac{1}{2}\cos(2f+2\omega)+\frac{e}{6}\cos(3f+2\omega)\bigg]\bigg\}$$

$$\tag{4.218}$$

$$\omega_s^{(2)}(t)=-\cos i\Omega_s^{(2)}(t)$$

$$+\frac{3J_2}{2p^2}\left(\frac{\sin i}{e}\right)\bigg\{\cos iA(\theta)\bigg[3e(f-M)+\left(3+\frac{9}{4}e^2\right)\sin f+\frac{3}{2}e\sin 2f+\frac{1}{4}e^2\sin 3f$$

$$-\frac{e^2}{8}\sin(f-2\omega)+\left(\frac{1}{2}-\frac{7}{8}e^2\right)\sin(f+2\omega)-\frac{3}{2}e\sin(2f+2\omega)$$

$$-\left(\frac{7}{6}+\frac{11}{24}e^2\right)\sin(3f+2\omega)-\frac{3}{4}e\sin(4f+2\omega)-\frac{e^2}{8}\sin(5f+2\omega)\bigg]$$

$$-B(\theta)\bigg[\frac{e^2}{8}\cos(f-2\omega)+\left(\frac{1}{2}-\frac{7}{8}e^2\right)\cos(f+2\omega)-\frac{3}{2}e\cos(2f+2\omega)$$

$$-\left(\frac{7}{6}+\frac{11}{24}e^2\right)\cos(3f+2\omega)-\frac{3}{4}e\cos(4f+2\omega)-\frac{e^2}{8}\cos(5f+2\omega)\bigg]\bigg\}$$

$$\tag{4.219}$$

$$M_s^{(2)}(t)=-\sqrt{1-e^2}\left[\omega_s^{(2)}(t)+\cos i\Omega_s^{(2)}(t)\right]$$

$$+\frac{9J_2}{2p^2}\sin i\sqrt{1-e^2}\bigg\{\cos iA(\theta)\bigg[(f-M)+e\sin f-\frac{e}{2}\sin(f+2\omega)$$

$$-\frac{1}{2}\sin(2f+2\omega)-\frac{e}{6}\sin(3f+2\omega)\bigg]$$

$$+B(\theta)\bigg[\frac{e}{2}\cos(f+2\omega)+\frac{1}{2}\cos(2f+2\omega)+\frac{e}{6}\cos(3f+2\omega)\bigg]\bigg\}$$

$$\tag{4.220}$$

其中 $A(\theta)$ 和 $B(\theta)$ 涉及岁差章动项，就是前面长周期公式中的 I 和 Q，由下式表达：

$$\begin{cases}A(\theta)=(\theta_A+\Delta\theta)\sin\Omega-(\Delta\varepsilon)\cos\Omega\\B(\theta)=(\theta_A+\Delta\theta)\cos\Omega+(\Delta\varepsilon)\sin\Omega\end{cases}\tag{4.221}$$

$$\theta_A=2004''.3109t,\quad \Delta\theta=-6''.84\sin\Omega',\quad \Delta\varepsilon=9''.20\cos\Omega'\tag{4.222}$$

这里的 t 和 Ω' 与(4.213)式和(4.214)式中出现的是同一量，不再解释。

4.4.3　第一类无奇点根数形式的附加摄动解

4.4.3.1　摄动解的形式

与 Kepler 根数摄动解中对混合项的处理一致，这里亦被处理成一般的长周期变化项 $\Delta\sigma_l^{(1)}(t)=\left[\sigma_l^{(1)}(t)-\sigma_l^{(1)}(t_0)\right]$。6 个无奇点根数 $\sigma=(a,\xi,\eta,h,k,\lambda)$ 附加摄动解的长周期变化

项记作 $\Delta\sigma(t)=\Delta\sigma_l(t)$,由下列形式构成:

$$\Delta a(t)=0 \tag{4.223}$$

$$\Delta i(t)=\Delta i_l(t) \tag{4.224}$$

$$\Delta\Omega(t)=\Delta\Omega_l(t) \tag{4.225}$$

$$\Delta\xi(t)=\cos\omega[\Delta e_l(t)]-\sin\omega[e\Delta\omega_l(t)] \tag{4.226}$$

$$\Delta\eta(t)=\sin\omega[\Delta e_l(t)]+\cos\omega[e\Delta\omega_l(t)] \tag{4.227}$$

$$\Delta\lambda(t)=[\Delta M_l(t)+\Delta\omega_l(t)] \tag{4.228}$$

其中 $\Delta e_l(t)=0,\bar{n}=\bar{a}^{-3/2}=\bar{a}_0^{-3/2}$。

4.4.3.2　Kepler 根数对应的拟平均根数解 $\Delta\sigma_l(t)$ 的表达式

$$\Delta a_l(t)=0 \tag{4.229}$$

$$\Delta e_l(t)=0 \tag{4.230}$$

$$\Delta i_l(t)=\Omega_1(J_2)[B(t)-B(t_0)] \tag{4.231}$$

$$\Delta\Omega_l(t)=-\Omega_1(J_2)\left(\frac{\cos 2i}{\sin i\cos i}\right)[A(t)-A(t_0)] \tag{4.232}$$

$$\Delta\omega_l(t)=-\cos i\cdot\Delta\Omega(t)-\Omega_1(J_2)(3\sin i)[A(t)-A(t_0)] \tag{4.233}$$

$$\Delta M(t)=-\Omega_1(J_2)(3\sqrt{1-e^2}\sin i)[A(t)-A(t_0)] \tag{4.234}$$

其中 $\Omega_1(J_2)$ 和 $[A(t)-A(t_0)]$,$[B(t)-B(t_0)]$ 由下式表达:

$$\Omega_1(J_2)=-\left(\frac{3J_2}{2p^2}\right)n\cos i \tag{4.235}$$

$$A(t)-A(t_0)=(\theta_A+\Delta\theta)[\sin\bar{\Omega}-\sin\bar{\Omega}_0]-(\Delta\varepsilon)[\cos\bar{\Omega}-\cos\bar{\Omega}_0] \tag{4.236}$$

$$B(t)-B(t_0)=(\theta_A+\Delta\theta)[\cos\bar{\Omega}-\cos\bar{\Omega}_0]+(\Delta\varepsilon)[\sin\bar{\Omega}-\sin\bar{\Omega}_0] \tag{4.237}$$

$$\theta_A=2004''.3109\,\bar{t},\Delta\theta=-6''.84\sin\Omega',\Delta\varepsilon=9''.20\cos\Omega' \tag{4.238}$$

(4.238)式中的时刻 $\bar{t}$ 和 Ω' 对应的时刻,均可采用外推计算中的中间时刻或初始时刻 t_0。

由(4.232)式表达的 $\Delta\Omega_l(t)$,除小 i 问题外,亦不适合极轨($i=90°$)状态的计算,这可采用另一算法,即当 $i\approx90°$ 时(右计算程序根据精度要求控制),改用下式计算:

$$\Delta\Omega_l=\left(\frac{3J_2}{2p^2}\right)n\left(\frac{\cos 2i}{\sin i}\right)[A(t)-A(t_0)] \tag{4.239}$$

4.4.3.3　J_2 项摄动解的相应处理

在拟平均根数中,摄动分析解的参考轨道是拟平均根数 $\bar{\sigma}$,有

$$\bar{\sigma}(t)=\bar{\sigma}_0+(\delta n+\sigma_1+\sigma_2)(t-t_0)+\Delta\sigma_1^{(1)}+\cdots \tag{4.240}$$

其中 $\bar{\sigma}_0=\bar{\sigma}(t_0)$ 是初始拟平均根数。计算长期项时,$n,\sigma_1,\cdots$ 的表达式中出现的根数,都应该是拟平均根数 $\bar{\sigma}$。例如计算根数 Ω 和 λ 的一阶长期项 $\sigma_1(t-t_0)$ 时,相应的表达式为

$$\Omega_1=-\left(\frac{3J_2}{2p^2}\right)n\cos i \tag{4.241}$$

$$\lambda_1=\left(\frac{3J_2}{2p^2}\right)n\left[\left(2-\frac{5}{2}\sin^2 i\right)+\sqrt{1-e^2}\left(1-\frac{3}{2}\sin^2 i\right)\right] \tag{4.242}$$

在导出这两式时,对时间 t 的积分过程中,右端出现的 i 和 $e=(\xi^2+\eta^2)^{1/2}$ 应为

$$\bar{e}=\bar{e}_0+[e_l^{(1)}(t)-e_l^{(1)}(t_0)] \tag{4.243}$$

$$\bar{i}=\bar{i}_0+[i_l^{(1)}(t)-i_l^{(1)}(t_0)] \tag{4.244}$$

但在推导地球非球形引力摄动相应的摄动解和计算时,对于 Ω 和 λ 通常并不需要这样考虑。这是因为 i 和 e 的长周期项只与近地点幅角 ω 有关,因而必然伴有 e 因子。正由于这种特征,在轨道偏心率不大的情况下(如 $e\leqslant0.1$ 的低轨卫星),推导地球非球形引力摄动相应的摄动解和计算时,实际上并不需要按(4.243)和(4.244)式那样考虑,就在相应的表达式中用 $\bar{i}_0$ 和 $\bar{e}_0$ 代替。但是,上述坐标系附加摄动导致倾角 i 出现的一阶长周期项却与 Ω 有关,不会伴有 e 因子,那么就必须考察上述问题了。

这里不再介绍相关原理,就在原摄动解的基础上,补充 Ω 和 λ 的相应附加长期摄动项,相当于二阶长期项的补充部分,分别记作 $\Delta\Omega_2(t)$ 和 $\Delta\lambda_2(t)$,具体表达式如下:

$$\Delta\Omega_2(t)=\left(\frac{3J_2}{4p^2}n\sin i\right)(\theta_A\cos\bar{\Omega})\Omega_1\ (t-t_0)^2 \tag{4.245}$$

$$\Delta\lambda_2(t)=-8\cos i\left(\frac{3J_2}{4p^2}n\sin i\right)(\theta_A\cos\bar{\Omega})\Omega_1\ (t-t_0)^2 \tag{4.246}$$

其中 Ω_1 即由(4.241)式表达。这两式右端出现的 $\bar{\Omega}$,可由下式提供:

$$\bar{\Omega}=\bar{\Omega}_0+\frac{1}{2}\Omega_1(t-t_0) \tag{4.247}$$

在外推弧段不长的情况下,亦可用 $\bar{\Omega}_0$ 代替。

上述处理的结果表明:考虑了与拟平均根数法有关的长周期摄动引起的附加项,是一个在一定意义下的完整结果,根数 Ω 和 λ 的误差不仅随着计算历元 t_0 远离标准历元(J2000.0)越来越大的现象消失,而且完全符合一阶摄动解应达到的精度要求。

4.4.4　第二类无奇点根数形式的附加摄动解

与第一类无奇点摄动解的处理一致,长周期变化项 $\Delta\sigma_l^{(1)}(t)=[\sigma_l^{(1)}(t)-\sigma_l^{(1)}(t_0)]$ 中 6 个无奇点根数 $\sigma=(a,\xi,\eta,h,k,\lambda)$ 附加摄动解的相应表达形式如下:

$$\Delta a(t)=0 \tag{4.248}$$

$$\Delta\xi(t)=\cos\tilde{\omega}[\Delta e_l(t)]-\sin\tilde{\omega}[e\Delta\omega_l(t)+e\Delta\Omega_l(t)] \tag{4.249}$$

$$\Delta\eta(t)=\sin\tilde{\omega}[\Delta e_l(t)]+\cos\tilde{\omega}[e\Delta\omega_l(t)+e\Delta\Omega_l(t)] \tag{4.250}$$

$$\Delta h(t)=\frac{1}{2}\left(\cos\frac{i}{2}\cos\Omega\right)[\Delta i_l(t)]-(\sin\Omega)\left[\sin\frac{i}{2}\Delta\Omega_l(t)\right] \tag{4.251}$$

$$\Delta k(t)=\frac{1}{2}\left(\cos\frac{i}{2}\sin\Omega\right)[\Delta i_l(t)]+(\cos\Omega)\left[\sin\frac{i}{2}\Delta\Omega_l(t)\right] \tag{4.252}$$

$$\Delta\lambda(t)=[\Delta M(t)+\Delta\omega(t)+\Delta\Omega(t)] \tag{4.253}$$

相应的 Kepler 根数对应的拟平均根数解 $\Delta\sigma_l(t)$ 的表达式见(4.229)~(4.234)式。

4.4.5　关于坐标系的选择及其相关问题

根据上述分析、具体处理与实际计算表明,给出的坐标系附加摄动分析解不仅简单,而且能使轨道外推达到一定的精度要求。在标准历元每 50 年换一次的前提下,因地球赤道摆动引起的空间坐标系中引力位的变化,只需考虑 $\Delta V(J_2)$ 这一附加部分,相应的附加摄动解并不复杂。因此,从这一实际现状来看,对于卫星定轨和预报工作(包括瞬时根数与平根数的转换和应用),完全可以采用统一的坐标系,即历元(目前是 **J2000.0)地心天球坐标系**,而不必引进混合形式的**轨道坐标系**,这可避免坐标系引用的"混乱",同时也就简化了数值方法和分析方法混用时的瞬时根数与平根数的转换问题。

至于有些领域的特殊性,无法避免相应工作历史的延续性,将要涉及坐标系之间的转换问题,例如,需要引用美国所发布的 TLE 根数等,这也不会遇到麻烦,厘清相应的几个坐标系之间的转换即可。为此,下面给出几个地心赤道坐标系之间的转换关系,它们的坐标原点均为地心。

(1) J2000.0 地心天球坐标系与 J2000.0 轨道坐标系之间的转换

J2000.0 轨道坐标系,即采用 t 时刻的真赤道面和 J2000.0 的平春分点方向分别作为该坐标系的 xy 坐标面和 x 轴方向。

若记 J2000.0 地心天球坐标系和 J2000.0 轨道坐标系中同一空间点的坐标矢量分别为 $\vec{r_c}$ 和 $\vec{r_2}$,则根据第 1 章的知识,即可给出两者之间的转换关系如下:

$$\vec{r_2}=R_z(\mu+\Delta\mu)(NR)(PR)\vec{r_c} \tag{4.254}$$

其中 $\mu+\Delta\mu$ 是赤经岁差和章动,而另两个旋转矩阵 (PR) 和 (NR) 分别为岁差和章动矩阵,它们的具体表达形式见第 1 章的 1.3.4 小节。

(2) J2000.0 轨道坐标系与 J1950.0 轨道坐标系之间的转换

J1950.0 轨道坐标系,即采用 t 时刻的真赤道面和 J1950.0 的平春分点方向分别作为该坐标系的 xy 坐标面和 x 轴方向。

若记 J1950.0 轨道坐标系和 J2000.0 轨道坐标系中同一空间点的坐标矢量分别为 $\vec{r_1}$ 和 $\vec{r_2}$,则两者之间的转换关系很简单,即

$$\vec{r_2}=R_z(\mu_{50})\vec{r_1} \tag{4.255}$$

其中 μ_{50} 是 J1950.0 到 J2000.0 的赤经岁差,在 IAU1980 规范下,(1.39)式给出

$$\mu_{50}=\zeta_A+z_A=4612''.4362t+1''.39656t^2 \tag{4.256}$$

其中出现的 t 由下式计算:

$$t=\frac{1}{36525.0}[JD(J2000.0)-JD(J1950.0)] \tag{4.257}$$

(3) J2000.0 地心天球坐标系与 t 时刻轨道坐标系之间的转换

t 时刻轨道坐标系,即采用 t 时刻的真赤道面和 t 时刻的平春分点方向分别作为该坐标系的 xy 坐标面和 x 轴方向,此即当今美国发布的 TLE 根数所采用的坐标系。若记该轨道坐标系中同一空间点的坐标矢量为 $\vec{r_t}$,则与 J2000.0 地心天球坐标系之间的转换关系如下:

$$\vec{r}_t = R_z(\Delta\mu)(NR)(PR)\vec{r}_c \tag{4.258}$$

上述转换关系是同一空间点的瞬时状态在不同坐标系(只涉及地球赤道面摆动的岁差、章动量)之间的表达,对速度矢量同样适用。因此可由坐标、速度的转换关系给出两个坐标系之间的轨道根数间的转换关系,有了坐标、速度与轨道根数间的转换知识即可理解上述转换。

综上所述,正是历史原因和各相关工作的需要,导致了坐标系采用的多样性和轨道量定义的复杂性,在引用卫星轨道资料时,必须了解相应资料所采用的坐标系和轨道量本身的确切定义,否则会带来人为的误差甚至是错误。但作者还是再次建议:在通常情况下,不必受某些特殊原因的制约,在坐标系的选取上,还是应该考虑通用为主。

4.5 地球非球形引力位的高次带谐项 $J_l(l\geqslant3)$ 摄动解

4.5.1 带谐项 $J_l(l\geqslant3)$ 摄动函数的一般表达形式

同样采用无量纲形式,有

$$\begin{cases} R_2 = \sum_{l\geqslant3} R_l \\ R_l = C_l\left(\frac{1}{r}\right)^{l+1} P_l(\mu) = -J_l\left(\frac{1}{r}\right)^{l+1} P_l(\mu) \end{cases} \tag{4.259}$$

其中 $\mu = \sin\varphi = \sin i\sin u, u = f+\omega$。根据定义给出

$$P_l(\mu) = \frac{1}{2^l l!}\frac{d^l}{d\mu^l}[(\mu^2-1)^l] = \frac{1}{2^l l!}\frac{d^l}{d\mu^l}[(-1)^l(1-\mu^2)^l] \tag{4.260}$$

略去导数运算,直接写出如下结果:

$$\begin{aligned} P_l(\mu) &= \frac{1}{2^l l!}\sum_{m(2)=\delta_1}^{l} (-1)^{l+\frac{1}{2}(l+m)} \begin{pmatrix} l \\ \frac{1}{2}(l+m) \end{pmatrix} [(l+m)(l+m-1)\cdots(m+1)]\mu^m \\ &= \frac{1}{2^l}\sum_{m(2)=\delta_1}^{l} (-1)^{\frac{1}{2}(l-m)} \begin{pmatrix} l \\ \frac{1}{2}(l-m) \end{pmatrix}\begin{pmatrix} l+m \\ l \end{pmatrix}\mu^m \end{aligned} \tag{4.261}$$

其中

$$\delta_1 = \frac{1}{2}[1-(-1)^l] = \begin{cases} 1, & l \text{ 为奇} \\ 0, & l \text{ 为偶} \end{cases} \tag{4.262}$$

(4.261)式求和取值中的 $m(2)=\delta_1$ 表示取值"步长"为 2,即 $m=1,3,\cdots$(对奇数 l),或 $m=0,2,4,\cdots$(对偶数 l)。将上述 $P_l(\mu)$ 代入(4.259)式,并利用 $\sin^m u$ 以 u 的倍角的表达形式,即可将地球非球形引力 l 阶带谐项摄动函数表示成轨道根数的一般形式:

135

$$R_l = \frac{(-J_l)}{a^{l+1}} \sum_{m(2)=\delta_1}^{l} \sum_{q=0}^{\frac{1}{2}(m-\delta_1)} (-1)^{\frac{1}{2}(l+2q-\delta_1)} \frac{2^{\delta_m}}{2^{l+m}} \begin{pmatrix} l \\ \frac{1}{2}(l-m) \end{pmatrix} \begin{pmatrix} l+m \\ l \end{pmatrix} \begin{pmatrix} m \\ q \end{pmatrix} \sin^m i$$

$$\times \left[(1-\delta_1)\left(\frac{a}{r}\right)^{l+1} \cos(m-2q)u + \delta_1 \left(\frac{a}{r}\right)^{l+1} \sin(m-2q)u \right]$$

$$(4.263)$$

其中

$$\delta_m = \begin{cases} 0, & m-2q=0 \\ 1, & m-2q \neq 0 \end{cases} \tag{4.264}$$

(4.263)式中的三角函数 $\cos(m-2q)u$ 和 $\sin(m-2q)u$ 的取值,对于一个 l 值,与两个求和有关,计算有重复过程,最好按幅角 $(m-2q)u$ 来整理,使其仅与一个求和有关,为此,下面作相应的改变。

$(m-2q)$ 的取值显然受 l 取值的限制,故令

$$m-2q = l-2p$$

以 p 代替 m,有

$$m = (l-2p)+2q, \quad (l-m) = 2p-2q$$

p 的求和限为 $[0, (l-\delta_1)/2]$,而 q 的求和限由原来的条件 $\delta_1 \leqslant m = l-2p+2q \leqslant l$ 确定,即 $[0, p]$。于是(4.263)式变为下列形式:

$$R_l = \frac{(-J_l)}{a^{l+1}} \sum_{p=0}^{\frac{1}{2}(l-\delta_1)} \sum_{q=0}^{p} (-1)^{\frac{1}{2}(l+2q-\delta_1)} \cdot 2^{-(2l-2p+2q-\delta_2)}$$

$$\times \begin{pmatrix} l \\ p-q \end{pmatrix} \begin{pmatrix} 2l-2p+2q \\ l \end{pmatrix} \begin{pmatrix} l-2p+2q \\ q \end{pmatrix} (\sin i)^{l-2p+2q}$$

$$\times \left[(1-\delta_1)\left(\frac{a}{r}\right)^{l+1} \cos(l-2p)u + \delta_1 \left(\frac{a}{r}\right)^{l+1} \sin(l-2p)u \right]$$

$$(4.265)$$

这里的 δ_2 定义如下:

$$\delta_2 = \begin{cases} 0, & l-2p=0 \\ 1, & l-2p \neq 0 \end{cases} \tag{4.266}$$

以(4.265)式表达的摄动函数,其三角函数的取值仅与 p 求和有关。

利用如下平均值:

$$\overline{\left(\frac{a}{r}\right)^{l+1} \sin(l-2p)f} = 0 \tag{4.267}$$

$$\overline{\left(\frac{a}{r}\right)^{l+1} \cos(l-2p)f} = \delta_3 (1-e^2)^{-(l-1/2)} \sum_{\alpha(2)=l-2p}^{l-2} \begin{pmatrix} l-1 \\ \alpha \end{pmatrix} \begin{pmatrix} n \\ \frac{1}{2}(\alpha-l+2p) \end{pmatrix} \left(\frac{e}{2}\right)^{\alpha}$$

$$(4.268)$$

$$\delta_3 = \begin{cases} 0, & p=0 \\ 1, & p\neq0 \end{cases} \tag{4.269}$$

可将(4.259)式表达的 $J_l(l\geqslant3)$ 项摄动函数 R_2 分离出长期、长周期和短周期三个部分,即

$$R_{2c} = \sum_{l(2)\geqslant4} \frac{(-J_l)}{a^{l+1}} K_{l+1}(e) \sum_{q=0}^{\frac{l}{2}} (-1)^{\frac{1}{2}(l+2q)} \cdot 2^{-(l+2q)} \begin{bmatrix} l \\ \frac{l}{2}-q \end{bmatrix} \begin{bmatrix} l+2q \\ l \end{bmatrix} \begin{bmatrix} 2q \\ q \end{bmatrix} (\sin i)^{2q} \tag{4.270}$$

$$R_{2l} = \sum_{l\geqslant3} \frac{(-J_l)}{a^{l+1}} \sum_{p=1}^{\frac{1}{2}(l-2+\delta_1)} K_{l+1}^p(e) \left[\sum_{q=0}^{p} (-1)^{\frac{1}{2}(l+2q-\delta_1)} \cdot 2^{-(2l-2p+2q-1)} \right.$$
$$\times \begin{bmatrix} l \\ p-q \end{bmatrix} \begin{bmatrix} 2l-2p+2q \\ l \end{bmatrix} \begin{bmatrix} l-2p+2q \\ q \end{bmatrix} (\sin i)^{l-2p+2q} \right]$$
$$\times \left[(1-\delta_1)\cos(l-2p)\omega + \delta_1 \sin(l-2p)\omega \right] \tag{4.271}$$

$$R_{23} = R_2 - (R_{2C} + R_{2l}) \tag{4.272}$$

(4.270)式求和取值中的 $l(2)\geqslant4$ 表示 $l=4,6,\cdots$,即取值"步长"为 2。另两个辅助量 $K_{l+1}(e)$, $K_{l+1}^p(e)$ 即如下两类函数的平均值:

$$K_{l+1}(e) = \overline{\left(\frac{a}{r}\right)^{l+1}} \tag{4.273}$$

$$K_{l+1}^p(e) = \overline{\left(\frac{a}{r}\right)^{l+1} \cos(l-2p)f} \tag{4.274}$$

其算法见前面的(4.268)式。$K_{l+1}(e)$ 就是 $K_{l+1}^p(e)$ 中 $l-2p=0$ 的取值情况,可以采用一个计算程序来实现。

根据 R_{2c} 和 R_{2l} 的表达式可知:

(1) 只有偶次带谐项 $J_4,J_6,\cdots$(对 J_2 也适用)的摄动函数才包含仅与 a,e,i 有关的"长期"部分,因为相应的 p 取值可使 $l-2p=0$,而奇次带谐项中的 p 取值不可能使 $l-2p=0$。

(2) 偶次带谐项摄动函数中长周期部分包含

$$\cos2\omega,\cos4\omega,\cdots,\cos(l-2)\omega$$

而奇次带谐项摄动函数中长周期部分却包含

$$\sin\omega,\sin3\omega,\cdots,\sin(l-2)\omega$$

这些特征在前面 J_2 项摄动中有所体现,而这里进一步给出了普遍性的结论。

4.5.2　带谐项 $J_l(l\geqslant3)$ 的摄动解

(1) 长期项系数 σ_2

$$a_2 = 0 \tag{4.275}$$
$$e_2 = 0 \tag{4.276}$$
$$i_2 = 0 \tag{4.277}$$

$$\Omega_2 = n\cos i \sum_{l(2)\geqslant 4} \left(\frac{-J_l}{p_0^l}\right) \sum_{q=1}^{l/2} (-1)^{(l+2q)/2} \left(\frac{1}{2}\right)^{(l+2q)}$$

$$\times 2q \begin{bmatrix} l \\ l/2-q \end{bmatrix} \begin{bmatrix} l/2+q \\ l \end{bmatrix} \begin{bmatrix} 2q \\ q \end{bmatrix} (\sin i)^{(2q-2)} K_1(e) \qquad (4.278)$$

$$\omega_2 = -\cos i\Omega_2$$

$$+ n\sum_{l(2)\geqslant 4} \left(\frac{-J_l}{p_0^l}\right) \sum_{q=0}^{l/2} (-1)^{(l+2q)/2} \left(\frac{1}{2}\right)^{(l+2q)}$$

$$\times \begin{bmatrix} l \\ l/2-q \end{bmatrix} \begin{bmatrix} l/2+q \\ l \end{bmatrix} \begin{bmatrix} 2q \\ q \end{bmatrix} (\sin i)^{2q}$$

$$\times [(2l-1)K_1(e) + (1-e^2)K_2(e)] \qquad (4.279)$$

$$M_2 = -\sqrt{1-e^2}(\omega_2 + \cos i\Omega_2)$$

$$+ n\sqrt{1-e^2} \sum_{l(2)\geqslant 4} \left(\frac{-J_l}{p_0^l}\right) \sum_{q=0}^{l/2} (-1)^{(l+2q)/2} \left(\frac{1}{2}\right)^{(l+2q)} 2(l+1)$$

$$\times \begin{bmatrix} l \\ l/2-q \end{bmatrix} \begin{bmatrix} l/2+q \\ l \end{bmatrix} \begin{bmatrix} 2q \\ q \end{bmatrix} (\sin i)^{2q} K_1(e) \qquad (4.280)$$

其中

$$K_1(e) = \sum_{\alpha(2)=0}^{l-2} \begin{bmatrix} l-1 \\ \alpha \end{bmatrix} \begin{bmatrix} \alpha \\ \alpha/2 \end{bmatrix} \left(\frac{1}{2}\right)^{\alpha} e^{\alpha} \qquad (4.281)$$

$$K_2(e) = \sum_{\alpha(2)=2}^{l-2} \begin{bmatrix} l-1 \\ \alpha \end{bmatrix} \begin{bmatrix} \alpha \\ \alpha/2 \end{bmatrix} \alpha \left(\frac{1}{2}\right)^{\alpha} e^{\alpha-2} \qquad (4.282)$$

$\alpha(2)$ 的含义同前,各式中出现的 a,e,i 及 n,p_0 均为 $\bar{a},\bar{e},\bar{i}$ 和 $\bar{n}=\bar{a}_0^{-3/2}$,$\bar{p}_0=\bar{a}_0(1-\bar{e}_0^2)$。

(2) 长周期项 $\sigma_l^{(1)}(t)$

直接部分如下:

$$a_l^{(1)}(t) = 0 \qquad (4.283)$$

$$e_l^{(1)}(t) = -\left(\frac{1-e^2}{e}\tan i\right)i_l^{(1)}(t)$$

$$= -(1-e^2) \sum_{l\geqslant 3} \left(\frac{-J_l}{p_0^l}\right) \sum_{p=1}^{\frac{1}{2}(l-2+\delta_l)} \left[\sum_{q=1}^{p} (-1)^{(l+2q-\delta_l)/2} \left(\frac{1}{2}\right)^{(2l-2p+2q-1)}\right.$$

$$\times \begin{bmatrix} l \\ p-q \end{bmatrix} \begin{bmatrix} 2l-2p+2q \\ l \end{bmatrix} \begin{bmatrix} l-2p+2q \\ q \end{bmatrix} (\sin i)^{(l-2p+2q)} \left. \right] \frac{1}{e} K_3(e) I(\omega) \qquad (4.284)$$

$$i_l^{(1)}(t) = \cos i \sum_{l\geqslant 3} \left(\frac{-J_l}{p_0^l}\right) \sum_{p=1}^{\frac{1}{2}(l-2+\delta_l)} \left[\sum_{q=1}^{p} (-1)^{(l+2q-\delta_l)/2} \left(\frac{1}{2}\right)^{(2l-2p+2q-1)}\right.$$

$$\times \begin{bmatrix} l \\ p-q \end{bmatrix} \begin{bmatrix} 2l-2p+2q \\ l \end{bmatrix} \begin{bmatrix} l-2p+2q \\ q \end{bmatrix} (\sin i)^{(l-2p+2q-1)} \left. \right] K_3(e) I(\omega) \qquad (4.285)$$

$$\Omega_l^{(1)}(t) = \cos i \sum_{l\geqslant 3} \left(\frac{-J_l}{p_0^l}\right) \sum_{p=1}^{\frac{1}{2}(l-2+\delta_l)} \left[\sum_{q=1}^{p} (-1)^{(l+2q-\delta_l)/2} \left(\frac{1}{2}\right)^{(2l-2p+2q-1)} (l-2p+2q)\right.$$

$$\times \begin{bmatrix} l \\ p-q \end{bmatrix}\begin{bmatrix} 2l-2p+2q \\ l \end{bmatrix}\begin{bmatrix} l-2p+2q \\ q \end{bmatrix}(\sin i)^{(l-2p+2q-2)}\Big]K_3(e)H(\omega) \quad (4.286)$$

$$\omega_l^{(1)}(t)=-\cos i\Omega_l^{(1)}(t)$$
$$+\sum_{l\geqslant 3}\left(\frac{-J_l}{p_0^l}\right)^{\frac{1}{2}(l-2+\delta_1)}\sum_{p=1}^{p}\Big[\sum_{q=1}^{p}(-1)^{(l+2q-\delta_1)/2}\left(\frac{1}{2}\right)^{(2l-2p+2q-1)}$$
$$\times \begin{bmatrix} l \\ p-q \end{bmatrix}\begin{bmatrix} 2l-2p+2q \\ l \end{bmatrix}\begin{bmatrix} l-2p+2q \\ q \end{bmatrix}(\sin i)^{(l-2p+2q)}\Big]$$
$$\times\big[(2l-1)K_3(e)+(1-e^2)K_4(e)\big]H(\omega) \quad (4.287)$$

$$M_l^{(1)}(t)=-\sqrt{1-e^2}\big[\omega_l^{(1)}(t)+\cos i\Omega_l^{(1)}(t)\big]$$
$$+\sqrt{1-e^2}\sum_{l\geqslant 3}\left(\frac{-J_l}{p_0^l}\right)^{\frac{1}{2}(l-2+\delta_1)}\sum_{p=1}^{p}\Big[\sum_{q=1}^{p}(-1)^{(l+2q-\delta_1)/2}\left(\frac{1}{2}\right)^{(2l-2p+2q-1)}2(l+1)$$
$$\times \begin{bmatrix} l \\ p-q \end{bmatrix}\begin{bmatrix} 2l-2p+2q \\ l \end{bmatrix}\begin{bmatrix} l-2p+2q \\ q \end{bmatrix}(\sin i)^{(l-2p+2q)}\Big]K_3(e)H(\omega)$$
$$(4.288)$$

对 Ω,ω,M 还有间接部分,公式如下:

$$\Omega_l^{(1)}(t)=\frac{5\cos}{(2-5\sin^2 i/2)}\sum_{l\geqslant 3}\left(\frac{-J_l}{p_0^l}\right)^{\frac{1}{2}(l-2+\delta_1)}\sum_{p=1}^{p}\Big[\sum_{q=1}^{p}(-1)^{(l+2q-\delta_1)/2}\left(\frac{1}{2}\right)^{(2l-2p+2q-1)}$$
$$\times \begin{bmatrix} l \\ p-q \end{bmatrix}\begin{bmatrix} 2l-2p+2q \\ l \end{bmatrix}\begin{bmatrix} l-2p+2q \\ q \end{bmatrix}(\sin i)^{(l-2p+2q)}\Big]K_3(e)H(\omega) \quad (4.289)$$

$$\omega_l^{(1)}(t)=-\frac{(13-15\sin^2 i)}{(2-5\sin^2 i/2)}\sum_{l\geqslant 3}\left(\frac{-J_l}{p_0^l}\right)^{\frac{1}{2}(l-2+\delta_1)}\sum_{p=1}^{p}\Big[\sum_{q=1}^{p}(-1)^{(l+2q-\delta_1)/2}\left(\frac{1}{2}\right)^{(2l-2p+2q-1)}$$
$$\times \begin{bmatrix} l \\ p-q \end{bmatrix}\begin{bmatrix} 2l-2p+2q \\ l \end{bmatrix}\begin{bmatrix} l-2p+2q \\ q \end{bmatrix}(\sin i)^{(l-2p+2q)}\Big]K_3(e)H(\omega) \quad (4.290)$$

$$M_l^{(1)}(t)=-3\sqrt{1-e^2}\sum_{l\geqslant 3}\left(\frac{-J_l}{p_0^l}\right)^{\frac{1}{2}(l-2+\delta_1)}\sum_{p=1}^{p}\Big[\sum_{q=1}^{p}(-1)^{(l+2q-\delta_1)/2}\left(\frac{1}{2}\right)^{(2l-2p+2q-1)}$$
$$\times \begin{bmatrix} l \\ p-q \end{bmatrix}\begin{bmatrix} 2l-2p+2q \\ l \end{bmatrix}\begin{bmatrix} l-2p+2q \\ q \end{bmatrix}(\sin i)^{(l-2p+2q)}\Big]K_3(e)H(\omega) \quad (4.291)$$

各式中新出现的有关量由下列各式表达:

$$\begin{cases} K_3(e)=\sum_{\alpha(2)=l-2p}^{l-2}\begin{bmatrix} l-1 \\ \alpha \end{bmatrix}\begin{bmatrix} \alpha \\ (\alpha-l+2p)/2 \end{bmatrix}\left(\frac{1}{2}\right)^{\alpha}e^{\alpha} \\ K_4(e)=\sum_{\alpha(2)=l-2p}^{l-2}\begin{bmatrix} l-1 \\ \alpha \end{bmatrix}\begin{bmatrix} \alpha \\ (\alpha-l+2p)/2 \end{bmatrix}\alpha\left(\frac{1}{2}\right)^{\alpha}e^{\alpha-2} \end{cases} \quad (4.292)$$

$$\begin{cases} I(\omega)=\left(\frac{n}{\omega_1}\right)\big[(1-\delta_1)\cos(l-2p)\omega-\delta_1\sin(l-2p)\omega\big] \\ H(\omega)=\left(\frac{n}{\omega_1}\right)\big[(1-\delta_1)\frac{1}{l-2p}\sin(l-2p)\omega-\delta_1\frac{1}{(l-2p)}\cos(l-2p)\omega\big] \end{cases}$$
$$(4.293)$$

139

上述各式中出现的根数除 a,e,i 及 n,p_0 与 σ_2 相同外，ω 亦为平均根数 $\bar\omega(t)$，相应的 ω_1 是其一阶长期项的变率，见(4.117)式。

(3) 短周期项 $\sigma_s^{(2)}(t)$

只需列出 $a_s^{(2)}(t)$ 即可，有

$$a_s^{(2)}(t)=\frac{2}{n^2 a}R_{2s}=2a^2 R_{2s} \tag{4.294}$$

其中 R_{2s} 的具体形式见(4.138)～(4.140)式。

关于 $K_{l+1}(e)$ 和 $K_{l+1}^p(e)$ 的算法，在前面长期项系数 σ_2 和长周期项 $\sigma_l^{(1)}(t)$ 表达中已引入 $K_{l+1}(e)$ 和 $K_{l+1}^p(e)$ 的前提下，同样可以改用下面的表达形式：

$$K_{l+1}(e)=\overline{\left(\frac{a}{r}\right)^{l+1}}=(1-e^2)^{-(l-\frac{1}{2})}K_1(e) \tag{4.295}$$

$$K_{l+1}^p(e)=\overline{\left(\frac{a}{r}\right)^{l+1}\cos(l-2p)f}=\delta_3(1-e^2)^{-(l-\frac{1}{2})}K_3(e) \tag{4.296}$$

δ_3 的定义见前面的(4.269)式。

4.5.3 带谐项 $J_l(l\geqslant3)$ 的第一类无奇点根数摄动解

采用拟平均根数法构造第一类无奇点根数的摄动解，长期项和长周期变化项由 Kepler 根数的相应解按下列表达式构造：

$$\Delta a(t)=0 \tag{4.297}$$

$$\Delta i(t)=\Delta i_l(t) \tag{4.298}$$

$$\Delta\Omega=\Omega_2(t-t_0)+\Delta\Omega_l(t) \tag{4.299}$$

$$\Delta\xi(t)=\cos\omega[\Delta e_l(t)]-\sin\omega[e(\omega_2(t-t_0)+\Delta\omega_l(t))] \tag{4.300}$$

$$\Delta\eta(t)=\sin\omega[\Delta e_l(t)]+\cos\omega[e(\omega_2(t-t_0)+\Delta\omega_l(t))] \tag{4.301}$$

$$\Delta\lambda(t)=[M_2(t-t_0)+\omega_2(t-t_0)]+[\Delta M_l(t)+\Delta\omega_l(t)] \tag{4.302}$$

其中，长期项 $\Delta\sigma(t)$ 部分的 $\Omega_2(t-t_0)$，$\omega_2(t-t_0)$，$M_2(t-t_0)$，即前面的表达式(4.278)～(4.280)，且有

$$
\begin{aligned}
M_2+\omega_2 =&-\cos i\,\Omega_2 \\
&+n\sqrt{1-e^2}\sum_{l(2)\geqslant4}\left(\frac{-J_l}{p_0^l}\right)\sum_{q=0}^{l/2}(-1)^{(l+2q)/2}\left(\frac{1}{2}\right)^{(l+2q)} \\
&\times 2(l+1)\begin{bmatrix}l\\l/2-q\end{bmatrix}\begin{bmatrix}l/2+q\\l\end{bmatrix}\begin{bmatrix}2q\\q\end{bmatrix}(\sin i)^{2q}K_1(e) \\
&+\left(\frac{e^2}{1+\sqrt{1-e^2}}\right)n\sum_{l(2)\geqslant4}\left(\frac{-J_l}{p_0^l}\right)\sum_{q=0}^{l/2}(-1)^{(l+2q)/2}\left(\frac{1}{2}\right)^{(l+2q)} \\
&\times\begin{bmatrix}l\\l/2-q\end{bmatrix}\begin{bmatrix}l/2+q\\l\end{bmatrix}\begin{bmatrix}2q\\q\end{bmatrix}(\sin i)^{2q}[(2l-1)K_1(e)+(1-e^2)K_2(e)]
\end{aligned}
\tag{4.303}
$$

$\Delta\sigma_l(t)=\sigma_l^{(1)}(t)-\sigma_l^{(1)}(t_0)$ 是长周期变化项的直接部分,相应的 $\sigma_l^{(1)}(t)$ 的表达式就是前面的 (4.283)~(4.288)式。且有

$$M_l^{(1)}+\omega_l^{(1)}(t)=-\cos i \cdot \Omega_l^{(1)}(t)$$

$$+\sqrt{1-e^2}\sum_{l\geqslant 3}\left(\frac{-J_l}{p_0^l}\right)^{\frac{1}{2}(l-2+\delta_1)}\sum_{p=1}\left[\sum_{q=1}^p(-1)^{(l+2q-\delta_1)/2}\left(\frac{1}{2}\right)^{(2l-2p+2q-1)}2(l+1)\right.$$

$$\times\begin{bmatrix}l\\p-q\end{bmatrix}\begin{bmatrix}2l-2p+q\\l\end{bmatrix}\begin{bmatrix}l-2p+2q\\q\end{bmatrix}(\sin i)^{(l-2p+2q)}\Bigg]K_3(e)H(\omega)$$

$$+\left(\frac{e^2}{1+\sqrt{1-e^2}}\right)\sum_{l\geqslant 3}\left(\frac{-J_l}{p_0^l}\right)^{\frac{1}{2}(l-2+\delta_1)}\sum_{p=1}\left[\sum_{q=1}^p(-1)^{(l+2q-\delta_1)/2}\left(\frac{1}{2}\right)^{(2l-2p+2q-1)}\right.$$

$$\times\begin{bmatrix}l\\p-q\end{bmatrix}\begin{bmatrix}2l-2p+q\\l\end{bmatrix}\begin{bmatrix}l-2p+2q\\q\end{bmatrix}(\sin i)^{(l-2p+2q)}\Bigg]$$

$$\times\left[(2l-1)K_3(e)+(1-e^2)K_4(e)\right]H(\omega)\qquad(4.304)$$

计算中考虑到临界倾角引起的通约小分母问题,相应的 $I(\omega)$ 和 $H(\omega)$ 有两种算法:

$$I(\omega)=\left(\frac{n}{\omega_1}\right)\left[(1-\delta_1)\cos(l-2p)\omega-\delta_1\sin(l-2p)\omega\right]_{t_0}^t\qquad(4.305)$$

$$=-\left[(1-\delta_1)\sin(l-2p)\omega+\delta_1\cos(l-2p)\omega\right](l-2p)n(t-t_0)$$

$$H(\omega)=\left(\frac{n}{\omega_1}\right)\left[(1-\delta_1)\frac{1}{l-2p}\sin(l-2p)\omega-\delta_1\frac{1}{(l-2p)}\cos(l-2p)\omega\right]_{t_0}^t\qquad(4.306)$$

$$=\left[(1-\delta_1)\cos(l-2p)\omega+\delta_1\sin(l-2p)\omega\right]n(t-t_0)$$

$I(\omega)$ 和 $H(\omega)$ 的后一种算法对应临界倾角情况,而前一种算法则对应非临界倾角情况。

短周期项同样只需给出 $a_s^{(2)}(t)$,表达形式同前,见(4.294)式。

4.5.4　带谐项 $J_l(l\geqslant 3)$ 的第二类无奇点根数摄动解

与第一类无奇点根数摄动解的构造方法类似,长期项和长周期变化项由 Kepler 根数的相应解按下列表达式构造:

$$\Delta a(t)=0\qquad(4.307)$$

$$\Delta\xi(t)=\cos\widetilde{\omega}\left[\Delta e_l(t)\right]\qquad(4.308)$$

$$-e\sin\widetilde{\omega}\left[e(\omega_2(t-t_0)+\Delta\omega_l(t))+e(\Omega_2(t-t_0)+\Delta\Omega_l(t))\right]$$

$$\Delta\eta(t)=\sin\widetilde{\omega}\left[\Delta e_l(t)\right]\qquad(4.309)$$

$$+e\cos\widetilde{\omega}\left[e(\omega_2(t-t_0)+\Delta\omega_l(t))+e(\Omega_2(t-t_0)+\Delta\Omega_l(t))\right]$$

$$\Delta h(t)=\frac{1}{2}\left(\cos\frac{i}{2}\cos\Omega\right)\left[\Delta i_l(t)\right]-\left(\sin\frac{i}{2}\sin\Omega\right)\left[\Omega_2(t-t_0)+\Delta\Omega_l(t)\right]\qquad(4.310)$$

$$\Delta k(t)=\frac{1}{2}\left(\cos\frac{i}{2}\sin\Omega\right)\left[\Delta i_l(t)\right]+\left(\sin\frac{i}{2}\cos\Omega\right)\left[\Omega_2(t-t_0)+\Delta\Omega_l(t)\right]\qquad(4.311)$$

$$\Delta\lambda(t) = \left[M_2(t-t_0) + \omega_2(t-t_0) + \Omega_2(t-t_0)\right] + \left[\Delta M_l(t) + \Delta\omega_l(t) + \Delta\Omega_l(t)\right]$$

$$\tag{4.312}$$

其中，$\Omega_2(t-t_0)$，$\omega_2(t-t_0)$，$M_2(t-t_0)$ 的表达式即 (4.278)～(4.280) 式，且有

$$M_2 + \omega_2 + \Omega_2 = \frac{\sin^2 i}{1+\cos i} \cdot \Omega_2 + n\sqrt{1-e^2} \sum_{l(2)\geqslant 4} \left(\frac{-J_l}{p_0^l}\right) \sum_{q=0}^{l/2} (-1)^{(l+2q)/2} \left(\frac{1}{2}\right)^{(l+2q)} 2(l+1)$$

$$\times \begin{bmatrix} l \\ l/2-q \end{bmatrix} \begin{bmatrix} l/2+q \\ l \end{bmatrix} \begin{bmatrix} 2q \\ q \end{bmatrix} (\sin i)^{2q} K_1(e)$$

$$+ \left(\frac{e^2}{1+\sqrt{1-e^2}}\right) n \sum_{l(2)\geqslant 4} \left(\frac{-J_l}{p_0^l}\right) \sum_{q=0}^{l/2} (-1)^{(l+2q)/2} \left(\frac{1}{2}\right)^{(l+2q)}$$

$$\times \begin{bmatrix} l \\ l/2-q \end{bmatrix} \begin{bmatrix} l/2+q \\ l \end{bmatrix} \begin{bmatrix} 2q \\ q \end{bmatrix} (\sin i)^{2q} \left[(2l-1)K_1(e) + (1-e^2)K_2(e)\right]$$

$$\tag{4.313}$$

同样，$\Delta\sigma_l(t) = \sigma_l^{(1)}(t) - \sigma_l^{(1)}(t_0)$ 是长周期变化项的直接部分，即 $\sigma_l^{(1)}(t)$ 的表达式就是前面的 (4.283)～(4.288) 式，且有

$$M_l^{(1)} + \omega_l^{(1)} + \Omega_l^{(1)} = \frac{\sin^2 i}{1+\cos i} \cdot \Omega_l^{(1)}(t)$$

$$+ \sqrt{1-e^2} \sum_{l\geqslant 3} \left(\frac{-J_l}{p_0^l}\right) \sum_{p=1}^{\frac{1}{2}(l-2+\delta_1)} \left[\sum_{q=1}^{p} (-1)^{(l+2q-\delta_1)/2} \left(\frac{1}{2}\right)^{(2l-2p+2q-1)} 2(l+1)\right.$$

$$\times \begin{bmatrix} l \\ p-q \end{bmatrix} \begin{bmatrix} 2l-2p+2q \\ l \end{bmatrix} \begin{bmatrix} l-2p+2q \\ q \end{bmatrix} (\sin i)^{(l-2p+2q)} \bigg] K_3(e) H(\omega)$$

$$+ \left(\frac{e^2}{1+\sqrt{1-e^2}}\right) \sum_{l\geqslant 3} \left(\frac{-J_l}{p_0^l}\right) \sum_{p=1}^{\frac{1}{2}(l-2+\delta_1)} \left[\sum_{q=1}^{p} (-1)^{(l+2q-\delta_1)/2} \left(\frac{1}{2}\right)^{(2l-2p+2q-1)}\right.$$

$$\times \begin{bmatrix} l \\ p-q \end{bmatrix} \begin{bmatrix} 2l-2p+2q \\ l \end{bmatrix} \begin{bmatrix} l-2p+2q \\ q \end{bmatrix} (\sin i)^{(l-2p+2q)} \bigg]$$

$$\times \left[(2l-1)K_3(e) + (1-e^2)K_4(e)\right] H(\omega) \tag{4.314}$$

在计算中考虑到临界倾角引起的通约小分母问题，相应的 $I(\omega)$ 和 $H(\omega)$ 同样有两种算法，即表达式 (5.315) 和 (5.316)，再次列出如下：

$$I(\omega) = \left(\frac{n}{\omega_1}\right) \left[(1-\delta_1)\cos(l-2p)\omega - \delta_1\sin(l-2p)\omega\right]_{t_0}^{t}$$

$$\tag{4.315}$$

$$= -\left[(1-\delta_1)\sin(l-2p)\omega + \delta_1\cos(l-2p)\omega\right](l-2p)n(t-t_0)$$

$$H(\omega) = \left(\frac{n}{\omega_1}\right) \left[(1-\delta_1)\frac{1}{l-2p}\sin(l-2p)\omega - \delta_1\frac{1}{(l-2p)}\cos(l-2p)\omega\right]_{t_0}^{t}$$

$$\tag{4.316}$$

$$= \left[(1-\delta_1)\cos(l-2p)\omega + \delta_1\sin(l-2p)\omega\right]n(t-t_0)$$

$I(\omega)$ 和 $H(\omega)$ 的后一种算法对应临界倾角情况，而前一种算法则对应非临界倾角情况。

短周期项同样只需给出 $a_s^{(2)}(t)$，表达形式同前，见 (4.294) 式。

4.5.5 主要带谐项(J_3，J_4)摄动解的 Kepler 根数形式

4.5.5.1 主要带谐项对应的摄动函数

对于低轨卫星，就地球非球形引力摄动影响而言，动力学扁率 J_2 项和 J_3，J_4 项即为非球形引力位中的主项，在某些航天任务中，往往就以此三项摄动影响作为地球非球形引力位中带谐项摄动影响的全貌，这一节就给出该摄动解的具体表达形式。

J_2，J_3，J_4 三项的摄动函数如下：

$$R = -\frac{J_2}{r^3}P_2(\sin\varphi) - \frac{J_3}{r^4}P_3(\sin\varphi) - \frac{J_4}{r^5}P_4(\sin\varphi)$$

$$= -\frac{J_2}{r^3}\left(\frac{3}{2}\sin^2\varphi - \frac{1}{2}\right) - \frac{J_3}{r^4}\left(\frac{5}{2}\sin^3\varphi - \frac{3}{2}\sin\varphi\right) - \frac{J_4}{r^5}\left(\frac{35}{8}\sin^4\varphi - \frac{15}{4}\sin^2\varphi + \frac{3}{8}\right)$$

利用关系式 $\sin\varphi = \sin i\sin(f+\omega)$，可将摄动函数 R 表示成卫星轨道根数的形式，即

$$
\begin{aligned}
R = &\frac{3J_2}{2a^3}\left(\frac{a}{r}\right)^3\left[\frac{1}{3}\left(1-\frac{3}{2}\sin^2 i\right) + \frac{1}{2}\sin^2 i\cos 2(f+\omega)\right] \\
&+ \frac{J_3}{a^4}\left(\frac{a}{r}\right)^4\sin i\left[\frac{3}{4}\left(2-\frac{5}{2}\sin^2 i\right)\sin(f+\omega) + \frac{5}{8}\sin^2 i\sin 3(f+\omega)\right] \\
&- \frac{35J_4}{8a^5}\left(\frac{a}{r}\right)^5\left[\left(\frac{3}{35}-\frac{3}{7}\sin^2 i + \frac{3}{8}\sin^4 i\right)\right. \\
&\left. + \left(\frac{3}{7}-\frac{1}{2}\sin^2 i\right)\sin^2 i\cos 2(f+\omega) + \frac{1}{8}\sin^4 i\cos 4(f+\omega)\right]
\end{aligned}
\tag{4.317}
$$

J_2 项作为摄动量中的一阶小量，那么 J_3，J_4 项即为摄动量的二阶小量，于是摄动函数 R 的表达式(4.317)可以进一步写成下列形式：

$$R = R_1(J_2) + R_2(J_3,J_4)$$

若分解成长期、长周期和短周期三个部分：R_{1c}，R_{2c}，R_{1l}，R_{2l} 和 R_{1s}，R_{2s}，则 J_3，J_4 项对应 $R_2(J_3,J_4)$ 部分的表达形式如下：

$$R_{2c} = -\frac{35J_4}{8a^3}\left(\frac{3}{35}-\frac{3}{7}\sin^2 i + \frac{3}{8}\sin^4 i\right)\left(1+\frac{3}{2}e^2\right)(1-e^2)^{-7/2} \tag{4.318}$$

$$
\begin{aligned}
R_{2l} = &\frac{3J_3}{4a^4}\sin i\left(2-\frac{5}{2}\sin^2 i\right)(1-e^2)^{-5/2}e\sin\omega \\
&- \frac{35J_4}{8a^5}\sin^2 i\left(\frac{9}{28}-\frac{3}{8}\sin^2 i\right)(1-e^2)^{-7/2}e^2\cos 2\omega
\end{aligned}
\tag{4.319}
$$

$$
\begin{aligned}
R_{2s} = &\frac{J_3}{a^4}\left\{\frac{3}{4}\sin i\left(2-\frac{5}{2}\sin^2 i\right)\left[\left(\frac{a}{r}\right)^4\sin(f+\omega) - (1-e^2)^{-5/2}e\sin\omega\right]\right. \\
&\left. + \frac{5}{8}\sin^3 i\left(\frac{a}{r}\right)^4\sin 3(f+\omega)\right\} \\
&- \frac{35J_4}{8a^5}\left\{\left(\frac{3}{35}-\frac{3}{7}\sin^2 i + \frac{3}{8}\sin^4 i\right)\left[\left(\frac{a}{r}\right)^5 - \left(1+\frac{3}{2}e^2\right)(1-e^2)^{-7/2}\right]\right. \\
&\left. + \sin^2 i\left(\frac{3}{7}-\frac{1}{2}\sin^2 i\right)\left[\left(\frac{a}{r}\right)^5\cos 2(f+\omega) - \frac{3}{4}(1-e^2)^{-7/2}e^2\cos 2\omega\right]\right. \\
&\left. + \frac{1}{8}\sin^4 i\left(\frac{a}{r}\right)^5\cos 4(f+\omega)\right\}
\end{aligned}
\tag{4.320}
$$

4.5.5.2 主要带谐项对应的摄动运动方程

仍记六个轨道根数（6维矢量）为 σ，即

$$\sigma=(a,e,i,\Omega,\omega,M)^{\mathrm{T}}$$

相应的摄动运动对应的初值问题为

$$\begin{cases} \dfrac{\mathrm{d}\sigma}{\mathrm{d}t}=f_0(a)+f_1(\sigma,t,J_2)+f_2(\sigma,t,J_3,J_4) \\ \sigma(t_0)=\sigma_0 \end{cases} \tag{4.321}$$

其中 $f_0=(0,0,0,0,0,n)^{\mathrm{T}}$

采用无量纲归一化计算单位，摄动运动方程式（5.331）的右函数 $f_2(\sigma,t,J_3,J_4)$ 可以写成下列形式：

$$\begin{cases} f_{2c}=(0,0,0,(f_{2c})_\Omega,(f_{2c})_\omega,(f_{2c})_M)^{\mathrm{T}} \\ f_{2l}=(0,(f_{1c})_e,(f_{1c})_i,(f_{1c})_\Omega,(f_{1c})_\omega,(f_{1c})_M)^{\mathrm{T}} \\ f_{2s}=((f_{2s})_a,(f_{2s})_e,(f_{2s})_i,(f_{2s})_\Omega,(f_{2s})_\omega,(f_{2s})_M)^{\mathrm{T}} \end{cases} \tag{4.322}$$

$$(f_{2c})_\Omega=\frac{35J_4}{8p^4}n\cos i\left[\left(\frac{6}{7}+\frac{9}{7}e^2\right)-\sin^2 i\left(\frac{3}{2}+\frac{9}{4}e^2\right)\right] \tag{4.323}$$

$$(f_{2c})_\omega=-\frac{35J_4}{8p^4}n\left[\left(\frac{12}{7}+\frac{27}{14}e^2\right)-\sin^2 i\left(\frac{93}{14}+\frac{27}{4}e^2\right)+\sin^4 i\left(\frac{21}{4}+\frac{81}{16}e^2\right)\right] \tag{4.324}$$

$$(f_{2c})_M=-\frac{35J_4}{8p^4}n\sqrt{1-e^2}\left[e^2\left(\frac{9}{14}-\frac{45}{14}\sin^2 i+\frac{45}{16}\sin^4 i\right)\right] \tag{4.325}$$

$$\begin{aligned} (f_{2l})_e &=-\frac{1-e^2}{e}\tan i\,(f_{2l})_i \\ &=-\frac{J_3}{p^3}n\left[\sin i\left(\frac{3}{2}-\frac{15}{8}\sin^2 i\right)\right](1-e^2)\cos\omega \\ &\quad -\frac{35J_4}{8p^4}n\left[\sin^2 i\left(\frac{9}{14}-\frac{3}{4}\sin^2 i\right)\right](1-e^2)e\sin 2\omega \end{aligned} \tag{4.326}$$

$$\begin{aligned} (f_{2l})_i &=\frac{J_3}{p^3}n\cos i\left[\left(\frac{3}{2}-\frac{15}{8}\sin^2 i\right)e\cos\omega\right] \\ &\quad +\frac{35J_4}{8p^4}n\cos i\left[\sin i\left(\frac{9}{14}-\frac{3}{4}\sin^2 i\right)\right]e^2\sin 2\omega \end{aligned} \tag{4.327}$$

$$\begin{aligned} (f_{2l})_\Omega &=\frac{J_3}{p^3}n\cos i\left[\frac{1}{\sin i}\left(\frac{3}{2}-\frac{45}{8}\sin^2 i\right)\right]e\sin\omega \\ &\quad -\frac{35J_4}{8p^4}n\cos i\left[\left(\frac{9}{14}-\frac{3}{2}\sin^2 i\right)\right]e^2\cos 2\omega \end{aligned} \tag{4.328}$$

$$\begin{aligned} (f_{2l})_\omega &=\frac{J_3}{p^3}n\frac{1}{e\sin i}\left[\frac{3}{4}\sin^2 i\left(2-\frac{5}{2}\sin^2 i\right)-\frac{3}{8}e^2(4-35\sin^2 i+35\sin^4 i)\right]\sin\omega \\ &\quad -\frac{35J_4}{8p^4}n\left[\sin^2 i\left(\frac{9}{14}-\frac{3}{4}\sin^2 i\right)-e^2\left(\frac{9}{14}-\frac{15}{4}\sin^2 i+\frac{27}{8}\sin^2 i\right)\right]\cos 2\omega \end{aligned} \tag{4.329}$$

$$(f_{2l})_M = -\frac{J_3}{p^3} n \frac{\sqrt{1-e^2}}{e\sin i}\left[\frac{3}{4}\sin^2 i\left(2-\frac{5}{2}\sin^2 i\right)(1-4e^2)\right]\sin\omega \tag{4.330}$$

$$+\frac{35 J_4}{8 p^4} n \sqrt{1-e^2}\left[\sin^2 i\left(\frac{9}{14}-\frac{3}{4}\sin^2 i\right)\left(1-\frac{5}{2}e^2\right)\right]\cos 2\omega$$

上述各式中的 p 是椭圆轨道的半长径,有 $p=a(1-e^2)$。

通常,无论是对卫星轨道的变化作定性分析,还是采用摄动分析解定量计算卫星的轨道变化,除轨道半长径 a 以外,都无需提供另五个根数的二阶短周期项,故这里也不具体列出 $f_{2s}(\sigma,t,J_3,J_4)$,至于轨道半长径 a 所需要的二阶短周期项 $a_s^{(2)}(t)$,见后面的(4.350)式。

4.5.5.3 J_2,J_3,J_4 三项摄动的一阶解

采用拟平均根数法构造摄动解,其形式如下:

$$\sigma(t)=\bar{\sigma}(t)+\sigma_s^{(1)} \tag{4.331}$$

$$\bar{\sigma}(t)=\bar{\sigma}^{(0)}(t)+\sigma_1(t-t_0)+\sigma_2(t-t_0)+\Delta\sigma_l^{(1)}(t) \tag{4.332}$$

$$\begin{cases}\bar{\sigma}^{(0)}(t)=\bar{\sigma}_0+\delta\bar{n}(t-t_0) \\ \bar{\sigma}_0=\bar{\sigma}(t_0)=\sigma_0-[\sigma_s^{(1)}(t_0)+\sigma_s^{(2)}(t_0)]\end{cases} \tag{4.333}$$

其中 $\sigma_s^{(2)}(t_0)$ 只涉及轨道半长径 $\bar{a}_0$ 的相应部分 $a_s^{(2)}(t_0)$。J_3,J_4 项及其与 J_2 项的联合项部分列出如下:

(1) $\sigma_2(\sigma,t,J_4)$

J_3 项无直接的长期摄动效应,J_4 项的长期摄动效应如下:

$$a_2=0,\quad e_2=0,\quad i_2=0 \tag{4.334}$$

$$\Omega_2=-\left(\frac{35}{8}\right)\frac{(-J_4)}{p^4}n\cos i\left[\left(\frac{6}{7}+\frac{9}{7}e^2\right)-\sin^2 i\left(\frac{3}{2}+\frac{9}{4}e^2\right)\right] \tag{4.335}$$

$$\omega_2=\left(\frac{35}{8}\right)\frac{(-J_4)}{p^4}n\left\{\left(\frac{12}{7}+\frac{27}{14}e^2\right)-\sin^2 i\left(\frac{93}{14}+\frac{27}{4}e^2\right)+\sin^4 i\left(\frac{21}{4}+\frac{81}{16}e^2\right)\right\} \tag{4.336}$$

$$M_2=\left(\frac{35}{8}\right)\frac{(-J_4)}{p^4}ne^2\sqrt{1-e^2}\left\{\frac{9}{14}-\frac{45}{14}\sin^2 i+\frac{45}{16}\sin^4 i\right\} \tag{4.337}$$

(2) $\sigma_l^{(1)}(\sigma,t,J_3,J_4)$

J_3 部分

$$a_l^{(1)}(t)=0 \tag{4.338}$$

$$e_l^{(1)}(t)=\frac{3}{4}\left(\frac{-J_3}{p^3}\right)\sin i\left(2-\frac{5}{2}\sin^2 i\right)\left(\frac{n}{\omega_1}\right)(1-e^2)\sin\omega \tag{4.339}$$

$$i_l^{(1)}(t)=-\frac{3}{4}\left(\frac{-J_3}{p^3}\right)\cos i\left(2-\frac{5}{2}\sin^2 i\right)\left(\frac{n}{\omega_1}\right)e\sin\omega \tag{4.340}$$

$$\Omega_l^{(1)}(t)=\frac{3}{4}\left(\frac{-J_3}{p^3}\right)\frac{\cos i}{\sin i}\left(2-\frac{15}{2}\sin^2 i\right)\left(\frac{n}{\omega_1}\right)e\cos\omega \tag{4.341}$$

$$\omega_l^{(1)}(t)=\frac{3}{4}\left(-\frac{J_3}{p^3}\right)\frac{1}{\sin i}$$

$$\times\left[\sin^2 i\left(2-\frac{5}{2}\sin^2 i\right)-\frac{1}{2}e^2(4-35\sin^2 i+35\sin^4 i)\right]\left(\frac{n}{\omega_1}\right)\frac{1}{e}\cos\omega \tag{4.342}$$

$$M_l^{(1)}(t) = \frac{3}{4}\left(\frac{J_3}{p^3}\right)\sqrt{1-e^2}\sin i\left[\left(2-\frac{5}{2}\sin^2 i\right)(1-4e^2)\right]\left(\frac{n}{\omega_1}\right)\frac{1}{e}\cos\omega \tag{4.343}$$

J_4 部分

$$a_l^{(1)}(t) = 0 \tag{4.344}$$

$$e_l^{(1)}(t) = -\frac{35}{4}\left(\frac{-J_4}{p^4}\right)\sin^2 i\left(\frac{9}{14}-\frac{3}{4}\sin^2 i\right)\left(\frac{n}{2\omega_1}\right)e(1-e^2)\cos 2\omega \tag{4.345}$$

$$i_l^{(1)}(t) = \frac{35}{8}\left(\frac{-J_4}{p^4}\right)\cos i\left[\sin i\left(\frac{9}{14}-\frac{3}{4}\sin^2 i\right)\right]\left(\frac{n}{2\omega_1}\right)e^2\cos 2\omega \tag{4.346}$$

$$\Omega_l^{(1)}(t) = \frac{35}{8}\left(\frac{-J_4}{p^4}\right)\cos i\left(\frac{9}{14}-\frac{3}{2}\sin^2 i\right)\left(\frac{n}{2\omega_1}\right)e^2\sin 2\omega \tag{4.347}$$

$$\omega_l^{(1)}(t) = -\frac{35J_4}{16p^4}$$
$$\times\left[\sin^2 i\left(\frac{9}{14}-\frac{3}{4}\sin^2 i\right)-e^2\left(\frac{9}{14}-\frac{15}{4}\sin^2 i+\frac{27}{8}\sin^2 i\right)\right]\left(\frac{n}{2\omega_1}\right)\sin 2\omega \tag{4.348}$$

$$M_l^{(1)}(t) = \frac{35}{16}\left(\frac{J_4}{p^4}\right)\sqrt{1-e^2}\left[\sin^2 i\left(\frac{9}{14}-\frac{3}{4}\sin^2 i\right)\left(1-\frac{5}{2}e^2\right)\right]\left(\frac{n}{2\omega_1}\right)\sin 2\omega \tag{4.349}$$

上述各摄动项表达式右端出现的 a,e,i 和 n,p，均为拟平均根数，这在前面已有过说明，即

$$\begin{cases}\bar{a}=\bar{a}_0, & \bar{e}=\bar{e}_0, & \bar{i}=\bar{i}_0 \\ \bar{p}=\bar{p}_0=\bar{a}_0(1-\bar{e}_0^2), & \bar{n}_0=\bar{a}_0^{-3/2}\end{cases}$$

而 ω_1 即 ω 的一阶长期项变率，见表达式(4.66)。

(3) $a_s^{(2)}(\sigma,t,J_3,J_4)$

关于半长径 a 的二阶短周期项 $a_s^{(2)}(t)$，对于 J_2^2 部分，不再重复，见表达式(4.138)，或(5.150)。而对于 J_3,J_4 项，相应的二阶短周期项如下：

$$a_s^{(2)}(t,J_3,J_4) = \int^t (f_{2s})_a \mathrm{d}t = \int^t \frac{2}{n^2 a}\frac{\partial R_{2s}}{\partial M}\mathrm{d}M = \frac{2}{n^2 a}R_{2s}(J_3,J_4) \tag{4.350}$$

该式中的 $R_{2s}(J_3,J_4)$ 即由前面的表达式(4.320)给出。

4.5.5.4 主要带谐项 (J_3,J_4) 摄动解的无奇点形式

(1) 第一类无奇点根数形式的摄动解

1) 利用 Kepler 根数解的表达式

与 J_2 项摄动解的处理方法一致，长期项(包括长周期项)可由下列各表达式构成：

$$\Delta a(t) = 0 \tag{4.351}$$

$$\Delta i(t) = \Delta i_l(t) \tag{4.352}$$

$$\Delta\Omega(t) = \Delta\Omega_c(t) + \Delta\Omega_l(t) \tag{4.353}$$

$$\Delta\xi(t) = \cos\omega[\Delta e(t)] - \sin\omega[e\Delta\omega(t)] \tag{4.354}$$

$$\Delta\eta(t) = \sin\omega[\Delta e(t)] + \cos\omega[e\Delta\omega(t)] \tag{4.355}$$

$$\Delta\lambda(t)=\bar{n}(t-t_0)+[\Delta M(t)+\Delta\omega(t)] \tag{4.356}$$

其中 $\bar{n}=\bar{a}^{-3/2}=\bar{a}_0^{-3/2}$，$\Delta\sigma(t)$ 包括长期项和长周期变化项。

短周期项只需要给出轨道半长径的二阶项即可，见前面的表达式(4.350)。

2) $\Delta\sigma(t)$ 中的长周期变化部分 $\Delta\sigma_l^{(1)}(t)=\sigma_l^{(1)}(t)-\sigma_l^{(1)}(t_0)$ 的表达形式

$$\Delta a_l^{(1)}(t)=0 \tag{4.357}$$

$$e_l^{(1)}(t)=\frac{3}{4}\left(\frac{-J_3}{p^3}\right)\sin i\left(2-\frac{5}{2}\sin^2 i\right)\left(\frac{n}{\omega_1}\right)(1-e^2)\sin\omega$$
$$-\frac{35}{8}\left(\frac{-J_4}{p^4}\right)\sin^2 i\left(\frac{9}{14}-\frac{3}{4}\sin^2 i\right)\left(\frac{n}{2\omega_1}\right)e(1-e^2)\cos 2\omega \tag{4.358}$$

$$i_l^{(1)}(t)=-\frac{3}{4}\left(\frac{-J_3}{p^3}\right)\cos i\left(2-\frac{5}{2}\sin^2 i\right)\left(\frac{n}{\omega_1}\right)e\sin\omega$$
$$+\frac{35}{8}\left(\frac{-J_4}{p^4}\right)\cos i\left[\sin i\left(\frac{9}{14}-\frac{3}{4}\sin^2 i\right)\right]\left(\frac{n}{2\omega_1}\right)e^2\cos 2\omega \tag{4.359}$$

$$\Omega_l^{(1)}(t)-\frac{3}{4}\left(\frac{-J_3}{p^3}\right)\frac{\cos i}{\sin i}\left(2-\frac{15}{2}\sin^2 i\right)\left(\frac{n}{\omega_1}\right)e\cos\omega$$
$$+\frac{35}{8}\left(\frac{-J_4}{p^4}\right)\left(\frac{9}{14}-\frac{3}{2}\sin^2 i\right)\left(\frac{n}{2\omega_1}\right)e^2\sin 2\omega \tag{4.360}$$

$$\omega_l^{(1)}(t)=\frac{3}{4}\left(-\frac{J_3}{p^3}\right)\frac{1}{\sin i}\left[\sin^2 i\left(2-\frac{5}{2}\sin^2 i\right)-e^2\left(2-\frac{35}{2}\sin^2 i+\frac{35}{2}\sin^4 i\right)\right]\left(\frac{n}{\omega_1}\right)\frac{1}{e}\cos\omega$$
$$-\frac{35}{16}\left(\frac{J_4}{p^4}\right)\left[\sin^2 i\left(\frac{9}{14}-\frac{3}{4}\sin^2 i\right)-e^2\left(\frac{9}{14}-\frac{15}{4}\sin^2 i+\frac{27}{8}\sin^2 i\right)\right]\left(\frac{n}{2\omega_1}\right)\sin 2\omega \tag{4.361}$$

$$M_l^{(1)}(t)=\frac{3}{4}\left(\frac{J_3}{p^3}\right)\sqrt{1-e^2}\sin i\left[\left(2-\frac{5}{2}\sin^2 i\right)(1-4e^2)\right]\left(\frac{n}{\omega_1}\right)\frac{1}{e}\cos\omega$$
$$+\frac{35}{16}\left(\frac{J_4}{p^4}\right)\sqrt{1-e^2}\left[\sin^2 i\left(\frac{9}{14}-\frac{3}{4}\sin^2 i\right)\left(1-\frac{5}{2}e^2\right)\right]\left(\frac{n}{2\omega_1}\right)\sin 2\omega \tag{4.362}$$

上述组合而成的无奇点摄动解，不再出现 $(1/e)$ 型的因子，但长期项中包含的长周期项 $\Delta\sigma_l^{(1)}(t)$ 与 J_2 项摄动解的处理一致，为了消除小分母问题，同样有两种计算方法，见下一小段。

3) 长周期变化部分 $\Delta\sigma_l^{(1)}(t)=\sigma_l^{(1)}(t)-\sigma_l^{(1)}(t_0)$ 的计算形式

$$\Delta a_l^{(1)}(t)=0 \tag{4.363}$$

$$\Delta e_l^{(1)}(t)=\frac{1}{2p}\left(\frac{J_3}{J_2}\right)\sin i\left(2-\frac{5}{2}\sin^2 i\right)(1-e^2)G_{1c}$$
$$+\frac{35}{8p^2}\left(\frac{J_4}{J_2}\right)\sin^2 i\left(\frac{3}{7}-\frac{1}{2}\sin^2 i\right)e(1-e^2)G_{2s} \tag{4.364}$$

$$\Delta i_l^{(1)}(t)=-\frac{1}{2p}\left(\frac{J_3}{J_2}\right)\cos i\left(2-\frac{5}{2}\sin^2 i\right)eG_{1c}$$
$$-\frac{35}{8p^2}\left(\frac{J_4}{J_2}\right)\cos i\left[\sin i\left(\frac{3}{7}-\frac{1}{2}\sin^2 i\right)\right]e^2 G_{2s} \tag{4.365}$$

$$\Delta\Omega_l^{(1)}(t)=-\frac{1}{p}\left(\frac{J_3}{J_2}\right)\frac{\cos i}{\sin i}\left(1-\frac{15}{4}\sin^2 i\right)eG_{1s}$$

$$+\frac{35}{8p^2}\left(\frac{J_4}{J_2}\right)\left(\frac{3}{7}-\sin^2 i\right)e^2 G_{2c} \tag{4.366}$$

$$e\Delta\omega_l^{(1)}(t)=-\frac{1}{2p}\left(\frac{J_3}{J_2}\right)\frac{1}{\sin i}\left[\sin^2 i\left(2-\frac{5}{2}\sin^2 i\right)-\frac{1}{2}e^2(4-35\sin^2 i+35\sin^4 i)\right]G_{1s}$$

$$+\frac{35}{16p^2}\left(\frac{J_4}{J_2}\right)\left[\sin^2 i\left(\frac{3}{7}-\frac{1}{2}\sin^2 i\right)-e^2\left(\frac{3}{7}-\frac{5}{2}\sin^2 i+\frac{9}{4}\sin^4 i\right)\right]eG_{2c} \tag{4.367}$$

$$\Delta M_l^{(1)}(t)+\omega_l^{(1)}(t)$$

$$=\frac{1}{2p}\left(\frac{J_3}{J_2}\right)\frac{1}{\sin i}\left[\left(2-\frac{35}{2}\sin^2 i+\frac{35}{2}\sin^4 i\right)-\sin^2 i\left(2-\frac{5}{2}\sin^2 i\right)(F_1(e)+4\sqrt{1-e^2})\right]eG_{1s}$$

$$+\frac{35}{16p^2}\left(\frac{J_4}{J_2}\right)\left[\sin^2 i\left(\frac{3}{7}-\frac{1}{2}\sin^2 i\right)\left(F_1(e)+\frac{5}{2}\sqrt{1-e^2}\right)-\left(\frac{3}{7}-\frac{5}{2}\sin^2 i+\frac{9}{4}\sin^4 i\right)\right]e^2 G_{2c} \tag{4.368}$$

上述各式中的 $a,e,i,n,p=a(1-e^2)$，与 J_2 项摄动解中的处理一致，均为拟平均根数 $\bar{a}_0,\bar{e}_0,\bar{i}_0,\bar{n}_0=\sqrt{\mu}\bar{a}_0^{(-3/2)},\bar{p}_0=\bar{a}_0(1-\bar{e}_0^2)$。$F_1(e)$ 的表达式在本章第 4.2.2 小节中已出现过，见(4.144)式，即

$$F_1(e)=\frac{1}{(1+\sqrt{1-e^2})}$$

而 $G1s,G1c,G2s,G2c$ 的表达形式如下：

$$\begin{cases} G1s=\dfrac{(\cos\bar{\omega}-\cos\bar{\omega}_0)}{\left(2-\frac{5}{2}\sin^2 i\right)}\rightarrow-\sin\bar{\omega}_0\left(\dfrac{3J_2}{2p^2}\right)n(t-t_0) \\[4mm] G1c=\dfrac{-(\sin\bar{\omega}-\sin\bar{\omega}_0)}{\left(2-\frac{5}{2}\sin^2 i\right)}\rightarrow-\cos\bar{\omega}_0\left(\dfrac{3J_2}{2p^2}\right)n(t-t_0) \end{cases} \tag{4.369}$$

$$\begin{cases} G2s=\dfrac{(\cos 2\bar{\omega}-\cos 2\bar{\omega}_0)}{2\left(2-\frac{5}{2}\sin^2 i\right)}\rightarrow-\sin 2\bar{\omega}_0\left(\dfrac{3J_2}{2p^2}\right)n(t-t_0) \\[4mm] G2c=\dfrac{-(\sin 2\bar{\omega}-\sin 2\bar{\omega}_0)}{2\left(2-\frac{5}{2}\sin^2 i\right)}\rightarrow-\cos 2\bar{\omega}_0\left(\dfrac{3J_2}{2p^2}\right)n(t-t_0) \end{cases} \tag{4.370}$$

其中 $\bar{\omega}_0$ 为 t_0 时刻近地点幅角的拟平均根数 $\bar{\omega}_0(t_0)$，该两式表明长周期变化项 $\Delta\sigma_l^{(1)}(t)$ 可有两种算法：当卫星倾角 i 接近临界倾角 $i_c=63.4°$ 时，就按表达式的右端计算，否则即按表达式的左端计算，这就避免了由其引起的通约小分母问题。

(2) 第 2 类无奇点根数形式的摄动解

对于高轨卫星，会同时出现小 e，小 i 的状态，但此时二阶带谐项已不重要，无需特别处理 J_3,J_4 项，这里不再列出相应的表达形式。

4.6 地球非球形引力位的高次田项 $J_{l,m}(l\geqslant 3,m=1\sim l)$ 摄动解

4.6.1 田谐项 $J_{lm}(l\geqslant 3,m=1,2,\cdots,l)$ 摄动函数的一般表达形式

高阶次田谐项摄动函数的一般形式如下：

$$R = \Delta V = \frac{\mu}{r}\sum_{l\geqslant 3}\sum_{m=1}^{l}\left(\frac{a_e}{r}\right)^l P_{l,m}(\sin\varphi)[C_{l,m}\cos m\lambda + S_{l,m}\sin m\lambda] \tag{4.371}$$

同样采用无量纲形式，且类似前面第 4.3.1 小节对 $J_{2,2}$ 项的处理，将谐系数 $C_{l,m}$，$S_{l,m}$ 以 $J_{l,m}$ 和相应幅角 $\lambda_{l,m}$ 的形式表达，有

$$\begin{cases} R = \sum_{l\geqslant 3}\sum_{m=1}^{l} R_{l,m} \\ R_{l,m} = \dfrac{J_{l,m}}{r^{l+1}}\Gamma_{l,m}(\mu)\cos m\bar{\lambda} \end{cases} \tag{4.372}$$

其中

$$\begin{cases} J_{l,m} = (C_{l,m}^2 + S_{l,m}^2)^{1/2} \\ \bar{\lambda} = \lambda - \lambda_{l,m} \\ m\lambda_{l,m} = \arctan\left(\dfrac{S_{l,m}}{C_{l,m}}\right) \end{cases} \tag{4.373}$$

$\lambda_{l,m}$ 即由谐项系数 $C_{l,m}$，$S_{l,m}$ 所确定的地球赤道"对称轴"的地理经度。由此，田谐项的两个系数 C_{lm} 和 S_{lm} 改用下列形式表达：

$$C_{lm} = J_{lm}\cos m\lambda_{lm}, \quad S_{lm} = J_{lm}\sin m\lambda_{lm} \tag{4.374}$$

4.6.2 田谐项 $J_{lm}(l\geqslant 3,m=1-l)$ 的摄动解

$$\sigma_s^{(2)}(t) = \sum_{l\geqslant 2}\sum_{m=1}^{l}\sum_{p=0}^{l}\sum_{q=-\infty}^{\infty}\Delta\sigma_{lmpq} \tag{4.375}$$

$$\Delta\sigma_{lmpq} = \begin{cases} C_{lmpq}^{\sigma}S_{lmpq}, & \text{对 } a,e,i \\ C_{lmpq}^{\sigma}S_{lmpq}^{*}, & \text{对 } \Omega,\omega,M \end{cases} \tag{4.376}$$

其中

$$S_{lmpq} = J_{lm}\left[(1-\delta_{lm})\cos\psi_{lmpq}^{*} + \delta_{lm}\sin\psi_{lmpq}^{*}\right] \tag{4.377}$$

$$S_{lmpq}^{*} = J_{lm}\left[(1-\delta_{lm})\sin\psi_{lmpq}^{*} - \delta_{lm}\cos\psi_{lmpq}^{*}\right] \tag{4.378}$$

$$\begin{aligned} \psi_{lmpq}^{*} &= \psi_{lmpq} - m\lambda_{lm} \\ &= (l-2p+q)M + (l-2p)\omega + m\Omega_{lm} \end{aligned} \tag{4.379}$$

$$\psi_{lmpq} = (l-2p+q)M + (l-2p)\omega + m(\Omega - S_G) \tag{4.380}$$

$$\Omega_{lm} = \Omega - (S_G + \lambda_{lm}) \tag{4.381}$$

$$\delta_{lm} = \frac{1}{2}\left[1-(-1)^{l-m}\right] = \begin{cases} 1, (l-m)\text{为奇} \\ 0, (l-m)\text{为偶} \end{cases} \tag{4.382}$$

S_G 是格林尼治恒星时,计算公式见前面第 1 章的(1.35)式或(1.64)式。

C_{lmpq}^{σ} 的具体形式如下:

$$C_{lmpq}^{a} = 2a\left(\frac{a_e}{a}\right)^l (l-2p+q) F_{lmp}(i) G_{lpq}(e) \left(\frac{\bar{n}}{\dot{\psi}_{lmpq}}\right) \tag{4.383}$$

$$C_{lmpq}^{e} = \left(\frac{a_e}{a}\right)^l \frac{\sqrt{1-e^2}}{e} \left[(l-2p+q)\sqrt{1-e^2}-(l-2p)\right] F_{lmp}(i) G_{lpq}(e) \left(\frac{\bar{n}}{\dot{\psi}_{lmpq}}\right) \tag{4.384}$$

$$C_{lmpq}^{i} = \left(\frac{a_e}{a}\right)^l \frac{1}{\sqrt{1-e^2}\sin i} \left[(l-2p)\cos i - m\right] F_{lmp}(i) G_{lpq}(e) \left(\frac{\bar{n}}{\dot{\psi}_{lmpq}}\right) \tag{4.385}$$

$$C_{lmpq}^{\Omega} = \left(\frac{a_e}{a}\right)^l \frac{1}{\sqrt{1-e^2}\sin i} F_{lmp}'(i) G_{lpq}(e) \left(\frac{\bar{n}}{\dot{\psi}_{lmpq}}\right) \tag{4.386}$$

$$C_{lmpq}^{\omega} = -\cos i\, C_{lmpq}^{\Omega} + \left(\frac{a_e}{a}\right)^l \frac{\sqrt{1-e^2}}{e} F_{lmp}(i) G_{lpq}'(e) \left(\frac{\bar{n}}{\dot{\psi}_{lmpq}}\right) \tag{4.387}$$

$$C_{lmpq}^{M} = -\sqrt{1-e^2}\left(C_{lmpq}^{\omega}+\cos i\, C_{lmpq}^{\Omega}\right) \\ + \left(\frac{a_e}{a}\right)^l \left[2(l+1)-3(l-2p+q)\left(\frac{n}{\dot{\psi}_{lmpq}}\right)\right] F_{lmp}(i) G_{lpq}(e) \left(\frac{\bar{n}}{\dot{\psi}_{lmpq}}\right) \tag{4.388}$$

其中 $\dot{\psi}_{lmpq}$ 可按下式取近似值:

$$\begin{cases} \dot{\psi}_{lmpq} = (l-2p+q)\dot{\bar{M}}+(l-2p)\dot{\bar{\omega}}+m(\dot{\bar{\Omega}}-n_e) \\ \approx (l-2p+q)\bar{n}-mn_e = \bar{n}\left[(l-2p+q)-n\alpha\right] \\ \alpha = n_e/\bar{n}, \quad \bar{n} = \sqrt{\mu}\,\bar{a}^{-3/2} \end{cases} \tag{4.389}$$

n_e 是地球自转角速度,即恒星时变率,与前面给出 $J_{2,2}$ 项摄动解相同,可取近似,即

$$n_e \approx \dot{S}_G = 360°.98564745/\text{day} \tag{4.390}$$

上述摄动解中出现的倾角函数 $F_{lmp}(i)$ 和 Hansen 系数 $G_{lpq}(e)$ 以及它们的导数分别由下列各式表达:

$$F_{lmp}(i) = \frac{(l+m)!}{2^l p! (l-p)!} \sum_{k=k_1}^{k_2} (-1)^{k+(l-m+\delta_{lm})/2} \binom{2l-2p}{k}\binom{2p}{l-m-k} \\ \times \left(\sin\frac{i}{2}\right)^{-(l-m-2p-2k)} \left(\cos\frac{i}{2}\right)^{(3l-m-2p-2k)} \tag{4.391}$$

$$= \frac{(l+m)!}{2^{2l} p! (l-p)!} \sum_{k=k_1}^{k_2} (-1)^{k+(l-m+\delta_{lm})/2} \binom{2l-2p}{k}\binom{2p}{l-m-k} \\ \times \left(\sin\frac{i}{2}\right)^{-(l-m-2p-2k)} (1+\cos i)^{(2l-m-2p-2k)}$$

$$k_1 = \max(0, l-m-2p), \quad k_2 = \min(l-m, 2l-2p) \tag{4.392}$$

$$F'_{lmp}(i) = \frac{\mathrm{d}}{\mathrm{d}i} F_{lmp}(i)$$

$$= \frac{(l+m)!}{2^l p!\,(l-p)!} \left(\frac{1}{\sin i}\right) \sum_{k=k_1}^{k_2} (-1)^{k+(l-m+\delta_{lm})/2} \begin{pmatrix} 2l-2p \\ k \end{pmatrix} \begin{pmatrix} 2p \\ l-m-k \end{pmatrix}$$

$$\times \left[-2l\sin^2\frac{i}{2} - (l-m-2p-2k)\right] \left(\sin\frac{i}{2}\right)^{-(l-m-2p-2k)} \left(\cos\frac{i}{2}\right)^{(3l-m-2p-2k)} \tag{4.393}$$

$$G_{lpq}(e) = X_{(l-2p)+q}^{-(l+1),(l-2p)}(e) = O(e^{|q|}) \tag{4.394}$$

准到 $O(e^2)$ 项有

$$X_p^{l,p}(e) = 1 + \frac{1}{4}(l^2 + l - 4p^2)e^2 \tag{4.395}$$

$$\begin{cases} X_{p+1}^{l,p}(e) = -\frac{1}{2}(l-2p)e \\[2mm] X_{p-1}^{l,p}(e) = -\frac{1}{2}(l+2p)e \end{cases} \tag{4.396}$$

$$\begin{cases} X_{p+2}^{l,p}(e) = \frac{1}{8}\left[l^2 - (4p+3)l + p(4p+5)\right]e^2 \\[2mm] X_{p-2}^{l,p}(e) = \frac{1}{8}\left[l^2 + (4p-3)l + p(4p-5)\right]e^2 \end{cases} \tag{4.397}$$

$$\frac{\mathrm{d}}{\mathrm{d}e}(X_p^{l,p}(e)) = \frac{1}{2}(l^2 + l - 4p^2)e \tag{4.398}$$

$$\begin{cases} \dfrac{\mathrm{d}}{\mathrm{d}e}(X_{p+1}^{l,p}(e)) = -\dfrac{1}{2}(l-2p) \\[3mm] \dfrac{\mathrm{d}}{\mathrm{d}e}(X_{p-1}^{l,p}(e)) = -\dfrac{1}{2}(l+2p) \end{cases} \tag{4.399}$$

$$\begin{cases} \dfrac{\mathrm{d}}{\mathrm{d}e}(X_{p+2}^{l,p}(e)) = \dfrac{1}{4}\left[l^2 - (4p+3)l + p(4p+5)\right]e \\[3mm] \dfrac{\mathrm{d}}{\mathrm{d}e}(X_{p-2}^{l,p}(e)) = \dfrac{1}{4}\left[l^2 + (4p-3)l + p(4p-5)\right]e \end{cases} \tag{4.400}$$

4.6.3 田谐项 $J_{lm}(l \geqslant 3, m = 1 - l)$ 的第一类无奇点根数摄动解

短周期项由下列各表达式构成：

$$a_s^{(2)}(t) = a_s^{(2)}(t) \tag{4.401}$$

$$i_s^{(2)}(t) = i_s^{(2)}(t) \tag{4.402}$$

$$\Omega_s^{(2)}(t) = \Omega_s^{(2)}(t) \tag{4.403}$$

$$\xi_s^{(2)}(t) = \cos\omega\left[e_s^{(2)}(t)\right] - \sin\omega\left[e\omega_s^{(2)}(t)\right] \tag{4.404}$$

$$\eta_s^{(2)}(t) = \sin\omega\left[e_s^{(2)}(t)\right] + \cos\omega\left[e\omega_s^{(2)}(t)\right] \tag{4.405}$$

$$\lambda_s^{(2)}(t) = \left[M_s^{(2)}(t)\right] + \left[\omega_s^{(2)}(t)\right] = C_{lmpq}^{M+\omega} S_{lmpq}^* \qquad (4.406)$$

其中

$$C_{lmpq}^{M+\omega} = C_{lmpq}^{M} + C_{lmpq}^{\omega}$$

$$= -\cos i C_{lmpq}^{\Omega} + \frac{e\sqrt{1-e^2}}{1+\sqrt{1-e^2}}\left[\left(\frac{a_e}{a}\right)^l F_{lmp}(i) G'_{lpq}(e)\left(\frac{\bar{n}}{\dot{\psi}_{lmpq}}\right)\right] \qquad (4.407)$$

$$+ \left(\frac{a_e}{a}\right)^l \left[2(l+1) - 3(l-2p+q)\left(\frac{n}{\dot{\psi}_{lmpq}}\right)\right] F_{lmp}(i) G_{lpq}(e)\left(\frac{\bar{n}}{\dot{\psi}_{lmpq}}\right)$$

S_{lmpq}^* 的表达式即(4.378)式。

4.6.4 田谐项 $J_{lm}(l \geqslant 3, m = 1 - l)$ 的第二类无奇点根数摄动解

短周期项由下列各表达式构成:

$$a_s^{(2)}(t) = a_s^{(2)}(t) \qquad (4.408)$$

$$\xi_s^{(2)}(t) = \cos\tilde{\omega}\left[e_s^{(2)}(t)\right] - \sin\tilde{\omega}\left[e\omega_s^{(2)}(t) + e\Omega_s^{(2)}(t)\right] \qquad (4.409)$$

$$\eta_s^{(2)}(t) = \sin\tilde{\omega}\left[e_s^{(2)}(t)\right] + \cos\tilde{\omega}\left[e\omega_s^{(2)}(t) + e\Omega_s^{(2)}(t)\right] \qquad (4.410)$$

$$h_s^{(2)}(t) = \frac{1}{2}\cos\frac{i}{2}\cos\Omega\left[i_s^{(2)}(t)\right] - \sin\Omega\left[\sin\frac{i}{2}\Omega_s^{(2)}(t)\right] \qquad (4.411)$$

$$k_s^{(2)}(t) = \frac{1}{2}\cos\frac{i}{2}\sin\Omega\left[i_s^{(2)}(t)\right] + \cos\Omega\left[\sin\frac{i}{2}\Omega_s^{(2)}(t)\right] \qquad (4.412)$$

$$\lambda_s^{(2)}(t) = \left[M_s^{(2)}(t)\right] + \left[\omega_s^{(2)}(t)\right] + \left[\Omega_s^{(2)}(t)\right] = C_{lmpq}^{M+\omega+\Omega} S_{lmpq}^* \qquad (4.413)$$

其中

$$C_{lmpq}^{M+\omega} = C_{lmpq}^{M} + C_{lmpq}^{\omega} + C_{lmpq}^{\Omega}$$

$$= \frac{\sin^2 i}{1+\cos i} C_{lmpq}^{\Omega} + \frac{e\sqrt{1-e^2}}{1+\sqrt{1-e^2}}\left[\left(\frac{a_e}{a}\right)^l F_{lmp}(i) G'_{lpq}(e)\left(\frac{\bar{n}}{\dot{\psi}_{lmpq}}\right)\right]$$

$$+ \left(\frac{a_e}{a}\right)^l \left[2(l+1) - 3(l-2p+q)\left(\frac{n}{\dot{\psi}_{lmpq}}\right)\right] F_{lmp}(i) G_{lpq}(e)\left(\frac{\bar{n}}{\dot{\psi}_{lmpq}}\right)$$

$$(4.414)$$

S_{lmpq}^* 的定义同前,即表达式(4.378)。

4.6.5 田谐项 $J_{3m}, J_{4m}(m = 1 \sim 3, 4)$ 摄动解的 Kepler 根数形式

前面第 4.5.5 节已提到:对于低轨卫星,就地球非球形引力摄动影响而言,动力学扁率 J_2 项和 J_3, J_4 项即非球形引力位中的主项,进一步考虑完整的 4 阶次地球非球形引力位更能体现其影响的特性,这里就进一步分离出 $J_{3m}, J_{4m}(m = 1 \sim 3, 4)$ 项摄动解的具体表达形式。

与前面第 4.3 节给出的 $J_{2,2}$ 项摄动解相同,将涉及地球自转角速度 n_e,即恒星时变率,同样可采用下列近似:

$$n_e \approx \dot{\overline{S}}_G = 360°.98564745/\text{day}$$

除计算单位归一化外,同样为了简便,将田谐项的两个系数 C_{lm} 和 $S_{lm}(m=1\sim3,4)$ 改用下列形式表达:

$$C_{lm} = J_{lm}\cos m\lambda_{lm}, \quad S_{lm} = J_{lm}\sin m\lambda_{lm} \tag{4.415}$$

$$J_{lm} = (C_{lm}^2 + S_{lm}^2)^{1/2} \tag{4.416}$$

$$\begin{cases} m\lambda_{lm} = \arctan(S_{lm}/C_{lm}) \\ \Omega_{lm} = \Omega - (\overline{S}_G + \lambda_{lm}) \end{cases} \tag{4.417}$$

对于 l 取到 4,将涉及

$$C_{3,1}, S_{3,1}, C_{3,2}, S_{3,2}, C_{3,3}, S_{3,3},$$
$$C_{4,1}, S_{4,1}, C_{4,2}, S_{4,2}, C_{4,3}, S_{4,3}, C_{4,4}, S_{4,4},$$

习惯将 C_{lm}, S_{lm} 改用 $J_{lm}, m\lambda_{lm}(m=1\sim3,4)$ 来表达,相应的表达式中将出现系数和幅角:

$$J_{3,1}, J_{3,2}, J_{3,3}, J_{4,1}, J_{4,2}, J_{4,3}, J_{4,4}$$
$$\lambda_{3,1}, \lambda_{3,2}, \lambda_{3,3}, \lambda_{4,1}, \lambda_{4,2}, \lambda_{4,3}, \lambda_{4,4}$$

下面给出的摄动解中,除 $a_s^{(2)}(t, J_{l,m})$ 外,只需保留地球自转项即可,自转因子 α 如下:

$$\alpha = n_e/\bar{n}, \bar{n} = \sqrt{\mu}\, a^{-3/2} = \bar{a}^{-3/2} \tag{4.418}$$

(1) $J_{3,1}$ 项

$$\begin{aligned}
a_s^{(2)}(t) = \frac{2(J_{3,1})}{a^2}\Bigg\{ &F_{310}(i)\Big[-e\cos(2M+3\omega+\Omega_{3,1}) \\
&+\frac{1}{1-\alpha/3}\cos(3M+3\omega+\Omega_{3,1})+5e\cos(4M+3\omega+\Omega_{3,1})\Big] \\
&+F_{311}(i)\Big[\frac{1}{(1-\alpha)}\cos(M+\omega+\Omega_{3,1})+3e\cos(2M+\omega+\Omega_{3,1})\Big] \\
&+F_{312}(i)\Big[3e\cos(2M+\omega-\Omega_{3,1})+\frac{1}{1+\alpha}\cos(M+\omega-\Omega_{3,1})\Big] \\
&+F_{313}(i)\Big[-e\cos(2M+3\omega-\Omega_{3,1}) \\
&+\frac{1}{1+\alpha/3}\cos(3M+3\omega-\Omega_{3,1})+5e\cos(4M+3\omega-\Omega_{3,1})\Big]\Bigg\}
\end{aligned}$$
$$\tag{4.419}$$

$$e_s^{(2)}(t) = \frac{(J_{3,1})}{a^3}\frac{1}{\alpha}\Big\{F_{311}(i)\big[\cos(\omega+\Omega_{3,1})\big]+F_{312}(i)\big[-\cos(\omega-\Omega_{3,1})\big]\Big\} \tag{4.420}$$

$$i_s^{(2)}(t) = 0 \tag{4.421}$$

$$\Omega_s^{(2)}(t) = 0 \tag{4.422}$$

$$\omega_s^{(2)}(t) = \frac{(J_{3,1})}{a^3}\frac{1}{\alpha e}\Big\{F_{311}(i)\big[-\sin(\omega+\Omega_{3,1})\big]+F_{312}(i)\big[\sin(\omega-\Omega_{3,1})\big]\Big\} \tag{4.423}$$

$$M_s^{(2)}(t) + \omega_s^{(2)}(t) = 0 \tag{4.424}$$

(2) $J_{3,2}$ 项

$$a_s^{(2)}(t)=\frac{2(J_{3,2})}{a^2}\left\{F_{320}(i)\left[-e\sin(2M+3\omega+2\Omega_{3,2})\right.\right.$$

$$\left.+\frac{1}{1-2\alpha/3}\sin(3M+3\omega+2\Omega_{3,2})+5e\sin(4M+3\omega+2\Omega_{3,2})\right]$$

$$+F_{321}(i)\left[\frac{1}{(1-2\alpha)}\sin(M+\omega+2\Omega_{3,2})+3e\sin(2M+\omega+2\Omega_{3,2})\right]$$

$$+F_{322}(i)\left[-\frac{1}{(1+2\alpha)}\sin(M+\omega-2\Omega_{3,2})-3e\sin(2M+\omega-2\Omega_{3,2})\right]$$

$$+F_{323}(i)\left[e\sin(2M+3\omega-2\Omega_{3,2})\right.$$

$$\left.\left.-\frac{1}{1+2\alpha/3}\sin(3M+3\omega-2\Omega_{3,2})-5e\sin(4M+3\omega-2\Omega_{3,2})\right]\right\}$$

$$(4.425)$$

$$e_s^{(2)}(t)=\frac{(J_{3,2})}{a^3}\frac{1}{2\alpha}\left\{F_{321}(i)\left[\sin(\omega+2\Omega_{3,2})\right]+F_{322}(i)\left[\sin(\omega-2\Omega_{3,2})\right]\right\} \quad (4.426)$$

$$i_s^{(2)}(t)=0 \quad\quad (4.427)$$

$$\Omega_s^{(2)}(t)=0 \quad\quad (4.428)$$

$$\omega_s^{(2)}(t)=\frac{(J_{3,2})}{a^3}\frac{1}{2\alpha e}\left\{F_{321}(i)\left[\cos(\omega+2\Omega_{3,2})\right]+F_{322}(i)\left[\cos(\omega-2\Omega_{3,2})\right]\right\} \quad (4.429)$$

$$M_s^{(2)}(t)+\omega_s^{(2)}(t)=0 \quad\quad (4.430)$$

（3）$J_{3,3}$项

$$a_s^{(2)}(t)=\frac{2(J_{3,3})}{a^2}\left\{F_{330}(i)\left[-e\cos(2M+3\omega+3\Omega_{3,3})\right.\right.$$

$$\left.+\frac{1}{(1-\alpha)}\cos(3M+3\omega+3\Omega_{3,3})+5e\cos(4M+3\omega+3\Omega_{3,3})\right]$$

$$+F_{331}(i)\left[\frac{1}{(1-3\alpha)}\cos(M+\omega+3\Omega_{3,3})+3e\cos(2M+\omega+3\Omega_{3,3})\right]$$

$$+F_{332}(i)\left[-\frac{1}{1+3\alpha}\cos(M+\omega-3\Omega_{3,3})+3e\cos(2M+\omega-3\Omega_{3,3})\right]$$

$$+F_{333}(i)\left[-e\cos(2M+3\omega-3\Omega_{3,3})\right.$$

$$\left.\left.+\frac{1}{(1+\alpha)}\cos(3M+3\omega-3\Omega_{3,3})+5e\cos(4M+3\omega-3\Omega_{3,3})\right]\right\}$$

$$(4.431)$$

$$e_s^{(2)}(t)=\frac{(J_{3,3})}{a^3}\frac{1}{3\alpha}\left\{F_{331}(i)\left[\cos(\omega+3\Omega_{3,3})\right]-F_{332}(i)\left[\cos(\omega-3\Omega_{3,3})\right]\right\} \quad (4.432)$$

$$i_s^{(2)}(t)=0 \quad\quad (4.433)$$

$$\Omega_s^{(2)}(t)=0 \quad\quad (4.434)$$

$$\omega_s^{(2)}(t)=\frac{(J_{3,3})}{a^3}\frac{1}{3\alpha e}\left\{F_{331}(i)\left[-\sin(\omega+3\Omega_{3,3})\right]+F_{332}(i)\left[\sin(\omega-3\Omega_{3,3})\right]\right\} \quad (4.435)$$

$$M_s^{(2)}(t) + \omega_s^{(2)}(t) = 0 \tag{4.436}$$

(4) $J_{4,1}$ 项

$$
\begin{aligned}
a_s^{(2)}(t) = \frac{(J_{4,1})}{a^3} \Big\{ & F_{410}(i) \Big[-3e\sin(3M+4\omega+\Omega_{4,1}) \\
& + \frac{2}{(1-\alpha/4)}\sin(4M+4\omega+\Omega_{4,1}) + 13e\sin(5M+4\omega+\Omega_{4,1}) \Big] \\
& + F_{411}(i) \Big[e\sin(M+2\omega+\Omega_{4,1}) \\
& + \frac{2}{1-\alpha/2}\sin(2M+2\omega+\Omega_{4,1}) + 9e\sin(3M+2\omega+\Omega_{4,1}) \Big] \\
& + F_{412}(i) \Big[-5e\sin(M-\Omega_{4,1}) - 5e\sin(M+\Omega_{4,1}) \Big] \\
& + F_{413}(i) \Big[-e\sin(M+2\omega-\Omega_{4,1}) \\
& - \frac{2}{(1+\alpha/2)}\sin(2M+2\omega-\Omega_{4,1}) - 9e\sin(3M+2\omega-\Omega_{4,1}) \Big] \\
& + F_{414}(i) \Big[3e\sin(3M+4\omega-\Omega_{4,1}) \\
& - \frac{2}{(1+\alpha/4)}\sin(4M+4\omega-\Omega_{4,1}) - 13e\sin(5M+4\omega-\Omega_{4,1}) \Big] \Big\}
\end{aligned}
\tag{4.437}
$$

$$e_s^{(2)}(t) = 0 \tag{4.438}$$

$$i_s^{(2)}(t) = \frac{(J_{4,1})}{a^4}\frac{1}{\alpha}\{ F_{412}^*(i)[-\sin(\Omega_{4,1})] \} \tag{4.439}$$

$$\Omega_s^{(2)}(t) = \frac{(J_{4,1})}{a^4}\frac{1}{\alpha\sin i}\{ F_{412}^{**}(i)[\cos(\Omega_{4,1})] \} \tag{4.440}$$

$$\omega_s^{(2)}(t) = 0 \tag{4.441}$$

$$
\begin{aligned}
M_s^{(2)}(t) + \omega_s^{(2)}(t) = & -\cos i\,\Omega_s^{(2)}(t) \\
& + \frac{(J_{4,1})}{a^4}\frac{1}{\alpha}\{ F_{412}(i)[10\cos\Omega_{4,1}] \}
\end{aligned}
\tag{4.442}
$$

(5) $J_{4,2}$ 项

$$
\begin{aligned}
a_s^{(2)}(t) = \frac{(J_{4,2})}{a^3} \Big\{ & F_{420}(i) \Big[-3e\cos(3M+4\omega+2\Omega_{4,2}) \\
& + \frac{2}{(1-\alpha/2)}\cos(4M+4\omega+2\Omega_{4,2}) + 13e\cos(5M+4\omega+2\Omega_{4,2}) \Big] \\
& + F_{421}(i) \Big[e\cos(M+2\omega+2\Omega_{4,2}) \\
& + \frac{2}{(1-\alpha)}\cos(2M+2\omega+2\Omega_{4,2}) + 9e\cos(3M+2\omega+2\Omega_{4,2}) \Big] \\
& + F_{422}(i) \Big[5e\cos(M-2\Omega_{4,2}) + 5e\cos(M+2\Omega_{4,2}) \Big]
\end{aligned}
$$

$$+F_{423}(i)\Big[e\cos(M+2\omega-2\Omega_{4,2})$$

$$+\frac{2}{(1+\alpha)}\cos(2M+2\omega-2\Omega_{4,2})+9e\cos(3M+2\omega-2\Omega_{4,2})\Big]$$

$$+F_{424}(i)\Big[-3e\cos(3M+4\omega-2\Omega_{4,2})$$

$$+\frac{2}{(1+\alpha/2)}\cos(4M+4\omega-2\Omega_{4,2})+13e\cos(5M+4\omega-2\Omega_{4,2})\Big]\Big\}$$

$$(4.443)$$

$$e_s^{(2)}(t)=0 \tag{4.444}$$

$$i_s^{(2)}(t)=\frac{(J_{4,2})}{a^4}\frac{1}{2\alpha}\sin i\Big\{F_{422}^*(i)\big[-\cos(2\Omega_{4,2})\big]\Big\} \tag{4.445}$$

$$\Omega_s^{(2)}(t)=\frac{(J_{4,2})}{a^4}\frac{1}{2\alpha}\Big\{F_{422}^{**}(i)\big[-\sin(2\Omega_{4,2})\big]\Big\} \tag{4.446}$$

$$\omega_s^{(2)}(t)=0 \tag{4.447}$$

$$M_s^{(2)}(t)+\omega_s^{(2)}(t)=-\cos i\Omega_s^{(2)}(t)$$

$$+\frac{(J_{4,2})}{a^4}\frac{1}{2\alpha}\Big\{F_{422}(i)\big[-10\sin(2\Omega_{4,2})\big]\Big\} \tag{4.448}$$

（6）$J_{4,3}$ 项

$$a_s^{(2)}(t)=\frac{(J_{4,3})}{a^3}\Big\{F_{430}(i)\Big[-3e\sin(3M+4\omega+3\Omega_{4,3})$$

$$+\frac{2}{(1-3\alpha/4)}\sin(4M+4\omega+3\Omega_{4,3})+13e\sin(5M+4\omega+3\Omega_{4,3})\Big]$$

$$+F_{431}(i)\Big[e\sin(M+2\omega+3\Omega_{4,3})$$

$$+\frac{2}{1-3\alpha/2}\sin(2M+2\omega+3\Omega_{4,3})+9e\sin(3M+2\omega+3\Omega_{4,3})\Big]$$

$$+F_{432}(i)\big[-5e\sin(M-3\Omega_{4,3})+5e\sin(M+3\Omega_{4,3})\big]$$

$$+F_{433}(i)\Big[-e\sin(M+2\omega-3\Omega_{4,3})$$

$$-\frac{2}{(1+3\alpha/2)}\sin(2M+2\omega-3\Omega_{4,3})-9e\sin(3M+2\omega-3\Omega_{4,3})\Big]$$

$$+F_{434}(i)\Big[3e\sin(3M+4\omega-3\Omega_{4,3})$$

$$-\frac{2}{(1+3\alpha/4)}\sin(4M+4\omega-3\Omega_{4,3})-13e\sin(5M+4\omega-3\Omega_{4,3})\Big]\Big\}$$

$$(4.449)$$

$$e_s^{(2)}(t)=0 \tag{4.450}$$

$$i_s^{(2)}(t)=\frac{(J_{4,3})}{a^4}\frac{1}{3\alpha}\Big\{F_{432}^*(i)\big[-\sin(3\Omega_{43})\big]\Big\} \tag{4.451}$$

$$\Omega_s^{(2)}(t)=\frac{(J_{4,3})}{a^4}\frac{1}{3\alpha\sin i}\left\{F_{432}^{**}(i)\left[\cos(3\Omega_{4,3})\right]\right\} \tag{4.452}$$

$$\omega_s^{(2)}(t)=0 \tag{4.453}$$

$$M_s^{(2)}(t)+\omega_s^{(2)}(t)=-\cos i\Omega_s^{(2)}(t)$$
$$+\frac{(J_{4,3})}{a^4}\frac{1}{3\alpha}\left\{F_{433}(i)\left[10\cos(3\Omega_{4,3})\right]\right\} \tag{4.454}$$

（7）$J_{4,4}$项

$$a_s^{(2)}(t)=\frac{(J_{4,4})}{a^3}\left\{F_{440}(i)\left[-3e\cos(3M+4\omega+4\Omega_{4,4})\right.\right.$$
$$+\frac{2}{(1-\alpha)}\cos(4M+4\omega+4\Omega_{4,4})+13e\cos(5M+4\omega+4\Omega_{4,4})\right]$$
$$+F_{441}(i)\left[e\cos(M+2\omega+4\Omega_{4,4})+\frac{2}{(1-2\alpha)}\cos(2M+2\omega+4\Omega_{4,4})\right.$$
$$+9e\cos(3M+2\omega+4\Omega_{4,4})\right]$$
$$+F_{442}(i)\left[5e\cos(M-4\Omega_{4,4})+5e\cos(M+4\Omega_{4,4})\right]$$
$$+F_{443}(i)\left[e\cos(M+2\omega-4\Omega_{4,4})+\frac{2}{(1+2\alpha)}\cos(2M+2\omega-4\Omega_{4,4})\right.$$
$$+9e\cos(3M+2\omega-4\Omega_{4,4})\right]$$
$$+F_{444}(i)\left[-3e\cos(3M+4\omega-4\Omega_{4,4})\right.$$
$$\left.\left.+\frac{2}{(1+\alpha)}\cos(4M+4\omega-4\Omega_{4,4})+13e\cos(5M+4\omega-4\Omega_{4,4})\right]\right\} \tag{4.455}$$

$$e_s^{(2)}(t)=0 \tag{4.456}$$

$$i_s^{(2)}(t)=\frac{(J_{4,4})}{a^4}\frac{1}{4\alpha}\sin i\left\{F_{442}^*(i)\left[-\cos(4\Omega_{4,4})\right]\right\} \tag{4.457}$$

$$\Omega_s^{(2)}(t)=\frac{(J_{4,4})}{a^4}\frac{1}{4\alpha}\left\{F_{442}^{**}(i)\left[-\sin(4\Omega_{4,4})\right]\right\} \tag{4.458}$$

$$\omega_s^{(2)}(t)=0 \tag{4.459}$$

$$M_s^{(2)}(t)+\omega_s^{(2)}(t)=-\cos i\Omega_s^{(2)}(t)$$
$$+\frac{(J_{4,4})}{a^4}\frac{1}{4\alpha}\left\{F_{442}(i)\left[-10\sin(4\Omega_{4,4})\right]\right\} \tag{4.460}$$

各摄动表达式中仅含 $\frac{1}{m\alpha}$ 因子的那些项即称为地球自转项,对于低轨卫星 α 比较小,相应的地球自转项很重要,不能简单地把它看成二阶短周期项。

各式中出现的倾角函数 $F_{lmp}(i)$（对 l,m,p 的具体取值）及其有关量的表达式如下:

$$
\begin{cases}
F_{310} = -\dfrac{15}{16}\sin^2 i\,(1+\cos i) \\[2mm]
F_{311} = +\dfrac{15}{16}\sin^2 i\,(1+3\cos i) - \dfrac{3}{4}(1+\cos i) \\[2mm]
F_{312} = +\dfrac{15}{16}\sin^2 i\,(1-3\cos i) - \dfrac{3}{4}(1-\cos i) \\[2mm]
F_{313} = -\dfrac{15}{16}\sin^2 i\,(1-\cos i)
\end{cases}
\tag{4.461}
$$

$$
\begin{cases}
F_{310}^{*} = +\dfrac{15}{16}(1+\cos i)(1-3\cos i) \\[2mm]
F_{311}^{*} = -\dfrac{15}{16}(1-\cos i)(1+3\cos i) + \dfrac{3}{4} \\[2mm]
F_{312}^{*} = -\dfrac{15}{16}(1+\cos i)(1-3\cos i) + \dfrac{3}{4} \\[2mm]
F_{313}^{*} = +\dfrac{15}{16}(1-\cos i)(1+3\cos i)
\end{cases}
\tag{4.462}
$$

$$
\begin{cases}
F_{310}^{**} = +\dfrac{15}{16}(1+\cos i)(1-3\cos i) \\[2mm]
F_{311}^{**} = -\dfrac{3}{16}(11-10\cos i-45\cos^2 i) \\[2mm]
F_{312}^{**} = +\dfrac{3}{16}(11+10\cos i-45\cos^2 i) \\[2mm]
F_{313}^{**} = -\dfrac{15}{16}(1-\cos i)(1+3\cos i)
\end{cases}
\tag{4.463}
$$

$$
\begin{cases}
F_{320} = +\dfrac{15}{8}\sin i\,(1+\cos i)^2 \\[2mm]
F_{321} = +\dfrac{15}{8}\sin i(1+\cos i)(1-3\cos i) \\[2mm]
F_{322} = -\dfrac{15}{8}\sin i(1-\cos i)(1+3\cos i) \\[2mm]
F_{323} = -\dfrac{15}{8}\sin i(1-\cos i)^2
\end{cases}
\tag{4.464}
$$

$$
\begin{cases}
F_{320}^{*} = -\dfrac{15}{8}(1+\cos i)^2(2-3\cos i) \\[2mm]
F_{321}^{*} = -\dfrac{15}{8}(1+\cos i)(1-3\cos i)(2-\cos i) \\[2mm]
F_{322}^{*} = +\dfrac{15}{8}(1-\cos i)(1+3\cos i)(2+\cos i) \\[2mm]
F_{323}^{*} = +\dfrac{15}{8}(1-\cos i)^2(2+3\cos i)
\end{cases}
\tag{4.465}
$$

$$\begin{cases} F_{320}^{**}=F_{320}'=-\dfrac{15}{8}(1+\cos i)^2(2-3\cos i) \\[2mm] F_{321}^{**}=F_{321}'=+\dfrac{15}{8}(1+\cos i)(2+5\cos i-9\cos^2 i) \\[2mm] F_{322}^{**}=F_{322}'=+\dfrac{15}{8}(1-\cos i)(2-5\cos i-9\cos^2 i) \\[2mm] F_{323}^{**}=F_{323}'=-\dfrac{15}{8}(1-\cos i)^2(2+3\cos i) \end{cases} \tag{4.466}$$

$$\begin{cases} F_{330}=\dfrac{15}{8}(1+\cos i)^3 \\[2mm] F_{331}=\dfrac{45}{8}\sin^2 i(1+\cos i) \\[2mm] F_{332}=\dfrac{45}{8}\sin^2 i(1-\cos i) \\[2mm] F_{333}=\dfrac{15}{8}(1-\cos i)^3 \end{cases} \tag{4.467}$$

$$\begin{cases} F_{330}^{*}=-\dfrac{45}{8}(1+\cos i)^2 \\[2mm] F_{331}^{*}=-\dfrac{45}{8}(1+\cos i)(3-\cos i) \\[2mm] F_{332}^{*}=-\dfrac{45}{8}(1-\cos i)(3+\cos i) \\[2mm] F_{333}^{*}=-\dfrac{45}{8}(1-\cos i)^2 \end{cases} \tag{4.468}$$

$$\begin{cases} F_{330}^{**}=-\dfrac{45}{8}(1+\cos i)^2 \\[2mm] F_{331}^{**}=-\dfrac{45}{8}(1+\cos i)(1-3\cos i) \\[2mm] F_{332}^{**}=+\dfrac{45}{8}(1-\cos i)(1+3\cos i) \\[2mm] F_{333}^{**}=+\dfrac{45}{8}(1-\cos i)^2 \end{cases} \tag{4.469}$$

$$\begin{cases} F_{410}=-\dfrac{35}{32}\sin^3 i(1+\cos i) \\[2mm] F_{411}=+\dfrac{35}{16}\sin^3 i(1+2\cos i)-\dfrac{15}{8}\sin i(1+\cos i) \\[2mm] F_{412}=-\dfrac{105}{16}\sin^3 i\cos i+\dfrac{15}{4}\sin i\cos i \\[2mm] F_{413}=-\dfrac{35}{16}\sin^3 i(1-2\cos i)+\dfrac{15}{8}\sin i(1-\cos i) \\[2mm] F_{414}=+\dfrac{35}{32}\sin^3 i(1-\cos i) \end{cases} \tag{4.470}$$

$$\begin{cases} F_{410}^{*} = +\dfrac{35}{32}\sin^2 i(1+\cos i)(1-4\cos i) \\[2mm] F_{411}^{*} = \left[-\dfrac{35}{16}\sin^2 i(1+2\cos i)+\dfrac{15}{8}(1+\cos i)\right](1-2\cos i) \\[2mm] F_{412}^{*} = \left[\dfrac{105}{16}\sin^2 i-\dfrac{15}{4}\right]\cos i \\[2mm] F_{413}^{*} = \left[\dfrac{35}{16}\sin^2 i(1-2\cos i)-\dfrac{15}{8}(1-\cos i)\right](1+2\cos i) \\[2mm] F_{414}^{*} = -\dfrac{35}{32}\sin^2 i(1-\cos i)(1+4\cos i) \end{cases} \tag{4.471}$$

$$\begin{cases} F_{410}^{**} = F_{410}' = +\dfrac{35}{32}\sin^2 i(1+\cos i)(1-4\cos i) \\[2mm] F_{411}^{**} = F_{411}' = -\dfrac{35}{16}\sin^2 i(2-3\cos i-8\cos^2 i)+\dfrac{15}{8}(1+\cos i)(1-2\cos i) \\[2mm] F_{412}^{**} = F_{412}' = \dfrac{15}{4}-\dfrac{535}{16}\sin^2 i+\dfrac{65}{2}\sin^4 i \\[2mm] F_{413}^{**} = F_{413}' = -\dfrac{35}{16}\sin^2 i(2+3\cos i-8\cos^2 i)+\dfrac{15}{8}(1-\cos i)(1+2\cos i) \\[2mm] F_{414}^{**} = F_{414}' = +\dfrac{35}{32}\sin^2 i(1-\cos i)(1+4\cos i) \end{cases} \tag{4.472}$$

$$\begin{cases} F_{420} = -\dfrac{105}{32}\sin^2 i\,(1+\cos i)^2 \\[2mm] F_{421} = +\dfrac{105}{8}\sin^2 i\cos i(1+\cos i)-\dfrac{15}{8}(1+\cos i)^2 \\[2mm] F_{422} = +\dfrac{45}{16}\sin^2 i(1-7\cos^2 i) \\[2mm] F_{423} = -\dfrac{105}{8}\sin^2 i\cos i(1-\cos i)-\dfrac{15}{8}(1-\cos i)^2 \\[2mm] F_{424} = -\dfrac{105}{32}\sin^2 i(1-\cos i)^2 \end{cases} \tag{4.473}$$

$$\begin{cases} F_{420}^{*} = +\dfrac{105}{16}(1+\cos i)^2(1-2\cos i) \\[2mm] F_{421}^{*} = -\dfrac{105}{4}\sin^2 i\cos i+\dfrac{15}{4}(1+\cos i) \\[2mm] F_{422}^{*} = -\dfrac{45}{8}(1-7\cos^2 i) \\[2mm] F_{423}^{*} = +\dfrac{105}{4}\sin^2 i\cos i+\dfrac{15}{4}(1-\cos i) \\[2mm] F_{424}^{*} = +\dfrac{105}{16}(1-\cos i)^2(1+2\cos i) \end{cases} \tag{4.474}$$

$$\begin{cases} F_{420}^{**}=F_{420}'/\sin i=+\dfrac{105}{16}(1+\cos i)^2(1-2\cos i) \\[2mm] F_{421}^{**}=F_{421}'/\sin i=-\dfrac{15}{8}(1+\cos i)(5+7\cos i-28\cos^2 i) \\[2mm] F_{422}^{**}=F_{422}'/\sin i=+\dfrac{45}{4}\cos i(4-7\cos^2 i) \\[2mm] F_{423}^{**}=F_{423}'/\sin i=+\dfrac{15}{8}(1-\cos i)(5-7\cos i-28\cos^2 i) \\[2mm] F_{424}^{**}=F_{424}'/\sin i=-\dfrac{105}{16}(1-\cos i)^2(1+2\cos i) \end{cases} \tag{4.475}$$

$$\begin{cases} F_{430} \quad =+\dfrac{105}{16}\sin i\,(1+\cos i)^3 \\[2mm] F_{431} \quad =+\dfrac{105}{8}\sin i\,(1+\cos i)^2(1-2\cos i) \\[2mm] F_{432} \quad =-\dfrac{315}{8}\sin^3 i\cos i \\[2mm] F_{433} \quad =-\dfrac{105}{8}\sin i(1-\cos i)^2(1+2\cos i) \\[2mm] F_{434} \quad =-\dfrac{105}{16}\sin i(1-\cos i)^3 \end{cases} \tag{4.476}$$

$$\begin{cases} F_{430}^{*} \quad =-\dfrac{105}{16}(1+\cos i)^3(3-4\cos i) \\[2mm] F_{431}^{*} \quad =-\dfrac{105}{8}(1+\cos i)^2(1-2\cos i)(3-2\cos i) \\[2mm] F_{432}^{*} \quad =+\dfrac{945}{8}\sin^2 i\cos i \\[2mm] F_{433}^{*} \quad =\dfrac{105}{8}(1-\cos i)^2(1+2\cos i)(3+2\cos i) \\[2mm] F_{434}^{*} \quad =\dfrac{105}{16}(1-\cos i)^3(3+4\cos i) \end{cases} \tag{4.477}$$

$$\begin{cases} F_{430}^{**}=F_{430}' \quad =-\dfrac{105}{16}(1+\cos i)^3(3-4\cos i) \\[2mm] F_{431}^{**}=F_{431}' \quad =+\dfrac{105}{8}\cos i\,(1+\cos i)^2(7-8\cos i) \\[2mm] F_{432}^{**}=F_{432}' \quad =-\dfrac{315}{8}\sin^2 i(3-4\sin^2 i) \\[2mm] F_{433}^{**}=F_{433}' \quad =-\dfrac{105}{8}\cos i(1-\cos i)^2(7+8\cos i) \\[2mm] F_{434}^{**}=F_{434}' \quad =-\dfrac{105}{16}(1-\cos i)^3(3+4\cos i) \end{cases} \tag{4.478}$$

$$\begin{cases} F_{440} & =\dfrac{105}{16}(1+\cos i)^4 \\[2mm] F_{441} & =\dfrac{105}{4}\sin^2 i\,(1+\cos i)^2 \\[2mm] F_{442} & =\dfrac{315}{8}\sin^4 i \\[2mm] F_{443} & =\dfrac{105}{4}\sin^2 i(1-\cos i)^2 \\[2mm] F_{444} & =\dfrac{105}{16}(1-\cos i)^4 \end{cases} \tag{4.479}$$

$$\begin{cases} F_{440}^* & =-\dfrac{105}{4}(1+\cos i)^3 \\[2mm] F_{441}^* & =-\dfrac{105}{2}(1+\cos i)^2(2-\cos i) \\[2mm] F_{442}^* & =-\dfrac{315}{2}\sin^2 i \\[2mm] F_{443}^* & =-\dfrac{105}{2}(1-\cos i)^2(2+\cos i) \\[2mm] F_{444}^* & =-\dfrac{105}{4}(1-\cos i)^3 \end{cases} \tag{4.480}$$

$$\begin{cases} F_{440}^{**}=F_{440}'/\sin i=-\dfrac{105}{4}(1+\cos i)^3 \\[2mm] F_{441}^{**}=F_{441}'/\sin i=-\dfrac{105}{2}(1+\cos i)^2(1-2\cos i) \\[2mm] F_{442}^{**}=F_{442}'/\sin i=+\dfrac{315}{2}\sin^2 i\cos i \\[2mm] F_{443}^{**}=F_{443}'/\sin i=+\dfrac{105}{2}(1-\cos i)^2(1+2\cos i) \\[2mm] F_{444}^{**}=F_{444}'/\sin i=+\dfrac{105}{4}(1-\cos i)^3 \end{cases} \tag{4.481}$$

4.6.6 田谐项 $J_{3m},J_{4m}(m=1\sim3,4)$ 摄动解的第一类无奇点形式

$J_{3m},J_{4m}(m=1-3,4)$项摄动只有短周期效应,相应的短周期项由下列各表达式构成:

$$a_s^{(2)}(t)=a_s^{(2)}(t) \tag{4.482}$$

$$i_s^{(2)}(t)=i_s^{(2)}(t) \tag{4.483}$$

$$\Omega_s^{(2)}(t)=\Omega_s^{(2)}(t) \tag{4.484}$$

$$\xi_s^{(2)}(t)=\cos\omega[e_s^{(2)}(t)]-\sin\omega[e\omega_s^{(2)}(t)] \tag{4.485}$$

$$\eta_s^{(2)}(t)=\sin\omega[e_s^{(2)}(t)]+\cos\omega[e\omega_s^{(2)}(t)] \tag{4.486}$$

$$\lambda_s^{(2)}(t)=[M_s^{(2)}(t)]+[\omega_s^{(2)}(t)] \tag{4.487}$$

4.6.7 田谐项 J_{3m}, $J_{4m}(m=1\sim3,4)$ 摄动解的第二类无奇点形式

对于高轨卫星,会同时出现小 e,小 i 的状态,如地球同步卫星,但此时重要的是 $J_{2,2}$ 项,无需特别处理 J_{3m}, $J_{4m}(m=1\sim3,4)$ 项,这里不再列出相应的表达形式。

4.7 日、月引力摄动解

通常称这类摄动为第三体引力摄动。下面记 m_0, m 和 m' 分别为中心天体、运动天体和摄动天体的质量,这里的中心天体就是地球,三个天体的相对位置见图4.2。

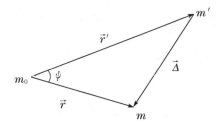

4.2 天体的相对位置

对于地球卫星运动的第三体引力摄动,是一种外摄情况,即摄动天体到中心天体的距离 r' 大于运动天体到中心天体的距离 r,即 $\left(\frac{r}{r'}\right)<1$。下面具体给出相应的轨道摄动解。

4.7.1 日、月引力摄动函数及其分解

日、月引力摄动加速度 $\vec{F_\varepsilon}$,同样存在相应的摄动函数 R,即

$$\vec{F_\varepsilon}=\text{grad}(R)=-m'\left(\frac{\vec{\Delta}}{\Delta^3}+\frac{\vec{r'}}{r'^3}\right) \tag{4.488}$$

其中摄动函数 R 由下式表达:

$$R=m'\left(\frac{1}{\Delta}-\frac{\vec{r'}}{r'^3}\cdot\vec{r}\right)=m'\left(\frac{1}{\Delta}-\frac{r}{r'^2}\cos\psi\right) \tag{4.489}$$

该式中的 ψ 是卫星和摄动天体对中心天体(地球)的张角,有

$$\cos\psi=\left(\frac{\vec{r}}{r}\right)\cdot\left(\frac{\vec{r'}}{r'}\right) \tag{4.490}$$

另一个量 $\Delta=|\vec{\Delta}|$ 即卫星到第三体的距离,即

$$\vec{\Delta}=\vec{r}-\vec{r'} \tag{4.491}$$

在外摄情况下,$r<r'$,有

$$\frac{1}{\Delta}=(r^2+r'^2-2rr'\cos\psi)^{-1/2}=\frac{1}{r'}\sum_{k=0}^{\infty}P_k(\cos\psi)\left(\frac{r}{r'}\right)^k \tag{4.492}$$

其中 $P_k(\cos\psi)$ 是 $\cos\psi$ 的勒让德多项式,有

$$P_0(\cos\psi)=1,P_1(\cos\psi)=\cos\psi,\frac{3}{2}\cos^2\psi-\frac{1}{2}\cdots \tag{4.493}$$

由此将$\dfrac{1}{\Delta}$引入表达式(4.489),且略去仅与摄动天体位置有关的项,即得

$$
\begin{aligned}
R &= \frac{m'}{r'}\sum_{k\geqslant 2}\left(\frac{r}{r'}\right)^k P_k(\cos\psi)\\
&= m'\left[\frac{r^2}{r'^3}\left(\frac{3}{2}\cos^2\psi-\frac{1}{2}\right)+\frac{r^3}{r'^4}\left(\frac{5}{2}\cos^3\psi-\frac{3}{2}\cos\psi\right)\right.\\
&\quad \left.+\frac{r^4}{r'^5}\left(\frac{35}{8}\cos^4\psi-\frac{15}{4}\cos^2\psi+\frac{3}{8}\right)+\cdots\right]
\end{aligned}
\tag{4.494}
$$

对于地球卫星的轨道变化问题,只需取到$P_4(\cos\psi)$项,写成具体形式如下:

$$
\begin{aligned}
R &= \beta_2 a^2\left(\frac{r}{a}\right)^2\left(\frac{3}{2}\cos^2\psi-\frac{1}{2}\right)+\beta_3 a^3\left(\frac{r}{a}\right)^3\left(\frac{5}{2}\cos^3\psi-\frac{3}{2}\cos\psi\right)\\
&\quad +\beta_4 a^4\left(\frac{r}{a}\right)^4\left(\frac{35}{8}\cos^4\psi-\frac{15}{4}\cos^2\psi+\frac{3}{8}\right)
\end{aligned}
\tag{4.495}
$$

其中

$$\beta_2=m'/r'^3,\ \beta_3=m'/r'^4,\ \beta_4=m'/r'^5 \tag{4.496}$$

第三体的地心距r'在轨道外推弧段不长的前提下可取为常数。

对于$\left(\dfrac{r}{r'}\right)\gg 1$的外摄情况,可将表达式(4.494)中对中心天体的张角项$\cos\psi$表示为下列形式:

$$\cos\psi=A\cos f+B\sin f \tag{4.497}$$

其中A和B的具体形式如下:

$$
\begin{aligned}
A=\frac{1}{4}\{&(1-\cos i)[(1+\cos i')\cos(\omega-\theta+u')+(1-\cos i')\cos(\omega-\theta-u')]\\
&+(1+\cos i)[(1+\cos i')\cos(\omega+\theta-u')+(1-\cos i')\cos(\omega+\theta+u')]\\
&+2\sin i\sin i'[\cos(\omega-u')-\cos(\omega+u')]\}
\end{aligned}
\tag{4.498}
$$

$$
\begin{aligned}
B=-\frac{1}{4}\{&(1-\cos i)[(1+\cos i')\sin(\omega-\theta+u')+(1-\cos i')\sin(\omega-\theta-u')]\\
&+(1+\cos i)[(1+\cos i')\sin(\omega+\theta-u')+(1-\cos i')\sin(\omega+\theta+u')]\\
&+2\sin i\sin i'[\sin(\omega-u')-\sin(\omega+u')]\}
\end{aligned}
\tag{4.499}
$$

这里

$$\theta=\Omega-\Omega',\quad u'=f'+\omega' \tag{4.500}$$

所有带上标的根数i',Ω',ω',f'等,均为摄动天体(日、月)相对中心天体(地球)的轨道根数。由此就分离出摄动函数R中包含的唯一的快变量——卫星的真近点角f,两个系数A和B是慢变量的函数,即其包含的卫星轨道量Ω,ω和摄动天体的Ω',ω',f'都是慢变量。

在上述处理下，很容易将摄动函数 R 分解成长期项、长周期项和短周期项三个部分。首先将式(4.497)表达的 $\cos\psi$ 代入摄动函数 R 的表达式(4.494)，得

$$R = R_2(\beta_2) + R_3(\beta_3) + R_4(\beta_4) \tag{4.501}$$

$$R_2 = \frac{3}{2}\beta_2 a^2 \left(\frac{r}{a}\right)^2 \left[S_1 + S_2 \cos 2f + S_3 \sin 2f\right] \tag{4.502}$$

$$R_3 = \frac{3}{2}\beta_3 a^3 \left(\frac{r}{a}\right)^3 \left[S_4 \cos f + S_5 \cos 3f + S_6 \sin f + S_7 \sin 3f\right] \tag{4.503}$$

$$R_4 = \frac{15}{8}\beta_4 a^4 \left(\frac{r}{a}\right)^4 \left[S_8 + S_9 \cos 2f + S_{10} \cos 4f + S_{11} \sin 2f + S_{12} \sin 4f\right] \tag{4.504}$$

其中

$$S_1 = -\frac{1}{3} + \frac{1}{2}(A^2 + B^2), \; S_2 = \frac{1}{2}(A^2 - B^2), \; S_3 = AB \tag{4.505}$$

$$\begin{cases} S_4 = \left[\frac{5}{4}(A^2 + B^2) - 1\right]A, \; S_5 = \frac{5}{12}(A^2 - 3B^2)A \\[2mm] S_6 = \left[\frac{5}{4}(A^2 + B^2) - 1\right]B, \; S_7 = \frac{5}{12}(3A^2 - B^2)B \end{cases} \tag{4.506}$$

$$\begin{cases} S_8 = \frac{1}{5} - (A^2 + B^2) + \frac{7}{8}(A^4 + B^4 + 2A^2B^2) \\[2mm] S_9 = \frac{7}{6}(A^4 - B^4) - (A^2 - B^2), \; S_{10} = \frac{7}{24}(A^4 + B^4) - 6A^2B^2 \\[2mm] S_{11} = \frac{7}{3}AB(A^2 + B^2) - 2AB, \; S_{12} = \frac{7}{6}AB(A^2 - B^2) \end{cases} \tag{4.507}$$

利用 $\left(\frac{r}{a}\right)^2$，$\left(\frac{r}{a}\right)^2 \cos 2f$，… 这类函数的平均值即可将摄动函数 R 分离出长期（包括长周期）部分 $\overline{R}_2$，$\overline{R}_3$，$\overline{R}_4$ 和短周期部分 R_{2s}，R_{3s}，R_{4s}，即

$$\overline{R}_2 = \frac{3}{2}\beta_2 a^2 \left[S_1\left(1 + \frac{3}{2}e^2\right) + S_2\left(\frac{5}{2}e^2\right)\right] \tag{4.508}$$

$$R_{2s} = \left(\frac{3}{2}\beta_2 a^2\right)\left\{S_1\left[\left(\frac{r}{a}\right)^2 - \left(1 + \frac{3}{2}e^2\right)\right] + S_2\left[\left(\frac{r}{a}\right)^2 \cos 2f - \frac{5}{2}e^2\right] + S_3\left(\frac{r}{a}\right)^2 \sin 2f\right\} \tag{4.509}$$

$$\overline{R}_3 = -\frac{3}{2}\beta_3 a^3 \left[S_4\left(\frac{5}{2}e\right)\left(1 + \frac{3}{4}e^2\right) + S_5\left(\frac{35}{8}e^3\right)\right] \tag{4.510}$$

$$R_{3s} = \frac{3}{2}\beta_3 a^3 \left\{S_4\left[\left(\frac{r}{a}\right)^3 \cos f + \frac{5}{2}e\left(1 + \frac{3}{4}e^2\right)\right] + S_5\left[\left(\frac{r}{a}\right)^3 \cos 3f + \left(\frac{35}{8}e^3\right)\right]\right.$$
$$\left. + S_6\left(\frac{r}{a}\right)^3 \sin f + S_7\left(\frac{r}{a}\right)^3 \sin 3f\right\} \tag{4.511}$$

$$\overline{R}_4 = \frac{15}{8}\beta_4 a^4 \left[S_8\left(1 + 5e^2 + \frac{15}{8}e^4\right) + S_9\left(\frac{21}{4}e^2 + \frac{21}{8}e^4\right) + S_{10}\left(\frac{63}{8}e^4\right)\right] \tag{4.512}$$

$$R_{4s} = \frac{15}{8}\beta_4 a^4 \left\{S_8\left[\left(\frac{r}{a}\right)^4 - \left(1 + 5e^2 + \frac{15}{8}e^4\right)\right] + S_9\left[\left(\frac{r}{a}\right)^4 \cos 2f - \left(\frac{21}{4}e^2 + \frac{21}{8}e^4\right)\right]\right.$$
$$\left. + S_{10}\left[\left(\frac{r}{a}\right)^4 \cos 4f - \left(\frac{63}{8}e^4\right)\right] + S_{11}\left(\frac{r}{a}\right)^4 \sin 2f + S_{12}\left(\frac{r}{a}\right)^4 \sin 4f\right\} \tag{4.513}$$

4.7.2 地球卫星轨道的日、月引力摄动解

对于地球卫星的运动,日、月摄动是一个典型的外摄状态,有 $r \ll (\Delta, r')$,对摄动量级的大小可作如下估计:

$$\left(\frac{\Delta^3}{r'^3} + \frac{\vec{r}'}{r'^3}\right) \approx \frac{1}{r'^3}(\vec{\Delta} + \vec{r}') = \frac{r}{r'^3}$$

于是,日、月摄动加速度 $\vec{F}_\varepsilon$ 与地球中心引力加速度 $\vec{F}_0$ 的大小之比为

$$\frac{F_\varepsilon}{F_0} = m'\left(\frac{r}{r'}\right)^3 \tag{4.514}$$

由此便可给出相应的摄动量级,对于地球低轨卫星($r \leqslant 1.3$),有

$$\frac{F_\varepsilon}{F_0} = \begin{cases} 0.6 \times 10^{-7}, & \text{对太阳} \\ 1.2 \times 10^{-7}, & \text{对月球} \end{cases} \tag{4.515}$$

而对于地球高轨卫星,如地球同步卫星($r \approx 6.6$),则有

$$\frac{F_\varepsilon}{F_0} = \begin{cases} 10^{-5}, & \text{对太阳} \\ 2 \times 10^{-5}, & \text{对月球} \end{cases} \tag{4.516}$$

事实上,上述估计结果即反映第三体摄动中主要部分 $R_2(\beta_2)$ 对应的摄动量级大小。那么,根据(r/r')的大小可知,$R_3(\beta_3)$ 和 $R_4(\beta_4)$ 部分的摄动影响,相对而言是较小的。因此,可以通过主要部分 $R_2(\beta_2)$ 的摄动解来了解第三体摄动影响的特征,包括定量和定性两个方面。

4.7.2.1 日、月摄动主要部分的摄动解

若以地球低轨卫星的运动作为背景,同时考虑地球非球形扁率项(J_2)摄动,那么摄动小参数 ε 的量级为 10^{-3},J_2 项摄动为一阶小量,而第三体(日、月)引力摄动主要部分的量级即为二阶小量。因此,若同时考虑 J_2 项摄动,则有

$$R = R_1(\sigma; J_2) + R_2(\sigma, \sigma', t; \beta_2) \tag{4.517}$$

将摄动函数 R 代入($\partial R/\partial \sigma$)型的摄动运动方程,即得

$$\dot{\sigma} = f_0(a) + f_1(\sigma; J_2) + f_2(\sigma, \sigma', t; \beta_2) \tag{4.518}$$

这里仍引用符号 σ 表示 6 个轨道根数($a, e, i, \Omega, \omega, M$)。右函数 f_2 即第三体摄动部分,仅分离出短周期项,有

$$f_2 = \bar{f}_2 + f_{2s} \tag{4.519}$$

该式中的 $\bar{f}_2$ 由 $\bar{R}_2(\beta_2)$ 给出,即

$$\bar{f}_2 = \text{grad}(\bar{R}_2) = f_{2c} + f_{2l} \tag{4.520}$$

f_{2c} 和 f_{2l} 为长期和长周期两个部分。

下面给出拟平均根数法构造的摄动解,分别列出摄动解中的各种摄动项。

(1) 长期项和长周期项:$\Delta\sigma(t) = \sigma_2(t - t_0) + \Delta\sigma_l^{(1)}(t, \beta_2)$

$$\Delta a(t, \beta_2) = 0 \tag{4.521}$$

$$\Delta e(t,\beta_2) = -\left(\frac{3}{2}\beta_2 a^3\right)\left[5e\sqrt{1-e^2}\,S_3\right]n(t-t_0) \tag{4.522}$$

$$\Delta i(t,\beta_2) = -\left(\frac{3}{2}\beta_2 a^3\right)\frac{1}{\sqrt{1-e^2}\sin i}\left[\left(1+\frac{3}{2}e^2\right)(AA_2+BB_2)\right.$$
$$\left.+5e^2\left(\frac{1}{2}(AA_2-BB_2)-\cos i(AB)\right)\right]n(t-t_0) \tag{4.523}$$

$$\Delta\Omega(t,\beta_2) = \left(\frac{3}{2}\beta_2 a^3\right)\frac{1}{\sqrt{1-e^2}\sin i}\left[AA_1(1+4e^2)+BB_1(1-e^2)\right]n(t-t_0) \tag{4.524}$$

$$\Delta\omega(t,\beta_2) = -\cos i\Delta\Omega(t)+\left(\frac{3}{2}\beta_2 a^3\right)\sqrt{1-e^2}\left[3S_1+5S_2\right]n(t-t_0) \tag{4.525}$$

$$\Delta M(t,\beta_2) = -\sqrt{1-e^2}\left[\Delta\omega(t)+\cos i\Delta\Omega(t)\right]$$
$$-\left(\frac{3}{2}\beta_2 a^3\right)\left[4\left(1+\frac{3}{2}e^2\right)S_1+10e^2 S_2\right]n(t-t_0) \tag{4.526}$$

上述各式中出现的 a,e,i 和 Ω,ω 均采用 $\bar{a}_0,\bar{e}_0,\bar{i}_0,\bar{\Omega}_0,\bar{\omega}_0$，以下同，不再说明。其他辅助量的定义如下：

$$A_1=\frac{\partial A}{\partial i}=\frac{1}{4}\{\sin i[(1+\cos i')\cos(\omega-\theta+u')+(1-\cos i')\cos(\omega-\theta-u')]$$
$$-\sin i[(1+\cos i')\cos(\omega+\theta-u')+(1-\cos i')\cos(\omega+\theta+u')]$$
$$+2\cos i\sin i'[\cos(\omega-u')-\cos(\omega+u')]\} \tag{4.527}$$

$$B_1=\frac{\partial B}{\partial i}=-\frac{1}{4}\{\sin i[(1+\cos i')\sin(\omega-\theta+u')+(1-\cos i')\sin(\omega-\theta-u')]$$
$$-\sin i[(1+\cos i')\sin(\omega+\theta-u')+(1-\cos i')\sin(\omega+\theta+u')]$$
$$+2\cos i\sin i'[\sin(\omega-u')-\sin(\omega+u')]\} \tag{4.528}$$

$$A_2=\frac{\partial A}{\partial\Omega}=\frac{1}{4}\{(1-\cos i)[(1+\cos i')\sin(\omega-\theta+u')+(1-\cos i')\sin(\omega-\theta-u')]$$
$$-(1+\cos i)[(1+\cos i')\sin(\omega+\theta-u')+(1-\cos i')\sin(\omega+\theta+u')]\} \tag{4.529}$$

$$B_2=\frac{\partial B}{\partial\Omega}=\frac{1}{4}\{(1-\cos i)[(1+\cos i')\cos(\omega-\theta+u')+(1-\cos i')\cos(\omega-\theta-u')]$$
$$-(1+\cos i)[(1+\cos i')\cos(\omega+\theta-u')+(1-\cos i')\cos(\omega+\theta+u')]\} \tag{4.530}$$

（2）短周期项 $\sigma_s^{(2)}(t,\beta_2)$

$$a_s^{(2)}(t,\beta_2)=\frac{2}{n^2 a}R_{2s}=2a^2 R_{2s}=2a\left(\frac{3}{2}\beta_2 a^3\right)G_1 \tag{4.531}$$

$$e_s^{(2)}(t,\beta_2)=\left(\frac{3}{2}\beta_2 a^3\right)G_2 \tag{4.532}$$

$$i_s^{(2)}(t,\beta_2) = \left(\frac{3}{2}\beta_2 a^3\right)\frac{1}{\sqrt{1-e^2}\sin i}(-\cos i G_3 + G_4) \tag{4.533}$$

$$\Omega_s^{(2)}(t,\beta_2) = \left(\frac{3}{2}\beta_2 a^3\right)\frac{1}{\sqrt{1-e^2}\sin i}(-G_5) \tag{4.534}$$

$$\omega_s^{(2)}(t,\beta_2) = \left(\frac{3}{2}\beta_2 a^3\right)\frac{\sqrt{1-e^2}}{e}G_6 - \cos i \Omega_s^{(2)}(t) \tag{4.535}$$

$$M_s^{(2)}(t,\beta_2) = \left(\frac{3}{2}\beta_2 a^3\right)\left(-\frac{1-e^2}{e}G_6 + 7G_7\right) \tag{4.536}$$

其中辅助量 $G_1, G_2, \cdots, G_7$ 的表达式如下：

$$
\begin{aligned}
G_1 &= S_1\left[\left(\frac{r}{a}\right)^2 - \left(1+\frac{3}{2}e^2\right)\right] + S_2\left[\left(\frac{r}{a}\right)^2\cos 2f - \frac{5}{2}e^2\right] + S_3\left[\left(\frac{r}{a}\right)^2\sin 2f\right] \\
&= S_1\left[-e^2 - 2e\cos E + \frac{1}{2}e^2\cos 2E\right] + S_2\left[-e^2 - 2e\cos E + \left(1-\frac{1}{2}e^2\right)\cos 2E\right] \\
&\quad + S_3\sqrt{1-e^2}\left[-2e\sin E + \sin 2E\right]
\end{aligned} \tag{4.537}
$$

$$
\begin{aligned}
G_2 &= S_1(1-e^2)\left[-e - 2\cos E + \frac{1}{2}e\cos 2E\right] \\
&\quad + S_2(1-e^2)\left[-e + 3\cos E - \frac{3}{2}e\cos 2E + \frac{1}{3}\cos 3E\right] \\
&\quad + S_3\sqrt{1-e^2}\left[\left(3-\frac{1}{2}e^2\right)\sin E - \frac{3}{2}e\sin 2E + \left(\frac{1}{3}-\frac{1}{6}e^2\right)\sin 3E\right]
\end{aligned} \tag{4.538}
$$

$$G_3 = S_2 G_8 + S_3 G_9 = \frac{1}{2}(A^2 - B^2)G_8 + (AB)G_9 \tag{4.539}$$

$$G_4 = -\frac{1}{2}(AB_2 + A_2 B)G_8 + \frac{1}{2}(AA_2 - BB_2)G_9 + (AA_2 + BB_2)G_{10} \tag{4.540}$$

$$G_5 = -\frac{1}{2}(AB_1 + A_1 B)G_8 + \frac{1}{2}(AA_1 - BB_1)G_9 + (AA_1 + BB_1)G_{10} \tag{4.541}$$

$$
\begin{aligned}
G_6 &= S_1\left[(-2+e^2)\sin E + \frac{1}{2}e\sin 2E\right] + S_2\left[(-3+3e^2)\sin E - \frac{1}{2}e\sin 2E + \frac{1}{3}\sin 3E\right] \\
&\quad + \frac{S_3}{\sqrt{1-e^2}}\left[\left(3-\frac{11}{2}e^2\right)\cos E + \left(\frac{1}{2}+\frac{1}{2}e^2\right)e\cos 2E - \left(\frac{1}{3}-\frac{1}{6}e^2\right)\cos 3E\right]
\end{aligned} \tag{4.542}
$$

$$G_7 = S_1 G_{10} + \frac{1}{2}S_2 G_9 - \frac{1}{2}S_3 G_8 \tag{4.543}$$

$$G_8 = \sqrt{1-e^2}\left[5e\cos E - (1+e^2)\cos 2E + \frac{1}{3}e\cos 3E\right] \tag{4.544}$$

$$G_9 = \left(5-\frac{5}{2}e^2\right)e\sin E - \left(1+\frac{1}{2}e^2\right)\sin 2E + \left(\frac{1}{3}-\frac{1}{6}e^2\right)e\sin 3E \tag{4.545}$$

$$G_{10} = \left(2-\frac{3}{4}e^2\right)e\sin E - \frac{3}{4}e^2\sin 2E + \frac{1}{12}e^3\sin 3E \tag{4.546}$$

若需要了解日、月摄动解的细节，严格区分长期、长周期和短周期项，为轨道设计、测控等领域提供卫星轨道变化的必要信息，可以将上述同时包含 $\sigma_2(t-t_0)$ 和 $\Delta\sigma_l^{(1)}(t,\beta_2)$ 的 $\Delta\sigma(t)$ 进

行分离。略去具体分离过程,直接列出长期变化率 σ_2 的表达式如下:

$$
\begin{cases}
a_2 = 0, \quad e_2 = 0, \quad i_2 = 0 \\[2mm]
\Omega_2 = -\left(\dfrac{3}{4}\beta_2 a^3\right)\left(1-\dfrac{3}{2}\sin^2 i'\right)\left(1+\dfrac{3}{2}e^2\right)(1-e^2)^{-1/2}n\cos i \\[2mm]
\omega_2 = \left(\dfrac{3}{4}\beta_2 a^3\right)\left(1-\dfrac{3}{2}\sin^2 i'\right)\left[\left(2-\dfrac{5}{2}\sin^2 i\right)+\dfrac{1}{2}e^2\right](1-e^2)^{-1/2}n \\[2mm]
M_2 = -\left(\dfrac{3}{4}\beta_2 a^3\right)\left(1-\dfrac{3}{2}\sin^2 i'\right)\left(1-\dfrac{3}{2}\sin^2 i\right)\left(\dfrac{7}{3}+e^2\right)n
\end{cases}
\tag{4.547}
$$

其中各量的含义无须再介绍。除此之外,长周期变化中还会出现慢变量引起的通约小分母项,这从表达式(4.498)和(4.499)定义的 A 和 B 两个量的具体形式中即可看出。如果为了分析某些问题,需要全面了解日、月摄动解的长期变化和长周期变化的具体结构,可参阅作者的有关著作[3-5]中的相关章节。

(3) 日、月轨道根数 σ' 的计算

关于日、月的轨道根数 σ',如果仅仅需要提供上述计算公式中某一时刻的值,那么可由地球的日心黄道坐标和月球的地心黄道坐标转换为 J2000 地心天球坐标系中的相应根数 σ',其过程是首先进行位置、速度矢量转换,获得 J2000 地心天球坐标系下日、月的位置和速度矢量后,便可将其转化为轨道根数。

但是,在构造摄动解的过程和解的具体应用中,对于有些问题是需要 σ' 作为时间 t 的已知函数出现,那么就要采用另一处理方法。这里就针对地球卫星的日、月引力摄动作一介绍。对太阳有

$$
i' = \varepsilon, \quad \Omega' = 0, \quad u' = L_\odot
\tag{4.548}
$$

其中 ε 是黄赤交角,$L_\odot = M_\odot + \omega_\odot + \Omega_\odot$ 即太阳的地心平黄经。对月球,则有

$$
u' = M' + \omega' = L_m - (\Omega_m - \theta_m)
\tag{4.549}
$$

$$
\begin{cases}
\cos i' = \cos\varepsilon\cos J - \sin\varepsilon\sin J\cos\Omega_m \\[2mm]
\sin i' = (1-\cos^2 i')^{1/2}
\end{cases}
\tag{4.550}
$$

$$
\begin{cases}
\sin\Omega' = \dfrac{\sin J\sin\Omega_m}{\sin i'} \\[3mm]
\cos\Omega' = \dfrac{\cos J - \cos\varepsilon\cos i'}{\sin\varepsilon\sin i'}
\end{cases}
\tag{4.551}
$$

$$
\sin(\Omega_m - \theta_m) = \frac{1}{\sin i'}\left(\cos\varepsilon\sin\Omega_m\sin J - \sin\varepsilon\sin 2\Omega_m\sin^2\frac{J}{2}\right)
\tag{4.552}
$$

其中 $L_m = M_m + \omega_m + \Omega_m$ 和 Ω_m 分别为月球及其轨道升交点的平黄经。由于黄白交角 $J = 5°09'$,表达式(4.552)的 $(\Omega_m - \theta_m) = O(J)$,其象限是确定的。

对于日、月轨道根数 $\sigma_\odot$ 和 σ_m 的计算,可采用简单的平均历表,具体计算公式见附录 2 中的相关表达式。不过,对于月球而言,由于其轨道摄动变化较大,最大的周期项振幅可达 2×10^{-2},故由平均历表给出的轨道精度较低,这将制约地球高轨卫星摄动分析解的精度,如果将大振幅的周期项考虑进去,会使问题复杂化。

4.7.2.2 第一类无奇点摄动解的表达形式

如果在上述采用拟平均根数法提供的消除通约奇点的摄动解基础上,还需要进一步消除小 e 问题,那么就可利用 Kepler 根数解进行相应的组合而成,下面直接列出结果。

(1) 长期项和长周期项 $\Delta\sigma(t)=\sigma_2(t-t_0)+\Delta\sigma_l^{(1)}(t,\beta_2)$

$$\Delta a(t,\beta_2)=0 \tag{4.553}$$

$$\Delta i(t,\beta_2)=-\left(\frac{3}{2}\beta_2 a^3\right)\frac{1}{\sqrt{1-e^2}\sin i}\left[\left(1+\frac{3}{2}e^2\right)(AA_2+BB_2)\right.$$
$$\left.+5e^2\left(\frac{1}{2}(AA_2-BB_2)-\cos i(AB)\right)\right]n(t-t_0) \tag{4.554}$$

$$\Delta\Omega(t,\beta_2)=\left(\frac{3}{2}\beta_2 a^3\right)\frac{1}{\sqrt{1-e^2}\sin i}\left[AA_1(1+4e^2)+BB_1(1-e^2)\right]n(t-t_0) \tag{4.555}$$

$$\Delta\xi(t,\beta_2)=\cos\omega\left[\Delta e(t,\beta_2)\right]-\sin\omega\left[e\Delta\omega(t,\beta_2)\right] \tag{4.556}$$

$$\Delta\eta(t,\beta_2)=\sin\omega\left[\Delta e(t,\beta_2)\right]+\cos\omega\left[e\Delta\omega(t,\beta_2)\right] \tag{4.557}$$

$$\Delta\lambda(t,\beta_2)=\left[\Delta M(t,\beta_2)+\Delta\omega(t,\beta_2)\right]$$
$$=-\cos i\Delta\Omega(t)$$
$$+\frac{e^2}{1+\sqrt{1-e^2}}\left(\frac{3}{2}\beta_2 a^3\right)\sqrt{1-e^2}\left[3S_1+5S_2\right]n(t-t_0) \tag{4.558}$$
$$-\left(\frac{3}{2}\beta_2 a^3\right)\left[4\left(1+\frac{3}{2}e^2\right)S_1+10e^2 S_2\right]n(t-t_0)$$

其中 $\Delta e(t)$ 和 $\Delta\omega(t)$ 的表达式见(4.522)和(4.525)式。

(2) 短周期项 $\sigma_s^{(2)}(t,\beta_2)$

$$a_s^{(2)}(t,\beta_2)=2a\left(\frac{3}{2}\beta_2 a^3\right)G_1 \tag{4.559}$$

$$i_s^{(2)}(t,\beta_2)=\left(\frac{3}{2}\beta_2 a^3\right)\frac{1}{\sqrt{1-e^2}}(I_{S1}G_8+I_{S2}G_9+I_{S3}G_{10}) \tag{4.560}$$

$$\Omega_s^{(2)}(t,\beta_2)=\left(\frac{3}{2}\beta_2 a^3\right)\frac{1}{\sqrt{1-e^2}\sin i}(-G_5) \tag{4.561}$$

$$\xi_s^{(2)}(t,\beta_2)=\cos\omega\left[e_s^{(2)}(t,\beta_2)\right]-\sin\omega\left[e\omega_s^{(2)}(t,\beta_2)\right] \tag{4.562}$$

$$\eta_s^{(2)}(t,\beta_2)=\sin\omega\left[e_s^{(2)}(t,\beta_2)\right]+\cos\omega\left[e\omega_s^{(2)}(t,\beta_2)\right] \tag{4.563}$$

$$\lambda_s^{(2)}(t,\beta_2)=M_s^{(2)}(t,\beta_2)+\omega_s^{(2)}(t,\beta_2)$$
$$=-\cos i\Omega_s^{(2)}(t,\beta_2)+\left(\frac{3}{2}\beta_2 a^3\right)\left[\sqrt{1-e^2}\left(\frac{e}{1+\sqrt{1-e^2}}\right)(G_6)+7G_7\right] \tag{4.564}$$

其中 $e_s^{(2)}(t)$ 和 $\omega_s^{(2)}(t)$ 见(4.532)和(4.535)式,其他辅助量 $G_1,\cdots$ 不再说明。

4.7.2.3 第二类无奇点摄动解的表达形式

如果还需要进一步消除小 i 问题(地球同步卫星的轨道分析解就有这一要求),那么同样可利用 Kepler 根数解进行相应的组合而成,下面直接列出结果。

(1)长期项和长周期项 $\Delta\sigma(t)=\sigma_2(t-t_0)+\Delta\sigma_l^{(1)}(t,\beta_2)$

$$\Delta a(t,\beta_2)=0 \tag{4.565}$$

$$\Delta\xi(t,\beta_2)=\cos\tilde{\omega}[\Delta e(t,\beta_2)]-\sin\tilde{\omega}[e\Delta\tilde{\omega}(t,\beta_2)] \tag{4.566}$$

$$\Delta\eta(t,\beta_2)=\sin\tilde{\omega}[\Delta e(t,\beta_2)]+\cos\tilde{\omega}[e\Delta\tilde{\omega}(t,\beta_2)] \tag{4.567}$$

$$\Delta h(t,\beta_2)=\frac{1}{2}\cos(i/2)\cos\Omega[\Delta i(t,\beta_2)]-\frac{1}{2\cos(i/2)}\sin\Omega[\sin i\Delta\Omega(t,\beta_2)] \tag{4.568}$$

$$\Delta k(t,\beta_2)=\frac{1}{2}\cos(i/2)\sin\Omega[\Delta i(t,\beta_2)]+\frac{1}{2\cos(i/2)}\cos\Omega[\sin i\Delta\Omega(t,\beta_2)] \tag{4.569}$$

$$\Delta\lambda(t,\beta_2)=[\Delta M(t,\beta_2)+\Delta\tilde{\omega}(t,\beta_2)]$$
$$=\frac{\sin i}{1+\cos i}[\sin i\Delta\Omega(t)]+\left(\frac{3}{2}\beta_2 a^3\right)\{(1-\sqrt{1-e^2})\sqrt{1-e^2}[3S_1+5S_2]$$
$$-[4(1+3e^2/2)S_1+10e^2 S_2]\}n(t-t_0) \tag{4.570}$$

其中 $\Delta e(t)$ 和 $\Delta i(t)$ 的表达式即(4.522)和(4.523)式,而 $\sin i\Delta\Omega(t)$ 和 $\Delta\tilde{\omega}(t)$ 的表达式如下:

$$\sin i\Delta\Omega(t,\beta_2)=\left(\frac{3}{2}\beta_2 a^3\right)\frac{1}{\sqrt{1-e^2}}[AA_1(1+4e^2)+BB_1(1-e^2)]n(t-t_0) \tag{4.571}$$

$$\Delta\tilde{\omega}(t,\beta_2)=\frac{\sin i}{1+\cos i}[\sin i\Delta\Omega(t,\beta_2)]$$
$$+\left(\frac{3}{2}\beta_2 a^3\right)\sqrt{1-e^2}[3S_1+5S_2]n(t-t_0) \tag{4.572}$$

其他辅助量不再说明,而 $\Delta i(t)$ 中出现的 I_{S2},I_{S3} 的表达形式及其相应的算法,将在下面短周期项的计算中一并阐明。

(2)短周期项 $\sigma_s^{(2)}(t,\beta_2)$

$$a_s^{(2)}(t,\beta_2)=2a\left(\frac{3}{2}\beta_2 a^3\right)G_1 \tag{4.573}$$

$$\xi_S^{(2)}(t,\beta_2)=\cos\tilde{\omega}[e_S^{(2)}(t,\beta_2)]-\sin\tilde{\omega}[e\tilde{\omega}_S^{(2)}(t,\beta_2)] \tag{4.574}$$

$$\eta_S^{(2)}(t,\beta_2)=\sin\tilde{\omega}[e_S^{(2)}(t,\beta_2)]+\cos\tilde{\omega}[e\tilde{\omega}_S^{(2)}(t,\beta_2)] \tag{4.575}$$

$$h_S^{(2)}(t,\beta_2)=\frac{1}{2}\cos(i/2)\cos\Omega[i_S^{:(2)}(t,\beta_2)]-\frac{1}{2\cos(i/2)}\sin\Omega[\sin i\Omega_S^{(2)}(t,\beta_2)] \tag{4.576}$$

$$k_S^{(2)}(t,\beta_2)=\frac{1}{2}\cos(i/2)\sin\Omega[i_S^{(2)}(t,\beta_2)]+\frac{1}{2\cos(i/2)}\cos\Omega[\sin i\Omega_S^{(2)}(t,\beta_2)] \tag{4.577}$$

$$\lambda_s^{(2)}(t,\beta_2)=M_s^{(2)}(t,\beta_2)+\omega_s^{(2)}(t)+\Omega_s^{(2)}(t,\beta_2)$$
$$=\left(\frac{3}{2}\beta_2 a^3\right)\left[\frac{1}{\sqrt{1-e^2}}\left(\frac{\sin i}{1+\cos i}\right)(-G_5)+\sqrt{1-e^2}\left(\frac{e}{1+\sqrt{1-e^2}}\right)(G_6)+7G_7\right] \tag{4.578}$$

其中 $e_s^{(2)}(t,\beta_2)$ 见(4.532)式,其他有关表达式如下:

$$i_s^{(2)}(t,\beta_2)=\left(\frac{3}{2}\beta_2 a^3\right)\frac{1}{\sqrt{1-e^2}}(I_{S1}G_8+I_{S2}G_9+I_{S3}G_{10}) \tag{4.579}$$

$$\sin i\Omega_s^{(2)}(t,\beta_2)=\left(\frac{3}{2}\beta_2 a^3\right)\frac{1}{\sqrt{1-e^2}}(-G_5) \tag{4.580}$$

$$e\widetilde{\omega}_s^{(2)}(t,\beta_2)=\left(\frac{3}{2}\beta_2 a^3\right)\left[\frac{e}{\sqrt{1-e^2}}\left(\frac{\sin i}{1+\cos i}\right)(-G_5)+\sqrt{1-e^2}(G_6)\right] \tag{4.581}$$

上述各式中辅助量 $G_1,G_2,\cdots$ 不再说明。而在 $\Delta i(t)$ 和 $i_s^{(2)}(t,\beta_2)$ 中出现的 I_{S1},I_{S2},I_{S3} 的形式为

$$I_{S1}=\frac{1}{\sin i}\left\{-\frac{1}{2}[(AB_2+A_2B)+\cos i(A^2-B^2)]\right\} \tag{4.582}$$

$$I_{S2}=\frac{1}{\sin i}\left\{\frac{1}{2}(AA_2-BB_2)-\cos i(AB)\right\} \tag{4.583}$$

$$I_{S3}=\frac{1}{\sin i}(AA_2+BB_2) \tag{4.584}$$

这一表达形式是为了消除原 $i_s^{(2)}(t,\beta_2)$ 右端形式上的 $1/\sin i$ 因子,原形式即表达式(4.533)。

$i_s^{(2)}(t,\beta_2)$ 改写成式(4.579)的形式后,再将 A,B 和 A_2,B_2 的表达式改写,即可消除上述形式上的 $1/\sin i$ 因子。为此,将 A,B 和 A_2,B_2 的表达式改写如下:

$A=A_0+\Delta A$

$$A_0=\frac{1}{4}\sin i\left\{\frac{\sin i}{(1+\cos i)}[(1+\cos i')\cos(\omega-\theta+u')+(1-\cos i')\cos(\omega-\theta-u')]\right.$$
$$\left.+2\sin i'[\cos(\omega-u')-\cos(\omega+u')]\right\}$$

$$\Delta A=\frac{1}{4}\{(1+\cos i)[(1+\cos i')\cos(\omega+\theta-u')+(1-\cos i')\cos(\omega+\theta+u')]\}$$

$$\tag{4.585}$$

$B=B_0+\Delta B$

$$B_0=-\frac{1}{4}\sin i\{\sin i/(1+\cos i)[(1+\cos i')\sin(\omega-\theta+u')+(1-\cos i')\sin(\omega-\theta-u')]$$
$$+2\sin i'[\sin(\omega-u')-\sin(\omega+u')]\}$$

$$\Delta B=-\frac{1}{4}\{(1+\cos i)[(1+\cos i')\sin(\omega+\theta-u')+(1-\cos i')\sin(\omega+\theta+u')]\}$$

$$\tag{4.586}$$

$A_2=A_{20}+\Delta A_2$

$$A_{20}=\frac{1}{4}\sin i\{\sin i/(1+\cos i)[(1+\cos i')\sin(\omega-\theta+u')+(1-\cos i')\sin(\omega-\theta-u')]\}$$

$$\Delta A_2=-\frac{1}{4}\{(1+\cos i)[(1+\cos i')\sin(\omega+\theta-u')+(1-\cos i')\sin(\omega+\theta+u')]\}$$

$$\tag{4.587}$$

172

$$B_2 = B_{20} + \Delta B_2$$

$$B_{20} = \frac{1}{4}\sin i\{\sin i/(1+\cos i)[(1+\cos i')\cos(\omega-\theta+u')+(1-\cos i')\cos(\omega-\theta-u')]\}$$

$$\Delta B_2 = -\frac{1}{4}\{(1+\cos i)[(1+\cos i')\cos(\omega+\theta-u')+(1-\cos i')\cos(\omega+\theta+u')]\}$$

$$(4.588)$$

注意,有如下关系:

$$\Delta A_2 = \Delta B, \quad \Delta B_2 = -\Delta A \qquad (4.589)$$

最终即可将 I_{S1}, I_{S2}, I_{S3} 写成如下计算形式:

$$I_{S1} = -\frac{1}{2\sin i}\{[(A_0 B_2 + A_{20} B)+(B_0\Delta B+B_{20}\Delta A)]+\cos i[A_0(A+\Delta A)-B_0(B+\Delta B)]\}$$
$$+\frac{\sin i}{2(1+\cos i)}(\Delta A^2-\Delta B^2)$$

$$(4.590)$$

$$I_{S2} = \frac{1}{\sin i}\left\{\frac{1}{2}[(A_0 A_2+A_{20}\Delta A)-(B_0 B_2+B_{20}\Delta B)]-\cos i[A_0 B+B_0\Delta A]\right\}$$
$$+\frac{\sin i}{(1+\cos i)}(\Delta A\Delta B)$$

$$(4.591)$$

$$I_{S3} = \frac{1}{\sin i}[(A_0 A_2+B_0 B_2)+(A_{20}\Delta A+B_{20}\Delta B)] \qquad (4.592)$$

由于 A_0, B_0 和 A_{20}, B_{20} 的表达式中均已提出了 $\sin i$ 因子,见表达式(4.585)~(4.588),故上述 I_{S1}, I_{S2}, I_{S3} 确实不再含有 $1/\sin i$ 因子,即(4.579)式表达的 $i_s^{(1)}(t,\beta_2)$ 确已解除了小 i 问题,前面的表达式(4.560),亦是采用了同样的处理。但在构建相应的计算软件时,需要注意 A_0, B_0; A_{20}, B_{20} 和 I_{S1}, I_{S2}, I_{S3} 的语句写法。

4.7.2.4 日、月摄动 $P_3(\cos\psi)$ 部分的摄动解

由 $P_3(\cos\psi)$ 形成的日、月引力摄动函数的三次项部分 R_3 及其分解后的相应结果,见表达式(4.503)和(4.510)~(4.511),这里再次列出如下:

$$R_3 = \frac{3}{2}\beta_3 a^3\left(\frac{r}{a}\right)^3[S_4\cos f+S_5\cos 3f+S_6\sin f+S_7\sin 3f] \qquad (4.593)$$

$$\overline{R}_3 = -\frac{3}{2}\beta_3 a^3\left[S_4\left(\frac{5}{2}e\right)\left(1+\frac{3}{4}e^2\right)+S_5\left(\frac{35}{8}e^3\right)\right] \qquad (4.594)$$

$$R_{3S} = \frac{3}{2}\beta_3 a^3\left\{S_4\left[\left(\frac{r}{a}\right)^3\cos f+\frac{5}{2}e\left(1+\frac{3}{4}e^2\right)\right]+S_5\left[\left(\frac{r}{a}\right)^3\cos 3f+\left(\frac{35}{8}e^3\right)\right]\right.$$
$$\left.+S_6\left(\frac{r}{a}\right)^3\sin f+S_7\left(\frac{r}{a}\right)^3\sin 3f\right\}$$

$$(4.595)$$

$$\begin{cases}S_4=\left[\frac{5}{4}(A^2+B^2)-1\right]A, & S_5=\frac{5}{12}(A^2-3B^2)A\\[2mm]S_6=\left[\frac{5}{4}(A^2+B^2)-1\right]B, & S_7=\frac{5}{12}(3A^2-B^2)B\end{cases} \qquad (4.596)$$

（1）摄动解的 Kepler 根数形式

1）长期项和长周期项：$\Delta\sigma(t)=\Delta\sigma_l(t,\beta_3)$

$$\Delta a_l(t,\beta_3)=0 \tag{4.597}$$

$$\Delta e_l(t,\beta_3)=\left(\frac{3}{2}\beta_3 a^4\right)\sqrt{1-e^2}\left[\frac{5}{2}\left(1+\frac{3}{4}e^2\right)S_6+\frac{105}{8}e^2 S_7\right]n(t-t_0) \tag{4.598}$$

$$\Delta i_l(t,\beta_3)=\left(\frac{3}{2}\beta_3 a^4\right)\frac{1}{\sqrt{1-e^2}\sin i}\left\{\left[\frac{5}{2}\left(1+\frac{3}{4}e^2\right)eG_{11}+\frac{35}{8}e^3 G_{12}\right]\right.$$
$$\left.-\cos i\left[\frac{5}{2}\left(1+\frac{3}{4}e^2\right)eS_6+\frac{35}{8}e^3(3S_7)\right]\right\}n(t-t_0) \tag{4.599}$$

$$\Delta\Omega_l(t,\beta_3)=-\left(\frac{3}{2}\beta_3 a^4\right)\frac{1}{\sqrt{1-e^2}\sin i}\left[\frac{5}{2}\left(1+\frac{3}{4}e^2\right)eG_{13}+\frac{35}{8}e^3 G_{14}\right]n(t-t_0) \tag{4.600}$$

$$\Delta\omega_l(t,\beta_3)=-\cos i\cdot\Delta\Omega_l(t,\beta_3)$$
$$-\left(\frac{3}{2}\beta_3 a^4\right)\frac{\sqrt{1-e^2}}{e}\left[\frac{5}{2}\left(1+\frac{9}{4}e^2\right)S_4+\left(\frac{105}{8}e^2\right)S_5\right]n(t-t_0) \tag{4.601}$$

$$\Delta M_l(t,\beta_3)=-\sqrt{1-e^2}\left[\Delta\omega_l(t,\beta_3)+\cos i\cdot\Delta\Omega_l(t,\beta_3)\right]$$
$$+\left(\frac{3}{2}\beta_3 a^4\right)\left[15e\left(1+\frac{3}{4}e^2\right)S_4+\left(\frac{105}{4}e^3\right)S_5\right]n(t-t_0) \tag{4.602}$$

$$\begin{cases}G_{11}=\left[\frac{5}{2}(AA_2+BB_2)\right]A+\left[\frac{5}{4}(A^2+B^2)-1\right]A_2\\[6pt]G_{12}=\left[\frac{5}{6}(AA_2-3BB_2)\right]A+\left[\frac{5}{12}(A^2-3B^2)\right]A_2\\[6pt]G_{13}=\left[\frac{5}{2}(AA_1+BB_1)\right]A+\left[\frac{5}{4}(A^2+B^2)-1\right]A_1\\[6pt]G_{14}=\left[\frac{5}{6}(AA_1-3BB_1)\right]A+\left[\frac{5}{12}(A^2-3B^2)\right]A_1\end{cases} \tag{4.603}$$

2）短周期项 $\sigma_s^{(2)}(t,\beta_3)$

通常只需要给出 $a_s^{(2)}(t,\beta_3)$，如下：

$$a_s^{(2)}(t,\beta_3)=3\beta_3 a^5\left\{S_4\left[\left(\frac{r}{a}\right)^3\cos f+\frac{5}{2}e\left(1+\frac{3}{4}e^2\right)\right]+S_5\left[\left(\frac{r}{a}\right)^3\cos 3f+\left(\frac{35}{8}e^3\right)\right]\right.$$
$$\left.+S_6\left(\frac{r}{a}\right)^3\sin f+S_7\left(\frac{r}{a}\right)^3\sin 3f\right\} \tag{4.604}$$

另 5 个根数的表达式将直接在下面的第二类无奇点根数分析解中一并给出。

（2）摄动解的第一类无奇点根数形式

与前面 $P_2(\cos\psi)$ 部分的表达形式类似，见表达形式（4.553）～（4.558），只是将其中 β_2 部分的内容改为 β_3 部分相应的内容，下面列出各相应的摄动项。

1）长期项和长周期项 $\Delta\sigma(t)=\Delta\sigma_l(t,\beta_3)$

$$\Delta a(t,\beta_3)=0 \tag{4.605}$$

$$\Delta i(t,\beta_3)=\left(\frac{3}{2}\beta_3 a^4\right)\frac{1}{\sqrt{1-e^2}}\left[\frac{5}{2}e\left(1+\frac{3}{4}e^2\right)(I_{S4})+\frac{35}{8}e^3(I_{S5})\right]n(t-t_0) \quad (4.606)$$

$$\Delta\Omega(t,\beta_3)=-\left(\frac{3}{2}\beta_3 a^4\right)\frac{1}{\sqrt{1-e^2}\sin i}\left[\frac{5}{2}\left(1+\frac{3}{4}e^2\right)eG_{13}+\frac{35}{8}e^3 G_{14}\right]n(t-t_0) \quad (4.607)$$

$$\Delta\xi(t,\beta_3)=\cos\omega\left[\Delta e(t,\beta_3)\right]-\sin\omega\left[e\Delta\omega(t,\beta_3)\right] \quad (4.608)$$

$$\Delta\eta(t,\beta_3)=\sin\omega\left[\Delta e(t,\beta_3)\right]+\cos\omega\left[e\Delta\omega(t,\beta_3)\right] \quad (4.609)$$

$$\Delta\lambda_l(t,\beta_3)=\Delta M_l(t,\beta_3)+\Delta\omega_l(t,\beta_3)$$

$$=-\cos i\cdot\Delta\Omega_l(t)+\left(\frac{3}{2}\beta_3 a^4\right)\left\{\left[15e\left(1+\frac{3}{4}e^2\right)S_4+\left(\frac{105}{4}e^3\right)S_5\right]\right.$$

$$\left.-\frac{e}{1+\sqrt{1-e^2}}\left[\frac{5}{2}\left(1+\frac{9}{4}e^2\right)S_4+\left(\frac{105}{8}e^2\right)S_5\right]\right\}n(t-t_0)$$

$$(4.610)$$

其中 $\Delta e(t,\beta_3)$ 和 $\Delta\omega(t,\beta_3)$ 的表达式即(5.608)和(5.611)式。

2）短周期项 $a_s^{(2)}(t,\beta_3)$，同表达式(4.604)。

（3）摄动解的第二类无奇点根数形式

1）长期项和长周期项：$\Delta\sigma(t)=\Delta\sigma_l(t,\beta_3)$

$$\Delta a(t,\beta_4)=0 \quad (4.611)$$

$$\Delta\xi(t,\beta_3)=\cos\widetilde{\omega}\left[\Delta e(t,\beta_3)\right]-\sin\widetilde{\omega}\left[e\Delta\omega(t,\beta_3)+e\Delta\Omega(t,\beta_3)\right] \quad (4.612)$$

$$\Delta\eta(t,\beta_3)=\sin\widetilde{\omega}\left[\Delta e(t,\beta_3)\right]+\cos\widetilde{\omega}\left[e\Delta\omega(t,\beta_3)+e\Delta\Omega(t,\beta_3)\right] \quad (4.613)$$

$$\Delta h(t,\beta_3)=\frac{1}{2}\cos(i/2)\cos\Omega\left[\Delta i(t,\beta_3)\right]-\frac{1}{2\cos(i/2)}\sin\Omega\left[\sin i\Delta\Omega(t,\beta_3)\right] \quad (4.614)$$

$$\Delta k(t,\beta_3)=\frac{1}{2}\cos(i/2)\sin\Omega\left[\Delta i(t,\beta_3)\right]+\frac{1}{2\cos(i/2)}\cos\Omega\left[\sin i\Delta\Omega(t,\beta_3)\right] \quad (4.615)$$

$$\Delta\lambda_l(t,\beta_3)=\Delta M_l(t,\beta_3)+\Delta\omega_l(t,\beta_3)$$

$$=\left(\frac{3}{2}\beta_3 a^4\right)\left\{\left[15e\left(1+\frac{3}{4}e^2\right)S_4+\left(\frac{105}{4}e^3\right)S_5\right]\right.$$

$$-\frac{e}{1+\sqrt{1-e^2}}\left[\frac{5}{2}\left(1+\frac{9}{4}e^2\right)S_4+\left(\frac{105}{8}e^2\right)S_5\right]$$

$$\left.-\frac{\sin i}{\sqrt{1-e^2}(1+\sin i)}\left[\frac{5}{2}\left(1+\frac{3}{4}e^2\right)eG_{13}+\frac{35}{8}e^3 G_{14}\right]\right\}n(t-t_0)$$

$$(4.616)$$

2）短周期项 $\sigma_s^{(2)}(t,\beta_3)$

$$a_s^{(2)}(t,\beta_3)=3\beta_3 a^5\left\{S_4\left[\left(\frac{r}{a}\right)^3\cos f+\frac{5}{2}e\left(1+\frac{3}{4}e^2\right)\right]+S_5\left[\left(\frac{r}{a}\right)^3\cos 3f+\left(\frac{35}{8}e^3\right)\right]\right.$$

$$\left.+S_6\left(\frac{r}{a}\right)^3\sin f+S_7\left(\frac{r}{a}\right)^3\sin 3f\right\}$$

$$(4.617)$$

$$\xi_s^{(2)}(t,\beta_3) = \cos\tilde{\omega}[e_s^{(2)}(t,\beta_3)] - \sin\tilde{\omega}[e\tilde{\omega}_s^{(2)}(t,\beta_3)] \tag{4.618}$$

$$\eta_s^{(2)}(t,\beta_3) = \sin\tilde{\omega}[e_s^{(2)}(t,\beta_3)] + \cos\tilde{\omega}[e\tilde{\omega}_s^{(2)}(t,\beta_3)] \tag{4.619}$$

$$h_s^{(2)}(t,\beta_3) = \frac{1}{2}\cos(i/2)\cos\Omega[i_s^{(2)}(t,\beta_3)] - \frac{1}{2\cos(i/2)}\sin\Omega[\sin i\Omega_s^{(2)}(t,\beta_3)] \tag{4.620}$$

$$k_s^{(2)}(t,\beta_3) = \frac{1}{2}\cos(i/2)\sin\Omega[i_s^{(2)}(t,\beta_3)] + \frac{1}{2\cos(i/2)}\cos\Omega[\sin i\Omega_s^{(2)}(t,\beta_3)] \tag{4.621}$$

$$\lambda_s^{(2)}(t,\beta_3) = 3\left(\frac{3}{2}\beta_3 a^4\right)[S_4(-3\sin M) + S_5(-\sin 3M) + S_6(3\cos M) + S_7(\cos 3M)] \tag{4.622}$$

其中

$$e_s^{(2)}(t,\beta_3) = \left(\frac{3}{2}\beta_3 a^4\right)\Big[S_4\left(-\frac{1}{4}\cos 2M\right) + S_5\left(\frac{9}{4}\cos 2M + \frac{3}{8}\cos 4M\right)$$
$$+ S_6\left(-\frac{1}{4}\sin 2M\right) + S_7\left(\frac{9}{4}\sin 2M + \frac{3}{8}\sin 4M\right)\Big] \tag{4.623}$$

$$i_s^{(2)}(t,\beta_3) = \left(\frac{3}{2}\beta_3 a^4\right)\left(-I_{S4}\sin M - \frac{1}{3}I_{S5}\sin 3M + I_{S6}\cos M + \frac{1}{3}I_{S7}\cos 3M\right) \tag{4.624}$$

$$\sin i\Omega_s^{(2)}(t,\beta_3) = \left(\frac{3}{2}\beta_3 a^4\right)\Big[G_{13}(\sin M) + G_{14}\left(\frac{1}{3}\sin 3M\right)$$
$$+ G_{17}(-\cos M) + G_{18}\left(-\frac{1}{3}\cos 3M\right)\Big] \tag{4.625}$$

$$e\tilde{\omega}_s^{(2)}(t,\beta_3) = \left(\frac{3}{2}\beta_3 a^4\right)\Big[S_4\left(-\frac{1}{4}\sin 2M\right) + S_5\left(-\frac{9}{4}\sin 2M + \frac{3}{8}\sin 4M\right)$$
$$+ S_6\left(\frac{1}{4}\cos 2M\right) + S_7\left(\frac{9}{4}\cos 2M - \frac{3}{8}\cos 4M\right)\Big] \tag{4.626}$$

上述形式已展平近点角的三角级数，无需递交成完整的表达形式。各式中增加的几个辅助量 I_{S6}, I_{S7}, … 及其推导中涉及的 G_{15}, G_{16}, … 的具体形式如下：

$$\begin{cases} G_{15} = \left[\frac{5}{2}(AA_2 + BB_2)\right]B + \left[\frac{5}{4}(A^2 + B^2) - 1\right]B_2 \\[2mm] G_{16} = \left[\frac{5}{6}(3AA_2 - BB_2)\right]B + \left[\frac{5}{12}(3A^2 - B^2)\right]B_2 \\[2mm] G_{17} = \left[\frac{5}{2}(AA_1 + BB_1)\right]B + \left[\frac{5}{4}(A^2 + B^2) - 1\right]B_1 \\[2mm] G_{18} = \left[\frac{5}{6}(3AA_1 - BB_1)\right]B + \left[\frac{5}{12}(3A^2 - B^2)\right]B_1 \end{cases} \tag{4.627}$$

$$I_{S6} = \frac{1}{\sin i}\left\{\left(\frac{5}{2}\right)[A_0(A_2\Delta B) + B_0(AA_2 + B_2(B + \Delta B)) + A_{20}(\Delta A\Delta B) + B_{20}(\Delta B^2)]\right.$$
$$\left. + [B_{20} + \cos iA_0]\left[\frac{5}{4}(A^2 + B^2) - 1\right]\right\}$$
$$+ \frac{\sin i}{(1 + \cos i)}\left[\left(\frac{5}{4}\right)(A^2 + B^2) - 1\right](-\Delta A) \tag{4.628}$$

$$I_{S7} = \left(\frac{5}{12}\right)\frac{1}{\sin i}\{A_0\left[6\Delta B^2 - 3(A+\Delta A)\Delta A\right] + B_0\left[6AA_2 - 2BB_2 + (B+3\Delta B)\Delta A\right]$$

$$+ A_{20}\left[6A\Delta B\right] + B_{20}\left[3A^2 - B^2 - 2B\Delta B\right]$$

$$+ 3\cos i\left[A_0(A^2 - 3B^2 + (A+\Delta A)\Delta A) - 3B_0(B+\Delta B)\Delta A\right]\}$$

$$+ \left(\frac{5}{4}\right)\frac{\sin i}{(1+\cos i)}\left[(3\Delta B^2 - \Delta A^2)\Delta A\right]$$

$$\tag{4.629}$$

4.7.2.5　日、月摄动 $P_4(\cos\psi)$ 部分的摄动解

由 $P_4(\cos\psi)$ 形成的第三体引力摄动函数的四次项部分 R_4 及其分解后的相应结果,见表达式(5.514)和(5.522)~(5.523),这里仅列出 $a_s^{(2)}(t,\beta_4)$ 如下:

$$a_s^{(2)}(t,\beta_4) = 2a^2 R_{4s}$$

$$= \frac{15}{4}\beta_4 a^6\left\{S_8\left[\left(\frac{r}{a}\right)^4 - \left(1+5e^2+\frac{15}{8}e^4\right)\right] + S_9\left[\left(\frac{r}{a}\right)^4\cos 2f - \left(\frac{21}{4}e^2+\frac{21}{8}e^4\right)\right]\right.$$

$$\left. + S_{10}\left[\left(\frac{r}{a}\right)^4\cos 4f - \left(\frac{63}{8}e^4\right)\right] + S_{11}\left(\frac{r}{a}\right)^4\sin 2f + S_{12}\left(\frac{r}{a}\right)^4\sin 4f\right\}$$

$$\tag{4.630}$$

4.8　地球形变摄动解

前面给出的地球非球形引力摄动所涉及的引力场模型对应的是一个平均模型,或者说是对应的一个不变形的刚性地球,其引力位的表达式如下:

$$V(\vec{R}) = \frac{GE}{R}\left\{1 + \sum_{l=1}^{\infty}\sum_{m=0}^{l}\left(\frac{a_e}{R}\right)^l P_{bn}(\sin\varphi)\left[C_{bn}\cos m\lambda + S_{bn}\sin m\lambda\right]\right\} \tag{4.631}$$

该式中的两个常数 E 和 a_e 是地球的总质量和相应的参考椭球体的赤道半径,C_{bn},S_{bn} 即反映形状不规则(相对球形)和质量密度分布不均匀程度的常系数。相应的归一化形式即

$$V(\vec{R}) = \frac{1}{R}\left\{1 + \sum_{l=1}^{\infty}\sum_{m=0}^{l}\left(\frac{1}{R}\right)^l \overline{P}_{bn}(\sin\varphi)\left[\overline{C}_{bn}\cos m\lambda + \overline{S}_{bn}\sin m\lambda\right]\right\} \tag{4.632}$$

通常给出的地球引力场模型,与地球形状和质量分布有关的引力位系数 C_{bn},S_{bn}(或 $\overline{C}_{bn}$,$\overline{S}_{bn}$)均为一确定值。

事实上,各大天体均为弹性体,例如地球,即使陆地部分也并非刚体,而且还有占地球表面积 71% 的海洋,因此,不断发生形变是显然的。尽管导致形变的原因很复杂,但基本上可以归结为外部引力作用引起的潮汐形变和天体自转不均匀性导致的自转形变两大类。以地球为例,前者又分为固体潮、海潮和大气潮三种,当然,大气潮的起因更主要的是热源。所有这些形变,除几何上引起地面观测站的站坐标变化外,就动力学角度而言,将引起地球引力位展开式系数 C_{bn} 和 S_{bn} 的变化,从而导致相应的引力位变化,即真实引力位应该是表达式(4.631)给出的"平均"位(V)加上形变附加位(ΔV)。对于地球,按照上述形变的起因,分别

记固体潮、海潮、大气潮和自转形变附加位各为 ΔV_{ST}, ΔV_{OT}, ΔV_{AT} 和 ΔV_{RT}。这些形变附加位对卫星运动的影响，就称为中心天体(地球)的形变摄动。

关于地球形变(包括潮汐形变和自转形变)对地球卫星轨道变化的影响，就一般精度需求而言，往往是将它们作为综合潮汐(固体潮是主体)来考虑。至于海潮模型的细节以及利用地球卫星(如海洋卫星等)进行海潮模型研究等内容，实为另一个独立专题，已超出本书的范畴，不再提及。如有需要，可参阅本章参考文献[5]的第八章。

4.8.1　潮汐形变附加位的表达式

以地球潮汐形变为背景，并采用潮汐形变的统一形式——综合潮汐来讨论其对卫星轨道的影响，相应的形变附加位 ΔV 的表达形式为[5,7]

$$\Delta V = \frac{GE}{r}\left(\frac{m'}{E}\right)\sum_{l=2}^{\infty} k_l \left(\frac{a_e}{r}\right)^l \left(\frac{a_e}{r'}\right)^{l+1} P_l(\cos\psi^*) \qquad (4.633)$$

其中 m' 是引起地球形变的日、月质量，r 和 r' 则为地球外部一试验质点(这里即人造地球卫星)和日、月的地心向径，ψ^* 是卫星方向与潮峰方向之间的地心张角。该附加位的形成是由于日、月对地球弹性体内部质点的引力作用产生弹性形变，该形变对应一引潮位，伴随着形变、地球形状和质量分布发生变化，从而导致地球外部引力场位函数的变化，这一变化即上述附加引力位表达式(4.633)。该式中的另一系数 k_l 称为 l 次 Love 数，它是英国地球物理学家 A. E. Love 于 1909 年提出的，名称由此而来。该系数是调节上述引潮位的理论(即流体静力平衡理论)模型与真实地球潮汐形变之间差别的一种参数。早期用测地卫星 GEOS-1 和 GEOS-2 测定地球模型时，未将各种潮汐分开，测得 k_2 的数值接近 0.30。

可以将附加位仍用地球引力位系数 C_{lm} 和 S_{lm} 的变化来表达，利用球谐函数展开式即可达到此目的。该表达式可用于这里的 $P_l(\cos\psi^*)$，并改写成下列形式：

$$P_l(\cos\psi^*) = \sum_{m=0}^{l} 2^{\delta_m} \frac{(l-m)!}{(l+m)!} P_{lm}(\sin\varphi) P_{lm}(\sin\varphi')$$
$$\times \left[\cos m\lambda \cos m\lambda^* + \sin m\lambda \sin m\lambda^*\right] \qquad (4.634)$$
$$= \sum_{m=0}^{l} 2^{\delta_m} \frac{(l-m)!}{(l+m)!} P_{lm}(\sin\varphi) P_{lm}(\sin\varphi') \cos m(\lambda-\lambda^*)$$

这里符号 δ_m 的含义亦同前，即

$$\delta_m = \begin{cases} 0, & m=0 \\ 1, & m\neq 0 \end{cases} \qquad (4.635)$$

式(4.634)中出现的 λ^* 定义如下：

$$\lambda^* = \lambda' + v \qquad (4.636)$$

该式中的角度 v 是潮汐滞后现象对应的延迟角，即潮峰方向不是当时的日、月方向，而向东偏离了一个角度 v。λ,φ 和 λ',φ' 各表示卫星和日、月在地固坐标系中的经纬度，但由于 λ 和 λ' 实际上是以 $(\lambda-\lambda')$ 形式出现的，如果不考虑岁差章动和极移(对于这里要考虑的问题，确实无须考虑)，则对于 λ,φ 和 λ',φ' 而言，历元地心天球坐标系与地固坐标系已无区别，λ 和 λ'

也就不必明确写成 λ_G 和 λ'_G(即相对地固坐标系中格林尼治子午线方向的经度角)。不过,对于严格的表达式,仍应对上述与坐标系有关的各种量理解为对应地固坐标系。将式(4.634)代入式(4.633),得

$$\Delta V = \frac{GE}{r}\left(\frac{m'}{E}\right)\sum_{l=2}^{\infty}\sum_{m=0}^{l} 2^{\delta_m}\frac{(l-m)!}{(l+m)!}\left(\frac{a_e}{r}\right)^{l} P_{lm}(\sin\varphi)$$
$$\times k_l\left(\frac{a_e}{r'}\right)^{l+1} P_{lm}(\sin\varphi')\left[\cos m\lambda^{*}\cos m\lambda + \sin m\lambda^{*}\sin m\lambda\right]$$

$$(4.637)$$

由此,即可进一步将附加位 ΔV 写成下列地球引力位系数变化的形式:

$$\Delta V = \frac{GE}{r}\sum_{l=2}^{\infty}\sum_{m=0}^{l}\left(\frac{a_e}{r}\right)^{l+1} P_{lm}(\sin\varphi)\left[\Delta C_{lm}\cos m\lambda + \Delta S_{lm}\sin m\lambda\right] \qquad (4.638)$$

$$\Delta C_{lm} = k_l\left(\frac{m'}{E}\right)\left(\frac{a_e}{r'}\right)^{l+1}\left[2^{\delta_m}\frac{(l-m)!}{(l+m)!}\right]P_{lm}(\sin\varphi')\cos m\lambda^{*} \qquad (4.639)$$

$$\Delta S_{lm} - k_l\left(\frac{m'}{E}\right)\left(\frac{a_e}{r'}\right)^{l+1}\left[2^{\delta_m}\frac{(l-m)!}{(l+m)!}\right]P_{lm}(\sin\varphi')\sin m\lambda^{*} \qquad (4.640)$$

4.8.2 潮汐形变附加位的主项($l=2$ 的二次项)对卫星轨道的影响

对于 $l=2$,考虑到表达的一致性和引用简便,同样采用前面提出的无量纲归一化计算单位,于是有

$$\Delta V_{2,0} = \left[\beta k_2 P_2(\sin\varphi')\right]\left(\frac{1}{r}\right)^{3} P_2(\sin\varphi) \qquad (4.641)$$

$$\Delta V_{2,1} = \left[\frac{1}{3}\beta k_2 P_{2,1}(\sin\varphi')\right]\left(\frac{1}{r}\right)^{3} P_{2,1}(\sin\varphi)\cos(\lambda-\lambda') \qquad (4.642)$$

$$\Delta V_{2,2} = \left[\frac{1}{3}\beta k_2 P_{2,2}(\sin\varphi')\right]\left(\frac{1}{r}\right)^{3} P_{2,2}(\sin\varphi)\cos 2(\lambda-\lambda') \qquad (4.643)$$

其中 β 即日、月引力摄动 $P_2(\cos\psi)$ 部分中的参数 β_2,见表达式(4.496):

$$\beta = \beta_2 = m'/r'^3 \qquad (4.644)$$

这里的 m' 是以地球质量为单位的日、月质量,r' 是第三体的地心距,对于潮汐形变摄动而言可取为常数。

对于低轨卫星,$\Delta V_{2m}(m=0,1,2)$ 的摄动量级 ε,即相应的摄动加速度的模 $F_\varepsilon = |\mathrm{grad}\ \Delta V_{2m}|$ 与地球中心引力加速度的模 $F_0 = \frac{1}{r^2}$ 之比为

$$\varepsilon = F_\varepsilon/F_0 = O\left(k_2 m'\left(\frac{r}{r'}\right)^{3}/r^5\right) = 10^{-8} \qquad (4.645)$$

显然,对高轨卫星(r 增大),这一摄动量级更小,这是容易理解的,远离地球,当然对地球的形变就难以反映。由此可知,通常是将潮汐形变二次项对卫星轨道的影响看作三阶摄动量。尽管这一影响并不显著,对于一般精度要求亦可不考虑,但这里还是给出主要影响部分的摄动解。

（1）$\Delta V_{2,0}$对卫星轨道影响的摄动解

该项与地球非球形引力位中的$C_{2,0}$项类似，由

$$\begin{cases} P_2(\sin\varphi) = \frac{3}{2}\sin^2\varphi - \frac{1}{2} \\ \sin\varphi = \sin i \sin u, \quad u = \sin(f+\omega) \end{cases}$$

可将式(4.641)表达的$\Delta V_{2,0}$写为

$$\Delta V_{2,0} = \frac{\beta k_2}{4a^3}\left(\frac{a}{r}\right)^3\left\{\left(1-\frac{3}{2}\sin^2 i'\right)\left[\left(1-\frac{3}{2}\sin^2 i\right)+\frac{3}{2}\sin^2 i\cos 2u\right]\right. \tag{4.646}$$
$$\left. +\frac{3}{2}\sin^2 i'\left[\left(1-\frac{3}{2}\sin^2 i\right)+\frac{3}{2}\sin^2 i\cos 2u\right]\cos 2u'\right\}$$

其中$i',u'=f'+\omega'$均为日、月在历元地心天球坐标系中的轨道根数，显然u'是慢变量。由平均值$\overline{\left(\frac{a}{r}\right)^3}=(1-e^2)^{-3/2}$，$\overline{\left(\frac{a}{r}\right)^3\cos 2f}=0$，$\overline{\left(\frac{a}{r}\right)^3\sin 2f}=0$，可将$\Delta V_{2,0}$分解成长期、长周期和短周期三个部分，即

$$(\Delta V_{2,0})_c = \frac{\beta k_2}{4a^3}\left(1-\frac{3}{2}\sin^2 i'\right)\left(1-\frac{3}{2}\sin^2 i\right)(1-e^2)^{-3/2} \tag{4.647}$$

$$(\Delta V_{2,0})_l = \frac{\beta k_2}{4a^3}\left(\frac{3}{2}\sin^2 i'\right)\left(1-\frac{3}{2}\sin^2 i\right)(1-e^2)^{-3/2}\cos 2u' \tag{4.648}$$

$$(\Delta V_{2,0})_s = \frac{\beta k_2}{4a^3}\left(\frac{a}{r}\right)^3\left[\left(1-\frac{3}{2}\sin^2 i'\right)+\frac{3}{2}\sin^2 i\cos 2u'\right]$$
$$\times\left\{\left(1-\frac{3}{2}\sin^2 i\right)\left[\left(\frac{a}{r}\right)^3-(1-e^2)^{-3/2}\right]+\frac{3}{2}\sin^2 i\cos 2u\right\} \tag{4.649}$$

上述$(\Delta V_{2,0})_c$和$(\Delta V_{2,0})_l$部分对卫星轨道的摄动影响为三阶长期项效应，采用拟平均根数法构造摄动解，略去推导过程（注意，和地球非球形引力位$C_{2,0}$项的主要形式几乎相同），直接给出长期和长周期变化项$\Delta\sigma(t)=\sigma_3(t-t_0)+\Delta\sigma_l(t,\beta)$的结果如下：

$$\Delta a(t) = 0 \tag{4.650}$$

$$\Delta e(t) = 0 \tag{4.651}$$

$$\Delta i(t) = 0 \tag{4.652}$$

$$\Delta\Omega(t) = -\left(\frac{3}{4p^2}\beta k_2\right)n\cos i\, W(t) \tag{4.653}$$

$$\Delta\omega(t) = -\left(\frac{3}{4p^2}\beta k_2\right)n\left(2-\frac{5}{2}\sin^2 i\right)W(t) \tag{4.654}$$

$$\Delta M(t) = -\left(\frac{3}{4p^2}\beta k_2\right)n\left(1-\frac{3}{2}\sin^2 i\right)\sqrt{1-e^2}\,W(t) \tag{4.655}$$

其中$p=a(1-e^2)$，而函数$W(t)$由下式表达

$$W(t) = \left(1-\frac{3}{2}\sin^2 i'\right)(t-t_0) + \left(\frac{3}{2}\sin^2 i'\right)(\sin 2u'-\sin 2u'_0)/2n' \tag{4.656}$$

n'是u'的变率。对于高轨卫星（如GEO卫星）而言，按长期变化项处理的长周期变化项实为

日、月运动项(半年项或半月项)。

关于短周期项 $\sigma_s^{(3)}(t)$,其量级很小,而且根据 $(\Delta V_{2,0})_s$ 表达形式的特点可以看出,并无新信息,因此不再给出具体表达形式。

从上述结果的具体形式可以看出,$\Delta V_{2,0}$ 项对 a,e,i 的影响只有短周期效应,而对 $\Omega,\omega,$ M 的影响中,长期效应不易从地球非球形引力位 J_2 项的摄动影响中分离出来。鉴于这一现状,无需再将上述摄动解的 Kepler 根数形式转换成第一类和第二类无奇点根数形式,如果有必要考查其影响,也容易仿照前面构造其他摄动解(如日、月引力摄动解)的方法获得相应结果,因为 $\Delta V_{2,0}$ 部分的潮汐摄动解结构没有任何需要特殊处理的细节(指小 e,小 i 和通约问题),见表达式(4.650)~(4.656)。

(2) $\Delta V_{2,1}$ 和 $\Delta V_{2,2}$ 对卫星轨道影响的基本特征

无需具体推导摄动解,从形变附加位 $\Delta V_{2,1}$ 和 $\Delta V_{2,2}$ 的表达式(4.642)和(4.643)就可以看出,这两部分对卫星轨道的影响与地球非球形引力位的 $C_{2,1},S_{2,1}$ 和 $C_{2,2},S_{2,2}$ 项类似,对卫星运动的影响只有周期效应,包括短周期效应(由卫星运动快变量 M 确定的短周期项),还有长周期效应,如 $\cos(\Omega-\Omega^*),\sin(\Omega-\Omega^*),\cos 2(\Omega-\Omega^*),\sin 2(\Omega-\Omega^*)$ 等形式的长周期项,这里 $\Omega^*=\Omega'+v,v$ 即前面曾提到过的潮汐延迟角。Ω' 是日、月在历元地心天球坐标系中的轨道升交点经度,对太阳有 $\Omega'=0$。除此之外,还有一个较大的差别,即由于与地球自转有关的经度项是以 $(\lambda-\lambda^*)$ 这种差值形式出现的,地球自转项(见 $J_{2,2}$ 项摄动解)不会再出现。

4.9 后牛顿效应的处理

4.9.1 后牛顿效应

新引力理论对牛顿引力理论的修正,在轨道力学范畴内将涉及参考系、观测资料处理和天体轨道运动方程的精化等问题。本节将从"方法"这一角度阐述运动方程的改变对卫星轨道的影响,由于运动方程的修正项较小,因此相当于增加一个摄动源。通常将运动方程中这种对牛顿引力加速度的修正项称为后牛顿(Post-Newtonian)加速度,由此引起的轨道变化,即后牛顿效应[3]。

对于地球卫星的轨道运动而言,目前常采用的引力理论还是爱因斯坦(Einstein)广义相对论,即考虑广义相对论对牛顿引力定律的修正,该修正项相对地球的中心引力加速度而言,即称为后牛顿加速度。在满足当前精度需求的前提下,卫星轨道运动方程可写成下列形式:

$$\begin{cases} \ddot{\vec{r}} = -\dfrac{\mu}{r^2}\left(\dfrac{\vec{r}}{r}\right)+\vec{A}_{PN} \\[2mm] \vec{A}_{PN}=\vec{A}_1+\vec{A}_2+\vec{A}_3+\vec{A}_4 \end{cases} \qquad (4.657)$$

181

该方程中的第一项是地球中心引力加速度,而第二项$\vec{A}_{PN}$即后牛顿加速度,其包含的$\vec{A}_1$,$\vec{A}_2$、$\vec{A}_3$和$\vec{A}_4$依次称为地球引力的一体效应、测地岁差、自转效应和扁率效应,具体表达形式即[3,9-11]

$$\vec{A}_1=\frac{\mu}{c^2 r^2}\left[\left(4\frac{\mu}{r}-v^2\right)\left(\frac{\vec{r}}{r}\right)+4\,\dot{r}v\left(\frac{\vec{r}}{v}\right)\right] \tag{4.658}$$

$$\vec{A}_2=2(\vec{\Omega}\times\vec{v}) \tag{4.659}$$

$$\vec{A}_3=\frac{2\mu}{c^2 r^3}\left[\frac{3}{r^2}(\vec{r}\cdot\vec{J})(\vec{r}\times\vec{v})+(\vec{v}\times\vec{J})\right] \tag{4.660}$$

$$\vec{A}_4=\frac{1}{c^2}\left[-4\,\nabla\left(\frac{\mu}{r}R\right)+v^2\,\nabla R-4(\vec{v}\cdot\nabla R)\vec{v}\right] \tag{4.661}$$

上述四类效应表达式中的辅助量如下:

$$\vec{\Omega}=\frac{3}{2}\left(\frac{Gm_s}{c^2 r_s^3}\right)\vec{h}_s,\ \vec{h}_s=\vec{r}_s\times\vec{v}_s \tag{4.662}$$

$$\vec{J}=J\hat{k},\ J=9.8\times10^8\ \text{m}^2/\text{s} \tag{4.663}$$

$$R=-J_2\left(\frac{\mu a_e^2}{r^3}\right)\left(\frac{3}{2}\sin^2\varphi-\frac{1}{2}\right),\ \sin\varphi=\frac{z}{r} \tag{4.664}$$

该三式中的m_s是太阳质量,r_s和v_s分别为太阳的地心向径和速度矢量,$\vec{h}_s$为常向量,即太阳"绕"地球运动的不变椭圆轨道的面积速度矢量;$\hat{k}$是地球赤道面的法向单位矢量;R即地球非球形引力位的动力学扁率项,$\mu=GE,E$是地球质量。具体计算中拟采用本书所提出的归一化的无量纲单位。

对于近地卫星,上述四种摄动相对地球中心引力加速度的大小分别为

$$10^{-9},10^{-11},10^{-12},10^{-12}$$

鉴于这样简单的定量估计,通常只需要考虑后牛顿加速度主项(即一体效应)的摄动影响。

4.9.2 考虑后牛顿效应的摄动解

通常只需考虑地球引力的一体效应,采用(4.658)式的形式,相应的后牛顿摄动加速度为

$$\vec{A}_{PN}=\frac{\mu}{c^2 r^2}\left[\left(\frac{4\mu}{r}-v^2\right)\left(\frac{\vec{r}}{r}\right)+4\,\dot{r}v\left(\frac{\dot{\vec{r}}}{v}\right)\right] \tag{4.665}$$

显然有

$$\varepsilon=|\vec{A}_{PN}|/\left(\frac{\mu}{r^2}\right)=O\left(\frac{v^2}{c^2}\right) \tag{4.666}$$

在太阳系中,水星绕日运动和人造卫星绕地球运动,这一摄动量级分别为10^{-7}和10^{-9}。对水星运动而言,后牛顿项相对其他天体的引力摄动是不太小的,而对人造地球卫星(确切地说是指近地卫星)的运动,后牛顿项相对地球扁率摄动项仅为三阶小量。

对于行星绕日运动和人造卫星绕地球运动两种力学系统,上述后牛顿摄动加速度的形

式相同,对于前者,有 $\mu=G(m_1+m_2)$,m_1 即太阳质量,m_2 即运动天体的质量,而对于后者通常可简化为 $\mu=GE$,E 为地球质量。虽然讨论两者采用的坐标系的基本平面(即 xy 坐标面)各不相同,前者是黄道面,而后者是地球赤道面,但只要对 i,Ω 两根数作不同的理解即可,因此可作为同一问题来讨论。

由 $\vec{r},\dot{\vec{r}}$ 与轨道根数之间的关系可知,用径向、横向和轨道面法向三个分量表达的形式为

$$\vec{r}=\begin{bmatrix}r\\0\\0\end{bmatrix},\dot{\vec{r}}=\begin{bmatrix}\dot{r}\\r\dot{\theta}\\0\end{bmatrix}=\begin{bmatrix}e\sin f\,\sqrt{\mu/p}\\(1+e\cos f)\,\sqrt{\mu/p}\\0\end{bmatrix} \tag{4.667}$$

其中 $p=a(1-e^2)$,由此可得 $\vec{A}_{PN}$ 的 S,T,W 三分量为

$$\begin{cases}S=\dfrac{\mu^2}{c^2a^3}\left[-3\left(\dfrac{a}{r}\right)^2+10\left(\dfrac{a}{r}\right)^3-4(1-e^2)\left(\dfrac{a}{r}\right)^4\right]\\T=\dfrac{\mu^2}{c^2a^3}\left[4e\left(\dfrac{a}{r}\right)^3\sin f\right]\\W=0\end{cases} \tag{4.668}$$

将其代入以 Kepler 轨道根数表达的摄动运动方程(3.14)式,即得

$$\dot{\sigma}=f_0(a)+f_{PN}(\sigma,\varepsilon) \tag{4.669}$$

这里的后牛顿项 f_{PN} 只有长期部分和短周期部分,即

$$f_{PN}=f_c(a,e)+f_s(a,e,M) \tag{4.670}$$

积分后即给出摄动解的长期项和短周期项,具体表达式如下:

$$\begin{cases}a_c(t-t_0)=0,\\e_c(t-t_0)=0\\i_c(t-t_0)=0,\end{cases} \tag{4.671}$$

$$\Omega_c(t-t_0)=0 \tag{4.672}$$

$$\omega_c(t-t_0)=\left(\dfrac{\mu}{c^2}\right)\dfrac{3}{p}n(t-t_0) \tag{4.673}$$

$$M_c(t-t_0)=-\left(\dfrac{\mu}{c^2}\right)(1-e^2)^{-1}\left(3+\dfrac{7}{2}e^2+e^4\right)n(t-t_0) \tag{4.674}$$

$$a_s(t)=-\left(\dfrac{\mu}{c^2}\right)(1-e^2)^{-2}\left[(14+6e^2)e\cos f+5e^2\cos 2f\right] \tag{4.675}$$

$$e_s(t)=-\left(\dfrac{\mu}{c^2}\right)\dfrac{1}{p}\left[(3+7e^2)\cos f+\dfrac{5}{2}e\cos 2f\right] \tag{4.676}$$

$$i_s(t)=0 \tag{4.677}$$

$$\Omega_s(t)=0 \tag{4.678}$$

$$\omega_s(t)=\left(\dfrac{\mu}{c^2}\right)\dfrac{1}{p}\left[3(f-M)-\left(\dfrac{3}{e}-e\right)\sin f-\dfrac{5}{2}\sin 2f\right] \tag{4.679}$$

$$M_s(t)=-\left(\dfrac{\mu}{c^2}\right)\dfrac{1}{p}\sqrt{1-e^2}\left[3e\left(\dfrac{r}{a}\right)\sin f-\left(\dfrac{3}{e}+7e\right)\sin f-\dfrac{5}{2}\sin 2f\right] \tag{4.680}$$

上述摄动解清楚地表明后牛顿效应有如下几个特征：

（1）除运动根数（平近点角）M 外，只有近星点角 ω 有长期项，这正是广义相对论的几个论据之一，水星近日点进动的检验，即牛顿力学无法解释的水星近日点进动的偏差，基本上可由后牛顿效应来校正。

（2）后牛顿一体效应对天体运动的轨道平面（体现为 i,Ω 两个根数无变化）无影响。

（3）后牛顿效应没有长周期摄动影响。

4.9.3　人造地球卫星运动中后牛顿效应的进一步考查

除上述一体效应外，还有测地岁差、自转效应和扁率效应，特别是地球自转和扁率的后牛顿效应对近地点幅角 ω 也都有长期影响，而除一体效应外，另三种后牛顿效应对轨道平面定向根数之一的升交点赤经 Ω 也都有长期影响[11]。但尽管如此，实因该三种效应均太小，通常不会去考虑。

4.10　太阳光压摄动解

4.10.1　辐射压力（简称光压力）的计算

太阳系中，大小天体的运动都将受到太阳辐射压的作用，但是，在太阳系自然天体（大、小行星和自然卫星等）的运动中，人们并未注意这一问题，而当人造地球卫星上天后才引起人们的关注。其原因是，辐射压是一面力，它的大小与承受辐射压作用的运动天体的有效面积质量比（简称面质比）有关，而各种探测器（如人造地球卫星）的面质比，相对而言比太阳系中自然天体的相应值大得多，所受辐射压的影响也就十分明显。

这类表面力摄动，与前面所涉及的引力摄动有完全不同的力学机制和表达形式，为了让读者对辐射压力有一个基本了解，在给出相应摄动解的具体计算前，有必要对辐射压力的计算原理作一简单介绍。

对于任一运动天体，不管它的形状、表面材料的物理特性和空间姿态如何，可首先取一"无限小"面元 ds 作为平面考虑，如图 4.3 所示。作用于其上的光压力为一合力，即

$$\mathrm{d}\vec{F}=\mathrm{d}\vec{F}_1+\mathrm{d}\vec{F}_2 \tag{4.681}$$

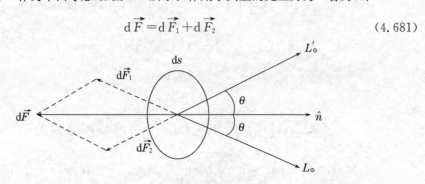

图 4.3　面元 ds 上承受的光压合力 d$\vec{F}$

其中 $\mathrm{d}\vec{F}_1$ 和 $\mathrm{d}\vec{F}_2$ 各为面元 $\mathrm{d}s$ 受到的光压力和反射导致的作用力,有

$$\begin{cases} \mathrm{d}\vec{F}_1 = -\rho_\odot (\hat{n} \cdot \hat{L}_\odot)\mathrm{d}s\,\hat{L}_\odot \\ \mathrm{d}\vec{F}_2 = -\eta |\mathrm{d}\vec{F}_1|\hat{L}'_\odot \end{cases} \tag{4.682}$$

这里 $\rho_\odot$ 是面元处的光压强度,$\hat{n}$ 即所取面元 $\mathrm{d}s$ 的法向单位矢量,它与辐射源方向单位矢量 $\hat{L}_\odot$ 之间的夹角为 θ,$\mathrm{d}\vec{F}_2$ 的方向符合反射规律(见图 4.3),但其大小与面元 $\mathrm{d}s$ 的反射性能有关,η 就是该面元的反射系数。若为完全反射,$\eta=1$,完全吸收则对应 $\eta=0$,通常 $0 < \eta < 1$。

于是由式(4.681)表达的光压合力为

$$\mathrm{d}\vec{F} = -\rho_\odot \mathrm{d}s\cos\theta(\hat{L}_\odot + \eta\hat{L}'_\odot) \tag{4.683}$$

其中 $\mathrm{d}s\cos\theta$ 即面 $\mathrm{d}s$ 在垂直辐射源方向的投影部分。

为了计算光压力 $\mathrm{d}\vec{F}$,需将 $\hat{L}'_\odot$ 用已知方向 $\hat{L}_\odot$ 和 $\hat{n}$ 来表达。为此引进 $\hat{n}'$ 和 $\hat{\tau}$,定义如下:

$$\begin{cases} \hat{n}' = \dfrac{\hat{L}_\odot \times \hat{n}}{\sin\theta} \\ \hat{\tau} = \hat{n} \times \hat{n}' = \dfrac{1}{\sin\theta}\hat{n} \times (\hat{L}_\odot \times \hat{n}) \end{cases} \tag{4.684}$$

显然,$\hat{n}'$ 和 $\hat{\tau}$ 均在面元 $\mathrm{d}s$ 内与 $\hat{n}$ 垂直,且 $\hat{n}$,$\hat{n}'$ 与 $\hat{\tau}$ 构成右手螺旋系统。由矢量运算公式

$$\vec{a} \times (\vec{b} \times \vec{c}) = (\vec{a} \cdot \vec{c})\vec{b} - (\vec{a} \cdot \vec{b})\vec{c}$$

可得

$$\sin\theta\,\hat{\tau} = (\hat{n} \cdot \hat{n})\hat{L}_\odot - (\hat{n} \cdot \hat{L}_\odot)\hat{n} = \hat{L}_\odot - \cos\theta\,\hat{n} \tag{4.685}$$

$\hat{L}'_\odot$ 显然在 $\hat{n}$ 和 $\hat{\tau}$ 确定的平面内,因此有

$$\begin{aligned} \hat{L}'_\odot &= (\hat{L}'_\odot \cdot \hat{n})\hat{n} + (\hat{L}'_\odot \cdot \hat{\tau})\hat{\tau} \\ &= \cos\theta\,\hat{n} + (\hat{L}'_\odot \cdot \hat{L}_\odot - \cos\theta\,\hat{L}'_\odot \cdot \hat{n})\hat{\tau}/\sin\theta \\ &= \cos\theta\,\hat{n} - \sin\theta\,\hat{\tau} = 2\cos\theta\,\hat{n} - \hat{L}_\odot \end{aligned} \tag{4.686}$$

以此式代入光压合力表达式(4.683),得

$$\mathrm{d}\vec{F} = -\rho_\odot \mathrm{d}s\cos\theta[(1-\eta)\hat{L}_\odot + 2\eta\cos\theta\,\hat{n}] \tag{4.687}$$

于是作用在整个运动天体上的光压力即为下列面积积分:

$$\vec{F}_\odot = -\oiint\limits_{(\omega)} \rho_\odot \mathrm{d}s\cos\theta[(1-\eta)\hat{L}_\odot + 2\eta\cos\theta\,\hat{n}]\mathrm{d}s \tag{4.688}$$

这里的积分区域 (ω) 表示遍及运动天体承受光压力的表面部分。

如果承受体的外形为一平面(或者说是一个等效截面),面积为 S,且其尺度相对到太阳的距离很小,则上式简化为

$$\vec{F}_\odot = -\rho_\odot S\cos\theta[(1-\eta)\hat{L}_\odot + 2\eta\cos\theta\,\hat{n}] \tag{4.689}$$

若进一步有 $\theta=0$,即该平面法向始终指向辐射源,则有

$$\begin{cases} \vec{F}_{\odot} = -\kappa S \rho_{\odot} \hat{L}_{\odot} \\ \kappa = 1 + \eta \end{cases} \tag{4.690}$$

对于人造地球卫星的轨道摄动计算问题,在一般情况下,相应的光压力往往采用上述简化模型,此时,表达式(4.690)中的 S 实为卫星承受光压力的等效截面积。至于一般情况下,光压力公式的复杂性,将涉及卫星的形状和空间姿态的几何信息以及卫星表面材料的反射性能等物理因素。关于这一问题的细节,只有特殊的高精度问题(如高轨导航卫星的定轨和预报)才会重点考虑,而对于一般精度要求无需考虑,特别是非合作目标的定轨和预报问题,根本无法考虑。因此,作为本书的相应内容,就采用上述平均模型处理,即采用表达式(4.690)作为光压力的计算公式,由此构造相应的光压摄动解。

4.10.2 光压摄动的两种状态

(1)辐射源为中心天体。太阳系的各个大小天体(包括各类深空探测器)直接承受的光压,其中心天体即太阳,地球卫星承受的源于地球的辐射压(包括地球的反照辐射压和地球的热辐射压),中心天体即地球。对于这种状态,作用在运动体上的光压力表达式(4.690)可改写为下列形式:

$$\vec{F}_{\odot} = \kappa S \rho_{\odot} \left(\frac{r_0^2}{r^2} \right) \left(\frac{\vec{r}}{r} \right) \tag{4.691}$$

这里 $\rho_{\odot}$ 是对应 $r = r_0$ 处的辐射压强度,仍记作 $\rho_{\odot}$。

(2)辐射源为摄动天体。人造地球卫星等的运动状态都属于这一类,辐射源是摄动天体(即太阳),相应的光压力表达式有如下形式:

$$\begin{cases} \vec{F}_{\odot} = \kappa S \rho_{\odot} \left(\frac{\Delta_0^2}{\Delta^2} \right) \left(\frac{\vec{\Delta}}{\Delta} \right) \\ \vec{\Delta} = \vec{r} - \vec{r}' \end{cases} \tag{4.692}$$

这里 $\vec{r}'$ 即摄动天体的位置矢量,$\rho_{\odot}$ 是对应 $\Delta = \Delta_0$ 处的光压强度。

上述两种状态均表明,光压力实为一中心斥力,与引力方向相反。若记

$$\mu_{\odot} = \begin{cases} \left(\kappa \dfrac{S}{m} \right) \rho_{\odot} r_0^2 & \text{辐射源是中心天体} \\[2mm] \left(\kappa \dfrac{S}{m} \right) \rho_{\odot} \Delta_0^2 & \text{辐射源是摄动天体} \end{cases} \tag{4.693}$$

则(4.691)式和(4.692)式对应的摄动加速度 $\vec{A}_{\odot}$ 分别变为

$$\vec{A}_{\odot} = \frac{\vec{F}_{\odot}}{m} = \begin{cases} \dfrac{\mu_{\odot}}{r^3} \vec{r} & \text{辐射源是中心天体} \\[2mm] \dfrac{\mu_{\odot}}{\Delta^3} \vec{\Delta} & \text{辐射源是摄动天体} \end{cases} \tag{4.694}$$

这与引力的差别是方向相反,其中 $\mu_{\odot}$ 对应 $\mu = G(m_0 + m)$,m_0 和 m 的意义不必再介绍。

对于第一种状态,若不考虑其他摄动源的影响,则相应的运动方程应为

$$\ddot{\vec{r}} = -\frac{\mu}{r^3}\vec{r} + \frac{\mu_\odot}{r^3}\vec{r} = -(\mu - \mu_\odot)\frac{\vec{r}}{r^3} \tag{4.695}$$

这与二体问题无实质性差别,解的形式完全相同,仅仅是系数 μ 改为 $\mu - \mu_\odot$,相应的面积速度公式由 $n^2 a^3 = \mu$ 变为

$$n^2 a^3 = \mu - \mu_\odot \tag{4.696}$$

对于这种理想状态,无需再讨论。

地球卫星运动的轨道问题,对应的是上述第二种状态,辐射源为摄动天体,即太阳,因此简称为光压摄动更确切。事实上,对于地球卫星,还要承受地球辐射压的影响,情况要复杂得多,相应的地球反照辐射压和热辐射压模型就难以准确确定,又涉及卫星本身的几何形状和运动姿态等,故实际上要从地球卫星承受的总辐射压中分离出各个部分,几乎不可能。因此,对于地球卫星的运动,往往只能在摄动模型中对其作一综合处理,才能有效地获得一个合理的光压摄动的经验模型。

鉴于上述原因,对于地球卫星运动的轨道问题,往往采用一种简化的光压摄动模型,在其基础上,构造相应的摄动解。

4.10.3 光压摄动解

4.10.3.1 光压摄动加速度和相应的摄动函数

对于地球卫星的轨道运动,相应的光压摄动加速度 $\vec{A}_\odot$ 实为下列两项之差:

$$\vec{A}_\odot = \frac{\mu_\odot}{\Delta^3}\vec{\Delta} - \left(-\frac{\mu'_\odot}{r^3}\vec{r}'\right) \tag{4.697}$$

其中 $\mu'_\odot = \left(\frac{\kappa' S'}{m_0}\right)\rho_\odot \Delta_0^2$,$\kappa'$,$S'$ 都是中心天体对应的值(即地球承受的光压)。一个直径为 3 m、重为 1 t 的球形卫星,相应的面质比 S/m 要比地球的面质比 S'/m_0 大得多,有

$$\left(\frac{S}{m}\right) \Big/ \left(\frac{S'}{M}\right) \approx 10^9$$

因此,人造地球卫星运动中所受到的光压摄动加速度就是表达式(4.697)右端的第一部分,该摄动加速度 $\vec{A}_\odot$ 对应的摄动函数 R 为

$$\begin{cases} R = -\dfrac{\mu_\odot}{\Delta} \\ \mu_\odot = \left(\kappa\,\dfrac{S}{m}\right)\rho_\odot \Delta_0^2 \end{cases} \tag{4.698}$$

其中各辅助量的含义前面已有说明,$\rho_\odot$ 是对应 $\Delta = \Delta_0$ 处的光压强度等。

考虑到卫星运动过程中等效截面的变化,可作相应的近似处理,如视其包含卫星轨道周期一倍频的周期变化,有

$$\begin{cases} R = -\dfrac{k}{\Delta}, \quad k = \mu_\odot[1 + \alpha\cos(u - u_0)] \\ \mu_\odot = \left(\kappa\,\dfrac{S}{m}\right)\rho_\odot \Delta_0^2, \quad u = \omega + f \end{cases} \tag{4.699}$$

其中，α 和 u_0 是反映光压周期变化的两个经验参数，可取 $\alpha < 1$，$u_0 = \text{const}$。在实际问题中，将要根据航天任务的具体要求和卫星的基本状态作出合理处理，从而获得所需要的经验模型。至于模型的复杂性，在当今的计算硬件背景下不会影响它的实用性，这里不再讨论经验处理的细节。然而，上述表达式(4.698)构建的光压理论模型，无论从定性角度还是定量角度来看，都是一个能够反映光压特征的合理模型，由此获得卫星运动的轨道变化应该是可信的，而且可以达到一定的精度要求，因为该模型已反映光压力的主体部分。故下面将在表达式(4.698)构建的光压理论模型下，处理地球卫星轨道的摄动变化。

在历元(J2000)地心天球坐标系中，有

$$\begin{cases} \dfrac{1}{\Delta} = (r^2 + r'^2 - 2rr'\cos\psi)^{-1/2} = \dfrac{1}{r'}\sum_{k=0}^{\infty}\left(\dfrac{r}{r'}\right)^k P_k(\cos\psi) \\ \cos\psi = \left(\dfrac{\vec{r}}{r}\right) \cdot \left(\dfrac{\vec{r}'}{r'}\right) \end{cases}$$

于是光压摄动函数 R 可表示为

$$R = -\frac{\mu_\odot}{r'}\left[\frac{r}{r'}\cos\psi + \frac{r^2}{r'^2}\left(\frac{3}{2}\cos^2\psi - \frac{1}{2}\right) + O\left(\frac{r^3}{r'^3}\right)\right] \tag{4.700}$$

该式右端第一大项对应的摄动加速度即 $\dfrac{\mu_\odot}{r'^3}\vec{r}'$，与式(4.697)相比，即以 $\vec{r}'$ 代替了 $\vec{\Delta}$，也就是略去了太阳视差项，而右端的第二大项正是视差项的反映。对近地卫星而言，略去的 $\left(\dfrac{r}{r'}\right)^3$ 项与第一大项之比为 $\left(\dfrac{r}{r'}\right)^2 = O(10^{-8})$，一般情况下已无需考虑，因此，作为对光压摄动的研究，相应的摄动函数可写成如下形式：

$$R = -\frac{\mu_\odot}{r'}\left[\left(\frac{r}{r'}\right)\cos\psi + \left(\frac{r}{r'}\right)^2\left(\frac{3}{2}\cos^2\psi - \frac{1}{2}\right)\right] \tag{4.701}$$

若习惯采用摄动加速度来讨论光压摄动，那么需要给出 $\vec{A}_\odot$ 的 S,T,W 分量。三个方向的单位矢量分别记作 $\hat{r}$、$\hat{\theta}$ 和 $\hat{R}$，有

$$\begin{cases} S = \dfrac{\mu_\odot}{\Delta^3}(\vec{\Delta} \cdot \hat{r}) = -\mu_\odot\dfrac{r'}{\Delta^3}(A\cos f + B\sin f) + \mu_\odot\dfrac{r}{\Delta^3} \\ T = \dfrac{\mu_\odot}{\Delta^3}(\vec{\Delta} \cdot \hat{\theta}) = -\mu_\odot\dfrac{r'}{\Delta^3}(-A\sin f + B\cos f) \\ W = \dfrac{\mu_\odot}{\Delta^3}(\vec{\Delta} \cdot \hat{R}) = -\mu_\odot\dfrac{r'}{\Delta^3}C \end{cases} \tag{4.702}$$

这里用到

$$\hat{r}' \cdot \hat{r} = \cos\psi = A\cos f + B\sin f \tag{4.703}$$

A 和 B 即由前面第 4.7.1 小节的(4.498)和(4.499)式表达，但现在第三体就是太阳，原 A，B 中的 i'，$\theta = \Omega - \Omega'$ 和 u' 实为

$$i' = \varepsilon, \quad \Omega' = 0, \quad u' = f' + \omega', \quad \theta = \Omega \tag{4.704}$$

ε 即黄赤交角。除 A 和 B 外，C 的表达式如下：

$$C = \sin i \left[\sin(\Omega - u') + \sin(\Omega + u') \right]$$
$$+ \sin i \cos \varepsilon \left[\sin(\Omega - u') - \sin(\Omega + u') \right] \quad (4.705)$$
$$+ \cos i \sin \varepsilon \left[\sin u' \right]$$

4.10.3.2 摄动运动方程的建立

仍用摄动函数来处理光压摄动问题,将 $\cos \psi$ 的表达式代入 (4.701) 式给出

$$R = \beta_1 a \left(\frac{r}{a} \right) \left[A \cos f + B \sin f \right]$$
$$+ \beta_2 a^2 \left(\frac{r}{a} \right)^2 \left[-\frac{1}{3} + \frac{1}{2}(A^2 + B^2) + \frac{1}{2}(A^2 - B^2) \cos 2f + AB \sin 2f \right] \quad (4.706)$$

其中

$$\begin{cases} \beta_1 = -\mu_\odot / r'^2 = -\left(\kappa \frac{S}{m} \right) \rho_\odot \left(\frac{\Delta_0^2}{r'^2} \right) \approx -\left(\kappa \frac{S}{m} \right) \rho_s \\ \beta_2 = -\mu_\odot / r'^3 \approx -\left(\kappa \frac{S}{m} \right) \rho_s / r' \end{cases} \quad (4.707)$$

对于中、低轨卫星,ρ_s 就取地球附近的值,有 $\rho_s = 4.5606 \times 10^{-6} (\text{N} \cdot \text{m}^{-2}) = 0.3169 \times 10^{-17}$,其后一种表达是对应本书采用的归一化计算单位中的无量纲值。

式 (4.706) 的第二部分与日、月引力摄动的表达式 (4.502) 完全相同,只是那里由式 (4.496) 表达的系数 β_2 中的 m' 换为这里由式 (4.698) 表达的 $-\mu_\odot$。对于地球卫星的运动,面质比不太大的近地卫星,例如直径为 3 m,重 1 t 的球形卫星,光压摄动相对地球扁率(即 J_2 项)摄动就作为二阶小量,即相应的光压摄动加速度与地球中心引力加速度之比为

$$\varepsilon = |\vec{A}_\odot| \big/ |\vec{F}_0| = \kappa \left(\frac{S}{m} \right) \rho_\odot r^2 / \mu = O(10^{-8} - 10^{-7}) = O(J_2^2) \quad (4.708)$$

其中,$\mu = GE$,E 是地球质量,这对应光压摄动的第一部分(即 β_1 部分),而未具体列出的第二部分(即 β_2 部分)就更小,其摄动量级为 10^{-11}。

鉴于上述分析,对于光压摄动只需考虑 β_1 部分。利用 $\left(\frac{r}{a} \right) \cos f$ 和 $\left(\frac{r}{a} \right) \sin f$ 的平均值即可将 R 分解成三个部分:

$$R = R_c + R_l + R_s \quad (4.709)$$
$$R_c = 0 \quad (4.710)$$
$$R_l = \beta_1 a A \left(-\frac{3}{2} e \right) \quad (4.711)$$
$$R_s = \beta_1 a \left[A \left(\frac{r}{a} \cos f + \frac{3}{2} e \right) + B \left(\frac{r}{a} \right) \sin f \right] \quad (4.712)$$

将式 (4.711) 和 (4.712) 表达的 R_l 和 R_s 代入 $(\partial R / \partial \sigma)$ 型的摄动运动方程,并同时考虑地球扁率 J_2 项摄动,即可给出

$$\dot{\sigma} = f_0(a) + f_1(\sigma; J_2) + f_2(\sigma, t; \beta_1) \quad (4.713)$$

其中仅与光压有关的部分为

$$f_2(\sigma,t;\beta_1) = f_{2l}(\sigma,t;\beta_1) + f_{2s}(\sigma,t;\beta_1) \tag{4.714}$$

右函数显含 t 表示包含太阳的坐标,是 t 的已知函数,下面只考虑光压摄动部分。

4.10.3.3 Kepler 根数摄动解的构造和结果

如果采用平均根数法,相应的摄动解为

$$\sigma_l^{(1)}(t) = \int^t \left[f_{2l} + \sum_j \frac{\partial f_{1c}}{\partial \sigma_j} (\sigma_l^{(1)})_j \right]_{\bar{\sigma}} \mathrm{d}t \tag{4.715}$$

$$\sigma_s^{(2)}(t) = \int^t (f_{2s})_{\bar{\sigma}} \mathrm{d}t \tag{4.716}$$

其中 f_{1c} 即 J_2 部分。对 $M_s^{(2)}(t)$,右端被积函数中还有一项:$\frac{\partial n}{\partial a} a_s^{(2)}(t)$。

与前面各部分考虑引力摄动一致,为了消除通约奇点,采用拟平均根数法构造相应的摄动解,(4.715)式中的间接部分 $\sum_j \dfrac{\partial f_{1c}}{\partial \sigma_j} (\sigma_l^{(1)})_j$ 不会再出现。

(1) 长周期变化项 $\Delta\sigma(t) = \sigma_l^{(1)}(t,\beta_1) - \sigma_l^{(1)}(t_0,\beta_1)$

积分后,长周期变化项 $\Delta\sigma(t) = \sigma_l^{(1)}(t,\beta_1) - \sigma_l^{(1)}(t_0,\beta_1)$ 中对应的 $\sigma_l^{(1)}(t,\beta_1)$ 如下:

$$a_l^{(1)}(t,\beta_1) = 0 \tag{4.717}$$

$$e_l^{(1)}(t,\beta_1) = \left(\frac{3}{8}\beta_1\right) na^2 \sqrt{1-e^2} \left[(1-\cos i)G_1 + (1+\cos i)G_2 + 2\sin iG_3\right] \tag{4.718}$$

$$i_l^{(1)}(t) = \left(\frac{3}{8}\beta_1\right) na^2 \frac{e}{\sqrt{1-e^2}} \left[-\sin iG_1 + \sin iG_2 - 2\cos iG_3\right] \tag{4.719}$$

$$\Omega_l^{(1)}(t,\beta_1) = -\left(\frac{3}{8}\beta_1\right) na^2 \frac{e}{\sqrt{1-e^2}\sin i} \left[\sin iG_4 - \sin iG_5 + 2\cos iG_6\right] \tag{4.720}$$

$$\omega_l^{(1)}(t,\beta_1) = -\cos i\Omega_l^{(1)}(t,\beta_1)$$
$$-\left(\frac{3}{8}\beta_1\right) na^2 \frac{\sqrt{1-e^2}}{e} \left[(1-\cos i)G_4 + (1+\cos i)G_5 + 2\sin iG_6\right] \tag{4.721}$$

$$M_l^{(1)}(t,\beta_1) = \left(\frac{3}{8}\beta_1\right) na^2 \frac{1+e^2}{e} \left[(1-\cos i)G_4 + (1+\cos i)G_5 + 2\sin iG_6\right] \tag{4.722}$$

其中 β_1 见(4.707)式,而 6 个辅助量 $G_1,G_1,\cdots,G_6$ 的表达式如下:

$$\begin{cases} G_1 = (1+\cos\varepsilon)\cos(\omega-\Omega+u')/n_1 + (1-\cos\varepsilon)\cos(\omega-\Omega-u')/n_2 \\ G_2 = (1+\cos\varepsilon)\cos(\omega+\Omega-u')/n_3 + (1-\cos\varepsilon)\cos(\omega+\Omega+u')/n_4 \\ G_3 = \sin\varepsilon\left[\cos(\omega-u')/n_5 - \cos(\omega+u')/n_6\right] \end{cases} \tag{4.723}$$

$$\begin{cases} G_4 = (1+\cos\varepsilon)\sin(\omega-\Omega+u')/n_1 + (1-\cos\varepsilon)\sin(\omega-\Omega-u')/n_2 \\ G_5 = (1+\cos\varepsilon)\sin(\omega+\Omega-u')/n_3 + (1-\cos\varepsilon)\sin(\omega+\Omega+u')/n_4 \\ G_6 = \sin\varepsilon\left[\sin(\omega-u')/n_5 - \sin(\omega+u')/n_6\right] \end{cases} \tag{4.724}$$

$$\begin{cases} n_1 = \omega_1 - \Omega_1 + n', \quad n_2 = \omega_1 - \Omega_1 - n' \\ n_3 = \omega_1 + \Omega_1 - n', \quad n_4 = \omega_1 + \Omega_1 + n' \\ n_5 = \omega_1 - n', \quad n_6 = \omega_1 + n' \end{cases} \tag{4.725}$$

Ω_1 和 ω_1 是 J_2 项摄动的一阶长期项系数(即变率),见相应的表达式(4.65)和(4.66),而 n' 是太阳的平运动角速度,即平黄经的变率。

(2) 短周期项 $\sigma_s^{(2)}(t,\beta_1)$

$$a_s^{(2)}(t,\beta_1)=2\beta_1 a^3\left[A\left(\cos E+\frac{1}{2}e\right)+B\sqrt{1-e^2}\sin E\right] \tag{4.726}$$

$$e_s^{(2)}(t)=\beta_1 a^2\sqrt{1-e^2}\left[\sqrt{1-e^2}A\left(\frac{1}{4}\cos 2E\right)+B\left(-\frac{e}{2}\sin E+\frac{1}{4}\sin 2E\right)\right] \tag{4.727}$$

$$i_s^{(2)}(t)=\frac{1}{4}\beta_1 a^2/\sqrt{1-e^2}\left[\sqrt{1-e^2}\left(\left(\cos E+\frac{e}{2}\right)-\frac{e}{4}\cos 2E\right)H_1\right.$$
$$\left.-\left(\left(1-\frac{e^2}{2}\right)\sin E-\frac{e}{4}\sin 2E\right)H_2\right] \tag{4.728}$$

$$\Omega_s^{(2)}(t)=\frac{1}{4}\beta_1 a^2/(\sqrt{1-e^2}\sin i)\left[\left(\left(1-\frac{e^2}{2}\right)\sin E-\frac{e}{4}\sin 2E\right)H_1\right.$$
$$\left.+\sqrt{1-e^2}\left(\left(\cos E+\frac{e}{2}\right)-\frac{e}{4}\cos 2E\right)H_2\right] \tag{4.729}$$

$$\omega_s^{(2)}(t)=-\cos i\Omega_s^{(2)}(t)$$
$$+\beta_1 a^2/e\left[\sqrt{1-e^2}A\left(-\frac{e}{2}\sin E+\frac{1}{4}\sin 2E\right)+B\left(e\left(\cos E+\frac{e}{2}\right)-\frac{1}{4}\cos 2E\right)\right] \tag{4.730}$$

$$M_s^{(2)}(t)=-\sqrt{1-e^2}\left[\omega_s^{(2)}(t)+\cos i\Omega_s^{(2)}(t)\right]$$
$$-5\beta_1 a^2\left\{A\left[\left(1-\frac{e^2}{2}\right)\sin E-\frac{e}{4}\sin 2E\right]+B\sqrt{1-e^2}\left[-\cos E+\frac{e}{4}\cos 2E\right]\right\} \tag{4.731}$$

其中 E 是偏近点角,另两个辅助量 H_1 和 H_2 的表达式如下:

$$\begin{cases}H_1=\sin i\left[(1+\cos\varepsilon)\cos(\omega-\Omega+u')+(1-\cos\varepsilon)\cos(\omega-\Omega-u')\right]\\ \quad-\sin i\left[(1+\cos\varepsilon)\cos(\omega+\Omega-u')+(1-\cos\varepsilon)\cos(\omega+\Omega+u')\right]\\ \quad+2\cos i\sin\varepsilon\left[\cos(\omega-u')-\cos(\omega+u')\right]\\ H_2=\sin i\left[(1+\cos\varepsilon)\sin(\omega-\Omega+u')+(1-\cos\varepsilon)\sin(\omega-\Omega-u')\right]\\ \quad-\sin i\left[(1+\cos\varepsilon)\sin(\omega+\Omega-u')+(1-\cos\varepsilon)\sin(\omega+\Omega+u')\right]\\ \quad+2\cos i\sin\varepsilon\left[\sin(\omega-u')-\sin(\omega+u')\right]\end{cases} \tag{4.732}$$

4.10.3.4 地影问题的处理

对于地球卫星的运动,往往会遇到"蚀"现象,即从卫星上看,太阳被地球遮掩。对地球卫星而言,即进入地影。若地影存在,尽管光压力的变化仍然是一个连续过程,但从对卫星轨道影响的角度来看,光压力表现为一"间断"力,前面给出的结果将有变化。对于一般精度要求,可作简单处理,即求出卫星每圈进、出地影的位置,对应 E_1 和 E_2,由此作地影修正。引进地影(或"蚀")因子 ν:

$$\nu=1-\frac{\Delta E}{2\pi} \tag{4.733}$$

191

这里 $\Delta E=\widehat{E_1E_2}$ 是卫星在地影内的运行弧段。因此,前面给出的长周期变化项应改为下列形式:

$$\Delta\sigma(t)=\nu[\sigma_l^{(1)}(t)-\sigma_l^{(1)}(t_0)] \tag{4.734}$$

而短周期项 $\sigma_s^{(2)}(t)$ 却不能这样处理,因为此时短周期项的性质发生了变化。在有地影的情况下,它已失去了周期性,或者说它转化成长周期项(周期相当长,它取决于卫星、地球和太阳三者之间的相对位置),相应的计算公式改为

$$\Delta\sigma(t)=\frac{1}{2\pi}[\sigma_s^{(2)}(E_1)-\sigma_s^{(2)}(E_2)]n(t-t_0) \tag{4.735}$$

而且,原 $\sigma_s^{(2)}(t)$ 中有两处要改变,即

(1) $\left(\cos E+\dfrac{e}{2}\right)$ 改为 $\cos E$

(2) ΔM 分成两部分:ΔM_1 和 ΔM_2,其中 $\Delta M_1=[M_s^{(2)}(E_1)-M_s^{(2)}(E_2)]$ 对应积分 $\int^t(f_{2s})_{\bar\sigma}\mathrm{d}t$,有

$$\begin{aligned}M_s^{(2)}(t)=-\beta_1\frac{a^2}{e}&\left\{A\left[\frac{1}{2}(3-e^2)e\sin E+\frac{1}{4}(1-3e^2)\sin 2E\right]\right.\\ &\left.-\sqrt{1-e^2}B\left[e\left(\cos E+\frac{e}{2}\right)+\frac{1}{4}(1-2e^2)\cos 2E\right]\right\}\end{aligned} \tag{4.736}$$

ΔM_2 由 $\dfrac{\partial n}{\partial a}a_s^{(2)}(t)$ 产生,有

$$\Delta M_2=\frac{1}{2}\left(-\frac{3}{2a}\Delta a\right)n(t-t_0) \tag{4.737}$$

其中 Δa 即由式(4.735)提供的结果。

关于进、出地影位置的计算,即如何给出 E_1 和 E_2?这涉及地影方程的求解,这将在下一小节详细介绍。

正是由于地影的存在,卫星轨道半长径 a 的变化性质发生了明显的改变,短周期变化转化为长周期变化,而且周期相当长,即(4.735)式关于 a 的部分 $[a_s^{(2)}(E_1)-a_s^{(2)}(E_2)]$ 要经历很长时间其数值才会变号,这就导致某些人造地球卫星在运行过程中,即使有耗散力影响(下一节要介绍的大气阻力摄动),轨道半长径也有增大的可能。因此,尽管光压力也是一种保守力(即中心斥力),但由于地影的存在,导致“间断”情况的发生,而使摄动效应不同于一般保守力。

从(4.735)~(4.737)式可以看出,当无地影时,$[\Delta M(t)]_s$ 的两个部分,直接部分 $[\Delta M]_1$ 和由 Δa 导致的间接部分 $[\Delta M]_2$ 均为 0,即改为短周期项的计算。事实上,GEO 卫星进入地影的弧段很短,一年中进入地影弧段最长的春分和秋分季节,每天进入地影的时间长度不超过 70 分钟。因此,在光压摄动量级不大的前提下,对上述地影状态的处理无需那么复杂,一是不必考虑对轨道半长径的影响及各根数短周期项的转化,二是对长周期变化项只要作一简单处理,即在相应表达式中加一地影因子 $(1-\Delta E/2\pi)$。这样处理对精度“无”影响。

4.10.3.5 地影方程及其解

严格来说,地影有本影和半影之分,甚至还要考虑大气消光的影响。具体如何处理,需要根据所涉及问题对精度的需求。对于地球卫星,前面已对光压摄动量级作过估计,见式(4.708),有 $\varepsilon = O(10^{-8} \sim 10^{-7})$,而从地球上看,太阳的远距离对应的几何视差量级为 10^{-4},因此,可以将相应的地影方程处理成简单的柱形地影,这引起的地影模型误差导致光压摄动误差的量级只有 $O(10^{-12} \sim 10^{-11})$,通常无须考虑。故下面就针对柱形地影模型来建立地影方程,有

$$\sin(\theta + f) = -\frac{1}{K}\left[1 - \frac{R^2}{p^2}(1 + e\cos f)^2\right]^{1/2} \quad (4.738)$$

其中

$$\begin{cases} K^2 = A^2 + B^2 \ (K > 0) \\ \theta = \arctan(A/B) \end{cases} \quad (4.739)$$

这里 A 和 B 仍是前面提到的由式(4.498)和(4.499)表达的量。方程式(4.738)中的 R 是柱形地影圆截面的半径,在本书中采用的归一化单位中可取 $R = a_e = 1$。

求解该地影方程即寻找满足方程(4.738)的两个真近点角 f 对应的 f_1(进地影)和 f_2(出地影),具体求解方法是一迭代过程:

(1) 首先令 $e = 0$,由

$$\sin(\theta + f)^{(0)} = -\frac{1}{K}\left[1 - \left(\frac{R}{p}\right)^2\right]^{1/2} \quad (4.740)$$

给出 f_1 和 f_2 的迭代初值 $f_1^{(0)}$ 和 $f_2^{(0)}$。方程(4.738)的两个解分别在第四和第三象限,而根据地影的特点要求弧 $\widehat{f_2 f_1} > 180°$,因此 $(\theta + f)^{(0)}$ 在第四象限的一个解给出的是 $f_2^{(0)}$,另一个是 $f_1^{(0)}$。如果无解,即 $|\sin(\theta + f)^{(0)}| > 1$,则取 $\sin(\theta + f)^{(0)} = -1$,$(\theta + f)^{(0)} = 270°$,$f_2^{(0)} = f_1^{(0)} = 270° - \theta$。

(2) 由初值 $f_1^{(0)}$ 和 $f_2^{(0)}$ 分别代入原方程(4.738)进行迭代:

$$\sin(\theta + f)^{(k)} = -\frac{1}{K}\left[1 - \left(\frac{R}{p}\right)^2(1 + e\cos f^{(k-1)})^2\right]^{1/2} \quad k = 1,2,\cdots \quad (4.741)$$

直到 f_1 和 f_2 满足精度要求终止,即相邻两次的 f_1 和 f_2 满足下列条件:

$$|f_1^{(k)} - f_1^{(k-1)}| < \varepsilon^*, \quad |f_2^{(k)} - f_2^{(k-1)}| < \varepsilon^*$$

ε^* 是给定的数值要求,根据光压摄动量的大小和所考虑问题的精度要求取值。

注意,迭代时,$f_1^{(k)}$ 和 $f_2^{(k)}$ 是分别进行的,它们始终分别对应 $(\theta + f)^{(k)}$ 在第四象限和第三象限。若在迭代过程中,只要再有一次 $\left|\sin(\theta + f)^{(k)}\right| > 1$,就认为无地影,此时可取 $f_2 = 0$,$f_1 = 2\pi$。求得进、出地影位置 f_1 和 f_2 后,根据下列二体问题的几何关系,可由进、出地影位置 f_1 和 f_2 给出光压摄动解中所需要的 E_1 和 E_2:

$$\sin E = \frac{\sqrt{1-e^2}}{1+e\cos f}\sin f, \quad \cos E = \frac{1-e^2}{1+e\cos f}\cos f + e \quad (4.742)$$

4.10.4　光压影响的第一类无奇点摄动解

在上述对地影作简单处理的前提下构造相应的无奇点摄动解,即基本解采用表达式(4.734)和(4.735)给出的形式:

$$\Delta\sigma_l(t)=\nu\big[\sigma_l^{(1)}(t)-\sigma_l^{(1)}(t_0)\big] \tag{4.743}$$

$$\Delta\sigma_s(t)=\frac{1}{2\pi}\big[\sigma_s^{(2)}(E_1)-\sigma_s^{(2)}(E_2)\big]n(t-t_0) \tag{4.744}$$

当卫星处于无地影状态时,相应的短周期变化项消失,即 $\Delta\sigma_s(t)=0$,这表示短周期变化实际上无贡献(其影响较小,确实可不考虑),在确定地影状态时,可采用外推弧段$(t-t_0)$的中间时刻作为标准点。

注意,在上述处理中,$\Delta M_s(t)$有两部分:ΔM_1 和 ΔM_2,见表达式(4.736)和(4.737)。

(1) 长周期变化项 $\Delta\sigma_l(t,\beta_1)$ 中 $\sigma_l^{(1)}(t,\beta_1)$的表达形式如下:

$$a_l^{(1)}(t,\beta_1)=0 \tag{4.745}$$

$$i_l^{(1)}(t)=\left(\frac{3}{8}\beta_1\right)na^2\frac{e}{\sqrt{1-e^2}}\big[-\sin iG_1+\sin iG_2-2\cos iG_3\big] \tag{4.746}$$

$$\Omega_l^{(1)}(t,\beta_1)=-\left(\frac{3}{8}\beta_1\right)na^2\frac{e}{\sqrt{1-e^2}\sin i}\big[\sin iG_4-\sin iG_5+2\cos iG_6\big] \tag{4.747}$$

$$\xi_l^{(1)}(t,\beta_1)=\cos\omega\big[e_l^{(1)}(t,\beta_1)\big]-\sin\omega\big[e\omega_l^{(1)}(t,\beta_1)\big] \tag{4.748}$$

$$\eta_l^{(1)}(t,\beta_1)=\sin\omega\big[e_l^{(1)}(t,\beta_1)\big]+\cos\omega\big[e\omega_l^{(1)}(t,\beta_1)\big] \tag{4.749}$$

$$\lambda_l^{(1)}(t,\beta_1)=-\cos i\Omega_l^{(1)}(t,\beta_1)$$
$$+\left(\frac{3}{8}\beta_1\right)na^2\left(\frac{2+\sqrt{1-e^2}}{1+\sqrt{1-e^2}}\right)e\big[(1-\cos i)G_4+(1+\cos i)G_5+2\sin iG_6\big] \tag{4.750}$$

其中 $e_l^{(1)}(t,\beta_1)$和 $\omega_l^{(1)}(t,\beta_1)$的表达形式即(4.718)和(4.721)式。

(2) 短周期变化项 $\Delta\sigma_s(t,\beta_1)$的表达形式即(4.744)式,其中 $\sigma_s^{(2)}(t,\beta_1)$的表达形式如下:

$$a_s^{(2)}(t,\beta_1)=2\beta_1a^3\big[A\cos E+B\sqrt{1-e^2}\sin E\big] \tag{4.751}$$

$$i_s^{(2)}(t,\beta_1)=\frac{1}{4}\beta_1\frac{a^2}{\sqrt{1-e^2}}\left\{\sqrt{1-e^2}\left[(\cos E)-\frac{e}{4}\cos 2E\right]H_1\right.$$
$$\left.-\left[\left(1-\frac{e^2}{2}\right)\sin E-\frac{e}{4}\sin 2E\right]H_2\right\} \tag{4.752}$$

$$\Omega_s^{(2)}(t,\beta_1)=\frac{1}{4}\beta_1\frac{a^2}{(\sqrt{1-e^2}\sin i)}\left\{\left[\left(1-\frac{e^2}{2}\right)\sin E-\frac{e}{4}\sin 2E\right]H_1\right.$$
$$\left.+\sqrt{1-e^2}\left[\left(\cos E+\frac{e}{2}\right)-\frac{e}{4}\cos 2E\right]H_2\right\} \tag{4.753}$$

$$\xi_s^{(2)}(t,\beta_1)=\cos\omega\big[e_s^{(2)}(t,\beta_1)\big]-\sin\omega\big[e\omega_s^{(2)}(t,\beta_1)\big] \tag{4.754}$$

$$\eta_s^{(2)}(t,\beta_1)=\sin\omega\big[e_s^{(2)}(t,\beta_1)\big]+\cos\omega\big[e\omega_s^{(2)}(t,\beta_1)\big] \tag{4.755}$$

$$\lambda_s^{(2)}(t,\beta_1)=-\cos i\Omega_s^{(2)}(t,\beta_1)$$

$$+\beta_1 a^2 \left\{ -A\left[\frac{1}{2}(3+\sqrt{1-e^2}-e^2)\sin E - \frac{3}{4}e\sin 2E \right] \right.$$

$$+B\left[(1+\sqrt{1-e^2})\cos E - \frac{1}{2}\sqrt{1-e^2}e\cos 2E \right] \right\} \tag{4.756}$$

$$-\frac{1}{4}\beta_1 a^2(A+B)\frac{e}{1+\sqrt{1-e^2}}\sin 2E$$

(4.756)式对应 $\Delta\lambda_s(t,\beta_1)$ 的第一部分,还有第二部分 $[\Delta\lambda_s(t,\beta_1)]_2$,形式如下:

$$[\Delta\lambda_s(t,\beta_1)]_2 = \frac{1}{2}\left(-\frac{3}{2a}\Delta a_s(t,\beta_1) \right)n(t-t_0) \tag{4.757}$$

这第二部分的出现,源于对地影所作的简单处理,见表达式(4.736)、(4.737)及其有关说明。

上述(4.754)和(4.755)式中的 $e_s^{(2)}(t,\beta_1)$ 和 $\omega_s^{(2)}(t,\beta_1)$ 见表达形式(4.727)和(4.730)式。

4.10.5 光压影响的第二类无奇点摄动解

(1) 长周期变化项 $\Delta\sigma_l(t,\beta_1)$ 中 $\sigma_l^{(1)}(t,\beta_1)$ 的表达形式如下:

$$a_l^{(1)}(t,\beta_1)=0 \tag{4.758}$$

$$\xi_l^{(1)}(t,\beta_1)=\cos\tilde{\omega}[e_l^{(1)}(t,\beta_1)]-\sin\tilde{\omega}[e\omega_l^{(1)}(t,\beta_1)+e\Omega_l^{(1)}(t,\beta_1)] \tag{4.759}$$

$$\eta_l^{(1)}(t,\beta_1)=\sin\tilde{\omega}[e_l^{(1)}(t,\beta_1)]+\cos\tilde{\omega}[e\omega_l^{(1)}(t,\beta_1)+e\Omega_l^{(1)}(t,\beta_1)] \tag{4.760}$$

$$h_l(t,\beta_1)=\frac{1}{2}\cos(i/2)\cos\Omega[i_l(t,\beta_1)]-\frac{1}{2\cos(i/2)}\sin\Omega[\sin i\Omega_l(t,\beta_1)] \tag{4.761}$$

$$k_l(t,\beta_1)=\frac{1}{2}\cos(i/2)\sin\Omega[i_l(t,\beta_1)]+\frac{1}{2\cos(i/2)}\cos\Omega[\sin i\Omega_l(t,\beta_1)] \tag{4.762}$$

$$\lambda_l^{(1)}(t,\beta_1)=-\left(\frac{3}{8}\beta_1\right)na^2\left\{ \frac{\sin i}{(1+\sin i)\sqrt{1-e^2}}e[\sin iG_4-\sin iG_5+2\cos iG_6] \right.$$

$$\left. -\left(\frac{2+\sqrt{1-e^2}}{1+\sqrt{1-e^2}}e \right)[(1-\cos i)G_4+(1+\cos i)G_5+2\sin iG_6] \right\} \tag{4.763}$$

其中 $e_l^{(1)}(t,\beta_1),i_l^{(1)}(t,\beta_1),\Omega_l^{(1)}(t,\beta_1)$ 和 $\omega_l^{(1)}(t,\beta_1)$ 的表达形式即(4.718)~(4.721)式。

(2) 短周期变化项 $\Delta\sigma_s(t,\beta_1)$ 的表达形式即(4.744)式,其中 $\sigma_s^{(2)}(t,\beta_1)$ 的表达形式如下:

$$a_s^{(2)}(t,\beta_1)=2\beta_1 a^3[A\cos E+B\sqrt{1-e^2}\sin E] \tag{4.764}$$

$$\xi_s^{(2)}(t,\beta_1)=\cos\tilde{\omega}[e_s^{(2)}(t,\beta_1)]-\sin\tilde{\omega}[e\omega_s^{(2)}(t,\beta_1)+e\Omega_s^{(2)}(t,\beta_1)] \tag{4.765}$$

$$\eta_s^{(2)}(t,\beta_1)=\sin\tilde{\omega}[e_s^{(2)}(t,\beta_1)]+\cos\tilde{\omega}[e\omega_s^{(2)}(t,\beta_1)+e\Omega_s^{(2)}(t,\beta_1)] \tag{4.766}$$

$$h_s(t,\beta_1)=\frac{1}{2}\cos(i/2)\cos\Omega[i_s(t,\beta_1)]-\frac{1}{2\cos(i/2)}\sin\Omega[\sin i\Omega_s(t,\beta_1)] \tag{4.767}$$

$$k_s(t,\beta_1)=\frac{1}{2}\cos(i/2)\sin\Omega[i_s(t,\beta_1)]+\frac{1}{2\cos(i/2)}\cos\Omega[\sin i\Omega_s(t,\beta_1)] \tag{4.768}$$

$$\lambda_s^{(2)}(t,\beta_1)=\frac{1}{4}\beta_1 a^2\left(\frac{\sin i}{\sqrt{1-e^2}\,(1+\cos i)}\right)\left\{\left[\left(1-\frac{e^2}{2}\right)\sin E-\frac{e}{4}\sin 2E\right]H_1\right.$$

$$+\sqrt{1-e^2}\left[\left(\cos E+\frac{e}{2}\right)-\frac{e}{4}\cos 2E\right]H_2\right\}$$

$$+\beta_1 a^2\left\{-A\left[\frac{1}{2}(3+\sqrt{1-e^2}-e^2)\sin E-\frac{3}{4}e\sin 2E\right]\right.$$

$$\left.+B\left[(1+\sqrt{1-e^2})\cos E-\frac{1}{2}\sqrt{1-e^2}\,e\cos 2E\right]\right\}$$

$$-\frac{1}{4}\beta_1 a^2(A+B)\frac{e}{1+\sqrt{1-e^2}}\sin 2E$$

$$(4.769)$$

同样,(4.769)式对应 $\Delta\lambda_s(t,\beta_1)$ 的第一部分,还有第二部分 $[\Delta\lambda_s(t,\beta_1)]_2$,形式如下:

$$[\Delta\lambda_s(t,\beta_1)]_2=\frac{1}{2}\left(-\frac{3}{2a}\Delta a_s(t,\beta_1)\right)n(t-t_0)\qquad(4.770)$$

这第二部分的出现,原因同前,不再说明

上述(4.765)~(4.768)式中的 $e_s^{(2)}(t,\beta_1)$,$i_s^{(2)}(t,\beta_1)$,$\Omega_s^{(2)}(t,\beta_1)$ 和 $\omega_s^{(2)}(t,\beta_1)$ 见表达形式 (4.727)~(4.730)式。

4.11　大气阻力摄动解

4.11.1　阻尼效应—大气阻力

人造地球卫星在大气层中飞行的受力状况相当复杂,它是高超音速气体动力学领域中的一个极其重要的研究课题。卫星受力问题将涉及低层的连续介质流和高层的自由分子流,以及介于其间的过渡流,还涉及中性气体、电离气体和多成分的混合气体等复杂因素。关于高速高空气体动力学,在工程应用中对中性大气状态的基本假定,一般是采用钱学森先生于 1946 年提出的按鲁森数 K_n(Knudsen number)的划分,K_n 的定义为

$$K_n=\frac{\lambda}{L}\qquad(4.771)$$

这里 λ 是气体分子平均自由程,L 是飞行器的特征尺度,相应的划分如下:

$$\begin{cases}K_n<0.01, & \text{连续介质流}\\ K_n=0.01-0.1, & \text{滑流态}\\ K_n=0.1-10, & \text{过渡流}\\ K_n>10, & \text{自由分子流}\end{cases}\qquad(4.772)$$

在地面以上 100 km 高度处,气体分子平均自由程 λ 约为 10 cm,在 120 cm 高度上约为 1 m,而在 180 cm 高度上则增大到 100 m。那么,对于一个特征尺度为 10 m 的飞行器,在上述高度空间运行时,鲁森数 K_n 分别为

$$\begin{cases} K_n = 0.01, & h = 100 \text{ km} \quad \text{连续介质流} \\ K_n = 0.1, & h = 120 \text{ km} \quad \text{过渡流} \\ K_n = 10, & h = 180 \text{ km} \quad \text{自由分子流} \end{cases}$$

相应的气体状态在 100 km 和 180 km 高度处已分别达连续介质流和自由分子流的边界。

通常,人造地球卫星是在 200 km 以上的高空运行,而且特征尺度不会太大,因此,该空域的大气状态属自由分子流,阻尼效应表现为大气阻力作用,相应的阻力加速度采用如下表达形式:

$$\vec{D} = -\frac{1}{2}\left(\frac{C_D S}{m}\right)\rho V \vec{V} \tag{4.773}$$

其中 C_D 是阻力系数,有 $C_D = 2.2 \pm 0.2$, S/m 是卫星的面质比(S 是对阻力而言的等效截面积), ρ 是卫星所在空间处的大气密度, $\vec{V} = \vec{v} - \vec{v}_a$ 是卫星相对大气的速度矢量, $\vec{v}$ 和 $\vec{v}_a$ 分别为卫星和大气相对地球质心的速度矢量。

式(4.773)是一个较好的选择,多年来卫星的实际运行状况也证实了这一点。但是,有些特殊卫星(包括需要回收的探测器)和将要陨落的航天器,总是要在 200 km 以下的空间飞行。那么,相应的大气状态将是过渡流和连续介质流。考虑到航天器返回和陨落问题,气动力的处理是无法避开的。对此,可依据上述大气状态的划分,采用相应的近似处理。

对于上述 $h = 100 \sim 200$ km 的高空,从过渡流到自由分子流的空间,对气动力表达式曾采用过一种近似处理,相应的近似表达式如下[12-14]:

$$C_D = C_0 + C_1 K_n^{-1} + C_2 K_n^{-2} + C_3 K_n^{-3} \quad (K_n > 3) \tag{4.774}$$

其中 $C_0 = 2.2$,关于 C_1, C_2 和 C_3,其近似值约为

$$C_1 = -0.90, \quad C_2 = 0.16, \quad C_3 = -0.004 \tag{4.775}$$

考虑到地球大气密度模式的变化和现状,可将上述表达式简化处理成下列形式:

$$C_D = C_0 - C^* L \rho \tag{4.776}$$

其中密度 ρ 和特征尺度 L 的单位分别为 kg/m³ 和 m。上述 C_D 随高度的降低而减小,并不意味着阻力的减小,因为密度 ρ 随高度的降低而增大的"速度"比 C_D 减小的速度要快得多。

对于滑流到过渡流之间的状态,还很难给出相应气动力的表达形式。而在 100 km 以下的高空是处于连续介质流区域,飞行器承受的气动力亦比较复杂。但考虑到回收或陨落的飞行器在这一运行段的速度较快,运行时间短,通常采用一种简单的处理方式,同时考虑升力和阻力,并采用如下形式的近似表达式:

$$\begin{cases} \vec{L} = -\frac{1}{2}\left(\frac{C_L S}{m}\right)\rho v^2 \hat{L} \\ \vec{D} = -\frac{1}{2}\left(\frac{C_D S}{m}\right)\rho v^2 \hat{d} \end{cases} \tag{4.777}$$

其中 C_L 和 C_D 分别为升力和阻力系数, $\hat{L}$ 和 $\hat{d}$ 各为升力和阻力方向的单位矢量。对于合作目标,这些参数均由飞行状态所确定,而非合作目标,只能根据一些不完整的信息来设定。

关于卫星的面质比 S/m，与光压摄动类似，大气阻力也是一种表面力，同样涉及卫星的表面形状、大小和空间姿态。因此，在一般情况下，$S=S(t)$，故阻力公式(4.773)中的 S 通常理解为等效截面积。

关于大气运动速度 $\vec{v}_a$，它主要源于大气"随"地球旋转的结果，但它的旋转规律较复杂。若记相应的旋转角速度为 ω_a，地球自转角速度为 n_e，那么，通常在 200 km 高度以下，有 $\omega_a=n_e$，而在 200 km 以上的高空则有

$$\frac{\omega_a}{n_e}=0.8\sim1.4 \tag{4.778}$$

不同的高度有不同的值，这一旋转机制目前尚不够清楚，通常就取为 $\omega_a=n_e$。

根据上述分析可知，尽管在人造地球卫星的精密定轨与轨道预报中，大气阻力摄动加速度采用表达式(4.773)式，该式中的各因素也可以赋予复杂的修正，采用数值方法计算相应的卫星受摄星历，看上去似乎并无困难，但要达到高精度，除对 C_D，S/m，ω_a 这三个参数认真处理外，还要提供一个具有较高精度的密度模式 $\rho(r,t)$，而这正是制约地球卫星(特别是低轨卫星)定轨和预报精度的一个极其关键的复杂因素，下一小节将作全面介绍。

4.11.2 大气密度模式

(1) 高层大气状况及相应的大气密度模式

所谓大气模式，就是大气状态参数(压力 p，温度 T，密度 ρ 等量)及其变化的一种数学模型(包括离散型的各类数据和有关表达式)。自从人造地球卫星上天以来，各国已从不同资料来源(包括卫星阻力资料和卫星携带仪器在空间获得的直接测量资料)，进行了长期的积累和研究，并取得了一些重要发现和结果，从而改变了人们对高层大气结构的认识。在此基础上曾先后给出过多种大气模式，较有影响的有国际参考大气模式 CIRA 系列模式，Jacchia 系列模式，DTM 模式，MSIS 系列模式等。但由于地球大气受太阳活动的影响较大，而太阳活动本身的规律还远远没有搞清楚，在此物理背景下给出的大气模式显然不会理想，有待继续深入研究。各大气模式有两个共同问题：一是内符情况有 5%～10% 的误差，外符(即预报)情况还要差；另一个问题是质量密度的计算较复杂，在卫星精密定轨中，往往采用数值方法通过计算相应的大气点密度(对空间环境信息有较多要求)提供卫星星历。本书不再进一步阐述这一问题，而为建立大气阻力摄动分析解构建相应的大气密度近似表达式。

关于上述高层大气模式，尽管它们彼此之间有差别(包括所采用的资料、考虑的因素和描述的参数等差别)，或适用不同的高度，但仅就大气密度的分布而言，几乎都反映了下述基本特征：

1) 大气密度随高度增加而减小，减小的速度随高度增加而变慢，等密度面接近于地球形状，大致为扁球面。

2) 大气密度分布受太阳辐射(紫外和粒子辐射)的影响相当显著，愈高变化愈大。有周日变化、季节变化、半年变化和长周期变化(与太阳活动 11 年周期有关)等，大气成分也相应

地有明显变化。从统计角度来看,太阳辐射影响可以用 10.7 cm 辐射流量 $F_{10.7}$ 和地磁指数 C_p 来描述,但并不是真正内在规律的反映,仅仅是一种近似的统计规律。

（2）大气密度分布的近似表达式

为了了解大气阻力摄动对卫星轨道影响的基本规律,需要有一个密度分布的分析表达式,人们已从上述各种模式所反映的大气状况及密度分布的基本特征,给出了一些实用的近似逼近模式,下面作一介绍。

关于大气密度 ρ,严格说来,在地球引力作用和太阳辐射的影响下,它是空间和时间的函数,即

$$\rho = \rho(\vec{r}, t) \tag{4.779}$$

随时间 t 的变化主要是受太阳辐射的影响,前面已指出,这一规律至今未被人们完全掌握,只能采用近似模型来探讨大气阻力对卫星轨道的影响,并给出相应的轨道变化规律。

如果只考虑大气的重力平衡,在一定的近似下,根据流体静力学可知,其密度分布是指数函数形式,即

$$\rho = \rho_0 \exp\left(-\frac{r-r_0}{H}\right) \tag{4.780}$$

该表达式为一球形大气模式,ρ_0 是参考球面 $r=r_0$ 上的大气密度,H 称为密度标高。这一表达式符合密度随高度增加而减小的规律,但根据上述各种大气模式已知,密度随高度的变化愈到高层愈慢,因此密度标高 H 应随高度缓慢地增大。一个较好的近似是假定 H 随高度 h 线性变化,在 $h=200\sim600$ km 之间,可取

$$H = H(r) = H_0 + \frac{\mu}{2}(r-r_0) \tag{4.781}$$

$\mu \approx 0.1$,一般 $\mu < 0.2$。注意,这里引用的 μ 是密度标高的变率,不要与地心引力常数 $\mu=GE$ 相混淆。相应的密度公式(4.780)变为

$$
\begin{aligned}
\rho &= \rho_0 \exp\left(-\frac{r-r_0}{H}\right) \\
&= \rho_0 \left[1 + \frac{\mu}{2}\left(-\frac{r-r_0}{H_0}\right)^2\right] \exp\left(-\frac{r-r_0}{H_0}\right)
\end{aligned}
\tag{4.782}
$$

引用 CIRA‑61 模式,曾给出一例:在 $h=200$ km 处,有

$$\rho_0 = 3.6 \times 10^{-10} \text{kg/m}^3, \quad H_0 = 37.4 \text{ km}, \quad \mu = 0.1。$$

由于地球是扁球体,在重力平衡下,大气的等密度面亦可认为是相似的扁球面,那么 (4.782)式可修正为下列形式:

$$
\begin{aligned}
\rho &= \rho_0 \exp\left(-\frac{r-\sigma}{H(r)}\right) \\
&= \rho_0 \left[1 + \frac{\mu}{2}\left(-\frac{r-\sigma}{H_0}\right)^2\right] \exp\left(-\frac{r-\sigma}{H_0}\right)
\end{aligned}
\tag{4.783}
$$

这就是扁球大气模式,其中 σ 是地心与通过参考点(对应密度为 ρ_0,密度标高为 H_0)的椭球面之间的距离,见图 4.4。公式(4.783)基本上反映了大气在地球重力影响下的空间分布规

律,与已有的大气模式所给出的平均密度分布规律比较符合。在早期有关大气及大气阻力对卫星轨道影响的研究工作中,就采用了这种近似密度表达式,相应的参考点是取卫星轨道的初始近地点 p_0,该参考点的密度 ρ_0 和标高 H_0 就是 ρ_{p_0} 和 H_{p_0}。

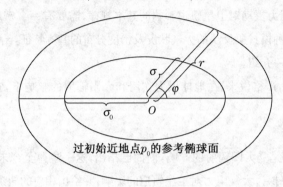

过初始近地点p_0的参考椭球面

图 4.4 等密度面为扁球面的示意图

大气密度分布受太阳辐射的影响呈现各种周期变化,其中与地球自转有关的周日效应尤为明显,在同一高度和纬度上,白天的密度要比夜间的密度大得多。一般而言,地方时14^h密度达到极大,在其"邻近",密度变化快,而密度极小值附近变化平缓,出现在地方时 $2^h\sim$ 5^h。作为近似,可以假定地心和周日效应的极大与极小是共线的,且等密度面相对该轴线是对称的。在此假定下,同时考虑密度随高度和时间的变化,有

$$\rho=\rho_0(1+F^*\cos\psi)\exp\left(-\frac{r-\sigma}{H(r)}\right) \qquad (4.784)$$

其中 ψ 是所考虑密度那一点(即卫星所在处)的地心向径 $\vec{r}$ 与密度周日峰(对应密度极大值)方向矢量 $\vec{r}_m$ 之间的夹角,即

$$\cos\psi=\hat{r}\cdot\hat{r}_m \qquad (4.785)$$

$\hat{r}$ 和 $\hat{r}_m$ 分别为卫星径向和密度周日峰方向的单位矢量。在上述对称周日效应的假定下,周日峰方向与太阳方向之间的关系为

$$\begin{cases} \alpha_m=\alpha+\lambda_m \\ \delta_m=\delta \end{cases} \qquad (4.786)$$

其中 α,δ 是太阳的赤经赤纬,λ_m 取为 $30°$。F^* 称为周日变化因子,它与昼夜密度比 f^* 之间的关系为

$$\begin{cases} f^*=\dfrac{\rho_{\max}}{\rho_{\min}}=\dfrac{1+F^*}{1-F^*} \\ F^*=\dfrac{f^*-1}{f^*+1} \end{cases} \qquad (4.787)$$

按此定义,ρ_0 就是(4.784)式对应的参考椭球面 $r=\sigma$ 上的周日平均密度(对应 $\psi=90°$),它可根据所采用的大气模式和有关参数计算给出。

显然,密度分布的数学模型还可进一步修正,如周日效应随高度的变化、非对称周日效应、季节变化等,那么相应的表达式就更加复杂。然而这种复杂化并不能改变密度表达式的

基本形式,在讨论大气阻力对卫星轨道影响的规律时,不会增加任何实质性的新信息。而在精密定轨中要使密度分布更加接近真实,也不会一味地追求这样复杂的表达形式,往往是根据选用的大气模式直接计算大气的点密度。因此,已无必要在密度分布的分析表达式上做更多的修正。下面将根据应用较广也较简单的密度公式(5.794),来构建大气阻力对卫星轨道影响的摄动解,适应一般精度要求下的定轨和预报工作需求,而密度表达式涉及的一些参数和大气阻力摄动加速度中的另几个参数 $C_D, S/m$ 等,都可以在卫星多资料定轨的同时进行相应的校正。

4.11.3　大气旋转及其相应的大气阻力表达形式

事实上大气有旋转,而且情况也较复杂,前面已提出一种近似处理,即大气旋转角速度 ω_a 就取为地球自转角速度为 n_e,采用这一近似来研究大气旋转引起的摄动效应,并不会失去它的一般性。在此前提下,有

$$v_a = r\cos\varphi n_e \tag{4.788}$$

其中 φ 是卫星所在处的地心纬度。卫星运动速度 $\vec{v}$ 在切向、主法向和次法向(即轨道面法向)的三个分量为

$$v_U = v, \quad v_N = 0, \quad v_W = 0 \tag{4.789}$$

由图 4.5 可知,大气旋转速度 $\vec{v}_a$ 在径向、横向和轨道面法向的三个分量为

$$\begin{cases} (v_a)_S = 0 \\ (v_a)_T = r\cos\varphi n_e \cos i' \\ (v_a)_w = -r\cos\varphi n_e \sin i' \end{cases} \tag{4.790}$$

于是根据图 4.6 可得到 $\vec{v}_a$ 在上述切向、主法向和轨道面法向的三个分量为

$$\begin{cases} (v_a)_U = (v_a)_T \sin\theta \\ (v_a)_N = (v_a)_T \cos\theta \\ (v_a)_w = -r\cos\varphi n_e \sin i' \end{cases} \tag{4.791}$$

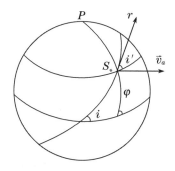

图 4.5　过卫星 S_* 的辅助球面

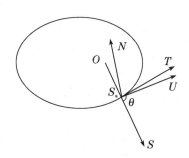

图 4.6　轨道平面内几个方向的几何关系

根据 (S,T) 分量与 (U,N) 分量之间的关系式,有

$$\begin{cases} \sin\theta = \dfrac{1+e\cos f}{\sqrt{1+2e\cos f+e^2}} = 1 - \dfrac{e^2}{2}\sin^2 f + O(e^3) \\ \cos\theta = \dfrac{e\sin f}{\sqrt{1+2e\cos f+e^2}} = e\sin f - \dfrac{e^2}{2}\sin 2f + O(e^3) \end{cases} \tag{4.792}$$

将该式和(4.790)代入式(4.791),再和表达式(4.789)式一起代入式(4.773),即得旋转大气阻力摄动加速度的三个分量:

$$\begin{cases} U = -\dfrac{\mu}{2}\left(\dfrac{C_D S}{m}\right)\rho V v \left\{ 1 - \left(\dfrac{rn_e}{v}\right)\cos\varphi\cos i'\left[1 - \dfrac{e^2}{2}\sin^2 f + O(e^3)\right] \right\} \\ N = -\dfrac{\mu}{2}\left(\dfrac{C_D S}{m}\right)\rho V v \left\{ -\left(\dfrac{rn_e}{v}\right)\cos\varphi\cos i'\left[e\sin f - \dfrac{e^2}{2}\sin 2f + O(e^3)\right] \right\} \\ W = -\dfrac{\mu}{2}\left(\dfrac{C_D S}{m}\right)\rho V v \left\{ \left(\dfrac{rn_e}{v}\right)\cos\varphi\sin i' \right\} \end{cases} \tag{4.793}$$

其中

$$V = |\vec{v}-\vec{v}_a| = v\left[1 - \left(\dfrac{rn_e}{v}\right)\cos\varphi\cos i' + \dfrac{1}{2}\left(\dfrac{rn_e}{v}\right)^2\cos^2\varphi\sin^2 i' + O\left(\left(\dfrac{rn_e}{v}\right)^2 e^2\right)\right] \tag{4.794}$$

对低轨卫星(如 2^h 卫星),有

$$\dfrac{rn_e}{v} = \dfrac{1}{12} = 0.8\times10^{-1} \tag{4.795}$$

而需要考虑大气阻力摄动的卫星,其轨道偏心率不会太大,例如 $e<0.2$,那么,略去下述几个量级较小的项:

$$\left(\dfrac{rn_e}{v}\right)^2 = 7\times10^{-3}, \quad \left(\dfrac{rn_e}{v}\right)^2 e = 10^{-3}$$

$$\left(\dfrac{rn_e}{v}\right)e = 1.7\times10^{-2}, \quad \left(\dfrac{rn_e}{v}\right)e^2 = 3\times10^{-3},$$

并利用球面三角公式(见图 4.5)

$$\cos\varphi\cos i' = \cos i, \quad \cos\varphi\sin i' = \cos(f+\omega)\sin i \tag{4.796}$$

和卫星运动速度 v^2 的表达式

$$v^2 = \mu\left(\dfrac{2}{r}-\dfrac{1}{a}\right) = \mu\dfrac{(1+2e\cos f+e^2)}{a(1-e^2)} \tag{4.797}$$

可将三个阻力摄动加速度分量(4.793)简化成下列形式:

$$\begin{cases} U = -\dfrac{\mu}{2}A_1\dfrac{(1+2e\cos f+e^2)}{a(1-e^2)}\rho \\ N = 0 \\ W = -\dfrac{\sqrt{\mu}}{2}A_2 r\cos(f+\omega)\sin i\left[\dfrac{(1+2e\cos f+e^2)}{a(1-e^2)}\right]^{1/2}\rho \end{cases} \tag{4.798}$$

该表达形式中的 A_1 和 A_2 两个参数定义如下:

$$A_1 = \left(\frac{C_D S}{m}\right) F^2, \quad A_2 = \left(\frac{C_D S}{m}\right) n_e F \tag{4.799}$$

$$F = (1 - \frac{r n_e}{v} \cos i) \approx \left(1 - \frac{r_{p_0} n_e}{v_{p_0}} \cos i\right) \tag{4.800}$$

上述表达形式中，W 分量显然是直接反映大气旋转效应的。表达式(4.798)的简化，主要是略去了量级较小的加速度分量 N，根据摄动运动方程的特点，略去该项不会改变大气阻力摄动效应的特征。

4.11.4　大气阻力摄动解的构造

4.11.4.1　大气阻力摄动的基本方程

以(4.798)式表达的大气阻力 U 和 W 分量代入摄动运动方程，给出卫星轨道在耗散力作用下所满足的常微分方程组如下：

$$\frac{\mathrm{d}a}{\mathrm{d}t} = -\frac{A_1 n a^2}{(1-e^2)^{3/2}} (1 + 2e\cos f + e^2)^{3/2} \rho \tag{4.801}$$

$$\frac{\mathrm{d}e}{\mathrm{d}t} = -\frac{A_1 n a}{(1-e^2)^{1/2}} (\cos f + e)(1 + 2e\cos f + e^2)^{1/2} \rho \tag{4.802}$$

$$\frac{\mathrm{d}i}{\mathrm{d}t} = -\frac{A_2 a}{4(1-e^2)} \sin i \left(\frac{r}{a}\right)^2 (1 + \cos 2u)(1 + 2e\cos f + e^2)^{1/2} \rho \tag{4.803}$$

$$\frac{\mathrm{d}\Omega}{\mathrm{d}t} = -\frac{A_2 a}{4(1-e^2)} \left(\frac{r}{a}\right)^2 \sin 2u \,(1 + 2e\cos f + e^2)^{1/2} \rho \tag{4.804}$$

$$\frac{\mathrm{d}\omega}{\mathrm{d}t} = -\cos i \frac{\mathrm{d}\Omega}{\mathrm{d}t} - \frac{A_1 n a}{e(1-e^2)^{1/2}} \sin f (1 + 2e\cos f + e^2)^{1/2} \rho \tag{4.805}$$

$$\frac{\mathrm{d}M}{\mathrm{d}t} = n + \frac{A_1 n a}{e(1-e^2)} \left(\frac{r}{a}\right) \sin f (1 + e\cos f + e^2)(1 + 2e\cos f + e^2)^{1/2} \rho \tag{4.806}$$

表达式(4.803)和(4.804)中的 $u = f + \omega$。

考虑到一般精度需求和适应轨道摄动变化分析解的构造形式，本书将引用式(4.784)所表达的大气密度模式，即

$$\rho = \rho_0 (1 + F^* \cos\psi) exp\left(-\frac{r-\sigma}{H(r)}\right) \tag{4.807}$$

大气耗散作用的基本特征表现在卫星轨道运动能量的减小上，即轨道不断变小变圆，见方程式(4.801)和(4.802)。而大气旋转效应的基本特征是改变卫星的轨道平面，其中轨道倾角 i 的变化很有特征，由方程式(4.803)不难看出，它也是不断减小的。下面用圆轨道对其作一估计，给出 i 的变化范围。由方程式(4.803)和(4.801)，并利用 n 与 a 的关系可得

$$0 \geqslant \frac{\mathrm{d}i}{\mathrm{d}n} \geqslant -\frac{n_e a}{3n(n-n_e)} \tag{4.808}$$

从高度 h_1（相应地有 n_1）降低到 h_0（对应 n_0），积分上式得

$$\Delta i \geqslant \frac{1}{3} \ln \frac{n_0(n_1 - n_e)}{n_1(n_0 - n_e)} \tag{4.809}$$

若分别取 h_1 为 1000 km,1200 km,1400 km,h_0 取 100 km(卫星下降到该高度后很快就要陨落),则有下列结果:

$$\Delta i \approx \begin{cases} -0°.27, & h_1 = 1000 \text{ km} \\ -0°.33, & h_1 = 1200 \text{ km} \\ -0°.39, & h_1 = 1400 \text{ km} \end{cases} \tag{4.810}$$

这表明在卫星整个寿命期间,由于大气旋转效应引起的倾角变化(减小)在 $0°.3 \sim 0°.4$ 的范围。该基本特征为卫星定轨和预报工作以及测控人员提供了一个重要信息。

4.11.4.2 构造大气阻力摄动解中密度模式的表达形式

首先看扁球大气情况,对表达式(4.783),暂不考虑密度标高 H 的变化。σ 就取为过初始近地点 p_0 的旋转椭球面,见图 4.4,该椭球面上任一点的向径 σ 由下式计算:

$$\sigma = \sigma_0 [1 - \varepsilon \sin^2 \varphi_{p_0} + O(e^2)] \tag{4.811}$$

其中 σ_0 是相应的"赤道"半径(即椭圆的半长径),φ 是地心纬度,这里的 ε 是地球扁率,采用 WGS84 系统,$\varepsilon = 0.00335281$。因参考椭球面过初始近地点 p_0,有

$$\sigma_{p_0} = \sigma_0 (1 - \varepsilon \sin^2 \varphi_{p_0}) = r_{p_0}$$

以此代入式(4.811),得

$$\sigma = r_{p_0} (1 - \varepsilon \sin^2 \varphi)(1 - \varepsilon \sin^2 \varphi_{p_0})^{-1} \tag{4.812}$$

以此代入表达式(4.783)得

$$\rho = \rho_{p_0} \exp \left[-\frac{r - r_{p_0}}{H} + C \cos 2(f + \omega) - C \cos 2\omega_0 + O(Ce) \right] \tag{4.813}$$

$$C = \frac{1}{2} \left(\frac{\varepsilon}{H} r_{p_0} \right) \sin^2 i \tag{4.814}$$

这里 C 称为扁率参数,一般有 $C \approx 0.1$。为构造摄动解的需要,式(4.813)可表示为

$$\rho = k \exp \left[\frac{ae}{H} \cos E + C \cos 2(f + \omega) + O(Ce) \right] \tag{4.815}$$

$$k = \rho_{p_0} \exp \left[-\frac{1}{H} (a - a_0 + a_0 e_0) - C \cos 2\omega_0 \right] \tag{4.816}$$

在构造摄动解中需要将表达式(4.815)中的真近点角 f 改用偏近点角 E 来表达。为此,利用

$$r = a(1 - e \cos E), \quad r \cos f = a(\cos E - e), \quad r \sin f = a \sqrt{1 - e^2} \sin E \tag{4.817}$$

即得

$$\begin{aligned} \rho = k \Big\{ &\left(1 + \frac{1}{4} C^2 \right) + C \cos 2\omega (-e \cos E + \cos 2E + e \cos 3E) \\ &+ C \sin 2\omega (e \sin E - \sin 2E - e \sin 3E) \\ &+ C^2 \cos 4\omega \left(\frac{1}{4} \cos 4E \right) + C^2 \sin 4\omega \left(-\frac{1}{4} \sin 4E \right) \\ &+ O(C\varepsilon) + O(Ce^2) + O(C^2 e) + O(C^3) \Big\} \exp \left(\frac{ae}{H} \cos E \right) \end{aligned} \tag{4.818}$$

当 $e < 0.2$ 时,该式中略去的项为

$$O(C\varepsilon) = 3 \times 10^{-4}, \quad O(Ce^2) = O(C^2 e) = O(C^3) = 10^{-3}$$

进一步再看同时考虑标度标高变化和周日变化的扁球大气状态下的密度表达形式。前面已提到,记 $\hat{r}$ 和 $\hat{r}_m$ 分别为卫星径向和密度周日峰方向的单位矢量,则表达式(4.784)中的 $\cos \psi$ 即为式(4.785):$\cos \psi = \hat{r} \cdot \hat{r}_m$,其中密度周日峰方向与太阳方向的差别见表达式(4.786),即仅在赤经方向增加一个角度 λ_m,这相当于太阳的轨道面向东移动一个 λ_m 角,即在地心赤道坐标系中,太阳的升交点赤经 $\Omega' = 0$,而密度周日峰对应的 $\Omega' = \lambda_m$。这与太阳光压摄动中给出的表达式(4.703)"相同",有

$$\cos \psi = \hat{r} \cdot \hat{r}_m = A^* \cos f + B^* \sin f \tag{4.819}$$

其中 A^* 和 B^* 的形式与表达式(4.703)中 A 和 B 形式上的差别,仅仅是式(4.703)中的 $\theta = \Omega$ 应改为 $\theta = \Omega - \lambda_m$。$A$ 和 B 即由前面第 4.7.1 小节的(4.498)和(4.499)式表达,其中第三体就是太阳,原 A, B 中的 $i', \theta = \Omega - \Omega'$ 和 u' 实为 $i' = \varepsilon, \Omega' = 0, u' = f' + \omega', \theta = \Omega$。

根据(4.781)式对 $H(r)$ 的假定,考虑到(4.782)式,密度公式(4.784)可进一步表示如下:

$$\rho = \rho_0 (1 + F^* A^* \cos f + F^* B^* \sin f) \left[1 + \frac{\mu}{2} \left(\frac{r-\sigma}{H_{p_0}} \right) \right] \exp\left(-\frac{r-\sigma}{H_{p_0}} \right) \tag{4.820}$$

由于大气的一些参数难以测准,而 $C \approx 0.1, \mu \approx 0.1, e < 0.2$,因此,在一般情况下,密度表达式中取到 $O(e, C, \mu)$ 项是比较合理的,也能满足一般精度要求。同时根据卫星向径 r 与近点角 f 和 E 的关系(见(4.817)式),可将密度表达式(4.820)的简化形式最后表示成下列实用形式:

$$\rho = k\{1 + C\cos 2\omega \cos 2E - C\sin 2\omega \sin 2E + \Delta(\mu) + \Delta(F^*)\} \exp(z\cos E) \tag{4.821}$$

$$k = \rho_{p_0} \exp\left[-\frac{1}{H_{p_0}} (a - a_0 + a_0 e_0) - C\cos 2\omega_0 \right] \tag{4.822}$$

其中参数 z 的定义为

$$z = \frac{ae}{H_{p_0}} \tag{4.823}$$

另几个关键辅助量的定义再次整理如下:

$$C = \frac{1}{2} \left(\frac{\varepsilon}{H_{p_0}} r_{p_0} \right) \sin^2 i \tag{4.824}$$

$$\Delta(\mu) = \mu \left[\frac{3}{4} z_0^2 - z_0^2 \cos E + \frac{1}{4} z_0^2 \cos 2E \right] \tag{4.825}$$

$$\begin{aligned}
\Delta(F^*) = {} & F^* A^* \left[-\left(\frac{e}{2} + \frac{1}{2}\mu z_0^2 \right) + \left(1 + \frac{7}{8}\mu z_0^2 \right) \cos E + \left(\frac{e}{2} - \frac{1}{2}\mu z_0^2 \right) \cos 2E \right. \\
& \left. + \left(\frac{1}{8}\mu z_0^2 \right) \cos 3E + \frac{C}{2} \cos 2\omega (\cos E + \cos 3E) + \frac{C}{2} \sin 2\omega (-\sin E - \sin 3E) \right] \\
& + F^* B^* \left[\left(1 + \frac{5}{8}\mu z_0^2 \right) \sin E + \left(\frac{e}{2} - \frac{1}{2}\mu z_0^2 \right) \sin 2E + \left(\frac{1}{8}\mu z_0^2 \right) \sin 3E \right. \\
& \left. + \frac{C}{2} \cos 2\omega (-\sin E + \cos 3E) + \frac{C}{2} \sin 2\omega (-\cos E + \cos 3E) \right]
\end{aligned}$$

$$\tag{4.826}$$

大气密度表达式(4.821)反映了大气的主要变化,其主要目的是研究大气阻力摄动的基本特征和各种参数的作用。下面要构造的大气阻力摄动解,就采用这种密度模式。而且,在解中只保留大气模式各种修正 $O(C,\mu,\Delta(F^*))$ 的一次项(10^{-1} 的量级),它们彼此的联合效应(10^{-2} 的量级)将略去,因为大气模式本身的误差就有 $5\%\sim10\%$(即 10^{-1})。由此构造出的大气阻力摄动解,既能反映该耗散因素对卫星轨道影响的特征,又可满足相应的(对模型本身的精度而言)精度要求。

4.11.4.3 大气阻力摄动解的 Kepler 根数形式

大气阻力加速度 D 与地球中心引力加速度 F_0 之比为

$$\varepsilon=\frac{D}{F_0}=\frac{1}{2}\left(\frac{C_D S}{m}\right)\rho V^2\Big/\left(\frac{1}{r^2}\right)\approx\left(\frac{C_D S}{m}\rho\right)\frac{r}{2} \tag{4.827}$$

一个直径为 3 m 重 1 t 的球形卫星,在 200 km 高处飞行,该高度的大气密度约为 $10^{-10}\,\mathrm{kg/m^3}$,相应地有 $\varepsilon=O(10^{-6})$,而一般飞行高度还要高些,阻力摄动就更小。那么,在构造相应摄动解时把阻力摄动看作二阶小量 $O(J_2^2)$ 很自然,相应的摄动解为

$$\sigma_2(t-t_0)=\bar{f}(t-t_0)$$
$$\sigma_s^{(2)}(t)=\int^t\left(\frac{\mathrm{d}\sigma}{\mathrm{d}t}\right)\mathrm{d}t=\int^E\left(\frac{\mathrm{d}\sigma}{\mathrm{d}E}\right)\mathrm{d}E \tag{4.828}$$

无论是求平均值 $\bar{f}$,还是求 $\sigma_s^{(2)}(t)$,均涉及下列积分:

$$\begin{cases}\displaystyle\int\sin mE\exp(z\cos E)\mathrm{d}E\\[2mm]\displaystyle\int\cos mE\exp(z\cos E)\mathrm{d}E\end{cases}$$

由指数函数的展开式和 $\sin^\alpha E,\cos^\alpha E$($\alpha$ 是正整数)表达成 E 的倍角函数公式,可给出

$$\exp(z\cos E)=\sum_{\alpha\geqslant0}\sum_{\beta=0}^{\frac{1}{2}(\alpha-\delta_1)}\left(\frac{z^\alpha}{\alpha!}\right)\frac{1}{2^{\alpha-\delta_2}}\begin{pmatrix}\alpha\\\beta\end{pmatrix}\cos(\alpha-2\beta)E \tag{4.829}$$

其中

$$\begin{pmatrix}\alpha\\\beta\end{pmatrix}=\frac{\alpha!}{\beta!(\alpha-\beta)!} \tag{4.830}$$

$$\delta_1=\frac{1}{2}[1-(-1)^\alpha],\quad\delta_2=\begin{cases}0,&\alpha-2\beta=0\\1,&\alpha-2\beta\neq0\end{cases} \tag{4.831}$$

于是有

$$\frac{1}{2\pi}\int_0^{2\pi}\sin mE\exp(z\cos E)\mathrm{d}E=0 \tag{4.832}$$

$$\frac{1}{2\pi}\int_0^{2\pi}\cos mE\exp(z\cos E)\mathrm{d}E$$
$$=\sum_{\alpha(2)\geqslant m}\frac{1}{\left[\frac{1}{2}(\alpha-m)\right]!\left[\frac{1}{2}(\alpha+m)\right]!}\left(\frac{z}{2}\right)^\alpha=\sum_{k\geqslant0}\frac{1}{k!(m+k)!}\left(\frac{z}{2}\right)^{m+2k}=I_m(z)$$

$$\tag{8.833}$$

$I_m(z)$ 即第一类虚变量的贝塞耳函数。上述求和中 $\alpha(2) \geqslant m$ 表示 α 从 m 开始取值,且取值 "步长"为 2。

如果需要求短周期项,将涉及如下两个积分结果,即

$$\int^E \sin mE \exp(z\cos E)\mathrm{d}E$$

$$= \sum_{\alpha \geqslant 0} \sum_{\beta=0}^{\frac{1}{2}(\alpha-\delta_1)} \left(\frac{z^\alpha}{\alpha!}\right) \frac{1}{2^{\alpha-\delta_2}} \binom{\alpha}{\beta} \left[\delta_3 \frac{\cos(\alpha-2\beta-m)E}{\alpha-2\beta-m} - \frac{\cos(\alpha-2\beta+m)E}{\alpha-2\beta+m}\right]$$

$$(4.834)$$

$$\int^E \cos mE \exp(z\cos E)\mathrm{d}E$$

$$= \sum_{\alpha \geqslant 0} \sum_{\beta=0}^{\frac{1}{2}(\alpha-\delta_1)} \left(\frac{z^\alpha}{\alpha!}\right) \frac{1}{2^{\alpha+1-\delta_2}} \binom{\alpha}{\beta} \left[\delta_3 \frac{\sin(\alpha-2\beta-m)E}{\alpha-2\beta-m} - \frac{\sin(\alpha-2\beta+m)E}{\alpha-2\beta+m}\right]$$

$$(4.835)$$

其中

$$\delta_3 = \begin{cases} 0, & \alpha-2\beta-m=0 \\ 1, & \alpha-2\beta-m\neq0 \end{cases}$$

$$(4.836)$$

有了上述积分表达式,就很容易构造大气阻力摄动解。与其他各类摄动解的构造一致,采用拟平均根数法构造大气阻力摄动解,将长周期项处理成长期变化项,统一记作 $\sigma_2(t-t_0)$,略去具体推导过程,直接列出相应的变率 σ_2 的表达式如下:

$$a_2 = -B_1 a^2 n \left\{ (I_0+2eI_1) + C(\cos 2\omega I_2) + \mu z_0^2 \left(\frac{3}{4}I_0 - I_1 + \frac{1}{4}I_2\right) \right.$$

$$\left. + F^* A^* \left(\frac{e}{2}I_0 + I_1 + \frac{3}{2}eI_2\right) \right\}$$

$$(4.837)$$

$$e_2 = -B_1 an \left\{ \left(\frac{e}{2}I_0 + I_1 + \frac{e}{2}I_2\right) + \frac{C}{2}\cos 2\omega(I_1+I_3) \right.$$

$$\left. + \mu z_0^2 \left(-\frac{1}{2}I_0 + \frac{7}{8}I_1 - \frac{1}{2}I_2 + \frac{1}{8}I_3\right) + F^* A^* \left(\frac{1}{2}I_0 + \frac{e}{2}I_1 + \frac{1}{2}I_2 + \frac{e}{2}I_3\right) \right\}$$

$$(4.838)$$

$$i_2 = -\frac{1}{4}B_2 a\sin i(I_0 + \cos 2\omega I_2)$$

$$(4.839)$$

$$\Omega_2 = -\frac{1}{4}B_2 a\sin 2\omega I_2$$

$$(4.840)$$

$$\omega_2 = -\cos i\Omega_2$$

$$-B_1 an\left(\frac{1}{e}\right) \left\{ C\sin 2\omega \left[\frac{e}{4}I_0 - \frac{1}{2}I_1 - eI_2 + \frac{1}{2}I_3 + \frac{3}{4}eI_4\right] \right.$$

$$\left. + F^* B^* \left[\left(\frac{1}{2}+\frac{e^2}{16}\right)I_0 + \frac{e}{2}I_1 - \left(\frac{1}{2}-\frac{e^2}{4}\right)I_2 - \frac{e}{2}I_3 - \frac{5}{16}e^2 I_4 - \frac{e^2}{4}(I_0-I_2)\right] \right\}$$

$$(4.841)$$

$$M_2 = -(\omega_2 + \cos i \Omega_2) + B_1 an \left\{ F^* B^* \left[\frac{e}{4}(I_0 - I_2) \right] \right\}$$

$$-\frac{1}{2}\left(\frac{3n}{2a}\right)a_2(t-t_0) \tag{4.842}$$

表达式(4.837)～(4.842)中的第一类虚变量贝塞耳函数 I_m，见其定义式(4.833)。有关大气阻力的几个参数 $B_1, B_2, C, \mu, F^*, A^*, B^*$ 中，除 μ, F^* 及其相关的 A^*, B^* 的形式不变外（见前面相关的表达式），其他各量采用的形式如下：

$$B_1 = \left(\frac{C_D S}{m}\right)\bar{\rho}_{p_0} F^2 \exp\left(-\frac{1}{H_{p_0}}(a - a_0 + a_0 e_0) - C\cos 2\omega_0\right) \tag{4.843}$$

$$B_2 = \left(\frac{C_D S}{m}\right)\bar{\rho}_{p_0} F n_e \exp\left(-\frac{1}{H_{p_0}}(a - a_0 + a_0 e_0) - C\cos 2\omega_0\right) \tag{4.844}$$

$$F = 1 - \frac{r_{p_0} n_e}{v_{p_0}}\cos i_0 \tag{4.845}$$

$$C = \frac{1}{2}\left(\frac{\varepsilon}{H_{p_0}} r_{p_0}\right)\sin^2 i_0 \tag{4.846}$$

其中 $\varepsilon = 1/298.257$ 是地球几何扁率。

上述摄动解表达式右端出现的慢变量 Ω, ω 以及 A^*, B^* 中涉及的太阳平黄经 $u' = L_\odot$，宜取 $(t - t_0)$ 的中间值 $\bar{\sigma}_{1/2}$，即

$$\begin{cases} \Omega = \bar{\Omega}_0 + \dfrac{1}{2}\Omega_1(t - t_0) \\[2mm] \omega = \bar{\omega}_0 + \dfrac{1}{2}\omega_1(t - t_0) \\[2mm] L_\odot = L_0 + \dfrac{1}{2}n'(t - t_0) \end{cases} \tag{8.847}$$

Ω_1 和 ω_1 见第 4 章中的表达式(4.65)和(4.66)，$n' = 0°.9856/\text{day}$ 即太阳平运动角速度。

最后说明一点，关于几个参数的选择问题。前面给出的摄动解的计算公式中，有四个大气参数 $\rho_{p_0}, H_{p_0}, \mu, f^*$ 要确定，其中 ρ_{p_0} 和 H_{p_0} 很明确，是初始近地点处的数值，而 μ 和 f^* 严格地说应随高度变化，但是由于大气密度变化的特点，μ 和 f^* 亦可用近地点处的数值。至于初始近地点 p_0 处的高度 h_{p_0}，将取决于初值的提供，而初始时刻 t_0 的根数不外乎瞬时根数 a_0, e_0, i_0, ω_0，或平均根数 $\bar{a}_0, \bar{e}_0, \bar{i}_0, \bar{\omega}_0$，根据地球的扁率分别给出相应的 h_{p_0} 如下：

$$\begin{aligned} h_{p_0} &= a_0(1 - e_0) - (1 - \varepsilon\sin^2 i_0 \sin^2 \omega_0) \\ h_{p_0} &= \bar{a}_0(1 - \bar{e}_0) - (1 - \varepsilon\sin^2 \bar{i}_0 \sin^2 \bar{\omega}_0) \end{aligned} \tag{4.848}$$

但要特别注意，前面摄动公式中参考点的值 a_0, e_0, i_0, ω_0 要与计算高度 h_{p_0} 时采用的一致，这些参考点的值与轨道根数的变化以及整个摄动计算的方法无关。

4.11.5　大气阻力摄动解的无奇点表达形式

（1）第一类无奇点表达形式

仍采用拟平均根数法构造摄动解，并将长周期项处理成长期变化项，统一记作 $\sigma_2(t-$

t_0),相应的变率 σ_2 的表达式如下:

$$a_2 = -B_1 a^2 n \left\{ (I_0 + 2eI_1) + C(\cos 2\omega I_2) + \mu z_0^2 \left(\frac{3}{4} I_0 - I_1 + \frac{1}{4} I_2 \right) \right.$$
$$\left. + F^* A^* \left(\frac{e}{2} I_0 + I_1 + \frac{3}{2} e I_2 \right) \right\} \tag{4.849}$$

$$i_2 = -\frac{1}{4} B_2 a \sin i (I_0 + \cos 2\omega I_2) \tag{4.850}$$

$$\Omega_2 = -\frac{1}{4} B_2 a \sin 2\omega I_2 \tag{4.851}$$

$$\xi_2 = \cos \omega [e_2] - \sin \omega [e\omega_2] \tag{4.852}$$

$$\eta_2 = \sin \omega [e_2] + \cos \omega [e\omega_2] \tag{4.853}$$

$$\lambda_2 = -\cos i \Omega_2 + B_2 an \left\{ F^* B^* \left[\frac{e}{4} (I_0 - I_2) \right] \right\} - \frac{1}{2} \left(\frac{3n}{2a} \right) a_2 (t - t_0) \tag{4.854}$$

其中 e_2 和 ω_2 的表达式即(4.838)和(4.841)式。

(2) 第二类无奇点表达形式

$$a_2 = -B_1 a^2 n \left\{ (I_0 + 2eI_1) + C(\cos 2\omega I_2) + \mu z_0^2 \left(\frac{3}{4} I_0 - I_1 + \frac{1}{4} I_2 \right) \right.$$
$$\left. + F^* A^* \left(\frac{e}{2} I_0 + I_1 + \frac{3}{2} e I_2 \right) \right\} \tag{4.855}$$

$$\xi_2 = \cos \tilde{\omega} [e_2] - \sin \tilde{\omega} [e\omega_2 + e\Omega_2] \tag{4.856}$$

$$\eta_2 = \sin \tilde{\omega} [e_2] + \cos \tilde{\omega} [e\omega_2 + e\Omega_2] \tag{4.857}$$

$$h_2 = \frac{1}{2} \cos \frac{i}{2} \cos \Omega [i_2] - \sin \frac{i}{2} \sin \Omega [\Omega_2] \tag{4.858}$$

$$k_2 = \frac{1}{2} \cos \frac{i}{2} \sin \Omega [i_2] + \sin \frac{i}{2} \cos \Omega [\Omega_2] \tag{4.859}$$

$$\lambda_2 = \frac{\sin i}{1 + \cos i} (\sin i \Omega_2) + B_1 an \left\{ F^* B^* \left[\frac{e}{4} (I_0 - I_2) \right] \right\} - \frac{1}{2} \left(\frac{3n}{2a} \right) a_2 (t - t_0) \tag{4.860}$$

其中 e_2,i_2,Ω_2 和 ω_2 的表达式即(4.838)~(4.841)式。

4.12 小推力作用下的轨道变化

近年来,随着航天技术领域的发展,小推力助推技术的应用已趋成熟,早在 2003 年 9 月欧空局发射的月球探测器 SMART-1 就采用了这一技术。这里不去考虑小推力技术的具体细节,仅从助推过程中推力如何改变航天器轨道这一角度,对其进行相应的理论分析。

考虑重 1000 kg 的航天器,在轨运行中同时存在持续的助推过程,假定推力大小为 1 N(1 N=kg·m/s²),相应的推力加速度即为 0.001 m/s²,而地球的中心引力加速度在地球上空高度分别为 $h=200$、300(km)处的地心引力加速度 g 值为

$$g(\mathrm{m/s^2}) = \begin{cases} 9.211534, & h=200.0 \text{ km} \\ 8.937728, & h=300.0 \text{ km} \end{cases}$$

那么,这一小推力的相对大小也仅达到 10^{-4} 的量级。在此力学背景下,不妨称其为小推力摄动问题。下面就分别针对两类摄动模型,给出航天器运行轨道的变化规律。相应的两类摄动模型如下:

(1) 在径向、横向和轨道面法向均有连续助推分量,依次记推力加速度为 S, T, W;

(2) 仅在轨道切向有助推量,相应的推力加速度记为 U。

下面不再同时考虑地球非球形引力 J2 项的联合影响,而是分离出小推力摄动,独立分析其对航天器运行轨道的摄动影响规律[15]。

4.12.1 (S, T, W)型推力摄动解

推力加速度 S, T, W 对应的航天器轨道摄动运动方程如下:

$$\begin{cases} \dfrac{\mathrm{d}a}{\mathrm{d}t} = \dfrac{2}{n\sqrt{1-e^2}}\left[Se\sin f + T(1+e\cos f)\right] \\[2mm] \dfrac{\mathrm{d}e}{\mathrm{d}t} = \dfrac{\sqrt{1-e^2}}{na}\left[S\sin f + T(\cos f + \cos E)\right] \\[2mm] \dfrac{\mathrm{d}i}{\mathrm{d}t} = \dfrac{r\cos u}{na^2\sqrt{1-e^2}}W \\[2mm] \dfrac{\mathrm{d}\Omega}{\mathrm{d}t} = \dfrac{r\sin u}{na^2\sqrt{1-e^2}\sin i}W \\[2mm] \dfrac{\mathrm{d}\omega}{\mathrm{d}t} = \dfrac{\sqrt{1-e^2}}{nae}\left[-S\cos f + T\left(1+\dfrac{r}{p}\right)\sin f\right] - \cos i\dfrac{\mathrm{d}\Omega}{\mathrm{d}t} \\[2mm] \dfrac{\mathrm{d}M}{\mathrm{d}t} = n - \dfrac{1-e^2}{nae}\left[-S\left(\cos f - 2e\dfrac{r}{p}\right) + T\left(1+\dfrac{r}{p}\right)\sin f\right] \end{cases} \tag{4.861}$$

其中 $u=f+\omega, p=a(1-e^2)$,f 和 E 分别为真近点角和偏近点角。

在推力加速度 (S, T, W) 为小量的前提下,即

$$S, T, W = O(\varepsilon)$$

那么,方程(4.861)可写成下列小参数方程的形式:

$$\dot{\sigma} = f_0(a) + f_{\mathrm{thrust}}(\sigma, \varepsilon) \tag{4.862}$$

利用下列平均值

$$\begin{cases} \overline{\left(\dfrac{r}{a}\right)} = 1 + \dfrac{1}{2}e^2 \\[2mm] \overline{\sin f} = 0, \quad \overline{\cos f} = -e \\[2mm] \overline{\left(\dfrac{r}{a}\right)\sin f} = 0, \quad \overline{\left(\dfrac{r}{a}\right)\cos f} = -\dfrac{3}{2}e \end{cases} \tag{4.863}$$

可将方程(4.861)或(4.862)的右函数分解成长期、长周期和短周期三个部分,按拟平均根数法构造摄动解,积分后即获得相应的轨道摄动解 $\sigma(t)$,即

$$\begin{cases} \sigma(t) = \bar{\sigma}_0 + \delta\bar{n}(t-t_0) + \sigma_c(t-t_0) + \Delta\sigma_l(t) + \sigma_s(t) \\ \bar{\sigma}_0 = \sigma_0 - \sigma_s(t_0) \end{cases} \tag{4.864}$$

其中长期变化、长周期变化和短周期项三个部分的具体形式如下：

（1）长期变化部分 $\sigma_c(t-t_0)$ 的变化率 σ_c

$$a_c = 2\sqrt{1-e^2}\,(T/n) \tag{4.865}$$

$$e_c = -\frac{3\sqrt{1-e^2}}{2a}e(T/n) \tag{4.866}$$

$$i_C = 0 \tag{4.867}$$

$$\Omega_C = 0 \tag{4.868}$$

$$\Omega_c = \frac{\sqrt{1-e^2}}{a}(S/n) \tag{4.869}$$

$$M_c = -\left(\frac{3}{a}\right)(S/n) - \left(\frac{3n}{4a}\right)a_C(t-t_0) \tag{4.870}$$

上述表达式中的 $n = \sqrt{\mu}a^{-3/2} = \bar{a}^{-3/2}$ 是航天器的轨道平运动角速度。

（2）长周期变化部分 $\Delta\sigma_l(t-t_0) = \sigma_l(t-t_0)$ 的变化率 σ_l

$$a_l = 0 \tag{4.871}$$

$$e_l = 0 \tag{4.872}$$

$$i_l = -\frac{3}{2a\sqrt{1-e^2}}e\cos\bar{\omega}_0(W/n) \tag{4.873}$$

$$\Omega_l = -\frac{3}{2a\sqrt{1-e^2}\sin i}e\sin\bar{\omega}_0(W/n) \tag{4.874}$$

$$\omega_l = -\cos i\Omega_l \tag{4.875}$$

$$M_l = 0 \tag{4.876}$$

因在小推力作用下，长周期变化并无异常特征，这里就直接按长期变化 $\sigma_c(t-t_0)$ 处理，

（3）短周期项 $\sigma_s(t)$

$$a_s(t) = \frac{2}{n^2}\left[-Se\left(\cos E + \frac{e}{2}\right) + T\sqrt{1-e^2}\,e\sin E\right] \tag{4.877}$$

$$\begin{aligned} e_s(t) = \frac{\sqrt{1-e^2}}{n^2a}\Big\{ &-S\sqrt{1-e^2}\left(\cos E + \frac{e}{2}\right) \\ &+ T\left[\left(2 - \frac{3}{2}e^2\right)\sin E - \frac{e}{4}\sin 2E\right]\Big\} \end{aligned} \tag{4.878}$$

$$\begin{aligned} i_s(t) = \frac{W}{n^2a\sqrt{1-e^2}}\Big\{ &\left[\left(1 - \frac{e^2}{2}\right)\sin E - \frac{e}{4}\sin 2E\right]\cos\omega \\ &+ \sqrt{1-e^2}\left[\cos E - \frac{e}{4}\cos 2E\right]\sin\omega\Big\} \end{aligned} \tag{4.879}$$

$$\begin{aligned} \Omega_s(t) = \frac{W}{n^2a\sqrt{1-e^2}\sin i}\Big\{ &\left[\left(1 - \frac{e^2}{2}\right)\sin E - \frac{e}{4}\sin 2E\right]\sin\omega \\ &- \sqrt{1-e^2}\left[\cos E - \frac{e}{4}\cos 2E\right]\cos\omega\Big\} \end{aligned} \tag{4.880}$$

$$\omega_s(t) = -\cos i\Omega_s(t)$$

$$-\frac{1}{n^2 ae}\Big\{ S(1-e^2)^{3/2}\sin E$$

$$+T\Big[(2-e^2)\cos E - \frac{e}{4}\cos 2E\Big]\Big\} \tag{4.881}$$

$$M_s(t) = \frac{1}{n^2 ae}\Big\{ S\Big[\Big(1+3e^2-\frac{3}{2}e^4\Big)\sin E - \frac{5}{4}e^3\sin 2E\Big]$$

$$+T\sqrt{1-e^2}\Big[2(1+e^2)\cos E - \frac{e}{4}(1+3e^2)\cos 2E\Big]\Big\} \tag{4.882}$$

上述各式中出现的根数均为拟平均根数 $\bar{\sigma}(t)$。

4.12.2 (S,T,W) 型推力摄动解的无奇点形式

（1）第一类无奇点表达形式

引用(4.90)式定义的第一类无奇点变量,即

$$a,\ i,\ \Omega,\ \xi = e\cos\omega,\ \eta = e\sin\omega,\ \lambda = M+\omega$$

仍采用拟平均根数法构造摄动解,并将长周期项处理成长期变化项,统一记作 $\sigma_{c,l}(t-t_0)$,相应的变率 $\sigma_{c,l}$ 的表达式如下:

$$a_{c,l} = 2\sqrt{1-e^2}\,(T/n) \tag{4.883}$$

$$i_{c,l} = -\frac{3}{2a\sqrt{1-e^2}}e\cos\bar{\omega}_0\,(W/n) \tag{4.884}$$

$$\Omega_{c,l} = -\frac{3}{2a\sqrt{1-e^2}\sin i}e\sin\bar{\omega}_0\,(W/n) \tag{4.885}$$

$$\xi_{c,l} = \cos\omega[(e_c+e_l)] - e\sin\omega[(\omega_c+\omega_l)] \tag{4.886}$$

$$\eta_{c,l} = \sin\omega[(e_c+e_l)] - e\cos\omega[(\omega_c+\omega_l)] \tag{4.887}$$

$$\lambda_{c,l} = (\omega_c+\omega_l) + (M_c+M_l)$$

$$\tag{4.888}$$

$$= -\cos i\Omega_l - \Big(\frac{1}{a}\Big)(3-\sqrt{1-e^2})(S/n) - \Big(\frac{3n}{4a}\Big)a_c(t-t_0)$$

其中 $e_{c,l} = e_c+e_l = e_c$,其具体形式见(4.866)式,$(\omega_c+\omega_l)$ 的表达式即

$$\omega_c+\omega_l = \frac{\sqrt{1-e^2}}{a}(S/n) - \cos i\Omega_l \tag{4.889}$$

短周期项 $\sigma_s(t)$ 中的 $a_s(t),i_s(t),\Omega_s(t)$ 的表达式即(4.877),(4.879)和(4.880)式,而另三项的构成形式如下:

$$\xi_s(t) = \cos\omega[e_s(t)] - \sin\omega[e\omega_s(t)] \tag{4.890}$$

$$\eta_s(t) = \sin\omega[e_s(t)] - \cos\omega[e\omega_s(t)] \tag{4.891}$$

$$\lambda_s(t) = M_s(t) + \omega_s(t) \tag{4.892}$$

其中 $e_s(t)$ 的表达式即(4.878)式,还有

$$e\omega_s(t) = -e\cos i\Omega_s(t)$$

$$-\frac{1}{n^2a}\left\{S(1-e^2)^{3/2}\sin E + T\left[(2-e^2)\cos E - \frac{e}{4}\cos 2E\right]\right\} \quad (4.893)$$

$$\omega_s(t) + M_s(t) = -\cos i\Omega_s(t)$$

$$+\frac{1}{n^2a}S\left[\left(\frac{9}{2}-\frac{15}{8}e^2\right)e\sin E - \frac{5}{4}e^2\sin 2E\right] \quad (4.894)$$

$$+\frac{1}{n^2a}T\left[\left(1-\frac{3}{4}e^2\right)e\cos E - \frac{1}{4}\left(\frac{5}{2}-\frac{11}{8}e^2\right)e^2\cos 2E\right]$$

(2) 第二类无奇点表达形式

引用(4.147)式定义的第二类无奇点变量,即

$$a, \quad \xi=e\cos\tilde{\omega}, \quad \eta=e\sin\tilde{\omega}$$

$$h=\sin\frac{i}{2}\cos\Omega, \quad k=\sin\frac{i}{2}\sin\Omega, \quad \lambda=M+\tilde{\omega}$$

同样,采用拟平均根数法构造摄动解,并将长周期项处理成长期变化项,统一记作 $\sigma_{C,l}(t-t_0)$,相应的变率 $\sigma_{C,l}$ 的表达式如下:

$$a_{C,l} = 2\sqrt{1-e^2}(T/n) \quad (4.895)$$

$$\xi_{C,l} = \cos\tilde{\omega}[e_{C,l}] - e\sin\tilde{\omega}[\omega_{C,l}+\Omega_{C,l}] \quad (4.896)$$

$$\eta_{C,l} = \sin\tilde{\omega}[e_{C,l}] + e\cos\tilde{\omega}[\omega_{C,l}+\Omega_{C,l}] \quad (4.897)$$

$$h_{C,l} = \frac{1}{2}\cos\frac{i}{2}\cos\Omega[i_{C,l}] - \sin\Omega\left[\sin\frac{i}{2}\Omega_{C,l}\right] \quad (4.898)$$

$$k_{C,l} = \frac{1}{2}\cos\frac{i}{2}\cos\Omega[i_{C,l}] + \cos\Omega\left[\sin\frac{i}{2}\Omega_{C,l}\right] \quad (4.899)$$

$$\lambda_{C,l} = \Omega_{C,l}+\omega_{C,l}+M_{C,l}$$

$$= -\frac{3}{2a\sqrt{1-e^2}}\left(\frac{\sin i}{1+\cos i}\right)e\sin\tilde{\omega}_0(W/n) \quad (4.900)$$

$$-\left(\frac{1}{a}\right)(3-\sqrt{1-e^2})(S/n) - \left(\frac{3n}{4a}\right)a_{C,l}(t-t_0)$$

其中 $e_{C,l}$ 即 e_C,具体形式见(4.866)式,$\Omega_{C,l}=(\Omega_C+\Omega_l)$ 和 $\omega_{C,l}=(\omega_C+\omega_l)$ 的表达式见(4.885)式和(4.889)式。还有

$$\sin\frac{i}{2}\Omega_{C,l} = \sin\frac{i}{2}\Omega_l$$

$$= -\frac{3}{4a\sqrt{1-e^2}\cos\frac{i}{2}}e\sin\bar{\omega}_0(W/n) \quad (4.901)$$

短周期项 $\sigma_s(t)$ 的表达形式如下:

$$a_s(t) = \frac{2}{n^2}\left[-Se\left(\cos E+\frac{e}{2}\right) + T\sqrt{1-e^2}e\sin E\right] \quad (4.902)$$

$$\xi_s(t) = \cos\tilde{\omega}[e_s(t)] - \sin\tilde{\omega}[e\omega_s(t)+e\Omega_s(t)] \quad (4.903)$$

$$\eta_s(t) = \sin\tilde{\omega}[e_s(t)] + \cos\tilde{\omega}[e\omega_s(t) + e\Omega_s(t)] \tag{4.904}$$

$$h_s(t) = \frac{1}{2}\cos\frac{i}{2}\cos\Omega[i_s(t)] - \sin\Omega\left[\sin\frac{i}{2}\Omega_s(t)\right] \tag{4.905}$$

$$k_s(t) = \frac{1}{2}\cos\frac{i}{2}\sin\Omega[i_s(t)] + \cos\Omega\left[\sin\frac{i}{2}\Omega_s(t)\right] \tag{4.906}$$

$$\lambda_s(t) = M_s(t) + \omega_s(t) + \Omega_s(t) \tag{4.907}$$

其中 $e_s(t)$ 和 $i_s(t)$ 的表达式即(4.878)和(4.879)式,还有

$$e\omega_s(t) + e\Omega_s(t) = e(1 - \cos i)\Omega_s(t)$$

$$- \frac{1}{n^2 a}\left\{ S(1-e^2)^{3/2}\sin E + T\left[(2-e^2)\cos E - \frac{e}{4}\cos 2E\right]\right\} \tag{4.908}$$

$$\sin\frac{i}{2}\Omega_s(t) = \frac{W}{2n^2 a\sqrt{1-e^2}}\left[\frac{1}{\cos\frac{i}{2}}\right]\left\{\left[\left(1 - \frac{e^2}{2}\right)\sin E - \frac{e}{4}\sin 2E\right]\sin\omega\right.$$

$$\left. - \sqrt{1-e^2}\left[\cos E - \frac{e}{4}\cos 2E\right]\cos\omega\right\} \tag{4.909}$$

$$M_s(t) + \omega_s(t) + \Omega_s(t)$$

$$= \frac{1}{n^2 a}S\left[\left(\frac{9}{2} - \frac{15}{8}e^2\right)e\sin E - \frac{5}{4}e^2\sin 2E\right]$$

$$+ \frac{1}{n^2 a}T\left[\left(2 - \frac{3}{4}e^2\right)e\cos E - \frac{1}{4}\left(\frac{5}{2} - \frac{11}{8}e^2\right)e^2\cos 2E\right]$$

$$+ \frac{W}{n^2 a\sqrt{1-e^2}}\frac{\sin i}{(1+\cos i)}\left\{\left[\left(1 - \frac{e^2}{2}\right)\sin E - \frac{e}{4}\sin 2E\right]\sin\omega\right.$$

$$\left. - \sqrt{1-e^2}\left[\cos E - \frac{e}{4}\cos 2E\right]\cos\omega\right\} \tag{4.910}$$

4.12.3 (U)型推力摄动解

推力加速度 U 对应的航天器轨道摄动运动方程如下:

$$\begin{cases} \dfrac{\mathrm{d}a}{\mathrm{d}t} = \dfrac{2}{n\sqrt{1-e^2}}(1 + 2e\cos f + e^2)^{1/2}U \\[2mm] \dfrac{\mathrm{d}e}{\mathrm{d}t} = \dfrac{\sqrt{1-e^2}}{na}(1 + 2e\cos f + e^2)^{-1/2}[2(\cos f + e)U] \\[2mm] \dfrac{\mathrm{d}i}{\mathrm{d}t} = 0, \quad \dfrac{\mathrm{d}\Omega}{\mathrm{d}t} = 0 \\[2mm] \dfrac{\mathrm{d}\omega}{\mathrm{d}t} = \dfrac{\sqrt{1-e^2}}{nae}(1 + 2e\cos f + e^2)^{-1/2}[(2\sin f)U] \\[2mm] \dfrac{\mathrm{d}M}{\mathrm{d}t} = n - \dfrac{1-e^2}{nae}(1 + 2e\cos f + e^2)^{-1/2}\left[\left(2\sin f + \dfrac{2e^2}{\sqrt{1-e^2}}\sin E\right)U\right] \end{cases} \tag{4.911}$$

对于这类问题,因上述方程的右函数出现 $(1+2e\cos f+e^2)^{\pm 1/2}$ 形式的因子,求解时就会涉及相应的级数展开问题,无法构造对偏心率 e 封闭形式的摄动解,既然如此,就将右函数展成平近点角 M 的三角级数,取到 e^2 项的结果如下:

$$\frac{\mathrm{d}a}{\mathrm{d}t}=\frac{2}{n}U\left[\left(1-\frac{1}{4}e^2\right)+e\cos M+\frac{3}{4}e^2\cos 2M\right] \tag{4.912}$$

$$\frac{\mathrm{d}e}{\mathrm{d}t}=\frac{2}{na}U\left[-\frac{e}{2}+(1-e^2)\cos M+\frac{e}{2}\cos 2M+\frac{e^2}{2}\cos 3M\right] \tag{4.913}$$

$$\frac{\mathrm{d}i}{\mathrm{d}t}=0 \tag{4.914}$$

$$\frac{\mathrm{d}\Omega}{\mathrm{d}t}=0 \tag{4.915}$$

$$\frac{\mathrm{d}\omega}{\mathrm{d}t}=\frac{2}{nae}U\left[\left(1-\frac{e^2}{2}\right)\sin M+\frac{e}{2}\sin 2M+\frac{e^2}{2}\sin 3M\right] \tag{4.916}$$

$$\frac{\mathrm{d}M}{\mathrm{d}t}=n-\frac{2}{nae}U\left[\sin M+\frac{e}{2}\sin 2M+\frac{e^2}{2}\sin 3M\right] \tag{4.917}$$

按拟平均根数法构造摄动解,积分后即获得相应的轨道摄动解 $\sigma(t)$,即

$$\begin{cases}\sigma(t)=\bar{\sigma}_0+\delta\bar{n}(t-t_0)+\sigma_c(t-t_0)+\sigma_s(t)\\ \bar{\sigma}_0=\sigma_0-\sigma_s(t_0)\end{cases} \tag{4.918}$$

其中长期变化项和短周期项两个部分的具体形式如下:

(1) 长期变化项 $\sigma_c(t-t_0)$ 的变化率 σ_c

$$a_c=2\left(1-\frac{1}{4}e^2\right)(U/n) \tag{4.919}$$

$$e_c=-\frac{e}{a}e(U/n) \tag{4.920}$$

$$i_c=0 \tag{4.921}$$

$$\Omega_c=0 \tag{4.922}$$

$$\omega_c=0 \tag{4.923}$$

$$M_c=-\frac{3}{2a}\left(1-\frac{1}{4}e^2\right)U(t-t_0) \tag{4.924}$$

上述表达式中的 $n=\sqrt{\mu}a^{-3/2}=\bar{a}^{-3/2}$ 是航天器的轨道平运动角速度。

(2) 短周期项 $\sigma_s(t)$

$$a_s(t)=\frac{2}{n^2}\left[e\sin M+\frac{3}{8}e^2\sin 2M\right]U \tag{4.925}$$

$$e_s(t)=\frac{2}{n^2a}\left[(1-e^2)\sin M+\frac{e}{4}\sin 2M+\frac{e^2}{6}\sin 3M\right]U \tag{4.926}$$

$$i_s(t)=0 \tag{4.927}$$

$$\Omega_s(t)=0 \tag{4.928}$$

$$\omega_s(t)=-\frac{2}{n^2ae}\left[\left(1-\frac{e^2}{2}\right)\cos M+\frac{e}{4}\cos 2M+\frac{e^2}{6}\cos 3M\right]U \tag{4.929}$$

$$M_s(t) = \frac{2}{n^2 ae} \left[\cos M + \frac{e}{4} \cos 2M + \frac{e^2}{6} \cos 3M \right] U \tag{4.930}$$

$$+ \left(\frac{3}{2a} \right) \frac{2}{n^2} \left[e \cos M + \frac{3}{16} e^2 \cos 2M \right] U$$

上述各式中出现的根数均为拟平均根数 $\bar{\sigma}(t)$。

4.12.4 (U)型推力摄动解的无奇点形式

(1)第一类无奇点表达形式

与 (S,T,W) 型推力摄动解处理相同,引用(4.90)式定义的第一类无奇点变量,即

$$a, \ i, \ \Omega, \ \xi = e \cos \omega, \ \eta = e \sin \omega, \ \lambda = M + \omega$$

采用拟平均根数法构造摄动解,相应的长期变化项 $\sigma_c(t-t_0)$ 的变化率 σ_c 如下:

$$a_c = 2 \left(1 - \frac{1}{4} e^2 \right) (U/n) \tag{4.931}$$

$$i_c = 0 \tag{4.932}$$

$$\Omega_c = 0 \tag{4.933}$$

$$\xi_c = \cos \omega (e_c) \tag{4.934}$$

$$\eta_c = \sin \omega (e_c) \tag{4.935}$$

$$\lambda_c = M_c + \omega_c = -\frac{3}{2a} \left(1 - \frac{1}{4} e^2 \right) U(t-t_0) \tag{4.936}$$

其中 e_c 的形式见(4.920)式。

短周期项 $\sigma_s(t)$ 中的 $a_s(t), i_s(t), \Omega_s(t)$ 的表达式即(4.925),(4.927)和(4.928)式,而另三项的构成形式如下:

$$\xi_s(t) = \cos \omega [e_s(t)] - \sin \omega [e \omega_s(t)] \tag{4.937}$$

$$\eta_s(t) = \sin \omega [e_s(t)] + \cos \omega [e \omega_s(t)] \tag{4.938}$$

$$\lambda_s(t) = M_s(t) + \omega_s(t) = \frac{1}{n^2 a} \left[4e \cos M + \frac{9}{16} e^2 \cos 2M \right] U \tag{4.939}$$

其中 $e_s(t)$ 的表达式即(4.926)式,还有

$$e \omega_s(t) = -\frac{2}{n^2 a} \left[\left(1 - \frac{e^2}{2} \right) \cos M + \frac{e}{4} \cos 2M + \frac{e^2}{6} \cos 3M \right] U \tag{4.940}$$

(2) 第二类无奇点表达形式

引用(4.147)式定义的第二类无奇点变量,即

$$a, \qquad \xi = e \cos \tilde{\omega}, \qquad \eta = e \sin \tilde{\omega},$$

$$h = \sin \frac{i}{2} \cos \Omega, \quad k = \sin \frac{i}{2} \sin \Omega, \qquad \lambda = M + \tilde{\omega}$$

同样,采用拟平均根数法构造摄动解,相应的长期变化项 $\sigma_c(t-t_0)$ 的变化率 σ_c 如下:

$$a_c = 2 \left(1 - \frac{1}{4} e^2 \right) (U/n) \tag{4.941}$$

$$\xi_c = \cos \tilde{\omega}(e_c) \tag{4.942}$$

$$\eta_c = \sin \tilde{\omega}(e_c) \tag{4.943}$$

$$h_c = 0 \tag{4.944}$$

$$k_c = 0 \tag{4.945}$$

$$\lambda_c = M_c + \omega_c + \Omega_c = -\frac{3}{2a}\left(1 - \frac{1}{4}e^2\right)U(t-t_0) \tag{4.946}$$

其中 e_c 的形式见 (4.920) 式。短周期项 $\sigma_s(t)$ 的表达形式如下:

$$a_s(t) = \frac{2}{n^2}\left[e\sin M + \frac{3}{8}e^2\sin 2M\right]U \tag{4.947}$$

$$\xi_s(t) = \cos \tilde{\omega}[e_s(t)] - \sin \tilde{\omega}[e\omega_s(t)] \tag{4.948}$$

$$\eta_s(t) = \sin \tilde{\omega}[e_s(t)] + \cos \tilde{\omega}[e\omega_s(t)] \tag{4.949}$$

$$h_s(t) = 0 \tag{4.950}$$

$$k_s(t) = 0 \tag{4.951}$$

$$\lambda_s(t) = M_s(t) + \tilde{\omega}_s(t) = \frac{1}{n^2 a}\left[4e\cos M + \frac{9}{16}e^2\cos 2M\right]U \tag{4.952}$$

其中 $e_s(t)$ 和 $e\omega_s(t)$ 的表达式即 (4.926) 式和 (4.940) 式。

参考文献

[1] Kozai Y. Effect of Precession and Nutation on the Obital Elements of a Close Earth Satellite, Astron. J. 1960, 65(10): 621 - 623.

[2] Bruwer, D. and Clemence, G. M. Method of Celestial Mechanics. Academics Press, New York and London, 1961.

2nd impr. , Academic Press, Orlando, San Diego, New York, 1985.

(刘林,丁华译. 天体力学方法. 北京:科学出版社,1986)

[3] 刘林. 人造地球卫星轨道力学. 北京:高等教育出版社,1992.

[4] 刘林. 天体力学方法. 南京:南京大学出版社,1998.

[5] 刘林. 航天器轨道理论. 北京:国防工业出版社,2000.

[6] 刘林. 人造地球卫星在临界角附近运动的解. 天文学报. 1974,15(2):230 - 240.

LIU Lin, A Solution of the Motion of an Artificial Satellite in the Vicinity of the Critical Inclination, Chin. Astron. Astrophys. 1977, 1(1): 31 - 42.

[7] 刘林. 一种人造地球卫星的摄动计算方法. 天文学报. 1975,16(1):5 - 80.

LIU Lin A Method of Calculation the Perturbation of Artifical Satellites. Chin. Astron. Astrophys. 1977,1(1): 63 - 78.

[8] 刘林,汤靖师. 地球卫星运动中坐标系附加摄动与参考系选择问题. 空间科学学报. 2008,28(2):164 - 168.

[9] 刘林,汤靖师. 卫星轨道理论及应用. 北京:电子工业出版社,2015.

[10] 刘林,侯锡云. 轨道力学基础. 北京:高等教育出版社,2018.

[11] Huang C and Liu L. Analytical solution to the four post-Newtonian effets in a nearearth satellite orbit. Celest. Mech. 1992,53(3):172 - 183.

[12] Hadjimichalis, K. S. & Brandin, C. L. Gas Dynamics, Proceedings of the ninth International Symposium(1974). No. 2, D13. 1 - D13. 9.

[13] Kienappel, K., Koppenwallner, G. & Legge, H. Rarefied Gas Dynamics, Proceedings of the Eighth International Symposium 1972, 317 - 325.

[14] 夏灿英,吴玉媛,刘林. 考虑阻力系数变化的近地卫星轨道的联合摄动. 天文学报. 1982,231(2):175 - 184.

[15] 刘林,胡松杰,王歆. 航天动力学引论. 南京:南京大学出版社,2006.

第5章 /

卫星的轨道设计与轨道寿命估计

一般而言,除面质比较大的低轨卫星外(月球卫星例外,因其无大气),卫星轨道变化的主要摄动源是中心天体的非球形引力作用,对于高轨卫星(如地球同步卫星),第三体引力的摄动影响亦是重要的摄动源。第 4 章已对这两类引力摄动源作了详尽的分析,并给出了相应的轨道摄动解(小参数幂级数解),尽管这一摄动解是近似的,但足以揭示卫星轨道变化的基本规律。本章将引用摄动解的相关细节,进一步阐明实用性较强的几种特殊卫星的轨道特征,为这类卫星的轨道总体工作(包括轨道设计与控制等)提供理论依据和具体算法。

5.1 恒星周期与交点周期[1~3]

卫星轨道周期是实际应用中的一个重要参数,由于轨道的摄动变化,相应的卫星运行周期有各种定义和实用背景,特别是恒星周期与交点周期。因此,本节将在轨道变化的前提下,给出这两种周期的严格定义及其相互转换关系。

卫星轨道周期记作 T_s,有

$$T_s = \frac{2\pi}{n} = \frac{2\pi}{\sqrt{\mu} a^{-3/2}} \tag{5.1}$$

其中 n 即卫星平运动角速度。下面均采用第 4 章中提出的归一化的无量纲计算单位,该周期相应的无量纲表达形式如下:

$$T_s = 2\pi a^{3/2} \tag{5.2}$$

在二体问题意义下这一参数是不变的,即卫星环绕中心天体运转一圈持续的时间。而在受摄情况下,卫星运转一圈不会返回原空间位置,因此只有瞬时概念,式(5.1)表达的周期是不断变化的,即 $T_s = T_s(t)$。这一瞬时周期 T_s 通常称为恒星周期,它是无法直接测定的一种时间间隔。而实际工作中常用到的是可"测定"的几种时间间隔,特别是卫星星下点连续两次(升段或降段)过同一纬圈 φ 的时间间隔,记作 T_φ,称为交点周期,这在二十世纪六七十年代的卫星地面跟踪系统中常被采用。当 $\varphi=0$ 时,即连续两次过升交点(或降交点)的时间间隔,记作 T_Ω,这就是目前航天领域专指的交点周期。由于摄动源的影响,上述各种周期彼此各不相同。这一节将在仅考虑最主要摄动因素(带谐项 J_2)的前提下,给出它们之间的转换关系。

5.1.1　交点周期 T_φ 与恒星周期 T_s 的转换关系

由第 2 章给出的面积积分(2.7)或(2.15),以及第 3 章关于 θ 角含义的进一步说明(见 3.1 节的表达式(3.12))可知,在受摄情况下,有

$$r^2(\dot{f}+\dot{\omega}+\cos i\,\dot{\Omega})=\sqrt{p}=\sqrt{a(1-e^2)} \tag{5.3}$$

令

$$f+\omega=u_*+\alpha \tag{5.4}$$

其中 α 角的含义见图 5.1,它是沿卫星运动方向从标准纬圈(纬度 φ_*)上 A 点起量的角度,α 角从 0 到 2π,对应卫星星下点 S 连续两次通过标准纬圈,其间隔就是交点周期 T_φ,当该标准纬圈 φ_* 选为地球赤道(即 $\varphi_*=0$),则相应的交点周期即 T_Ω。由于摄动存在,α 角从 0 到 2π,卫星并非从 A 点回到 A 点,而是回到标准纬圈,相应的 u_* 也将随着发生变化。又由

$$\sin u_*=\frac{\sin\varphi_*}{\sin i} \tag{5.5}$$

给出

$$\frac{\mathrm{d}u_*}{\mathrm{d}t}=-\tan u_*\cot i\,\frac{\mathrm{d}i}{\mathrm{d}t} \tag{5.6}$$

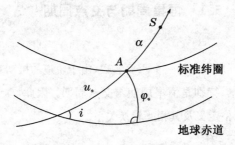

图 5.1　辅助球面

在卫星运动一圈这样的短弧段(2π)内,只需考虑 J_2 的一阶长期项 $\sigma_1(t-t_0)$ 和一阶短周期项 $\sigma_s^{(1)}(t)$,就可以使导出的两种周期转换关系达到一阶解意义下的精度(10^{-5})。在此前提下,根据 α 角的定义式(5.4),利用式(5.6)和面积积分(5.3),便可得

$$\frac{\mathrm{d}\alpha}{\mathrm{d}t}=\frac{\mathrm{d}f}{\mathrm{d}t}+\frac{\mathrm{d}\omega}{\mathrm{d}t}-\frac{\mathrm{d}u_*}{\mathrm{d}t}=\frac{\sqrt{p}}{r^2}-\cos i\,\frac{\mathrm{d}\Omega}{\mathrm{d}t}+\tan u_*\cot i\,\frac{\mathrm{d}i}{\mathrm{d}t} \tag{5.7}$$

由此可得交点周期 T_φ 的积分表达式

$$T_\varphi=\int_0^{2\pi}\frac{\mathrm{d}t}{\mathrm{d}\alpha}\mathrm{d}\alpha=\int_0^{2\pi}\left(\frac{\sqrt{p}}{r^2}-\cos i\,\frac{\mathrm{d}\Omega}{\mathrm{d}t}+\tan u_*\cot i\,\frac{\mathrm{d}i}{\mathrm{d}t}\right)^{-1}\mathrm{d}\alpha \tag{5.8}$$

在上述精度要求下,被积函数中的后两项涉及的根数可用无摄根数,而 $\sqrt{p}/r^2$ 这一项涉及的根数要考虑摄动变化。

在仅考虑 J_2 的一阶长期项和一阶短周期项的前提下,T_φ 的积分表达式(5.8)可写成下列形式:

$$T_\varphi = \int_0^{2\pi} \left[\left(\frac{r^2}{\sqrt{p}} \right)_{\bar{\sigma}_0} + \Delta\left(\frac{r^2}{\sqrt{p}} \right) + \frac{r^4}{p} \left(\cos i \frac{\mathrm{d}\Omega}{\mathrm{d}t} - \tan u_* \cot i \frac{\mathrm{d}i}{\mathrm{d}t} \right) \right] \mathrm{d}\alpha \tag{5.9}$$

$$= \bar{T}_s + \Delta \bar{T}_s$$

其中

$$\bar{T}_s = \int_0^{2\pi} \left(\frac{r^2}{\sqrt{p}} \right)_{\bar{\sigma}_0} \mathrm{d}\alpha = 2\pi \bar{a}_0^{3/2} \tag{5.10}$$

$$\Delta \bar{T}_s = \int_0^{2\pi} \left[\Delta\left(\frac{r^2}{\sqrt{p}} \right) + \frac{r^4}{p} \left(\cos i \frac{\mathrm{d}\Omega}{\mathrm{d}t} - \tan u_* \cot i \frac{\mathrm{d}i}{\mathrm{d}t} \right) \right] \mathrm{d}\alpha \tag{5.11}$$

关于 $\Delta \bar{T}_s$ 积分的第一部分,需将第 4 章 4.2 节中导出的 $\sigma_s^{(1)}(t)$ 和 $\omega_1(t-t_0)$ 一并代入,给出

$$\Delta\left(\frac{r^2}{\sqrt{p}} \right) = -\frac{3J_2}{2\sqrt{p}} \left[\left(1 - \frac{3}{2}\sin^2 i \right) \left(2 + \frac{3}{2}e^2 \right) + \left(2 - \frac{5}{2}\sin^2 i \right)(e^2) \right.$$

$$+ \left(\frac{1}{4}e^2\cos^2 i \right)\cos 2\omega + \tan u_* \left(\frac{1}{4}e^2\cos^2 i \right)\sin 2\omega \tag{5.12}$$

$$+ \left. \left(2 - \frac{5}{2}\sin^2 i \right)(2e\sin f - 3e^2\sin 2f)\alpha \right]$$

第二部分要用到第 4 章 4.2 节中导出的 $\mathrm{d}\Omega/\mathrm{d}t$ 和 $\mathrm{d}i/\mathrm{d}t$ 的右函数 $(f_{1c}+f_{1s})_\Omega$ 和 $(f_{1s})_i$,经整理后得

$$\frac{r^4}{p} \left(\cos i \frac{\mathrm{d}\Omega}{\mathrm{d}t} - \tan u_* \cot i \frac{\mathrm{d}i}{\mathrm{d}t} \right)$$

$$= \frac{3J_2}{2\sqrt{p}} \cos^2 i \left[-\left(1 + \frac{1}{2}e^2 \right) + \frac{1}{4}e^2(\cos 2\omega + \tan u_* \sin 2\omega) \right] \tag{5.13}$$

由此计算出 $\Delta \bar{T}_s$,代入(5.9)式即给出交点周期的分析表达式:

$$T_\varphi = \bar{T}_s \left\{ 1 + \frac{3J_2}{8a^2} \left[(-12-22e^2) + (16+29e^2)\sin^2 i \right. \right.$$

$$\left. \left. + (16-20\sin^2 i)e\cos(u_*-\omega) - (12-15\sin^2 i)e^2\cos(2u_*-2\omega) \right] \right\} \tag{5.14}$$

若 $\varphi_* = 0$(即 $u_* = 0$),即给出

$$T_\Omega = \bar{T}_s \left\{ 1 + \frac{3J_2}{8a^2} \left[(-12-22e^2) + (16+29e^2)\sin^2 i \right. \right.$$

$$\left. \left. + (16-20\sin^2 i)e\cos\omega - (12-15\sin^2 i)e^2\cos 2\omega \right] \right\} \tag{5.15}$$

T_φ 与 T_Ω 之间的关系为

$$T_\varphi = T_\Omega \left\{ 1 + \frac{3J_2}{8a^2} \left[(16-20\sin^2 i)e(\cos f_* - \cos\omega) \right. \right.$$

$$\left. \left. - (12-15\sin^2 i)e^2(\cos 2f_* - \cos 2\omega) \right] \right\} \tag{5.16}$$

该式中的 $f_* = u_* - \omega$。当 $e = 0$ 时,有 $T_\varphi = T_\Omega$。

上述结果是交点周期与平均恒星周期 $\bar{T}_s$ 之间的关系。而恒星周期 T_s 应由下式给出

$$T_s = \int_0^{2\pi} \left(\frac{r^2}{\sqrt{p}} \right)_{\sigma_0} \mathrm{d}\alpha = 2\pi a_0^{3/2}$$

$\bar{a}_0$ 与 a_0 的关系为

$$\bar{a}_0 = a_0 - a_s^{(1)}(t_0)$$

由此给出

$$T_s = \overline{T}_s\left[1 + \frac{3a_s^{(1)}(t_0)}{2\bar{a}_0}\right] \tag{5.17}$$

将此关系代入(5.9)式得

$$T_\varphi = T_s\left[1 - \frac{3a_s^{(1)}(t_0)}{2\bar{a}_0}\right] + \Delta\overline{T}_s \tag{5.18}$$

将 $a_s^{(1)}(t_0)$ 代入上式,经整理,保留到 $O(J_2 e^2)$ 项,即得

$$\begin{aligned}
T_\varphi = T_s &- \frac{3J_2}{8a^2}T_s\{(12+34e^2) - (16+47e^2)\sin^2 i + (6+27e^2)\sin^2 i\cos 2u_* \\
&- [(4+\sin^2 i)\sin u_* - 9\sin^2 i\sin 3u_*]e\sin\omega \\
&- [(4-11\sin^2 i)\cos u_* - 9\sin^2 i\cos 3u_*]e\cos\omega \\
&+ [(18-24\sin^2 i)\cos u_* + 9\sin^2 i\cos 2u_*]e^2\cos 2(u_*-\omega)\}
\end{aligned} \tag{5.19}$$

和

$$\begin{aligned}
T_\Omega = T_s &- \frac{3J_2}{8a^2}T_s\{(12+34e^2) - (10+20e^2)\sin^2 i \\
&- (4-20\sin^2 i)e\cos\omega + (18-15\sin^2 i)e^2\cos 2\omega\}
\end{aligned} \tag{5.20}$$

严格说来,上两式右端改正部分出现的根数,均对应起始时刻 t_0。对于 T_φ,起始于所选定的纬圈 φ_*(即图 5.1 中的 A 点),而对 T_Ω,则起始于升交点(或降交点)。但在所满足的精度前提下,无需这么严格区分。

为了表明上述转换公式的可靠性,下面给出算例。对周期为 2^h 的地球卫星,取不同的偏心率,由恒星周期 T_s 转换成交点周期 T_Ω,计算初始数据如下:

$$T_s = 120^m.0, \quad i = 45°, \quad \Omega = 45°, \quad \omega = 0°, \quad M = 0°$$

转换结果列于表 5.1。

表 5.1　T_s 与 T_Ω 的转换

e	0.001	0.01	0.10	0.20
T_Ω	119.786207	119.784455	119.757554	119.707661
$(T_\Omega)_1$	119.786085	119.784338	119.756505	119.696911
$\Delta T_\Omega/T_\Omega$	1.0E−6	1.0E−6	8.7E−6	8.9E−5
$(T_\Omega)_2$	119.786550	119.784815	119.757128	119.697762
$\Delta T_\Omega/T_\Omega$	2.9E−6	3.0E−6	3.6E−6	8.2E−5

表 5.1 中的 T_Ω 是近似分析公式(5.20)给出的,而 $(T_\Omega)_1$ 和 $(T_\Omega)_2$ 则是用数值求解运动方程的准确结果,单位均为时分,前者只考虑了 J_2 项,后者同时考虑了 J_2, J_3, J_4 和 $J_{2,2}$ 项。ΔT_Ω 是近似值 T_Ω 与准确值 $(T_\Omega)_1$,$(T_\Omega)_2$ 的差别。

由表中的结果可以看出,即使考虑了 J_2 项以外的摄动因素(注意 J_3,J_4,$J_{2,2}$ 与 J_2^2 同量级),近似公式(5.20)也能达到 10^{-5} 的精度,只是较大偏心率 $e=0.20$ 的情况例外,但也符合前面推导时的分析,即略去的 $J_2 e^3$ 项积分一圈的量级正好与表中的结果 $\Delta T_\Omega / T_\Omega$ 相近。

5.1.2　关于近点周期 T_ω 的问题

近点周期 T_ω 是卫星连续两次飞过近星点(对地球而言,即近地点)的时间间隔,因此有

$$T_\omega = \int_0^{2\pi} \left(\frac{\mathrm{d}t}{\mathrm{d}M} \right) \mathrm{d}M$$

仅考虑 J_2 项摄动时,有

$$\frac{\mathrm{d}M}{\mathrm{d}t} = n + f_c + f_s$$

其中 f_c 和 f_s 各为平近点角 M 变率的长期和短周期部分,详见第 4 章 4.2 节中的有关公式。同样可以仿照上一小节对交点周期的处理方法,给出精确到一阶解意义下的近点周期 T_ω 与恒星周期 T_s 的转换关系。但是,对于小偏心率轨道,近星点本身就难以单独确定,这种周期很少采用,在实际工作的应用中主要涉及上述交点周期,故本书不再给出相应的转换算法。

5.2　极轨卫星的轨道特征[2,3]

极轨卫星是指轨道倾角 $i=90°$(或指 $i \approx 90°$)的卫星,其轨道平面几乎不变,即 $\dot{\Omega} \approx 0$。轨道升交点赤经 Ω 的变化与轨道倾角 i 的关系密切,下面将在前面第 4 章的基础上,对其作进一步分析。

5.2.1　理论分析基础

关于轨道平面的两个定向根数 (i, Ω),在受摄情况下,所满足的微分方程如下:

$$\begin{cases} \dfrac{\mathrm{d}i}{\mathrm{d}t} = \dfrac{1}{na^2 \sqrt{1-e^2} \sin i} \left(\cos i \dfrac{\partial R}{\partial \omega} - \dfrac{\partial R}{\partial \Omega} \right) \\[3mm] \dfrac{\mathrm{d}\Omega}{\mathrm{d}t} = \dfrac{1}{na^2 \sqrt{1-e^2} \sin i} \dfrac{\partial R}{\partial i} \end{cases} \tag{5.21}$$

或

$$\begin{cases} \dfrac{\mathrm{d}i}{\mathrm{d}t} = \dfrac{r\cos(f+\omega)}{na^2 \sqrt{1-e^2}} W \\[3mm] \dfrac{\mathrm{d}\Omega}{\mathrm{d}t} = \dfrac{r\sin(f+\omega)}{na^2 \sqrt{1-e^2} \sin i} W \end{cases} \tag{5.22}$$

其中 R 是摄动函数,W 是摄动加速度的轨道平面法向分量。第 4 章中的结果已表明如下

两点：

(1) 对于中心天体非球形引力位的带谐项 J_l（即 $C_{l,0}$, $l=1,2,\cdots$）部分，相应的摄动函数 $R(J_l)$ 与 Ω 无关，而且含有因子 $\sin i$（奇次带谐项）或 $\sin^2 i$（偶次带谐项）。因此，相应的方程式(5.21)有如下形式：

$$\begin{cases} \dfrac{\mathrm{d}i}{\mathrm{d}t}=\cos i\,\Phi_1(J_l;a,e,i,\omega,M) \\ \dfrac{\mathrm{d}\Omega}{\mathrm{d}t}=-\cos i\,\Phi_2(J_l;a,e,i,\omega,M) \end{cases} \tag{5.23}$$

显然，该方程有一特解

$$\begin{cases} a=a(t),\ e=e(t),\ \omega=\omega(t),\ M=M(t) \\ i=i_0=90°,\ \Omega=\Omega_0 \end{cases} \tag{5.24}$$

其中 Ω_0 为 $[0,2\pi)$ 上的任意实数。

(2) 对于中心天体非球形引力摄动，消除角变量（包括快变量 M 和慢变量 Ω,ω）后，即得到平均根数 $\bar{i}$ 和 $\bar{\Omega}$ 所满足的微分方程，即

$$\frac{\mathrm{d}\bar{i}}{\mathrm{d}t}=0,\ \bar{i}=\bar{i}_0 \tag{5.25}$$

$$\frac{\mathrm{d}\bar{\Omega}}{\mathrm{d}t}=-\cos i\left[\left(\frac{3J_2}{2p^2}\right)n+O(J_2^2,J_{2,l})\bar{\psi}(\bar{a}_0,\bar{e}_0,\bar{i}_0)\right] \tag{5.26}$$

其中 $J_{2,l}(l=1,2,\cdots)$ 对应偶次带谐项，$p=\bar{a}(1-e^2)=\bar{a}_0(1-\bar{e}_0^2)$，$n=\bar{n}_0=\bar{a}_0^{-3/2}$。

这表明偶次带谐项对升交点赤经的长期摄动影响含有因子 $\cos i$，事实上，在第三体引力摄动的结果中，升交点赤经的长期变化项同样含有因子 $\cos i$，见第 4 章的表达式(4.547)。另外，中心天体非球形引力位的扇谐项（$C_{2,l,2,l}$, $S_{2,l,2,l}$）摄动效应中最明显的部分（即含因子 $1/\alpha$ 的中心天体自转项）均含有因子 $\cos i$[2]，当 $i=90°$ 时，所有这些非球形引力位的摄动效应均消失，这一特征会影响利用该覆盖区域大的极轨卫星轨道变化测定引力参数的效果，应该选择适当偏离倾角为 $90°$ 的极轨，如美国宇航局（NASA）和德国宇航中心（DLR）的联合项目 GRACE（Gravity Recovery And Climate Experiment）重力双星测定地球引力场模型中的轨道配置。

5.2.2　极轨道的保持问题

根据前面一小节的分析，在中心天体非球形引力摄动影响下，极轨道是存在的，即

$$i=i_0=90°,\Omega=\Omega_0,$$

而同时考虑第三体摄动的长期效应时同样有上述结论，对于静止（非旋转）大气，亦不影响上述结论。因此，极轨道基本上是能实现的，在周期摄动因素影响下，真实的轨道平面将作相应的摆动。为此，下面针对地球卫星给出算例，让读者了解这一摆动的幅度。

以 2^h 卫星为背景，取初值

$$i=90°,\ \Omega=45°$$

对完整的摄动运动方程积分 10^4 圈(这一弧段已相当长),以显示极轨道保持的状况,计算结果列于表 5.2。

表 5.2 极轨道的保持与变化范围

类型	i(度)	Ω(度)
A	90.0(不变)	45.0(不变)
B	89.9993~90.0017	44.9999~45.0310
C	89.9966~90.0376	44.9785~45.9459
D	89.9975~90.0395	44.9900~46.0597

表 5.2 中四种类型分别为

A 型:只考虑 J_2,J_3,J_4 的摄动影响;

B 型:同时考虑 J_2,J_3,J_4 和 $J_{2,2}$ 的摄动影响;

C 型:同时考虑 J_2,J_3,J_4 和日、月引力的摄动影响;

D 型:同时考虑 $J_2,J_3,J_4,J_{2,2}$,日、月引力,太阳光压和大气阻力摄动的影响,且取光压和大气阻力摄动量级各为 10^{-7} 和 10^{-8},且不考虑地影和大气旋转,故这两种摄动对轨道平面的影响不大,关于这一点,前面第 4 章中已有详细介绍。

对于较高轨道的计算,所得结果的特征与 2^h 卫星基本相同,这表明极轨道是可以保持的,即使在各种摄动力的影响下,运行时间足够长时,轨道平面的摆动范围仍然不大。

5.3 太阳同步轨道的存在与设计[2~5]

太阳同步卫星,是指其轨道平面受摄动影响的进动速度保持"定值"的状态,从中心天体上看,该值即太阳向东移动的角速度。对地球而言,有 $n_s = 0°.9856/\text{day}$,相应的每天环绕地球运行 14 圈的太阳同步卫星轨道倾角约为 99°,正好接近极轨,但并不能简单地称太阳同步卫星的轨道为极轨道。事实上满足太阳同步轨道的条件与上一节所说的极轨所满足的条件毫不相干,如每天环绕月球运行 12 圈的太阳同步卫星轨道倾角却为 135°。太阳同步轨道的条件不仅与主要摄动因素(中心天体的扁率)有关,还与该中心天体的公转速度有关,下面具体阐述该问题。

太阳同步卫星,即其轨道升交点(经度为 Ω)的进动速度 $\dot{\Omega}$ 与中心天体绕日公转的平运动速度 n_s 相等的卫星,也就是说,该卫星轨道平面在空间的进动与太阳向东运动同步。对于地球卫星而言,这是一种常见的应用卫星,如我国的第一代气象卫星风云号以及各类对地观测卫星等。

5.3.1 太阳同步卫星轨道形成的条件

根据第 4 章中给出的结果,在中心天体主要带谐项(J_2)摄动下,轨道升交点经度变化的一阶长期项变率为

$$\dot{\Omega}_1 = -\frac{3J_2}{2p^2}n\cos i \tag{5.27}$$

由此可知,要使卫星轨道平面在空间的进动与太阳向东运动同步,必须满足如下条件:

$$\dot{\Omega}_1 = -\frac{3J_2}{2p^2}n\cos i = n_s \tag{5.28}$$

在给定 a 和 e 两个根数的前提下,可以确定倾角 i,使轨道平面的运动与太阳同步。但这些都仅仅是根据一阶长期摄动项(当然,也是最主要的摄动项)的结果而得出的结论,若完整地考虑各种摄动因素的影响,上述结论是否还能保持,下面给出结论。

太阳同步卫星涉及的问题,是轨道平面的进动速度保持定值问题,前面第 4 章中已有结果,在中心天体非球形引力和第三体引力摄动下,消除构成轨道周期变化(无实用意义)的角变量后,平均根数 $\bar{i}$ 和 $\bar{\Omega}$ 满足如下常微方程:

$$\frac{\mathrm{d}\bar{i}}{\mathrm{d}t} = 0, \bar{i} = \bar{i}_0 \tag{5.29}$$

$$\frac{\mathrm{d}\bar{\Omega}}{\mathrm{d}t} = -\cos i\left[\left(\frac{3J_2}{2p^2}\right)n + O(J_2^2, J_{2,l}, m')\bar{\psi}(\bar{a}_0, \bar{e}_0, \bar{i}_0)\right] \tag{5.30}$$

其中 m' 是第三体质量。根据太阳同步轨道的要求 $\dot{\Omega} = n_s$,只考虑有实用意义的长期变化,由(5.30)式给出的具体条件如下:

$$n_s = -\cos i\left(\frac{3J_2}{2p^2}n\right)$$

$$\times\left\{1 + \left(\frac{3J_2}{2p^2}\right)\left[\left(\frac{3}{2} + \frac{1}{6}e^2 + \sqrt{1-e^2}\right) - \sin^2 i\left(\frac{5}{3} - \frac{5}{24}e^2 + \frac{3}{2}\sqrt{1-e^2}\right)\right.\right.$$

$$\left.\left. - \frac{35}{18}\left(\frac{J_4}{J_2^2}\right)\left(\frac{6}{7} + \frac{9}{7}e^2 - \sin^2 i\left(\frac{3}{2} + \frac{9}{4}e^2\right)\right) + O\left(\frac{J_{2l}}{J_2^2}\right)_{\triangleright 3} + O(m')\right]\right\} \tag{5.31}$$

给定 a, e 后即可由该同步条件确定相应的倾角 $i = i(n_s; a, e)$。严格地说,这里的 a, e 和 i 均为 $\bar{a}, \bar{e}$ 和 $\bar{i}$。但在进行轨道设计选择参数时,可同时给出满足条件 $\dot{\Omega} = n_s$ 的平均根数($\bar{a}, \bar{e}, \bar{i}$)和相应的瞬时根数($a, e, i$)。

关于太阳同步卫星轨道设计中主要参数(a, e)的选择问题,通常采用近圆轨道,剩下的问题是 a 的选择,有关这一选择,要注意以下两点:

(1) a 的选择取决于对这种卫星覆盖地面的要求,这一要求就确定了卫星运动的交点周期 T_φ 或 T_Ω。由此根据前面第 5.1 节中给出的转换关系,即可确定相应的恒星周期 T_s,从而给定轨道半长径 a。那么由式(5.31)可以最终确定倾角 i。由于 T_φ(或 T_Ω)转换成 T_s 时要用到倾角 i,因此上述选择参数的过程实为一简单的迭代过程,但并不复杂。

(2) 按条件(5.31)由 a, e 确定 i 时,是否同时考虑一阶项(J_2)和二阶项($J_2^2, J_{2l}, \cdots$)就比只考虑一阶项好?事实上,无法采用分析方法严格地确定 i 值,即便同时考虑 J_2^2, J_{2l} 和第

三体引力摄动项,也只能包含这些摄动效应的长期项,而且还有一些摄动因素无法按条件
(5.31)考虑,那么,按前者选择就不一定比后者好。既然如此,也可以仅考虑一阶项,即

$$\cos i = -n_s \Big/ \Big(\frac{3J_2}{2p^2}n\Big) \tag{5.32}$$

然后同时考虑全部摄动因素,采用数值方法,以上述选择的参数作为参考值,对关键参数 i
作相应的调整(即简单的迭代),以使其达到对地面覆盖的目的,从中选取一条最佳轨道(对
应 i 的最佳值)。

为了证实上述推断,下面给出一些算例。以每天运行 14 圈的地球低轨卫星为例,三个
主要参数 a,e,i 的初值选择如下:$e_0=0.001,a_0$ 对应如下两种情况:

$$\begin{cases} (a)\ T_\Omega=1\ \text{恒星日}/14=102^m.576298 \\ (b)\ T_\Omega=1\ \text{平太阳日}/14=102^m.857143 \end{cases} \tag{5.33}$$

相应的 T_s 和初值 i_0 列于表 5.3。

表 5.3　T_s 和 i_0 值

类型	T_s(分)		i_0(度)	
	a	b	a	b
A	102.648841	102.929720	98.962980	99.020816
B	102.648901	102.929780	98.997442	99.055336

对同时考虑 J_2,J_3,J_4 和 $J_{2,2}$ 项影响的摄动运动方程,分别积分 1120 圈,$(\dot\Omega-n_s)$ 的最
大差别 $\max(\dot\Omega-n_s)$ 和卫星轨道平面 Ω 与太阳的经度差 $(\Omega-S)$ 列于表 5.4。

表 5.4　$\max(\dot\Omega-n_s)$ 和 $(\Omega-S)$ 值

类型	$\max(\dot\Omega-n_s)$(度/天)		$(\Omega-S)$(度)	
	a	b	a	b
A	0.0035	0.0034	0.1547	0.1548
B	0.0073	0.0071	0.4551	0.4547

表 5.3 和 5.4 中的类型 A 和 B 各表示按式(5.32)和(5.31)选择 i_0。a,b 两种各对应式
(5.33)的两种 T_Ω。从表 5.4 中的结果可以看出,按简单的一阶公式(5.32)选择 i 值,其效
果确实不一定比同时考虑二阶长期项效果差,这符合前面的分析论断。但这并不意味着按
式(5.32)选择 i 一定比按式(5.31)选择好,上面仅仅是为了验证前面的分析而寻找的一个
算例。

按不同的 T_Ω 选择 a 和 i,就确定了卫星轨道对地面覆盖的不同方式。第一种(a)轨道
每天过赤道时相对地面固定点东移约 $0.98°$,第二种(b)轨道每天过赤道时与地面固定点的
相对位置不变(即每天重复相交)。但由于初值误差和摄动效应的实际影响,卫星运行 1120
圈后,对上述 A 型和 B 型,卫星轨道平面每天"同一时刻"相对地面固定点的经度差已由

0°.0分别增大到0°.15和0°.45。

5.3.2 不同天体的太阳同步轨道

对于太阳系中各大行星和月球而言,引力位中的扁率项(J_2)是其非球形的主要表征,故只考虑J_2项给出的条件(5.32),就可体现各大天体的太阳同步轨道卫星的实际状态。在此条件下,下面分别给出地球、火星和月球的低轨太阳同步轨道的算例和结果:

(1) 每天(地球日)环绕地球运行约14.0圈的太阳同步轨道

$$\bar{h}=890.0(\text{km}), \quad T_s=102^m.8571$$
$$a=7271.9(\text{km}), \quad e=0.0001, \quad i=98°.9025 \tag{5.34}$$

(2) 每天(火星日)环绕火星运行约12.0圈的太阳同步轨道

$$\bar{h}=500.0(\text{km}), \quad T_s=123^m.1001$$
$$a=3897.0(\text{km}), \quad e=0.0005, \quad i=93°.2005 \tag{5.35}$$

(3) 每天(地球日)环绕月球运行约12.0圈的太阳同步轨道

$$\bar{h}=120.0(\text{km}), \quad T_s=120^m.0$$
$$a=1860.3(\text{km}), \quad e=0.0010, \quad i=134°.9120 \tag{5.36}$$

这里特别提醒读者,关于金星的环绕型探测器,不可能以太阳同步轨道的形式运行。其原因是金星自转太慢,几乎呈现球状,其非球形引力位中的扁率项J_2很小为4.5×10^{-6},该项摄动影响较弱,相应的$\dot{\Omega}$远远小于太阳的东进速度n_s,不可能形成太阳同步轨道。

5.4 冻结轨道的存在与设计[2~5]

5.4.1 冻结轨道的基本状况

冻结轨道(Frozen orbit)即拱线静止轨道,亦即轨道的近星点指向"不变"。严格地说,这种冻结轨道对应任一倾角(在下一节要提及的临界倾角的"小邻域"外)的拱线静止轨道,而不限于某一特定的轨道倾角。这一特殊轨道,在对地(这是任一中心天体的泛指,不仅对地球)观测中起着重要作用,如美国1985年3月12日发射的一颗海洋测高卫星Geosat,就设计成这样的轨道。

这一特殊轨道实际上对应一个平均轨道解,也就是将卫星运动方程中所有短周期项(即由快变量构成的周期项)消除后的一个特解。就低轨卫星而言,相应平均系统的主要摄动源是中心天体非球形引力位中的带谐项$J_l(l\geqslant2)$,该系统退化为一个4维动力系统,涉及a,e,i,ω 4个轨道根数。相应的冻结轨道解有下列两种可能[2]:

$$\omega=90° \text{ or } 270°$$

给定轨道半长径和倾角(a,i)后,即可由下式确定相应的轨道偏心率e:

$$e=\left|\frac{J_3}{J_2}\right|\frac{1}{2a}\sin i[1+O(\varepsilon^2)]\tag{5.37}$$

其中 ε^2 表示相对 $|J_3/J_2|$ 的高阶小量。如果 $(J_3/J_2)>0$，对应冻结轨道解 $\omega=270°$，反之，$(J_3/J_2)<0$，对应冻结轨道解 $\omega=90°$。下面首先以地球卫星为背景，在第 4 章摄动解的基础上给出相应的分析和轨道设计算法。

5.4.2 冻结轨道存在的基本方程

根据第 4 章的论述，考虑地球非球形引力摄动时，在历元地心天球坐标系中，略去岁差章动和极移的影响，卫星轨道变化满足下列方程：

$$\dot\sigma=f(\sigma,t,\beta)\tag{5.38}$$

这里的 σ 同样表示六个轨道根数矢量，即 $\sigma=(a,e,i,\Omega,\omega,M)^{\mathrm T}$，T 表示转置。(5.38)式右端矢量函数 f 中的 β 则表示地球非球形引力场参数，f 显含 t 是地球自转（通过田谐项）的反映。显然，这一非自治系统不存在 $\dot\omega=0$ 的特解，这表明严格的冻结轨道是不存在的。

如果消除方程组(5.38)中的快变量（即分离出变化特征取决于平近点角 M 的短周期项，包括地球自转项），而对于非高轨卫星，田谐项部分又不会产生摄动效应明显增强的共振项，那么方程组(5.38)就退化为下列 4 维自治系统：

$$\begin{cases}\dot X=f(X;J_l)\\ X=(a\ e\ i\ \omega)^{\mathrm T}\end{cases}\tag{5.39}$$

这里的 X 实为第 4 章中定义的拟平均根数 $\bar\sigma$，其变化只包含长期项和长周期项。该方程可以写成下列形式：

$$\begin{cases}\dfrac{\mathrm da}{\mathrm dt}=f_a(a,e,i,\omega)\\[2mm] \dfrac{\mathrm de}{\mathrm dt}=f_e(a,e,i,\omega)=-\left(\dfrac{1-e^2}{e}\tan i\right)f_i\\[2mm] \dfrac{\mathrm di}{\mathrm dt}=f_i(a,e,i,\omega)\\[2mm] \dfrac{\mathrm d\omega}{\mathrm dt}=f_\omega(a,e,i,\omega)\end{cases}\tag{5.40}$$

方程组(5.40)的右函数不再具体写出，详见第 4 章的有关内容。其特征是不仅不显含 t，亦与轨道升交点经度 Ω 无关，故 Ω 和 M 可与 a,e,i,ω 分离开，此即方程组(5.38)在分离出短周期项后退化为 4 维自治系统(5.39)的原因。方程组(5.40)正是讨论冻结轨道存在性的基本方程，即在一定条件下，该方程组存在对应 $\dot\omega=0$ 的特解。

5.4.3 方程组(5.40)的特解——冻结轨道

根据第 4 章关于非球形引力摄动的结果，方程组(5.40)右函数的特征之一，即 a,e,i 方程右函数中出现的是 $\sin 2\omega,\sin4\omega,\cdots,\cos\omega,\cos3\omega,\cdots$，当 $\omega=90°$ 和 $\omega=270°$时，有

$$\frac{\mathrm{d}a}{\mathrm{d}t}=0, \quad \frac{\mathrm{d}e}{\mathrm{d}t}=0, \quad \frac{\mathrm{d}i}{\mathrm{d}t}=0 \tag{5.41}$$

方程组(5.39)右函数的特征之二,即 ω 方程右函数中出现的是 $\cos 2\omega, \cos 4\omega, \cdots$,当 $\omega=90°$ 和 $\omega=270°$时,分别有

$$\cos 2\omega=-1, \quad \cos 4\omega=1, \quad \sin\omega=\pm1, \quad \sin 3\omega=\mp1,$$

这里±或∓号依次分别对应 $\omega=90°$ 和 $\omega=270°$。

根据上述两个特征,将 $\omega=90°,270°$ 代入方程式(5.40)的 ω 部分后即得

$$\frac{\mathrm{d}\omega}{\mathrm{d}t}=f_\omega(a,e,i,\omega_0)$$

由 $f_\omega(a,e,i,\omega_0)=0$ 可给出 a,e,i 所满足的一个关系式,从而获得实解 $e_0=e(a_0,i_0)$,由此确定方程组(5.40)的一组特解如下:

$$a\equiv a_0, \quad e\equiv e_0, \quad i\equiv i_0, \quad \omega\equiv\omega_0=90° \text{ or } 270° \tag{5.42}$$

这组解即对应拟平均轨道意义下的冻结轨道,三个平均角动量所满足的关系式如下:

$$e_0=\mp\left\{\frac{3J_3}{4p}\sin i\left[\left(2-\frac{5}{2}\sin^2 i\right)-\frac{e^2}{\sin^2 i}\left(2-\frac{35}{2}\sin^2 i+\frac{35}{2}\sin^4 i\right)\right]+O\left(\frac{J_5}{p^3},\cdots\right)\right\}$$

$$\times\left\{\frac{3J_2}{2}\left(2-\frac{5}{2}\sin^2 i\right)\right.$$

$$+\left(\frac{3J_2}{2p}\right)^2\left[\left(2-\frac{5}{2}\sin^2 i\right)\left(3-\frac{79}{24}\sin^2 i\right)-e^2\left(\frac{5}{12}-\frac{19}{8}\sin^2 i+\frac{75}{32}\sin^4 i\right)\right]$$

$$+\frac{35(-J_4)}{8p^2}\left[\left(\frac{12}{7}-\frac{93}{14}\sin^2 i+\frac{21}{4}\sin^4 i\right)+e^2\left(\frac{27}{14}-\frac{27}{4}\sin^2 i+\frac{81}{16}\sin^4 i\right)\right]$$

$$-\left(\frac{3J_2}{2p}\right)^2\left[\sin^2 i\left(2-\frac{5}{2}\sin^2 i\right)\left(\frac{1}{4}+\frac{1-e^2}{3}cf\right)+e^2\left(\frac{2}{3}-\frac{11}{3}\sin^2 i+\frac{10}{3}\sin^4 i\right)cf\right.$$

$$\left.-\sin^2 i\left(\frac{25}{12}-\frac{5}{2}\sin^2 i\right)+e^2\left(\frac{7}{12}-\frac{79}{24}\sin^2 i+\frac{45}{16}\sin^4 i\right)\right]$$

$$-\frac{35(-J_4)}{8p^2}\left[\sin^2 i\left(\frac{9}{14}-\frac{3}{4}\sin^2 i\right)-e^2\left(\frac{9}{14}-\frac{15}{4}\sin^2 i+\frac{27}{8}\sin^4 i\right)\right]$$

$$\left.+O(J_2^3,J_2J_4,\cdots)_c+O(J_2^3,J_2J_4,J_2J_3,\cdots)_l\right\}^{-1}$$

$$\tag{5.43}$$

其中辅助量 cf 的定义如下:

$$cf=\frac{1}{e^2}\overline{\cos 2f}=\frac{1+2\sqrt{1-e^2}}{(1+\sqrt{1-e^2})^2}=\frac{3}{4}+O(e^2) \tag{5.44}$$

上述各式中的有关量 $n=a^{-3/2}$,$p=a(1-e^2)$。注意,各式的计算单位与第 4 章中所采用的相同,对应地心引力常数 $\mu=\mathrm{GE}=1$。

(5.43)式右端∓号各对应 $\omega\equiv\omega_0=90°,270°$,表达式中出现的 a,e,i 皆为 a_0,e_0,i_0,$p=a_0(1-e_0^2)$,而 $O(\cdots)_c$ 和 $O(\cdots)_l$ 则表示相应的长期和长周期部分对应的项。若 i_0 不十分接近临界倾角 $i_c=63°26'$,即当 $\left|2-\frac{5}{2}\sin^2 i_0\right|>10^{-3}$ 时,上式的主要部分为

$$e_0 = \mp \left(\frac{J_3}{J_2}\right)\frac{1}{2a_0}\sin i_0 \left[1+O(e_0^2)\right] = O(10^{-3}) \tag{5.45}$$

这表明地球卫星的拱线静止轨道只能以近圆轨道来实现。当 $i_0 \to i_c$ 进入临界角范围,则将出现相应的轨道共振问题,见下面第 5.4.6 小节的内容。

表达式(5.43)和(5.45)即冻结轨道根数之间的关系,给定 a_0, i_0 后就可确定相应的 e_0 值,而 $\omega = 90°$ 或 $270°$,近地点指向不变。至于根数 Ω 的变化(东进或西退)对该轨道特征无影响。关于表达式(5.43)和(5.45)右端的干号问题,对 $(J_3/J_2) < 0$ 的中心天体,其卫星的冻结轨道解取"—"号,而 $(J_3/J_2) > 0$ 的中心天体则取"+"号。

根据函数中表现出的规律,同时考虑 $J_{2l-1}, J_{2l}(l=2,3,\cdots)$ 项和田谐项 $J_{l,m}$,也不会改变上述结论(指平均系统),数值计算结果验证了这一结论。

5.4.4 冻结轨道解的稳定性问题

上述轨道解所对应的是一个平均系统的特解,那么在原完整力学系统中,这种特解所固有的特征——拱线指向不变是否还能保持,这就涉及该特解的稳定性问题。若仅限于线性意义下的稳定性,略去证明过程,结论为:冻结轨道对应的特解(5.42)是稳定的。至于非线性情况,特别是除非球形引力摄动外,还有其他摄动因素,对相应的完整力学系统,上述状态是否还能保持,这并不重要,而人们关心的是在有限扰动下,这种轨道特征的变化状况。为此,下面针对地球卫星冻结轨道的变化作了如下两种计算。

(1) 初始历元 2014 年 10 月 28 日 0 时,运行周期 $T_0 = 95^m.7379$,相应的轨道平根数为

$$a_0 = 6932.3854 \text{ km}, \quad e_0 = 0.00118020, \quad i_0 = 97°.0$$

$$\Omega_0 = 45°.0, \quad\quad \omega_0 = 90°.0, \quad\quad M_0 = 10°.0$$

采用 50 阶、次地球引力场模型,在完整力模型下外推 200 天后的冻结轨道平根数为

$$a = 6932.3455 \text{ km}, \quad e = 0.00136719, \quad i = 96°.878766$$

$$\Omega = 224°.245937, \quad \omega = 89°.776773, \quad M = 132°.865862$$

相应的演化细节见图 5.2,变幅为 $\Delta\bar{\omega} \approx \pm 5°$。

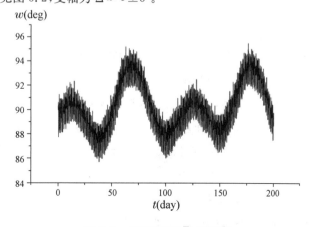

图 5.2 拱线指向($\bar{\omega}$)的演化

（2）对上述初始条件，在采用 50 阶、次地球引力场模型下同时考虑日、月引力摄动，同样外推 200 天后的冻结轨道平均根数为

$$a = 6932.3469 \text{ km}, \quad e = 0.00136783, \quad i = 96°.875546$$

$$\Omega = 224°.237688, \quad \omega = 89°.809594, \quad M = 132°.590597$$

相应的演化细节见图 5.3，变幅仍为 $\Delta \bar{\omega} \approx \pm 5°$。

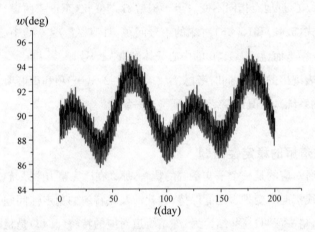

图 5.3　拱线指向($\bar{\omega}$)的演化

上述结果表明，对于平均系统，在扰动下拱线"静止"状态在较长的间隔内是可以保持的。但对实际力模型（即上述平均系统的原力学系统）而言，即保留短周期效应，相应的计算结果表明：与上述平均系统给出的结果（即消除了短周期效应）相差甚远，拱线指向无冻结状态，此即第 5.4.2 小节中指出的，非自治系统(5.38)不存在 $\dot{\omega} = 0$ 的特解，亦即在此意义下，冻结轨道确实不存在，但实际需要的往往是前者，即平均系统意义下的冻结轨道。

5.4.5　其他天体卫星的冻结轨道状态

仅就 J_2 和 J_3 项的摄动而言，近星点幅角 ω 的长期与长周期变化能达到平衡的条件即

$$\left| \frac{J_3}{e} \right| = O(J_2) \tag{5.46}$$

J_2 和 J_3 这两个参数的相对大小是一个很重要的参数，根据上述讨论，不仅会影响卫星运动的轨道寿命（本章第 5.6 节将要介绍），还会影响冻结轨道的存在、特征及其指向（即近星点幅角 $\omega = 90°$ 或 $270°$）。这里不再针对具体天体重复上述相关内容，仅给出两个重要结论，即

（1）J_2 和 J_3 两个参数的符号，决定了冻结轨道解 ω 的取值，对地球和金星，$(J_3/J_2) < 0$，相应的冻结轨道 $\omega = 90°$，而对火星和月球，$(J_3/J_2) > 0$，相应的冻结轨道 $\omega = 270°$。

（2）根据条件式(5.46)，J_2 和 J_3 两个参数的相对大小，决定了冻结轨道解对应的轨道偏心率的大小。由上述四个天体（地球、金星、火星和月球）相应参数 J_2 和 J_3 的量级分别为 10^{-3}，10^{-1}，10^{-2} 和 10^{-1} 表明，地球卫星的冻结轨道必然是小偏心率轨道，即 $e = O(10^{-3})$，而月球卫星的冻结轨道偏心率可接近 10^{-1}。因此，冻结轨道并不一定是小偏心率轨道。

5.4.6 临界倾角轨道的特征及其应用

关于临界倾角轨道,其拱线方向亦有一种"不变"的特征,它是中心天体非球形引力位中扁率项 J_2 的长期摄动效应所致,由前面第 4 章中扁率摄动解的表达式(4.66)可知,近星点幅角 ω 的长期变率的主项表达式如下:

$$\dot{\omega} = \frac{3J_2}{2p^2} n \left(2 - \frac{5}{2} \sin^2 i \right) \tag{5.47}$$

这里仍采用第 4 章的无量纲表达式。当条件 $\dot{\omega}=0$ 满足时,就长期变化效应而言,近星点指向不变,相应的倾角称为临界倾角,记作 i_c,有

$$i_c = 63°26', \quad 116°34' \tag{5.48}$$

这类轨道与上一小节所介绍的冻结轨道截然不同,它涉及轨道共振效应,其稳定程度将受轨道偏心率的大小制约,偏心率越大,稳定性越好。苏联通信卫星的一种型号 Moloniya,就是这样的大偏心率临界倾角轨道。由地球同步静止轨道(赤道上空)向高纬度地区传输信号耗费能量较大,改用 Moloniya 型号的"冻结"轨道作为通信卫星的工作轨道,可以降低能量耗费。由于 Moloniya 卫星将远地点保持指向苏联上空,使用 3 颗这样的卫星即可保证苏联全境 24 小时信号的覆盖。

这里所说的"稳定性",实际上是指拱线的指向可在一定范围内相对平衡方向摆动,偏心率越大,允许摆动范围越大,此即共振效应表现的特殊的长周期变化特征。当 $i \approx i_c$ 时,拱线亦会在 $\omega = 90°$ 附近摆动,它是由通约小分母($4-5\sin^2 i \approx 0$)导致的轨道共振现象。一对共振变量是 $G = \sqrt{\mu a(1-e^2)}$(角动量)和 ω(角变量),存在两组平衡解,它们是

$$\begin{cases} x = \omega = \pi/2, \quad 3\pi/2 \\ y = G = G_c \end{cases} \tag{5.49}$$

和

$$\begin{cases} x = \omega = 0, \quad \pi \\ y = G = G_c \end{cases} \tag{5.50}$$

相应地有 $i_c \approx 63°.4$ 或 $116°.6$。上述平衡解的前者是中心(该中心是稳定的),后者是鞍点(不稳定)。在 (G, ω) 平面上,中心附近是一条条闭轨线。

为了证实上述结论,下面给出一个算例,计算初值选取如下:

初始历元 t_0 2014 年 10 月 6 日 0 时

$a_0 = 7873.2753 \text{ km}, \quad e_0 = 0.10063559, \quad i_0 = 63°.447269$

$\Omega_0 = 0°.0, \qquad\qquad \omega_0 = 45°.0, \qquad\qquad M_0 = 0°.0$

外推 60000 天的计算结果用图 5.4 和图 5.5 来显示,图中 $G = \sqrt{\mu a(1-e^2)}$,$g = \omega$,皆为拟平均根数。

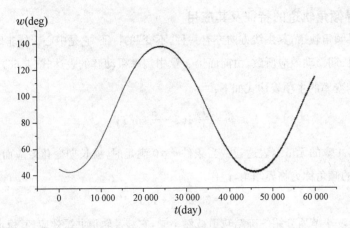

图 5.4   临界倾角轨道的拱线指向演化($\omega \sim t$)

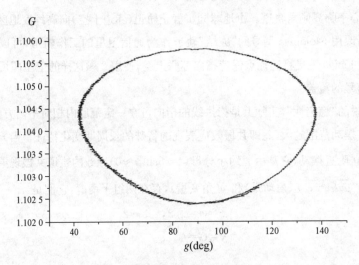

图 5.5   临界倾角轨道的共振图像($G \sim g$)

上述两图体现的临界倾角所确定共振轨道特征明显,拱线指向在$\bar{\omega}=90°$附近呈现$\pm 50°$的摆动,而不是 0°~360°的循环状态,角动量$\bar{G}$与角变量$\bar{g}$的变化关系亦如此。

5.5   中心天体同步轨道的存在与设计

5.5.1   中心天体同步卫星轨道的基本状态[2,3,5]

对于上一节提到的临界倾角轨道的"共振"效应,以及前面第 4 章中对附着在球形中心天体上的"第三体"(非球形部分的田谐项部分)摄动引起的同步卫星的轨道"共振"现象,即出现周期长、振幅大(不超过半阶,即 $\varepsilon^{1/2}$ 量级)的长周期变化,对轨道设计而言,是一个重要的轨道信息。本小节要作的简短阐述,就是从实际应用的角度进一步阐明这类轨道的基本特征及其对应的力学机制,为相应的同步轨道设计提供必要的理论依据。

5.5.1.1 中心天体同步卫星轨道实际存在的可能性

从理论上看,中心天体同步卫星轨道的形成比较简单,只要轨道周期与中心天体的自转周期相等即可,如果在中心天体的赤道上空运行,就成为一颗"静止"卫星。问题是:对于现实的太阳系而言,这种同步轨道存在的可能性。

对于地球而言,相应的同步卫星轨道半长径约 42000 km,无论从日-地系还是地-月系来看,都是轨道稳定的,不会被太阳或月球拉走。而对金星与月球而言,这类同步轨道卫星是否存在? 就另有结论。

金星的自转速度很慢,其自转周期比公转周期还长,长达 243^d.0(地球日),要形成同步轨道,相应的轨道半长径达到 153.65×10^4 km,而这一距离已超出金星的引力范围(HiLL范围)大小,其值为 101.12×10^4 km,这样的轨道在太阳引力作用下,很快就会远离金星,这意味着实际上不可能存在金星同步轨道卫星。

月球与金星情况类似,其自转速度也较慢,自转周期为 27.3217(地球日),要形成同步轨道,相应的轨道半长径也已达到 8.845×10^4 km,而这一距离同样超出了月球的 HiLL 范围大小(其值为 6.16×10^4 km)。如果仅考虑月球的非球形引力影响,由于赤道椭率 $J_{2,2}$ 值相对而言较大,同步卫星定位在月球短轴(东经 90°.0)上空附近也相当稳定。但是,这样的轨道在地球引力作用下,很快就会远离月球。如果初始轨道偏心率和倾角的大小各为 $e=0.0001$,$i=0.005°$,运行不到 2.8 天,轨道就会被地球引力拉"扁"到偏心率 e 接近 1 的程度。这同样意味着实际上不可能存在月球同步轨道卫星。

上述简单的阐述表明,在考虑航天探测任务时,必须具备轨道力学的基本知识,否则就会在轨道选择上走不必要的弯路。

5.5.1.2 中心天体同步卫星轨道的基本特征

对同步轨道稳定性影响最大的因素就是中心天体非球形引力部分赤道椭率项($J_{2,2}$)的影响,其影响大小将决定同步轨道稳定的范围和特征。这里就以地球卫星为例,采用另一类表达形式来介绍这种同步卫星轨道的形成及其围绕地球赤道短轴方向摆动的力学机制。关于赤道椭率摆动效应的特征及其细节,请见前面第 4 章第 4.3 节的相关内容。

(1) 运动方程

考虑地球非球形引力位中的主要项(扁率 J_2 项和椭率 $J_{2,2}$ 项)的影响,引用地心赤道球坐标系 Or,λ,φ,略去岁差、章动和极移的影响,并采用第 4 章引入的归一化的无量纲计算单位,则相应的地球引力位函数为

$$V = \frac{1}{r}\left[1-\frac{J_2}{r^2}P_2(\sin\varphi)-\frac{J_{2,2}}{r^2}P_{2,2}(\sin\varphi)\cos 2\bar{\lambda}\right] \tag{5.51}$$
$$= \frac{1}{r}-\frac{J_2}{r^3}\left(\frac{3}{2}\sin^2\varphi-\frac{1}{2}\right)-\frac{J_{2,2}}{r^3}(3\cos^2\varphi)\cos 2\bar{\lambda}$$

其中

$$\begin{cases} J_2 = -C_{2,0}, \quad J_{2,2} = -(C_{2,2}^2 + S_{2,2}^2)^{1/2} \\ \bar{\lambda} = \lambda - (S_G + \lambda_{2,2}) \\ 2\lambda_{2,2} = \arctan(S_{2,2}/C_{2,2}) \end{cases} \tag{5.52}$$

该式中的各量在前面第 4 章的相关表达式(4.161)和图 4.1 中引用过,S_G 是格林尼治恒星时,$\bar{\lambda}$ 是卫星相对地球赤道长轴方向(该方向在地固坐标系中的经度为 $\lambda_{2,2}$)的经度。

在上述球坐标系中,卫星的位置矢量 $\vec{r}$ 和速度矢量 $\dot{\vec{r}}$ 的表达式如下:

$$\vec{r} = \begin{bmatrix} r \\ 0 \\ 0 \end{bmatrix} \tag{5.53}$$

$$\dot{\vec{r}} = \begin{bmatrix} \dot{r} \\ r\cos\varphi\,\dot{\lambda} \\ r\,\dot{\varphi} \end{bmatrix} \tag{5.54}$$

其中

$$\dot{\lambda} = \dot{\bar{\lambda}} + \dot{S}_{2,2} = \dot{\bar{\lambda}} + n_e \tag{5.55}$$

n_e 即地球自转角速度。相应的卫星的动能(去掉质量因子)T 即表示为

$$T = \frac{1}{2}(\dot{r}^2 + r^2\cos^2\varphi\,\dot{\lambda}^2 + r^2\dot{\varphi}^2) \tag{5.56}$$

根据动力学中运动方程的拉格朗日形式

$$\begin{cases} \dfrac{\mathrm{d}}{\mathrm{d}t}\left(\dfrac{\partial T}{\partial \dot{q}}\right) - \dfrac{\partial T}{\partial q} = \dfrac{\partial V}{\partial q} \\ q = \begin{bmatrix} r \\ \lambda \\ \varphi \end{bmatrix}, \quad \dot{q} = \begin{bmatrix} \dot{r} \\ \dot{\lambda} \\ \dot{\varphi} \end{bmatrix} \end{cases} \tag{5.57}$$

可给出卫星运动的基本方程如下:

$$\begin{cases} \ddot{r} - r\cos^2\varphi\,\dot{\lambda}^2 - r\dot{\varphi}^2 = -\dfrac{1}{r^2} + \dfrac{3J_2}{r^4}\left(\dfrac{3}{2}\sin^2\varphi - \dfrac{1}{2}\right) + \dfrac{9J_{2,2}}{r^4}\cos^2\varphi\cos 2\bar{\lambda} \\ \dfrac{\mathrm{d}}{\mathrm{d}t}(r^2\cos^2\varphi\,\dot{\lambda}) = \dfrac{6J_{2,2}}{r^3}\cos^2\varphi\sin 2\bar{\lambda} \\ \dfrac{\mathrm{d}}{\mathrm{d}t}(r^2\dot{\varphi}) + \dfrac{1}{2}r^2\sin 2\varphi\,\dot{\lambda}^2 = -\dfrac{3J_2}{2r^3}\sin 2\varphi + \dfrac{3J_{2,2}}{r^3}\sin 2\varphi\cos 2\bar{\lambda} \end{cases} \tag{5.58}$$

地球同步卫星的运动特征即在一定条件下围绕地球赤道短轴方向的摆动,这一特征可由 $\bar{\lambda}$ 的变化规律来体现。

(2)运动方程的特解——地球同步卫星的运动特征

不难证明,方程组(5.58)存在如下特解:

$$\begin{cases} r_1 \equiv r_{01}, \quad \bar{\lambda}_1 = 90°, \quad 270°, \quad \varphi_1 \equiv 0 \\ r_2 \equiv r_{02}, \quad \bar{\lambda}_2 = 0°, \quad 180°, \quad \varphi_2 \equiv 0 \end{cases} \tag{5.59}$$

若取 $J_2 = 1.082637 \times 10^{-3}, J_{2,2} = -1.771156 \times 10^{-6}$，则相应的 r_{01}, r_{02} 值如下：

$$\begin{cases} r_{01} = 42164.71346 \text{ km（短轴上空）} \\ r_{02} = 42164.72371 \text{ km（长轴上空）} \end{cases}$$
(5.60)

上述特解即平衡解。容易证明解(5.59)分别对应中心和鞍点，后者是不稳定的，前者容易证明是线性稳定的[4]。至于在非线性意义下是否稳定，这并不重要，关键在于同时考虑其他各种摄动因素时(即不同性质的有限扰动)，该平衡状态是否还能保持，或者说，在此复杂力学背景下，卫星是否在上述稳定平衡点(地球赤道短轴上空)附近"摆动"。这里的特征量即 $\bar{\lambda}$，如果稳定，则 $\bar{\lambda}$ 在平衡位置 $90°$(或 $270°$)附近的变化范围 $\Delta\bar{\lambda}$ 应小于 $\pm 90°$，下一小节将给出实际算例来表明这一特征。

5.5.2 各中心天体同步卫星轨道的存在与演化状态

（1）地球同步卫星轨道的演化特征

关于地球同步卫星，已为人们所熟悉。其轨道周期及其相应的轨道半长径约为

$$T_s = 1436^m.068176, \quad a = 42164.170 \text{ km}$$

对于定点在地球赤道上空的同步卫星而言，在地球赤道椭率 $J_{2,2}$ 项(大小由非球形引力位中的 $\bar{C}_{2,2}, \bar{S}_{2,2}$ 确定)的作用下，赤道上空存在两个稳定区域，即赤道短轴两端(东经 75 度和西经 105 度)的各一个邻近区域，卫星在两个稳定点附近的上空东西漂移(轨道共振机制，类似于单摆现象)。而南北漂移(实为轨道倾角的变化)则是由第三体(日、月)的引力作用所导致，倾角变化呈现长周期状态，变化幅度可达 $15°$，而周期长达 50 多年。

为了便于让读者了解地球同步卫星轨道(或位置)东西和南北漂移的实际状态，下面给出一个算例：

初始时刻 t_0 为 2010 年 9 月 10 日 0 时整(UTC)，轨道周期、半长径和定点经度(相对地球短轴方向)的初始偏差分别为

$$\Delta T_s = 6^m 38^s, \Delta a = 10 \text{ km}, \Delta\lambda = 35°.0$$

初始轨道倾角的偏差很小，$\Delta i = 0°.005 \approx O(10^{-4})$，即基本上定位在赤道上空，同时考虑地球非球形引力，日、月引力和太阳光压的摄动影响，即使轨道外推 40000 天(接近 110 年)，卫星仍能保持在赤道短轴(东经 75 度)上空的一个邻近区域内运行，具体结果如下：

$$\Delta\lambda = -43°.13 \sim +41°.32, \quad \Delta\varphi = -15°.28 \sim +15°.29$$

其中，东西经度漂移(即 $\Delta\lambda$ 的变化)的周期约 900 天，在该周期内与其有关的轨道半长径 a 的变化幅度为 $\Delta a \approx \pm 25 \text{ km}$，见图 5.6 和图 5.7。

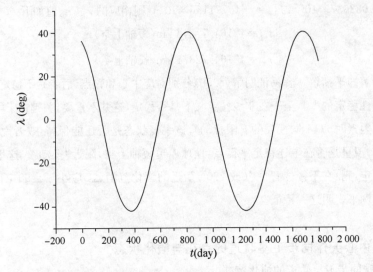

图 5.6　经度差随时间的变化状况 $\Delta\lambda \sim (t-t_0)$

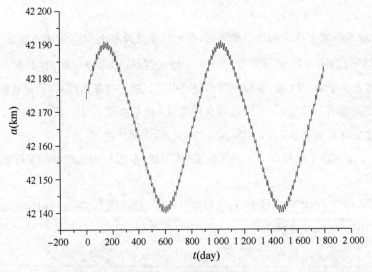

图 5.7　轨道半长径随时间的变化状况 $a \sim (t-t_0)$

为了体现 $a \sim \bar{\lambda}$ 的共振图像,再给出一个算例。初始时刻 t_0 为 2013 年 1 月 26 日 0 时整 (UTC),初时根数如下:

$$a_0 = 42173.8436 \text{ km}, \quad e_0 = 0.00001, \quad i_0 = 0°.0005$$

$$\Omega_0 = 0°.0, \qquad \omega_0 = 45°.0, \qquad M_0 = 0°.0$$

计算结果(未考虑光压摄动)见图 5.8,$\bar{\lambda}$ 的摆动范围约 $\pm 30°$,相应的共振周期为 874 天。

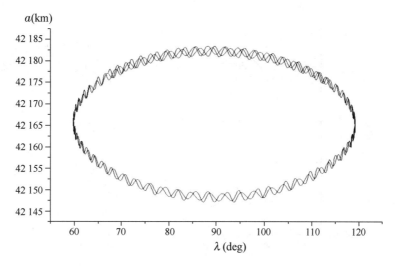

图 5.8 地球同步卫星轨道的共振图像$(a \sim \bar{\lambda})$

（2）火星同步卫星轨道的主要特征

根据火星自转周期确定的同步轨道的运行周期和相应的轨道半长径如下：

$$T_s = 477^m.37772, \quad a = 20427.68425(\text{km}) = 6.013448(a_e)$$

其中 a_e 是火星的赤道半径。如果轨道倾角为零$(i=0°)$，这就是相对火星静止的轨道。由于火星非球形引力位的二阶次项$(J_2, J_{2,2})$与地球类似，且 $J_{2,2}$ 值相对 J_2 更大一些，$J_{2,2}/J_2$ 的量级几乎达到 10^{-1}。因此，相应的轨道共振效应更为强烈，即探测器定位在火星赤道短轴（火星东经164°.7）上空附近更稳定。下面给出算例，计算历元及相应的初始轨道根数如下：

$$2010 \text{ 年 } 3 \text{ 月 } 30 \text{ 日 } 4 \text{ 时整（UTC）}，$$

$$a_0 = 20327.684233(\text{km}), \quad e_0 = 0.0001, \quad i_0 = 0°.005$$

轨道半长径与同步轨道差 100 km，相应的运行周期与同步周期约差 11 分钟。结果由下面两幅图 5.9 和 5.10 来体现。

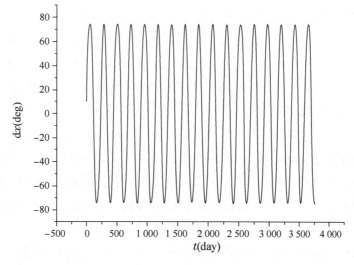

图 5.9 经度随时间的变化状况 $\Delta\lambda \sim (t - t_0)$

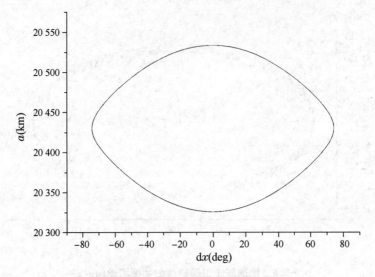

图 5.10　经度变化与半长径的共振图像 $a \sim \Delta\lambda$

两个图中的 $dx = \lambda - \lambda_s$，即经度的变化，$\lambda_S = 164°.7$ 即火星赤道短轴的经度。

图 5.9 和 5.10 对应的计算模型，是考虑了 $J_2 + J_{2,2}$ 的摄动影响，在上述初始定位误差较大的情况下，卫星仍能保持在赤道短轴上空的邻近区域内运行。而对于地球同步卫星，轨道半长径与同步轨道仅差 40 km，即使初始严格定位在赤道短轴上空（即 $\Delta\lambda = 0°.0$），也不能保持在其上空的摆动状态。这证实了由于火星非球形引力位的赤道椭率 $J_{2,2}$ 值相对扁率 J_2 值较大，相应轨道变化的共振效应更为强烈，探测器定位在火星赤道短轴上空附近比在地球同步轨道状态更为稳定。

5.6　引力摄动机制下的卫星轨道寿命估计与算法

关于卫星寿命问题的提法有三种含义：卫星本体的保持（是否解体），卫星的工作寿命（正常执行航天任务的期限）和卫星的轨道寿命。本节和下一节所指的是卫星的轨道寿命，该寿命终结有两种表现形式：其一，由于轨道的近星点高度降为零而与中心天体相撞，终结轨道运行，其二，由于外力摄动源导致卫星轨道偏心率 e 增大到 $e > 1$ 而逃离中心天体。本书内容涉及的是"卫星轨道力学"，显然指的是轨道寿命。

对于低轨卫星，人们首先关注的就是大气的耗散效应决定了地球卫星的轨道寿命，其表现特征是轨道半长径 a 和偏心率 e 随时间增长不断减小，即轨道不断变小变圆，最后落入地球的稠密大气层而陨落。那么，如果中心天体不存在大气（月球就是一例）会如何？本节要阐明的就是这种普遍存在的引力机制是如何制约卫星轨道寿命的。卫星运动在中心天体非球形引力和第三体引力摄动下，轨道偏心率 e 存在长周期变化，其后果之一是会导致轨道近星点的高度降低，达到与中心天体相撞而终结轨道寿命，或者近星点降低到一定高度，再受稠密大气（如果存在）的耗散作用而陨落；而另一种状态是远星点的高度增高，在第三体引力作用下，变为双曲线轨道逃离中心天体。关于大气耗散作用机制下卫星轨道寿命估计的算法，将在后面第 5.7 节中阐明。

5.6.1　引力摄动下低轨卫星轨道寿命的提法及其动力学机制[6~10]

根据前面第 4 章给出的理论结果，在中心天体非球形引力和第三体引力摄动下，卫星轨道偏心率 e 有长周期变化 $\Delta e_l(t)$，但对低轨卫星，第三体引力摄动并不重要，详见第 4 章的有关结果，这里不再考虑。对于中心天体非球形引力摄动，见(4.284)式，有如下结果：

$$e_l^{(1)}(t) = -(1-e^2)\sum_{l \geqslant 3}\left(\frac{-J_l}{p_0^l}\right)^{\frac{1}{2}(l-2+\delta_1)}\sum_{p=1}^{p}\left[\sum_{q=1}^{q}(-1)^{(l+2q-\delta_1)/2}\left(\frac{1}{2}\right)^{(2l-2p+2q-1)}\right.$$

$$\left.\times\begin{bmatrix}l\\p-q\end{bmatrix}\begin{bmatrix}2l-2p+2q\\l\end{bmatrix}\begin{bmatrix}l-2p+2q\\q\end{bmatrix}(\sin i)^{(l-2p+2q)}\right]\frac{1}{e}K_3(e)I(\omega)$$

$$(5.61)$$

求和中，$p_0 = a(1-e^2)$，$l(2)$ 表示取值"步长"为 2，即 $l(2) = 3,5,\cdots$。另两个辅助量 $K_3(e)$，$I(\omega)$ 由下列形式表达：

$$K_3(e) = \sum_{\alpha(2)=l-2p}^{l-2}\begin{bmatrix}l-1\\\alpha\end{bmatrix}\begin{bmatrix}\alpha\\(\alpha-l+2p)/2\end{bmatrix}\left(\frac{1}{2}\right)^{\alpha}e^{\alpha} \tag{5.62}$$

$$I(\omega) = \left(\frac{n}{\omega_1}\right)\left[(1-\delta_1)\cos(l-2p)\omega - \delta_1\sin(l-2p)\omega\right] \tag{5.63}$$

为了表明其特征，下面给出有代表性的 J_3，J_4 项的结果，即第 4 章中的(4.339)和(4.345)式：

$$e_l^{(1)}(t) = \frac{3}{4}\left(\frac{-J_3}{p^3}\right)\sin i\left(2-\frac{5}{2}\sin^2 i\right)\left(\frac{n}{\omega_1}\right)(1-e^2)\sin\omega \tag{5.64}$$

$$e_l^{(1)}(t) = -\frac{35}{4}\left(\frac{-J_4}{p^4}\right)\sin^2 i\left(\frac{9}{14}-\frac{3}{4}\sin^2 i\right)\left(\frac{n}{2\omega_1}\right)e(1-e^2)\cos 2\omega \tag{5.65}$$

其中

$$\omega_1 = \frac{3J_2}{2p^2}n\left(2-\frac{5}{2}\sin^2 i\right)$$

对于高阶项（J_l，$l \geqslant 5$）的摄动影响，相应的主项同样有如上的类似形式，即奇次项的影响不含 e 因子，而偶次项的影响却含 e 因子，故通过偏心率 e 的长周期变化 $\Delta e_l(t)$，影响卫星轨道寿命的主要摄动因素是中心天体非球形引力位中的奇次带谐项摄动，特别是 J_3 项。

根据(5.61)式，在中心天体非球形引力奇次项摄动下，卫星轨道偏心率 e 的长周期变化 $\Delta e_l(t)$ 的主项可表达成下列形式：

$$\Delta e_l(t) = e_l(t) - e_l(t_0)$$
$$= \mu(i)\left[\sin\omega(t) - \sin\omega(t_0)\right] \tag{5.66}$$

其中 $\mu(i)$ 的表达式可由(5.61)式写成如下形式：

$$\mu(i) = \sum_{l(2) \geqslant 3} (-1)^{(l-1)/2} \frac{l-1}{3p^{l-2}} \left(\frac{J_l}{J_2}\right) F_l^*(i) \tag{5.67}$$

例如 J_3 项，其具体形式如下：

$$\mu(i) = \frac{3}{4} \left(\frac{-J_3}{p^3}\right) \sin i \left(2 - \frac{5}{2} \sin^2 i\right) \left(\frac{n}{\omega_1}\right) (1 - e^2) \tag{5.68}$$

从(5.67)式可以看出，决定偏心率变化大小的两个关键因素是(J_l/J_2)和$F_l^*(i)$。对于前者，关于非球形引力位中奇次带谐项引起 e 的长周期变化主项不带有 e 因子，而偶次带谐项引起的变化均含有 e 因子，这是不难理解的，因为奇次带谐项 $J_{2l-1}(l \geqslant 2)$ 值的大小实质上是反映一个天体南北不对称(包括形状和质量密度分布)的程度。由此可知：e 的长周期变化幅度主要取决于奇次带谐项 $J_{2l-1}(l \geqslant 2)$ 相对 J_2 的大小，而且总效果取决于函数 $\mu(i)$ 值的变化状况。$\mu(i)$ 表达式中的 $F_l^*(i)$ 是 $\sin i$ 的函数，其具体形式不再列出，详见第 4 章第 4.5 和 4.6 节的相关内容。

关于地球低轨卫星，$O(J_3/J_2) = O(10^{-3})$，相应的 $e_l(t)$ 变化很小，对地球低轨卫星的轨道寿命显然无影响。但对火星和月球的低轨卫星，因 $|J_3/J_2|$ 的量级较大，这一影响机制较重要，特别是月球低轨卫星。月球虽无大气，没有能量耗散问题，但其低轨卫星的轨道寿命却受奇次带谐项 $J_{2l-1}(l \geqslant 2)$ 的摄动影响所制约。从上述 J_3 项的摄动效应不难看出，偏心率 e 的长周期变化可达到 10^{-1} 的量级，近月点高度会降低到与月球相撞，有关细节请参看本章参考文献[10]。对于火星低轨卫星，由于相应的 $|J_3/J_2|$ 值亦较大，有类似现象，但同样由于其非球形引力位的特征既不同于地球，亦不同于月球，在引力机制下的低轨卫星近火点高度下降的状态与月球低轨卫星的相应状态存在明显差别，更多的细节，请见参考文献[10]。

从上述轨道偏心率 e 和近星点幅角 ω 的长周期变化项可以看出：奇次带谐项(特别是 J_3 项)的重要性，无论轨道偏心率如何小，J_3 项的摄动影响都是明显的，而小偏心率状态又使 J_3 项的长周期影响可以平衡 J_2 项引起近星点幅角 ω 的长期变化(见(4.81)式)。这些内在规律正是决定卫星轨道变化基本特征的重要原因。因此，中心天体非球形引力位中的两个参数 J_2 和 J_3 的相对大小 $|J_3/J_2|$ 是一个重要参数，对于地球、卫星和月球分别为

$$\left|\frac{J_3}{J_2}\right| \approx O(10^{-3}), \quad O(10^{-2}), \quad O(10^{-2} \sim 10^{-1}) \tag{5.70}$$

这在下面有关问题的分析中将会有所体现。

5.6.2　几个大天体低轨卫星的轨道寿命概况

对于地球低轨卫星，$\Delta e_l(t)$ 主项中的 $\mu(i)$ 并不重要，因 $O(|J_{2l-1}/J_2|) = O(10^{-3})$，相应的 $e_l(t)$ 变化很小，对地球低轨卫星的轨道寿命无影响。但对金星、火星和月球的低轨卫星，因 $|J_{2l-1}/J_2|$ 的量级较大，这一影响机制较重要，特别是月球低轨卫星[9,10]。

月球无大气，其低轨卫星的轨道寿命主要就是受奇次带谐项 $J_{2l-1}(l \geqslant 2)$ 的摄动影响所制约，相应的特征量(即通过对轨道偏心率的影响而制约低轨卫星轨道寿命的参数)如下：

$$\left|\frac{\overline{J_{2l-1}}}{\overline{J_2}}\right| = O(10^{-1} \sim 10^{-2}), \quad l \geqslant 2 \tag{5.71}$$

它会导致低轨环月卫星的轨道偏心率 e 出现变幅可达 $0.05 \sim 0.10$ 的长周期变化,将明显地影响其低轨探测器的轨道寿命。

除 $i \approx 0°$ 外,偏心率 e 的长周期变化还将取决于 $\sum_{l(2) \geqslant 3} (J_{2l-1}/J_2) F_l^*(i)$ 的变化,它有多个极大与极小值,即对不同的轨道倾角,同一高度的低轨卫星,轨道寿命却有非常明显的差别。例如初始近月点高度 $h_p = 100$ km 的近圆轨道,$i = 90°, 40°$,相应的轨道寿命只有 172 天和 48 天,而 $i_0 = 85°$,即使运行 50 年,近月点高度亦不会降低到与月球相撞,在这 50 年期间,近月点高度最低值仍有 60 km。这一现象反映了月球非球形引力位不仅南北明显不对称,而且质量密度分布还很不均匀,如存在质量瘤现象。

为了表明理论分析的正确性,文[7,8]对月球低轨卫星(平均高度 100 km),分别给出下列两种情况的计算结果:

(1) 根据非球形引力摄动机制下的轨道分析解,扫描似地从 $i = 0°.5$ 到 $179°.5$,间隔 $1°$,计算了对应的 $|\Delta e_l|$ 值,看极小与极大的分布状况;

(2) 考虑主要摄动因素(月球非球形引力,地球引力和太阳引力),对完整的运动方程计算了低轨卫星(取平均高度 $\overline{h} = 100$ km,$e_0 = 0.001$)随倾角 i_0 的不同,相应近月点高度 h_p 的变化情况,即轨道寿命与倾角 i 的关系。

上述第(2)部分的计算正是为了证实由分析轨道解给出的结果的正确性,从而确定月球低轨卫星轨道寿命与倾角 i 的关系,同时也进一步证实这种结果主要是由月球非球形引力场特征所决定的。在计算中,月球引力场模型采用了美国 JPL 完整的 LP75G 模型。

关于 $|\Delta e_l|$,对应极小值有几个"稳定区"(即 $|\Delta e_l|$ 值最小):$i = 0°, 27°, 51°, 77°, 85°$。根据 $\sin i$ 的性质,在 $90° \sim 180°$ 间有对应的"稳定区",即 $95°, 103°, \cdots$。在上述"稳定区"(即取 $i_0 = 0°, 27°, \cdots$),低轨卫星的轨道寿命应很长,而相反,则轨道寿命应很短。计算结果确实如此,详见本章参考文献[8,9],表 5.5 列出部分结果。

表 5.5　月球低轨卫星轨道变化特征与倾角 i 的关系

i(deg)	T_c(day)	Max e	Min h_p(km)
1.0	2723.1	0.0362	33.9
27.0	2219.9	0.0419	23.6
51.0	1908.1	0.0337	38.5
77.0	3383.8	0.0381	30.4
85.0	1711.7	0.0220	59.6
95.0	1102.0	0.0172	68.3
10.0	42.5	0.0545	0.0

（续表）

$i(\deg)$	$T_c(\mathrm{day})$	Max$e$	Min $h_p(\mathrm{km})$
40.0	47.9	0.0547	0.0
60.0	88.2	0.0548	0.0
82.0	294.7	0.0547	0.0
90.0	172.0	0.0545	0.0
98.0	236.2	0.0546	0.0

对于火星,与月球引力场模型有类似之处,即相应的特征量亦较地球的相应值大,有

$$\left|\frac{\overline{J_{2l-1}}}{J_2}\right|\geqslant O(10^{-2}), \quad l\geqslant 2 \tag{5.72}$$

它会导致低轨环火卫星的轨道偏心率 e 出现 0.02~0.03 的长周期变幅,同样会影响其轨道寿命。但是,该效应既不同于地球卫星,即函数 $\mu(i)$ 的值也很重要,但又不同于月球卫星,主要取决于 $\sin i$ 值的大小。极轨卫星轨道偏心率 e 的长周期变化幅度 $\Delta e_l(t)$ 明显大于小倾角轨道卫星的变化幅度,即前者近火点高度下降明显。这表明火星非球形引力位尽管南北不对称性也较地球明显,但质量密度分布却不像月球那样,还是较均匀的。表 5.6 列出一些数值检验结果(积分 1 年的弧段),仅在引力机制下,低轨卫星与火星相撞的初始近地点高度 h_0 的临界值为 80 km~85 km。表中的数据已基本显示出近火点高度下降的状态以及与轨道倾角的单调关系,的确与月球低轨卫星相应的状态存在明显差别。

表 5.6 轨道变化特征与倾角 i 关系

$h(\mathrm{km})$	$i(\deg)$	$t_c(\mathrm{day})$	Max$e$	min $h_p(\mathrm{km})$
	90	19.2	0.0207	0.0
80	45	290.3	0.0157	22.481
	5	316.3	0.0065	59.571

上述内容,对于深空探测而言,作为目标天体的环绕型探测器的总体设计,都是必须了解的基本轨道信息,不能简单地引用地球卫星轨道变化的有关规律和结果去处理其他天体卫星的相应轨道问题,必须考虑各天体自身的物理特征,引用轨道力学的基本原理去处理问题。

对于金星的低轨卫星,由于 $O(|J_{2l-1}/J_2|)=O(10^{-1})$,会引起轨道偏心率 e 有变幅较大的长周期变化,同样会影响轨道寿命。但因其整个非球形引力对球形引力(即质点引力)的偏离量很小,偏心率 e 的长周期变化的周期很长,几乎像长期变化,影响相当缓慢。为此,下面给出两个数值算例:在不考虑金星大气的情况下,考查上述变化规律,初始时刻 t_0 取为 2011 年 1 月 11 日 0 时整(UTC),轨道近星点高度、远星点高度和轨道倾角分别为

$$h_p=700 \text{ km}, \quad h_a=800 \text{ km}, \quad i=10°.0, \quad 85°.0$$

数值检验计算结果由近星点高度 h_p 的变化状态来体现,见图 5.11 和图 5.12。

两幅图中,均有 $h_p \leqslant 0$ 的显示,这仅表明没有在 $h_p = 0.0$ km 状态下终止计算,是为了解长周期变化的细节。由图 5.11 和图 5.12 可以看出:偏心率 e 确有周期很长的长周期变化,而且确实可以使卫星轨道近星点高度在一定时间段内降低到 $h_p = 0.0$ km,但这一过程非常缓慢,降低到 $h_p = 0.0$ km(对应 $e = 0.0013$)延续的时间分别长达 2068 天(对应 $i = 10°.0$)和 4545 天(对应 $i = 85°.0$);这一特征也与轨道倾角有关,反映金星质量密度分布亦是不太均匀的。

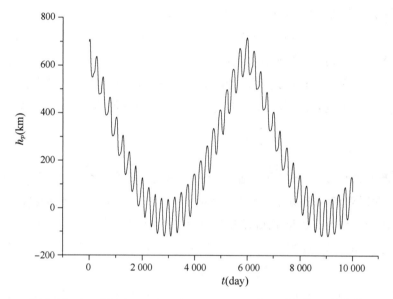

图 5.11 $h_p = 700$ km, $h_a = 800$ km, $i = 10°.0$ 对应的 h_p 的变化

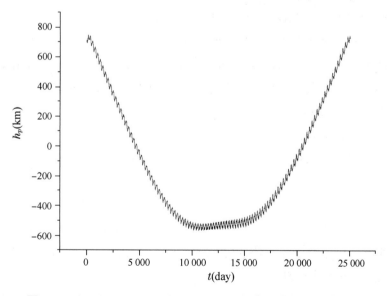

图 5.12 $h_p = 700$ km, $h_a = 800$ km, $i = 85°.0$ 对应的 h_p 的变化

若同时考虑太阳引力摄动,其结果没有明显改观,以 $i=10°.0$ 对应的结果为例,仅考虑金星非球形引力摄动与同时考虑太阳引力摄动,达到 $h_p=0.0$ km 时的偏心率均为 $e=0.1103$,耗时长度分别为 2067.9 天和 2069.8 天,这表明对低轨卫星的运动,主要摄动因素还是金星的非球形引力。

5.6.3 大偏心率轨道的演化特征及其寿命的提法[2,9]

关于这类空间飞行器,尽管其近地点高度 h_p 很低,如 GTO 碎片通常 $h_p \approx 200$ km,探测号双星 TC-1 和 TC-2 的 h_p 稍高一些,但因轨道偏心率 e 很大,均在 $e>0.7$ 的状态,故在一个绕地运行周期内,主要是在远地空间运行。那么,大气耗散效应以及地球非球形引力(除 J_2 项外)作用均很弱,主要应考虑 J_2 项和第三体(日、月)的引力作用。这两类摄动因素均为保守力,无耗散效应,故应考查如何通过对轨道偏心率 e 的影响来制约其轨道寿命。

(1) 两个实例

除轨道升交点赤经 Ω 不同而其他 5 个轨道根数均相同的两个 GTO 碎片,相隔 3 小时前后进入"预定"轨道,在地固坐标系中的经度均为 $\Omega_G=-10°$,结果它们的轨道寿命各自相差极其明显,前者约为 160 天,而后者长达 50 年。相应的初始轨道状态如下:

历元为 2006 年 12 月 21 日 10 时和 13 时(UTC),在"地固"坐标系中的轨道根数相同,即

$$h_p=200 \text{ km}, \quad h_a=36000 \text{ km}, \quad i=28°.5, \quad \Omega_G=-10°.0, \quad \omega=180°.0, \quad M=0°.0$$

相应的轨道半长径和偏心率为 $a=24478.1363$ km, $e=0.73126482$,这里的"地固"之意,仅指 Ω_G 是从格林尼治方向起量的轨道升交点经度,在相应的历元(J2000.0)地心天球坐标系中的轨道升交点经度 Ω 分别为 $\Omega=229°.837399, \Omega=274°.960611$。

采用数值方法考查两个 GTO 碎片运行轨道的演化状态。由于轨道偏心率较大,基本上在远地空间运行,考虑摄动因素的取舍有别于低轨卫星。这里在轨道演化计算中采用的动力学模型包括如下摄动因素:

1) 地球非球形引力项 J_{lm}(即 $C_{lm}, S_{lm}, l=2\sim4, m=0\sim l$),

2) 日、月引力项,日、月轨道采用包含长期和长周期变化的平均轨道,

3) 大气耗散项(大气阻力作用)。

其中大气密度采用考虑周日变化的指数模式,相应的参考点密度和密度标高值均采用国际标准大气模式给出的数值。碎片的等效面质比与阻力系数的乘积 $C_d S/m$ 在归一化单位中取为 10^9(相当于 1 m^2,质量为 100 kg 的截面)。计算中,近地点高度 h_p 降至 100 km 的时刻,作为轨道寿命的结束时刻。

对于等效面质比为 10^9 的 GTO 碎片,光压影响不会超过第三体引力作用,考虑这一影响与否,对这里要讨论的问题无实质性影响。对于一些空间碎片,相应的面质比较大,如 $S/m=1$ m^2/1 kg,相当于 10^{11},光压作用不可忽视,但这不是本节要阐述的问题。因此,下面

不再提及该摄动因素。

计算弧段,设定为 $t-t_0=50$ 年,数值积分采用高精度的 RKF7(8)积分器,并同时采用积分步长均匀化措施(见参考文献[11]和本书的第 8 章),计算结果列于表 5.7。

表 5.7　两个 GTO 碎片的轨道演化状态

模型	J_{lm}	日、月	大气	碎片	t(day)	a(km)	e	h_p(km)
1	√	×	√	GTO-1	11643.5	6518.2	0.0063	98.9
				GTO-2	11791.8	6508.3	0.0055	94.6
2	√	√	×	GTO-1	144.7	24411.3	0.7346	100.0
				GTO-2	18262.5	24386.3	0.7263	295.4
3	√	√	√	GTO-1	160.7	22235.9	0.7088	99.9
				GTO-2	17981.9	6796.5	0.0468	100.0

表 5.7 中的符号√和×分别表示考虑和不考虑该摄动因素。为了进一步看清轨道偏心率和近地点高度的变化细节,和第三体引力的重要作用,分别给出上述两个碎片在第一和第三两种力模型下相应的近地点高度的变化图像:图 5.13~5.14 给出的是 GTO-1 的轨道变化,图 5.15~5.16 则是 GTO-2 的轨道变化。

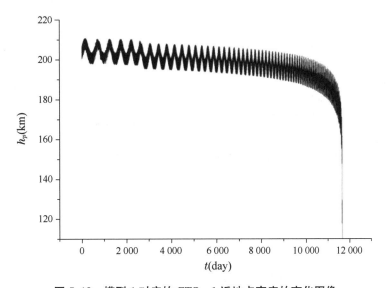

图 5.13　模型 1 对应的 GTO-1 近地点高度的变化图像

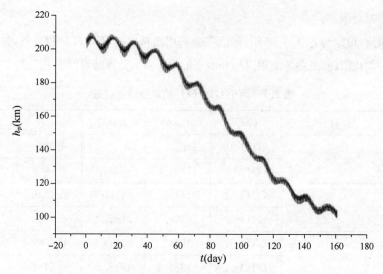

图 5.14　模型 3 对应的 GTO‑1 近地点高度的变化图像

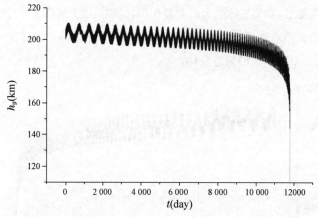

图 5.15　模型 1 对应的 GTO‑2 近地点高度的变化图像

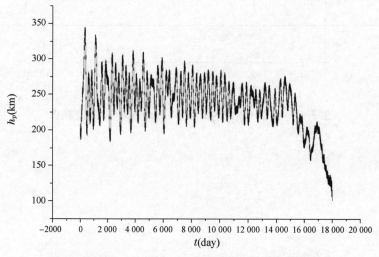

图 5.16　模型 3 对应的 GTO‑2 近地点高度的变化图像

从表 5.7 和图 5.13～5.16 可以清楚地看出，大气耗散效应确实不是决定 GTO 类型轨道寿命的主要因素，该效应很弱，轨道高度降低较慢(见模型 1 对应的结果)，而且两个初始轨道状态不同(仅高度相同)的碎片，它们的轨道变化规律几乎没有差别。不仅轨道寿命，而且轨道变化的细节也相同，均为 a 和 e 不断减小(e 比 a 减小的速度慢，前者变化率中多一个 e 因子)，相应的近地点高度也随之降低，见图 5.13 和图 5.15。

鉴于上述结果，对于 GTO 这种大偏心率情况的轨道寿命问题，必须着重考查日、月引力摄动效应，即模型 2 和 3，特别是模型 2，可以充分反映日、月引力摄动的重要特征。下一段将针对这一点，根据轨道力学原理进行深入的理论分析。

(2) 理论分析

计算结果表明，各种摄动的短周期效应并不起作用，它们的影响较小。这从摄动量级的大小亦可看出，无论是地球非球形引力摄动，还是第三体(日、月)引力摄动，对于 GTO 而言，相应的摄动量级均为 $10^{-5}～10^{-4}$，短周期效应不足以影响轨道寿命。而这两种摄动力均为保守力，属非耗散因素，因此，问题集中在长周期效应上。事实上，轨道半长径 a 只有高阶长周期变化[2]，即 $a_l^{(1)}(t)=0$，故应考查轨道偏心率 e 的长周期变化状态。

这里首先分别列出 e 的长周期变化中最重要的 J_2，J_3，J_4 项和日、月引力项对应的结果。在归一化单位中，有如下形式(见第 4 章第 4.5 和 4.7 节)：

$$
\begin{aligned}
e_l(t;J_l) = \left(\frac{1}{a}\right)\sin i & \left\{\left(\frac{J_2}{4p^2}\right)\sin i\,\frac{1+2\sqrt{1-e^2}}{(1+\sqrt{1-e^2})^2}e\cos\omega\right. \\
& +\left(\frac{3}{8p}\right)\frac{\sin i}{(4-5\sin^2 i)}\left[J_2\left(\frac{7}{3}-\frac{5}{2}\sin^2 i\right)\right. \\
& \left.\left. +35\left(\frac{J_4}{J_2}\right)\left(\frac{1}{7}-\frac{1}{6}\sin^2 i\right)\right]e\cos\omega-\frac{1}{2}\left(\frac{J_3}{J_2}\right)\sin\omega\right\}
\end{aligned}
\tag{5.73}
$$

$$
\left\{
\begin{aligned}
& e_l(t;m') = -\left(\frac{3}{2}\beta a^3\right)(5e\sqrt{1-e^2})nH_1 \\
& H_1 = \frac{1}{32}\left[(1-\cos i)^2 K_1+(1+\cos i)^2 K_2+2\sin^2 i K_3\right. \\
& \qquad\qquad \left. +4\sin i(1-\cos i)K_4+2(1+\cos i)K_5\right]
\end{aligned}
\right.
\tag{5.74}
$$

其中 $\beta=m'/r'^3$，而 $K_1,K_2,\cdots,K_5$ 是慢变量 Ω 和 ω 以及日、月轨道根数 i'，Ω'，$u'=f'+\omega'$ 等量的函数，且含小分母 n_j，n_j 是 Ω，ω 和 Ω'，ω' 的变率的组合。具体表达式不再列出，详见第 4 章和本章参考文献[1]。

GTO 碎片近地点高度 $h_p=a(1-e)-a_e$ 的变化取决于半长径 a 和偏心率 e 的变化，在上述两种摄动因素影响下，a 只有量级为 $10^{-4}～10^{-3}$ 的周期变化，并不重要，决定因素显然是偏心率 e 的长周期变化。GTO 碎片的轨道半长径 a 约为 24500 km，只要偏心率 e 的变化 $\Delta e\geqslant 0.004$，即使 a 不减小，近地点高度 h_p 亦会降低 100 km。而从 (5.73) 和 (5.74) 式可以看出，日、月引力摄动影响明显比地球非球形引力影响大，后者引起的长周期变化振幅为 $10^{-4}～10^{-3}$，而前者由于 a 较大引起的小分母 n_j，可使 e 的长周期变化振幅达 0.004。

既然日、月引力摄动可使 GTO 碎片轨道的近地点高度下降 100 km 而进入地球稠密大气层导致陨落,那么为什么 GTO - 2 却有不同的结果,如无大气耗散影响,即使 50 年,其近地点高度 h_p 也不会降至 100 km。这表明与初始状态有关,因 $e_l(t)$ 是长周期变化,它与慢变量 Ω 和 ω 等有关,例如 $e_l(t_0)$ 随 ω 的变化。为此,我们可以给出相应的状态曲线:$e_l(t_0) \sim \omega$,见图 5.17~5.18。

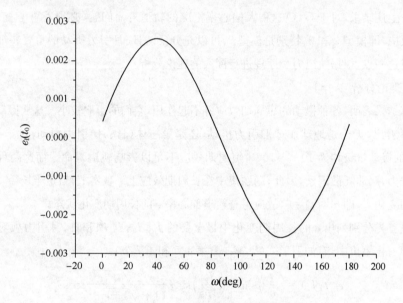

图 5.17　GTO - 1 的 $e_l(t_0) \sim \omega$ 变化曲线

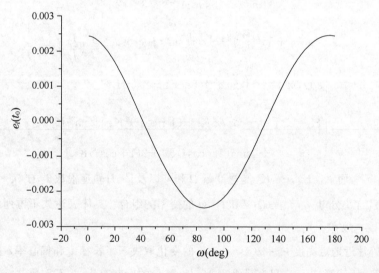

图 5.18　GTO - 2 的 $e_l(t_0) \sim \omega$ 变化曲线

从图 5.17 和图 5.18 可以看出,GTO-1 在初始 t_0 时刻,处于 $e_l(t_0) \approx 0$ 的状态,就其长周期变化而言,初值 $e_0 = e(t_0)$ 接近 e 的平均值;而对于 GTO-2,正好处于 $e_l(t_0)$ 达极大的状态,相应的初值 e_0 达到极大。那么,前者从 t_0 开始,e 随着 t 增大,且增大的幅度可接近 0.004,见表 5.7 中模型 2 反映的结果,它导致碎片的近地点高度 h_p 很快将到 100 km 以下。而后者正相反,就 e 的长周期变化而言,在初始 t_0 时刻正处于 e 的极大状态,相应的近地点高度为 200 km。那么,如果无大气耗散影响,随着 e 的变化,其近地点高度 h_p 不会降至 100 km,同样见表 5.7 中模型 2 给出的结果。在具有这种力学机制的前提下,同时考虑大气耗散效应时,对于 GTO-1,因大气耗散会使 e 减小,故 e 增大的程度要小一些,致使其轨道寿命稍有增长。而对于 GTO-2,同时考虑大气耗散影响时,轨道半长径要减小,故其近地点高度 h_p 仍旧有降低的现象,但比模型 1 不考虑日、月引力摄动时要减慢降低的速度,见表 5.7 中模型 3 的结果与模型 1 和 2 结果之间的对比。

（3）理论分析的数值验证

为了证实上述理论分析的正确性,改变上述两个 GTO 轨道的初始状态。对于 GTO-1,将 $\omega_0 = 180°$ 改为 $45°$,使其在初始时刻 t_0 时,处于 $e_l(t_0)$ 极大状态,相应的 e_0 亦处于极大值。而对于 GTO-2,则将 $\omega_0 = 180°$ 改为 $90°$,使其在 t_0 时,处于 $e_l(t_0)$ 的极小状态。那么,按上述理论分析,改造后的 GTO-1 和 GTO-2 的轨道寿命状况应与原状态相反,即 GTO-2 的寿命应很短,而 GTO-1 的寿命应很长。计算结果列于表 5.8。

表 5.8 两个改变初始状态后的 GTO 碎片的轨道演化

模型	J_{lm}	日、月	大气	碎片	t(day)	a(km)	e	h_p(km)
2	√	√	×	GTO-1	18262.5	24417.2	0.7258	321.1
				GTO-2	281.0	24499.0	0.7356	99.9
3	√	√	√	GTO-1	18262.5	19314.2	0.6570	251.5
				GTO-2	297.1	22587.7	0.7132	99.9

表中 GTO-1 在模型 2 和 3 中,分别于 $t = 12977^d.6$ 时 h_p 达到极小值 177.4 km 和 $t = 28^d.1$ 时,$h_p = 191.8$ km。无需再加说明,表 5.8 中给出的结果已清楚地体现了上一节的理论分析结果。

这一理论分析结论同样适用于分析探测号双星(TC-1 和 TC-2)的轨道演化及其轨道寿命问题,基本规律相同,这里不再占用过多的篇幅,详见文[10]。

5.6.4 高轨卫星的轨道演化特征及其寿命问题[6,10]

对于高轨卫星,第三体引力摄动效应将增强,例如 $a = 6.6a_e$（a_e 即地球赤道半径）的地球同步卫星,日、月引力影响已接近地球扁率（J_2 项）的影响,摄动量级为 $10^{-5} \sim 10^{-4}$。此时,导致卫星轨道偏心率长周期变化幅度增大的主要因素是日、月摄动作用,在该影响下,e 的变化幅度的主项含有 $\sin^2 i / \dot{\omega}$ 的因子,$\dot{\omega}$ 是包含地球非球形引力和第三体引力摄动的长期变化率,其极小值的量级约为 10^{-5},故 $e_l(t)$ 的变幅相当大,特别是对 $i=90°$ 的极轨卫星。

对轨道半长径 $a \geqslant a_c$ 的高轨卫星,其轨道偏心率的长周期变化幅度之大,可使卫星近地点高度 $h_p = r_p - a_e$ 接近零,从而与地球"相撞"(或近地点高度降到 200 km 以下,很快进入地球稠密大气层而陨落),结束轨道寿命。这里所说的 a_c 即轨道半长径的临界值,本章参考文献[6,10]给出了如下的近似判据:

$$a_c = \left[2 \left(\frac{\mu}{\mu'} \right) \left(\frac{a'}{a_e} \right)^3 J_2 \right]^{1/5} a_e \tag{5.75}$$

$$\mu = GE, \quad \mu' = GM \tag{5.76}$$

这里 GE 是地球引力常数,而 GM 是日心(或月心)引力常数,a' 则是日、月相对地心的轨道半长径。对于地球卫星,由(5.75)式给出,$a_c = 8.2a_e$。为证实这一判据,这里给出 $a_c = 8.5a_e, 7.5a_e$ 和 $6.6a_e$ 分别对应 $i=90°$ 和28°.5(或1°)的数值检验。计算初始历元 t_0 是 2006 年 12 月 21 日 10 时(UTC),相应的轨道数据列于表 5.9。计算弧段取 100 年,若近地点高度降至 200 km 时,计算中断,相应的持续时间作为轨道寿命的近似值。同样考虑地球非球形引力项 $J_{lm}(l=2-4, m=0-l)$ 和日、月引力摄动,计算结果列于表 5.10。

表 5.9 三种高轨道在历元 t_0 时刻的轨道数据

类型	a(km)	e	i(deg)	Ω(deg)	ω(deg)	M
$a=8.5a_e$	54214.200	0.001	90,28.5	230.0	180.0	0.0
$a=7.5a_e$	47836.000	0.001	90,28.5	230.0	180.0	0.0
$a=6.6a_e$	42165.000	0.001	90,1.0	230.0	180.0	0.0

表 5.10 三种高轨道卫星的轨道变化特征

类型	i_0(deg)	t(day)	a(km)	e	h_p(km)
$a=8.5a_e$	90	19385.4	54215.2	0.8787	200.0
	28.5	11383.6	54209.6	0.0034	47649.1
$a=7.5a_e$	90	24543.4	47836.2	0.8265	1921.0
	28.5	28583.9	47832.9	0.0020	41385.2
$a=6.6a_e$	90	32735.2	42139.6	0.6643	7768.9
	1.0	10145.4	42132.4	0.0015	35692.1

从表 5.10 中的数据可以看出:

(1) 当 $a>a_c$($a=8.5a_e$)或 $a \leqslant a_c$($a=7.5a_e$)时,轨道确实会被第三体引力拉扁(即轨道半长径几乎不变,而偏心率明显增大),相应的近地点高度 h_p 明显降低,继而很快会因同时存在的耗散因素使其进入地球的稠密大气层而陨落。当 a 在远离 a_c(如 $a=6.6a_e$)时,其轨道偏心率的变化幅度不会太大,从而不会使相应的近地点高度变得太低,轨道寿命相当长。

(2) 高轨卫星的轨道偏心率 e 在第三体引力摄动下,确实有较大的长周期变化。但只有 $a \geqslant a_c$ 时在不太长的时间弧段上才有可能使 h_p 降到较低的状态,制约其轨道寿命,而 $a=$

$6.6a_e$ 时,若要使 $h_p \leqslant 200$ km,由于轨道半长径变化很小,e 值必须达到 0.84 才有可能,但在 100 年内,即使 $i = 90°$,e 的极大值才达到 0.6643。表中 e 的变化幅度正如上述分析所提出的与倾角 i 有关,$i = 90°$ 的极轨受影响最明显,而小倾角的高轨卫星轨道,偏心率 e 的变化幅度确实很小,具体的变化细节不再列出。

5.6.5 引力摄动机制下卫星轨道寿命估计的关键点

关于引力摄动机制下卫星轨道寿命的估计问题,前面 4 小节的内容,是从几类典型卫星的轨道变化特征揭示相应的内在规律,从而为具体的航天任务轨道设计提供必要的理论依据,最后可以根据这些基本规律采用完整的动力学模型进行精细计算,使其达到实际应用的要求,包括跟踪与控制。

为了理清前面 4 小节的分析与计算检验,下面简要地归纳引力摄动机制下卫星轨道寿命估计的关键点。

(1) 低轨卫星轨道

首先要了解相应天体的非球形引力位中奇次带谐项的相对大小,特别是 $O(J_3/J_2)$ 的量级。其次是引力位中各奇次带谐项系数的变化状态,该信息反映天体质量分布的不均匀性程度,从而会导致低轨卫星轨道寿命对轨道倾角的依赖。

(2) 大偏心率卫星轨道

偏心率 e 的长周期变化机制是决定这类卫星轨道寿命的关键,它涉及中心天体的扁率摄动和第三体引力摄动,并直接与卫星轨道的初始状态有关,即卫星轨道偏心率 e 与 ω 和 Ω 所处的初始状态。

(3) 高轨卫星轨道

第三体引力摄动效应将增强,例如 $a = 6.6a_e$ 的地球同步卫星,日、月引力影响已接近地球扁率(J_2 项)的影响,摄动量级为 $10^{-5} \sim 10^{-4}$。此时,导致卫星轨道偏心率的长周期变化幅度明显增大,从而使得卫星轨道被日、月引力拉"扁",远地点逐渐脱离地球的引力范围而逃逸。

5.7 大气阻力摄动机制下的卫星轨道寿命估计与算法

以地球卫星为例,大气耗散效应是决定低轨卫星轨道寿命的主要因素,其表现特征是轨道半长径 a 和偏心率 e 随时间增长不断减小,即轨道不断变小变圆,最后落入稠密大气层而陨落。但由于地球大气的复杂性和地球低空(特指 $h = 100 \sim 200$ km 的高空)没有相应的气动力计算模型,无法准确地提供该空域的卫星轨道变化规律。因此,通常所指的低轨卫星轨道寿命的估计,是将其近星点高度 $h_p = a(1-e) - a_e$ 降至 200 km 为终点。

对于人造地球卫星在 200 km 以上的高空运行,该空域的大气状态属自由分子流,阻尼

效应表现为大气阻力作用,相应的阻力加速度即采用如下表达形式:

$$\vec{D} = -\frac{1}{2}\left(\frac{C_D S}{m}\right)\rho V \vec{V} \tag{5.77}$$

这在第 4 章第 4.11 节中有详细介绍。其中 C_D 是阻力系数,有 $C_D = 2.2 \pm 0.2$,S/m 是卫星的面质比(S 是对阻力而言的等效截面积),ρ 是卫星所在空间处的大气密度,$\vec{V} = \vec{v} - \vec{v}_a$ 是卫星相对大气的速度矢量,$\vec{v}$ 和 $\vec{v}_a$ 分别为卫星和大气相对地球质心的速度矢量。

在上述前提下,第 4 章已给出相应的轨道解,这里直接列出相应的轨道半长径和偏心率 a, e 的长期变率 σ_2,见(4.837)和(4.838)式:

$$a_2 = -B_1 a^2 n \Big\{ (I_0 + 2eI_1) + C(\cos 2\omega I_2) + \mu z_0^2 \left(\frac{3}{4} I_0 - I_1 + \frac{1}{4} I_2\right) \tag{5.78}$$
$$+ F^* A^* \left(\frac{e}{2} I_0 + I_1 + \frac{3}{2} e I_2\right) \Big\}$$

$$e_2 = -B_1 a n \Big\{ \left(\frac{e}{2} I_0 + I_1 + \frac{e}{2} I_2\right) + \frac{C}{2} \cos 2\omega (I_1 + I_3)$$
$$+ \mu z_0^2 \left(-\frac{1}{2} I_0 + \frac{7}{8} I_1 - \frac{1}{2} I_2 + \frac{1}{8} I_3\right) + F^* A^* \left(\frac{1}{2} I_0 + \frac{e}{2} I_1 + \frac{1}{2} I_2 + \frac{e}{2} I_3\right) \Big\}$$
$$\tag{5.79}$$

两式中的各有关量不再解释,详见第 4 章第 4.11 节。

之所以说,上述计算只是一种估计,其原因是多方面的,包括大气模型、卫星形状和姿态,以及地面测控系统提供的轨道信息误差在长弧段轨道外推过程中非线性程度的累积等。即使采用高精度的数值外推,亦无法改变这种误差累积的严重状态,因此只能通过轨道外推提供其寿命的近似信息。

关于地球低空(特指 $h = 100 \sim 200$ km 的高空),目前还无法提供轨道外推的动力学模型,对于这一空域,只有钱学森先生于 1946 年提出的按鲁森数 K_n(Knudsen number)对气体状态的划分,K_n 的定义为

$$K_n = \frac{\lambda}{L} \tag{5.80}$$

这里 λ 是气体分子平均自由程,L 是飞行器的特征尺度,相应的划分见第 4 章第 4.11.1 小节但没有相应的气动力模型,有待相应的研究工作进展。

参考文献

[1] 刘林. 人造地球卫星轨道力学. 北京:高等教育出版社,1992.

[2] 刘林. 航天器轨道理论. 北京:国防工业出版社,2000.

[3] 刘林,汤靖师. 卫星轨道理论与应用. 北京:电子工业出版社,2015.

[4] Cook G E. Perturbations of near-circular orbits by the earth's gravitational potential. Planet. Space Sci. 1966,14(3):433-444.

［5］刘林,汤靖师.大行星、月球和小天体环绕型探测器的轨道问题.航天器工程,2012,21(4):4-15.

［6］王歆,刘林.制约卫星轨道寿命的另一种机制.天文学报.2002,43(2):189-196.
WANG Xin, LIU Lin. Another Mechanism of Restricting the Lifetime of Orbiting Satellites. Chin. Astron. Astrophys. 2002,26(4):489-496.

［7］王歆,刘林.制约卫星轨道寿命的另一种机制(续).天文学报.2002,43(4):379-386.
WANG Xin, LIU Lin Another Mechanism of Restricting the Lifetime of Orbiting Satellites(continued) Chin. Astron. Astrophys. 2003,27(1):107-113.

［8］刘林,王海红.关于月球低轨卫星运动的两个问题.天文学报.2006,47(3):275-283.
LIU Lin, WANG Hai-hong. Two Problems About the Montion of Low-moon-orbit Satellites. Chin. Astron. Astrophys,2006,30(4):437-446.

［9］刘林,王歆.月球探测器轨道力学.北京:国防工业出版社,2006.

［10］刘林,汤靖师.卫星偏心率的变化特征及其对轨道寿命的影响.天文学进展.2009,27(1):58 69.

［11］Fehlberg E. Classical Fifth-, Sixth-, Seventh-and Eig-hth Order Runge-Kutta Formulas with Stepsize Contr-ol, NASA TR R-287, 1968.

第6章 /

月球和几个大行星的卫星轨道解

6.1 几个大行星和月球的引力场特征

下面将以地球、金星、火星等大行星和月球为例,具体介绍这些太阳系大天体的非球形引力位的主要特征,为构建相应的环绕型探测器的轨道分析解提供背景信息[1~4]。下面同时提出地球引力场的有关数据,是为了在构建月球和几个大行星的卫星轨道解时作为参照量,同时也可表明构造摄动分析解的具体细节以及相应轨道解特征之间重要差别的主要原因。

6.1.1 地球引力位的基本特征

地球的大小、质量和密度与金星相近,均有稠密的大气层,但自转较快,这一特征与火星相近。其基本参数如下:

$$M(\text{质量}) = 1/332\ 946.0(\text{太阳质量}),$$

$$P_s(\text{公转周期}) = 365^d.25636306, \quad T_r(\text{自转周期}) = 23^h56^m04^s.09053,$$

多年来利用地面重力资料和空间卫星资料测定的地球引力场模型有数十种之多,较有影响的如早期的史密松(Smithsonian)标准地球 SAO-SE 系列(特别是 SAO-Ⅲ),继而有哥达德地球模型(Goddard Earth Model)GEM 系列和 JGM(JointGravity Model)系列等,如 GEM-T3 和 JGM-3 两个精度较高的地球模型。近年来欧美等国家又利用多种高精度测量资料拟合,推出了一些新的引力场模型,如 GGM-03C,GGM-03S 等。为了让读者了解地球引力场模型的基本概况,下面列出较典型的三个引力场模型的主要参数值(GE, a_e 和动力学扁率因子 J_2),见表 6.1。

表 6.1　三个地球引力场模型的主要参数值

参数	JGM-3(70×70)	WGS-84(180×180)	GGM-03S(180×180)
GE	398600.4415 km³/s²	398600.4418 km³/s²	398600.44150 km³/s²
a_e	6378.1363 km	6378.1370 km	6378.13630 km
J_2	1.08262669×10⁻³	J_2=1.082636022×10⁻³	1.082635386×10⁻³

相应的地球形状扁率为 $\in\,=0.00335281$。

关于地球引力场模型,通常采用与地固坐标系相关联的 WGS - 84 模型,部分非球形引力位的球谐项系数列于表 6.2。

表 6.2　WGS - 84 部分球谐系数

l	$\overline{C}_{l,m}$	m	$\overline{S}_{l,m}$
2	$-0.48416685E-03$	0	0.0
	$0.24395796E-05$	1	$-0.55364556E-08$
	$0.85750651E-06$	2	$-0.13979548E-05$
3	$0.95706390E-06$	0	0.0
	$0.20318729E-05$	1	$0.25085759E-06$
	$0.90666113E-06$	2	$-0.62102428E-06$
	$0.71770352E-06$	3	$0.14152388E-05$
4	$0.53699587E-06$	0	0.0
	$-0.53548044E-06$	1	$-0.47420394E-06$
	$0.34797519E-06$	2	$0.65579158E-06$
	$0.99172321E-06$	3	$-0.19912491E-06$
	$-0.18686124E-06$	4	$0.30953114E-06$

若用 $\overline{J}_l(l\geqslant2)$ 代替 $\overline{C}_{l,0}$,带谐项系数的相应值有如下特征:

$$\begin{cases} \overline{J}_l=-\overline{C}_{l,0}, \\ \overline{J}_2=O(10^{-3}), \quad \overline{J}_l(l\geqslant3)\leqslant O(10^{-6}) \end{cases} \tag{6.1}$$

6.1.2　月球引力位的基本特征

月球是一颗较大的自然卫星,没有大气,自转很慢,其基本参数如下:

$$M(质量)=0.01230002(地球质量),$$

$$P_s(公转周期)=27^d.32166155, \quad T_r(自转周期)=27^d.32166155$$

由于月球自转较慢,其非球形引力位较接近球形引力位,动力学扁率系数 J_2 不仅较小,而且其大小与"高"阶谐系数(包括田谐系数)差别不大,更重要的是由于自转慢,将导致非球形引力位中的田谐项对卫星轨道的影响特征有别于地球卫星。因此,就非球形引力位而言,月球低轨卫星的轨道解将有别于地球低轨卫星轨道解的表达形式。为了分析问题,这里引用美国 LP75G 模型:$GM=4902.800269(km^3/s^2)$,$a_e=1738.0(km)$,部分球谐项系数列于表 6.3。

表 6.3 　LP75G 部分谐项系数

l	$\overline{C}_{l,m}$	m	$\overline{S}_{l,m}$
2	$-0.909759705421E-04$	0	0.0
	$-0.278742486316E-07$	1	$0.134650039410E-07$
	$0.346938467558E-04$	2	$0.387455709879E-08$
3	$-0.318354210680E-05$	0	0.0
	$0.264055021943E-04$	1	$0.543379807817E-05$
	$0.142548648260E-04$	2	$0.487321014419E-05$
	$0.123166082546E-04$	3	$-0.176222161812E-05$
4	$0.317891147722E-05$	0	0.0
	$-0.595795392676E-05$	1	$0.158041640821E-05$
	$-0.712685429394E-05$	2	$-0.670375016705E-05$
	$-0.142615915284E-05$	3	$-0.134130695501E-04$
	$-0.605805350181E-05$	4	$0.393236088696E-05$

若用 $\overline{J}_l\,(l\geqslant 2)$ 代替 $\overline{C}_{l,0}$，带谐项系数的相应值分别如下：

$$\begin{cases} \overline{J}_l=-\overline{C}_{l,0}, & \overline{J}_2=O(10^{-4}), \\ \overline{J}_3=-3.20\times 10^{-5}, & \overline{J}_4=-3.2\times 10^{-5}, \quad \overline{J}_5=2.6\times 10^{-7}, \quad \overline{J}_6=-3.9\times 10^{-6}, \cdots \end{cases}$$

$$(6.2)$$

相应的通过对轨道偏心率的影响而制约低轨卫星轨道寿命的参数为

$$\left|\frac{\overline{J}_{2l-1}}{\overline{J}_2}\right|=O(10^{-1}\sim 10^{-2}),\, l\geqslant 2 \qquad (6.3)$$

它会导致低轨环月卫星的轨道偏心率 e 出现变幅可达 $0.05\sim 0.10$ 的长周期变化，将明显地影响其低轨探测器的轨道寿命，有关细节已在前面第 5 章的第 5.6 节中论述过。

6.1.3　火星引力位的基本特征

火星是与地球类似的一颗行星，其基本参数如下：

$$M(质量)=1/3098710(太阳质量)，$$

$$P_s(公转周期)=687^d.0(地球日)，\quad T_r(自转周期)=24^h37^m.3777，$$

关于火星引力场模型，这里引用美国 Goddard 模型 GGM-1041C：

$$GM=42828.370245291269(km^3/s^2)，a_e=3397.0(km)，$$

部分球谐项系数列于表 6.4。

表 6.4　GGM－1041C 部分谐项系数

l	$\overline{C}_{l,m}$	m	$\overline{S}_{l,m}$
2	$-0.874504613\mathrm{E}-03$	0	0.0
	$3.436153047\mathrm{E}-10$	1	$-2.681273014\mathrm{E}-10$
	$-8.458586426\mathrm{E}-05$	2	$4.890547215\mathrm{E}-05$
3	$-1.188948864\mathrm{E}-05$	0	0.0
	$3.905344232\mathrm{E}-06$	1	$2.513932404\mathrm{E}-05$
	$-1.593364126\mathrm{E}-05$	2	$8.354053132\mathrm{E}-06$
	$3.502347743\mathrm{E}-05$	3	$2.555144464\mathrm{E}-05$
4	$5.122708208\mathrm{E}-06$	0	0.0
	$4.211255659\mathrm{E}-06$	1	$3.758812342\mathrm{E}-06$
	$-9.510694650\mathrm{E}-07$	2	$-8.970113183\mathrm{E}-06$
	$6.448970685\mathrm{E}-06$	3	$-1.926969674\mathrm{E}-07$
	$3.095500461\mathrm{E}-07$	4	$-1.285791357\mathrm{E}-05$

火星引力场与地球有些类似,如动力学扁率 J_2 项的大小,但也有一些明显差别,如赤道椭率、南北不对称的程度等。若用 $\overline{J}_l(l{\geqslant}2)$ 代替 $\overline{C}_{l,0}$,相应的系数值如下:

$$\begin{cases} \overline{J}_l = -\overline{C}_{l,0} \\ \overline{J}_2 = 10^{-3}, \quad \overline{J}_l(l{\geqslant}3) = O(10^{-5}{\sim}10^{-6}) \end{cases} \tag{6.4}$$

与月球引力场模型有类似之处,即通过对轨道偏心率的影响而制约低轨卫星轨道寿命的参数亦较地球的相应值大,有

$$\left| \frac{\overline{J}_{2l-1}}{\overline{J}_2} \right| {\geqslant} O(10^{-2}), \quad l{\geqslant}2 \tag{6.5}$$

它会导致低轨环火卫星的轨道偏心率 e 出现 $0.02{\sim}0.03$ 的长周期变幅,同样会影响其轨道寿命,有关细节也已在前面第 5 章的第 5.6 节中论述过。

6.1.4　金星引力位的基本特征

金星是离地球最近的一颗行星,它的大小、质量和密度与地球相近,亦有稠密的大气层,但自转很慢,其基本参数如下:

$M(\text{质量}) = 1/408\ 523.5(\text{太阳质量})$

P_s(公转周期)$=224^{\rm d}.7$(地球日)，T_r(自转周期)$=243^{\rm d}.0$

由于自转慢，其动力学扁率系数 $J_2=O(10^{-6})$，比月球的值还小近 2 个量级。关于金星引力场模型，引用美国给出的较新的 70×70 阶模型 MGNP180U：$GM=324858.592079$（$\rm km^3/s^2$），$a_e=6051.0000$（km），部分球谐项系数列于表 6.5。

表 6.5　MGNP180U 部分谐系数

l	$\overline{C}_{l,m}$	m	$\overline{S}_{l,m}$
2	$-1.969723357760{\rm E}-06$	0	0.0
	$2.680268978050{\rm E}-08$	1	$1.324780256340{\rm E}-08$
	$8.577798458090e-07$	2	$-9.553616380010{\rm E}-08$
3	$7.968246371910{\rm E}-07$	0	0.0
	$2.348303842190{\rm E}-06$	1	$5.416288391000{\rm E}-07$
	$-8.535261871400{\rm E}-09$	2	$8.090612890690{\rm E}-07$
	$-1.880193062980{\rm E}-07$	3	$2.134850148720{\rm E}-07$
4	$7.158087500450{\rm E}-07$	0	0.0
	$-4.574232817400{\rm E}-07$	1	$4.916077249600{\rm E}-07$
	$1.263211981230{\rm E}-07$	2	$4.835736762340{\rm E}-07$
	$-1.746619213280{\rm E}-07$	3	$-1.164975842530{\rm E}-07$
	$1.725128369010{\rm E}-07$	4	$1.376611668820{\rm E}-06$

若用 $J_l(l\geqslant2)$ 代替 $\overline{C}_{l,0}$，带谐项系数的相应值分别如下：

$$\begin{cases} \overline{J}_l=-\overline{C}_{l,0}, \\ \overline{J}_2=O(10^{-6}), \quad \overline{J}_l(l\geqslant3)=O(10^{-6}\sim10^{-7}) \end{cases} \tag{6.6}$$

由于金星自转很慢，不仅力学扁率系数 J_2 较小，而且其值与"高"阶谐系数（包括田谐系数）并无明显差别。因此，就非球形引力而言，对低轨探测器轨道的摄动影响将明显有别于地球状况，相应的卫星轨道摄动解的构造方法亦将有明显差别。

根据上述各大天体非球形引力位的特征，下面几节将分别对月球、火星和金星，介绍构造各自环绕型探测器轨道摄动分析解的主要环节，并给出摄动解的具体表达式。

6.2 月球卫星受摄运动的轨道解

尽管月球卫星轨道摄动分析解在高精度要求下,具体表达形式较复杂,不便于应用。但是,有些工作必须依赖分析解,如涉及轨道变化规律的有关工作,包括轨道设计和某些轨道预报、控制等有关工作。因此,在给出高精度数值外推所需要的数学模型外,有必要提供达到一定精度要求的摄动分析解(具体表达式)。

关于月球卫星,为了更好地对月球进行探测,显然采用的是低轨飞行状态。因此,与地球低轨卫星的受摄运动类似,月球非球形引力是主要摄动源。根据前面第 6.1.2 小节介绍的月球引力位的基本特征,可以了解到各谐系数的量级如下:

$$C_{2,0}=O(10^{-4}), \quad C_{2,2}, S_{2,2}=O(10^{-5}), \quad C_{l,m}, S_{l,m}(l\geqslant 3)=O(10^{-6}\sim 10^{-5}) \quad (6.7)$$

那么,考虑到月球是一个慢自转天体,由此产生的长周期摄动项的降价特征,在构造卫星轨道变化的小参数幂级数解中,并不像处理地球卫星轨道摄动解那样,选择月球扁率系数 $O(10^{-4})$ 作为小参数的量级,而是选择 10^{-2} 作为小参数量级。即

$$\varepsilon=O(10^{-2}) \quad (6.8)$$

相应地有

$$C_{2,0}=O(\varepsilon^2), \quad C_{2,2}, S_{2,2}=O(\varepsilon^3), \quad C_{l,m}, S_{l,m}(l\geqslant 3)=O(\varepsilon^3) \quad (6.9)$$

这完全是为了轨道摄动解表达形式的需要,实际取项是根据问题对精度的需求而定,因此,不必拘泥于上述对摄动阶的划分。

为了便于问题的分析和计算方便,在构造轨道解中亦仿照人造地球卫星轨道解建立的处理方式,选择如下长度单位 $[L]$,质量单位 $[M]$ 和时间单位 $[T]$,建立无量纲计算单位系统:

$$\begin{cases} [L]=a_e=1738.0 \text{ km(月球参考椭球体的赤道半径)} \\ [M]=M(月球质量) \\ [T]=(a_e^3/GM)^{1/2}\approx 17^{\text{m}}.2465 \end{cases} \quad (6.10)$$

相应的月心引力常数 $\mu=GM=1$,赤道半径 $a_e=1$。

6.2.1 坐标系的选取

由于非球形引力仍然是月球低轨卫星的主要摄动源,那么与处理地球卫星轨道解的考虑一致,选择历元(J2000.0)月心平赤道坐标系,以下就简称月心平赤道坐标系。坐标原点 O 取在月球质心上,该质心应与所选择的月球引力场模型自洽,基本坐标面(即 xy 平面)是月球平赤道面。同样,由于月球物理天平动(赤道面在空间的摆动),在所选择的月心平赤道坐标系中亦存在坐标系附加摄动。有关各坐标系之间的差别及其引起的相关问题,已在前面第 1 章第 1.4 节中作过介绍,在构造卫星轨道解中将会作相应的处理。

6.2.2　月球卫星受摄运动的数学模型

月球卫星环月飞行期间是一变化椭圆轨道,与地球卫星类似,在上述所选择的坐标系中,对应一个常微初值问题:

$$\begin{cases} \ddot{\vec{r}} = \vec{F}_0(\vec{r}) + \vec{F}_\varepsilon(\vec{r}, \dot{\vec{r}}, t; \varepsilon) \\ t_0 : \vec{r}(t_0) = \vec{r}_0, \ \dot{\vec{r}}(t_0) = \dot{\vec{r}}_0 \end{cases} \tag{6.11}$$

或用椭圆轨道根数来描述,即

$$\begin{cases} \dot{\sigma} = f(\sigma, t; \varepsilon) \\ t_0 : \sigma(t_0) = \sigma_0 \end{cases} \tag{6.12}$$

方程(6.11)中的$\dot{\vec{r}}$,$\vec{r}$和$\ddot{\vec{r}}$各为卫星在月心赤道坐标系中的位置矢量、速度矢量和加速度矢量,而方程(6.12)中的σ即常用的六个椭圆轨道根数a,e,i,Ω,ω,M。右函数$\vec{F}_0(\vec{r})$和$\vec{F}_\varepsilon(\vec{r},\dot{\vec{r}},t;\varepsilon)$分别为月球中心引力加速度和卫星运动所承受的各种摄动加速度,有

$$\vec{F}_0 = -\frac{\mu}{r^3}\vec{r} \tag{6.13}$$

$$\vec{F}_\varepsilon = \sum_{j=1}^{N} \vec{F}_j(\vec{r}, \dot{\vec{r}}, t; \varepsilon^j) \tag{6.14}$$

$\vec{F}_\varepsilon$求和中$j=1,2,\cdots,N$即对应各种摄动源,而方程(6.12)中的右函数$f(\sigma,t;\varepsilon)$即由摄动加速度$\vec{F}_\varepsilon$构成。

为了进行月球卫星在环月运行过程中的受力分析,建立相应的数学模型,这里以月球低轨卫星为例,其主要参数为

$$h(平均高度)=100\sim200\ \text{km}, \quad e=0.001(近圆轨道)$$

在上述月心平赤道坐标系中,相应的摄动加速度$\vec{F}_\varepsilon(\vec{r},\dot{\vec{r}},t;\varepsilon)$,一般而言可涉及下列10种已了解的摄动源:

(1) 月球非球形引力摄动$(J_2; C_{2,2}, S_{2,2}; C_{lm}, S_{lm}, l \geqslant 3)\vec{F}_1(C_{lm}, S_{lm})$

(2) 月球物理天平动$(\sigma, \rho, \tau)\vec{F}_2(\sigma, \rho, \tau)$

(3) 地球引力摄动$(m_1')\vec{F}_3(m_1')$

(4) 太阳引力摄动$(m_2')\vec{F}_4(m_2')$

(5) 月球固体潮摄动$(k_2 m_1')\vec{F}_5(k_2 m_1')$

(6) 太阳光压摄动$\vec{F}_6(\rho_s)$

(7) 月球扁率间接摄动$\vec{F}_7(m_e J_2)$

(8) 地球扁率摄动$\vec{F}_8(J_2' m_1')$

(9) 其他大行星(金星,木星等)引力摄动$\vec{F}_9(m_p)$

（10）月球引力后牛顿效应 $\vec{F}_{10}(GMv^2/c^2)$

对于低轨月球卫星（$\bar{h}=100\sim200$ km），上述各摄动源对应的摄动量级 $\varepsilon_j=|\vec{F}_j|/|\vec{F}_0|$，（$j=1,\cdots,10$）分别为

$$\varepsilon_1(J_2)=O(10^{-4}),\quad \varepsilon_1(C_{2,2},S_{2,2})=O(10^{-5}),\quad \varepsilon_1(C_{lm},S_{lm},l\geqslant3)=O(10^{-6}\sim10^{-5}),$$

$$\varepsilon_2=O(10^{-7}),$$

$$\varepsilon_3=O(10^{-5})$$

$$\varepsilon_4=O(10^{-7}),$$

$$\varepsilon_5=O(10^{-7}),$$

$$\varepsilon_6=O(10^{-9}),$$

$$\varepsilon_7=O(10^{-11}),\quad \varepsilon_8=O(10^{-12}),\quad \varepsilon_9=O(10^{-12})\quad \varepsilon_{10}=O(10^{-11})。$$

(6.15)

在光压摄动量级分析中，采用的卫星面质比 $(S/M)=10^8$，这相当于地球卫星的面质比为 10^9，即 $0.01(\mathrm{m^2/kg})$。

根据以上对各种摄动源的量级分析可知：

（1）对于一般的轨道分析，只要考虑月球非球形引力和地球引力摄动即可，这两类摄动因素的影响可体现卫星轨道变化的主要特征。

（2）对于外推 1 天甚至 2 天（低轨卫星运动弧段 $S\sim10^2$）。要求位置精度优于 1 km 的轨道，也只需考虑上述两种摄动因素。

（3）对于高精度（地面站采样数据的距离量和角度量的精度，$\Delta\rho$ 优于 10 m，$\Delta\theta$ 优于 $0''.02$）的定轨问题，$1\sim2$ 天的弧段，至少应考虑前 5 种摄动源（其中也有处于是否考虑边缘状态的，如月球固体潮摄动），才能充分利用测量数据高精度的资源。

基于上述分析和模拟计算证实，在高精度问题中，尽管数值解可以考虑多种摄动源，不会引起任何困难，但也只有考虑前 6 种摄动源具有实际意义；而对于分析法而言，考虑到摄动解构造的具体背景和实际精度需求（外推 $1\sim2$ 天的弧段，精度 100 m 级），只要考虑前 5 种摄动源，而其中月球固体潮摄动实际上亦可忽略。

考虑上述前 5 种摄动源，在月心平赤道坐标系中，卫星的受摄运动方程为

$$\ddot{\vec{r}}=\vec{F}_0(\vec{r})+\sum_{j=1}^{5}\vec{F}_j(\vec{r},t;\varepsilon_j)$$

(6.16)

摄动加速度 $\vec{F}_j$，在无量纲计算单位（6.10）系统中，按上述摄动源的排列顺序有如下形式：

$$\begin{cases}\vec{F}_1=\mathrm{grad}\Delta V(C_{lm},S_{lm})\\\Delta V(C_{lm},S_{lm})=\Delta V_{2,0}(J_2)+\Delta V_{2,2}(C_{2,2})+\Delta V_{lm}(C_{lm},S_{lm})\end{cases}$$

(6.17)

$$\Delta V_{2,0}(J_2)=-\frac{J_2}{r^3}P_2(\sin\varphi)$$

(6.18)

$$\Delta V_{2,2}(C_{2,2})=\frac{C_{2,2}}{r^3}P_{2,2}(\sin\varphi)\cos2\lambda$$

(6.19)

$$\Delta V_{lm} = \sum_{l \geqslant 3} \sum_{m=0}^{l} \frac{1}{r^{l+1}} P_{lm}(\sin\varphi) \left[C_{lm}\cos m\lambda + S_{lm}\sin m\lambda \right] \tag{6.20}$$

$$\vec{F}_2 = \mathrm{grad}\Delta V_2(\theta J_2) \tag{6.21}$$

$$\begin{cases} \vec{F}_3 = \mathrm{grad} R_e(\mu_1) \\ R_e(\mu_1) = \left(\dfrac{\mu_1}{r_1^{\,3}}\right) r^2 \left[P_2(\cos\psi_1) + \left(\dfrac{r}{r_1}\right) P_3(\cos\psi_1) \right] \end{cases} \tag{6.22}$$

$$\begin{cases} \vec{F}_4 = \mathrm{grad} R_s(\mu_2) \\ R_s(\mu_2) = \left(\dfrac{\mu_2}{r_1^{\,3}}\right) r^2 P_2(\cos\psi_2) \end{cases} \tag{6.23}$$

$$\begin{cases} \vec{F}_5 = \mathrm{grad}\Delta V_2(\mu_1 k_2) \\ \Delta V_2(\mu_1 k_2) = \left(\dfrac{\mu_1}{r_1^{\,3}}\right) \dfrac{k_2}{r^3} P_2(\cos\psi_1) \end{cases} \tag{6.24}$$

这里是为了构造摄动分析解的需要,上述月球非球形引力摄动部分(6.18)~(6.20)式的表达,采用了非球形引力位的非归一化形式,$\vec{F}_2$ 中出现的 θ 是月球物理天平动参数,见前面第 1 章第 1.4.3 小节的有关内容,其具体形式将在后面的相关部分中给出,$\vec{F}_3$ 和 $\vec{F}_4$ 是地球引力和太阳引力摄动部分,r_1 和 r_2 各为地球和太阳的月心距离,相应地有

$$\mu_1 = \frac{GE}{GM}, \quad \mu_2 = \frac{GS}{GM} \tag{6.25}$$

$$\cos\psi_1 = \left(\frac{\vec{r}}{r}\right) \cdot \left(\frac{\vec{r_1}}{r_1}\right), \quad \cos\psi_2 = \left(\frac{\vec{r}}{r}\right) \cdot \left(\frac{\vec{r_2}}{r_2}\right) \tag{6.26}$$

$\vec{F}_5$ 是月球固体潮摄动部分,$k_2 = 0.029966$ 是二阶 Love 数。

上述 5 种摄动因素对应的是所有摄动量级 ε 不小于 10^{-7} 的摄动源,(6.17)~(6.24)式中的梯度函数 $\Delta V(C_{lm}, S_{lm})$,$\Delta V_2(\theta J_2)$,$R_e(\mu_1)$,$R_s(\mu_2)$,$\Delta V_2(\mu_1 k_2)$,即摄动位,通常称为摄动函数。

6.2.3　高精度轨道外推采用的数值解

若记轨道状态量为 X,则外推问题即对应下述常微分方程初值问题:

$$\begin{cases} \dot{X} = F(t, X; \varepsilon_j) \\ X_0 = X(t_0) \end{cases} \tag{6.27}$$

其中右函数 F 包含月球中心引力加速度 $\vec{F}_0$ 和摄动加速度 $\vec{F}_j$,$\vec{F}_j$ 对应的具体内容和形式在上一小节中已阐明,关于 $\vec{F}_j$ 的第 2 类摄动项,月球物理天平动引起的坐标系附加摄动部分,与地球卫星轨道外推计算类似,在数值解中是以坐标转换的形式(具体转换过程见第 1 章的 1.4.3 小节),融入相应部分的右函数计算中解决,无需像分析解那样从摄动源中分离出。

若轨道状态量 X 采用卫星的位置矢量 $\vec{r}$ 和速度矢量 $\dot{\vec{r}}$,在选取的月心平赤道坐标系中,

卫星的位置矢量 $\vec{r}$ 满足下列常微初值问题:

$$\begin{cases} \ddot{\vec{r}} = \vec{F}_0 + \vec{F}_\varepsilon \\ t_0 : \vec{r}(t_0) = \vec{r}_0, \quad \dot{\vec{r}}(t_0) = \dot{\vec{r}}_0 \end{cases} \tag{6.28}$$

其中 $\vec{F}_0$ 是月球中心引力加速度, $\vec{F}_\varepsilon$ 是摄动加速度,有

$$\begin{cases} \vec{F}_0 = -\dfrac{GM}{r^3}\vec{r}, \\ \vec{F}_\varepsilon = \vec{F}_1 + \vec{F}_3 + \vec{F}_4 + \vec{F}_5 \end{cases} \tag{6.29}$$

在所选择的计算单位系统中(见(6.10)式), $GM=1$,而摄动加速度 $\vec{F}_j(j=1,3,4,5)$ 依次对应月球非球形引力、地球引力、太阳引力和地球引力引起的月球固体潮摄动。

与处理地球卫星轨道类似,采用轨道根数 σ 作为基本变量 X ,在一定前提下会更有利,相应的常微初值问题如下:

$$\begin{cases} \dfrac{\mathrm{d}\sigma}{\mathrm{d}t} = f(t,\sigma,\varepsilon) \\ \sigma(t_0) = \sigma_0 \end{cases} \tag{6.30}$$

关于轨道根数 σ 的选取,通常有两种选择:Kepler 根数和适用任意偏心率($0 \leqslant e < 1.0$)的第一类无奇点根数,这在后面第 8 章关于数值解法在轨道力学中的应用一节(第 8.4 节)中有相应的阐述。

6.2.4 月球卫星轨道的摄动分析解

在月心平赤道坐标系中,考虑上述前 5 种摄动源,相应的受摄运动方程有如下形式:

$$\begin{cases} \dot{\sigma} = f_0(a) + f_2(\sigma;\varepsilon^2) + f_3(\sigma,t;\varepsilon^3) \\ \varepsilon = O(10^{-2}) \end{cases} \tag{6.31}$$

这 5 种摄动源均为引力摄动。前面已有说明,小参数的选择完全是为了轨道摄动解表达形式的需要,不必拘泥于摄动阶的划分。那么,构造相应摄动分析解的方法和表达形式,与地球卫星的结果没有实质性差别。只要注意三点即可仿照对地球卫星的相应处理方法,获得所需要的具体结果,这三点内容简单表述如下:

(1) 关于小参数 $\varepsilon = O(10^{-2})$ 或 $\varepsilon = O(10^{-3})$ 的具体量级并不重要,在构造月球卫星轨道摄动解的过程中,同样可以将受摄运动方程(6.31)中 ε^2 对应的 J_2 理解为一阶量, ε^3 对应的 $J_{2,2}$ 理解为二阶量,其他各项亦理解为二阶小量,只要在引用其摄动解取项时考虑相应项的具体量级即可。

(2) 由于月球是慢自转天体,相应的自转量是慢变量,对其非球形引力位中的田谐项($J_{l,m}, m \geqslant 1$)处理不同于地球卫星。

(3) 月球赤道面摆动的特征不同于地球,相应的坐标系附加摄动亦需要采用不同的处理方法。

除上述三点外,具体构造月球卫星轨道摄动分析解的相关内容不再重复。

6.2.4.1 Kepler 根数 (a,e,i,Ω,ω,M) 解的表达形式[1,2]

根据前面对摄动因素的分析,考虑低轨卫星,J_2 项摄动量级为 10^{-4},其他需要考虑摄动的具体大小均为 $10^{-6} \sim 10^{-7}$ 的量级,取 $\varepsilon = 10^{-2}$ 为相应的小参数。若定轨或预报涉及 $1 \sim 2$ 天的弧段($S = 10^2$),精度要求为 10^{-5},相当于位置精度优于 100 m,那么相应的摄动解需要保留到二阶周期项,三阶长期项,这种形式上的处理已在前面有过说明。为此,将前面考虑的 5 种摄动加速度 $\vec{F}_\varepsilon$ 代入受摄运动方程即可给出相应的小参数方程,形式如下:

$$
\begin{aligned}
\frac{\mathrm{d}\sigma}{\mathrm{d}t} &= f(\sigma,t,\varepsilon) \\
&= f_0(a) + f_2(J_2) + f_2(C_{2,2}) + f_2(\mu_1 P_2(\cos\psi_1)) \\
&\quad + f_3(C_{l,0};l \geqslant 3) + f_3(C_{l,m},S_{lm};l \geqslant 3) \\
&\quad + f_4(\mu_2 P_2(\cos\psi_2)) + f_4(\mu_1 k_2) + f_4(\theta J_2)
\end{aligned}
\tag{6.32}
$$

其中 $f_0(a) = n = a^{-3/2}$,只有平近点角 M 对应的 $\mathrm{d}M/\mathrm{d}t$ 方程右端有这一项,式中出现的各辅助量 μ_1 等均在前面 6.2.2 小节中出现过。如果精度要求低一个量级(即 10^{-4}),相当于位置精度优于 1 km 的要求,那么上述可导致四阶长期项出现的 f_4 的所有部分可全部略去。

采用拟平均根数法,即参考解取同时包含长期变化项和长周期变化项的拟平均根数,从而消除长周期项中小分母引起的困难。相应的拟平均根数的定义如下:

$$
\bar{\sigma}(t) = \bar{\sigma}^{(0)}(t) + (\sigma_{1c} + \sigma_{2c} + \cdots)(t-t_0) + \Delta\sigma_l^{(1)}(t) + \Delta\sigma_l^{(2)}(t) + \cdots
\tag{6.33}
$$

$$
\bar{\sigma}^{(0)}(t) = \bar{\sigma}(t_0) + \delta\bar{n}_0(t-t_0)
\tag{6.34}
$$

$$
\bar{\sigma}(t_0) = \sigma(t_0) - [\sigma_s^{(1)}(t_0) + \sigma_s^{(2)}(t_0) + \cdots]
\tag{6.35}
$$

$$
\delta = (0 \quad 0 \quad 0 \quad 0 \quad 0 \quad 1)^{\mathrm{T}}
\tag{6.36}
$$

$$
n_0 = a_0^{-3/2}
\tag{6.37}
$$

其中 $\sigma_{1c},\sigma_{2c},\cdots$ 分别为一阶、二阶、$\cdots$长期项系数(即变率),$\Delta\sigma_l^{(1)}(t),\Delta\sigma_l^{(2)}(t),\cdots$ 分别对应一阶、二阶、$\cdots$长周期变化项,即

$$
\Delta\sigma_l^{(1)} = \sigma_l^{(1)}(t) - \sigma_l^{(1)}(t_0), \quad \Delta\sigma_l^{(2)} = \sigma_l^{(2)}(t) - \sigma_l^{(2)}(t_0)
\tag{6.38}
$$

$\sigma_s^{(1)}(t),\sigma_s^{(2)}(t),\cdots$ 分别为一阶、二阶、$\cdots$短周期项。

对于上述问题,在受摄运动方程(6.32)的小参数幂级数解中,有

$$
\sigma_1 = 0, \quad \sigma_s^{(1)}(t) = 0
\tag{6.39}
$$

相应的摄动分析解的形式为

$$
\sigma(t) = \bar{\sigma}(t) + \sigma_s^{(2)}(t)
\tag{6.40}
$$

根据对各摄动源的量级分析和计算验证可知:对于外推 1 至 2 天(低轨卫星运动弧段 $S \sim 10^2$),要求位置精度 100 m 的量级,只需考虑五类摄动因素引起的变化:月球非球形引力摄动(包括 J_2 项摄动、$J_l(J_l = -C_{l0},l \geqslant 3)$ 项摄动和 $C_{lm},S_{lm}(m \neq 0)$ 项摄动),坐标系附加摄动,地、日引力摄动,月球固体潮摄动。

关于太阳引力摄动,严格而言,那就必须在日心黄道坐标系中构造月球的轨道分析解,

但由于太阳离地、月较远,可以将地球的日心黄道坐标当作月球的日心黄道坐标,其误差为 2.5×10^{-3} (即从地球和月球看太阳的视差),这在上述精度要求前提下是允许的,注意,对低轨月球卫星,太阳引力摄动量级仅为 10^{-7}。与此类似的问题是:尽管在月心赤道坐标系中,考虑地球引力摄动时,可以提供所需的地球轨道分析解(由地心坐标系中的月球轨道分析解转换而来),但前面提到的由于月球在绕地球运行过程中,太阳摄动特别大,导致其轨道摄动变化最大的周期项振幅可达 2.0×10^{-2},因此从分析解的角度来看,地球引力摄动量级也只能保证到 10^{-7} 的程度,否则月球轨道变化的复杂性会给环月卫星轨道分析解的构造带来巨大麻烦,这同样是制约构造环月卫星轨道纯粹分析解精度的又一个重要因素。因此,关于低轨环月卫星轨道分析解的构造问题,也只能考虑上述五类摄动因素,而且在地、日引力摄动中,相应的地、日轨道只能作简化处理。在此前提下,环月卫星轨道分析解的外推精度,就是上面提到的外推 1 至 2 天(低轨卫星运动弧段 $S \sim 10^2$),位置精度为 100 m 的量级。

摄动分析解公式如下:

$$\begin{cases} \sigma(t) = \bar{\sigma}(t_0) + (\delta \bar{n}_0 + \sigma_{2c} + \sigma_{3c} + \sigma_{4c})(t - t_0) + \Delta \sigma_l^{(1)}(t) + \sigma_s^{(2)}(t) \\ \bar{\sigma}(t_0) = \sigma_0 - \sigma_s^{(2)}(t_0) \end{cases} \tag{6.41}$$

各摄动项的内容如下:

$$\begin{cases} \sigma_{2c} = \sigma_{2c}(J_2) \\ \sigma_{3c} = \sigma_{3c}(J_l, l(2) \geqslant 4) + \sigma_{3c}(\mu_1) \\ \sigma_{4c} = \sigma_{4c}(J_2^2) + \sigma_{4c}(\mu_2) \end{cases} \tag{6.42}$$

$$\Delta \sigma_l^{(1)}(t) = \Delta \sigma_l(t; J_{l \geqslant 3}; C_{bn}, S_{bn}(l \geqslant 2); \mu_1; \mu_2; \mu_1 k_2; \theta J_2) \tag{6.43}$$

$$\begin{cases} a_s^{(2)}(t) = a_s^{(2)}(t; J_2; J_{l \geqslant 3}; C_{bn}, S_{bn}(l \geqslant 2); \mu_1; \mu_2; \mu_1 k_2; J_2 \theta) \\ \sigma_s^{(2)}(t) = \sigma_s^{(2)}(t; J_2; C_{2,2}, S_{2,2}), \text{对} \ e, i, \Omega, \omega, M \end{cases} \tag{6.44}$$

其中 $\sigma_{4c}(J_2^2)$ 部分,即 J_2^2 项引起的长期摄动效应,实质上为摄动量级 ε 接近 10^{-8} 的摄动效应,在本项目精度要求前提下可不考虑,若要计算亦可作相应的简化处理。而长周期摄动效应 $\Delta \sigma_l^{(2)}(t, J_2)$ 的摄动量级 ε 与 $\sigma_{4c}(J_2^2)$ 相当,但带谐摄动中的长周期摄动效应只有近月点幅角 ω 项,必然伴有偏心率 e 因子,故其可不考虑。

由于 $\sigma_{1c} = 0$,故计算 σ_{2c}、σ_{3c}、σ_{4c} 和 $\Delta \sigma_l^{(1)}(t)$、$\Delta \sigma_l^{(2)}(t)$ 时,需要用到的 $\bar{\sigma}(t)$ 均可用 $\bar{\sigma}_0 = \bar{\sigma}(t_0)$。另外,在外推弧段不长的情况下,长周期变化 $\Delta \sigma_l^{(1)}(t)$、$\Delta \sigma_l^{(2)}(t)$ 亦可按 $\sigma_{2c}(m_e)$,$\sigma_{3c}(J_l; C_{bn}, S_{bn})$、$\sigma_{4c}(\mu_2, J_2^2)$ 计算。为了表明轨道变化的清晰规律,下面将按变化的不同性质表达,即分为长期变化 $\sigma_c(t - t_0)$,长周期变化项 $\Delta \sigma(t)$ 和短周期项 $\sigma_s(t)$ 形式书写如下:

$$\begin{cases} a(t) = \bar{a}_0 + a_s(t) \\ e(t) = \bar{e}_0 + \Delta e_l(t) + e_s(t) \\ i(t) = \bar{i}_0 + \Delta i_l(t) + i_s(t) \\ \Omega(t) = \bar{\Omega}_0 + \Omega_c(t - t_0) + \Delta \Omega_l(t) + \Omega_s(t) \\ \omega(t) = \bar{\omega}_0 + \omega_c(t - t_0) + \Delta \omega_l(t) + \omega_s(t) \\ M(t) = \bar{M}_0 + (\bar{n}_0 + M_c)(t - t_0) + \Delta M_l(t) + M_s(t) \end{cases} \tag{6.45}$$

其中 $\sigma_c(t-t_0)$，$\Delta\sigma(t)$ 和 $\sigma_s(t)$ 涉及的具体摄动源已由上述 (6.42)~(6.44) 式清楚地反映出。

$\bar{n}_0 = \bar{a}_0^{-\frac{3}{2}}$，这里的 $\bar{a}_0$ 由下式表达：

$$\bar{a}_0 = a_0 - a_s^{(2)}(t_0 ; J_2 ; J_{l\geqslant 3} ; C_{lm} , S_{lm}(l\geqslant 2) ; m_e) \tag{6.46}$$

上述各摄动项的具体表达式如下：

(1) σ_c

长期项中有 $\sigma_{1c}=0$ 和 $a_{2c}=0$，$e_{2c}=0$，$i_{2c}=0$，$a_{3c}=0$，$e_{3c}=0$，$i_{3c}=0$，$a_{4c}=0$，$e_{4c}=0$，$i_{4c}=0$，存在长期项的具体表达式如下：

$$\Omega_{2c} = -\frac{3J_2}{2p^2} n\cos i \tag{6.47}$$

$$\omega_{2c} = \frac{3J_2}{2p^2} n\left(2 - \frac{5}{2}\sin^2 i\right) \tag{6.48}$$

$$M_{2c} = \frac{3J_2}{2p^2} n\sqrt{1-e^2}\left(1 - \frac{3}{2}\sin^2 i\right) \tag{6.49}$$

$$\Omega_{3c}(J_l) = -n\cos i \sum_{l(2)\geqslant 4}\left(\frac{J_l}{p_0^l}\right) F_2(i) K_1(e) \tag{6.50}$$

$$
\begin{aligned}
\omega_{3c}(J_l) = {}& -\cos i\,\Omega_{3c} \\
& -n\sum_{l(2)\geqslant 4}\left(\frac{J_l}{p_0^l}\right) F_1(i)\left[(2l-1)K_1(e) + (1-e^2)K_2(e)\right]
\end{aligned}
\tag{6.51}
$$

$$
\begin{aligned}
M_{3c}(J_l) = {}& -\sqrt{1-e^2}\,(\omega_{3c} + \cos i\,\Omega_{3c}) \\
& -n\sqrt{1-e^2}\sum_{l(2)\geqslant 4}\left(\frac{J_l}{p_0^l}\right) F_1(i)\left[2(l+1)K_1(e)\right]
\end{aligned}
\tag{6.52}
$$

$$\Omega_{4c}(J_2^2) = -\left(\frac{3J_2}{2p^2}\right)^2 n\cos i\left[\left(\frac{3}{2} + \frac{1}{6}e^2 + \sqrt{1-e^2}\right) - \left(\frac{5}{3} - \frac{5}{24}e^2 + \frac{3}{2}\sqrt{1-e^2}\right)\sin^2 i\right] \tag{6.53}$$

$$
\begin{aligned}
\omega_{4c}(J_2^2) = {}& \left(\frac{3J_2}{2p^2}\right)^2 n\left[\left(4 + \frac{7}{12}e^2 + 2\sqrt{1-e^2}\right) - \left(\frac{103}{12} + \frac{3}{8}e^2 + \frac{11}{2}\sqrt{1-e^2}\right)\sin^2 i\right. \\
& \left. + \left(\frac{215}{48} - \frac{15}{32}e^2 + \frac{15}{4}\sqrt{1-e^2}\right)\sin^4 i\right]
\end{aligned}
\tag{6.54}
$$

$$
\begin{aligned}
M_{4c}(J_2^2) = {}& \left(\frac{3J_2}{2p^2}\right)^2 n\sqrt{1-e^2}\left[\frac{1}{2}\left(1 - \frac{3}{2}\sin^2 i\right)^2\sqrt{1-e^2} + \left(\frac{5}{2} + \frac{10}{3}e^2\right)\right. \\
& -\left(\frac{19}{3} + \frac{26}{3}e^2\right)\sin^2 i + \left(\frac{233}{48} + \frac{103}{12}e^2\right)\sin^4 i \\
& \left. + \frac{e^4}{1-e^2}\left(\frac{35}{12} - \frac{35}{4}\sin^2 i + \frac{315}{32}\sin^4 i\right)\right]
\end{aligned}
\tag{6.55}
$$

$$\Omega_{3c}(\mu_1) = -n\cos i\left(\frac{3}{4}\beta_1 a^3\right)\left(1 - \frac{3}{2}\sin^2 i'\right)\left(1 + \frac{3}{2}e^2\right)(1-e^2)^{-1/2} \tag{6.56}$$

$$\omega_{3c}(\mu_1) = n\left(\frac{3}{4}\beta_1 a^3\right)\left(1 - \frac{3}{2}\sin^2 i'\right)\left[\left(2 - \frac{5}{2}\sin^2 i\right) + \frac{1}{2}e^2\right](1-e^2)^{-1/2} \tag{6.57}$$

$$M_{3c}(\mu_1) = -n\left(\frac{3}{4}\beta_1 a^3\right)\left(1 - \frac{3}{2}\sin^2 i'\right)\left(1 - \frac{3}{2}\sin^2 i\right)\left(\frac{7}{3} + e^2\right) \tag{6.58}$$

$$\Omega_{4c}(\mu_2,\beta_1 k_2) = -n\cos i\left(\frac{3}{4}\beta_2 a^3\right)\left(1-\frac{3}{2}\sin^2 i'\right)\left(1+\frac{3}{2}e^2\right)(1-e^2)^{-1/2}$$

$$-n\cos i\left(\frac{3}{4p^2}\beta_1 k_2\right)W(\sigma') \tag{6.59}$$

$$\omega_{4c}(\mu_2,\beta_1 k_2) = n\left(\frac{3}{4}\beta_2 a^3\right)\left(1-\frac{3}{2}\sin^2 i'\right)\left[\left(2-\frac{5}{2}\sin^2 i\right)+\frac{1}{2}e^2\right](1-e^2)^{-1/2}$$

$$+n\left(\frac{3}{4p^2}\beta_1 k_2\right)\left(2-\frac{5}{2}\sin^2 i\right)W(\sigma') \tag{6.60}$$

$$M_{4c}(\mu_2,\beta_1 k_2) = -n\left(\frac{3}{4}\beta_2 a^3\right)\left(1-\frac{3}{2}\sin^2 i'\right)\left(1-\frac{3}{2}\sin^2 i\right)\left(\frac{7}{3}+e^2\right)$$

$$+n\left(\frac{3}{4p^2}\beta_1 k_2\right)\left(1-\frac{3}{2}\sin^2 i\right)\sqrt{1-e^2}\,W(\sigma') \tag{6.61}$$

上述非球形带谐项 $\sigma_{3c}(J_l)$ 中的 $F_1(i),\cdots,K_1(e),\cdots$ 的表达式如下：

$$\begin{cases} F_1(i) = \sum_{q=0}^{\frac{l}{2}} (-1)^{\frac{(l+2q)}{2}}\left(\frac{1}{2}\right)^{(l+2q)} C_{lq}\,(\sin i)^{2q} \\[2mm] F_2(i) = \sum_{q=1}^{\frac{l}{2}} (-1)^{\frac{(l+2q)}{2}}\left(\frac{1}{2}\right)^{(l+2q)} C_{lq}\cdot 2q(\sin i)^{(2q-2)} \\[2mm] C_{lq} = \begin{bmatrix} l \\ \frac{l}{2}-q \end{bmatrix}\begin{pmatrix} l+2q \\ l \end{pmatrix}\begin{pmatrix} 2q \\ q \end{pmatrix} = \dfrac{(l+2q)!}{(q!)^2\left(\frac{l}{2}-q\right)!\left(\frac{l}{2}+q\right)!} \end{cases} \tag{6.62}$$

$$\begin{cases} K_1(e) = \sum_{\alpha(2)=0}^{l-2} C_{l\alpha}\left(\frac{1}{2}\right)^{\alpha}e^{\alpha} \\[2mm] K_2(e) = \sum_{\alpha(2)=2}^{l-2} C_{l\alpha}\alpha\left(\frac{1}{2}\right)^{\alpha}e^{\alpha-2} \\[2mm] C_{l\alpha} = \begin{bmatrix} l-1 \\ \alpha \end{bmatrix}\begin{pmatrix} \alpha \\ \frac{\alpha}{2} \end{pmatrix} = \dfrac{(l-1)!}{(l-1-\alpha)!\left(\frac{\alpha}{2}!\right)^2} \end{cases} \tag{6.63}$$

上述各式中，求和时 $l(2)\geqslant 4, \alpha(2)\geqslant 2$ 表示按 $l=4,6,\cdots,\alpha=2,4\cdots$ 取值。

日、月有关量 $\beta_1,\beta_2,W(\sigma')$ 定义如下：

$$\begin{cases} \beta_1\ (\text{or}\ \beta_2) = \dfrac{Gm'}{GMr'^3} = \left(\dfrac{m'}{M}\right)\Big/ a'^3 = m'/a'^3 \\[2mm] W(\sigma') = \left(1-\dfrac{3}{2}\sin^2 i'\right)+\dfrac{3}{2}\sin^2 i'\cos 2u' \end{cases} \tag{6.64}$$

该式中的 r' 取为 $\bar{r}', \bar{r}'=a'[1+O(e'^2)]$。(6.56)~(6.64) 式中带有上标的量(包括质量 m'，r' 和根数 $a',e',i',\cdots$)各为第三体(即摄动天体地球和太阳)的有关量,根据 $a',e',i',\cdots$ 均对应月心赤道坐标系,而(6.64)式中的 GM 是月心引力常数,M 是中心天体月球的质量,即构造月球卫星轨道解中采用的质量单位,不要与平近点角相混淆,下面不再说明。

上述各式右端出现的根数 a,e,i,n 和 $p_0=a(1-e^2)$ 均为拟平均根数 $\bar{a}_0,\bar{e}_0,\bar{i}_0,\bar{n}_0=$

$\bar{a}_0^{-3/2}$ 和 $\bar{p}_0 = \bar{a}_0(1-\bar{e}_0^2)$。

这里说明一点：关于上述 (6.56)~(6.61) 式，明确分离出地、日引力摄动引起的卫星轨道长期变化项，主要是为了分析问题所需，实际外推计算是采用下面表达简单的长周期变化项，见相应的 (6.68)~(6.70) 式。

(2) $\Delta \sigma_l(t) = \sigma_l(t) - \sigma_l(t_0)$

对于月球非球形引力、地球、太阳引力和月球固体潮四类摄动效应，长周期摄动变化项可由下面给出的表达式 (6.65)~(6.70) 表达，而坐标系附加摄动部分（$J_2\theta$ 项）将在后面第 6.2.5 小节的专门阐述中一并给出。

$$\Delta a_l^{(1)}(t) = 0 \tag{6.65}$$

$$\Delta e_l^{(1)}(t) = (1-e^2)\sum_{l \triangleright 3}\left(\frac{J_l}{p_0^l}\right)\sum_{p=1}^{\frac{(l-2+\delta)}{2}}(l-2p)F_3(i)\left(\frac{1}{e}K_3(e)\right)I(\omega)n(t-t_0)$$
$$-(1-e^2)\sum_{l \triangleright 2}\sum_{m=1}^{l}\left(\frac{1}{p_0^l}\right)\sum_{p=1}^{l-1}(l-2p)F_{lmp}(i)\left(\frac{1}{e}K_3(e)\right)\Phi_{lmp}n(t-t_0)$$
$$-\left(\frac{3}{2}\beta a^3\right)\left[5e\sqrt{1-e^2}S_3\right]n(t-t_0) \tag{6.66}$$

$$\Delta i_l^{(1)}(t) = -\cos i\sum_{l \triangleright 3}\left(\frac{J_l}{p_0^l}\right)\sum_{p=1}^{\frac{(l-2+\delta)}{2}}(l-2p)\left(\frac{F_3(i)}{\sin i}\right)K_3(e)I(\omega)n(t-t_0)$$
$$+\sum_{l \triangleright 2}\sum_{m=1}^{l}\left(\frac{1}{p_0^l}\right)\sum_{p=1}^{l-1}[(l-2p)\cos i - m]\left(\frac{F_{lmp}(i)}{\sin i}\right)K_3(e)\Phi_{lmp}n(t-t_0)$$
$$+\left(\frac{3}{2}\beta a^3\right)\frac{1}{\sqrt{1-e^2}\sin i}[5e^2\cos iS_3 - AA_2(1+4e^2)-BB_2(1-e^2)]n(t-t_0) \tag{6.67}$$

$$\Delta \Omega_l^{(1)}(t) = -\cos i\sum_{l \triangleright 3}\left(\frac{J_l}{p_0^l}\right)\sum_{p=1}^{\frac{(l-2+\delta)}{2}}\left(\frac{F_4(i)}{\sin^2 i}\right)K_3(e)H(\omega)n(t-t_0)$$
$$+\sum_{l \triangleright 2}\sum_{m=1}^{l}\left(\frac{1}{p_0^l}\right)\sum_{p=1}^{l-1}\left(\frac{F'_{lmp}(i)}{\sin i}\right)K_3(e)\Psi_{lmp}n(t-t_0)$$
$$+\left(\frac{3}{2}\beta a^3\right)\frac{1}{\sqrt{1-e^2}\sin i}[AA_1(1+4e^2)+BB_1(1-e^2)]n(t-t_0) \tag{6.68}$$

$$\Delta \omega_l^{(1)}(t) = -\cos i\Delta\Omega_l^{(1)}(t)$$
$$-\sum_{l \triangleright 3}\left(\frac{J_l}{p_0^l}\right)\sum_{p=1}^{\frac{(l-2+\delta)}{2}}F_3(i)[(2l-1)K_3(e)+(1-e^2)K_4(e)]H(\omega)n(t-t_0)$$
$$+\sum_{l \triangleright 2}\sum_{m=1}^{l}\left(\frac{1}{p_0^l}\right)\sum_{p=1}^{l-1}F_{lmp}(i)[(2l-1)K_3(e)+(1-e^2)K_4(e)]\Psi_{lmp}n(t-t_0)$$
$$+\left(\frac{3}{2}\beta a^3\right)\sqrt{1-e^2}[3S_1+5S_2]n(t-t_0) \tag{6.69}$$

$$\Delta M_l^{(1)}(t) = -\sqrt{1-e^2}[\Delta\omega_l^{(1)}(t)+\cos i\Delta\Omega_l^{(1)}(t)]$$
$$-\sqrt{1-e^2}\sum_{l \triangleright 3}\left(\frac{J_l}{p_0}\right)\sum_{p=1}^{(l-2+\delta)/2}2(l+1)F_3(i)K_3(e)H(\omega)n(t-t_0)$$

$$+ \sqrt{1-e^2} \sum_{l \geqslant 2} \sum_{m=1}^{l} \left(\frac{1}{p_0^l}\right) \sum_{p=1}^{l-1} 2(l+1) F_{lmp}(i) K_3(e) \Psi_{lmp} n(t-t_0)$$

$$- \left(\frac{3}{2}\beta a^3\right) \left[4\left(1+\frac{3}{2}e^2\right)S_1 + 10e^2 S_2\right] n(t-t_0) \tag{6.70}$$

关于长周期摄动变化项中,由地球引起的潮汐形变摄动部分将另列于下面有关说明之后,见 (6.92)~(6.98)式。

上述各式中的 p_0 即 $a(1-e^2)$,为了区别求和取值符号 p,用了 p_0 这一符号。同样,各式中出现的 a, e, i 和 Ω, ω 均用 $\bar{a}_0, \bar{e}_0, \bar{i}_0, \bar{\Omega}_0, \bar{\omega}_0$,以下同,不再说明。

在月球非球形引力摄动项中的各辅助量 $F_3(i), F_4(i), \cdots$ 的表达式如下:

$$\begin{cases} F_3(i) = \sum_{q=0}^{p} (-1)^{(l+2q-\delta_1)/2} \left(\frac{1}{2}\right)^{(2l-2p+2q-\delta_2)} C_{lpq} (\sin i)^{(l-2p+2q)} \\ F_4(i) = \sum_{q=0}^{p} (l-2p+2q)(-1)^{(l+2q-\delta_1)/2} \left(\frac{1}{2}\right)^{(2l-2p+2q-\delta_2)} C_{lpq} (\sin i)^{(l-2p+2q)} \\ C_{lpq} = \begin{pmatrix} l \\ p-q \end{pmatrix}\begin{pmatrix} 2l-2p+2q \\ l \end{pmatrix}\begin{pmatrix} l-2p+2q \\ q \end{pmatrix} = \dfrac{(2l-2p+2q)!}{q!(p-q)!(l-p+q)!(l-2p+q)!} \end{cases}$$
$$\tag{6.71}$$

$$\delta_1 = \frac{1}{2}\left[1-(-1)^l\right], \quad \delta_2 = \begin{cases} 0, l-2p=0 \\ 1, l-2p \neq 0 \end{cases} \tag{6.72}$$

$$\begin{cases} K_3(e) = \sum_{\alpha(2)=|l-2p|}^{l-2} C_{lp\alpha} \left(\frac{1}{2}\right)^{\alpha} e^{\alpha} \\ K_4(e) = \sum_{\alpha(2)=|l-2p|}^{l-2} C_{lp\alpha} \alpha \left(\frac{1}{2}\right)^{\alpha} e^{\alpha-2} \\ C_{lp\alpha} = \begin{pmatrix} l-1 \\ \alpha \end{pmatrix}\begin{pmatrix} \alpha \\ \frac{1}{2}(\alpha-|l-2p|) \end{pmatrix} \\ \quad = \dfrac{(l-1)!}{(l-1-\alpha)!\left[\frac{1}{2}(\alpha-|l-2p|)\right]!\left[\frac{1}{2}(\alpha+|l-2p|)\right]!} \end{cases} \tag{6.73}$$

$$\begin{cases} I(\omega) = -(1-\delta_1)\sin(l-2p)\omega + \delta_1 \cos(l-2p)\omega \\ H(\omega) = (1-\delta_1)\cos(l-2p)\omega + \delta_1 \sin(l-2p)\omega \end{cases} \tag{6.74}$$

这里的 δ_1 是为了区别月球非球形引力位中奇次项和偶次项定义的符号函数,不要与前面 (6.36)式中为了区别平近点角与另 5 个轨道根数定义的符号函数 δ 相混淆。

$$F_{lmp}(i) = \frac{(l+m)!}{2^l p!(l-p)!} \sum_{k=k_1}^{k_2} (-1)^{k+\frac{(l-m+\delta_{bm})}{2}} \begin{pmatrix} 2l-2p \\ k \end{pmatrix}\begin{pmatrix} 2p \\ l-m-k \end{pmatrix}$$

$$\times \left(\sin \frac{i}{2}\right)^{-(l-m-2p-2k)} \left(\cos \frac{i}{2}\right)^{(3l-m-2p-2k)} \tag{6.75}$$

$$= \frac{(l+m)!}{2^{2l} p!(l-p)!} \sum_{k=k_1}^{k_2} (-1)^{k+\frac{(l-m+\delta_{bm})}{2}} \begin{pmatrix} 2l-2p \\ k \end{pmatrix}\begin{pmatrix} 2p \\ l-m-k \end{pmatrix}$$

$$\times (\sin i)^{(l-m-2p-2k)} (1+\cos i)^{(3l-m-2p-2k)}$$

$$F'_{lmp}(i) = \frac{\mathrm{d}}{\mathrm{d}t}F_{lmp}(i) = \frac{(l+m)!}{2^l p!(l-p)!}\left(\frac{1}{\sin i}\right)\sum_{k=k_1}^{k_2}(-1)^{k+\frac{(l-m+\delta_{lm})}{2}}\begin{bmatrix}2l-2p\\k\end{bmatrix}\begin{bmatrix}2p\\l-m-k\end{bmatrix}$$

$$\times\left[-2l\sin^2\frac{i}{2}-(l-m-2p-2k)\right]\left(\sin\frac{i}{2}\right)^{-(l-m-2p-2k)}\times\left(\cos\frac{i}{2}\right)^{(3l-m-2p-2k)}$$

$$(6.76)$$

$$k_1 = \max(0, l-m-2p), \quad k_2 = \min(l-m, 2l-2p) \tag{6.77}$$

$$\begin{cases}\Phi_{lmp} = -\left[(1-\delta_m)C_{lm}-\delta_m S_{lm}\right]\sin((l-2p)\omega+m\Omega_G)\\ \qquad +\left[(1-\delta_m)S_{lm}+\delta_m C_{lm}\right]\cos((l-2p)\omega+m\Omega_G)\\ \Psi_{lmp} = \left[(1-\delta_m)C_{lm}-\delta_m S_{lm}\right]\cos((l-2p)\omega+m\Omega_G)\\ \qquad +\left[(1-\delta_m)S_{lm}+\delta_m C_{lm}\right]\sin((l-2p)\omega+m\Omega_G)\\ \Omega_G=\Omega-S_G, S_G=\left[(f_m+\omega_m+\Omega_m)_0+180°\right]+n_r(t-t_0)\\ \delta_m=\frac{1}{2}\left[1-(-1)^{l-m}\right]\end{cases} \tag{6.78}$$

S_G 是月球上的"恒星时",即月固坐标系 X 方向的时角,f_m,ω_m,Ω_m 是月球的地心坐标系中的轨道根数,前面已有介绍。

在地、日引力摄动项中各辅助量 $\beta,Gm',\cdots$ 的表达式如下:

$$\beta=\frac{Gm'}{r'^3}=\frac{Gm'}{\overline{r}'^3}, Gm'=m_e \text{ or } m_s \tag{6.79}$$

其中 m_e 和 m_s 分别为地球和太阳质量(无量纲单位),即上述(6.66)~(6.70)式中地球和太阳引力摄动用了同一公式表达,而且这种表达已完全包含了上述长期项 $\sigma_{3c}(\mu_1)$ 和 $\sigma_{4c}(\mu_2)$,该类项的分离列出主要是便于分析问题,前面已有说明,实际计算时不要重复去计算 $\sigma_{3c}(\mu_1)$ 和 $\sigma_{4c}(\mu_2)$ 项。统一表达形式中的相应量即

$$\begin{cases}S_1 = -\frac{1}{3}+\frac{1}{2}(A^2+B^2)\\ S_2 = \frac{1}{2}(A^2-B^2)\\ S_3 = AB\end{cases} \tag{6.80}$$

$$A=\frac{1}{4}\{(1-\cos i)[(1+\cos i')\cos(\omega-\theta+u')+(1-\cos i')\cos(\omega-\theta-u')]$$

$$+(1+\cos i)[(1+\cos i')\cos(\omega+\theta-u')+(1-\cos i')\cos(\omega+\theta+u')]$$

$$+2\sin i\sin i'[\cos(\omega-u')-\cos(\omega+u')]\} \tag{6.81}$$

$$B=-\frac{1}{4}\{(1-\cos i)[(1+\cos i')\sin(\omega-\theta+u')+(1-\cos i')\sin(\omega-\theta-u')]$$

$$+(1+\cos i)[(1+\cos i')\sin(\omega+\theta-u')+(1-\cos i')\sin(\omega+\theta+u')]$$

$$+2\sin i\sin i'[\sin(\omega-u')-\sin(\omega+u')]\} \tag{6.82}$$

$$A_1 = \frac{\partial A}{\partial i} = \frac{1}{4} \{ \sin i [(1+\cos i')\cos(\omega-\theta+u') + (1-\cos i')\cos(\omega-\theta-u')]$$
$$- \sin i [(1+\cos i')\cos(\omega+\theta-u') + (1-\cos i')\cos(\omega+\theta+u')]$$
$$+ 2\cos i \sin i' [\cos(\omega-u') - \cos(\omega+u')] \}$$

(6.83)

$$B_1 = \frac{\partial B}{\partial i} = -\frac{1}{4} \{ \sin i [(1+\cos i')\sin(\omega-\theta+u') + (1-\cos i')\sin(\omega-\theta-u')]$$
$$- \sin i [(1+\cos i')\sin(\omega+\theta-u') + (1-\cos i')\sin(\omega+\theta+u')]$$
$$+ 2\cos i \sin i' [\sin(\omega-u') - \sin(\omega+u')] \}$$

(6.84)

$$A_2 = \frac{\partial A}{\partial \Omega} = \frac{1}{4} \{ (1-\cos i)[(1+\cos i')\sin(\omega-\theta+u') + (1-\cos i')\sin(\omega-\theta-u')]$$
$$- (1+\cos i)[(1+\cos i')\sin(\omega+\theta-u') + (1-\cos i')\sin(\omega+\theta+u')] \}$$

(6.85)

$$B_2 = \frac{\partial B}{\partial \Omega} = \frac{1}{4} \{ (1-\cos i)[(1+\cos i')\cos(\omega-\theta+u') + (1-\cos i')\cos(\omega-\theta-u')]$$
$$- (1+\cos i)[(1+\cos i')\cos(\omega+\theta-u') + (1-\cos i')\cos(\omega+\theta+u')] \}$$

(6.86)

其中 $\theta = \Omega - \Omega'$。

关于地球和太阳在月心赤道坐标系中的位置矢量（即轨道量 σ'），本小节一开始已有分析，地、日轨道只能作简化处理。对于地球引力摄动，有

$$\begin{cases} i' = J+I, \quad I = 1°32'32''.7, \\ \Omega' = \Omega_m, \\ u' = f_m + (\omega_m + 180°) \end{cases}$$

(6.87)

$J, \Omega_m, f_m, \omega_m$ 均为月球轨道的平均根数，月球在 J2000.0 地心黄道坐标系中平均轨道根数 $\bar{\sigma}'$ 的近似计算公式为

$$\begin{cases} \bar{a} = 0.0025718814(\text{AU}) = 384747.981 \text{ km} \\ \bar{e} = 0.054879905 \\ \bar{i} = J = 5°.129835071 \\ \bar{\Omega} = 125°.044556 - 1934°.1361850\, T \\ \bar{\omega} = 318°.308686 + 6003°.1498961\, T \\ \bar{M} = 134°.963414 + 13°.06499315537 d \end{cases}$$

(6.88)

对于太阳引力摄动，有

$$\begin{cases} i' = I, \quad I = 1°32'32''.7 \\ \Omega' = \Omega_m \\ u' = f_s + \omega_s \end{cases}$$

(6.89)

273

f_s, ω_s 为太阳的地心轨道平根数,太阳在 J2000.0 地心天球坐标系中的平均轨道根数 $\bar{\sigma}'$ 为

$$\begin{cases} \bar{a} = 1.00000102(\text{AU}), \quad \text{AU} = 1.49597870691 \times 10^8 \text{ km} \\ \bar{e} = 0.016709, \quad \bar{i} = \varepsilon = 23°.4393 \\ \bar{\Omega} = 0°.0 \\ \bar{\omega} = 282°.9373 + 0°.32T \\ \bar{M} = 357°.5291 + 0°.9856d \end{cases} \tag{6.90}$$

其中 d 是儒略日,T 是儒略世纪数,定义见第 1 章第 1.1.3 小节。有了平均轨道根数 $\bar{\sigma}'$,f_m 和 f_s 可按下式简化计算:

$$f = M + 2e\sin M + O(e^2) \tag{6.91}$$

上述长周期摄动变化项作了简化处理,如果月球非球形引力位阶次 (l, m) 取得较高,会出现相应的短波项,或考虑轨道外推弧段较长,作长期项处理会影响精度,那么可恢复成长周期项形式,分别计算 $\sigma_l(t)$ 和 $\sigma_l(t_0)$:相应表达式中的 $I(\omega)n(t-t_0)$ 和 $H(\omega)n(t-t_0)$ 分别改为 $H(\omega(t))\alpha_c$ 和 $-I(\omega(t))\alpha_c$,前者对应 e, i,后者对应 Ω, ω, M,其中 $\alpha_c = n/(l-2p)\omega_{2c}$;而 $\Phi_{lmp}n(t-t_0)$ 和 $\Psi_{lmp}n(t-t_0)$ 则分别改为 $\Psi_{lmp}(t)\alpha$ 和 $-\Phi_{lmp}(t)\alpha$,前者对应 e, i,后者对应 Ω, ω, M,其中 $\alpha = n/n_G, n_G = (l-2p)\omega_{2c} + m(\Omega_{2c} - n_r)$。$I(\omega)$ 和 $H(\omega)$,Φ_{lmp} 和 Ψ_{lmp} 的具体表达形式分别见 (6.74) 式和 (6.78) 式。

上述长周期摄动变化项中由地球引起的潮汐形变摄动部分列出如下:

$$a_l^{(1)}(t) = 0 \tag{6.92}$$

$$e_l^{(1)}(t) = 0 \tag{6.93}$$

$$\begin{aligned} i_l^{(1)}(t) = &-\frac{3}{8p^2}\beta_1 k_2 \left\{ \sin i' \cos i \left[2\cos i' \left(\frac{n}{\Omega_{2c}}\right)\cos \Omega^* + (1-\cos i')\left(\frac{n}{\alpha_1}\right)\cos(2u'+\Omega^*) \right. \right. \\ &\left. + (1+\cos i')\left(\frac{n}{\alpha_2}\right)\cos(2u'-\Omega^*) \right] \\ &+ \frac{\sin i}{4}\left[2\sin^2 i'\left(\frac{n}{\Omega_{2c}}\right)\cos\Omega^* + (1-\cos i')^2\left(\frac{n}{\alpha_5}\right)\cos(2u'+2\Omega^*) \right. \\ &\left.\left. - (1+\cos i')^2\left(\frac{n}{\alpha_6}\right)\cos(2u'-2\Omega^*) \right] \right\} \end{aligned} \tag{6.94}$$

$$\begin{aligned} \Omega_l^{(2)}(t) = &-\frac{3}{4p^2}\beta_1 k_2 \left(\frac{3}{2}\sin^2 i'\right)\cos i\left(\frac{n}{2n'}\right)\sin 2u' \\ &+ \frac{3}{8p^2}\beta_1 k_2 \left\{ -\sin i'\frac{\cos 2i}{\sin i}\left[2\cos i'\left(\frac{n}{\Omega_1}\right)\sin\Omega^* \right. \right. \\ &\left. + (1-\cos i')\left(\frac{n}{\alpha_1}\right)\sin(2u'+\Omega^*) - (1+\cos i')\left(\frac{n}{\alpha_2}\right)\sin(2u'-\Omega^*) \right] \\ &+ \frac{\cos i}{4}\left[2\sin^2 i'\left(\frac{n}{\Omega_1}\right)\sin 2\Omega^* + (1-\cos i')^2\left(\frac{n}{\alpha_5}\right)\sin(2u'+2\Omega^*) \right. \\ &\left.\left. + (1+\cos i')^2\left(\frac{n}{\alpha_6}\right)\sin(2u'-2\Omega^*) \right] \right\} \end{aligned}$$

$$+\frac{3}{8p^2}\beta_1 k_2\left\{\sin i'\cos i'\left[2\cos i'\left(\frac{n}{\Omega_1}\right)\sin\Omega^*\right.\right.$$

$$\left.+(1-\cos i')\left(\frac{n\Omega_1}{\alpha_1^2}\right)\sin(2u'+\Omega^*)+(1+\cos i')\left(\frac{n\Omega_1}{\alpha_2^2}\right)\sin(2u'-\Omega^*)\right]$$

$$+\frac{1}{8}\left(\frac{\sin^2 i}{\cos i}\right)\left[2\sin^2 i'\left(\frac{n}{\Omega_1}\right)\sin 2\Omega^*+(1-\cos i')^2\left(\frac{n\Omega_1}{\alpha_5^2}\right)\sin(2u'+2\Omega^*)\right.$$

$$\left.\left.-(1+\cos i')^2\left(\frac{n\Omega_1}{\alpha_6^2}\right)\sin(2u'-2\Omega^*)\right]\right\} \tag{6.95}$$

$$\omega_l^{(2)}(t)=\frac{3}{4p^2}\beta_1 k_2\left(\frac{3}{2}\sin^2 i'\right)\left(2-\frac{5}{2}\sin^2 i\right)\left(\frac{n}{2n'}\right)\sin 2u'$$

$$-\frac{3}{8p^2}\beta_1 k_2\left\{\sin i'\cos i(1-5\sin^2 i)\left[2\cos i'\left(\frac{n}{\Omega_1}\right)\sin\Omega^*\right.\right.$$

$$\left.+(1-\cos i')\left(\frac{n}{\alpha_1}\right)\sin(2u'+\Omega^*)-(1+\cos i')\left(\frac{n}{\alpha_2}\right)\sin(2u'-\Omega^*)\right]$$

$$+\frac{1}{4}(1-\frac{5}{2}\sin^2 i)\left[2\sin^2 i'\left(\frac{n}{\Omega_1}\right)\sin 2\Omega^*\right.$$

$$\left.\left.+(1-\cos i')^2\left(\frac{n}{\alpha_5}\right)\sin(2u'+2\Omega^*)+(1+\cos i')^2\left(\frac{n}{\alpha_6}\right)\sin(2u'-2\Omega^*)\right]\right\}$$

$$-\frac{3}{16p^2}\beta_1 k_2\left\{5\sin i'\sin 2i\left[2\cos i'\left(\frac{n}{\Omega_1}\right)\sin\Omega^*\right.\right.$$

$$\left.+(1-\cos i')\left(\frac{n\Omega_1}{\alpha_1^2}\right)\sin(2u'+\Omega^*)+(1+\cos i')\left(\frac{n\Omega_1}{\alpha_2^2}\right)\sin(2u'-\Omega^*)\right]$$

$$+\frac{5}{4}\sin^2 i\left[2\sin^2 i'\left(\frac{n}{\Omega_1}\right)\sin 2\Omega^*\right.$$

$$\left.\left.+(1-\cos i')^2\left(\frac{n\Omega_1}{\alpha_5^2}\right)\sin(2u'+2\Omega^*)-(1+\cos i')^2\left(\frac{n\Omega_1}{\alpha_6^2}\right)\sin(2u'-2\Omega^*)\right]\right\} \tag{6.96}$$

$$M_l^{(2)}(t)=\frac{3}{4p^2}\beta_1 k_2\left(\frac{3}{2}\sin^2 i'\right)\left(1-\frac{3}{2}\sin^2 i\right)(1-e^2)\left(\frac{n}{2n'}\right)\sin 2u'$$

$$+\frac{9}{16p^2}\beta_1 k_2\sqrt{(1-e^2)}\left\{\sin i'\sin 2i(1-5\sin^2 i)\left[2\cos i'\left(\frac{n}{\Omega_1}\right)\sin\Omega^*\right.\right.$$

$$\left.+(1-\cos i')\left(\frac{n}{\alpha_1}\right)\sin(2u'+\Omega^*)-(1+\cos i')^2\left(\frac{n}{\alpha_2}\right)\sin(2u'-\Omega^*)\right]$$

$$+\frac{1}{4}\sqrt{(1-e^2)}\sin^2 i\left[2\sin^2 i'\left(\frac{n}{\Omega_1}\right)\sin 2\Omega^*\right.$$

$$\left.\left.+(1-\cos i')^2\left(\frac{n}{\alpha_5}\right)\sin(2u'+2\Omega^*)+(1+\cos i')^2\left(\frac{n}{\alpha_6}\right)\sin(2u'-2\Omega^*)\right]\right\}$$

$$-\frac{9}{16p^2}\beta_1 k_2\sqrt{(1-e^2)}\left\{\sin i'\sin 2i\left[2\cos i'\left(\frac{n}{\Omega_1}\right)\sin\Omega^*\right.\right.$$

$$\left.+(1-\cos i')\left(\frac{n\Omega_1}{\alpha_1^2}\right)\sin(2u'+\Omega^*)+(1+\cos i')\left(\frac{n}{\alpha_2}\right)\sin(2u'-\Omega^*)\right]$$

$$+\frac{1}{4}\sqrt{(1-e^2)}\sin^2 i\left[2\sin^2 i'\left(\frac{n}{\Omega_1}\right)\sin 2\Omega^*\right.$$

$$\left.+(1-\cos i')^2\left(\frac{n\Omega_1}{\alpha_5^2}\right)\sin(2u'+2\Omega^*)-(1+\cos i')^2\left(\frac{n\Omega_1}{\alpha_6^2}\right)\sin(2u'-2\Omega^*)\right]\Big\}$$

$$(6.97)$$

这里的 $\Omega^*=\Omega-(\Omega'+\upsilon)$，$\upsilon$ 是月球固体潮的滞后角（可取 $\upsilon=30°$），前面第 4.8.1 小节中关于地球固体潮有类似参数的引入，见(4.636)式，而 $\alpha_1,\alpha_2,\alpha_5,\alpha_6$ 的定义如下：

$$\begin{cases}\alpha_1=2n'+\Omega_{2c} & \alpha_2=2n'-\Omega_{2c}\\\alpha_5=n'+\Omega_{2c} & \alpha_6=n'-\Omega_{2c}\end{cases}\tag{6.98}$$

其中 Ω_{2c} 即月球扁率(J_2)摄动导致的 Ω 的一阶长期项变率，见(6.47)式。有关地球轨道量 i',Ω',u' 等以及平运动角速度 n' 等有关量的计算，前面已有说明，不再重复。

(3) $\sigma_s^{(2)}(t)$

根据前面对摄动量级的分析，$\sigma_s^{(2)}(t)$ 中除 $a_s^{(2)}(t)$ 外，只需给出月球非球形引力摄动项。关于 $a_s^{(2)}(t)$，由于 $M(t)$ 的需要，$\bar{n}_0=\bar{a}_0^{-\frac{3}{2}}$，$\bar{a}_0=a_0-\left[a_s^{(2)}(t_0)+a_s^{(3)}(t_0)\right]$，必须同时给出月球非球形引力摄动项，第三体（地、日）引力摄动项，月球固体潮摄动项和坐标系附加摄动，统一记作 $a_s^{(2)}(t)$，即

$$\begin{cases}a_s^{(2)}(t)=a_s^{(2)}(t;J_2;J_{l\geqslant 3};C_{lm},S_{lm}(l\geqslant 2);\mu_1;\mu_2;\mu_1 k_2;J_2\theta)\\\sigma_s^{(2)}(t)=\sigma_s^{(2)}(t;J_2;J_{l\geqslant 3};C_{2,2},S_{2,2}) \quad \text{对}\ e,i,\Omega,\omega,M\end{cases}\tag{6.99}$$

关于坐标系附加摄动部分($J_2\theta$ 项)同样在下面第 6.2.5 小节中一并给出。有

$$a_s^{(2)}(t)=\int^t(f_{2s})_a\mathrm{d}t=\int^t\frac{2}{na}\frac{\partial R_{2s}}{\partial M}\frac{\mathrm{d}M}{n}=\frac{2}{n^2 a}R_{2s}=2a^2 R_{2s}\tag{6.100}$$

$$R_{2s}=R_s(J_2)+R_s(J_l)_{l\geqslant 3}+R_s(C_{l,m},S_{l,m})_{l\geqslant 2}$$
$$+R_s(\mu_1,\mu_2)+R_s(\mu_1 k_2)+R_s(J_2\theta)\tag{6.101}$$

其他 5 个根数的短周期项所涉及的摄动函数即

$$R_{2s}=R_s(J_2)+R_s(J_l)_{l\geqslant 3}+R_s(C_{2,2},S_{2,2})_{l\geqslant 2}+R_s(\mu_1)\tag{6.102}$$

具体表达形式（按标准单位）如下：

$$R_s(J_2)=\frac{3J_2}{2a^3}\left\{\frac{1}{3}\left(1-\frac{3}{2}\sin^2 i\right)\left[\left(\frac{a}{r}\right)^3-(1-e^2)^{-\frac{3}{2}}\right]+\frac{1}{2}\sin^2 i\left(\frac{a}{r}\right)^3\cos 2u\right\}\tag{6.103}$$

$$R_s(J_l)=R(J_l)-R(J_l)_{c,l}\tag{6.104}$$

$$R(J_l)=\sum_{\geqslant 3}\frac{(-J_l)}{a^{l+1}}\sum_{p=0}^{\frac{1}{2}(l-\delta_1)}F_3(i)\left[(1-\delta)\left(\frac{a}{r}\right)^{l+1}\cos(l-2p)u+\delta_1\left(\frac{a}{r}\right)^{l+1}\sin(l-2p)u\right]$$

$$R(J_l)_{c,l}=\frac{\sqrt{1-e^2}}{a}\sum_{\geqslant 3}\frac{(-J_l)}{p_0^l}\sum_{p=1}^{\frac{(l-\delta_1)}{2}}F_3(i)K_3(e)H(\omega)$$

$$R_s(C_{lm},S_{lm})=R(C_{lm},S_{lm})-R_l(C_{lm},S_{lm})\tag{6.105}$$

$$R(C_{bn}, S_{bn}) = \sum_{l \geqslant 2} \sum_{m=1}^{l} \frac{1}{a^{l+1}} \sum_{p=0}^{l} F_{bmp}(i) \left(\frac{a}{r}\right)^{l+1}$$

$$\times \{ [(1-\delta_m)C_{bn} - \delta_m S_{bn}] \cos((l-2p)u + m\Omega_G)$$

$$+ [(1-\delta_m)S_{bn} + \delta_m C_{bn}] \sin((l-2p)u + m\Omega_G) \}$$

$$R_l(C_{bn}, S_{bn}) = \frac{\sqrt{1-e^2}}{a} \sum_{l \geqslant 2} \sum_{m=1}^{l} \frac{1}{p_0^l} \sum_{p=1}^{l-1} F_{bmp}(i) K_3(e) \Psi_{bmp}$$

$$R_s(\mu_1) = \left(\frac{3}{2}\beta a^2\right) \left\{ S_1 \left[\left(\frac{r}{a}\right)^2 - \left(1 + \frac{3}{2}e^2\right) \right] + S_2 \left[\left(\frac{r}{a}\right)^2 \cos 2f - \frac{5}{2}e^2 \right] \right.$$

$$\left. + S_3 \left(\frac{r}{a}\right)^2 \sin 2f \right\} \tag{6.106}$$

上述各式中涉及的辅助量,在前面相关部分中已作过介绍并有相应的表达式。

根据上述分析,$\sigma_s^{(2)}(t)$ 中的轨道半长径部分的 $a_s^{(2)}(t)$,即由 (6.100) 式给出:$a_s^{(2)}(t) = 2a^2 R_{2s}$,其他 5 个根数 $\sigma_s^{(2)}(t)$ 的表达式如下:

1)$\sigma_s^{(2)}(t, J_2)$ 部分

$$e_s^{(2)}(t) = \frac{3J_2}{2a^2} \left(\frac{1-e^2}{e}\right) \left\{ \frac{1}{3} \left(1 - \frac{3}{2}\sin^2 i\right) \left[\left(\frac{a}{r}\right)^3 - (1-e^2)^{-3/2} \right] + \frac{1}{2}\sin^2 i \left(\frac{a}{r}\right)^3 \cos 2(f+\omega) \right.$$

$$\left. - \frac{\sin^2 i}{2(1-e^2)^2} \left[e\cos(f+2\omega) + \cos 2(f+\omega) + \frac{e}{3}\cos(3f+2\omega) \right] \right\}$$

$$- \frac{3J_2}{2p^2}\sin^2 i \left(\frac{1-e^2}{6e}\right)\overline{\cos 2f}\cos 2\omega \tag{6.107}$$

$$i_s^{(2)}(t) = \frac{3J_2}{8p^2}\sin 2i \left[e\cos(f+2\omega) + \cos 2(f+\omega) + \frac{e}{3}\cos(3f+2\omega) \right]$$

$$+ \frac{3J_2}{24p^2}\sin 2i \,\overline{\cos 2f}\cos 2\omega \tag{6.108}$$

$$\Omega_s^{(2)}(t) = -\frac{3J_2}{2p^2}\cos i \left\{ (f - M + e\sin f) - \frac{1}{2}\left[e\sin(f+2\omega) + \sin 2(f+\omega) + \frac{e}{3}\sin(3f+2\omega) \right] \right\}$$

$$+ \frac{3J_2}{12p^2}\cos i \,\overline{\cos 2f}\sin 2\omega \tag{6.109}$$

$$\omega_s^{(2)} = \frac{3J_2}{2p^2} \left\{ \left(2 - \frac{5}{2}\sin^2 i\right)(f - M + e\sin f) \right.$$

$$+ \left(1 - \frac{3}{2}\sin^2 i\right) \left[\left(\frac{1}{e} - \frac{e}{4}\right)\sin f + \frac{1}{2}\sin 2f + \frac{e}{12}\sin 3f \right]$$

$$- \left[\frac{1}{4e}\sin^2 i + \left(\frac{1}{2} - \frac{15}{16}\sin^2 i\right)e \right]\sin(f+2\omega) - \left(\frac{1}{2} - \frac{5}{4}\sin^2 i\right)\sin 2(f+\omega)$$

$$+ \left[\frac{7}{12e}\sin^2 i - \left(\frac{1}{6} - \frac{19}{48}\sin^2 i\right)e \right]\sin(3f+2\omega) + \frac{3}{8}\sin^2 i\sin(4f+2\omega)$$

$$\left. + \frac{e}{16}\sin^2 i \left[\sin(5f+2\omega) + \sin(f-2\omega) \right] \right\}$$

$$- \frac{3J_2}{2p^2} \left[\sin^2 i \left(\frac{1}{8} + \frac{1-e^2}{6e^2}\overline{\cos 2f}\right) + \frac{1}{6}\cos^2 i \cos 2f \right]\sin 2\omega \tag{6.110}$$

$$M_s^{(2)}(t) = \frac{3J_2}{2p^2}\sqrt{1-e^2}\left\{-\left(1-\frac{3}{2}\sin^2 i\right)\left[\left(\frac{1}{e}-\frac{e}{4}\right)\sin f+\frac{1}{2}\sin 2f+\frac{e}{12}\sin 3f\right]\right.$$

$$+\sin^2 i\left[\left(\frac{1}{4e}+\frac{5}{16}e\right)\sin(f+2\omega)-\left(\frac{7}{12e}-\frac{e}{48}\right)\sin(3f+2\omega)-\frac{3}{8}\sin(4f+2\omega)\right.$$

$$\left.\left.-\frac{e}{16}\sin(5f+2\omega)-\frac{e}{16}\sin(f-2\omega)\right]\right\}$$

$$+\frac{3J_2}{2p^2}\sqrt{1-e^2}\sin^2 i\left(\frac{1}{8}+\frac{1+e^2/2}{6e^2}\overline{\cos 2f}\right)\sin 2\omega \tag{6.111}$$

其中

$$\left(\frac{a}{r}\right)=\frac{1+e\cos f}{1-e^2}=\frac{1}{1-e\cos E} \tag{6.112}$$

$$\begin{cases} f=M+2e\sin M, & f-M=2e\sin M \\ E=M+e\sin M, & E-M=e\sin M \end{cases} \tag{6.113}$$

$$\overline{\cos 2f}=\frac{1+2\sqrt{1-e^2}}{(1+\sqrt{1-e^2})^2}e^2 \tag{6.114}$$

这里对真近点角 f 或偏近点角 E 采用了简单的近似算法,主要是考虑一般情况下短周期项的计算没有必要追求严格,如有必要,则可通过求解 Kepler 方程去获得所需要的结果。

6.2.4.2 无奇点根数 $(a,i,\Omega,\xi,\eta,\lambda)$ 解的表达形式

关于轨道解的无奇点表达形式,对于月球探测而言,只需要考虑低轨小偏心率状态,即引用适合 $0\leqslant e<1.0$ 的无奇点根数 $\sigma=(a,i,\Omega,\xi,\eta,\lambda)$,其中

$$\xi=e\cos\omega, \eta=e\sin\omega, \lambda=M+\omega$$

坐标系和计算单位与采用 Kepler 根数的轨道解完全相同。有关无奇点摄动解的具体构造和表达形式,可引用处理地球卫星的方法。

对于引力摄动,长期项(包括长周期项)可由下列各表达式构成:

$$\Delta a(t)=0 \tag{6.115}$$

$$\Delta i(t)=\Delta i_l(t) \tag{6.116}$$

$$\Delta\Omega(t)=\Delta\Omega_c(t)+\Delta\Omega_l(t) \tag{6.117}$$

$$\Delta\xi(t)=\cos\omega[\Delta e(t)]-\sin\omega[e\Delta\omega(t)] \tag{6.118}$$

$$\Delta\eta(t)=\sin\omega[\Delta e(t)]+\cos\omega[e\Delta\omega(t)] \tag{6.119}$$

$$\Delta\lambda(t)=\bar{n}(t-t_0)+[\Delta M(t)+\Delta\omega(t)] \tag{6.120}$$

其中 $\bar{n}=\bar{a}^{-3/2}=\bar{a}_0^{-3/2}$,$\Delta\sigma(t)$ 包括长期项和长周期变化项。

短周期项由下列各表达式构成:

$$a_s(t)=a_s^{(1)}(t)+a_s^{(2)}(t) \tag{6.121}$$

$$i_s^{(1)}(t)=i_s^{(1)}(t) \tag{6.122}$$

$$\Omega_s^{(1)}(t)=\Omega_s^{(1)}(t) \tag{6.123}$$

$$\xi_s^{(1)}(t)=\cos\omega[e_s^{(1)}(t)]-\sin\omega[e\omega_s^{(1)}(t)] \tag{6.124}$$

$$\eta_s^{(1)}(t) = \sin\omega[e_s^{(1)}(t)] + \cos\omega[e\omega_s^{(1)}(t)] \tag{6.125}$$

$$\lambda_s^{(1)}(t) = [M_s^{(1)}(t)] + [\omega_s^{(1)}(t)] \tag{6.126}$$

上列摄动解涉及的表达式(6.116)~(6.126)中的 $\Delta e(t)$，$\Delta i(t)$，$\Delta\omega(t)$，$\Delta\Omega(t)$，$\Delta M(t)$ 和 $a_s^{(1)}(t)$，$e_s^{(1)}(t)$，$i_s^{(1)}(t)$，$\omega_s^{(1)}(t)$，$\Omega_s^{(1)}(t)$，$M_s^{(1)}(t)$，就是 Kepler 根数解的"相应"结果。按上述处理方法，由原 Kepler 根数的解组合而成的无奇点摄动解，不会再出现 $(1/e)$ 型的因子。某些具体处理方法，如 $[M_s^{(1)}(t) + \omega_s^{(1)}(t)]$ 如何消除小分母 $(1/e)$ 的过程等，这里无需再重复。

6.2.5 关于坐标系附加摄动部分[5,6]

这一由月球物理天平动引起赤道面摆动所导致的变化，就一般精度要求，只考虑月球非球形引力位中的主要部分 J_2 项引起的变化即可。利用第 1.4.3 小节给出的两个坐标系之间的转换关系 (1.91) 式，可导出天平动引起的这一引力位的变化形式。将 $\vec{R} = (A)^{\mathrm{T}}\vec{r}$ 带入月球非球形引力位 $V(J_2)$，即可给出相应的附加位，记作 $\Delta V(J_2\theta)$，θ 表示天平动参数，有：

$$\Delta V_2(J_2\theta) = (3J_2/4a^3)(a/r)^3$$
$$\times \{2\sin i\sin 2u[\sigma_1\sin(L_m-\omega_m-\Omega) + \sigma_2\sin(L_m+\omega_m-\Omega)$$
$$+ \sigma_3\sin(2L_m-\Omega_m-\Omega) + \sigma_4\cos(L_m-\Omega)]$$
$$- \sin 2i(1-\cos 2u)[\sigma_1\cos(L_m-\omega_m-\Omega) + \sigma_2\cos(L_m+\omega_m-\Omega)$$
$$+ \sigma_3\cos(2L_m-\Omega_m-\Omega) - \sigma_4\sin(L_m-\Omega)]\} \tag{6.127}$$

从 (6.127) 式可以看出，月球物理天平动引起的非球形引力位带谐项(上述 J_2 项是一例子)的变化，在一阶近似意义下与天平动的经度分量没有关系，这不难理解，因带谐项是旋转对称项。另外，天平动的倾角分量 ρ 表面上不出现，是因为采用了合理近似，由节点分量 σ 代替了。

(1) J_2 项的附加摄动解

上述 J_2 部分的附加引力位 $\Delta V(J_2\theta)$ 即相应的摄动函数，记做 $R(J_2\theta)$，对于低轨卫星而言，相对 J_2 项本身而言是二阶小量，利用求平均值的方法(见前面第 3.4.2 小节)，即可将 $R(J_2\theta)$ 分解成不同性质的几个部分：

$$R(J_2\theta) = R_l(J_2\theta) + R_s(J_2\theta) \tag{6.128}$$

其中 R_l 和 R_s 各为长周期和短周期部分，具体形式如下：

$$R_l(J_2\theta) = -\left(\frac{3J_2}{4a^3}\right)\sin 2i(1-e^2)^{-\frac{3}{2}}\{\sigma_1\cos(L_m-\omega_m-\Omega) + \sigma_2\cos(L_m+\omega_m-\Omega)$$
$$+ \sigma_3\cos(2L_m-\Omega_m-\Omega) - \sigma_4\sin(L_m-\Omega)\}$$
$$= R_l(J_2\theta;e,i,\Omega) \tag{6.129}$$

$$R_s(J_2\theta) = (3J_2/4a^3)\{-\sin 2i[(a/r)^3 - (1-e^2)^{-(3/2)} - (a/r)^3\cos 2u]$$
$$\times[\sigma_1\cos(L_m-\omega_m-\Omega) + \sigma_2\cos(L_m+\omega_m-\Omega) + \sigma_3\cos(2L_m-\Omega_m-\Omega)$$
$$- \sigma_4\sin(L_m-\Omega)] + 2\sin i(a/r)^3\sin 2u[\sigma_1\sin(L_m-\omega_m-\Omega)$$

$$+\sigma_2\sin(L_m+\omega_m-\Omega)+\sigma_3\sin(2L_m-\Omega_m-\Omega)+\sigma_4\cos(L_m-\Omega)]\} \tag{6.130}$$

若采用 Kepler 根数，月球物理天平动通过 J_2 项引起的月球卫星轨道长周期摄动变化项

$$\Delta\sigma_l(t)=\sigma_l(t)-\sigma_l(t_0)$$

中 $\sigma_l(t)$ 的具体形式如下：

$$a_l(t)=0 \tag{6.131}$$

$$e_l(t)=0 \tag{6.132}$$

$$i_l(t)=-(3J_2/2p^2)\cos i\Big[\frac{\sigma_1}{\alpha_1}\cos(L_m-\omega_m-\Omega)+\frac{\sigma_2}{\alpha_2}\cos(L_m+\omega_m-\Omega)$$

$$+\frac{\sigma_3}{\alpha_3}\cos(2L_m-\Omega_m-\Omega)-\frac{\sigma_4}{\alpha_4}\sin(L_m-\Omega)\Big] \tag{6.133}$$

$$\Omega_l(t)=-(3J_2/2p^2)\frac{\cos 2i}{\sin i}\Big[\frac{\sigma_1}{\alpha_1}\sin(L_m-\omega_m-\Omega)+\frac{\sigma_2}{\alpha_2}\sin(L_m+\omega_m-\Omega)$$

$$+\frac{\sigma_3}{\alpha_3}\sin(2L_m-\Omega_m-\Omega)+\frac{\sigma_4}{\alpha_4}\cos(L_m-\Omega)\Big] \tag{6.134}$$

$$\omega_l(t)=(3J_2/2p^2)\frac{\cos i}{\sin i}(1-5\sin^2 i)\Big[\frac{\sigma_1}{\alpha_1}\sin(L_m-\omega_m-\Omega)+\frac{\sigma_2}{\alpha_2}\sin(L_m+\omega_m-\Omega)$$

$$+\frac{\sigma_3}{\alpha_3}\sin(2L_m-\Omega_m-\Omega)+\frac{\sigma_4}{\alpha_4}\cos(L_m-\Omega)\Big] \tag{6.135}$$

$$M_l(t)=-(9J_2/4p^2)\sqrt{1-e^2}\sin 2i\Big[\frac{\sigma_1}{\alpha_1}\sin(L_m-\omega_m-\Omega)+\frac{\sigma_2}{\alpha_2}\sin(L_m+\omega_m-\Omega)$$

$$+\frac{\sigma_3}{\alpha_3}\sin(2L_m-\Omega_m-\Omega)+\frac{\sigma_4}{\alpha_4}\cos(L_m-\Omega)\Big] \tag{6.136}$$

上述各式中的 $\alpha_1,\cdots,\alpha_4$ 由下式定义：

$$\begin{cases}\alpha_1=\dfrac{1}{n}(\dot{L}_m-\dot{\omega}_m-\dot{\Omega})=O(10^{-3})\\[2mm]\alpha_2=\dfrac{1}{n}(\dot{L}_m+\dot{\omega}_m-\dot{\Omega})=O(10^{-3})\\[2mm]\alpha_3=\dfrac{1}{n}(2\dot{L}_m-\dot{\Omega}_m-\dot{\Omega})=O(10^{-3})\\[2mm]\alpha_4=\dfrac{1}{n}(\dot{L}_m-\dot{\Omega})=O(10^{-3})\end{cases} \tag{6.137}$$

这里的 L_m 就是月球的平黄经。

（2）J_2 项的附加摄动的无奇点表达形式

同样采用第一类无奇点变量：$a,i,\Omega,\xi=e\cos\omega,\eta=e\sin\omega,\lambda=M+\omega$，相应的 $a_l(t),i_l(t)$，$\Omega_l(t)$ 形式不变，而 $\xi_l(t),\eta_l(t),\lambda_l(t)$ 的具体表达式如下：

$$\xi_l(t)=-\eta\omega_l(t) \tag{6.138}$$

$$\eta_l(t)=\xi\omega_l(t) \tag{6.139}$$

$$\lambda_l(t) = M_l(t) + \omega_l(t)$$

$$= \left(\frac{3J_2}{2p^2}\right)\frac{\cos i}{\sin i}\left[(1 - 5\sin^2 i) - 3\sqrt{1 - e^2}\sin^2 i\right]$$

$$\times\left[\frac{\sigma_1}{\alpha_1}\sin(L_m - \omega_m - \Omega) + \frac{\sigma_2}{\alpha_2}\sin(L_m + \omega_m - \Omega)\right.$$

$$\left. + \frac{\sigma_3}{\alpha_3}\sin(2L_m - \Omega_m - \Omega) + \frac{\sigma_4}{\alpha_4}\cos(L_m - \Omega)\right] \qquad (6.140)$$

上述各式中的天平动参数 $\sigma_1, \sigma_2, \sigma_3, \sigma_4$ 见(1.95)式,取了合理的近似:

$$\rho_1 = -99''.1, \quad \rho_2 = \sigma_2 = 24''.6, \quad \rho_3 = \sigma_3 = -10''.1, \quad \rho_4 = -\sigma_4 = -80''.8 \qquad (6.141)$$

根据(6.55)~(6.56)式给出的天平动引起的附加摄动位 R_l 和 R_s 可知,对月球卫星轨道只有长、短周期影响。就短周期项而言,只需考虑对轨道半长径的影响,有

$$a_s(J_2\theta) = 2a^2 R_s(J_2\theta) \qquad (6.142)$$

6.2.6 轨道分析解在任务设计中的应用

下列几种类型的轨道是人们所关注的:

(1) 回归轨道,即卫星轨道周期与月球自转周期成简单整数比;

(2) 太阳同步轨道,即卫星轨道平面的进动与中心天体的公转方向相同、周期相等,亦即在中心天体上看,卫星轨道平面跟着太阳以相同速度向东"跑";

(3) 冻结轨道,即卫星轨道的长轴(亦即拱线)方向不变。

(1) 回归轨道

上述三类轨道中,第一类很简单,例如地球卫星,针对日照条件,要求卫星每天绕转 12 圈重复过同一地点上空,该卫星的轨道周期即为 2 小时。对于环月回归轨道,亦有类似要求,从轨道实现而言,并无复杂要求。该回归条件可以附加在另两类轨道上,不再单纯阐明环月回归轨道的设计问题。

(2) 太阳同步轨道的设计

所谓太阳同步轨道,即要求其轨道平面跟着太阳以相同速度向东"跑"。卫星轨道平面的进动,主要源于中心天体非球形引力位中扁率项 J_2 的摄动作用。要求卫星轨道平面东进状态与太阳"绕"中心天体运行(实为中心天体绕日公转运动)同步,无量纲形式的表达条件为

$$\dot{\Omega} = n_s \qquad (6.143)$$

其中 n_s 为太阳"绕"月公转角速度。显然,只有平均系统才有这种可能,即 $\dot{\Omega}$ 应为环月卫星轨道升交点的平均变化率。在"一阶"意义下,有

$$\dot{\Omega} = -\frac{3J_2}{2p^2}n\cos i = n_s \qquad (6.144)$$

若考虑到前面给出的包含四类主要摄动源的完整分析解,变化率 $\dot{\Omega}$ 有如下形式:

$$\dot{\Omega} = \Omega_{2c}(J_2) + \Omega_{3c}(J_l) + \Omega_{4c}(J_2^2) + \Omega_{3c}(\mu_1) = n_s \qquad (6.145)$$

其中各个部分的具体形式已在第 6.2.4 节中给出,这里再集中列出如下:

$$\Omega_{3c}(J_l) = -n\cos i \sum_{l(2)\geqslant 4} \left(\frac{J_l}{p_0^l}\right) F_2(i) K_1(e) \qquad (6.146)$$

$$\Omega_{4c}(J_2^2) = -\left(\frac{3J_2}{2p^2}\right)^2 n\cos i \left[\left(\frac{3}{2}+\frac{1}{6}e^2+\sqrt{1-e^2}\right)-\left(\frac{5}{3}-\frac{5}{24}e^2+\frac{3}{2}\sqrt{1-e^2}\right)\sin^2 i\right]$$
$$\qquad (6.147)$$

$$\Omega_{3c}(\mu_1) = -n\cos i \left(\frac{3}{4}\beta_1 a^3\right)\left(1-\frac{3}{2}\sin^2 i'\right)\left(1+\frac{3}{2}e^2\right)(1-e^2)^{-1/2} \qquad (6.148)$$

上述三个表达式中出现的 $p_0 = a(1-e^2)$,$F_2(i)$,$K_1(e)$ 和 β_1 的含义见$(6.62)\sim(6.64)$式。对于月球而言,由于导致卫星轨道平面旋转的非球形引力位中的偶次带谐项系数$(J_{2,l},l\geqslant 2)$的值要比 J_2 小 $1\sim 2$ 个量级,地球引力摄动相应同样小于 J_2 项摄动,其他能导致卫星轨道平面旋转的摄动因素更小,故只考虑 J_2 项给出的条件(6.144),基本上可以体现太阳同步轨道的实际运动状态。

仅考虑月球非球形引力 J_2 项的影响,给出月球的低轨太阳同步轨道的一例如下:

每天(地球日)环绕月球运行约 12 圈,相应的主要轨道参数即

$$\bar{h}=120.0(\text{km}), \quad T_s=120^{\text{m}}.0$$
$$a=1860.3(\text{km}), \quad e=0.0010, \quad i=148°.4637 \qquad (6.149)$$

若要给出精确结果,则由下列形式提供:

$$\cos i = -\frac{n_s}{n}\left\{\frac{3J_2}{2p^2}+\sum_{l(2)\geqslant 4}\left(\frac{J_l}{p_0^l}\right)F_2(i)K_1(e)\right.$$
$$\left.+\left(\frac{3}{4}\beta_1 a^3\right)\left(1-\frac{3}{2}\sin^2 i'\right)\left(1+\frac{3}{2}e^2\right)(1-e^2)^{-1/2}\right\}^{-1} \qquad (6.150)$$

根据该式,设定轨道半长径 a 和偏心率 e 后,即可确定环月卫星太阳同步轨道倾角 i 的精确值。但要注意,严格而言,这三个主要轨道根数 a,e,i 均为平均轨道根数 $\bar{a},\bar{e},\bar{i}$,不过,从轨道设计角度来看,视其为瞬时根数亦无妨。

显然,与地球卫星情况类似,环月卫星的太阳同步轨道也是逆行的,即 $i>90°$,而且由于主要摄动因素月球的动力学扁率比地球的小,因此,环月卫星的太阳同步轨道倾角远远偏离极轨状态,见(6.149)式表达的一条太阳同步轨道。

(3) 冻结轨道的设计

1) 冻结轨道概况

与地球卫星状态类似,冻结(Frozen)轨道即拱线静止轨道,亦即卫星轨道的近星点指向不变。就轨道的近星点方向不变而言,冻结轨道有两类:临界倾角轨道和任意倾角(除临界倾角外)的冻结轨道。

关于临界倾角轨道,由中心天体非球形引力位中扁率项 J_2 的长期摄动所确定。近星点幅角 ω 的长期变率 $\dot{\omega}$ 主项的无量纲表达式如下:

$$\dot{\omega}=\frac{3J_2}{2p^2}n\left(2-\frac{5}{2}\sin^2 i\right) \qquad (6.151)$$

当条件 $\dot{\omega}=0$ 满足时,近星点指向不变,相应的倾角称为临界倾角,记作 i_c,有

$$i_c=63°26',\quad 116°34' \tag{6.152}$$

这类冻结轨道的特征与地球卫星的相应状态相同,都是由非球形引力位的扁率影响所确定的。

通常所说的冻结轨道是指对应任一倾角的特殊轨道。与太阳同步轨道类似,这一特殊轨道实际上亦对应一个平均轨道解。对于低轨卫星而言,相应的平均系统主要取决于中心天体(这里即月球)非球形引力位中的带谐项 $J_l(l\geqslant2)$ 状态。与地球卫星的冻结轨道解类似,有下列两种可能:

$$\omega=90°\quad or\quad 270° \tag{6.153}$$

给定轨道半长径和倾角 (a,i) 后,在简化前提下,即可由下式确定相应的轨道偏心率 e:

$$e=\left|\frac{J_3}{J_2}\right|\frac{1}{2a}\sin i[1+O(\varepsilon^2)] \tag{6.154}$$

其中 ε^2 表示相对 $|J_3/J_2|$ 的高阶小量。如果 $(J_3/J_2)>0$,对应冻结轨道解 $\omega=270°$,反之,$(J_3/J_2)<0$,对应冻结轨道解 $\omega=90°$,由于月球的非球形引力位对应 $(J_3/J_2)>0$,因此,在仅考虑 J_3 项影响的前提下,月球冻结轨道解的近星点幅角应为 $\omega=270°$,这一特征与地球卫星的冻结轨道不同。

主要奇次带谐项 J_3 与扁率项 J_2 的相对大小决定了冻结轨道解对应的轨道偏心率的大小,对月球,冻结轨道偏心率 e 的量级可达 10^{-1} 的量级,而地球卫星冻结轨道的偏心率为 10^{-3} 的量级,这表明月球卫星的冻结轨道与地球卫星的冻结轨道大不相同,并不一定是近圆轨道。

2) 冻结轨道解

与地球卫星类似,在月球非球形引力作用下,相应的平均系统(即消除轨道变化的短周期部分)可能存在一种特解:

$$\bar{a}(t)=a_0,\quad \bar{e}(t)=e_0,\quad \bar{i}(t)=i_0,\quad \bar{\omega}(t)=\omega_0=90°\text{或}270° \tag{6.155}$$

拱线不动,此即冻结轨道。该解对 $\bar{i}_0$ 无任何限制,对应不同的 $\bar{i}_0$ 有相应的 $\bar{e}_0$ 存在。同样由于月球引力场的特征,与地球卫星的冻结轨道状态亦有明显差别。对于地球卫星,基本上由 J_2 和 J_3 两项即可确定冻结轨道解,而对月球卫星则不然,平均根数仍记作 a,e,i,ω,略去推导过程(原理与建立地球卫星的冻结轨道类似),下面直接给出相应的冻结轨道解。在 a 值给定的情况下,对于任一 i 值,冻结轨道对应的 e 值满足下列条件:

$$e=\pm\sin i\sum_{l(2)\geqslant3}(-1)^{(l-1)/2}(l-1)\left(\frac{J_l}{a_0^l}\right)F^*(i)\left(\frac{n}{\omega_c}\right) \tag{6.156}$$

其中

$$\begin{cases} F^*(i)=\sum_{q=0}^{(l-1)/2}(-1)^q\left(\frac{1}{2}\right)^{(l+2q+1)}C_{lpq}^*(\sin^2 i)^q \\ C_{lpq}^*=\begin{pmatrix}l\\(l-1)/(2-q)\end{pmatrix}\begin{pmatrix}l+2q+1\\l\end{pmatrix}\begin{pmatrix}2q+1\\q\end{pmatrix}\end{cases} \tag{6.157}$$

ω_c 是 ω 的长期变率,若只取由 J_2 给出的变率 ω_{2c},不失为一个合理的简化,则(6.156)式简化为下列形式:

$$e = \pm \sin i \left\{ \sum_{l(2) \geqslant 3} (-1)^{(l-1)/2} \left(\frac{2}{3a_0^{l-2}} \right)(l-1)\left(\frac{J_l}{J_2} \right) F^*(i) \right\} / \left(2 - \frac{5}{2} \sin^2 i \right) \quad (6.158)$$

该式右端"+"号对应冻结轨道解 $\omega \equiv \omega_0 = 90°$,"−"对应 $\omega_0 = 270°$,前者对应(2.400)式右端值为正,而后者对应右端值为负,即 e 的解为正值。右端括号{}内求和中 $l(2)$ 表示取值"步长"为 2,即 $l(2) = 3,5,\cdots$。

对于月球低轨卫星,不同的 i 值,冻结轨道解有两种可能,即 $\omega \equiv \omega_0 = 90°$ 或 $270°$,且相应的 e_0 值可能较大,见表 6.6,对应轨道周期为 $T_s \approx 117.849$(分)。计算时对 $i = 1°$ 到 $179°$,间隔 $1°$,给出的冻结轨道解,表 6.6 只列出了部分与问题分析有关的结果。上述结果与地球卫星情况有所差别,地球卫星的冻结轨道主要取决于 J_3 项,且总有 $\omega \equiv \omega_0 = 90°$,由类似的(6.156)式给出的偏心率 e 对不同的 i 值均很小,即地球卫星冻结轨道解 $e_0 = O(10^{-3})$。这一结果的差别是由月球质量分布"极不"均匀(相对地球而言)所致,质量瘤现象即其反应。

从表 6.6 的部分数据可以看出:某些倾角(如 $i = 90°$ 等)对应的冻结轨道 e 值原本就较大,在各种外力摄动下,轨道偏心率的变化,完全有可能使低轨卫星的近月点高度 h_p 降低至 $h_p = 0$,即月球卫星轨道与月球相撞,结束其轨道寿命。这种轨道寿命机制就是在没有耗散因素影响的前提下,月球低轨卫星轨道寿命的力学机制:即使初始偏心率 e 较小,也会因月球非球形引力位中的奇次带和谐项 $J_{2l-1}(l \geqslant 2)$ 的长周期摄动(与慢变量 ω 有关)影响,使其达到一定值,导致低轨卫星的近月点高度 h_p 降低至 $h_p = 0$。由于月球低轨卫星轨道寿命较短,对应的轨道倾角正是冻结轨道解对应偏心率 e 并非太小的状态,因此,采用冻结轨道的措施难以约束轨道偏心率的长周期变化,而无法达到控制近月点高度 h_p 降低至 $h_p = 0$ 的目的。关于这一影响低轨卫星轨道寿命的引力机制,在前面第 5 章第 5.6.1 小节中曾作过一般分析和相应的计算验证。

表 6.6　冻结轨道解

i(deg)	ω(deg)	e	i(deg)	ω(deg)	e
1.0	90.0	0.005647	50.0	90.0	0.000870
5.0	90.0	0.025923	55.0	90.0	0.140493
10.0	90.0	0.040836	60.0	270.0	0.091597
20.0	90.0	0.021863	63.0	270.0	0.188417
28.0	270.0	0.002481	75.0	270.0	0.044756
35.0	270.0	0.060784	77.0	270.0	0.009016
40.0	270.0	0.047442	80.0	90.0	0.026043

（续表）

$i(\deg)$	$\omega(\deg)$	e	$i(\deg)$	$\omega(\deg)$	e
45.0	270.0	0.046151	85.0	270.0	0.001753
49.5	270.0	0.007062	90.0	270.0	0.043215
50.0	90.0	0.000870	95.0	270.0	0.001728

6.3 火星卫星受摄运动的轨道解

对于环火低轨卫星，如初始平均高度 $\bar{h} = 200\ \text{km} \sim 400\ \text{km}$，在绕火星运行过程中，除受到火星作为质点的中心引力作用外，还有各种摄动源，包括非球形引力部分及其赤道面的摆动引起的变化，太阳引力，火星自然卫星引力（相当于地球卫星运动中的月球引力），其他大行星的引力作用，太阳光压以及火星大气耗散效应等。另外，还有对牛顿力学的修正项，即后牛顿效应。在一个具体应用的背景下，哪些因素必须考虑，需要具体分析。

6.3.1 坐标系的选取

由于非球形引力仍然是火星低轨卫星的主要摄动源，那么与处理地球卫星受摄运动轨道解的考虑类似，选择历元(J2000.0)火心平赤道坐标系，以下就简称火心平赤道坐标系。该坐标系已在第 1 章第 1.5 节作过介绍，坐标原点 O 取在火星质心上，该质心应与所选择的火星引力场模型自洽，基本坐标面（即 xy 平面）是火星平赤道面。同样，由于火星赤道面的摆动，在所选择的火心平赤道坐标系中亦存在坐标系附加摄动，有关细节及其引起的相关问题，已在前面第 1 章第 1.5 节中作过介绍，在卫星轨道解的构造中将会作相应的处理。

6.3.2 火星卫星受摄运动的数学模型

为了讨论问题的方便和各物理量相对大小的比较，在构造火星卫星的轨道摄动解中，同样采用地球卫星中的处理方式，选择无量纲形式的计算单位系统，即长度单位 $[L]$，质量单位 $[M]$ 和时间单位 $[T]$ 分别取为

$$\begin{cases} [L] = a_e & (a_e\ \text{是火星参考椭球体的赤道半径}) \\ [M] = M & (M\ \text{是火星质量，其数值使用}\ GM\ \text{代替}) \\ [T] = (a_e^3/GM)^{1/2} \end{cases} \tag{6.159}$$

在此计算单位中，引力常数 $G = 1$，火心引力常数 $\mu = GM = 1$。若采用美国哥达德火星重力场模型：GMM‐2B，则有

$$\begin{cases} a_e = 3397.0(\text{km}) \\ GM = 42828.3719(\text{km}^3/\text{s}^2) \\ [T] = 15.945064755181(\text{minute}) \end{cases} \tag{6.160}$$

这仅是一种计算单位的选择,并不涉及具体精度问题。不过,即使改用火星的其他引力场模型,上述标准单位值的差别也很小,不会改变各物理量的量级,对分析问题毫无影响。

对于火星低轨卫星,在火心赤道坐标系(前面第 1 章第 1.5.1 小节中已指出,由于火星赤道面摆动中的章动量较小,不再区分真赤道和平赤道)中的运动方程同样可写成下列形式:

$$\vec{F}_0 = -\frac{\mu}{r^3}\vec{r} \tag{6.161}$$

$$\vec{F}_\varepsilon = \sum_{j=1}^{10} \vec{F}_j(\vec{r}, \dot{\vec{r}}, t; \varepsilon_j) \tag{6.162}$$

其包含的 10 类摄动因素,即前面提到的非球形引力部分及其赤道面的摆动引起的变化,太阳引力,火星自然卫星引力(相当于地球卫星运动中的月球引力),其他大行星的引力作用,太阳光压以及火星大气耗散效应和后牛顿效应。相应的摄动加速度 $\vec{F}_j$ 的量级 $\varepsilon_j(j=1,2,\cdots)$ 由下式估计:

$$\varepsilon_j = \frac{|\vec{F}_j|}{|\vec{F}_0|} \tag{6.163}$$

对于上述平均高度 $\bar{h} = 200\ \text{km} - 400\ \text{km}$ 的卫星,由该估计式给出各摄动加速度相应的摄动量级 $\varepsilon_j(j=1,2,\cdots)$ 如下:

$$\begin{cases} \varepsilon_1(J_2) = O(10^{-3}), \\ \varepsilon_2(J_{2,2}) = O(10^{-4}), \\ \varepsilon_3(J_3, J_4, \cdots, J_{l,m}, \cdots) = O(10^{-6} \sim 10^{-5}) \\ \varepsilon_4(\text{Precession}) = O(10^{-7}), \\ \varepsilon_5(\text{Sun}) = O(10^{-8}), \\ \varepsilon_6(''\text{Moon}'') = O(10^{-9}), \\ \varepsilon_7(\text{Planets}) \leqslant O(10^{-12}), \\ \varepsilon_8(\text{solar radiation}) \leqslant O(10^{-9}), \\ \varepsilon_9(\text{atmosphere}) = O(10^{-8}), \bar{h} = 300\ \text{km} \end{cases} \tag{6.164}$$

关于后牛顿效应,主要是火星的一体效应,有

$$\varepsilon_{10} = O(10^{-10}) \tag{6.165}$$

关于大气的影响问题,其表面虽有大气,但其总量比地球大气稀薄,它的表面气压只有 0.007 bar。因此,尽管其密度随高度下降的梯度没有地球那么明显(即密度标高比地球大,密度随高度下降较缓慢),但对不太低的卫星轨道影响,不会像地球卫星那样有明显的能量耗散效应。也由于其密度随高度下降较缓慢(可以处理成代数模式,甚至是线性模式),在上述摄动量级的分析中,对高度 $\bar{h} = 300\ \text{km}$ 处的大气密度假定为地球大气密度的十分之一。

根据上述分析,一般无需考虑其他大行星的摄动影响。主要摄动源是火星的非球形引

力作用(包括火星赤道面摆动导致引力位变化的岁差效应);太阳引力作用处于"边缘"状态;而非引力(光压和大气)作用大小,将取决于卫星的有效面积质量比(简称面质比),上述估计值是按一般卫星的几何状态设定的,即假定有效面质比(S/m)为

$$S/m = 1 \text{ m}^2 / 100 \text{ kg} = 10^8 \tag{6.166}$$

对于具体问题涉及的有效面质比,通常不会有多大差异,除非一些特殊卫星,将可根据实际状态作相应处理。

上述简单的定量估计分析结果表明以下三点:

(1) 只需考虑火星的非球形引力摄动和非引力作用中的大气阻力影响(如果火星大气密度确有那么大,即为地球的 10%,而探测器又有一定的面质比大小),还有与非球形引力位(扁率部分)有关的坐标系附加摄动;

(2) 火星非球形引力状态亦较复杂,球谐展开式收敛较慢,往往需要取到高阶次;

(3) 关于太阳引力摄动问题,只有高轨情况,才有必要考虑。

6.3.3 火星卫星轨道的摄动分析解[7,8]

既然火星的物理状态(主要指涉及其卫星轨道运动的力学环境,如均为快自转天体,非球形引力位的扁率均较大等)与地球很相似,那么,环绕其运行的航天器的轨道变化特征就不会像月球卫星那样与地球卫星有较大的差别,两者轨道摄动解的构造方法和具体结果(指解的表达形式)都基本相同,只是有关参数要作相应的改变。因此,本书将不再重复相关内容,除此之外,有三个明显的差别需要给出具体细节和相应的结果,即非球形引力位的 J_2 与 $J_{2,2}$ 等项的联合摄动效应,火星赤道面摆动引起的坐标系附加摄动效应,火星的两个自然卫星的引力摄动涉及的该两卫星自身的轨道问题。

6.3.3.1 J_2 与 $J_{2,2}$ 等项的联合摄动效应

这两项联合摄动效应的量级,从表面上看仅为 $O(10^{-7})$,实际上对卫星轨道半长径的影响可达 10^{-6},与 $a_s^{(2)}(J_2^2, t)$ 相当,不可忽视,下面给出其具体表达形式。

(1) 卫星轨道半长径 a 的短周期项 $a_s^{(2)}(J_2 \cdot J_{2,2}, t)$

由平均根数法,给出轨道半长径 a 的二阶短周期项由下式给出:

$$a_s^{(2)}(J_2 \cdot J_{2,2}, t) = \int \left[\sum_j \left(\frac{\partial f(J_2)}{\partial \sigma_j} (\sigma_s(J_{2,2}))_j + \frac{\partial f(J_{2,2})}{\partial \sigma_j} (\sigma_s(J_2))_j \right) \right]_s \mathrm{d}t \tag{6.167}$$

将相应的右函数 $f(J_2), f(J_{2,2})$ 和一阶短周期项 $\sigma_s(J_2), \sigma_s(J_{2,2})$ 代入上式,积分并保留到 $O(e^0)$,即给出如下结果:

$$a_s^{(2)}(J_2 \cdot J_{2,2}, t) = \frac{9J_2 J_{2,2}}{8a^3} \left\{ \frac{40}{3} \sin^2 i \left(1 - \frac{5}{4} \sin^2 i \right) \cos(2\Omega_{2,2}) \right.$$

$$+ \left[\sin^2 i (1 + \cos i) \left(\frac{2}{\alpha} + 2 \right) - \sin^4 i \left(\frac{8}{\alpha} + 6 \right) + \frac{28}{3} \left(1 - \frac{3}{2} \sin^2 i \right) (1 + \cos i)^2 \right]$$

$$\times \cos(2M + 2\omega + 2\Omega_{2,2})$$

$$- \left[\sin^2 i (1 - \cos i) \left(\frac{2}{\alpha} + 2 \right) - \sin^4 i \left(\frac{8}{\alpha} + 6 \right) - \frac{28}{3} \left(1 - \frac{3}{2} \sin^2 i \right) (1 - \cos i)^2 \right]$$

$$\times \cos(2M + 2\omega - 2\Omega_{2,2}) + \frac{4}{3} \sin^2 i \left[(1 + \cos i)^2 \cos(4M + 4\omega + 2\Omega_{2,2}) \right.$$

$$\left. \left. + (1 - \cos i)^2 \cos(4M + 4\omega - 2\Omega_{2,2}) \right] \right\} \tag{6.168}$$

其中

$$\begin{cases} \Omega_{2,2} = \Omega - S_{2,2} - n_m(t - t_0) \\ \alpha = n_m / n \end{cases} \tag{6.169}$$

Ω 为 t 时刻的拟平均根数 $\overline{\Omega}(t)$，$S_{2,2}$ 是历元 t_0 时刻火星赤道"对称轴"方向的地方"恒星时"，由火星上的格林尼治恒星时计算而得，格林尼治恒星时的计算公式见第 1 章的(1.109)式，$S_{2,2}$ 即该式中的 W；n_m，n 分别为火星自转角速度和卫星平运动角速度。对于低轨卫星，$\alpha \leqslant 0.1$，此即火星自转项重要性的根源，相应的项要比一般项大一个量级，可使 $a_s^{(2)}(t) = a_s^{(2)}(J_2 \cdot J_{2,2}, t)$ 的量级达到甚至超过 10^{-6}。公式(6.168)中仅与火星自转因子 α 有关的联合摄动项如下：

$$a_s^{(2)}(J_2 \cdot J_{2,2}, t) = \frac{9J_2 J_{2,2}}{4a^3} \left(\frac{1}{\alpha} \right) \left\{ \left[\sin^2 i (1 + \cos i) - 4\sin^4 i \right] \cos(2M + 2\omega + 2\Omega_{2,2}) \right.$$

$$\left. - \left[\sin^2 i (1 - \cos i) - 4\sin^4 i \right] \cos(2M + 2\omega - 2\Omega_{2,2}) \right\} \tag{6.170}$$

由于 $a_s^{(2)}(J_2 \cdot J_{2,2}, t)$ 的值可达 $O(10^{-6}) \sim O(10^{-5})$ 的量级，从而外推 $1 \sim 2$ 天的时间弧段，会对沿迹项产生 $O(10^{-4})$ 量级或更大些的影响。

（2）卫星轨道半长径 a 的短周期项 $a_s^{(2)}(J_{2,2} \cdot J_{2,2}, t)$

轨道半长径 a 的短周期项 $a_s^{(2)}(J_{2,2} \cdot J_{2,2}, t)$ 由下列积分给出：

$$a_s^{(2)}(J_{2,2} \cdot J_{2,2}, t) = \int_t \left[\sum_j \frac{\partial f_1(J_{2,2})}{\partial \sigma_j} (\sigma_s^{(1)}(J_{2,2}))_j \right]_s \mathrm{d}t, \tag{6.171}$$

将相应的右函数 $f_1(J_{2,2})$ 和一阶短周期项 $\sigma_s^{(1)}(J_{2,2})$ 代入上式，积分并保留到 $O(e^0)$，可得如下仅与火星自转因子 α 有关的联合摄动项如下：

$$a_s^{(2)}(J_{2,2} \cdot J_{2,2}, t) = \frac{9J_{2,2}^2}{8a^3} \frac{1}{\alpha} \left\{ 24\sin^2 i \cos i \cos(2M + 2\omega) \right.$$

$$- 8\sin^2 i (1 + \cos i)^2 \cos(2M + 2\omega + 4\Omega_{2,2})$$

$$\left. + 8\sin^2 i (1 - \cos i)^2 \cos(2M + 2\omega - 4\Omega_{2,2}) \right\} \tag{6.172}$$

考虑该项的原因同上。

6.3.3.2 火星岁差引起的坐标系附加摄动

第 1 章第 1.5 节中介绍的 IAU2000 火星定向模型(图 1.6),一方面将火星坐标系与地球坐标系建立了必要的联系,即提供了明确的转换关系,同时该定向模型还给出了火星平天极在火心天球坐标系中的赤经、赤纬计算公式如下:

$$\alpha = 317.68143° - 0.1061°T$$
$$\delta = 52.88650° - 0.0609°T$$

(6.173)

T 即自 J2000.0 起算的时刻 t 对应的儒略世纪。而火星赤道的章动量较小,最大项的摆幅约 $1''$,对轨道的影响又无"累积"效应,对于一般问题无需考虑。那么,只要考虑火星岁差引起的坐标系附加摄动即可,同时在下面的阐述中,与前面的阐述一致,不再区分真赤道面和平赤道面,就简称赤道面。

(1) 火固坐标系 $O\text{-}XYZ$ 与火心赤道坐标系 $O\text{-}xyz$ 之间的转换关系

对于环火卫星轨道问题,探测器的空间位置矢量在火心赤道坐标系和火固坐标系中分别记作 $\vec{r}$ 和 $\vec{R}$,那么在不考虑火星地极移动和天极章动的前提下,两个坐标系之间的转换关系已在第 1 章 1.5 节中给出,如下:

$$\vec{R} = (MP)\vec{r}$$

(6.174)

其中坐标转换矩阵 (MP) 只包含两个旋转矩

$$(MP) = (MR)(PR)$$

(6.175)

这里的旋转矩阵 (MR) 即火星自转矩阵,见表达式(1.109),即

$$(MR) = R_{\text{IAU}}(t) = R_z(W)$$

(6.176)

$$W = 176°.630 + 350°.89198226d$$

(6.177)

其中,d 为自 J2000.0 起算的儒略日。另一个旋转矩阵 (PR) 是火星岁差矩阵,见表达式(1.111),即

$$(PR) = R_x(90° - \delta)R_z(-(\alpha_0 - \alpha))R_x(\delta_0 - 90°)$$

(6.178)

在处理火星卫星轨道的坐标系附加摄动时,可借鉴地球卫星轨道坐标系附加摄动中对相应矩阵的处理方法,将上述转换矩阵 (MP) 作简化处理。

IAU2000 火星定向模型(见第 1 章 1.5 节中的图 1.6)给出因岁差原因火星平天极在火心"天球坐标系"中赤经、赤纬的变化关系为

$$\begin{cases} \alpha = \alpha_0 - 0°.1061T, \quad \delta = \delta_0 - 0°.0609T \\ \alpha_0 = 317°.68143, \quad \delta_0 = 52°.88650 \end{cases}$$

(6.179)

T 为自 J2000.0 起算的儒略世纪数,该式给出类似地球岁差的长期(长周期)变化。由此可知,在 50 年间,火星平天极的变化较小,可考虑保留到赤经岁差 $\Delta\alpha = (\alpha - \alpha_0)$ 和赤纬岁差 $\Delta\delta = (\delta - \delta_0)$ 的一阶量。为此,将式(6.178)表达的岁差矩阵改写成下列形式:

$$(PR) = R_x(\theta + \Delta\theta)R_z(-\Delta\mu)R_x(-\theta)$$

(6.180)

其中

$$\theta = 37°.11350$$

(6.181)

289

$$\Delta\theta = 0°.0609T, \quad \Delta\mu = 0°.1061T \tag{6.182}$$

T 即前面已定义过的自 J2000.0 起算的时刻 t 对应的儒略世纪数。

利用上述火星自转矩阵(MR)和岁差矩阵(PR),准到一阶岁差量时,容易给出火固坐标系和火心赤道坐标系中卫星位置矢量$\vec{R}$与$\vec{r}$之间的转换关系式(6.174)简化为下列形式:

$$\vec{R} = \begin{bmatrix} X \\ Y \\ Z \end{bmatrix} = (MP)\vec{r} = \begin{Bmatrix} X \\ Y \\ z - (\Delta\mu\sin\theta)x - (\Delta\theta)y \end{Bmatrix} \tag{6.183}$$

$$\begin{bmatrix} X \\ Y \end{bmatrix} = \begin{Bmatrix} (x\cos W + y\sin W) + \cos W[-(\Delta\mu\cos\theta)y + (\Delta\mu\sin\theta)z] \\ \quad + \sin W[(\Delta\mu\cos\theta)y + (\Delta\theta)z] \\ (-x\sin W + y\cos W) - \sin W[-(\Delta\mu\cos\theta)y + (\Delta\mu\sin\theta)z] \\ \quad + \cos W[(\Delta\mu\cos\theta)y + (\Delta\theta)z] \end{Bmatrix} \tag{6.184}$$

这一转换关系就是下面要给出坐标系附加摄动分析解的依据。火星非球形引力位中带谐项 $J_l(l \geqslant 2)$ 的附加摄动与火星自转无关,仅涉及上述 Z 分量,有

$$Z = z - [(\Delta\mu\sin\theta)x + (\Delta\theta)y] \tag{6.185}$$

$$\Delta\mu\sin\theta = 0°.0640T, \Delta\theta = 0°.0609T \tag{6.186}$$

上述关系式(6.183)~(6.186),就是用来建立因赤道面摆动而引起的火星非球形引力附加位的基本关系式。

(2) 火星非球形引力位的附加部分

在构建火星赤道坐标系附加摄动中,涉及的各物理量同样采用无量纲形式,相应的归一化无量纲单位见(6.160)式。

由于火星的岁差量级不大,对于环火卫星轨道的坐标系附加摄动,同样只需要给出非球形引力位中主要带谐项(J_2 项)的附加摄动即可。相应的非球形引力位的表达式如下:

$$V(J_2) = \left(-\frac{J_2}{a^3}\right)\left(\frac{a}{R}\right)^3\left[\left(\frac{3}{2}\right)\left(\frac{Z}{R}\right)^2 - \left(\frac{1}{2}\right)\right] \tag{6.187}$$

不难看出,$R = r$。上述火固坐标系与火心赤道坐标系之间的转换,除忽略掉极移和章动两个因素外,还与火星自转无关。代替严格转换关系的表达式(6.183)就是构造 J_2 项坐标系附加摄动解所需要的转换关系。

将式(6.183)表达的 Z 坐标代入 J_2 项的引力位表达式(6.187),给出

$$V(J_2) = \left(-\frac{J_2}{a^3}\right)\left(\frac{a}{r}\right)^3\left[\left(\frac{3}{2}\right)\left(\frac{z}{r}\right)^2 - \left(\frac{1}{2}\right)\right]$$

$$+ 3\left(\frac{J_2}{a^3}\right)\left(\frac{a}{r}\right)^3\left(\frac{z}{r}\right)\left[(\Delta\mu\sin\theta)\left(\frac{x}{r}\right) + (\Delta\theta)\left(\frac{y}{r}\right)\right] \tag{6.188}$$

其中

$$\begin{cases} (z/r) = \sin i\sin u, \\ (x/r) = \cos\Omega\cos u - \sin\Omega\sin u\cos i \\ (y/r) = \sin\Omega\cos u + \cos\Omega\sin u\cos i \end{cases} \tag{6.189}$$

这里 $u=f+\omega, a, i, \Omega, \omega, f$ 等均为卫星轨道根数(Kepler 椭圆根数)的常用符号。由此可以得到火心赤道坐标系中附加摄动位的表达式如下:

$$\Delta V(J_2)=(3J_2/2a^3)(a/r)^3 \sin i\{\cos i[(\Delta\theta)\cos\Omega-(\Delta\mu\sin\theta)\sin\Omega]$$
$$+[(\Delta\mu\sin\theta)\cos\Omega+(\Delta\theta)\sin\Omega]\sin 2u$$
$$+\cos i[(\Delta\mu\sin\theta)\sin\Omega-(\Delta\theta)\cos\Omega]\cos 2u\} \quad (6.190)$$

其中岁差量距离标准历元 T_0(J2000.0)10~20 年时会达到 10^{-4} 的量级(见(6.186)式)。由此可知:J_2 项坐标系附加摄动的量级为 10^{-7}。另一主要田谐项 $J_{2,2}$ 的坐标系附加摄动,其影响至少比 J_2 项的上述影响小一个量级,通常可不考虑,如果在某些有高精度要求的问题中需要给出这一影响,所涉及的 X,Y 与 x,y 的转换关系已由(6.184)式给出,相应的附加摄动构建方法类似,不再论述。

(3) 火星 J_2 项的坐标系附加摄动解

将坐标系附加摄动位 $\Delta V(J_2)$ 分解,分离出长、短周期部分 ΔV_l 和 ΔV_s,有

$$\Delta V(J_2)=\Delta V_l+\Delta V_s \quad (6.191)$$

其中长、短周期部分的具体表达形式如下:

$$\begin{cases} \Delta V_l=\left(\dfrac{3J_2}{2a^3}\right)(1-e^2)^{-3/2}\sin i\cos i[(\Delta y\cos\theta_0)\cos\Omega-(\Delta y\sin\theta_0)\sin\Omega] \\ \Delta V_s=\Delta V(J_2)-\Delta V_l \end{cases} \quad (6.192)$$

根据上述附加摄动位 $\Delta V_l, \Delta V_s$ 可知,火星 J_2 项坐标系附加摄动对环火卫星运动轨道只有长、短周期影响。不过,这里的长周期项 ΔV_l 由于岁差量 $\Delta\mu$ 的变化,实质上是混合型的泊松项,但是岁差量 $\Delta\mu$ 的变化很缓慢,对于任一时刻 t 的卫星轨道问题,完全可以将该 t 时刻 $\Delta\mu$ 的相应值作为不变量来处理。

对于短周期项,只需考虑对轨道半长径的影响,有

$$a_s(t)=2a^2\Delta V_s \quad (6.193)$$

长周期变化项 $\Delta\sigma(t)$ 为

$$\Delta\sigma(t)=\sigma_l(t)-\sigma_l(t_0) \quad (6.194)$$

相应的长周期项 $\sigma_l(t)$ 表达式如下:

$$a_l(t)=0 \quad (6.195)$$

$$e_l(t)=0 \quad (6.196)$$

$$i_l(t)=I \quad (6.197)$$

$$\Omega_l(t)=(-\cot i)Q \quad (6.198)$$

$$\omega_l(t)=(\csc i)Q \quad (6.199)$$

$$M_l(t)=0 \quad (6.200)$$

其中

$$I=[(\Delta\theta)\cos\Omega-(\Delta\mu\sin\theta)\sin\Omega] \quad (6.201)$$

$$Q=[(\Delta\mu\sin\theta)\cos\Omega+(\Delta\theta)\sin\Omega] \quad (6.202)$$

上述各式右端出现的轨道根数 $a,e,i,\Omega,\cdots$，均为拟平均根数 $\bar{\sigma}(t)$。

6.3.3.3　火星自然卫星摄动效应处理中的有关问题

在 6.3.2 小节中，对火星低轨卫星的受摄环境所作的分析，给出火星的两个自然卫星的引力摄动量级为：

$$\varepsilon_6(\text{"Moon"})=O(10^{-9})$$

尽管并不重要，但对高轨卫星轨道的影响会增强，就像月球引力对地球的高轨卫星影响那样，这将涉及该两颗卫星自身的轨道问题。

（1）火星的两颗自然卫星的状态

两颗"月亮"（火卫一 Phobos 和火卫二 Deimos），在火心赤道坐标系中的三个主要轨道根数为：

$$a=2.7604(a_e),\quad e=0.0151,\quad i=1°.082,$$
$$a=6.9070(a_e),\quad e=0.00033,\quad i=1°.791$$

其质量分别为 $m_1=1.68\times10^{-8}$ 和 $m_2=2.80\times10^{-9}$，单位是火星质量，a_e 是火星赤道半径。由此可简单地了解对什么样高度的火星卫星会有重要影响。

（2）火星自然卫星的引力摄动解

本书主要考虑火星自然卫星对 $200\sim1000$ km 的低轨卫星的摄动影响，其摄动量级可达 $O(10^{-8})$。那么，在近似处理中忽略 $O(10^{-9})$ 的摄动影响，由此给出相应的摄动函数如下：

$$\begin{cases} R=m'\left[\dfrac{r^2}{r'^3}\left(\dfrac{3}{2}\cos^2\psi-\dfrac{1}{2}\right)+\dfrac{r^3}{r'^4}\left(\dfrac{5}{2}\cos^2\psi-\dfrac{3}{2}\cos\psi\right)\right] \\ \cos\psi=\left(1-\sin^2\dfrac{i}{2}\right)\cos(f+\omega+\Omega-f'-\omega'-\Omega')+\sin^2\dfrac{i}{2}\cos(f+\omega-\Omega-f'-\omega'-\Omega') \end{cases}$$

$$(6.203)$$

这里带有" $'$ "的量（包括无量纲质量 m' 和根数 $a',e',i',\cdots$）均为第三体（摄动天体，即火星的自然卫星）的有关量，下面不再说明。由于自然卫星的偏心率较小，相应的 r' 可以直接采用其轨道半长径代替，这样处理丢掉的是 $O(10^{-10})$ 的量级。处理后摄动函数只有短周期项和长期项：

$$R_c=m'\frac{a^2}{a'^3}\left(1+\frac{3}{2}e^2\right)\left[\frac{3}{4}\left(1-\sin^2\frac{i}{2}\right)^2+\frac{3}{4}\sin^4\frac{i}{2}-\frac{1}{2}\right] \qquad (6.204)$$

$$R_s=R-R_c \qquad (6.205)$$

由此给出低轨卫星轨道的摄动解，下面分别列出相应的摄动解表达式。

1）σ_2

$$a_2=0,e_2=0,i_2=0 \qquad (6.206)$$

$$\Omega_2=-\frac{3m'}{4}\frac{1}{\sqrt{1-e^2}}\frac{a^3}{a'^3}n\left(1+\frac{3}{2}e^2\right)\cos i \qquad (6.207)$$

$$\omega_2=\frac{3m'}{4}\frac{1}{\sqrt{1-e^2}}\frac{a^3}{a'^3}n\left(1+\frac{3}{2}e^2\right)\cos^2 i+3m'\frac{a^3}{a'^3}\sqrt{1-e^2}\,n\left[\frac{3}{4}\left(1-\sin^2\frac{i}{2}\right)^2+\frac{3}{4}\sin^4\frac{i}{2}-\frac{1}{2}\right]$$

$$(6.208)$$

$$\lambda_2 = M_2 + \omega_2$$

$$= \frac{3m'}{4} \frac{a^3}{\sqrt{1-e^2}} \frac{a^3}{a'^3} n \left(1 + \frac{3}{2} e^2\right) \cos^2 i$$

$$+ 3m' \frac{a^3}{a'^3} \sqrt{1-e^2} \left(1 - \sqrt{1-e^2}\right) n \left[\frac{3}{4}\left(1 - \sin^2 \frac{i}{2}\right)^2 + \frac{3}{4}\sin^4 \frac{i}{2} - \frac{1}{2}\right]$$

$$- 4m' \frac{a^3}{a'^3} n \left(1 + \frac{3}{2} e^2\right) \left[\frac{3}{4}\left(1 - \sin^2 \frac{i}{2}\right)^2 + \frac{3}{4}\sin^4 \frac{i}{2} - \frac{1}{2}\right]$$

$$\tag{6.209}$$

2）短周期项 $a_s(t)$

$$a_s(t) = \frac{2}{n^2 a}(R - R_c) \tag{6.210}$$

对于高轨卫星摄动影响的处理较为复杂，在某些状态下，两颗自然卫星的轨道量不能再作上述简单处理，就像月球引力对地球高轨卫星的影响那样，需要提供两颗自然卫星自身较高精度的轨道量，这将涉及两颗自然卫星的轨道解，这里不再介绍，详见本章参考文献[9]。

6.4　金星卫星受摄运动的轨道解

除金星外，其他几个大行星几乎都是快自转天体，相应的非球形引力位并无实质性差别。而金星不仅如同月球那样属于慢自转天体，而且比月球转得更慢，以至更接近球形，见前面 6.1.4 小节表 6.5 给出的谐系数，不仅力学扁率系数 J_2 较小，而且其值与"高"阶谐系数（包括田谐系数）并无明显差别。因此，就非球形引力摄动而言，对低轨探测器轨道的摄动影响将有别于地球卫星和月球卫星的状况。因此，这里就以金星探测器轨道的非球形引力摄动解为例，介绍相应的构造方法和结果。

金星自转轴也在摆动，据目前的理论研究结果来看，即使存在与地球同量级的岁差、章动量，但由于金星的非球形部分相对而言很小，对于探测器的轨道问题，可不予考虑。因此，金星星固坐标系与金心平赤道坐标系之间，卫星的空间坐标矢量 $\vec{R}$ 与 $\vec{r}$ 的转换关系只需考虑金星的自转，采用如下转换关系：

$$\vec{R} = (ER)\vec{r} = R_z(S_G)\vec{r} \tag{6.211}$$

这里 S_G 是金星上的恒星时（即自转的反映），其计量见第 1 章 1.5.1 小节 IAU2000 火星定向模型（图 1.6）或附录 3——IAU2000 天体定向模型中的金星部分，其自转角如下：

$$W(t) = 160°.20 - 1°.4813688 d \tag{6.212}$$

注意，金星是逆自转。由此给出构造摄动解时将要用到的 S_G 由下列形式表达：

$$S_G = S_0 + \dot{S}_G(t - t_0) = 160°.20 - 1°.4813688 d \tag{6.213}$$

其中 d 是自 J2000.0 起算的儒略日。相应的金星自转角速度 n_e 为

$$n_e = -1°.4813688/\text{day} \tag{6.214}$$

6.4.1 非球形引力摄动位的表达形式

在金星星固坐标系中非球形引力摄动位（即摄动函数）的形式为

$$R = \Delta V = \frac{\mu}{r} \sum_{l \geqslant 2} \sum_{m=0}^{l} \left(\frac{a_e}{r}\right)^l P_{l,m}(\sin\varphi)[C_{l,m}\cos m\lambda + S_{l,m}\sin m\lambda] \tag{6.215}$$

进一步可表达成下列形式：

$$R = \frac{\mu}{a} \sum_{l=2}^{\infty} \sum_{m=0}^{l} \left(\frac{a_e}{a}\right)^l \sum_{p=0}^{l} F_{lmp}(i) \left(\frac{a}{r}\right)^{l+1} \{[(1-\delta_m)C_{lm} - \delta_m S_{lm}]\cos((l-2p)u + m\bar\theta)$$

$$+ [(1-\delta_m)S_{lm} + \delta_m C_{lm}]\sin((l-2p)u + m\bar\theta)\}$$

$$\bar\theta = \Omega - S_G$$

$$\tag{6.216}$$

其中 $\mu = GM$ 是金星引力常数，如果采用类似处理地球卫星、火星卫星等采用的无量纲计算单位，则 $\mu = GM = 1$。

(6.216)式中的符号函数 δ_m 和倾角函数 $F_{lmp}(i)$ 已在前面第 4 章中出现过，见表达式 (4.382)，(4.391)～(4.393)，即

$$\delta_{lm} = \frac{1}{2}[1-(-1)^{l-m}] = \begin{cases} 1, & (l-m)\text{奇} \\ 0, & (l-m)\text{偶} \end{cases} \tag{6.217}$$

$$F_{lmp}(i) = \frac{(l+m)!}{2^l p!(l-p)!} \sum_{k=k_1}^{k_2} (-1)^{k+(l-m+\delta_{lm})/2} \begin{pmatrix} 2l-2p \\ k \end{pmatrix} \begin{pmatrix} 2p \\ l-m-k \end{pmatrix}$$

$$\times \left(\sin\frac{i}{2}\right)^{-(l-m-2p-2k)} \left(\cos\frac{i}{2}\right)^{(3l-m-2p-2k)}$$

$$= \frac{(l+m)!}{2^{2l} p!(l-p)!} \sum_{k=k_1}^{k_2} (-1)^{k+(l-m+\delta_{lm})/2} \begin{pmatrix} 2l-2p \\ k \end{pmatrix} \begin{pmatrix} 2p \\ l-m-k \end{pmatrix}$$

$$\times \left(\sin\frac{i}{2}\right)^{-(l-m-2p-2k)} (1+\cos i)^{(2l-m-2p-2k)} \tag{6.218}$$

$$k_1 = \max(0, l-m-2p), \quad k_2 = \min(l-m, 2l-2p) \tag{6.219}$$

$$F'_{lmp}(i) = \frac{\mathrm{d}}{\mathrm{d}i} F_{lmp}(i)$$

$$= \frac{(l+m)!}{2^l p!(l-p)!} \left(\frac{1}{\sin i}\right) \sum_{k=k_1}^{k_2} (-1)^{k+(l-m+\delta_{lm})/2} \begin{pmatrix} 2l-2p \\ k \end{pmatrix} \begin{pmatrix} 2p \\ l-m-k \end{pmatrix}$$

$$\times \left[-2l\sin^2\frac{i}{2} - (l-m-2p-2k)\right] \left(\sin\frac{i}{2}\right)^{-(l-m-2p-2k)} \left(\cos\frac{i}{2}\right)^{(3l-m-2p-2k)}$$

$$\tag{6.220}$$

与月球类似，同样由于慢自转，无须将上述摄动函数（田谐项）中的时间变量展成平近点角 M 的三角级数，而利用

$$\left(\frac{a}{r}\right)^{l+1}\cos(l-2p)f, \quad \left(\frac{a}{r}\right)^{l+1}\sin(l-2p)f$$

的平均值：

$$S_p(e) = \overline{(a/r)^{l+1}\sin(|l-2p|)f} = 0 \tag{6.221}$$

$$
\begin{aligned}
C_p(e) &= \overline{(a/r)^{l+1}\cos(|l-2p|)f} \\
&= \delta_p\left\{(1-e^2)^{-(l-1/2)}\sum_{k(2)=|l-2p|}^{(l-2)}\binom{l-1}{k}\binom{k}{(k-|l-2p|)/2}\left(\frac{e}{2}\right)^k\right\}
\end{aligned}
\tag{6.222}
$$

$$\delta_p = \begin{cases} 0, & p=0 \text{ or } l \\ 1, & p\neq 0 \text{ and } l \end{cases} \tag{6.223}$$

即可将摄动函数 R 分解成

$$R = R_c + R_l + R_s \tag{6.224}$$

(6.221)式中的求和符号 $k(2)=|l-2p|$ 同样表示：

$$k(2) = |l-2p|, \quad |l-2p|+2, \cdots$$

摄动函数 R 中的长期、长周期和短周期三个部分 R_c, R_l, R_s 的具体形式如下：

$$R_c = \frac{\mu}{a}\sum_{l(2)=2}^{\infty}\left(\frac{\mu}{a}\right)\left(\frac{a_e}{a}\right)^l C_{l,0}\left[C_0(e)F_{l0l/2}(i)\right], \quad l(2)=2,4,\cdots \tag{6.225}$$

$$
\begin{cases}
R_l = \dfrac{\mu}{a}\sum_{l=2}^{\infty}\sum_{m=0}^{l}\left(\dfrac{\mu}{a}\right)\left(\dfrac{a_e}{a}\right)^l\sum_{p=1}^{l-1}C_p(e)F_{lmp}(i) \\
\qquad \times \{\delta CS\cos((l-2p)\omega+m\bar\theta)+\delta SC\sin((l-2p)\omega+m\bar\theta)\} \\
|l-2p|+m\neq 0
\end{cases}
\tag{6.226}
$$

$$
\begin{aligned}
R_s &= \frac{\mu}{a}\sum_{l=2}^{\infty}\sum_{m=0}^{l}\left(\frac{\mu}{a}\right)\left(\frac{a_e}{a}\right)^l \\
&\quad \times \left\{F_{lm0}(i)\left(\frac{a}{r}\right)^{l+1}\left[\delta CS\cos(lu+m\bar\theta)+\delta SC\sin(lu+m\bar\theta)\right]\right. \\
&\quad + F_{lml}(i)\left(\frac{a}{r}\right)^{l+1}\left[\delta CS\cos(-lu+m\bar\theta)+\delta SC\sin(-lu+m\bar\theta)\right] \\
&\quad + \sum_{p=1}^{l-1}F_{lmp}(i)\left[\delta CS\left(\left(\frac{a}{r}\right)^{l+1}-C_p(e)\right)\cos((l-2p)\omega+m\bar\theta)\right. \\
&\quad \left.\left. + \delta SC\left(\left(\frac{a}{r}\right)^{l+1}-C_p(e)\right)\sin((l-2p)\omega+m\bar\theta)\right]\right\}
\end{aligned}
\tag{6.227}
$$

其中缩写符号 δCS 和 δSC 的具体形式如下：

$$\begin{cases} \delta CS = \left[(1-\delta_m)C_{lm}-\delta_m S_{lm}\right] \\ \delta CS = \left[(1-\delta_m)S_{lm}+\delta_m C_{lm}\right] \end{cases} \tag{6.228}$$

上述 R_c 和 R_s 表达式中的 $C_0(e)$ 即对应 $|l-2p|=0$ 的 $C_p(e)$，$F_{l0l/2}(i)$，$F_{lm0}(i)$ 和 $F_{lml}(i)$ 均为倾角函数 $F_{lmp}(i)$，各对应 $m=0, p=l/2; p=0$ 和 $p=l$。

6.4.2 摄动分析解的构造和结果

根据上述对摄动函数 R 的处理及其结果(R_c, R_l, R_s)的形式可以看出，容易构造分别以长期、长周期和短周期摄动项表达的一阶分析解（或称线性解）[10]，既便于对轨道变化特征进行分析，又无须展成平近点角三角级数的那种受卫星轨道偏心率大小限制的形式，这就不同于曾应用于卫星测地的 Kaula 解[11]，该解实为经典摄动法构造的一阶意义下的分析解，习惯于不考虑具体力学背景的特征，将相应的摄动函数展成平近点角的三角级数。

将 (R_c, R_l, R_s) 分别代入摄动运动方程（3.67）式，即可给出摄动运动方程如下：

$$\frac{d\sigma}{dt} = f_0(a) + f_c(\sigma; C_{l,0}) + f_l(\sigma, t; C_{lm}, S_{lm}) + f_s(\sigma, t; C_{lm}, S_{lm}) \qquad (6.229)$$

由于金星非球形引力场的特点，对摄动函数及其构成的摄动运动方程的右函数，不再像地球那样，区分各球谐项的量级大小，相对中心天体的质点引力而言，就作为同一小量处理，即

$$f_0(a) = O(1), \quad |f_c, f_l, f_s| = O(\varepsilon) \qquad (6.230)$$

有了前面各章节的相关知识，特别是考虑到同样为慢自转天体的月球，只需将摄动量级的具体划分排除，相应摄动解的构造方法、过程与结果就几乎完全相同，因此，根据摄动运动方程式（6.229）具体构造一阶摄动分析解，不会遇到任何困难。为了节省篇幅，不再列出具体结果，读者如有需要，可参阅本章参考文献[10]。在该文献中，不仅给出了摄动分析解的完整表达式，而且针对金星的两颗大偏心率轨道探测器 PVO（Pioneer Venus Orbiter）和 Magellan（两颗星的轨道偏心率分别为 0.843 和 0.382），采用高精度数值积分器 RKF7(8)[12] 对摄动分析解的轨道外推计算（外推 100 圈）作了数值检验，结果表明：不受大偏心率的制约，而且精度较高，详见参考文献[10]。

参考文献

[1] 刘林，王家松. 月球卫星轨道变化的分析解. 天文学报. 1998，39(1)：81-102.

LIU Lin, WANG Jia-song. An Analytic Solution of the Orbital Variation of Lunar Satellites. Chin. Astron. Astrophys. 1998,22(2):328-351.

[2] 刘林，王歆. 月球探测器轨道力学. 北京：国防工业出版社，2006.

[3] 刘林，汤靖师. 大行星、月球和小天体环绕型探测器的轨道问题. 航天器工程. 2012，21(4)：4-15.

[4] 刘林，汤靖师. 卫星轨道理论及应用. 北京：电子工业出版社，2015.

[5] Eckhardt D H. Theory of the Libration of the Moon, The Moon and the Planets, 1981, 25:3-49.

[6] 张巍，刘林. 月球物理天平动对环月轨道器运动的影响. 天文学报. 2005,46(2):196-206.

ZHANG Wei, LIU Lin. Effects of the Physical Libration of the Moon on Lunar Orbiters. Chin. Astron. Astrophys. 2005, 29(4): 438-448.

[7] 周垂红，喻圣贤，刘林. 火星非球形引力位田谐项联合摄动分析解. 天文学报. 2012,53(3)：205-212.

ZHOU Chui-hong，YU Sheng-xian，LIU Lin．On the Coupled Perturbation of J_2 and Tesseral Harmonic Terms of the Mars Orbiters．CAA．2012，36(4)：399．

[8] 刘林,赵玉晖,张 巍 等. 环火卫星运动的坐标系附加摄动及相应坐标系的选择. 天文学报．2010,51(4):412-421.

[9] 喻圣贤,刘 林. 火星自然卫星分析历表的建立. 飞行器测控学报. 2011,30(4):60-65.

[10] LIU Lin,C K Shun．Analytic Perturbation Solution to the Venusion Orbiter due to the Nonspherical Gravitaional Potential．SCIENCE IN CHINA（Series A）．2000，43(5)：552-560．

[11] Kaula W M．Theory satellite Geodesy (Chapter 3)．Waltham：Blaisdell Publ Co．1966．

[12] Fehlberg E．Classical Fifth-sixth-seventh and Eighth Order Rung-Kuutta with Stepsize Control．NASA．TR R-287，1968．

第 7 章 /

限制性三体问题中的轨道问题及其计算方法

在本书的绪论中,已对限制性问题的提法作过介绍,这一章主要针对太阳系小天体的运动并结合深空探测器运动中的轨道问题,介绍**限制性三体问题(特别是圆型限制性三体问题)**已有的基本结果及其相应的算法。在该三体系统中,两个主天体 P_1 和 P_2 的质量分别记为 m_1 和 m_2,它们之间的相对运动是确定的,所要研究的是该系统中另一个小天体 P(即小行星和深空探测器,质量记为 m)的运动。这一限制性三体问题数学模型,就作为真实力学背景对应的复杂系统的一种必要的合理近似。

对于太阳系而言,除水星外,各大行星绕日运行轨道以及月球绕地球运行轨道均接近圆,即轨道偏心率较小,该值见表 7.1。因此,除计算它们的精密星历外,对某些问题,处理成圆轨道显然是有意义的。此即绪论中介绍力学模型时所提到的,采用圆型限制性三体问题的根据。关于偏心率 e' 的影响,这是理论研究的一个重要领域,但从航天应用的角度考虑,并无深究的必要,可以在实际应用涉及的定量结果中加以相应的修正。

表 7.1　各大行星和月球轨道偏心率 e' 的值

水星	金星	地球	火星	木星	土星	天王星	海王星	月球
0.2056	0.0068	0.0167	0.0934	0.0485	0.0555	0.0463	0.0090	0.0549

7.1　坐标系的选择与小天体的运动方程

对于限制性三体问题,由于两个主天体的运动状态已知,在研究小天体的运动时,根据不同轨道类型和各种航天任务的需要,将会涉及下面三种坐标系的选择,即

1. 主天体 $m_i(i=1$ 或 $2)$ 的质心坐标系,

2. 两主天体系统的质心惯性坐标系,简称质心惯性坐标系,

3. 两主天体系统质心旋转坐标系,通常称为会合坐标系。

注意,这里所说的惯性坐标系特指对应的限制性三体系统,没有普遍意义。上述三种坐标系的原点分别在主天体 P_i(三个天体 P_1,P_2 和 P 均处理成质点)或系统质心上,它们的基本平面(x - y 坐标面)和主方向,将根据不同的天体系统和不同的问题来选择。

关于主天体的质心坐标系,将涉及质心天球坐标系和体固坐标系。前者的 x - y 坐标面

是该天体的历元(目前是 J2000.0)平赤道面,而 x 轴方向则为该平赤道面上的"春分点方向",见第 1 章有关空间参考系的介绍,特别是图 1.6 给出的 IAU 天体定向模型。而体固坐标系的 x-y 坐标面是该天体的瞬时真赤道面,x 轴方向则为该赤道面上本初子午线方向,对地球而言,即格林尼治方向。

小天体 P 在某一主天体 P_i 附近运动(例如自然卫星和环绕型探测器),或一类航天任务的需求,如发射月球探测器,从地球上发射入轨后直至抵达月球附近制动前的运行段,往往选取第一种坐标系。当小天体 P 在两个主天体之间运行时(即某些小行星的运动或探测器的转移轨道段),在作轨道特征分析或任务轨道的选择设计时(轨道初选),则采用后两种坐标系之一,特别是最后一种会合坐标系,适合对相应轨道特征的分析。当然,就航天任务而言,最终还是要返回第一种坐标系(往往是地心天球坐标系)去体现探测器 P 相对主天体(如地球)的具体运行状态。

为了分析问题和计算上的方便,通常亦采用无量纲形式,即类似于处理人造地球卫星运动问题时所采用的计算单位,不仅使各物理量无量纲化,而且它们的量级"归一化",便于对动力学问题进行分析。在这一考虑下,若是第一种运动问题,即小天体在主天体 P_i 附近运动,则相应的质量单位 $[M]$,长度单位 $[L]$ 和时间单位 $[T]$ 分别取为

$$\begin{cases} [M]=m_i \quad (i=1 \text{ 或 } 2) \\ [L]=a_e \quad (P_i \text{ 的赤道半径}) \\ [T]=(a_e^3/Gm_i)^{\frac{1}{2}} \end{cases} \tag{7.1}$$

此时新系统的引力常数 $G=1$。对于第二种运动问题,由于小天体在两个主天体之间运动,其涉及的运动"尺度"与前者不同,为此,计算单位有下述习惯取法:

$$\begin{cases} [M]=m_1+m_2, \\ [L]=a_{12}, \\ [T]=[a_{12}^3/G(m_1+m_2)]^{\frac{1}{2}}. \end{cases} \tag{7.2}$$

同样,新系统的引力常数 $G=1$。上式中 a_{12} 是两个主天体之间的距离。在此计算单位系统中,两个主天体的质量分别为

$$1-\mu=\frac{m_1}{m_1+m_2}, \quad \mu=\frac{m_2}{m_1+m_2} \tag{7.3}$$

它们到质心的距离各为

$$r_1'=\mu, \quad r_2'=1-\mu \tag{7.4}$$

如果是圆型限制性三体问题,则两个主天体之间的距离 a_{12} 是常数,而时间单位 $[T]$ 就是两主天体相对圆运动的角速度 n 的倒数,即 $[T]=1/n$。下面的论述,各物理量均采用无量纲形式,并着重介绍体现限制性三体问题特点的有关内容。

7.1.1 质心惯性坐标系中小天体的运动方程

质心惯性坐标系记作 C-XYZ,其原点在两主天体系统的质心 C 上,X-Y 坐标面即两

个主天体的相对运动平面，X 轴方向的选择，对应初始时刻 $t=t_0$ 时，两个大天体处于该坐标轴上，且指向较小的主天体 P_2，见图 7.1。

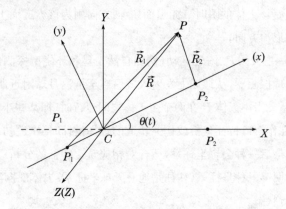

图 7.1　质心惯性系 C-XYZ 与质心旋转系 C-xyz

在此坐标系中，小天体和两个主天体的坐标矢量分别记为 $\vec{R}$，$\vec{R}_1'$ 和 $\vec{R}_2'$，于是小天体相对两个主天体的坐标矢量各为

$$\vec{R}_1=\vec{R}-\vec{R}_1',\quad \vec{R}_2=\vec{R}-\vec{R}_2' \tag{7.5}$$

这些量的几何关系见图 7.1（为清晰起见，$\vec{R}_1'$，$\vec{R}_2'$ 未在图中标出）。对于圆型限制性三体问题，两个主天体相对质心 C 的运动为圆运动，其坐标矢量随时间 t 的变化关系为

$$\begin{cases}\vec{R}_1'=\begin{pmatrix}-\mu\cos t\\-\mu\sin t\\0\end{pmatrix}\\[3mm]\vec{R}_2'=\begin{pmatrix}(1-\mu)\cos t\\(1-\mu)\sin t\\0\end{pmatrix}\end{cases} \tag{7.6}$$

这里用到圆型问题的特征：$[T]=1/n$，有

$$\theta(t)=nt^*=nt[T]=n\left(\frac{t}{n}\right)=t \tag{7.7}$$

其中 t^* 是原有量纲的时间，即 $t^*=t\cdot[T]$，t 为无量纲时间，这表示在新计算单位系统中，两个主天体的圆运动角速度 $\dot\theta(t)=1$。

在上述坐标系和计算单位的选择下，小天体的运动方程为

$$\ddot{\vec{R}}=\left(\frac{\partial U}{\partial \vec{R}}\right)^{\mathrm{T}}=-(1-\mu)\frac{\vec{R}_1}{R_1^3}-\mu\frac{\vec{R}_2}{R_2^3} \tag{7.8}$$

这里 U 为

$$U=U(R_1,R_2)=\frac{1-\mu}{R_1}+\frac{\mu}{R_2} \tag{7.9}$$

其中

$$\begin{cases} R_1 = |\vec{R} - \vec{R}_1'| = \left[(X + \mu \cos t)^2 + (Y + \mu \sin t)^2 + Z^2 \right]^{\frac{1}{2}} \\ R_2 = |\vec{R} - \vec{R}_2'| = \left[(X - (1-\mu)\sin t)^2 + (Y - (1-\mu)\cos t)^2 + Z^2 \right]^{\frac{1}{2}} \end{cases} \quad (7.10)$$

7.1.2 会合坐标系中小天体的运动方程

会合坐标系(即质心旋转坐标系)记作 $C\text{-}xyz$,该坐标系的旋转角速度就是两个主天体相对运动的角速度 $\dot{\theta}(t)$,因此两个主天体一直处于 x 轴上,见图 7.1。小天体和两个主天体的坐标矢量各记为 $\vec{r}, \vec{r}_1'$ 和 $\vec{r}_2'$。相应的小天体相对两个主天体的坐标矢量各为

$$\vec{r}_1 = \vec{r} - \vec{r}_1', \quad \vec{r}_2 = \vec{r} - \vec{r}_2' \quad (7.11)$$

其中

$$\vec{r}_1' = \begin{pmatrix} -\mu \\ 0 \\ 0 \end{pmatrix}, \quad \vec{r}_2' = \begin{pmatrix} 1-\mu \\ 0 \\ 0 \end{pmatrix} \quad (7.12)$$

于是有

$$\begin{cases} r_1 = \left[(x+\mu)^2 + y^2 + z^2 \right]^{\frac{1}{2}} = R_1 \\ r_2 = \left[(x-1+\mu)^2 + y^2 + z^2 \right]^{\frac{1}{2}} = R_2 \end{cases} \quad (7.13)$$

$\vec{r}$ 与 $\vec{R}$ 的转换关系为

$$\vec{r} = R_z(t)\vec{R} = \begin{pmatrix} X\cos t + Y\sin t \\ -X\sin t + Y\cos t \\ Z \end{pmatrix} \quad (7.14)$$

$$\vec{R} = R_z(-t)\vec{r} = \begin{pmatrix} x\cos t - y\sin t \\ x\sin t + y\cos t \\ z \end{pmatrix} \quad (7.15)$$

这里 $R_z(t)$ 和 $R_z(-t)$ 是旋转矩阵,在第 1 章第 1.2 节中已给出过 $R_x(\theta), R_y(\theta), R_z(\theta)$ 的定义,见(1.20)~(1.22)式,相应地有

$$R_z(t) = \begin{pmatrix} \cos t & \sin t & 0 \\ -\sin t & \cos t & 0 \\ 0 & 0 & 1 \end{pmatrix}, \quad R_z(-t) = R_z^{\mathrm{T}}(t) = \begin{pmatrix} \cos t & -\sin t & 0 \\ \sin t & \cos t & 0 \\ 0 & 0 & 1 \end{pmatrix} \quad (7.16)$$

由(7.15)式可给出

$$\begin{cases} \dot{\vec{R}} = \dot{R}_z(-t)\vec{r} + R_z(-t)\dot{\vec{r}}, \\ \ddot{\vec{R}} = \ddot{R}_z(-t)\vec{r} + 2\dot{R}_z(-t)\dot{\vec{r}} + R_z(-t)\ddot{\vec{r}} \end{cases} \quad (7.17)$$

其中

$$\begin{cases} \dot{R}_z(-t) = \begin{pmatrix} -\sin t & -\cos t & 0 \\ \cos t & -\sin t & 0 \\ 0 & 0 & 0 \end{pmatrix}, \\[4mm] \ddot{R}_z(-t) = \begin{pmatrix} -\cos t & \sin t & 0 \\ -\sin t & -\cos t & 0 \\ 0 & 0 & 0 \end{pmatrix}. \end{cases} \tag{7.18}$$

由上述转换关系,并利用旋转矩阵的性质:

$$R_z^{-1}(t) = R_z^{\mathrm{T}}(t) = R_z(-t) \tag{7.19}$$

即可由质心惯性坐标系中的运动方程(7.8)转换为小天体在会合坐标系中的运动方程,即

$$\ddot{\vec{r}} + 2 \begin{pmatrix} -\dot{y} \\ \dot{x} \\ 0 \end{pmatrix} = \left(\frac{\partial \Omega}{\partial \vec{r}} \right)^{\mathrm{T}} \tag{7.20}$$

其中

$$\Omega = \frac{1}{2}(x^2 + y^2) + U(r_1, r_2) \tag{7.21}$$

$$U(r_1, r_2) = \frac{1-\mu}{r_1} + \frac{\mu}{r_2} \tag{7.22}$$

在限制性问题讨论中,为了某种需要,常将 Ω 表示为下列形式[1]:

$$\Omega = \frac{1}{2} \left[(x^2 + y^2) + \mu(1-\mu) \right] + \frac{1-\mu}{r_1} + \frac{\mu}{r_2} \tag{7.23}$$

进而可表示为一"对称"形式,即

$$\begin{aligned} \Omega &= \left\{ \frac{1}{2} \left[(x^2 + y^2 + z^2) + \mu(1-\mu) \right] + \frac{1-\mu}{r_1} + \frac{\mu}{r_2} \right\} - \frac{1}{2} z^2 \\ &= \left\{ \frac{1}{2} \left[(1-\mu) r_1{}^2 + \mu r_2{}^2 \right] + \frac{1-\mu}{r_1} + \frac{\mu}{r_2} \right\} - \frac{1}{2} z^2 \end{aligned} \tag{7.24}$$

为了与习惯用法相吻合,下面的论述中,如不加说明,Ω 的形式即(7.23)式。

7.2 圆型限制性三体问题的 Jacobi 积分与解的存在性

7.2.1 圆型限制性三体问题的 Jacobi 积分

方程式(7.20)与(7.8)的主要差别是 $\Omega = \Omega(x, y, z)$ 不显含 t,于是由(7.20)式立即可得

$$\dot{x}\ddot{x} + \dot{y}\ddot{y} + \dot{z}\ddot{z} = \frac{\partial \Omega}{\partial x}\dot{x} + \frac{\partial \Omega}{\partial y}\dot{y} + \frac{\partial \Omega}{\partial z}\dot{z}$$

即

$$\begin{cases} \dfrac{1}{2} \dfrac{\mathrm{d}}{\mathrm{d}t}(v^2) = \dfrac{\mathrm{d}\Omega}{\mathrm{d}t} \\[3mm] v^2 = \dot{x}^2 + \dot{y}^2 + \dot{z}^2 \end{cases}$$

由此给出一积分：

$$2\Omega - v^2 = C \tag{7.25}$$

此即会合坐标系中的 Jacobi 积分，这是到目前为止，圆型限制性三体问题中找到的唯一的一个积分。

尽管质心惯性坐标系中，因 U 显含 t，不能由上述途径直接给出相应的积分，但同是一个圆型限制性三体问题，当然应同样存在一积分，仅给出的途径不同而已，通过两个坐标系之间的坐标转换，即可给出质心旋转坐标系中的 Jacobi 积分在质心惯性坐标系中的相应形式。需要转换的三个量如下：

$$r_1, r_2; \quad x^2 + y^2; \quad v^2 = \dot{x}^2 + \dot{y}^2 + \dot{z}^2$$

略去转换过程，直接给出质心惯性坐标系中 Jacobi 积分的表达形式如下：

$$\begin{cases} 2U - [V^2 + 2(\dot{X}Y - X\dot{Y})] = C - \mu(1-\mu) \\ U = \dfrac{1-\mu}{R_1} + \dfrac{\mu}{R_2}, V^2 = \dot{X}^2 + \dot{Y}^2 + \dot{Z}^2 \end{cases} \tag{7.26}$$

如果 Ω 采用原形式(7.21)，则积分(7.26)右端的 $\mu(1-\mu)$ 将不出现，读者引用时请注意 Ω 采用的形式。

7.2.2　圆型限制性三体问题解的存在性

根据现有的研究结果表明，与受摄二体问题的基本参考模型二体问题不同，作为受摄圆型限制性三体问题的基本参考模型，圆型限制性三体问题仅找到一个积分，即上述 Jacobi 积分。因此，有必要讨论其解的存在性问题，解的存在性是关乎具体构建小天体运动解的前提，但这已超出本书内容的范畴，下面仅对此问题作一结论性的简介，有关该问题的全面论述，请见本章参考文献[1]的第 3 章(Chapter 3)。

要讨论解的存在性问题，首先要分析相应的运动方程。从前面给出的基本方程(7.20)～(7.22)式可看出，$r_1 = 0$ 和 $r_2 = 0$ 是两个奇点，这两个奇点正是小天体分别与两个大天体之一发生碰撞的情况，即碰撞奇点。由于限制性三体问题(无论是圆型或椭圆型)中，两个大天体的相对运动是完全确定的圆锥曲线，故在此系统中只可能发生二体碰撞。但必须指出，这里谈的碰撞只是数学上的一种提法，它是两个不占空间的质点之间的碰撞，而不是两个实体发生的物理碰撞。

既然有奇点存在，而且是通过二体碰撞来体现，那么有关该奇点的性质以及能否消除是首先考虑的，而在能消除的前提下，进一步分析碰撞发生时的运动状态，碰撞前和碰撞后解的表达，这就是参考文献[1]第 3 章中论述解的存在性问题所涉及的主要内容。消除二体碰撞奇点的核心技术是正规化(Regularization)变换，该变换包含自变量变换和相应的函数变换，前者是运动微分方程的正规化(即消除上述基本方程的两个碰撞奇点)，而后者是消除解的奇点，使得碰撞发生时速度有限。因此两个变换是有一定联系的，即自变量的选择是与运动量(即状态量)有联系的。最终的结论是，圆型限制性三体问题的解在 $(-\infty, \infty)$ 的时间域内是存在的。

关于证明过程中引用的正规化变换,除参考文献[1]外,还可参见 Stiefel 和 Scheifele 写的一本较全面阐述该问题的专著[2]。其中 $t \rightarrow \tau$ 的自变量变换:

$$\frac{\mathrm{d}t}{\mathrm{d}\tau} = g(w) \tag{7.27}$$

具有改变时间尺度的含义,如消除一个碰撞奇点的简单变换:

$$\frac{\mathrm{d}t}{\mathrm{d}\tau} = r^p, \quad p \geqslant 1 \tag{7.28}$$

就可引用到大偏心率卫星轨道外推的数值计算中,形成自动变步长技术,详见后面第 8 章第 8.4.3 小节的有关内容。

7.3 圆型限制性三体问题中平动点位置的计算及其应用

对于圆型限制性三体问题,在解存在的前提下,尽管仅找到一个 Jacobi 积分,但可从其他途径寻找其反映运动规律的特解。至今,已找到 5 个平动解,本章参考文献[1]的第 4 章有系统阐述,另外,参考文献[3]和[4]中也有相应的介绍。下面针对实际应用的背景,介绍这些特解的具体形式及其相应的计算方法。

7.3.1 平动解存在的条件

显然,在会合坐标系中讨论该问题比较简单,相应的基本方程即(7.20)式。所谓平动解,即满足下列条件的特解:

$$x(t) \equiv x_0, \quad y(t) \equiv y_0, \quad z(t) \equiv z_0 \tag{7.29}$$

其中 x_0, y_0, z_0 由初始条件给定,相应地有

$$\dot{x} = 0, \quad \dot{y} = 0, \quad \dot{z} = 0 \tag{7.30}$$

$$\ddot{x} = 0, \quad \ddot{y} = 0, \quad \ddot{z} = 0 \tag{7.31}$$

这表明由(7.29)式所确定的空间点是旋转坐标系中的平衡点,通常在轨道力学领域就称其为平动点,或称 Lagrange 点。由方程(7.20)式不难看出,存在这种平动点处应满足

$$\Omega_x = 0, \quad \Omega_y = 0, \quad \Omega_z = 0. \tag{7.32}$$

这里的 $\Omega_x, \Omega_y, \Omega_z$ 分别表示 $\Omega(x,y,z)$ 对 x, y, z 的偏导数。条件(8.2)的具体形式为

$$\begin{cases} \Omega_x = x - \dfrac{(1-\mu)(x+\mu)}{r_1^3} - \dfrac{\mu(x-1+\mu)}{r_2^3} = 0 \\[2mm] \Omega_y = y\left(1 - \dfrac{1-\mu}{r_1^3} - \dfrac{\mu}{r_2^3}\right) = 0 \\[2mm] \Omega_z = -z\left(\dfrac{1-\mu}{r_1^3} + \dfrac{\mu}{r_2^3}\right) = 0 \end{cases} \tag{7.33}$$

因

$$\frac{1-\mu}{r_1^3}+\frac{\mu}{r_2^3}\neq0$$

由条件(7.33)的 z 分量可知,要求

$$z=z_0=0 \tag{7.34}$$

即平动点在 x-y 平面上。由 $z=0$,条件(7.33)将有下列两种情况:

$$y=0,\quad\begin{cases}x-\dfrac{1-\mu}{(x+\mu)^2}+\dfrac{\mu}{(x-1+\mu)^2}=0,\text{对 } L_1\\[2mm]x-\dfrac{1-\mu}{(x+\mu)^2}-\dfrac{\mu}{(x-1+\mu)^2}=0,\text{对 } L_2\\[2mm]x+\dfrac{1-\mu}{(x+\mu)^2}+\dfrac{\mu}{(x-1+\mu)^2}=0,\text{对 } L_3\end{cases} \tag{7.35}$$

$$y\neq0,\quad\begin{cases}1-\dfrac{1-\mu}{r_1^3}-\dfrac{\mu}{r_2^3}=0\\[2mm]x-\dfrac{(1-\mu)(x+\mu)}{r_1^3}-\dfrac{\mu(x-1+\mu)}{r_2^3}=0\end{cases} \tag{7.36}$$

7.3.2 三个共线平动点位置的计算

对于上述第一种情况,方程(7.35)式有三个实解: $x_1(\mu)$, $x_2(\mu)$, $x_3(\mu)$。相应的三个平动点在 x 轴上,分别记作 L_1, L_2, L_3,称为共线平动点,其分布见图7.2。

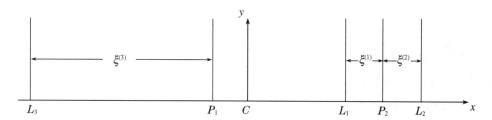

图 7.2　三个共线平动点 L_1, L_2, L_3 与两个主天体 P_1, P_2 的相对位置

图中 $\xi^{(1)}$ 和 $\xi^{(2)}$ 各为平动点 L_1 和 L_2 到主天体 P_2 的距离, $\xi^{(3)}$ 是平动点 L_3 到主天体 P_1 的距离。它分别由下列三个 μ 的幂级数表达:

$$\xi^{(1)}=\left(\frac{\mu}{3}\right)^{\frac{1}{3}}\left[1-\frac{1}{3}\left(\frac{\mu}{3}\right)^{\frac{1}{3}}-\frac{1}{9}\left(\frac{\mu}{3}\right)^{\frac{2}{3}}-\cdots\right] \tag{7.37}$$

$$\xi^{(2)}=\left(\frac{\mu}{3}\right)^{\frac{1}{3}}\left[1+\frac{1}{3}\left(\frac{\mu}{3}\right)^{\frac{1}{3}}-\frac{1}{9}\left(\frac{\mu}{3}\right)^{\frac{2}{3}}+\cdots\right] \tag{7.38}$$

$$\begin{cases}\xi^{(3)}=1-\nu\left[1+\dfrac{23}{84}\nu^2+\dfrac{23}{84}\nu^3+\dfrac{761}{2352}\nu^4+\dfrac{3163}{7056}\nu^5+\dfrac{30703}{49392}\nu^6\right]+O(\nu^8)\\[3mm]\nu=\dfrac{7}{12}\mu\end{cases} \tag{7.39}$$

相应的三个共线平动解 $x_i(\mu)$ 即

$$x_1(\mu) = (1-\mu) - \xi^{(1)} \qquad (7.40)$$

$$x_2(\mu) = (1-\mu) + \xi^{(2)} \qquad (7.41)$$

$$x_3(\mu) = -(\mu + \xi^{(3)}) \qquad (7.42)$$

这里要说明一点,上述三个共线平动点中 L_1 和 L_2 的位置排列顺序与参考文献[1](按天文领域的习惯)的排列顺序有个前后互换,这里不是按平动点在 x 轴上的顺序排列,而是按相应的能量大小来排列,当今在航天等应用领域中均采用了这种排列顺序,请读者注意。

当 $\mu=0$ 时,有

$$\begin{cases} x_1(\mu) = x_2(\mu) = 1, \\ x_3(\mu) = -1. \end{cases} \qquad (7.43)$$

而当 $\mu=1/2$ 时,则有

$$\begin{cases} x_1(\mu) = 0 \\ x_2(\mu) = 1.198406 \\ x_3(\mu) = -x_2(\mu) \end{cases} \qquad (7.44)$$

三个共线平动点的位置 $x_i(\mu)$ 以及两个主天体的位置 $x(P_1)$ 和 $x(P_2)$,在 x 轴上将随 μ 值的变化而变化,其变化趋势容易看出,这里不再详述。

关于三个共线平动点位置 $x_i(\mu)$ 的计算,上述 $\xi^{(i)}$ 的级数表达式(7.37)~(7.39),在实际应用中只起一个辅助作用,即由该表达式的简化形式,如分别取到一阶项 $\left(\frac{\mu}{3}\right)^{\frac{1}{3}}$, $\left(\frac{\mu}{3}\right)^{\frac{1}{3}}$,$\nu$,代入方程(7.35)式,采用简单迭代法即可获得所需要的精确解。下面给出太阳-行星系统和地-月系统,对应的圆型限制性三体问题模型下的三个共线平动点的位置 $x_i(\mu)$ 及其相应的 Jacobi 常数 $C_i(\mu)$,分别列于表 7.2 和 7.3。注意,Jacobi 积分(7.25)式中的 Ω 的形式采用的是(7.23)式。

表 7.2　共线平动点的位置 $x_i(\mu)$

天体系统	μ	x_1	x_2	x_3
日-水星	0.000000166	0.996193956	1.003815393	−1.000000069
日-金星	0.000002448	0.990682298	1.009371018	−1.000001020
日-地+月	0.000003040	0.989985982	1.010075201	−1.000001267
日-火星	0.000000323	0.995251330	1.004763104	−1.000000134
日-木星	0.000953875	0.932365587	1.068830521	−1.000397448
日-土星	0.000285755	0.954747665	1.046070895	−1.000119065
日-天王星	0.000043725	0.975729492	1.024580811	−1.000018219
日-海王星	0.000051773	0.974330318	1.026011304	−1.000021572
地-月	0.012150568	0.836915214	1.155682096	−1.005062638

表 7.3　共线平动点对应的 Jacobi 常数 $C_i(\mu)$

天体系统	μ	C_1	C_2	C_3
日-水星	0.000000166	3.000130307	3.000130086	3.000000332
日-金星	0.000002448	3.000780164	3.000776900	3.000004896
日-地十月	0.000003040	3.000900982	3.000896928	3.000006081
日-火星	0.000000323	3.000202815	3.000202384	3.000000645
日-木星	0.000953875	3.039713802	3.038441715	3.001906822
日-土星	0.000285755	3.018107577	3.017726518	3.000571427
日-天王星	0.000043725	3.005268402	3.005210099	3.000087449
日-海王星	0.000051773	3.005889908	3.00582087	3.000103544
地-月	0.012150568	3.200343883	3.184163250	3.024150064

上述两个表中所采用的有关各大行星和月球的基本数据 μ 和目前给出的数值会有微小差别，但并没有任何实质性的影响。如有需要，可直接根据本节给出的方法，利用新的数据进行计算，结果不会有任何明显差别。

7.3.3　两个三角平动点的位置

对于第二种情况，方程(7.36)式的解为

$$r_1 = r_2 = 1 \tag{7.45}$$

这表示相应平动点与两个主天体呈等边三角形，故称此平动解为等边三角形解，简称三角平动解。该解有两个对称平动点 L_4 和 L_5，相应的空间位置如下：

$$\begin{cases} x_4 = x_5 = \dfrac{1}{2} - \mu \\ y_4 = +\dfrac{\sqrt{3}}{2}, \quad y_5 = -\dfrac{\sqrt{3}}{2} \end{cases} \tag{7.46}$$

7.3.4　五个平动点的动力学特征

虽然圆型限制性三体问题并未完全解决，但可以从该模型已获得的一个积分和五个特解中提取相应的动力学特征，为当今航天领域的深空探测在轨道力学方面提供相应的理论支持。下面就结合深空探测轨道领域的某些需求作进一步的分析。

7.3.4.1　Jacobi 常数及其五个临界值

根据(7.25)式表达的 Jacobi 积分：

$$2\Omega(x,y,z) - v^2 = C$$

可给出五个平动点 $L_i(i=1,2,\cdots,5)$ 对应的 $C_i(\mu)$ 值。在 L_i 处，有 $v^2 = 0$（注意，这是会合坐标系中的速度），因此给出平动点对应的 C 值如下：

$$C_i(\mu) = 2\Omega(x_i(\mu),0,0), \quad i=1,2,3 \tag{7.47}$$

$$C_i(\mu)=2\Omega(x_i(\mu),y_i,0), \quad i=4,5 \tag{7.48}$$

其中 $y_4=\sqrt{3}/2$，$y_5=-\sqrt{3}/2$。对 L_1,L_2,L_3 有

$$C_i(\mu)=\left[x_i^2(\mu)+\mu(1-\mu)\right]+2\left[\frac{1-\mu}{|x_i(\mu)+\mu|}+\frac{\mu}{|x_i(\mu)-(1-\mu)|}\right] \tag{7.49}$$

对 L_4 和 L_5 有

$$C_4(\mu)=C_5(\mu)=3 \tag{7.50}$$

由(7.49)和(7.50)两式和 $x_i(\mu)$ 与 μ 值的关系可知，五个平动点处对应的 Jacobi 积分常数值 $C_i(\mu)$ 有如下关系：

$$3=(C_4,C_5)\leqslant C_3(\mu)\leqslant C_2(\mu)\leqslant C_1(\mu)\leqslant 4.25 \tag{7.51}$$

它们各自随 μ 值的变化见图 7.3。

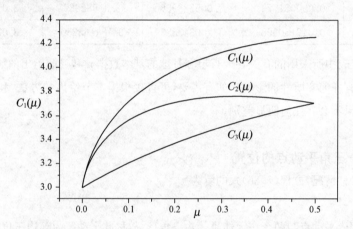

图 7.3　平动点处的 Jacobi 积分常数值 $C_i(\mu)$ 随 μ 值的变化

7.3.4.2　零速度面与运动可能区域

(1) 零速度面

既然 Jacobi 积分(7.25)是圆型限制性三体问题的一个积分，那么下列曲面

$$2\Omega(x,y,z)=C \tag{7.52}$$

即为零速度面，在此曲面上小天体的运动速度为零，积分常数由初始条件确定，即

$$C=2\Omega(x_0,y_0,z_0)-v_0^2 \tag{7.53}$$

零速度面的几何结构将随 Jacobi 常数 C 值的变化而变化。为了便于看清这一变化，用零速度面在 $x\text{-}y$ 平面上的截线(零速度线)来描述，随 C 值的变化见图 7.4～7.7。

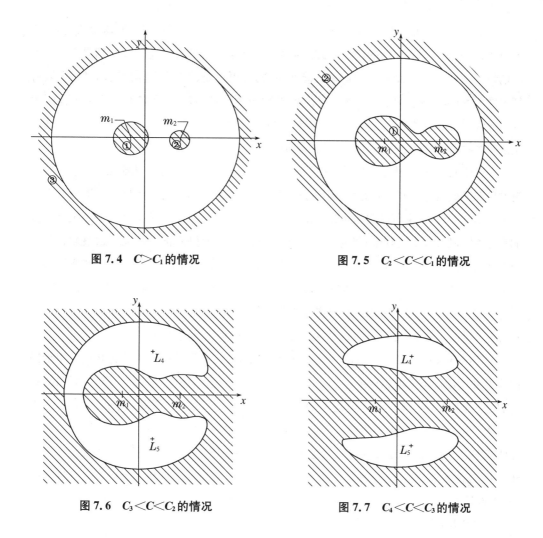

图 7.4　$C>C_1$ 的情况　　　　　　　　图 7.5　$C_2<C<C_1$ 的情况

图 7.6　$C_3<C<C_2$ 的情况　　　　　　图 7.7　$C_4<C<C_3$ 的情况

　　从四幅图的变化可以看出,当 C 值较大时(对应速度 v 小),即图 7.4,零速度面将整个空间分为四个部分,而随着 C 值的减小,分别包围两个主天体 P_1 和 P_2 的零速度面逐渐增大、靠近、相接(在 L_1)直至连通,即图 7.5;当 C 值再减小时,内部的零速度面扩大,与外部逐渐缩小的零速度面靠近、相接(在 L_2)而连通,即图 7.6;最后通过 L_3 进而变为图 7.7。

　　上述零速度面从靠近、相接(在 L_i,$i=1,\cdots,3$)直至连通的变化,都是通过五个平动点发生的,故将相应的 Jacobi 常数 C_i 称为临界值。

　　(2) 运动可能区域

　　上面的四幅图中,零速度面将整个空间分为两种区域,阴影部分对应 $v>0$,此即小天体运动的可能区域,而阴影外的另一部分则对应 $v<0$,此即运动的禁区,小天体不可能从 $v>0$ 的阴影区穿过零速度面而进入禁区(因 $v<0$ 是不可能的)。小天体在运动过程中若达到零速度面,那只可能沿零速度面的法线方向与其相接,而相接后又沿此法向返回原区域。

　　需要特别提醒的是,图 7.4～7.7 仅是平面状态,当 $C<C_5$ 时,小天体在 x-y 平面内将不再有运动禁止区域,但就空间而言,运动禁止区域仍旧"存在"。

由 Jacobi 积分可以看出，积分常数 C 值的减小就意味着在同一位置处速度的增大，这表明，随着小天体初始速度的增大而其相应的运动可能区域将随之增大。特别是 $C_2 < C < C_1$ 的情况，不仅仅是一个简单的运动可能区域增大，更重要的是小天体的运动可能区域特征发生了变化，变为从只能在主天体 P_1 或 P_2 附近的区域运动，到可能从一个主天体附近的局部区域运行到另一个主天体附近的局部区域。这种运动状态曾用来解释密近双星两子星之间的物质交换以及洛希(Roche)瓣的形成[5~7]。

最后说明一点：上述小天体的初始状态满足 $C_2 < C < C_1$，只是小天体能从一个主天体附近的局部区域运行到另一个主天体附近的局部区域的必要条件，有关问题的讨论可见本章参考文献[8]及该文中所提到的相关工作和结果。以月球探测器为例，如果月球绕地球运行的轨道为圆，那么，要从地球上发射一个月球探测器，在初始停泊轨道上，必须经变轨让其运行速度达到使相应的 C 值满足 $C_2 < C < C_1$，它才有可能从地球附近飞往月球。若探测器的轨道速度大到满足 $C_3 < C < C_2$，则它不仅可以飞往月球，而且还可能从月球附近飞离地-月系统，变为人造小行星。下面一小节将介绍几个有关概念。

7.3.4.3 圆型限制性三体问题意义下两个大天体的引力范围

关于深空探测器 P 的运动，往往是在两个大天体 P_1 和 P_2 共同作用下的运动。由于探测器 P 在运动过程中可能会接近 P_1，也可能会接近 P_2，通常不能处理成受摄二体问题，对应的是一个限制性三体问题。但是，由于探测器总是要接近被探测天体(例如 P_2)，那么，当探测器 P 进入以 P_2 为中心的某一范围内，P_2 的引力作用将成为探测器运动的主要力源，在此范围内可近似地看成 P 相对 P_2 运动的一个二体问题，而在此范围外，则近似地看成 P 相对 P_1 运动的二体问题，这种近似将有助于对一个复杂问题进行初步分析。关于这一范围，有如下两种定义：

(1) 引力范围

见图 7.8，在 P_2 的引力范围边界上，P 受到两个大天体 P_1 和 P_2 的引力大小相等。有

$$\frac{Gm_2}{r^2} = \frac{Gm_1}{R^2} \tag{7.54}$$

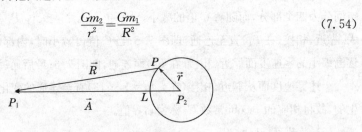

图 7.8 P_2 的引力范围与作用范围

其中 m_1 和 m_2 分别为两个大天体 P_1 和 P_2 的质量。当 $\frac{m_2}{m_1}$ 较小时，根据图 7.8 的几何构形，可将 L 点到 P_2 的距离近似地作为引力范围的半径，记作 r_1。由此根据(7.54)式容易给出

$$r_1 = \sqrt{\mu} A, \quad \mu = \frac{m_2}{m_1} \tag{7.55}$$

其中 $A = |\vec{A}|$，即两个大天体 P_1 与 P_2 之间的距离。

（2）作用范围

采用上述引力范围作简化不太合理，因在考虑 P 相对 P_2（或 P_1）的运动时，另一大天体 P_1（或 P_2）对该系统存在"摄动"作用。P 相对 P_1 和 P_2 的运动方程分别为

$$\begin{cases} \ddot{\vec{r}} = -\dfrac{Gm_2}{r^2}\left(\dfrac{\vec{r}}{r}\right) + Gm_1\left(\dfrac{\vec{R}}{R^3} - \dfrac{\vec{A}}{A^3}\right) \\ \ddot{\vec{R}} = \dfrac{Gm_1}{R^2}\left(\dfrac{\vec{R}}{R}\right) - Gm_2\left(\dfrac{\vec{r}}{r^3} - \dfrac{\vec{A}}{A^3}\right) \end{cases} \tag{7.56}$$

考虑两种作用力的平衡，即定义出作用范围，相应的边界由下式确定：

$$Gm_1\left|\dfrac{\vec{R}}{R^3} - \dfrac{\vec{A}}{A^3}\right|\left(\dfrac{Gm_2}{r^2}\right)^{-1} = Gm_2\left|\dfrac{\vec{r}}{r^3} - \dfrac{\vec{A}}{A^3}\right|\left(\dfrac{Gm_1}{R^2}\right)^{-1} \tag{7.57}$$

同样以图 7.8 中 L 点的位置作为边界，在 $\dfrac{m_2}{m_1}$ 较小时，给出作用范围的半径 r_2 为

$$r_2 = \left(\dfrac{\mu^{2/5}}{2^{1/5}}\right)A, \quad \mu = \dfrac{m_2}{m_1} \tag{7.58}$$

这种作用范围可以用来为深空探测器的发射轨道设计提供初始依据，在此基础上也就引进了双二体问题的拼接方法，在发射轨道设计中能起到辅助作用。

由于上述引力范围只反映一个简单的"静力"平衡条件，对于动力学问题没有任何意义，因此，通常采用的是作用范围。正因为如此，人们常将作用范围就称作引力范围。

（3）希耳（Hill）范围

在讨论探测器（例如月球探测器）发射条件时，往往需要给出另一种范围，即必须同时考虑 P_1（地球）和 P_2（月球）的引力作用，才能确切地给出从地球上发射探测器能达到月球附近的最小速度，此即讨论的问题。当初始条件（P 相对 P_1 的位置矢量 $\vec{r}_0$ 和速度矢量 $\vec{v}_0$）确定的 Jacobi 常数 C 值分别为 $C > C_1$ 和 $C_2 < C < C_1$ 时，它们各对应图 7.4 和图 7.5。

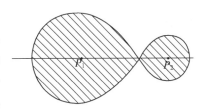

图 7.9　希耳范围

当 $C > C_1$ 时，探测器只能在地球（P_1）附近，即图 7.4，那么图 7.9 就是其临界状态。此时围绕 P_1 和 P_2 的范围（阴影部分）即为希耳范围，两个运动可能区域的交点即第 7.1 节中给出的第一共线平动点 L_1。若以 L_1 到 P_2 的距离作为 P_2 的希耳范围大小，记作 r_3，则由（7.37）式给出

$$r_3 = \left(\dfrac{\mu}{3}\right)^{\frac{1}{3}}A, \quad \mu = \dfrac{m_2}{m_1 + m_2} \tag{7.59}$$

对于太阳系主要的几个系统（地-月系统和日-地+月系统等），作为各自系统中较小天体 P_2 的上述三个范围的数据列于表 7.4。表中 P_1 与 P_2 之间的平均距离 A，除地-月系外，均采用了相应的轨道半长径的数值。其他大行星的上述三个范围同样可分别由（7.55）式、（7.58）式和（7.59）式计算，这里不再具体列出。

表 7.4   三个系统的引力范围、作用范围和希耳范围(单位:万千米)

天体系统	引力范围	作用范围	希耳范围	平均距离 A
日-水星	2.36	9.79	22.07	5790.9083
日-金星	16.9	53.6	101.1	10820.8600
日-地+月	26.1	80.9	150.3	14959.7870
日-火星	13.0	50.2	108.4	22793.9184
日-木星	2404.9	4196.6	5313.8	77829.8356
地-月	4.27	5.78	6.14	38.4401

7.3.4.4   第二宇宙速度 v_2 与发射深空探测器的最小速度问题

以发射月球探测器为例,v_2 即脱离地球引力场的最小速度,也就是从地面发射探测器相对地球的抛物线速度,有

$$v_2 = \sqrt{\frac{2GE}{a_e}} = \sqrt{2}\, v_1 = 11.1799 \text{ km/s} \tag{7.60}$$

对于从地球上发射深空探测器而言,人们首先关心的是第二宇宙速度 v_2,从地球表面发射和从近地停泊轨道上发射,相应的 v_2 相差不大,例如从地面高度 200 千米处发射,相应的 v_2 为 11.0087 km/s。但是,如果考虑到月球的引力加速作用,发射速度并不需要这么大,下段给出。

如果按地-月-探测器圆型限制性三体问题来考虑,在近地停泊轨道(假定为地面高度 200 千米的圆轨道)上"发射"探测器。例如,发射时间为 2011 年 3 月 21 日 0 时(UTC),对应简约儒略日 MJD=JD−2400000.5=55641.0(JD 是儒略日),那么,只要以停泊轨道半径为近地距 $r_p = a_e + 200$ km,入轨速度 $v_p = 10.865664$ km/s,即可使相应的 Jacobi 常数 C 满足 $C \leqslant C_1 = 3.200344$ 的条件,此时的 C 值为 $C = 3.200373$,亦即探测器发射入轨后即有可能(注意,$C \leqslant C_1$ 只是能飞抵月球的必要条件,见第 7.3.1 小节)经月球引力加速飞抵月球附近。上述初始轨道根数为

$$a = 127478.137 \text{km}, \quad e = 0.948398, \quad i = 45.0°$$

$$\Omega = 45.0°, \quad \omega = 10.0°, \quad M = 0.0°$$

相应的轨道周期 $T_s = 5^\text{d}.2426$。但是以这种轨道方式飞往月球,即使有可能,也需绕地球运行若干圈后才抵达月球,因此所耗费的时间远比 T_s 长得多。发射月球探测器通常不会采用这样的最小速度轨道,而实际问题往往是考虑能量消耗小和运行时间短这两个重要条件。不过,探测器通过平动点 L_1 附近的狭窄走廊飞往目标天体(如月球),在一定前提下,也确实是一种节能途径。

至于在月球或深空探测中,发射轨道采用什么形式?直接到达目标天体的 Hohmann

转移,或建立在上述作用范围基础上的双二体拼接,或小推力过渡等,这要由具体航天任务的目的和发射条件来确定,本章参考文献[3]和[4]的第 8 和第 9 章有相应的介绍。

7.3.5 五个平动点的稳定性特征及其应用

前面几小节,已从航天动力学的角度(特别是轨道方面)对圆型限制性三体问题的一个积分和五个特解作了进一步的分析和相应的计算,本小节将对五个平动解自身的稳定性特征及其在航天领域的应用,作简要介绍,但仅限于一些涉及在深空探测中的应用所需要了解的相关内容。

7.3.5.1 稳定性的概念

任一运动,其状态量记作 X,对应如下常微分方程:

$$\frac{\mathrm{d}X}{\mathrm{d}t} = F(X,t) \tag{7.61}$$

$$X = \begin{bmatrix} x_1 \\ x_2 \\ \vdots \\ x_n \end{bmatrix}, \quad F(X,t) = \begin{bmatrix} f_1(x_1,\cdots,x_n,t) \\ f_2(x_1,\cdots,x_n,t) \\ \vdots \\ f_n(x_1,\cdots,x_n,t) \end{bmatrix} \tag{7.62}$$

若 F 是 X 与 t 的连续矢量函数,并能保证解的存在唯一性,则由初值 t_0 与 X_0 可以确定方程 (7.61)的唯一解:

$$X = X(t;t_0,X_0) \tag{7.63}$$

它满足初始条件

$$X(t_0;t_0,X_0) = X_0 \tag{7.64}$$

该解反应的是一种运动。那么,解的稳定性通常是人们关心的一个焦点,而关于稳定性的概念有多种提法,下面就航天器运动的角度介绍相关内容。

(1) 解的稳定性-初值稳定性[9,10]

任一确定的运动都对应方程(7.61)的一个满足初始条件(7.64)的特解,作为未被扰动运动,而由于初值之差确定的另一种运动则称为被扰动运动。通常所说的运动稳定性(即解的稳定性),是指这两种运动差别的变化所对应的稳定性,即初值稳定性,也就是 Ляпунов 意义下的运动稳定性。

按照上述提法,任何被扰动运动和未被扰动运动仅仅是初值不同。为此,将这两种运动的初值(对应 $t=t_0$)分别记作:

$$x_k^0 + \varepsilon_k \text{ 和 } x_k^0 \quad (k=1,2,\cdots,n) \tag{7.65}$$

数量 ε_k 称为初扰动。方程(7.61)的解分别记为

$$x_k(t) \text{ 和 } \psi_k(t;t_0,x_1^0,\cdots,x_n^0)$$

则当 $t > t_0$ 时,差数

$$x_k(t) - \psi_k(t;t_0,x_1^0,\cdots,x_n^0) \tag{7.66}$$

称为继扰动,简称扰动。显然,若所有的初扰动 ε_k 都为零时,相应的所有扰动 $x_k(t)-\psi_k(t)$。亦都为零。

初值稳定性,就是这样一种问题:假定初扰动 ε_k 不全为零,能否指定这样一些足够小的界限,使继扰动 $x_k(t)-\psi_k(t)$ 的数值永远不会超过这些界限? 如果成立,则为初值稳定的。

这一初值稳定性问题,既关系到五个平动点的动力学特征,亦涉及航天器的轨道运动,在轨道预报中,不管是分析法还是数值法,总是有初值误差的,那么在运行过程中,这一误差累积是否会导致预报结果无法控制在一定范围内? 由于 Kepler 运动是初值不稳定的,因此,在轨道预报问题中,总是对初值误差有一定限制要求的。下面要介绍的是五个平动点的初值稳定性状态及其有关问题。

(2) 结构稳定性

在实际问题中经常需要研究:当系统出现“扰动”时,相应系统的拓扑结构是否有改变? 在什么条件下它的拓扑结构没有改变? 此即所谓系统的结构稳定性问题。例如在研究非线性振动问题时,就提出了关于平面圆盘上的系统的结构稳定性概念,即:对于下列方程

$$\begin{cases} \dfrac{\mathrm{d}x}{\mathrm{d}t}=f(x,y), \\ \dfrac{\mathrm{d}y}{\mathrm{d}t}=g(x,y), \end{cases} \quad (x^2+y^2 \leqslant R^2) \tag{7.67}$$

当系统出现“扰动”时,存在相应的扰动源 $\Delta f(x,y)$,$\Delta g(x,y)$,原方程变为下列形式:

$$\begin{cases} \dfrac{\mathrm{d}x}{\mathrm{d}t}=f(x,y)+\Delta f(x,y) \\ \dfrac{\mathrm{d}y}{\mathrm{d}t}=g(x,y)+\Delta g(x,y) \end{cases} \tag{7.68}$$

在 $f(x,y)$ 和 $g(x,y)$ 是解析的情况下,曾给出了该系统是结构稳定性的充要条件。二十世纪六十年代起引起了一批数学家的重视,例如我国北京大学的廖山涛先生[11,12]以及以 Smale 为代表的美国学派[13]等人,但至今并没有实质性的进展。不过,我们所关心的是圆型限制性三体问题只是实际动力学模型的一种近似,显然存在“扰动”,那么相应的五个平动解的结构特征是否能保持? 这对深空探测器的空间定点是有直接关系的,下面介绍。

7.3.5.2 平动解的稳定性概况

对于圆型限制性三体问题,记平动解为

$$x_0=a, \quad y_0=b, \quad z_0=0 \tag{7.69}$$

初始扰动记作

$$\Delta x=\xi, \quad \Delta y=\eta, \quad \Delta z=\zeta \tag{7.70}$$

将 $x=x_0+\Delta x=a+\xi$,$y=y_0+\Delta y=b+\eta$ 和 $z=\zeta$ 代入运动方程(7.20)式,得

$$
\begin{cases}
\ddot{\xi} - 2\dot{\eta} = \Omega_{xx}^0 \xi + \Omega_{xy}^0 \eta + \Omega_{xz}^0 \zeta + O(2) \\
\ddot{\eta} + 2\dot{\xi} = \Omega_{yx}^0 \xi + \Omega_{yy}^0 \eta + \Omega_{yz}^0 \zeta + O(2) \\
\ddot{\zeta} \quad\quad = \Omega_{zx}^0 \xi + \Omega_{zy}^0 \eta + \Omega_{zz}^0 \zeta + O(2)
\end{cases}
\tag{7.71}
$$

其中 $O(2)$ 表示 ξ,η 和 ζ 的二阶以上(包括二阶)小量,$\Omega_{xx}^0,\Omega_{xy}^0,\cdots,\Omega_{zz}^0$ 表示 Ω 的两阶偏导数在平动点上取值,有

$$
\begin{cases}
\Omega_x^0 = 0, \quad \Omega_y^0 = 0, \quad \Omega_z^0 = 0 \\
\Omega_{xy}^0 = \Omega_{yx}^0 \\
\Omega_{xz}^0 = \Omega_{zx}^0 = \Omega_{yz}^0 = \Omega_{zy}^0 = 0
\end{cases}
\tag{7.72}
$$

于是方程(7.72)右端略去高阶项后变为

$$
\begin{cases}
\ddot{\xi} - 2\dot{\eta} = \Omega_{xx}^0 \xi + \Omega_{xy}^0 \eta \\
\ddot{\eta} + 2\dot{\xi} = \Omega_{yy}^0 \eta + \Omega_{yx}^0 \xi \\
\ddot{\zeta} \quad\quad = \Omega_{zz}^0 \zeta
\end{cases}
\tag{7.73}
$$

方程(7.73)是常系数线性齐次方程组,而 ζ 分量可以分离掉,它对应一个简谐振动,即小天体不会远离 xy 平面。下面只需讨论 xy 平面的情况,即方程组(7.73)前面两个关于 ξ,η 的扰动性质。相应的特征方程为

$$
\begin{vmatrix}
\lambda^2 - \Omega_{xx}^0 & -2\lambda - \Omega_{xy}^0 \\
2\lambda - \Omega_{xy}^0 & \lambda^2 - \Omega_{yy}^0
\end{vmatrix} = 0
$$

这是关于特征量 λ 的四次代数方程,即

$$
\lambda^4 + (4 - \Omega_{xx}^0 - \Omega_{yy}^0)\lambda^2 + (\Omega_{xx}^0 \Omega_{yy}^0 - \Omega_{xy}^{0\,2}) = 0
\tag{7.74}
$$

(1) 共线平动解(L_1,L_2,L_3)的情况

对于 $0 < \mu < \frac{1}{2}$(任何一个限制性三体问题,除 $m_1 = m_2$ 外均符合这一条件),有

$$
\begin{cases}
\Omega_{xx}^0 = 1 + 2C_0 > 0, \quad \Omega_{yy}^0 = 1 - C_0 < 0, \quad \Omega_{zz}^0 = -C_0 < 0 \\
\Omega_{xy}^0 = 0, \quad \Omega_{xx}^0 > 0, \quad \Omega_{yy}^0 < 0, \\
\Omega_{xx}^0 \Omega_{yy}^0 - \Omega_{xy}^{0\,2} < 0
\end{cases}
\tag{7.75}
$$

$$
C_0 = \frac{(1-\mu)}{r_1^3} + \frac{\mu}{r_2^3}
\tag{7.76}
$$

C_0 右端出现的 r_1,r_2 分别为三个共线平动点到两个主天体的距离,即 $r_1 = |x_i + \mu|$,$r_2 = |x_i - 1 + \mu|$。于是方程(7.74)的四个特征根分别为

$$
\begin{cases}
\lambda_{1,2} = \pm S_1^{\frac{1}{2}} \\
\lambda_{3,4} = \pm S_2^{\frac{1}{2}}
\end{cases}
\tag{7.77}
$$

$$
\begin{cases}
S_1 = \frac{1}{2}\{-(4 - \Omega_{xx}^0 - \Omega_{yy}^0) + [(4 - \Omega_{xx}^0 - \Omega_{yy}^0)^2 - 4\Omega_{xx}^0 \Omega_{yy}^0]^{\frac{1}{2}}\} \\
S_2 = \frac{1}{2}\{-(4 - \Omega_{xx}^0 - \Omega_{yy}^0) - [(4 - \Omega_{xx}^0 - \Omega_{yy}^0)^2 - 4\Omega_{xx}^0 \Omega_{yy}^0]^{\frac{1}{2}}\}
\end{cases}
\tag{7.78}
$$

由(7.75)式可知,$S_1>0,S_2<0$,故有一正实根。根据上节关于解的稳定性定义,三个共线平动解是不稳定的。考虑扰动方程(7.71)右端的高阶项后仍然如此,不必再讨论。

前面(7.74)式给出的四个特征根和 ζ 分量对应的两个特征根可统一写成下列形式:

$$\begin{cases}\lambda_{1,2}=\pm d_1, \\ \lambda_{3,4}=\pm d_2 i, \quad \lambda_{5,6}=\pm d_3 i, \quad i=\sqrt{-1}\end{cases} \tag{7.79}$$

这里 $d_3=\sqrt{C_0}>0, d_1>0, d_2>0$,具体值为

$$\begin{cases}d_1=\left[\frac{1}{2}(9C_0^2-8C_0)^{\frac{1}{2}}-\left(1-\frac{C_0}{2}\right)\right]^{\frac{1}{2}} \\ d_2=\left[\frac{1}{2}(9C_0^2-8C_0)^{\frac{1}{2}}+\left(1-\frac{C_0}{2}\right)\right]^{\frac{1}{2}}\end{cases} \tag{7.80}$$

在线性意义下,相应平动点附近的运动有如下形式:

$$\begin{cases}\xi=C_1 e^{d_1 t}+C_2 e^{-d_1 t}+C_3\cos d_2 t+C_4\sin d_2 t \\ \eta=\alpha_1 C_1 e^{d_1 t}-\alpha_1 C_2 e^{-d_1 t}-\alpha_2 C_3\sin d_2 t+\alpha_2 C_4\cos d_2 t \\ \zeta=C_5\cos d_3 t+C_6\sin d_3 t\end{cases} \tag{7.81}$$

其中

$$\alpha_1=\frac{1}{2}(d_1-\Omega_{xx}^0/d_1), \quad \alpha_2=\frac{1}{2}(d_2+\Omega_{xx}^0/d_2) \tag{7.82}$$

上述六个积分常数 $C_1,C_2,\cdots,C_6$,由初始扰动条件 $t_0=0:\xi_0,\dot{\xi}_0,\eta_0,\dot{\eta}_0,\xi_0,\dot{\xi}_0$ 确定。这表明,尽管小天体初始运动状态满足共线平动解的条件,但经小扰动后即会远离平动点,远离的快慢取决于 d_1 值的大小。例如日-(地+月)-小天体系统,三个共线平动点 L_1,L_2,L_3 处的 d_1 值分别为 2.532659,2.484317 和 0.002825,这表明 L_1 和 L_2 点附近的小天体要比 L_3 点附近的小天体远离快得多,根据它们所处的位置,这是不难理解的。

(2) 三角平动解(L_4,L_5)的情况

容易给出

$$\begin{cases}\Omega_{xx}(L_{4,5})=3[x^2+\mu(1-\mu)](L_4,L_5)=\frac{3}{4} \\ \Omega_{yy}(L_{4,5})=3y^2(L_4,L_5)=\frac{9}{4} \\ \Omega_{xy}(L_4)=3xy(L_4)=+\frac{3\sqrt{3}}{2}\left(\frac{1}{2}-\mu\right), \quad \Omega_{xy}(L_5)=3xy(L_5)=-\frac{3\sqrt{3}}{2}\left(\frac{1}{2}-\mu\right)\end{cases} \tag{7.83}$$

此时特征方程(7.74)式变为

$$\lambda^4+\lambda^2+\frac{27}{4}\mu(1-\mu)=0 \tag{7.84}$$

令 $S=\lambda^2$,则该特征方程可变为下列二次代数方程:

$$S^2 + S + \frac{27}{4}\mu(1-\mu) = 0 \tag{7.85}$$

解为

$$\begin{cases} S_1 = \frac{1}{2}\left\{-1 + [1-27\mu(1-\mu)]^{\frac{1}{2}}\right\} \\ S_2 = \frac{1}{2}\left\{-1 - [1-27\mu(1-\mu)]^{\frac{1}{2}}\right\} \end{cases} \tag{7.86}$$

相应的特征根 λ 如下:

$$\lambda_{1,2} = \pm\sqrt{S_1}, \quad \lambda_{3,4} = \pm\sqrt{S_2} \tag{7.87}$$

特征根的性质,将取决于(7.86)式中的判别条件 $d = 1-27\mu(1-\mu)$ 的取值,当

$$0 < 1-27\mu(1-\mu) < 1$$

时,即

$$\mu(1-\mu) < \frac{1}{27} \tag{7.88}$$

时,$S_1 < 0$,$S_2 < 0$,特征根为二对共轭虚根:

$$\begin{cases} \lambda_{1,2} = \pm is_1, \quad \lambda_{3,4} = \pm is_2 \\ s_1 = \sqrt{|S_1|}, \quad s_2 = \sqrt{|S_2|} \end{cases} \tag{7.89}$$

在线性意义下,同样根据上一节关于解的稳定性定义,三角平动解是稳定的,相应的临界值 μ_0 满足如下条件:

$$\mu_0(1-\mu_0) = \frac{1}{27}$$

注意 $\mu < \frac{1}{2}$。那么,上述线性稳定性条件为

$$\begin{cases} 0 < \mu < \mu_0 \\ \mu_0 = \frac{1}{2}(1-\sqrt{69}/9) = 0.038520896504551\cdots \end{cases} \tag{7.90}$$

对太阳系中处理成限制性三体问题的各个系统,如日-木-小行星,日-地-月球,…,相应的 μ 值均满足条件(7.90),μ_0 通常称为 Routh 极限值。

对于 $\mu_0 < \mu < \frac{1}{2}$ 的情况,显然是不稳定的,而当 $\mu = \mu_0$ 时,三角平动点亦是不稳定的,这已超出本书的内容,读者如有需要,可阅读本章参考文献[4]的第 9 章第 9.4 节中的相关介绍。

7.3.5.3 平动解稳定性特征的应用

(1) 共线平动解(L_1,L_2,L_3)的应用

尽管三个共线平动解都是不稳定的,但根据线性意义下,平动点附近的运动具有(7.81)式表达的形式,那么就有可能在特定的初始扰动条件下,使得该表达式中的 $C_1 = 0$,$C_2 = 0$,那么相应的扰动解就转化为周期或拟周期解。这一特征即被特定的航天任务所引用,其一

是提供地球卫星可以在控制下形成编队飞行的理论基础,另一重要应用领域即在深空探测中在共线平动点附近构建特殊的周期或拟周期轨道,即晕(halo)轨道或 Lissajous 轨道。关于前者,将在本章第 7.5 节中具体介绍卫星编队飞行的设计方法,而后一内容,正是当今深空探测中的一个热点内容,读者可参阅本章参考文献[14],该书中有系统介绍。

(2) 三角平动解(L_4,L_5)的应用

虽然三角平动解是初值稳定的,但不一定是结构稳定的,尽管还无法严格证明三角平动解是结构不稳定的,但可采用简单的反证法获得解答,见下文。

在参考文献[14]中,对地—月—探测器系统,给出如下三种模型下探测器相对三角平动点的位置偏离状态:

1) 理想的圆型限制性三体问题模型,

2) 受摄限制性三体问题模型,摄动天体为太阳,而且限制性三体模型中的第二个大天体(月球)的轨道亦考虑为"真实"轨道(即采用消除短周期变化后的长期进动椭圆轨道),探测器的初始状态对三角平动点无偏离,

3) 对第 2)种模型,将太阳引力摄动人为地减小一个量级。

在第 1)种模型中,给探测器对三角平动点的初始偏移量在 x,y,z 三个方向各为 10000 km,在"稳定范围"边界内部。这一初始偏移量相对较大,但在月球绕地球运转 130 个周期的长时间内,探测器仍能保持较好的稳定状态,见图 7.10,图中长度单位 RU 为地月平均距离,这是在理想的圆型限制性三体问题模型下的结果。而考虑受摄模型(不仅包括两个大天体的相对运动为椭圆,而且还要考虑第四体对探测器和两个大天体的摄动)后,探测器围绕三角平动点不仅漂移范围明显扩大,甚至很快远离这种状态,见图 7.11。

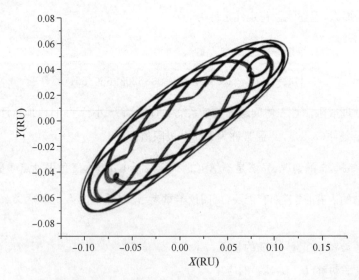

图 7.10 地-月圆型限制性三体问题会合坐标系中探测器在三角平动点附近的漂移状态

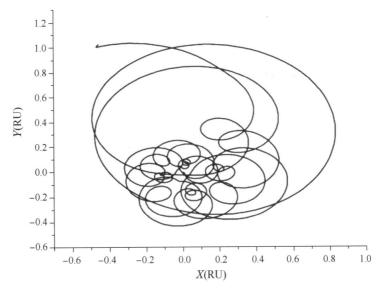

图 7.11　地心坐标系中完整力模型(地一月一太阳一探测器)下探测器远离三角平动点的状态

在第 3)种模型中,即将地—月—太阳—探测器系统中的太阳引力摄动人为地减小一个量级(相当于太阳质量减小一个量级),使其明显小于月球相应的 μ 值(0.012)。那么,探测器将能保持在三角平动点附近,在与第 1)种模型计算相同的时间长度内(即月球绕地球运转 130 个周期),其漂移范围在地心坐标系中几乎相同,见图 7.12。

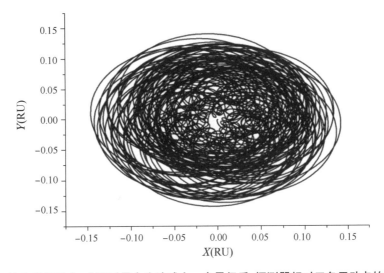

图 7.12　地心坐标系中,太阳质量人为地减小一个量级后,探测器相对三角平动点的飘移状态

上述分析和数值验证表明,对于圆型三体问题中的三角平动点,即使是在非线性意义下也是稳定的,但在实际力学模型中(即原系统有"扰动"),尽管相应的月球 μ 值较大,但第四体(太阳)引力摄动太强,导致地月系在限制性三体问题意义下的三角平动点的稳定程度失去实际意义,如果需要在地月系中利用三角平动点这一特殊位置定点探测器,那就需要根据状态偏离的规律考虑在轨运行过程中进行轨道机动(轨道控制),本章参考文献[15]中的探讨,进一步证实了这一论断。

7.3.6 限制性(2+2)体问题中平动点位置的计算与应用

这一(2+2)体问题,是圆型限制性三体问题的一种推广,在太阳系的实际背景下确实存在这样的系统,如主带小行星群中两颗小行星之间的距离有时很近,如果考虑它们之间的引力作用,那么太阳、木星和这两颗小行星就构成一个限制性(2+2)体问题;在地球赤道上空一个定点处发射两颗以上几吨重的地球"静止"卫星,相互之间的距离若为百米量级,在精度要求较高的问题中就需要考虑它们之间的相互引力作用,在此情况下,作为椭球体的地球(相当于一个质量密度均匀的球体和椭球体赤道的"多余"部分,视为两个大天体)和两个卫星同样构成一个限制性(2+2)体问题。在深空探测器的发射中或许也会出现这样的状态,如在某个特殊位置附近定点两个探测器,相互之间的引力作用又不可忽视,在此情况下与两个相应的大天体同样构成限制性(2+2)体问题。

在圆型限制性(2+2)体问题中,对于每一个小天体的运动,实际上即对应一种特殊的受摄圆型限制性三体问题,就两个小天体中的一个而言,与其靠近的另一小天体的引力就是一个摄动源。在这样的力学模型中,小天体的运动状态是否与单一的圆型限制性三体问题相近,这同样是一类轨道力学问题,应予考查并给出相应的计算方法。

7.3.6.1 圆型限制性(2+2)体问题的数学模型与平动点的确定

为了与圆型限制性三体问题的讨论相对应,不妨将原会合坐标系中的基本方程式(7.20)改为[16,17]

$$\begin{cases} \ddot{x}_\alpha - 2\dot{y}_\alpha = \dfrac{\partial U}{\partial x_\alpha} \\[2mm] \ddot{y}_\alpha + 2\dot{x}_\alpha = \dfrac{\partial U}{\partial y_\alpha} \quad \alpha=1,2 \\[2mm] \ddot{z}_\alpha = \dfrac{\partial U}{\partial z_\alpha} \end{cases} \tag{7.91}$$

该式中的 U 是系统的"引力位",即

$$U = \sum_{\alpha=1}^{2}\left[\frac{1}{2}(x_\alpha^2 + y_\alpha^2) + \frac{1-\mu}{r_{\alpha 1}} + \frac{\mu}{r_{\alpha 2}} + \frac{\mu_{3-\alpha}}{r}\right] \tag{7.92}$$

其中

$$\begin{cases} \vec{r}_{\alpha 1} = \vec{r}_\alpha - \vec{R}_1, \vec{r}_{\alpha 2} = \vec{r}_\alpha - \vec{R}_2, \vec{r} = \vec{r}_1 - \vec{r}_2 \\[2mm] \vec{R}_1 = \begin{pmatrix} -\mu \\ 0 \\ 0 \end{pmatrix}, \quad \vec{R}_2 = \begin{pmatrix} 1-\mu \\ 0 \\ 0 \end{pmatrix} \end{cases} \tag{7.93}$$

$$\mu = \frac{M_2}{M_1 + M_2}, \quad \mu_\alpha = \frac{m_\alpha}{M_1 + M_2} \tag{7.94}$$

显然,对于每一个小天体的运动,无积分存在,但对整个系统而言,却有一个广义 Jacobi
积分存在,即

$$\sum_{a=1}^{2} \frac{1}{2} v_a{}^2 = 2U - C \tag{7.95}$$

与圆型限制性三体问题类似,仅找到这一积分。那么,在相应的会合坐标系中寻找平动解之
类的特解,应满足下列条件:

$$\frac{\partial U}{\partial x_a} = 0, \quad \frac{\partial U}{\partial y_a} = 0, \quad \frac{\partial U}{\partial z_a} = 0$$

具体形式分别为

$$\begin{cases} \left[x_1 - \dfrac{(1-\mu)(x_1+\mu)}{r_{11}^3} - \dfrac{\mu(x_1-1+\mu)}{r_{12}^3} \right] - \dfrac{\mu_2}{r^3}(x_1-x_2) = 0 \\[3mm] y_1 \left[1 - \dfrac{1-\mu}{r_{11}^3} - \dfrac{\mu}{r_{12}^3} \right] - \dfrac{\mu_2}{r^3}(y_1-y_2) = 0 \\[3mm] z_1 \left[\dfrac{1-\mu}{r_{11}^3} + \dfrac{\mu}{r_{12}^3} \right] + \dfrac{\mu_2}{r^3}(z_1-z_2) = 0 \end{cases} \tag{7.96}$$

$$\begin{cases} \left[x_2 - \dfrac{(1-\mu)(x_2+\mu)}{r_{21}^3} - \dfrac{\mu(x_2-1+\mu)}{r_{22}^3} \right] - \dfrac{\mu_1}{r^3}(x_2-x_1) = 0 \\[3mm] y_2 \left[1 - \dfrac{1-\mu}{r_{21}^3} - \dfrac{\mu}{r_{22}^3} \right] - \dfrac{\mu_1}{r^3}(y_2-y_1) = 0 \\[3mm] z_2 \left[\dfrac{1-\mu}{r_{21}^3} + \dfrac{\mu}{r_{22}^3} \right] + \dfrac{\mu_1}{r^3}(z_2-z_1) = 0 \end{cases} \tag{7.97}$$

由条件(7.96)式和(7.97)式中的两个 z 分量可得

$$z_2 = z_1 \left[1 + \frac{r^3}{\mu_2} \left(\frac{1-\mu}{r_{11}^3} + \frac{\mu}{r_{12}{}^3} \right) \right] \tag{7.98}$$

$$z_1 \left[\left(\frac{1-\mu}{r_{21}^3} + \frac{\mu}{r_{22}^3} \right) + \frac{r^3}{\mu_2} \left(\frac{1-\mu}{r_{11}^3} + \frac{\mu}{r_{12}^3} \right) \left(\frac{1-\mu}{r_{21}^3} + \frac{\mu}{r_{22}^3} + \frac{\mu_1}{r^3} \right) \right] = 0 \tag{7.99}$$

显然,会合坐标系中,圆型限制性(2+2)体问题的平动解亦存在于 x-y 平面内,即

$$z_1 \equiv z_{10} = 0, \quad z_2 \equiv z_{20} = 0, \tag{7.100}$$

由条件(7.96)和(7.97)的 x, y 分量可看出,与圆型限制性(2+1)体问题中相应的条件
(7.35)只相差一个与小天体有关的小量,故该系统两个小天体运动的平动解的位置应在单
一圆型限制性三体问题中相应平动解的附近。

对于每个小天体而言,共线平动解和三角平动解均存在,而且每一个共线平动解变为两
个,每一个三角平动解变为四个,并形成对称的配置。在原圆型限制性三体问题中的平动解
基础上,获得这些结果并不困难,从定性角度来看这些平动解位置的分布也很自然。具体求
解方法,是仿照圆型限制性三体问题确定平动点位置的迭代算法,以原圆型限制性三体问题
的解作为初值,代入方程(7.96)和(7.97)进行迭代,由此即可获得相应的平动解。

7.3.6.2 地球同步卫星双星系统中两卫星的运行状态

对于作为通信工具的地球同步卫星,由于在赤道上空定位"空间"有限,为了提高应用效
率,可在"同一"定点位置处定位多颗地球同步卫星,即"一点多星",两星距离一般较近(例如

100 m 左右），相互之间的引力作用不可忽视，即形成双星系统。前面已经指出，在此大系统中，作为椭球体的地球，相当于一个质量密度均匀的球体和椭球体赤道的"多余"部分，即视为两个大天体，相对两个"大天体"而言，两个卫星的质量可视为零，即为小天体，这样就构成了上一小节所引入的限制性(2+2)体问题。

研究表明，作为上述(2+2)体问题中平动点位置的动力学特征，可以有效地应用于地球同步卫星的双星系统。在初始时刻，将两星定点在各自的平动点位置上，两个同步卫星的轨道变化各有类似单个同步卫星轨道变化的特征，即两星在各自的平衡位置附近摆动（即天平动现象）。但由于两星初始位置或其他初始根数的微小误差，将会导致两星围绕平衡位置的漂移不完全"同步"，因此，它们之间的距离不可能保持初始状态，这在双星系统的保持中需加以轨控。具体细节不再介绍，详见参考文献[18]。

7.4 卫星编队飞行的轨道设计与小行星探测中的伴飞问题

7.4.1 卫星编队形成的原理

关于两个航天器的编队飞行（或者两个卫星绕地球运动的编队飞行）问题，最简单的描述方程即为 $C-W$ 方程[19]，该方程是在二体问题模型下以圆轨道为参考轨道对两航天器的相对运动作线性化处理得到，而这里是从另一途径导出，即考虑到动力学机制，将它联系到圆型限制性三体问题中 $\mu=0$ 的退化状态，即原模型中第二个较小的大天体质量被忽略。

下面以地球卫星的编队为例来论述这一问题，假定地球是大天体 P_1，中心卫星是另一个较小的大天体 P_2，绕地球作圆运动，运动小天体 P 即伴飞卫星。由于卫星质量之小，相距不太近时（如吨级质量的两个卫星相距超过 100 m），它们之间的相互引力可略去，这就对应上述限制性三体问题中 $\mu=0$ 的状态。既然考虑 $\mu=0$ 的情况，那么上述中心卫星可以是虚拟的。此时，圆型限制性三体问题退化为限制性二体问题，会合坐标系的原点 C 移至 P_1（即地心）。原 $\mu\neq0$ 情况下的五个平动点的位置见图 7.13，当 $\mu=0$ 时将会发生相应的变化。

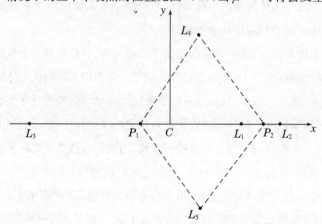

图 7.13 圆型限制性三体问题中五个平动点的位置

对于这种限制性二体问题,在地心旋转坐标系(旋转角速度即中心卫星的绕飞角速度)中,伴飞卫星的运动方程变为如下形式:

$$\begin{cases} \ddot{x} - 2\dot{y} = U_x = \left(x - \dfrac{x}{r^3}\right) \\[2mm] \ddot{y} + 2\dot{x} = U_y = \left(y - \dfrac{y}{r^3}\right) \\[2mm] \ddot{z} \quad\quad = U_z = -\dfrac{z}{r^3} \end{cases} \tag{7.101}$$

原来的五个平动点 $L_i(i=1,2,3)$ 和 $L_j(j=4,5)$,退化为下列状况:

L_1 和 L_2 与 P_2 合一,位置为 $x=1$, $\quad y=0$,

L_3 的位置为 $\quad x=+1$, $\quad y=0$,

L_4 和 L_5 的位置为 $\quad x=\dfrac{1}{2}$, $\quad y=\pm\sqrt{3}/2$。

事实上,从方程(7.101)不难看出,$U_x=0,U_y=0,U_z=0$ 对应

$$z=0, \quad r=1 \tag{7.102}$$

即在 $x\text{-}y$ 平面上,以地球(P_1)为中心的单位圆(r 即中心卫星的圆轨道半径)上每个点都是平动点,这一点并不难理解。

仍旧讨论上述五个退化的平动点,略去证明,结论是这五个平动点 L_i 和 L_j 均是不稳定的。关于 L_4 和 L_5 的性质发生变化并不难理解,此时对应 $\mu=0$,即另一保持其动平衡的力源 P_2 就引力角度而言已不存在。

为了与星上轨道坐标系相吻合(这里的 x 轴正是从地心指向中心卫星),仍旧关心的是两个与伴飞有关的共线平动点 L_1 和 L_2,现在已合一。尽管它们是不稳定的,与限制性三体问题一样,其附近小领域内的运动,仍然可以维持一种周期(或拟周期)运动状态。

在 $L_i(i=1,2,3)$ 位置上给一小扰动,扰动坐标分量各记作 ξ,η,ζ,代入方程(7.101)得

$$\begin{cases} \ddot{\xi} - 2\dot{\eta} = U_{xx}\xi + U_{xy}\eta + U_{xz}\zeta + O(2) \\[2mm] \ddot{\eta} + 2\dot{\xi} = U_{yx}\xi + U_{yy}\eta + U_{yz}\zeta + O(2) \\[2mm] \ddot{\zeta} \quad\quad = U_{zx}\xi + U_{zy}\eta + U_{zz}\zeta + O(2) \end{cases} \tag{7.103}$$

其中 $O(2)$ 表示高阶小量。不难算出,在 $L_i(x=\pm 1, y=0, z=0)$ 处有

$$\begin{cases} U_{xx}=3 & U_{xy}=0 & U_{xz}=0 \\ U_{yx}=0 & U_{yy}=0 & U_{yz}=0 \\ U_{zx}=0 & U_{zy}=0 & U_{zz}=-1 \end{cases} \tag{7.104}$$

代入方程(7.103),略去高次项,即得 L_i 附近小扰动方程线性化的结果如下:

$$\begin{cases} \ddot{\xi} - 2\dot{\eta} = 3\xi \\[2mm] \ddot{\eta} + 2\dot{\xi} = 0 \\[2mm] \ddot{\zeta} + \xi = 0 \end{cases} \tag{7.105}$$

此即伴飞中的 $C-W$ 方程。因两卫星之间无引力作用,中心卫星可以是虚拟的,是否存在无所谓,只要旋转坐标系按相应虚拟卫星的圆轨道角速度旋转即可。若把上述平动点放在单位圆上的 $x=0,y=\pm1$ 处,其附近小扰动运动方程的线性化形式即

$$\begin{cases} \ddot{\xi}-2\dot{\eta}=0 \\ \ddot{\eta}+2\dot{\xi}=3\eta \\ \ddot{\zeta}+\zeta=0 \end{cases} \qquad (7.106)$$

它对应

$$U_{xx}=0, \quad U_{yy}=3, \quad U_{zz}=-1 \qquad (7.107)$$

根据上述讨论可知,尽管两卫星之间无任何动力学联系,但是只要它们相距较近,仍然可由限制性二体问题中平动点附近的运动这一动力学机制来理解它们之间相对构形形成的原因。无论是方程(7.105)还是(7.106),ζ 分量都可分离出,该分量对应一谐振动,即伴飞卫星在 x-y 平面上下作小振动。而对 ξ,η 两分量,相应的特征方程为

$$\lambda^4+\lambda^2=0 \qquad (7.108)$$

存在一对重根 $\lambda_{1,2}$ 和一对共轭虚根 $\lambda_{3,4}$,即

$$\lambda_{1,2}=0, \quad \lambda_{3,4}=\pm\sqrt{-1} \qquad (7.109)$$

相应的运动解为

$$\begin{cases} \xi=-C_1+C_3\cos t+C_4\sin t \\ \eta=\dfrac{3}{2}C_1 t+C_2-2C_3\sin t+2C_4\cos t \\ \dot{\xi}=-C_3\sin t+C_4\cos t \\ \dot{\eta}=\dfrac{3}{2}C_1-2C_3\cos t-2C_4\sin t \end{cases} \qquad (7.110)$$

或

$$\begin{cases} \xi=\dfrac{3}{2}C_1 t+C_2-2C_3\sin t+2C_4\cos t \\ \eta=C_1-C_3\cos t-C_4\sin t \\ \dot{\xi}=\dfrac{3}{2}C_1-2C_3\cos t-2C_4\sin t \\ \dot{\eta}=C_3\sin t-C_4\cos t \end{cases} \qquad (7.111)$$

可选择适当的初始条件,使 $C_1=0$ 和 $C_2=0$,构成一个线性意义下的条件周期解,具体的初始条件为

$$t=t_0, \quad \xi_0, \quad \eta_0, \quad \dot{\xi}_0=\eta_0/2, \quad \dot{\eta}_0=-2\xi_0, \quad \zeta_0, \quad \dot{\zeta}_0 \qquad (7.112)$$

此时扰动运动的解为如下"拟"周期解:

$$\begin{cases} \xi=\xi_0\cos t+(\eta_0/2)\sin t, \quad \dot{\xi}=-\xi_0\sin t+(\eta_0/2)\cos t \\ \eta=-2\xi_0\sin t+\eta_0\cos t, \quad \dot{\eta}=-2\xi_0\cos t-\eta_0\sin t \\ \zeta=\zeta_0\cos t+\dot{\zeta}_0\sin t, \quad \dot{\zeta}=-\zeta_0\sin t+\dot{\zeta}_0\cos t \end{cases} \qquad (7.113)$$

在 $x-y$ 平面上的构形为一椭圆,如果初始扰动 ζ_0 满足下列条件:

$$\dot{\zeta}_0 = \pm(\eta_0/2\xi_0)\zeta_0 \tag{7.114}$$

那么在 $y-z$ 平面上的构形亦为一椭圆。相应的上述两个椭圆方程如下:

$$\frac{\xi^2}{A^2} + \frac{\eta^2}{B^2} = 1 \tag{7.115}$$

$$\frac{\eta^2}{C^2} + \frac{\zeta^2}{D^2} = 1 \tag{7.116}$$

其中

$$A^2 = \xi_0^2 + \eta_0^2/4, \quad B^2 = 4A^2 \tag{7.117}$$

$$C^2 = 4A^2 = B^2, \quad D^2 = (4\zeta_0^2/\xi_0^2)A^2 \tag{7.118}$$

上述线性意义下的条件周期运动,即卫星编队飞行或伴飞的一种动力学机制,但两星相距不能大,否则方程(7.103)右端略去的高次项 $O(2)$ 很快就起作用,若按条件(7.112)和(7.114)控制,伴飞的构形仍会遭破坏。但是,由于 $\mu=0$ 对应的卫星编队飞行问题中,相对"中心"卫星运动的不稳定性,是按时间 t 线性分离,是一弱不稳定状态,而不像 $\mu\neq0$ 对应的是强不稳定状态,那是由于 $d_1\neq0$ 按指数规律分离。因此,小卫星编队飞行中,只要相对距离不大,对控制的要求并不高。至于是否需要考虑高次项的影响,从纯理论角度来看似乎有一定的意义,但这并无实际意义,因为既然是小卫星编队(并非导航星座那样的"编队",两星相距较远),各星与参考点的相对距离不可能很大,其高次项的大小一般不会超过卫星轨道偏心率项和其他各种对两星摄动的较差项。因此没有必要对其单独进行考虑,其影响可以和其他因素一起,作为对条件(7.112)的偏离,放在轨控中进行。

从上述讨论不难看出,卫星编队构形,实际上就是二体问题对应的运动不稳定性在条件(7.112)约束下的结果。这种从限制性三体问题(有关平动点附近的运动特征)过渡到退化后的限制性二体问题,从而获得编队构形的条件,不仅过程简单,更有意义的是力学机制清晰,而不是一个单纯的相对运动的几何构形问题。

7.4.2　卫星编队轨道设计中所考虑的问题

关于卫星轨道的偏心率是否要考虑的问题,必须考虑到利用编队飞行完成航天任务的实际需求,一般都采用近圆轨道,轨道偏心率确实较小。如果轨道偏心率较大,改用椭圆型限制性三体问题模型的简化形式来构造编队飞行解,亦无困难。在此模型中,改用两个大天体相对运动的真近点角 f 代替时间 t 作为自变量,可在变尺度坐标系中给出小天体的运动方程,略去推导,直接给出方程如下:

$$\begin{cases} x'' - 2y' = \dfrac{1}{1+e'\cos f}(U_x + x) \\ y'' + 2x' = \dfrac{1}{1+e'\cos f}(U_y + y) \\ z'' + z \ \ = \dfrac{1}{1+e'\cos f}(U_z + z) \end{cases} \tag{7.119}$$

其中

$$U(r_1,r_2)=\frac{1-\mu}{r_1}+\frac{\mu}{r_2} \tag{7.120}$$

同样存在五个平动点,且当 $\mu=0$ 时,有

$$U(r_1,r_2)=U(r_1)=\frac{1-\mu}{r_1}=\frac{1}{r} \tag{7.121}$$

在此情况下,与圆型问题一样,以地球(P_1)为中心的单位圆(r 即中心卫星的圆轨道半径)上每个点都是平动点,在 $L(x=1,y=0,z=0)$ 附近扰动方程的线性形式如下:

$$\begin{cases} \xi''-2\eta'=3\xi/(1+e\cos f) \\ \eta''+2\xi'=0 \\ \zeta''+\zeta=0 \end{cases} \tag{7.122}$$

若该扰动方程的右端取到 $O(e)$ 项,相应的扰动解容易获得,满足编队构形的条件同样可以找到,表面形式也较简单[20,21],虽然在这种处理下没有获得有价值的新信息,但作为一种探索性研究确有一定意义。然而从实用角度来看,特别是回到原物理空间来处理编队飞行问题,目前所给出的结果确比圆型问题的构形条件复杂,特别是变尺度坐标的引入,不便于引用,况且,在实际问题的复杂力学背景下,还要考虑其他必须考虑的摄动因素。而所有这些圆型问题模型之外的改正因素,在航天工程任务中可采用综合处理的方法来实现编队条件的控制,适当简化参考轨道选择的复杂程度。当然,在相关航天任务中,具体采用什么参考轨道更有利,应由特定的航天任务要求来确定,这里不作结论性的论断。

7.4.3　卫星编队飞行原理及其轨道设计思想的推广

关于卫星编队飞行的原理和相应轨道设计的合理简化处理,可以推广到圆型限制性三体问题模型下,在共线平动点附近按(7.81)式构建特殊的晕(halo)轨道或 Lissajous 轨道。关于这一点,读者可以具体比较两个模型的线性解(7.110)式和(7.81)式,关键技术都是选择适当的初始条件使解中的不稳定项消失。而不同的是在圆型限制性三体问题模型下构造晕轨道时,要在基本方程式(7.71)中补充高次项去调节 xy 平面和 z 轴方向的两个特征频率 d_2 和 d_3,使其形成周期或拟周期轨道,具体细节较为繁杂,本书不宜对此细节作专门介绍,读者可参阅本章参考文献[3]或[4],两书中都有较详尽的阐述和算例。

7.4.4　小行星探测中伴飞形式的轨道问题

到目前为止,除地面观测之外,对小行星的探测方式有飞越、环绕等方式。关于环绕方式,就是形成目标小行星的低轨卫星,探测器的主要外力源是目标小行星的引力作用,还有其他大天体的引力影响(即第三体摄动效应)。对于这一力学系统,关键就是需要了解被探测小行星的引力场模型,相应的轨道问题与地球低轨卫星没有实质性的差别。存在的问题就是小行星的引力场模型问题,特别是一些形状怪异的小行星,详见本章参考文献[4]的第10章。

本小节要介绍的是另一类对目标小行星伴飞形式的探测,即定点在日-小行星系统的共线平动点的伴飞方式和直接伴飞小行星的方式。前者考虑小行星的质量较大,对探测器的引力作用不可忽略,对应限制性三体系统,而后者即考虑小行星的质量较小,退化成卫星编队的形式。

（1）平动点点伴飞

对于轨道近圆而质量较小的小行星,太阳、小行星和探测器组成一个圆型限制性三体系统,因小行星的质量较小,其共线平动点距小行星很近,因此可以将探测器定点在这种距离较近的平动点附近对目标小行星进行初步探测,获得了形状等相应信息之后可进一步降低轨道高度进入环绕轨道或直接降落。

假设小行星的质量为 m,则太阳-小行星组成的限制性三体系统的质量参数 μ 为

$$\mu = \frac{m}{M_\odot + m} \tag{7.123}$$

假设小行星为质量均匀分布的球体,质量密度为 ρ,半径为 R,则 $m = 4\pi\rho R^3/3$。以 $\rho = 2\times 10^3 \text{ kg/m}^3$,$R = 1 \text{ km}$ 为例,$m = 8.4\times 10^{12} \text{ kg}$,有 $\mu \approx 4.2\times 10^{-18}$,该值非常小,因此

$$\mu \approx m/M_\odot \tag{7.124}$$

假设小行星到太阳的距离为 a,由表达式(7.37)和(7.38)可知:共线平动点 $L1$ 或 $L2$ 到小行星质心的距离为(高阶项很小,可以忽略)

$$R_H \approx a\left(\frac{\mu}{3}\right)^{\frac{1}{3}} \approx a\left(\frac{4\pi\rho R^3}{9M_\odot}\right)^{\frac{1}{3}} \approx \left(\frac{4\pi\rho}{9M_\odot}\right)^{\frac{1}{3}} aR \frac{n!}{r!\,(n-r)!} \tag{7.125}$$

共线平动点的位置应在小行星本体之外,这要求

$$\left(\frac{4\pi\rho}{9M_\odot}\right)^{\frac{1}{3}} aR > R \quad \Rightarrow \quad \rho > \frac{9M_\odot}{4\pi}\frac{1}{a^3} \tag{7.126}$$

以近地小行星 $a = 1 \text{ AU}$ 为例,这要求

$$\rho > 4.3\times 10^{-4} \text{ kg/m}^3 \tag{7.127}$$

对小行星而言,该条件显然是满足的。

（2）直接伴飞

此时,主天体 P_1 是太阳,而另一较小的主天体 P_2 就是质量小到可以忽略的目标小行星,伴飞小天体即探测器。此时,探测器与目标小行星的直接伴飞问题,就是通常所说的卫星编队飞行问题,小行星的引力作用"消失"。

（3）关于伴飞的一点说明

尽管探测器与小行星的编队飞行,理论上要求 $r_2 \gg (\mu/3)^{1/3}$,但由于小行星的引力很小,因此即使当 r_2 较小时,尽管小行星的引力已经对轨道有影响,但采用编队飞行的目标轨道需要的控制能量仍旧很小,但 r_2 不能小于小行星的作用范围,因为在此范围内探测器的运动将以小行星的引力为主。

7.5 平动点轨道的几何特征与定轨方法

前面第 7.3.1 小节中,关于平动解的提法与几何描述,是数学表达的需要,在会合坐标系中讨论该问题比较简单,而且还可进一步获得该模型中的重要动力学特征。但从航天任务中的测控角度来处理相关问题,还需要从现实的物理空间来看问题,例如,在地面测控系统中,如何处理地—月系 L_2 平动点轨道? 显然是在相应的地心天球坐标系中来处理,在该坐标系中,L_2 点轨道实际上就是一个远地卫星轨道。对此,只需要了解圆型限制性三体问题模型中的引力范围等概念即可清楚,见前面第 7.3.4 小节中的相关内容。

7.5.1 平动点轨道的几何特征

为了清楚地显示平动点轨道的几何特征,这里给出地—月系圆型限制性三体问题模型下两个简单的算例,初始历元为 2016 年 9 月 30 日 0 时 0 分 0.0 秒(UTC),对应的 TDT 是 57661.0007891667(MJD),探测器定点在地—月系 L_1 和 L_2 点的各一条轨道上。经简单坐标转换,即可获得 J2000.0 地心天球坐标系中相应的两条轨道的初始位置、速度和相应的轨道根数,具体数值分别列于表 7.5 和表 7.6。

表 7.5 L_1 点和 L_2 点的位置、速度

L_i 点	x(km)	y(km)	z(km)	$\dot{x}$(km/s)	$\dot{y}$(km/s)	$\dot{z}$(km/s)
$i=1$	-337774.810825	-337774.810825	16503.725924	-0.08734133	-0.793809190	-0.262191839
$i=2$	-464586.522898	27663.672934	22699.764448	-0.120132126	-1.091831124	-0.360627231

表 7.6 L_1 点和 L_2 点的轨道根数

L_i 点	半长径 a(km)	偏心率 e	轨道倾角 i(deg)	升交点经度 Ω(deg)	近地点幅角 ω(deg)	平近点角 M(deg)
$i=1$	242063.297	0.40063038	18.507748	4.970405	353.948868	353.948868
$i=2$	1064951.700	0.56309178	18.507748	4.970405	166.026309	1.189763

两条轨道的图像见图 7.14 和 15,这表明在初始时刻瞬间,实际上都是一条偏心率较大的环绕地球的椭圆轨道,探测器各处于该轨道的远地点和近地点(对读者而言,这一特点是容易理解的,无需做过多解释),两图中的坐标单位 Ae 是地球参考椭球体的赤道半径(即前面采用的符号 a_e)。就地—月+探测器系统而言,这都是初始瞬时轨道,而在月球的引力作用下,探测器与月球轨道"同步"作相同的圆轨道运动。注意,这两条初始轨道是在地—月系圆型限制性三体问题模型下给定的,故为圆轨道。

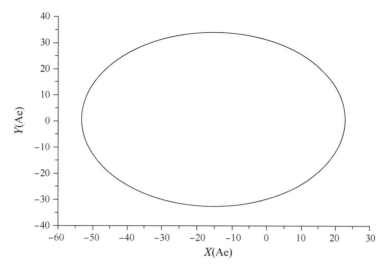

图 7.14　L_1 点初始轨道在 J2000.0 地心天球坐标系中(赤道面内)的图像

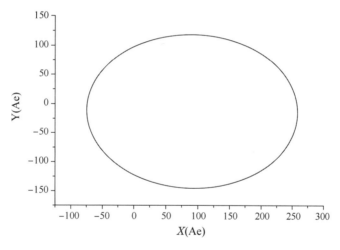

图 7.15　L_2 点初始轨道在 J2000.0 地心天球坐标系中(赤道面内)的图像

7.5.2　平动点探测器运动的受力分析

关于平动点轨道,尽管理论上绕地运行"周期"与月球一致,但它受到的月球引力影响却不是一个小扰动,而是一个"几乎"与地球引力作用同等重要的外力源,下面对此作一具体受力分析,作为表面形式上的受摄二体问题,状态运动方程如下:

$$\ddot{\vec{r}} = -\frac{\mu}{r^3}\vec{r} + \sum_{j=1}^{N}\vec{F}_j(m_j) + \vec{F}_\varepsilon(\varepsilon) \tag{7.128}$$

该式中的 $\mu = G(E+m)$,探测器的质量 m 取为零,GE 即地心引力常数,$m_j(j=1,2,\cdots)$ 是"摄动"天体月球、太阳等第三体的质量,其中主要是月球和太阳,对应 m_1 和 m_2。另外,$\vec{F}_\varepsilon(\varepsilon)$ 是其他外力因素(包括各天体的非球形引力,太阳光压等)对应的摄动加速度。

与地球低轨和一般的高轨卫星类似,在定量问题处理中,因涉及的各物理量有不同的量纲和大小,不便于问题的分析和表达,拟采用无量纲单位(可简称为归一化单位)来处理问题。该单位系统即前面第 4 章中引入的长度单位$[L]$,质量单位$[M]$和时间单位$[T]$,见(4.4)式,有

$$\begin{cases} [L]=a_e & (a_e \text{ 是地球参考椭球体的赤道半径}) \\ [M]=E & (E \text{ 是中心天体地球的质量}) \\ [T]=(a_e^3/GE)^{1/2} \end{cases}$$

其中时间单位$[T]$是导出单位。由此,在该计算单位系统中,引力常数 $G=1$ 和中心天体引力常数 $\mu=GE=1$。

采用上述归一化单位后,状态运动方程(7.128)式变为下列形式:

$$\ddot{\vec{r}} = -\frac{1}{r^3}\vec{r} + \sum_{j=1}^{N} \vec{F}_j(m'_j) + \vec{F}_\varepsilon(\varepsilon) \tag{7.129}$$

该式中的 m'_j 是月球、太阳等第三体的无量纲质量,即

$$m'_1=GM/GE, \quad m'_2=GS/GE, \cdots \tag{7.130}$$

其中 GM 和 GS 各为月心和日心引力常数。

在上述处理下,运动方程(7.129)式中的第三体引力加速度 $\vec{F}_j(m'_j)$ 为

$$\vec{F}_j(m'_j) = -m'_j \left(\frac{\vec{\Delta}_j}{\Delta_j^3} + \frac{\vec{r}'_j}{r'^3_j} \right) \tag{7.131}$$

其中 $\vec{\Delta}_j = \vec{r} - \vec{r}'_j (j=1,2,\cdots)$,$\vec{r}'_j$ 是地心天球坐标系中月球、太阳等第三体的坐标矢量。

(1) 各大天体的引力摄动量级估计

地球的引力常数即 $GE=398600.4418(\text{km}^3/\text{s}^2)$,而月球、太阳、水星、金星、火星、木星和土星的引力常数相对地球的大小依次分别为 0.0123000383,332946.050895,0.055273598,0.814998108,0.107446732,317.8942053,95.1574041。

摄动量级的近似估计式为

$$\varepsilon_j = m'_j \left(\frac{r}{r'_j} \right)^3 \tag{7.132}$$

该式中的 m'_j 即各大天体相对地球的质量比,其值即上面给出的引力常数比,r 和 r'_j 各为探测器和摄动天体到地球的距离,估计中可取 r'_j 的平均值,但因水星轨道的偏心率较大($e \geqslant 0.2$),对应的 r' 值将分别按近日点和远日点两种状态设定平均距离。

考虑定点在地—月系共线平动点 L_1 和 L_2 的探测器,到地球的距离 r 分别为

$$\begin{cases} r_1 = 0.849065782 \overline{\text{EL}} = 51.2a_e \\ r_2 = 1.167832664 \overline{\text{EL}} = 70.4a_e \end{cases} \tag{7.133}$$

其中$\overline{\text{EL}}$是地—月平均距离。由估计式(7.132)给出上述各大天体对 L1 和 L2 点探测器轨道的摄动量级依次如下:

$$\varepsilon = m'\left(\frac{r}{r'}\right)^3 = \begin{cases} 0.8\times10^{-2}, & 2.0\times10^{-2} \\ 3.5\times10^{-3}, & 0.9\times10^{-2} \\ (3.8\sim1.7)\times10^{-9}, & (1.0\sim0.45)\times10^{-8} \\ 4.0\times10^{-7}, & 1.0\times10^{-6} \\ 0.8\times10^{-8}, & 2.0\times10^{-8} \\ 4.5\times10^{-8}, & 1.2\times10^{-7} \\ 1.1\times10^{-9}, & 2.9\times10^{-9} \end{cases} \tag{7.134}$$

（2）地球非球形引力摄动量级

主项（扁率 J_2）的摄动量级估计

$$\varepsilon = \varepsilon(J_2) = J_2\left(\frac{3}{r^2}\right) = \begin{cases} 1.2\times10^{-6}, & L_1 \\ 0.6\times10^{-6}, & L_2 \end{cases} \tag{7.135}$$

（3）太阳光压的摄动量级

定点在地-月系共线平动点 L_1 和 L_2 的一个通常尺度（包括质量和承受光压的等效截面）的探测器，太阳光压摄动的量级估计如下：

$$\varepsilon = \varepsilon(\rho_\odot) = \left(\frac{\kappa S}{m}\right)\rho_\odot r^2 = \begin{cases} 1.2\times10^{-5}, & L_1 \\ 2.3\times10^{-5}, & L_2 \end{cases} \tag{7.136}$$

其中，$\kappa = 1.44, \left(\dfrac{S}{m}\right) = 10^9, \rho_\odot = 0.3169\times10^{-17}$。

根据上述对外力因素的量级估计，对于定点在地—月系共线平动点 L_1 和 L_2 点或其附近的探测器轨道，若考虑 10^{-6} 以上的摄动因素，相应的力模型中只需要考虑如下摄动源：

月球、太阳和金星的质点引力，地球非球形引力位的扁率 J_2 和太阳光压。其中最主要的是月球和太阳的质点引力。

7.5.3 平动点轨道的定轨和预报方法

关于平动点轨道，上一小节已指出它受到的月球引力影响不是一个小扰动，而是一个"几乎"与地球引力作用同等重要的外力源，因此，该问题无法处理成一个简单的受摄二体问题。因此，对于地面测控而言，宜在 J2000 地心天球坐标系中采用数值方法来处理相应的轨道问题，包括探讨地—月系平动点探测器的轨道特征，以及定轨和位置预报的相应方法。其数学模型就是一个表面形式上的受摄二体问题，相应的状态运动方程的无量纲形式即 (7.129) 式：

$$\ddot{\vec{r}} = -\frac{1}{r^3}\vec{r} + \sum_{j=1}^{N}\vec{F}_j(m'_j) + \vec{F}_\varepsilon(\varepsilon)$$

对于该式中的各摄动项，前面已作出具体分析。

精密定轨和位置预报的主要计算内容就是采用数值方法求解状态运动方程(7.129)，在定轨中，就是提供达到精度要求的受摄星历，而在探测器轨道预报中，就是提供达到一定精度要求的空间位置(同样是通过受摄星历获得)。关于定轨和预报方法,与一般的卫星定轨和预报方法没有任何差别,只是必须采用数值法,即定轨中探测器的受摄星历和预报中的轨道外推,只能采用数值方法。

关于具体的定轨方法(即数值法定轨)和计算细节,请见后面第 9 和第 10 两章,而有关数值法的相关内容,请见下面第 8 章。

7.5.4　平动点轨道的定轨和短弧预报精度检验[22]

严格的平动点轨道设计无法实现,探测器的定点只是近似的,而由于其自身所具有的不稳定性特征,初值误差的传播程度远比一般的环绕型探测器轨道显著,运行过程中必须通过不断的轨控才能保持。那么,对于地面测控和星上控制而言,只能从短弧角度来考虑问题。

对于平动点轨道的短弧定轨和轨道预报而言,相对地球低轨或高轨卫星的同类问题,实无任何特殊困难和特别需要处理的难题。本研究团队就采用常规的定轨方法和软件,利用国内的 USB 光学测量数据,在没有任何其他辅助信息的前提下,对嫦娥 3 号的相关任务探测器进行了定轨,并与国内航天部门的事后定轨结果作了对比。在此定轨结果的基础上,采用非常简单的数值外推方法(只考虑地、月、日三体的质点引力和简单的光压模型,外推中的 6 个轨道初值采用相关任务的定轨结果)进行了轨道预报,毫无困难地达到了较高精度。这里略去不必要的细节说明,将有关结果一并列于下列表 7.7~7.8。

表 7.7　L₂ 点 halo 轨道短弧外推 3 天与事后精密定轨结果的比较

方法	x(km)	y(km)	z(km)	$\dot{x}$(km/s)	$\dot{y}$(km/s)	$\dot{z}$(km/s)
精密定轨 A	−451897.422	138113.307	36463.951	−0.237782	−0.978285	−0.204902
精密定轨 B	−451897.388	138112.927	36463.914	−0.237782	−0.978287	−0.204900
短弧外推 A	−451897.458	138113.145	36463.888	−0.237783	−0.978286	−0.204902
短弧外推 B	−451897.346	138112.816	36463.866	−0.237782	−0.978288	−0.204900

表 7.8　L₂ 点 halo 轨道短弧外推 7 天与事后精密定轨结果的比较

方法	x(km)	y(km)	z(km)	$\dot{x}$(km/s)	$\dot{y}$(km/s)	$\dot{z}$(km/s)
精密定轨 A	−371590.823	−223419.646	−55369.560	0.740132	−0.975794	−0.327870
精密定轨 B	−371590.387	−223420.334	−55369.450	0.740133	−0.975794	−0.327871
短弧外推 A	−371590.759	−223420.292	−55369.879	0.740132	−0.975795	−0.327871
短弧外推 B	−371589.646	−223420.816	−55369.813	0.740138	−0.975793	−0.327873

表 7.7~7.8 中的精密定轨 A 和 B 分别对应国内航天部门和本研究团队的结果,表中的结果基本上已能说明问题,但为了让读者对这类探测器的定轨和外推精度有更清晰的了解,下面进一步作些必要的说明。

(1) 关于光压模型,在不了解探测器的具体细节情况下,本研究团队根据独立定轨中获得的有关估计值,包括卫星表面热性能在内的等效面值比($\kappa S/m$),从而给出了相应的经验模型:一个等效的平面模型。

(2) 尽管没有具体给出两个单位的定轨(包括测量数据)细节,但表 7.7～7.8 所给出的计算结果,已能说明本节要体现的这类特殊轨道的定轨和外推精度了,因为表中的结果是外推 3 天和 7 天与事后精密定轨结果的比较,以及两个单位的定轨结果之差基本上在 500 m 之内,这样的比较更能体现两个单位定轨结果的真实性和本节所采用的力模型的合理性。

上述计算结果和两点补充说明,充分表明:尽管这类探测器的轨道特殊,初值误差的传播程度远比一般的环绕型探测器的轨道显著,但相应的短弧定轨和高精度轨道预报并无特殊困难。

7.5.5 关于两种坐标系中平动点探测器轨道形式的转换问题

就定轨和预报的需求,显然是在 J2000.0 地心天球坐标系中进行相关问题的处理,而对这类具有特殊性质的轨道,轨控又必须通过相应的地—月系旋转坐标系来处理,这就涉及两种坐标系之间的转换问题,其本身是容易实现的,相应的转换方法在本章第 7.1 节中就有介绍,而在具体的航天任务中,各有关部门根据实际需求,对相应的地—月系旋转坐标系实有不同取法,故这里就不再作进一步的阐述。

参考文献

[1] Szebehely V.. Theory of Orbits. (chapter 1). New York and London: Academic Press, 1967.

[2] Stiefel, E. L. & Scheifele, G.. Linear and Regular Celestial Mechanics. Springer-Verlag, Berlin Heidelberg and New York, 1971.

[3] 刘林,侯锡云. 深空探测器轨道力学. 北京:电子工业出版社,2012.

[4] 刘林,侯锡云. 深空探测轨道理论与应用. 北京,电子工业出版社,2015.

[5] 刘林,黄珹. 密近双星动力学的几个问题. 天体物理学报. 1984,4(4):253-263.

[6] 刘林. 关于洛希模型的一点讨论. 天体物理学报. 1987,7(3):169-176.

[7] Lin LIU. Discussion du modele de Roche, in Jean—Michel Faidit ed.:Limites et Lobes de Rocfe, Societe astronomique de France, Societe astronomique de France VUIBERT, 2007.

[8] 赵长印,刘林. 太阳系 P 型逆行小天体运动的稳定区域问题. 天文学报. 1994,35(4):434-438.

[9] 叶彦谦. 常微分方程讲义(第六章). 北京:高等教育出版社,1982.

[10] B. И. 阿诺尔德. 常微分方程续论(第三章). 北京:科学出版社,1989.

[11] 廖山涛. 紧致微分流形上常微分方程系统的某类诸态备经性质. 北京大学学报(自然科学版),1962,3:241-265, 1963,4:309-324.

[12] 廖山涛. 常微系统的结构稳定性及一些相关的问题. 计算机应用与应用数学. 1979,7：52-64.

[13] Smale，S. Differentiable dynamics system. Bull. Amer. Math. Soc. 1967，73：747-817.

[14] 刘林，刘慧根. 地月系中探测器定点在三角平动点的位置漂移及其控制问题. 宇航学报. 2008,29(4):1222-1227.

[15] 刘林，侯锡云. 三角平动点在深空探测中的应用前景. 天文学进展. 2009,27(2):174-182.

[16] Whipple A L. ，Szebehely V. The Restricted Problem of n+ν Bodies. Celest. Mech. 1984，32(2):137-144.

[17] Whipple A C. Equilibrium Solutions of the Restricted Problem of 2+2 Bodies. Celest. Mech. 1984，33(3):271-294.

[18] 张强，刘林. 关于地球同步卫星的双星系统. 南京大学学报. 1999,35(1):7-13.

[19] Clohessy W H. ，Wottshire R. S. Terminal Guidance System for Satellite Rendzrous. J. Aerospace Sci. 1960，27(9)：653-674.

[20] Inalhan G. ，Tillerson M. ，How J. P. Relative Dynamics and Control of Spacecraft Formation in Eccentric Orbits. *Journal of Guidance，Control，and Dynamics*. 2002，25(1)：48-59.

[21] Hou X. Y. ，Zhao Y. H. ，Liu L. Formation Flying in Elliptic Orbits with the J2 Perturbation *Research in Astronomy and Astrophysics*. 2012，12(11)：1563-1575.

[22] 刘林，汤靖师，侯锡云. 地—月系平动点轨道的特征及其相关问题. 天文学报. 2018,59(3):29-1-29-12.

第8章 /

卫星轨道外推中常用的数值方法

从前面几章的内容已清楚地看出,描述太阳系天体(包括人造小天体)运动的微分方程相当复杂,除最简单的二体问题外,到目前为止都未能给出严格解,即使在一定条件下,采用受摄二体问题数学模型,给出了相应的小参数幂级数解,但要满足高精度要求,就涉及幂级数解的高阶项,其项数之多,不仅推导麻烦,即使具体推出亦难以采用,甚至有的摄动因素还无法用简单的分析表达式建模。然而,对于某些问题并不一定需要给出分析解,如各类天体的事后定轨和相应的轨道预报,在各种约束条件下的轨道设计等,只要给出相应微分方程满足一定精度的离散解即可,这种提供离散解的方法就是求解常微分方程的数值方法。数值方法在解决轨道力学问题中占有十分重要的地位,在当今计算技术高度发展的时代,更显出它的优越性。当然,这并不是说它可以代替分析方法和定性方法,因为对天体轨道运动的研究,更重要的是给出运动规律和轨道变化特征,对于各类航天器的运动亦有如此要求,数值方法是不能解决这类问题的,不过它可以提供一些有益的"信息",在运动规律的研究中也是不可缺少的辅助方法。

8.1 有关数值解法的基本知识

8.1.1 数值解法的基本思想

对于一个微分方程的初值问题:

$$\begin{cases} \dfrac{\mathrm{d}x}{\mathrm{d}t} = f(x,t), \\ x(a) = x_0, a \leqslant t \leqslant b \end{cases} \tag{8.1}$$

x 可以看成矢量(如坐标 $\vec{r}$ 和速度 $\dot{\vec{r}}$),求该问题的数值解就是设法在 $[a,b]$ 上的一系列离散点 $t_n(n=1,2,\cdots,m)$ 处,计算出解 $x(t)$ 的近似值 $x_1,x_2,\cdots,x_m$,这里

$$a = t_0 < t_1 < t_2 < \cdots < t_m = b \tag{8.2}$$

如无特殊要求,通常是将 t_n 取成等间隔的,即

$$t_n = t_0 + nh, \quad n = 1,2,\cdots,m \tag{8.3}$$

其中 $t_0 = a$,h 称为步长。由初值 $x_0 = x(t_0) = x(a)$ 求出 x_1,再由 x_1 求出 x_2,依次求出 x_m,得到 m 个离散点上的 x_n 值,此即用一种离散化方法来处理连续性问题(8.1)。

当然,要由 x_n 求出 x_{n+1},一个最直接的方法就是利用泰勒(Taylor)展开式,即

$$x_{n+1} \approx x_n + h\left(\frac{dx}{dt}\right)_{t_n} + \frac{h^2}{2!}\left(\frac{d^2 x}{dt^2}\right)_{t_n} + \cdots + \frac{h^p}{p!}\left(\frac{d^p x}{dt^p}\right)_{t_n} \tag{8.4}$$

其中 p 为一正整数。通过方程(8.1)可以逐步把各阶导数求出,有

$$\left(\frac{dx}{dt}\right)_{t_n} = f(x_n, t_n), \left(\frac{d^2 x}{dt^2}\right)_{t_n} = \left(\frac{\partial f}{\partial t} + \frac{\partial f}{\partial x}\frac{dx}{dt}\right)_{t_n}, \cdots \tag{8.5}$$

这显然也是一种离散化方法,但必须计算高阶导数,当方程(8.1)的右函数 $f(x,t)$ 比较复杂时,计算高阶导数就变得相当麻烦,而天体(特别是各类航天器)运动方程的右函数就属于这种情况。因此,在一般情况下,泰勒多项式不宜直接引用,各种数值解法几乎都是采用若干个右函数值来代替高阶导数值,使计算得以简化,这就是微分方程数值解法的基本思想。

8.1.2　一些基本概念

将泰勒展式从 $p=2$ 截断,即取多项式(8.4)中的 $p=1$,即得欧拉(Euler)公式:

$$\begin{cases} x_{n+1} = x_n + h f(x_n, t_n), n=0,1,2,\cdots \\ x_0 = x(t_0) \end{cases} \tag{8.6}$$

下面借用这一离散化的微分方程解来介绍数值方法的一些基本概念。

从欧拉公式可以看出,每前进一步,计算相应步点 t_{n+1} 上的 x_{n+1} 值时,只需要知道前一步点 t_n 上的 x_n 值,这种方法称为单步法。若每前进一步时,需要知道前面多个步点上的 x 值,这样的数值方法称为多步法。

从另一个角度来看,欧拉公式每前进一步计算 x_{n+1} 时,只需要知道前一步的 x_n 值,这样的公式称为显式公式。如果改为后退的欧拉公式:

$$\begin{cases} x_{n+1} = x_n + h f(x_{n+1}, t_{n+1}) \\ x_0 = x(t_0) \end{cases} \tag{8.7}$$

则所要计算的 x_{n+1} 包含在右函数 f 中,此公式称为隐式公式。对于隐式,往往要采用迭代求解办法,而且还要提供 x_{n+1} 的初值 $x_{n+1}^{(0)}$。

既然数值方法给出的是解 $x(t)$ 在离散步点 t_n 上的近似值 x_n,因此就有一个误差问题,除初值误差外,还有截断误差和舍入误差。关于截断误差,仍用欧拉公式(8.6)来说明,相应的精确解 $x(t_{n+1})$ 应满足带余项的泰勒展式:

$$x(t_{n+1}) = x(t_n) + h\dot{x}(t_n) + \frac{h^2}{2}\ddot{x}(\xi_n) \tag{8.8}$$

其中 ξ_n 为区间 (t_n, t_{n+1}) 中的某一点,因为

$$\dot{x}(t_n) = f(x(t_n), t)$$

上式可改写为

$$x(t_{n+1}) = x(t_n) + h f(x(t_n), t) + \frac{h^2}{2}\ddot{x}(\xi_n) \tag{8.9}$$

由此可见,欧拉公式(8.6)就是用精确解满足的表达式(8.9)截去其中的 $\frac{h^2}{2}\ddot{x}(\xi_n)$ 所得到的

近似公式。而 $\frac{h^2}{2}\ddot{x}(\xi_n)$ 就成为欧拉方法的局部截断误差（简称截断误差），或称局部离散误差，它与 h^2 同阶，记为 $O(h^2)$。当然，其实际大小还取决于导数 $\ddot{x}(t_n)$ 的值，这涉及解 $x(t)$ 的性质。由于丢掉的是二阶导数，就称欧拉方法为一阶方法，后面将会看到，对于一些常用的单步法，方法的阶数正好比方法的截断误差中 h 的幂次低 1 阶，即若截断误差为 $O(h^{p+1})$，则称方法为 p 阶的。因此，方法的阶数可作为衡量方法精度的一个重要标志。

关于舍入误差，它的产生涉及多种因素，大致有这几个方面：计算数据字长不可能无限，使用任何计算工具都是如此；具有有限字长的数与数之间的运算（这又涉及计算程序的编法）；计算右函数 $f(x,t)$ 程序的精度等，由此可见，舍入误差的情况比截断误差复杂，但还是可以设法估计它的界，例如把舍入误差当作随机量，采用统计方法可得到较好的结果。

在讨论截断误差时，不免要提出这样的问题，即当 $h\to0$ 时，是否有 $x_n\to x(t_n)$，这里 $x(t_n)$ 和 x_n 各表示方程(8.1)的精确解和步点 t_n 上的数值解（近似解），这就是数值方法的收敛性问题。另一个问题是稳定性问题，不论是单步法或是多步法，某一步产生的误差（包括初值误差和舍入误差）都会传播下去，误差将会累积（即全局误差的累积），只有当误差的累积受到控制，相应的数值方法才是稳定的，否则称之为不稳定。数值稳定性问题与数值方法的阶数以及步长都有关系，一个数值方法是否实用，稳定性是至关重要的。

关于稳定性，有多种提法。一类提法是针对数值方法本身的，这里不再介绍。而所讨论的微分方程（对应一种运动）应是稳定的，但天体（包括各种航天器）的轨道运动方程却不然，相应的开普勒运动是不稳定的，任何一个稳定的数值方法，也无法控制其沿迹（即沿运动方向）误差的逐步增长；如果一个数值方法不会使这沿迹误差的增长更加恶化，有时也称该方法为相对稳定的。在轨道动力学中，对于长弧定轨问题，一个数值方法能否控制运动沿迹误差的增长速度是至关重要的，这将在后面的有关内容中具体论述。

关于收敛性、稳定性以及误差估计问题，是数值方法中的几个重要理论课题，如需要进一步深入了解，可阅读有关参考文献[1,2]。下面介绍一些常用的数值方法及其有关问题。

8.2 常用的单步法——Runge-Kutta 方法

一种常用的单步法就是众所周知的 Runge-Kutta 方法（简称 RK 方法），其基本思想是间接引用泰勒展式，即用积分区间 $[t_n,t_{n+1}]$ 上若干个点的 f 值的线性组合来代替 f 的导数，然后用泰勒展式确定相应的系数，这样既能避免计算右函数 f 的各阶导数，又能保证精度。

以常用的四阶 RK 方法为例，令

$$x_{n+1}=x_n+\sum_{i=1}^4 c_ik_i \tag{8.10}$$

其中 c_i 为待定的权因子，k_i 满足下列方程：

$$\begin{cases} k_i = hf\left(t_n + \alpha_i h, x_n + \sum_{j=1}^{i-1} \beta_{ij} k_i\right) \\ \alpha_1 = 0, \beta_{ij} = 0, i = 1,2,3,4 \end{cases} \tag{8.11}$$

即

$$\begin{cases} k_1 = hf(t_n, x_n) \\ k_2 = hf(t_n + \alpha_2 h, x_n + \beta_{21} k_1) \\ k_3 = hf(t_n + \alpha_3 h, x_n + \beta_{31} k_1 + \beta_{32} k_2) \\ k_4 = hf(t_n + \alpha_4 h, x_n + \beta_{41} k_1 + \beta_{42} k_2 + \beta_{43} k_3) \end{cases} \tag{8.12}$$

系数 α_i, β_{ij} 的确定方法如下:将 k_i 右端的 f 在点 (t_n, x_n) 处展开,有

$$k_1 = hf_n, k_2 = hf_n + h^2(\alpha_2 f'_{t_n} + \beta_{21} f'_{x_n} f_n) + \cdots, \cdots$$

以此代入(8.10)式并与 $x(t_n + h)$ 在 t_n 处的泰勒展式

$$x(t_n + h) = x(t_n) + hf(t_n, x(t_n)) + \frac{h^2}{2}(f'_{t_n}, f'_{x_n} f_n)$$

逐项进行比较,令 h, h^2, h^3, h^4 的项系数相等,便得到确定 c_i 和 β_{ij} 的关系,即

$$c_1 + c_2 = 1, \quad c_2 \alpha_2 = 1/2, \quad c_2 \beta_{21} = 1/2, \cdots \tag{8.13}$$

显然,上述 $c_i, \alpha_i, \beta_{ij}$ 的选择并不唯一,有自由参数,它的不同选择就确定了不同的 RK 公式。

上述 RK 公式(8.10)~(8.11)式是显形式的,如果改写成下列形式:

$$\begin{cases} x_{n+1} = x_n + \sum_{i=1}^{m} c_i k_i \\ k_i = hf\left(t_n + \alpha_i h, x_n + \sum_{j=1}^{m} \beta_{ij} k_i\right) \end{cases} \tag{8.14}$$

这种 RK 公式就是隐形式的。而

$$k_i = hf\left(t_n + \alpha_i h, x_n + \sum_{j=1}^{i} \beta_{ij} k_i\right), \quad i = 1,2,\cdots,m \tag{8.15}$$

则是对角隐的 RK 公式。在轨道力学中,通常采用的是显式 RK 公式。

不难看出,对于四阶 RK 公式,其阶数与每前进一步所需计算的函数值 f 的次数是一致的。但更高阶的 RK 公式所需计算的 f 值的次数要比阶数多。若用 $N(m)$ 表示计算 m 次 f 值的最高阶数,则有

$$\begin{cases} N(m) = m, \quad 1 \leqslant m \leqslant 4 \\ N(5) = 4, \quad N(6) = 5, \quad N(7) = 6, \quad N(8) = 6, \quad N(10) = 7, \cdots \end{cases} \tag{8.16}$$

下面具体给出几种常用的显式 RK 公式。

8.2.1 四阶公式

(1)古典形式

$$x_{n+1} = x_n + \frac{1}{6}[k_1 + 2k_2 + 2k_3 + k_4] \tag{8.17}$$

$$\begin{cases} k_1 = hf(t_n, x_n) \\ k_2 = hf\left(t_n + \dfrac{1}{2}h, x_n + \dfrac{1}{2}k_1\right) \\ k_3 = hf\left(t_n + \dfrac{1}{2}h, x_n + \dfrac{1}{2}k_2\right) \\ k_4 = hf(t_n + h, x_n + k_3) \end{cases} \tag{8.18}$$

(2) Gill 公式（有减小舍入误差的优点）

$$x_{n+1} = x_n + \frac{1}{6}\left[k_1 + (2-\sqrt{2})k_2 + (2+\sqrt{2})k_3 + k_4\right] \tag{8.19}$$

$$\begin{cases} k_1 = hf(t_n, x_n) \\ k_2 = hf\left(t_n + \dfrac{1}{2}h, x_n + \dfrac{1}{2}k_1\right) \\ k_3 = hf\left(t_n + \dfrac{1}{2}h, x_n + \dfrac{\sqrt{2}-1}{2}k_1 + \left(1 - \dfrac{\sqrt{2}}{2}\right)k_2\right) \\ k_4 = hf\left(t_n + h, x_n - \dfrac{\sqrt{2}}{2}k_2 + \left(1 + \dfrac{\sqrt{2}}{2}\right)k_3\right) \end{cases} \tag{8.20}$$

四阶 RK 方法是应用较广的一种单步法，对于轨道力学中的某些精度要求不太高而右函数又较简单的问题，也是适用的。

8.2.2　RKF 公式

RK 方法本身估计局部截断误差比较麻烦，为此，Fehlberg 提出了一种使用嵌套技术的 RK 方法[3]，利用参数 $c_i, \alpha_i, \beta_{ij}$ 可有不同选择的特点，同时给出 m 阶和 $m+1$ 阶的两组 RK 公式，用两组公式算出的 x_{n+1} 之差可给出局部截断误差，由此可确定下一步的步长，这就起了自动选择步长的作用，此方法称为 Runge-Kutta-Fehlberg 方法，简称 RKF 方法。由于利用了自由选择参数的特点，实现了两组公式的嵌套，m 阶公式与 $m+1$ 阶公式相差甚少，见后面的公式(8.21)~(8.26)，只不过多算很少几次右函数值，即可给出局部截断误差。正由于 RKF 方法具备这种优点，因此它已成为目前被广泛采用的单步法。

本章参考文献[3]中给出了 5(6 阶)，6(7)阶，7(8)和 8(9)阶四个嵌套公式，相应地记为 RKF5(6)，RKF6(7)，RKF7(8)和 RKF8(9)。下面结合我们在具体应用过程中的效果，分别给出 RKF5(6)和 RKF7(8)两套公式，以便读者直接引用。

(1) RKF5(6)公式

$$\begin{cases} x_{n+1} = x_n + h\displaystyle\sum_{i=0}^{5} c_i f_i + O(h^6) \\ \hat{x}_{n+1} = x_n + h\displaystyle\sum_{i=0}^{7} \hat{c}_i f_i + O(h^7) \end{cases} \tag{8.21}$$

$$\begin{cases} f_0 = f(t_n, x_n) \\ f_i = f\left(t_n + \alpha_i h, x_n + h\displaystyle\sum_{j=0}^{i-1} \beta_{ij} f_i\right), \quad i = 1, 2, \cdots, 7 \end{cases} \tag{8.22}$$

第 $n+1$ 步的局部截断误差为

$$\text{TE}=\frac{5}{66}(f_0+f_5-f_6-f_7)h \tag{8.23}$$

系数 α_i,β_{ij},c_i 和 $\hat{c}_i$ 列入表 8.1 中。

表 8.1　RKF5(6)

i \ j	α_i	β_{ij} 0	1	2	3	4	5	6	c_i	$\hat{c}_i$
0	0	0							$\frac{31}{384}$	$\frac{7}{1408}$
1	$\frac{1}{6}$	$\frac{1}{6}$								0
2	$\frac{4}{15}$	$\frac{4}{75}$	$\frac{16}{75}$							$\frac{1125}{2816}$
3	$\frac{2}{3}$	$\frac{5}{6}$	$-\frac{8}{3}$	$\frac{5}{2}$						$\frac{9}{32}$
4	$\frac{4}{5}$	$-\frac{8}{5}$	$\frac{144}{25}$	-4	$\frac{16}{25}$					$\frac{125}{768}$
5	1	$\frac{361}{320}$	$-\frac{18}{5}$	$\frac{407}{128}$	$-\frac{11}{80}$	$\frac{55}{128}$			$\frac{5}{66}$	0
6	0	$-\frac{11}{640}$	0	$\frac{11}{256}$	$-\frac{11}{160}$	$\frac{11}{256}$	0			$\frac{5}{66}$
7	1	$\frac{93}{640}$	$-\frac{18}{5}$	$\frac{803}{256}$	$-\frac{11}{160}$	$\frac{99}{256}$	0	1		$\frac{5}{66}$

由(8.23)式不难看出,对于 5 阶公式而言,只多算 2 次右函数(f_6 和 f_7)。

(2) RKF7(8)阶公式

$$\begin{cases} x_{n+1}=x_n+h\sum_{i=0}^{10}c_if_i+O(h^8) \\ \hat{x}_{n+1}=x_n+h\sum_{i=0}^{12}\hat{c}_if_i+O(h^9) \end{cases} \tag{8.24}$$

$$\begin{cases} f_0=f(t_n,x_n) \\ f_i=f(t_n+\alpha_ih,x_n+h\sum_{j=0}^{i-1}\beta_{ij}f_i),\quad i=1,2,\cdots,12 \end{cases} \tag{8.25}$$

第 $n+1$ 步的局部截断误差为

$$TE=\frac{41}{840}(f_0+f_{10}-f_{11}-f_{12})h \tag{8.26}$$

各系数列入表 8.2 中。

表 8.2 RKF7(8)

i/j	α_i	β_{ij}												c_i	$\hat{c}_i$
		0	1	2	3	4	5	6	7	8	9	10	11		
0	0	0													$\dfrac{41}{840}$	0
1	$\dfrac{2}{27}$	$\dfrac{2}{27}$													0	
2	$\dfrac{1}{9}$	$\dfrac{1}{36}$	$\dfrac{1}{12}$												0	
3	$\dfrac{1}{6}$	$\dfrac{1}{24}$	0	$\dfrac{1}{8}$											0	
4	$\dfrac{5}{12}$	$\dfrac{5}{12}$	0	$-\dfrac{25}{108}$	0	0	$\dfrac{125}{108}$	$-\dfrac{65}{27}$	$\dfrac{125}{54}$						0	
5	$\dfrac{1}{2}$	$\dfrac{1}{20}$	0	0	$\dfrac{1}{4}$	$\dfrac{1}{5}$									$\dfrac{34}{105}$	
6	$\dfrac{5}{6}$	$-\dfrac{25}{108}$	0	0	$\dfrac{125}{108}$	$-\dfrac{65}{27}$	$\dfrac{125}{54}$								$\dfrac{9}{35}$	
7	$\dfrac{1}{6}$	$\dfrac{31}{300}$	0	0	0	$\dfrac{61}{225}$	$-\dfrac{2}{9}$	$\dfrac{13}{900}$							$\dfrac{9}{35}$	
8	$\dfrac{3}{2}$	2	0	0	$-\dfrac{53}{6}$	$\dfrac{704}{45}$	$-\dfrac{107}{9}$	$\dfrac{67}{90}$	3						$\dfrac{9}{280}$	
9	$\dfrac{1}{3}$	$-\dfrac{91}{108}$	0	0	$\dfrac{23}{108}$	$-\dfrac{976}{135}$	$\dfrac{311}{54}$	$-\dfrac{19}{60}$	$\dfrac{17}{6}$	$-\dfrac{1}{12}$					$\dfrac{9}{280}$	
10	1	$\dfrac{2383}{4100}$	0	0	$-\dfrac{341}{164}$	$\dfrac{4496}{1025}$	$-\dfrac{301}{82}$	$\dfrac{2133}{4100}$	$\dfrac{45}{82}$	$\dfrac{45}{162}$	$\dfrac{18}{41}$				$\dfrac{41}{840}$	0
11	0	$\dfrac{3}{205}$	0	0	0	0	$-\dfrac{6}{41}$	$-\dfrac{3}{205}$	$-\dfrac{3}{41}$	$\dfrac{3}{41}$	$\dfrac{6}{41}$	0				$\dfrac{41}{840}$
12	1	$-\dfrac{1777}{4100}$	0	0	$-\dfrac{341}{164}$	$\dfrac{4496}{1025}$	$-\dfrac{289}{82}$	$\dfrac{2193}{4100}$	$\dfrac{51}{82}$	$\dfrac{33}{164}$	$\dfrac{12}{41}$	0	1			$\dfrac{41}{840}$

由(8.26)式可以看出,对于 7 阶公式而言,同样也只多算 2 次右函数(f_{11} 和 f_{12})。

8.3 线性多步法——Adams 方法和 Cowell 方法

对于初值问题(8.1),线性多步法的一般计算公式为

$$\begin{aligned}
&\alpha_k x_{n+k} + \alpha_{k-1} x_{n+k-1} + \cdots + \alpha_0 x_n \\
&= h(\beta_k f_{n+k} + \beta_{k-1} f_{n+k-1} + \cdots + \beta_0 f_n)
\end{aligned} \tag{8.27}$$

其中 $\alpha_i,\beta_i(i=0,1,2,\cdots,k)$ 是与 n 无关的常数,$f_i = f(t_i, x_i)$,一般设 $\alpha_k = 1$,$|\alpha_0| + |\beta_0| > 0$（即 α_0 和 β_0 不同时为零）。上述公式表明,计算 t_{n+k} 步点上的 x_{n+k} 值时,需要知道它前面的 $t_{n+k-1}, t_{n+k-2}, \cdots, t_n$ 各步点上的 x_i 值。因此,称(8.27)式确定的方法为 k 步法,当 $k=1$ 时即

单步法,而 $k>1$ 时则称多步法。又由于公式中出现的 x_i, f_i 都是线性的,故称线性多步法。当 $\beta_k=0$ 时,公式是显式的,否则为隐式。

对于 k 步法,其特征多项式:

$$\rho(\xi)=\alpha_k\xi^k+\alpha_{k-1}\xi^{k-1}+\cdots+\alpha_0 \tag{8.28}$$

是很重要的。若方程(8.1)的右函数 $f(t,x)$ 在区域 $a\leqslant t\leqslant b$, $-\infty<x<\infty$ 中为 t,x 的连续函数,并对 x 满足 Lipschitz 条件,则 k 步公式(8.28)对所有这样的 $f(t,x)$ 为稳定的充分与必要条件是 k 步公式满足特征根条件,即特征多项式(8.29)的零点的模不大于1,且在单位圆上的零点只能是单零点[1]。

下面介绍几种常用的多步法计算公式。

8.3.1 Adams 方法——显式公式与隐式公式

Adams 显式公式又称为 Adams-Bashforth 公式,隐式公式又称为 Adams-Moulton 公式。

(1) Adams 显式公式

对微分方程(8.1)两端求积分,从 t_n 积分到 t_{n+1},就得到等价的积分方程:

$$x(t_{n+1}) = x(t_n) + \int_{t_n}^{t_{n+1}} f(t,x(t))\mathrm{d}t \tag{8.29}$$

可用插值多项式来代替上式右端的被积函数,从而使其离散化以得到数值公式。这里是采用牛顿后差公式,记

$$\nabla^m f_n = \sum_{t=0}^{m} (-1)^l \begin{pmatrix} m \\ l \end{pmatrix} f_{n-1} \tag{8.30}$$

∇ 即向后差分算子:

$$\begin{cases} \nabla f_n=\nabla f(x_n)=f(x_n)-f(x_n-h) \\ \nabla^2 f_n = \nabla f(x_n)-\nabla f(x_n-h) \\ \qquad = f(x_n)-2f(x_n-h)+f(x_n-2h) \\ \cdots\cdots \end{cases} \tag{8.31}$$

相应的函数 f 的向后插值多项式为

$$p(t) = \sum_{m=0}^{k-1} (-1)^m \begin{pmatrix} -s \\ m \end{pmatrix} \nabla^m f_n \tag{8.32}$$

这里是用 k 个插值点。辅助变量 s 由下式定义:

$$s=\frac{t-t_0}{h} \tag{8.33}$$

相应地有

$$s+1=\frac{t-t_0}{h}+1=\frac{t-t_{n-1}}{h}, \quad \cdots, \quad s+m-1=\frac{t-t_{n+m-1}}{h} \tag{8.34}$$

$\begin{bmatrix} -s \\ m \end{bmatrix}$ 是广义二项式系数,可表示为

$$\begin{bmatrix} -s \\ m \end{bmatrix} = (-1)^m \begin{bmatrix} s+m-1 \\ m \end{bmatrix} \tag{8.35}$$

将插值多项式 $p(t)$ 代入(8.29)式给出

$$x_{n+1} = x_n + h \sum_{m=0}^{k-1} \gamma_m \nabla^m f_n \tag{8.36}$$

其中

$$\gamma_m = \int_{t_n}^{t_{n+1}} \frac{1}{h}(-1)^m \begin{bmatrix} -s \\ m \end{bmatrix} dt = \int_0^1 \begin{bmatrix} s+m-1 \\ m \end{bmatrix} ds \tag{8.37}$$

略去推导过程,直接给出 γ_m 所满足的递推关系如下:

$$\gamma_m + \frac{1}{2}\gamma_{m-1} + \frac{1}{3}\gamma_{m-2} + \cdots + \frac{1}{m+1}\gamma_0 = 1 \tag{8.38}$$

将差分公式(8.30)代入(8.36)式,可得到用右函数值表示的计算公式,即

$$x_{n+1} = x_n + h \sum_{m=0}^{k-1} \beta_{kl} f_{n-l}, \quad k = 1,2,\cdots \tag{8.39}$$

$$\beta_{kl} = (-1)^l \sum_{m=l}^{k-1} \begin{bmatrix} m \\ l \end{bmatrix} \gamma_m = (-1)^l \left[\begin{bmatrix} l \\ l \end{bmatrix} \gamma_l + \begin{bmatrix} l+1 \\ l \end{bmatrix} \gamma_{l+1} + \cdots + \begin{bmatrix} k-1 \\ l \end{bmatrix} \gamma_{k-1} \right] \tag{8.40}$$

(8.36)式和(8.39)式分别为用后差和右函数表达的 Adams k 步显式公式,计算 x_{k+1} 时,只用到前 k 个步点 $t_{n-k+1}, t_{n-k+2}, \cdots, t_n$ 上的 $x_{n-k+1}, x_{n-k+2}, \cdots, x_n$ 值。

（2）Adams 隐式公式

对微分方程(8.1)两端从 t_{n-1} 到 t_n 求积分,便得

$$x(t_n) - x(t_{n-1}) = \int_{t_{n-1}}^{t_n} f(t,x(t)) dt \tag{8.41}$$

与前面相同,仍用 f_n 的后差分表示插值公式,给出

$$x_{n+1} - x_n = h \sum_{m=0}^{k-1} \gamma_m^* \nabla^m f_n \tag{8.42}$$

仿照显式公式的推导过程,且下标改用同一形式,即得 Adams 隐式公式如下:

$$x_{n+1} - x_n = h \sum_{m=0}^{k-1} \beta_{kl}^* f_{n+1-l} \tag{8.43}$$

$$\beta_{kl}^* = (-1)^l \sum_{m=l}^{k-1} \begin{bmatrix} m \\ l \end{bmatrix} \gamma_m^* \tag{8.44}$$

而 γ_m^* 满足下列递推关系:

$$\gamma_m^* + \frac{1}{2}\gamma_{m-1}^* + \frac{1}{3}\gamma_{m-2}^* + \cdots + \frac{1}{m+1}\gamma_0^* = \begin{cases} 1, & m=0 \\ 0, & m\neq0 \end{cases} \tag{8.45}$$

$\gamma_0^*, \gamma_1^*, \cdots, \gamma_m^*$ 与 γ_m 之间有如下关系

$$\sum_{i=0}^m \gamma_i^* = \gamma_m, \quad m = 0,1,2,\cdots \tag{8.46}$$

Adams 隐式公式与显式公式联合使用,即由 Adams 显式公式提供一个近似值 $x_{n+1}^{(0)}$,此即预估(PE),再用隐式公式进行校正(CE),从而得到所需要的 x_{n+1} 值。这一联合使用的方法就称为预估-校正法,简称 PECE 算法。对于受摄二体问题,可针对运动方程的特点,将右函数分解为主要(即中心天体引力加速度)和次要(即摄动加速度)两个部分,前者是校正的主要"内容",这种方法又称为部分预估-校正法,简称 PECE* 算法。

系数 γ_m,γ_m^* 和 β_{kl},β_{kl}^* 的计算,在计算机上是很容易实现的,这里为了某种需要,给出直到 12 阶(步)的系数 γ_m 和 γ_m^* 值($m=1,2,\cdots,11$),见表 8.3。

表 8.3 γ_m 和 γ_m^* 值

m	0	1	2	3	4	5
γ_m	1	$\dfrac{1}{2}$	$\dfrac{5}{12}$	$\dfrac{3}{8}$	$\dfrac{251}{720}$	$\dfrac{95}{288}$
γ_m^*	1	$-\dfrac{1}{2}$	$-\dfrac{1}{12}$	$-\dfrac{1}{24}$	$-\dfrac{19}{720}$	$-\dfrac{3}{160}$
m	6	7	8	9	10	11
γ_m	$\dfrac{19087}{60480}$	$\dfrac{36799}{120960}$	$\dfrac{1070017}{3628800}$	$\dfrac{25713}{89600}$	$\dfrac{26842253}{95800320}$	$\dfrac{4777223}{17418240}$
γ_m^*	$-\dfrac{863}{60480}$	$-\dfrac{1375}{120960}$	$-\dfrac{33953}{3628800}$	$-\dfrac{8183}{1036800}$	$-\dfrac{3250433}{479001600}$	$-\dfrac{4671}{788480}$

8.3.2 Cowell 方法——Stromer 公式和 Cowell 公式

Cowell 方法是 1910 年由 Cowell 和 Grommelin 在预报哈雷彗星回归工作中提出的[4],它是求解下列二阶方程初值问题

$$\begin{cases} \ddot{x}=f(x,t) \\ x(t_0)=x_0, \quad \dot{x}(t_0)=\dot{x}_0 \end{cases} \tag{8.47}$$

的线性多步法。该二阶方程的特点是右函数不含速度 $\dot{x}$,而仅考虑引力作用的天体运动方程正是如此。所以,Cowell 方法曾是天体力学有关问题中常用的一种数值方法。在每一步计算中,只需要直接给出 x_n 而不必去计算 $\dot{x}_n$。这比将二阶方程(8.47)写成一阶方程组后用 Adams 方法求数值解要简便些。

用于初值问题(8.47)的线性多步法计算公式与(8.27)式不同,其一般形式为

$$\alpha_k x_{n+k}+\alpha_{k-1}x_{n+k-1}+\cdots+\alpha_0 x_n=h^2(\beta_k f_{n+k}+\beta_{k-1}f_{n+k-1}+\cdots+\beta_0 f_n) \tag{8.48}$$

或写成

$$\sum_{i=0}^{k}\alpha_k x_{n+k}=h^2\sum_{i=0}^{k}\beta_k f_{n+k} \tag{8.49}$$

通常设 $\alpha_k=1,|\alpha_0|+|\beta_0|>0$。

(1) Stromer 显式公式

对问题(8.47)的微分方程求积分,得

$$\dot{x}(t) = \dot{x}(t_n) + \int_{t_n}^{t} f(t, x(t)) \mathrm{d}t \tag{8.50}$$

再分别从 t_n 积到 t_{n+1} 和 t_n 积到 t_{n-1} 积分该式两端,并利用这两积分结果消去 $\dot{x}(t_n)$,最后给出一等价的积分方程,即

$$x(t_{n+1}) - 2x(t_n) + x(t_{n-1})$$

$$= \int_{t_n}^{t_{n+1}} \int_{t_0}^{t} f(t, x(t)) \mathrm{d}t^2 + \int_{t_n}^{t_{n-1}} \int_{t_0}^{t} f(t, x(t)) \mathrm{d}t^2 \tag{8.51}$$

用插值多项式代替被积函数,即可给出离散化后的数值公式。类似 Adams 显式公式的推导过程,可得

$$x(t_{n+1}) - 2x(t_n) + x(t_{n-1}) = h^2 \sum_{m=0}^{k-1} \sigma_m \, \nabla^m f_n \tag{8.52}$$

其中

$$\begin{cases} \sigma_m = (-1)^m \int_0^1 (1-s) \left[\begin{pmatrix} -s \\ m \end{pmatrix} + \begin{pmatrix} s \\ m \end{pmatrix} \right] \mathrm{d}s \\ s = \dfrac{t - t_0}{h} \end{cases} \tag{8.53}$$

由此积分可给出系数 σ_m 的递推关系式[1]:

$$\begin{cases} \sigma_0 = 1 \\ \sigma_m = 1 - \dfrac{3}{2} h_2 \sigma_{m-1} - \dfrac{2}{4} h_3 \sigma_{m-2} - \cdots - \dfrac{2}{m+2} h_{m+1} \sigma_0 \\ \quad\;\; = 1 - \displaystyle\sum_{i=1}^{m} \left(\dfrac{2}{i+2} h_{i+1} \right) \sigma_{m-1}, \quad m = 1, 2, \cdots \end{cases} \tag{8.54}$$

其中 h_i 是调和级数的前 i 项的部分和,即

$$h_i = 1 + \frac{1}{2} + \cdots + \frac{1}{i} \tag{8.55}$$

由后插公式(8.32),可将(8.52)式改写成用右函数表达的形式:

$$x_{n+1} - 2x_n + x_{n-1} = h^2 \sum_{l=0}^{k-1} \alpha_{kl} f_{n-l}, \quad k = 1, 2, \cdots \tag{8.56}$$

其中

$$\alpha_{kl} = (-1)^l \sum_{m=l}^{k-1} \sigma_m \begin{pmatrix} m \\ l \end{pmatrix}$$

$$= (-1)^l \left[\begin{pmatrix} l \\ l \end{pmatrix} \sigma_l + \begin{pmatrix} l+1 \\ l \end{pmatrix} \sigma_{l+1} + \cdots + \begin{pmatrix} k-1 \\ l \end{pmatrix} \sigma_{k-1} \right] \tag{8.57}$$

(8.52)和(8.56)式即 Stromer 显式公式。

(2) Cowell 隐式公式

仿照建立 Adams 隐式公式的方法,容易给出[1]

$$x_n - 2x_{n-1} + x_{n-2} = h^2 \sum_{m=0}^{k-1} \sigma_m^* \, \nabla^m f_n \tag{8.58}$$

$$\sigma_m^* = (-1)^m \int_{-1}^0 (1-s) \left[\begin{pmatrix} -s \\ m \end{pmatrix} + \begin{pmatrix} s+2 \\ m \end{pmatrix} \right] ds \tag{8.59}$$

s 的意义同前。σ_m^* 与 σ_m 有类似的递推关系：

$$\begin{cases} \sigma_0^* = 1 \\ \sigma_m^* = -\dfrac{3}{2}h_2\sigma_{m-1}^* - \dfrac{2}{4}h_3\sigma_{m-2}^* - \cdots - \dfrac{2}{m+2}h_{m+1}\sigma_0^* \\ = 1 - \displaystyle\sum_{i=1}^m \left(\dfrac{2}{i+2}h_{i+1} \right)\sigma_{m-1}^*, \quad m = 1,2,\cdots \end{cases} \tag{8.60}$$

且有

$$\sigma_m^* = \sigma_m - \sigma_{m-1} \tag{8.61}$$

相应的用右函数表达的 Cowell 隐式公式（改用与显式同样的下标）为

$$x_{n+1} - 2x_n + x_{n-1} = h^2 \sum_{l=0}^{k-1} \alpha_{kl}^* f_{n+1-l}, \quad k = 1,2,\cdots \tag{8.62}$$

其中

$$\alpha_{kl}^* = (-1)^l \sum_{m=l}^{k-1} \begin{pmatrix} m \\ l \end{pmatrix} \sigma_m^* = (-1)^l \left[\begin{pmatrix} l \\ l \end{pmatrix}\sigma_l^* + \begin{pmatrix} l+1 \\ l \end{pmatrix}\sigma_{l+1}^* + \cdots + \begin{pmatrix} k-1 \\ l \end{pmatrix}\sigma_{k-1}^* \right] \tag{8.63}$$

同样，可将显式公式与隐式公式联合使用，建立预估—校正算法，这就构成了一个完整的 Cowell 方法，又称为第一 Cowell 方法。Cowell 和 Crommelin 还推荐了采用二次积分的方法，也称为第二 Cowell 方法，但与第一 Cowell 方法相比，并无特点，通常采用的还是第一 Cowell 方法，因此就简称 Cowell 方法。这里再次提醒读者，运动方程(8.47)式的右函数是不含速度 $\dot{x}$ 的，这是针对考虑引力作用下的自然天体的运动问题而构建的数值积分公式，仅适用于纯引力问题，而对人造小天体的运动而言，特别是低轨人造地球卫星，大气耗散的影响不可忽视。在此前提下，如何引用 Cowell 方法，见下面第 8.3.3 小节的介绍。

为了某些计算的实际需要，这里给出 Cowell 积分公式中直到 12 阶的系数 σ_m 和 σ_m^* 值 ($m=0,1,\cdots,11$)，见表 8.4。

表 8.4　σ_m 和 σ_m^* 值

m	0	1	2	3	4	5
σ_m	1	0	$\dfrac{1}{12}$	$\dfrac{1}{12}$	$\dfrac{19}{240}$	$\dfrac{3}{40}$
σ_m^*	1	-1	$\dfrac{1}{12}$	0	$-\dfrac{1}{240}$	$-\dfrac{1}{240}$
m	6	7	8	9	10	11
σ_m	$\dfrac{863}{12096}$	$\dfrac{825}{12096}$	$\dfrac{237671}{3628800}$	$\dfrac{229124}{3628800}$	$\dfrac{3250433}{53222400}$	$\dfrac{60723}{1025024}$
σ_m^*	$-\dfrac{221}{60480}$	$-\dfrac{19}{6048}$	$-\dfrac{9829}{3628800}$	$-\dfrac{8547}{3628800}$	$-\dfrac{330157}{159667200}$	$-\dfrac{24377}{13305600}$

8.3.3　Adams-Cowell 方法

k 阶(即 k 步)Adams 公式的局部截断误差是 $O(h^{k+1})$,而 Cowell 公式是 $O(h^{k+2})$,因此 Cowell 公式比同阶的 Adams 公式精确。但是,轨道力学问题在发展,考虑的因素不断增多,右函数中出现 $\dot{x}$,而且即使纯引力问题,有时也要给出 $\dot{x}$,例如人造地球卫星受摄星历的计算,就会出现上述两种情况,这就有必要将 Adams 方法与 Cowell 方法联合使用。

考虑初值问题

$$\begin{cases} \ddot{x}=f(x,\dot{x},t) \\ x(t_0)=x_0, \quad \dot{x}(t_0)=\dot{x}_0 \end{cases} \tag{8.64}$$

可将方程(8.64)看成 $\dot{x}$ 的一阶方程,由 Adams 公式提供 $\dot{x}$,而同时用 Cowell 公式计算 x,这比单纯用 Adams 方法有效。这种联合使用的方法就称为 Adams-Cowell 方法,在天体(包括自然天体和人造天体)的精密星历表计算中常被采用。具体应用时,亦是采用预估-校正法,即显式公式与隐式公式相结合。

通过具体应用效果来看,基本上可以归纳如下三点:

(1) Adams-Cowell 方法显然优于 Adams 方法,预估-校正法明显地比单纯的预估法好;

(2) 多步法的阶数愈高,要使其稳定,则需对计算步长有所限制;

(3) 对于 AC-PECE 算法,精度并不是简单地随方法的阶数增高而增高,还与稳定性有关(即误差的增长问题),在受摄情况下,一般是 12~14 阶较好。

8.4　数值解法在轨道力学应用中的几个关键问题

8.4.1　变量的选择与相应的基本方程

求解轨道运动方程,基本变量的选择是否恰当,会影响整个计算效率。对于受摄二体问题,曾有过三种选择:

1) 运动体的位置矢量 $\vec{r}$ 和速度矢量 $\dot{\vec{r}}$,这是被普遍采用的一种变量,它不仅适用于受摄二体问题,同样在一般 N 体问题($N \geqslant 3$)问题和限制性三体问题中也常被采用。

2) 运动体的摄动坐标矢量 $\vec{u}$ 和相应的速度矢量 $\dot{\vec{u}}$,即

$$\vec{u}=\vec{r}-\vec{r}_c, \quad \dot{\vec{u}}=\dot{\vec{r}}-\dot{\vec{r}}_c \tag{8.65}$$

其中 $\vec{r}_c$ 和 $\dot{\vec{r}}_c$ 对应参考轨道,最简单的参考轨道是选择运动体对应的无摄轨道。

3) 直接采用运动体的轨道根数 $\sigma(a,e,i,\cdots)$ 代替上述摄动坐标和速度。

(1) $\vec{r}$ 和 $\dot{\vec{r}}$ 作为基本变量

初值问题为

$$\begin{cases} \ddot{\vec{r}}=\vec{F}(\vec{r},\dot{\vec{r}},t) \\ \vec{r}(t_0)=\vec{r}_0, \quad \dot{\vec{r}}(t_0)=\dot{\vec{r}}_0 \end{cases} \tag{8.66}$$

347

对于一般 N 体问题，$\vec{r}, \dot{\vec{r}}, \ddot{\vec{r}}$ 应理解为 N 个天体的坐标、速度和加速度。对于受摄二体问题，右函数 $\vec{F}$ 可以分成两个部分，即

$$\vec{F} = \vec{F}_0(r) + \vec{F}_1(\vec{r}, \dot{\vec{r}}, t; \varepsilon), \quad \varepsilon \ll 1 \tag{8.67}$$

$$\vec{F}_0 = -G(m_0 + m) \frac{\vec{r}}{r^3} \tag{8.68}$$

$\vec{F}_0$ 是中心引力加速度，m_0 和 m 各为中心天体和运动天体的质量，而 $\vec{F}_1$ 是摄动加速度。

采用 $\vec{r}$ 和 $\dot{\vec{r}}$ 作为基本变量的原因，一是不受运动类型的限制，二是方程右函数 $\vec{F}$ 的形式简单，而计算效率的高低，往往取决于右函数简单与否。这种选择对于受摄二体问题而言的缺点是右函数包含无摄部分，变化快，在一定精度要求下，积分步长往往被限制得较小。

（2）$\vec{u}$ 和 $\dot{\vec{u}}$ 作为基本变量

对于这种变量，相应的初值问题为

$$\begin{cases} \ddot{\vec{u}} = \ddot{\vec{r}} - \ddot{\vec{r}}_c = -\left(\mu \frac{\vec{r}}{r^3} + \ddot{\vec{r}}_c\right) + \vec{F}_1(\vec{u}, \dot{\vec{u}}, \vec{r}_c, \dot{\vec{r}}_c, t; \varepsilon) \\ \vec{u}(t_0) = \vec{u}_0, \quad \dot{\vec{u}}(t_0) = \dot{\vec{u}}_0 \end{cases} \tag{8.69}$$

其中 $\mu = G(m_0 + m)$，初始条件 $\vec{u}_0$ 和 $\dot{\vec{u}}_0$ 为

$$\vec{u}_0 = \vec{r}_0 - \vec{r}_c(t_0), \quad \dot{\vec{u}}_0 = \dot{\vec{r}}_0 - \dot{\vec{r}}_c(t_0) \tag{8.70}$$

这里参考轨道取不变椭圆，满足运动方程 $\ddot{\vec{r}}_c = -\mu \vec{r}_c / r_c^3$，该方程有严格解 $\vec{r}_c(t), \dot{\vec{r}}_c(t)$，且 $\vec{u}_0 = 0, \dot{\vec{u}}_0 = 0$。通过计算摄动变量 $\vec{u}$ 和 $\dot{\vec{u}}$ 给出矢量 $\vec{r}(t)$ 和 $\dot{\vec{r}}(t)$，该算法即 Encke 方法[5]。

在上述选择下，对于同一精度要求，其积分步长显然可以取得比第一种变量选择情况大。但每一步要增加参考轨道的星历计算，而且当摄动变化较快时，还要逐段校正参考轨道，这将导致不断初始化的问题。事实上，对于数值方法，右函数本身的数值大小固然很重要，而它的变化快慢亦不可忽视，因此，尽管 Encke 方法直接计算的是摄动坐标 $\vec{u}$（不妨称其为 Encke 矢量），但由于摄动影响，真实轨道与参考轨道的偏离越来越大，这将导致 $|\vec{u}|$ 的量级很快就可达到 $O(r)$，那么计算 $\vec{u}$ 和 $\dot{\vec{u}}$ 的效果就与直接计算 $\vec{r}$ 和 $\dot{\vec{r}}$ 的效果几乎无差别了。因此，还是不能解决长弧计算的高精度要求，于是又出现了在计算 $\vec{u}$ 和 $\dot{\vec{u}}$ 时，对参考轨道加以改进的方法[5-8]，使其包含主要摄动项，这类似于中间轨道摄动法的思想。例如，考虑到人造地球卫星的轨道特征，尽量使参考轨道包含地球非球形引力摄动的主要项，同时又照顾到不致引起计算的复杂化。在此前提下，比较理想的是包含扁率 J_2 项的一阶长期摄动项（从前面第 4 章第 4.2 节的相应结果可以看出，计算公式很简单），这样即消除了右函数 $\vec{F}_1$ 中最大的摄动项，又未使计算公式复杂化。

上述对参考轨道的修改，相应的方法即称为改进的摄动坐标法，或称改进的 Encke 方法。显然，在弧段不太长的情况下，计算效果要比原方法好，而弧段很长时，摄动坐标变化中

包含的高阶摄动影响将要在右函数中反映出来,则必须逐段改变计算"零点"(即校正参考轨道)。既然如此,那么可直接采用轨道根数作为基本变量,就不会出现每一步要计算参考轨道的问题,这正是下一段要阐述的第三种基本变量的选择。

(3) Kepler 根数 σ 作为基本变量

此时,初值问题的提法是:

$$\begin{cases} \dot{\sigma}=f(\sigma,t,\varepsilon), & \varepsilon\ll1 \\ \sigma(t_0)=\sigma_0 \end{cases} \tag{8.71}$$

方程中的基本变量 σ 是 6 个常用的 Kepler 根数 a,e,i,Ω,ω,M,并采用一般摄动运动方程的形式,在此情况下,若将右函数 f 表示成轨道根数的形式 $f(\sigma,t,\varepsilon)$,那么,其具体表达式显然比较复杂,特别当存在多种摄动因素时,就更加如此。为了适用数值方法,这里介绍第三种变量选择和相应的方程右函数的表达形式,即

$$\begin{cases} \dfrac{\mathrm{d}a}{\mathrm{d}t}=\dfrac{2}{n\sqrt{1-e^2}}\left[Se\sin f+T(1+e\cos f)\right] \\[2mm] \dfrac{\mathrm{d}e}{\mathrm{d}t}=\dfrac{\sqrt{1-e^2}}{na}\left[S\sin f+T(\cos f+\cos E)\right] \\[2mm] \dfrac{\mathrm{d}i}{\mathrm{d}t}=\dfrac{r\cos u}{na^2\sqrt{1-e^2}}W \\[2mm] \dfrac{\mathrm{d}\Omega}{\mathrm{d}t}=\dfrac{r\sin u}{na^2\sqrt{1-e^2}\sin i}W \\[2mm] \dfrac{\mathrm{d}\omega}{\mathrm{d}t}=\dfrac{\sqrt{1-e^2}}{nae}\left[-S\cos f+T\left(1+\dfrac{r}{p}\right)\sin f\right]-\cos i\dfrac{\mathrm{d}\Omega}{\mathrm{d}t} \\[2mm] \dfrac{\mathrm{d}M}{\mathrm{d}t}=n-\dfrac{1-e^2}{nae}\left[-S\left(\cos f-2e\dfrac{r}{p}\right)+T\left(1+\dfrac{r}{p}\right)\sin f\right] \end{cases} \tag{8.72}$$

其中 $u=f+\omega,p=a(1-e^2)$,f 和 E 分别为真近点角和偏近点角。S,T,W 的计算见下面第(4)段的介绍。

(4) 时间根数 M 的另一种选择

σ 取 a,e,i,Ω,ω,E,由偏近点角 E 代替平近点角 M,相应的右函数 $f(\sigma,t,\varepsilon)$ 仍将由第一种变量选择中的 $\vec{F_1}(\vec{r},\dot{\vec{r}},t;\varepsilon)$ 形成,具体形式如下:

$$\begin{cases} \dfrac{\mathrm{d}E}{\mathrm{d}t}=\dfrac{a}{r}\left[n-\sqrt{1-e^2}\left(\dfrac{\mathrm{d}\omega}{\mathrm{d}t}\right)_1+\sin E\dfrac{\mathrm{d}e}{\mathrm{d}t}\right]-\dfrac{2}{na}S \\[2mm] \left(\dfrac{\mathrm{d}\omega}{\mathrm{d}t}\right)_1=\dfrac{1}{nae}\left[\sqrt{1-e^2}(-S\cos f+T\sin f)+T\sin E\right] \end{cases} \tag{8.73}$$

其中 $n=\sqrt{\mu}a^{-3/2},\mu=G(m_0+m)$,而 $\sin f$ 和 $\cos f$ 可由 $\sin E$ 和 $\cos E$ 给出,即

$$\begin{cases} r\sin f=a\sqrt{1-e^2}\sin E, & r\cos f=a(\cos E-e), \\ r=a(1-e\cos E) \end{cases} \tag{8.74}$$

方程(8.73)式中直接采用偏近点角 E 代替平近点角 M,是为了在计算方程右函数的过程中

避免解 Kepler 方程的麻烦。剩下的问题是加速度分量 S,T,W 如何由 $\vec{F_1}$ 形成？有

$$S=\vec{F_1}\cdot\hat{r} \quad T=\vec{F_1}\cdot\hat{t} \quad W=\vec{F_1}\cdot\hat{w} \tag{8.75}$$

其中 $\hat{r},\hat{t},\hat{w}$ 分别为径向、横向、轨道面法向的单位矢量，有

$$\hat{r}=\cos u\hat{P}^*+\sin u\hat{Q}^*,\ \hat{t}=-\sin u\hat{P}^*+\cos u\hat{Q}^*,\ \hat{w}=\hat{r}\times\hat{t} \tag{8.76}$$

其中 $u=f+\omega$。这里为了计算方便，采用单位矢量 $\hat{P}^*$ 和 $\hat{Q}^*$，即

$$\hat{P}^*=\begin{bmatrix}\cos\Omega\\\sin\Omega\\0\end{bmatrix},\quad \hat{Q}^*=\begin{bmatrix}-\sin\Omega\cos i\\\cos\Omega\cos i\\\sin i\end{bmatrix} \tag{8.77}$$

$$\hat{r}\times\hat{t}=\hat{P}^*\times\hat{Q}^*=\begin{bmatrix}\sin\Omega\sin i\\-\cos\Omega\cos i\\\cos i\end{bmatrix} \tag{8.78}$$

$\vec{r}$ 和 $\dot{\vec{r}}$ 的计算公式则变为

$$\vec{r}=r\hat{r},\quad \dot{\vec{r}}=\frac{\sqrt{\mu a(1-e^2)}}{r}\Big[\Big(\frac{e}{\sqrt{1-e^2}}\sin E\Big)\hat{r}+\hat{t}\Big] \tag{8.79}$$

从上述表达式可以看出，计算右函数并不复杂，特别当涉及的摄动因素较多时（如人造地球卫星在多种摄动因素影响下的运动等），$\vec{F_1}$ 本身就比较复杂，第一种选择中的 $\vec{F_1}$ 或整个 $\vec{F}$ 的计算量，与方程(8.72)式右函数的计算量相差甚微，只多一步 $\vec{F_1}$ 到 S,T,W 的转换，而这一步转换相对 $\vec{F_1}$ 的计算量所占的比例甚小。但这种形式的方程积分步长可以取得较大，整个计算量反而减小；若取相同步长，则局部截断误差明显减小，计算精度将会提高。因此，选择轨道根数作为基本变量，在摄动加速度 $\vec{F_1}$ 本身复杂的情况下，还是有其实用价值的。

8.4.2　无奇点问题的处理

如果偏心率 $e\approx0$，或同时出现 $e\approx0$ 和 $i\approx0$ 的状态，则可改用第一类无奇点变量或第二类无奇点变量代替 Kepler 根数，见前面第 3 章第 3.2.4 小节的相关内容。

8.4.3　步长均匀化的处理

在 $N(N\geqslant3)$ 体问题中，有一实质性奇点，即碰撞奇点。对于单重碰撞，可以采用正规化方法消除这一奇点[9~12]，不过，这是指质点碰撞，仅在理论研究中出现。而常遇到的是两天体接近碰撞的情况，如在限制性三体问题中，小天体与两有限天体之一极其靠近时的状态，受摄二体问题中运动天体在大偏心率轨道上处于近星点的运动状态，因与主天体或中心天体相互接近而引起加速度的急剧增大，尽管未发生碰撞，但从数值解的角度来看，在这种状态下，相应的积分步长需要迅速地改变。就受摄二体问题而言，可采用下述自变量变换来自动调节积分步长：

$$\frac{\mathrm{d}t}{\mathrm{d}s}=r^p, \quad p \geqslant 1 \tag{8.80}$$

s 即新自变量，p 是可调参数。由变换关系(8.80)式不难看出，对于 s 而言，步长取为常数时，原自变量时间 t 对应的却是变步长，它由因子 r^p 的大小来调节。因此，正规化方法中的自变量变换(8.80)式实际上是一个时间尺度的变化，它起到步长均匀化的作用。关于这一问题的具体处理方法，在上述自变量变换(8.80)的基础上，曾有过一些有益的探讨，特别是变换(8.80)中可调参数 p 的选择问题，在单步法中比较容易处理，而在多步法中有些复杂，这里不再讨论，读者可参阅本章提供的相关参考文献。

8.4.4　运动沿迹误差的控制问题

对于天体(包括各类航天器)运动，在引用数值方法求解运动方程时，除前面提到的变量选择问题和受摄二体问题中运动天体在大偏心率轨道上运动涉及的变步长(这对多步法是不利的)问题之外，还有一个是误差累积问题。对于短弧计算，精度主要取决于截断误差的累积，不论单步法还是多步法，只要方法的阶数稍高，积分步长不太大，完全可以保证精度。但对于长期演化的"跟踪"计算或长弧定轨问题则不然，误差的累积将成为严重问题，而几乎所有传统的数值方法都存在人工耗散，它使得能量(或轨道半长径 a)误差"线性"增长，从而导致运动性质被歪曲，计算失真，或沿迹误差快速增长，最终无法满足精度要求。

关于计算精度问题，作者曾对保守系统(或小耗散系统)，从定量角度探讨一种利用能量积分(或能量关系式)通过对轨道半长径 a 的校正达到能量补偿目的，从而控制运动沿迹误差的快速增长，在有限弧段内构造出一种提高精度的计算方法[13-14]，基本上可将沿迹量的误差 $\Delta(M+\omega)$ 控制在随 $(t-t_0)$ 线性增长的程度，具有一定的应用价值。

8.5　数值解法中右函数的计算

在数值解中，关于摄动运动方程右函数的计算，需要提供以坐标、速度表达的加速度计算形式。以地球卫星为例，除中心天体的非球形引力位及其相应的形变部分外，其他类型的摄动以坐标、速度表达的加速度计算形式均已给出，这里不再重复，可见前面第 4 章中的相关内容。而关于非球形引力位及其相应的形变部分的计算，主要是涉及勒让德多项式及其导数的计算。

地球非球形引力摄动位 ΔV(即原摄动函数 R)在地固坐标系中的表达形式如下：

$$
\begin{aligned}
\Delta V &= \sum_{l,m} \Delta V_{lm} \\
&= \frac{GE}{R} \sum_{l \geqslant 2} \sum_{m=0}^{l} \left(\frac{a_e}{R}\right)^l P_{lm}(\sin\varphi)[C_{lm}\cos m\lambda_G + S_{lm}\sin m\lambda_G]
\end{aligned} \tag{8.81}
$$

其中 GE 是地心引力常数，a_e 是地球参考椭球体赤道半径，与之相"配套"的一组谐系数即

C_{lm}，S_{lm}，它们反映了地球引力位的不均匀性，这在前面第 4 章中已出现过，无需再作进一步的说明。式中 R,φ,λ_G 是地固坐标系中卫星所在的空间点的球坐标，地心距，地心纬度和从格林尼治方向起量的经度。

采用本书引用的无量纲化计算单位系统，且对缔合勒让德多项式 $P_{lm}(\sin\varphi)$ 和相应的谐系数 C_{lm}，S_{lm} 采用归一化形式，相应的归一化的 ΔV 由下式表达：

$$\Delta V = \sum_{l\geqslant 2}\sum_{m=0}^{l}\left(\frac{1}{R}\right)^{l+1}\overline{P}_{lm}(\sin\varphi)\left[\overline{C}_{lm}\cos m\lambda_G + \overline{S}_{lm}\sin m\lambda_G\right] \tag{8.82}$$

其中

$$\begin{cases} \overline{P}_{lm}(\mu) = P_{lm}(\mu)/N_{lm} \\ \overline{C}_{lm} = C_{lm}\cdot N_{lm}, \quad \overline{S}_{lm} = S_{lm}\cdot N_{lm} \end{cases} \tag{8.83}$$

$$\begin{cases} N_{lm} = \left[\left(\frac{1}{1+\delta}\right)\frac{(l+m)!}{(2l+1)(l-m)!}\right]^{1/2} \\ \delta = \begin{cases} 0 & m=0 \\ 1 & m\neq 0 \end{cases} \end{cases} \tag{8.84}$$

为了便于计算和对问题的分析，将 ΔV 分成带谐项和田谐项两部分：

$$\Delta V = \Delta V_l + \Delta V_{lm} \tag{8.85}$$

$$\Delta V_l = \sum_{l\geqslant 2}\overline{C}_{l,0}\left(\frac{1}{R}\right)^{l+1}\overline{P}_l(\sin\varphi) \tag{8.86}$$

$$\Delta V_{lm} = \sum_{l\geqslant 2}\sum_{m=0}^{l}\left(\frac{1}{R}\right)^{l+1}\overline{P}_{lm}(\sin\varphi)\left[\overline{C}_{lm}\cos m\lambda_G + \overline{S}_{lm}\sin m\lambda_G\right] \tag{8.87}$$

其中 $\cos\lambda_G$ 和 $\sin\lambda_G$ 可采用简单的递推算法，只需计算一对三角函数值 $\cos\lambda_G$ 和 $\sin\lambda_G$ 就可直接按代数运算过程给出 $\cos m\lambda_G$ 和 $\sin m\lambda_G(m\geqslant 2)$，递推公式如下：

$$\begin{cases} \cos m\lambda_G = 2\cos\lambda_G\cos(m-1)\lambda_G - \cos(m-2)\lambda_G \\ \sin m\lambda_G = 2\cos\lambda_G\sin(m-1)\lambda_G - \sin(m-2)\lambda_G \end{cases} \quad m\geqslant 2 \tag{8.88}$$

由于 $\sin\varphi,\cos\lambda_G$ 和 $\sin\lambda_G$ 均为地固坐标系中的量，而卫星运动方程是在两种空间坐标系（历元地心天球坐标系）中建立并求解的，故涉及坐标转换问题。转换中将用到 $\sin\varphi,\cos\lambda_G$ 和 $\sin\lambda_G$ 的表达式及其有关的偏导数，相应的表达式为

$$\sin\varphi = \frac{Z}{R} \tag{8.89}$$

$$\left(\frac{\partial(\sin\varphi)}{\partial\vec{R}}\right)^T = -\frac{Z}{R^3}\vec{R} + \frac{1}{R}\vec{k}, \vec{k} = \begin{bmatrix} 0 \\ 0 \\ 1 \end{bmatrix} \tag{8.90}$$

$$\cos\lambda_G = X/R', \quad \sin\lambda_G = Y/R' \tag{8.91}$$

$$\left(\frac{\partial\lambda_G}{\partial\vec{R}}\right)^T = \begin{bmatrix} -Y/R'^2 \\ X/R'^2 \\ 0 \end{bmatrix} = \frac{1}{R'}\begin{bmatrix} -\sin\lambda_G \\ \cos\lambda_G \\ 0 \end{bmatrix} \tag{8.92}$$

其中 $R' = (X^2 + Y^2)^{1/2}$。由(8.91)式和(8.92)式可给出

$$\left(\frac{\partial(\cos m\lambda_G)}{\partial \vec{R}}\right)^T = \left(-\frac{m}{R'}\sin m\lambda_G\right)\begin{bmatrix} -\sin\lambda_G \\ \cos\lambda_G \\ 0 \end{bmatrix} \qquad (8.93)$$

$$\left(\frac{\partial(\sin m\lambda_G)}{\partial \vec{R}}\right)^T = \left(\frac{m}{R'}\cos m\lambda_G\right)\begin{bmatrix} -\sin\lambda_G \\ \cos\lambda_G \\ 0 \end{bmatrix} \qquad (8.94)$$

8.5.1 带谐项摄动加速度 $\vec{F}(J_l)$

地固坐标系中卫星的地心位置矢量 $\vec{R}$ 与历元天球坐标系中的地心位置矢量 $\vec{r}$ 之间的转换关系为

$$\vec{R} = (HG)\vec{r} \qquad (8.95)$$

相应地有

$$\left(\frac{\partial \vec{R}}{\partial \vec{r}}\right) = (HG)^T \qquad (8.96)$$

由此可给出带谐项摄动加速度 $\vec{F}_1(J_l)$ 的计算公式,即

$$\vec{F}(J_l) = \left(\frac{\partial(\Delta V_l)}{\partial \vec{r}}\right)^T = \left(\frac{\partial \vec{R}}{\partial \vec{r}}\right)^T \left(\frac{\partial(\Delta V_l)}{\partial \vec{R}}\right)^T \qquad (8.97)$$

这涉及矩阵 (HG) 的计算,有

$$(HG) = (EP)(ER)(NR)(PR) \qquad (8.98)$$

该矩阵是由等式右端的极移、自转和岁差章动矩阵构成,具体计算公式和有关说明见第 1 章第 1.3 节的相关内容。另一个重要矩阵

$$\left(\frac{\partial(\Delta V_l)}{\partial \vec{R}}\right)^T$$

的表达式为

$$\left(\frac{\partial(\Delta V_l)}{\partial \vec{R}}\right)^T = -\sum_{l\geqslant 2}\overline{C}_{l,0}\left(\frac{1}{R}\right)^{l+3}\left\{[(l+1)\overline{P}_l(\sin\varphi)+\sin\varphi\overline{P}'_l(\sin\varphi)](\vec{R})-R\overline{P}'_l(\sin\varphi)(\vec{k})\right\} \qquad (8.99)$$

其中

$$\vec{R} = \begin{bmatrix} X \\ Y \\ Z \end{bmatrix}, \quad \vec{k} = \begin{bmatrix} 0 \\ 0 \\ 1 \end{bmatrix} \qquad (8.100)$$

注意,$R=r$。这部分的计算,除用到了(8.95)式,由基本变量 $\vec{r}$ 给出 $\vec{R}$ 外,将遇到地球非球形引力加速度(带谐部分)计算的主要部分——勒让德多项式 $\overline{P}_l(\mu)$ 以及其导数 $\overline{P}'_\mu(\mu)=$

$\partial \overline{P}_l(\mu)/\partial\mu$ 的计算,见后面的第 8.5.3 小节。

8.5.2 田谐项摄动加速度 $\vec{F}(J_{lm})$

计算内容和公式与带谐项摄动加速度类似,有

$$\vec{F}_1(J_l) = \left(\frac{\partial(\Delta V_{lm})}{\partial \vec{r}}\right)^{\mathrm{T}} = \left(\frac{\partial \vec{R}}{\partial \vec{r}}\right)^{\mathrm{T}}\left[\frac{\partial(\Delta V_{lm})}{\partial \vec{R}}\right]^{\mathrm{T}} \tag{8.101}$$

其中 $\left(\dfrac{\partial \vec{R}}{\partial \vec{r}}\right)^{\mathrm{T}}$ 即(8.96)式,另一矩阵计算公式为

$$\begin{aligned}
\left[\frac{\partial(\Delta V_{lm})}{\partial \vec{R}}\right]^{\mathrm{T}} = -\sum_{l\geqslant 2}\sum_{m=1}^{l}\Big\{&\left(\frac{1}{R}\right)^{l+3}\big[((l+1)\overline{P}_{lm}(\sin\varphi)+\sin\varphi\overline{P}'_l(\sin\varphi))(\vec{R}) \\
&-R\overline{P}'_l(\sin\varphi)(\vec{k})\big][\overline{C}_{lm}\cos m\lambda_G + \overline{S}_{lm}\sin m\lambda_G] \\
&+\left(\frac{m}{R'}\right)\left(\frac{1}{R}\right)^{l+1}\overline{P}_{lm}(\sin\varphi)[\overline{C}_{lm}\sin m\lambda_G - \overline{S}_{lm}\cos m\lambda_G](\vec{G})\Big\}
\end{aligned} \tag{8.102}$$

$$(\vec{G}) = (-\sin\lambda_G \quad \cos\lambda_G \quad 0)^{\mathrm{T}} \tag{8.103}$$

其中 $R'=(X^2+Y^2)^{1/2}$,前面已出现过,见(8.92)式。

8.5.3 勒让德函数 $P_l(\mu)$ 和 $P_{lm}(\mu)$ 及其导数的递推计算[15,16]

关于勒让德函数 $P_l(\mu)$,$P_{lm}(\mu)$ 以及它们的导数 $P'_l(\mu)$,$P'_{lm}(\mu)$,$\mu=\sin\varphi\in[-1,1]$,原则上可直接按相应的定义计算,但当阶次(m 和 l)取得较高时,除计算量较大外,由于计算公式的特点,在字长一定的前提下,会使有效位数严重损失并最终导致计算的失效,因此有必要采用适当的递推过程较好地控制计算误差的传播速度,从而保证计算的有效性(即保持一定的精度),下面给出的递推公式能达到这一目的。

(1) $P_l(\mu)$ 和 $P_{lm}(\mu)$ 的递推公式

$$\begin{cases}
\overline{P}_0(\mu)=1,\ \overline{P}_1(\mu)=\sqrt{3}\mu \\
\overline{P}_l(\mu)=\left(\frac{2l+1}{2l-1}\right)^{1/2}\left[\left(2-\frac{1}{l}\right)\mu\overline{P}_{l-1}(\mu)-\left(\frac{2l-1}{2l-3}\right)^{1/2}\left(1-\frac{1}{l}\right)\mu\overline{P}_{l-2}(\mu)\right],\quad l\geqslant 2
\end{cases} \tag{8.104}$$

$$\begin{cases}
\overline{P}_{1,1}(\mu)=\sqrt{3}(1-\mu^2)^{1/2} \\
\overline{P}_{l,l}(\mu)=\left(\frac{2l+1}{2l}\right)^{1/2}(1-\mu^2)^{1/2}\overline{P}_{l-1,l-1}(\mu),\quad l\geqslant 2 \\
\overline{P}_{l,m}(\mu)=\left[\frac{(2l+1)(2l-1)}{(l+m)(l-m)}\right]^{1/2}\overline{P}_{l-1,m}(\mu) \\
\qquad\qquad -\left[\frac{(2l+1)(l-1+m)(l-1-m)}{(2l-3)(l+m)(l-m)}\right]^{1/2}\overline{P}_{l-2,m}(\mu),\quad l\geqslant 2,m=1,\cdots,l-1
\end{cases} \tag{8.105}$$

注意,上述递推计算中,有

$$\overline{P}_{i,j}(\mu)=0, \quad i<j \tag{8.106}$$

(2) $\overline{P}'_l(\mu)$ 和 $\overline{P}'_{lm}(\mu)$ 的计算公式

这部分的计算是在 $P_l(\mu)$ 和 $P_{lm}(\mu)$ 已给出的情况下进行的,有

$$\begin{cases} \overline{P}'_1(\mu)=\sqrt{3} \\ \overline{P}'_l(\mu)=l\,(1-\mu^2)^{-1}\left[\left(\dfrac{2l+1}{2l-1}\right)^{1/2}\overline{P}_{l-1}(\mu)-\mu\,\overline{P}_l(\mu)\right], \quad l>1 \end{cases} \tag{8.107}$$

$$\overline{P}'_{lm}(\mu)=(1-\mu^2)^{-1}\left[((l+m+1)(l-m))^{1/2}\overline{P}_{l,m+1}(\mu)-m\mu\,(1-\mu^2)^{-1/2}\overline{P}_{lm}(\mu)\right] \tag{8.108}$$

8.5.4 潮汐形变摄动加速度 $\vec{F}(k_2 J_{2,m})$ 的计算

关于对潮汐形变摄动的考虑,前面第 4 章中已对地球卫星的情况作过相应的分析,即通常只需要考虑形变二次项对低轨卫星轨道的影响,且作为三阶摄动量处理。作为数值解,同样给出相应的计算方法。

对于 $l=2$,考虑到表达的一致性和引用简便,同样采用前面提出的无量纲的计算单位,相应的潮汐形变摄动位即

$$\Delta V_{2,0}=\left[\beta k_2 P_2(\sin\varphi')\right]\left(\dfrac{1}{r}\right)^3 P_2(\sin\varphi) \tag{8.109}$$

$$\Delta V_{2,1}=\left[\dfrac{1}{3}\beta k_2 P_{2,1}(\sin\varphi')\right]\left(\dfrac{1}{r}\right)^3 P_{2,1}(\sin\varphi)\cos(\lambda-\lambda') \tag{8.110}$$

$$\Delta V_{2,2}=\left[\dfrac{1}{3}\beta k_2 P_{2,2}(\sin\varphi')\right]\left(\dfrac{1}{r}\right)^3 P_{2,2}(\sin\varphi)\cos 2(\lambda-\lambda') \tag{8.111}$$

其中系数 k_2 是 2 次 Love 数,β 即日、月引力摄动 $P_2(\cos\psi)$ 部分中的参数 β_2,见表达式 (4.496),即

$$\beta=\beta_2=m'/r'^3 \tag{8.112}$$

这里的 m' 是以地球质量为单位的日、月质量,r' 是第三体的地心距,对于潮汐形变摄动而言可取为常数。

在上述考虑的前提下,潮汐形变摄动加速度 $\vec{F}(k_2,J_{2,m})$ 的计算公式如下:

$$\vec{F}(k_2,J_{2,m})=\left(\dfrac{\partial\sum\Delta V_{2,m}}{\partial\vec{r}}\right)^{\mathrm{T}} \tag{8.113}$$

其中潮汐形变分解为两个部分:带谐项 $(m=0)$ 部分和田谐项 $(m=1,2)$ 部分,相应地有

$$\left(\dfrac{\partial\Delta V_{2,0}}{\partial\vec{r}}\right)^{\mathrm{T}}=-k_2\beta P_2(\sin\varphi')\left(\dfrac{1}{r}\right)^5\left\{\left[3P_2(\sin\varphi)+\sin\varphi P'_2(\sin\varphi)\right]\vec{r}-rP'_2(\sin\varphi)\vec{k}\right\} \tag{8.114}$$

$$\left(\frac{\partial \Delta V_{2,m}}{\partial \vec{r}}\right)^{\mathrm{T}} = -k_2\beta \sum_{m=1}^{2}\frac{2(2-m)!}{(2+m)!}P_{2m}(\sin\varphi')$$

$$\times \left(\frac{1}{r}\right)^5 \left\{\left[(3P_{2m}(\sin\varphi) + \sin\varphi P'_{2m}(\sin\varphi))\vec{r} - rP'_{2m}(\sin\varphi)\vec{k}\right]\cos m(\lambda-\lambda^*)\right.$$

$$\left. + \frac{m}{\sqrt{x^2+y^2}}\left(\frac{1}{r}\right)^3\left[P_{2m}(\sin\varphi)\sin m(\lambda-\lambda^*)\right]\vec{G}\right\} \tag{8.115}$$

其中

$$\vec{k} = \begin{bmatrix} 0 \\ 0 \\ 1 \end{bmatrix}, \quad \vec{G} = \begin{bmatrix} -\sin\lambda \\ \cos\lambda \\ 0 \end{bmatrix} \tag{8.116}$$

$P_2(\sin\varphi)$，$P_{2m}(\sin\varphi)$以及它们的导数等量的计算公式如下：

$$P_2(\sin\varphi) = \frac{3}{2}\sin^2\varphi - \frac{1}{2} \quad P'_2(\sin\varphi) = 3\sin\varphi \tag{8.117}$$

$$\begin{cases} P_{21}(\sin\varphi) = \frac{3}{2}\sin 2\varphi, & P'_{21}(\sin\varphi) = 3\cos 2\varphi/\cos\varphi \\ P_{22}(\sin\varphi) = 3\cos^2\varphi, & P'_{22}(\sin\varphi) = -6\sin\varphi \end{cases} \tag{8.118}$$

$$\begin{cases} \cos\lambda = x/\sqrt{x^2+y^2}, & \sin\lambda = y/\sqrt{x^2+y^2} \\ \cos 2\lambda = \cos^2\lambda - \sin^2\lambda, & \sin 2\lambda = 2\sin\lambda\cos\lambda \end{cases} \tag{8.119}$$

上述(8.114)～(8.115)式中，φ'和$\lambda^* = \lambda' + v$是引起地球潮汐形变的日、月地心球坐标，其中v是滞后角，λ'和φ'与地心直角坐标的关系为

$$\begin{cases} \sin\varphi' = \dfrac{z'}{r} \\ \cos\lambda' = x'/\sqrt{x'^2+y'^2}, & \sin\lambda' = y'/\sqrt{x'^2+y'^2} \end{cases} \tag{8.120}$$

8.6　轨道长期演化问题引用的保真算法

对轨道力学而言，特别是涉及太阳系的动力演化(特指大、小天体的轨道演化)问题，采用数值方法作为研究工具时，如何避免数值方法本身带来的人工耗散影响，而使所研究的问题保持整体的几何结构，给出相应力学系统真实的演化特征，是一个极其重要的研究领域(Hamilton算法或保真算法)。关于这一问题的理论分析以及相应的算法，从目前的需求状态来看，已超出本书内容的范畴，不再介绍。如有需要，或将来在航天事业的发展中遇到类似的需求，可参阅本章提供的参考文献[17]～[24]。

参考文献

[1] 南京大学数学系计算数学专业编. 微分方程数值解法. 北京：科学出版社，1979.

［2］P. 亨利西著,包雪松等译. 微分方程离散变量方法. 北京:科学出版社,1985.

［3］Fehlberg E. Classical Fifth-sixth-seventh and Eighth Order Rung－Kuutta with Stepsize Control. NASA. TR R－287,1968.

［4］Cowell, P. H., Crommelin, A. C. D.. Appendix to Greenwich Obsercations for 1909, Edinburgh 1910, 84.

［5］Brower, D., Clemence, G. M.. Methods of Celestial Mechanics, Academic Press, New York and London, 1961.

2nd impr., Academic Press, Orlando, San Diego, New York. 1985.

刘林,丁华译. 天体力学方法. 北京:科学出版社,1986.

［6］Kyner, W. t., Bennett, M. M., Astron. J.. 1966, 71: 579.

［7］Escobal, P. R.. Method of Orbir Determination. Krieger Publishing Company, Huntington, New York, 1976.

［8］刘林,胡松杰. 关于改进的 Encke 方法中参考轨道的选择和校正. 天文学报. 1996,37(3):285－293.

［9］Szebehely, V. Theory of Orbits. Academic Press, N. Y. 1967.

［10］Stiefel, E. L. Scheifele, G.. Linear and Regular Celectial Mechanics. pringer－Verlag Berlin, Heidelberg, New York, 1970.

［11］黄天衣,丁华. 稳定化和自变量变换. 天文学报. 1981,22(4):328－335.

［12］刘林,廖新浩. 天体力学数值计算中的几个问题. 天文学报. 1987,28(3):215－225.

［13］Liu Lin, Xinhao Liao. Numerical calculations in the Orbital Determination of an Artificial Satellite for a long arc. Celest. Mech. 1994,59(3):221－235.

［14］刘林,廖新浩. 关于数值求解天体运动方程的几个问题. 天文学报. 1997,38(1):75－85.

［15］刘林,航天器轨道理论. 北京:国防工业出版社,2000.

［16］Montenbruck O. Gill E. Satellite Orbits. Models, Methods, and Applications. Springer-Verlag, Berlin, Heideberg, 2000.

［17］Feng, K.. Proc. 1984 Beijing Symposium on Differential Geometry and Differential Equations, Ed, Feng, K., Science Press 42.

［18］Feng, K.. J. Comp. Math., 1986, 4: 279.

［19］Forest, E., Ruth, R. D.. Physica D. 1990, 43: 105.

［20］Yoshida, H.. Phys. Left. A. 1990, 150: 262.

［21］赵长印,廖新浩,刘林. 辛积分方法在动力天文中的应用(I). 天文学报. 1992,33(1):36－47.

［22］刘林,廖新浩,赵长印,王昌彬. 辛算法在动力天文中的应用(III). 天文学报. 1994,35(1):51－56.

［23］廖新浩,刘林. 一种改进的显式辛算法. 计算物理. 1994,11(2):212－218.

［24］刘林. 天体力学方法. 南京:南京大学出版社,1998.

第 9 章 /

轨道确定问题的提法与初轨计算

定轨，即轨道确定。一个最简单而直接的定义就是：根据对运动天体(包括各类航天器)的一列跟踪测量数据，用相应的数学方法确定其在某一 t_0 时刻的运行状态。所谓运行状态，就是在选定的空间坐标系中，运动天体的位置和速度 $\vec{r}_0, \dot{\vec{r}}_0$，或该时刻的轨道根数，如果是环绕型之类的天体(包括太阳系中的大小行星，自然卫星和人造卫星)，即六个椭圆轨道根数 $\sigma_0 = (a_0, e_0, i_0, \Omega_0, \omega_0, M_0)^T$，这里都是常用符号，不再解释。

9.1 轨道确定问题的提法

定轨在天体力学或航天器轨道力学中通常有两个概念：短弧意义下的初轨确定和长弧(在某种条件下也可以是短弧)意义下的轨道改进(现称精密定轨)。对于前者，传统意义下的定轨模型是对应一个无摄运动的二体问题。这无论在航天任务中，还是在太阳系各种小天体(小行星、自然卫星、彗星等)的发现过程中，都是不可缺少的工作。初轨本身可在某些问题中直接引用，或为精密定轨提供初始信息(即定轨初值)。对于后者，定轨模型则对应一个"完整"力学系统的受摄二体问题或一般 $(N+1)$ 体问题，它是根据大量观测资料所作的轨道确定工作，提供各种天体的精密轨道。关于精密定轨，传统的叫法为轨道改进，但由于可以在定轨的同时确定某些参数(与轨道有关的一些几何和物理参数)，扩展了传统意义下单纯的轨道改进，现称其为精密定轨——精密轨道确定与参数估计。另外，就精密定轨的原理和定轨的内容来看，尽管有改进轨道之意，但在定轨过程中必须提供的初始轨道 $\vec{r}^*, \dot{\vec{r}}^*$ 或 σ^*，仅仅起一个迭代初值的作用，它对应的时刻 t^* 与定轨历元时刻 t_0 并不需要一致，因此，称其为轨道改进不如精密轨道确定(简称精密定轨)更恰当。

用以定轨的测量数据，对应一种观测量，有测距量 ρ，测速量 $\dot{\rho}$，测角量 α, δ(赤经赤纬)和 A, h(方位角和高度角)，以及位置量 $\vec{r}(x, y, z)$ 等，无论哪一类数据，通常习惯记作 Y，它们与定轨历元 t_0 时刻的状态量 X_0(指轨道量和待确定的某些几何、物理参数)有如下函数关系：

$$\begin{cases} Y = Y(X, t) \\ X(t) = X(t; t_0, X_0) \end{cases} \tag{9.1}$$

状态量 X 是 n 维，而一列观测量 $t_j, Y_j (j = 1, 2 \cdots, k)$ 是 $m \times k$ 维，$m \geqslant 1, m$ 是观测量的维数

（测角量一次采样是 2 维）。当 $(m \times k) \geqslant n$ 时，原则上方程组（9.1）可解：由一列观测量 t_j, Y_j $(j=1,2 \cdots k)$，给出历元 t_0 时刻的状态量 X_0。但实质上它归结为一个隐函数 $\Phi(t, Y; t_0, X_0)$ $=0$ 的求解问题，这将涉及解的确定性和如何求解问题，因此必须注意如下两点：

（1）解的确定性问题（定轨条件），即是否能由上述一列观测量 $t_j, Y_j(j=1,2,\cdots,k)$ 唯一确定相应历元 t_0 时刻的状态量 X_0，亦称可观测性问题。例如单站测距和测速，如果是短弧，将难以定轨，其具体的数学问题将在后面有关内容中阐明。

（2）如何求解问题，即在可定轨的前提下，因方程（9.1）是一个多变元的非线性方程，而且还包含超越函数关系，无法直接求解，通常只能通过多变元迭代过程才能实现定轨。但对于短弧情况，单一的测距或测速类型资料，必须采用一般的多变元迭代方法求解，而测角等类型的资料则不然，即使考虑完整的力学系统，亦能通过一个特殊而简单的迭代过程实现定轨，这正是短弧初轨确定方法与建立在多变元迭代基础上的精密定轨方法的重大差别。

9.2　二体问题意义下的初轨算法回顾

关于初轨确定，在天体力学发展的几百年历史中，曾出现过测角型资料的多种定轨方法，就其实质而言可以归纳为 Laplace 型和 Gauss 型两类方法[1~11]，特别在当今计算条件下，Laplace 型方法显得更加简洁有效。因此，这一节就以通常所说的 Laplace 型初轨计算方法为背景，结合作者的工作对二体问题意义下的初轨确定算法原理作一简介。

9.2.1　初轨确定的基本条件

首先选取空间坐标系 $O\text{-}xyz$，对于人造地球卫星而言，坐标系即为历元（J2000.0）地心天球坐标系，对应 J2000.0 的地球平赤道面和平春分点。根据定轨问题的提法，初轨确定涉及的两类方程，即对应几何关系的测量方程和对应动力学条件的状态（微分）方程。

（1）几何条件-测量方程

关于测量几何，在所选取的坐标系中，测量几何满足如下关系：

$$\vec{r} = \vec{\rho} + \vec{R} \tag{9.2}$$

其中 $\vec{r}$ 是运动天体的位置矢量，$\vec{\rho}$ 是测站对该天体的观测矢量，对于测角资料而言，即 $\vec{\rho}(\rho, \alpha, \delta)$ 或 $\vec{\rho}(\rho, A, h)$，其中测角量 (α, δ) 或 (A, h) 即赤经赤纬或方位角高度角。在坐标系 $O\text{-}xyz$ 中，$\vec{\rho}$ 可写成下列形式：

$$\vec{\rho} = \rho \hat{L}, \quad \hat{L} = (\lambda, \mu, v)^{\mathrm{T}} \tag{9.3}$$

符号"T"为转置，直角坐标分量 (λ, μ, v) 可由测角量 (α, δ) 或 (A, h) 经简单的坐标系转换给出。测站坐标矢量 $\vec{R}$ 是确定的，有

$$\vec{R} = (X_e, Y_e, Z_e)^{\mathrm{T}} \tag{9.4}$$

这里的测站坐标矢量 $\vec{R}$ 应与运动天体的位置矢量处于同一坐标系。

事实上,上述测量几何关系就对应方程(9.1)的第一式:$Y=Y(X,t)$,即观测量 Y 与状态量 X 的关系,例如测距量 ρ 对应的关系式即 $\rho=|\vec{r}-\vec{R}|$,其中 ρ 和 $\vec{r}$ 就分别为观测量 Y 和状态量 X。

(2) 动力学条件-天体运动方程及其解

在坐标系 $O\text{-}xyz$ 中,运动天体相对中心天体(质心)的运动微分方程即

$$\begin{cases} \ddot{\vec{r}} = -\dfrac{Gm_0}{r^3}\vec{r} \\ \vec{r}_0 = \vec{r}(t_0), \quad \dot{\vec{r}}_0 = \dot{\vec{r}}(t_0) \end{cases} \tag{9.5}$$

其中 Gm_0 是中心天体的引力常数。

上述运动微分方程(9.5)满足初始条件的解

$$\begin{cases} \vec{r} = \vec{r}(t;t_0,\vec{r}_0,\dot{\vec{r}}_0) \\ \dot{\vec{r}} = \dot{\vec{r}}(t;t_0,\vec{r}_0,\dot{\vec{r}}_0) \end{cases} \tag{9.6}$$

就对应方程(9.1)的第二式:$X(t)=X(t;t_0,X_0)$,即状态转移方程,其中状态量 X 即

$$X = \begin{bmatrix} \vec{r} \\ \dot{\vec{r}} \end{bmatrix}$$

9.2.2 初轨确定基本方程的构成

无论是初轨确定还是精密定轨,单纯从数学角度来看,就是要将测量几何关系与相应的动力学条件(定轨目标所遵循的动力学规律:状态转移方程)相联系,构成一个包含观测量 Y 和状态量 X 的函数关系:

$$\Phi(t_j,Y_j,X_j(t_j;t_0,X_0))=\Phi(t_j,Y_j;t_0,X_0)=0$$
$$j=1,2,\cdots,k \tag{9.7}$$

由此确定 t_0 时刻的状态量 X_0,即解上述方程(9.7)给出

$$X_0=\psi(t_0;t_1,t_2,\cdots,t_k;Y_1,Y_2,\cdots,Y_k) \tag{9.8}$$

但实质上它归结为隐函数 $\Phi(t,Y;t_0,X_0)=0$ 的求解问题。

关于初轨确定,即使采用上述无摄运动模型,若简单地引用二体问题的解对应的状态转移方程(9.7)式,那么相应的函数关系(9.7)式仍然很复杂,而且还通过 Kepler 方程引入超越函数关系。在过去 200 多年初轨确定的发展过程中,就是针对这一点,避开直接按上述"正规途径"去解复杂的方程 $\Phi(t,Y;t_0,X_0)=0$,而是引用二体问题的一些特殊关系式和相应的特殊处理过程,建立了各种初轨计算方法:Laplace 型的,或 Gauss 型的,或在这两种基础上组合成一种混合型的方法。

对于 Laplace 型的初轨计算方法,采用的动力学条件是运动方程(9.5)的可展成时间间

隔 $\Delta t = t - t_0$ 的幂级数解:

$$\vec{r}(t) = \vec{r}_0 + \vec{r}_0^{(1)} \Delta t + \frac{1}{2!} \vec{r}_0^{(2)} \Delta t^2 + \cdots + \frac{1}{k!} \vec{r}_0^{(k)} \Delta t^k + \cdots \qquad (9.9)$$

其中 $\vec{r}_0^{(k)}$ 为 $\vec{r}(t)$ 对 t 的 k 阶导数在 t_0 点的取值,即

$$\vec{r}_0^{(k)} = \left(\frac{\mathrm{d}^k \vec{r}}{\mathrm{d}t^k} \right)_{t=t_0}$$

要给出级数解(9.9)满足初始条件的具体形式,只要计算各阶导数 $\vec{r}^{(k)}$ 在 t_0 处的值 $\vec{r}_0^{(k)}$。已有 $\vec{r}_0^{(1)} = \dot{\vec{r}}_0$,而二阶以上导数值 $\vec{r}^{(k)} (k \geqslant 2)$ 均可根据运动方程(9.5)由 $\vec{r}_0$ 和 $\dot{\vec{r}}_0$ 构成,即

$$\vec{r}_0^{(k)} = \vec{r}_0^{(k)}(t_0, \vec{r}_0, \dot{\vec{r}}_0), \quad k \geqslant 2 \qquad (9.10)$$

那么,相应的级数解(9.9)可以整理成下列形式:

$$\vec{r}(t) = F(\vec{r}_0, \dot{\vec{r}}_0, \Delta t) \vec{r}_0 + G(\vec{r}_0, \dot{\vec{r}}_0, \Delta t) \dot{\vec{r}}_0 \qquad (9.11)$$

对于 $\vec{r}(t)$ 的三个分量 $x(t), y(t), z(t)$,F 和 G 各具有同一形式,为一数量函数。但在初轨确定中,这两个极其重要的量有一个共同特征,即

$$F = 1 + O(s^2), \quad G = \Delta t [1 + O(s^2)] \qquad (9.12)$$

其中 $\Delta t = t - t_0$,s 是时间间隔 $\Delta t = t - t_0$ 对应的运动弧段,即 $s = n\Delta t$,n 是待定轨天体的平运动角速度。

对于短弧初轨确定问题,有 $|s| < 1$。因此,即使对跟踪目标的轨道一无所知,亦可以采用下列取值:

$$F^{(0)} = 1, \quad G^{(0)} = \Delta t \qquad (9.13)$$

作为迭代初值,事实上这就是一个极好的初始信息。因此,天体运动方程(9.5)的时间间隔 Δt 的幂级数解(9.11)式,在短弧意义下,就是一个构建初轨确定基本方程的"全局"性动力学条件,相应的定轨基本方程是一个关于求解 $t_0; \vec{r}_0, \dot{\vec{r}}_0$ 的线性方程。尽管其求解是一迭代过程,但在当今计算条件下求解非常简便,具体算法无需介绍,因为下面将要给出的方法将会涵盖其内容。

9.3 受摄情况下的初轨确定算法

随着人造地球卫星测量精度的提高(例如测角精度可达角秒量级,米级甚至更高精度的导航定位资料等)和深空探测任务的需求,将会遇到各种目标轨道的初轨确定问题和不同的精度要求,因此,有必要对传统方法进行相应的改进。事实上,确有必要把二体问题意义下的初轨确定方法推广到一般受摄二体问题,如考虑中心天体扁率和第三体引力等主要摄动影响,而且既需要适应椭圆轨道的确定,亦要考虑双曲线轨道的确定,相应定轨方法不应受轨道类型的限制。下面就结合 Laplace 型初轨计算方法给出推广形式,并以此阐明在无任

何初始信息前提下的短弧定初轨的特殊迭代过程,显示其与多变元迭代的根本区别。对于常规的跟踪测量方式,在 Laplace 定轨方法的基础上进行推广是比较简单的,不妨称推广后的方法为广义 Laplace 方法[12~15],这一节先简单介绍推广方法的基本原理,再针对几类典型资料介绍具体的定轨算法,并附有实测资料的定轨效果检验。

9.3.1 初轨确定基本方程的构成

作者在比较各种不同方法的基础上,针对当今的几种测量手段和计算条件,在 Laplace 型方法基础上作了相应的改进,在考虑测量资料精度提高的同时,还特别关注非合作目标的实际背景,即在没有任何轨道初始信息的前提下构建初轨确定方法。测量采样的基本特征是短弧,具体地说即弧段 $s=n\Delta t<1$,短弧初轨确定中"短弧"的特定含义由此而来。对于人造地球卫星而言即短于 1/3 圈,相当于一个地球低轨卫星(周期约 90 分钟)运行短于 30 分钟,定轨历元时刻 t_0 取该采样时间段的中点,这样就保证了引用测量资料时,最大弧段满足 $s_N=n|t_N-t_0|<1$ 的要求。在此前提下,采用的动力学条件,既不是受摄运动微分方程的数值解,亦不是分析形式的小参数幂级数解,而与二体问题意义下的初轨确定方法类似,亦是状态微分方程的时间间隔 $\Delta t=t-t_0$ 的幂级数解,在短弧意义下它同样包含了轨道的全部信息。

受摄运动方程如下:

$$\begin{cases} \ddot{\vec{r}}=-\dfrac{Gm_0}{r^3}\vec{r}+\vec{F}_\varepsilon(\vec{r},\dot{\vec{r}},t;\varepsilon) \\ \vec{r}_0=\vec{r}(t_0), \quad \dot{\vec{r}}_0=\dot{\vec{r}}(t_0) \end{cases} \tag{9.14}$$

其中 Gm_0 是中心天体的引力常数。"摄动"加速度 $\vec{F}_\varepsilon$ 对应中心天体质心引力以外的各种力学因素(保守力或耗散力),是否是摄动小量无妨,只要能提供相应力学因素的数学模型即可。对于这一力学模型,初轨计算给出的将是历元 t_0 时刻的瞬时椭圆轨道或瞬时双曲线轨道。

只要运动方程(9.14)的右函数(轨道类型不限)满足一定条件,其满足初始条件的解同样可展成形如(9.9)式表达的时间间隔 $\Delta t=t-t_0$ 的幂级数,即

$$\vec{r}(t)=\vec{r}_0+\vec{r}_0^{(1)}\Delta t+\frac{1}{2!}\vec{r}_0^{(2)}\Delta t^2+\cdots+\frac{1}{k!}\vec{r}_0^{(k)}\Delta t^k+\cdots \tag{9.15}$$

其中 $\vec{r}_0^{(k)}$ 为 $\vec{r}(t)$ 对 t 的 k 阶导数在 t_0 点的取值,即

$$\vec{r}_0^{(k)}=\left(\frac{\mathrm{d}^k\vec{r}}{\mathrm{d}t^k}\right)_{t=t_0}$$

要给出上述级数解满足初始条件的具体形式,就要根据受摄运动方程(9.14)来计算各阶导数 $\vec{r}^{(k)}$ 在 t_0 处的值 $\vec{r}_0^{(k)}$。同样,可将相应的级数解(9.15)整理成类似于无摄情况下的表达形式,即

$$\vec{r}(t)=F^*(\vec{r}_0,\dot{\vec{r}}_0,\Delta t)\vec{r}_0+G^*(\vec{r}_0,\dot{\vec{r}}_0,\Delta t)\dot{\vec{r}}_0 \tag{9.16}$$

关于 $\vec{r}(t)$ 的三个分量 $x(t),y(t),z(t)$,通常相应的 F^* 和 G^* 对于三个分量 x,y,z 各具有不同的形式。就中心天体扁率摄动而言,F^* 和 G^* 的 x,y 分量 F_x,F_y 和 G_x,G_y 相同。这里暂不写出 F^* 和 G^* 的具体形式,但在初轨确定中,这两个极其重要的量同样有一个共同特征,即

$$F_x,F_y,F_z=1+O(s^2),\quad G_x,G_y,G_z=\Delta t[1+O(s^2)] \tag{9.17}$$

其中 $\Delta t=t-t_0$,s 是时间间隔 $\Delta t=t-t_0$ 对应的运动弧段。对于短弧初轨确定问题,有 $|s|<1$。因此,即使对跟踪目标的轨道一无所知,也同样可以采用下列取值:

$$F^{(0)}=1,\quad G^{(0)}=\tau,\quad F_z^{(0)}=F^{(0)},\quad G_z^{(0)}=G^{(0)} \tag{9.18}$$

作为迭代初值,仍旧是一个极好的初始信息,而受摄运动方程(9.14)的时间间隔 Δt 的幂级数解(9.16)式同样是一个关于求解 $t_0;\vec{r}_0,\dot{\vec{r}}_0$ 的线性方程,在当今计算条件下求解非常简便。

上述时间间隔 Δt 的幂级数解,对跟踪目标的轨道类型没有限制,椭圆与双曲线轨道均可,无摄运动与受摄运动都适用。由上述表达可以清楚地看出,尽管同样是复杂函数关系的迭代计算,但它并不涉及表面上的多变元问题,而是一个极其简单的迭代计算,对迭代初值的要求也不高,即使对非合作目标一无所知,亦可定轨,而后面第 10 章要阐述的精密定轨问题,将涉及对初值有一定要求的多变元迭代过程。

9.3.2 测角资料的初轨确定方法

这一节首先考虑空间测量中的常规采样资料:测角量赤经、赤纬(α,δ)或方位角、高度角(A,h),定轨方法即引用上述时间间隔 Δt 的幂级数解作为动力学条件,构建一个直接求解选定历元 t_0 时刻的位置矢量和速度矢量$(\vec{r}_0,\dot{\vec{r}}_0)$的定轨方程,称其为广义的 Laplace 方法。在此基础上,再推广到其他类型测量模式和测量资料的定轨问题中。

不妨以地球卫星的初轨确定为例,在历元(J2000.0)地心天球坐标系 $O-xyz$ 中考虑相应问题。尽管地球卫星运动对应的是受摄二体问题,但下面要介绍的方法并不受其制约,请读者注意方法的细节。

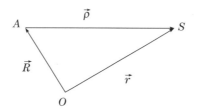

图 9.1　地心 O 测站 A 卫星 S 的几何关系

(1) 几何条件-测量几何关系

在所选取的坐标系 $O-xyz$ 中,跟踪站 A(严格而言,应该是测量设备采样"中心")与被跟踪卫星 S 之间满足下列测量几何关系(见图 9.1):

$$\vec{r} = \vec{\rho} + \vec{R} \tag{9.19}$$

其中 $\vec{r}$ 是卫星的位置矢量，$\vec{\rho}$ 是跟踪站对卫星的观测矢量，$\vec{R}$ 是跟踪站的坐标矢量，记作

$$\vec{R} = (X_e, Y_e, Z_e)^{\mathrm{T}} \tag{9.20}$$

该坐标矢量同样应在所选取的地心天球坐标系中给出，而跟踪站的坐标都是在相应的地固坐标系中给出的，这就涉及地固坐标系与地心天球坐标系之间的转换，详见第 1 章中的 $(1.29) \sim (1.30)$ 式或 (1.75) 式及其相关内容（岁差、章动等矩阵转换）。

关于卫星的观测矢量 $\vec{\rho}$，对于测角资料而言，在坐标系 $O\text{-}xyz$ 中，$\vec{\rho}$ 可写成下列形式：

$$\vec{\rho} = \rho \hat{L}, \quad \hat{L} = (\lambda, \mu, \nu)^{\mathrm{T}} \tag{9.21}$$

符号"T"为转置，直接测量只能给出方位，即单位矢量 $\hat{L} = (\lambda, \mu, \nu)^{\mathrm{T}}$，直角坐标分量 (λ, μ, ν) 可由测角量 (α, δ) 或 (A, h) 经坐标系转换给出。对于测角量 (α, δ)，通常采样获得的 (α, δ) 与上述选取的坐标系 $O\text{-}xyz$ 是对应的，因此有

$$\hat{L} = \begin{pmatrix} \lambda \\ \mu \\ \nu \end{pmatrix} = \begin{pmatrix} \cos\delta\cos\alpha \\ \cos\delta\sin\alpha \\ \sin\delta \end{pmatrix} \tag{9.22}$$

而 (A, h) 资料对应的是瞬时真地平坐标系，转换关系为

$$\hat{L} = \begin{pmatrix} \lambda \\ \mu \\ \nu \end{pmatrix} = (GR)^{\mathrm{T}}(ZR) \begin{pmatrix} \cos h\cos A \\ -\cos h\sin A \\ \sin h \end{pmatrix} \tag{9.23}$$

其中 (GR) 是岁差、章动矩阵，如果采用真赤道坐标系，它就是单位阵。而 (ZR) 是地平坐标系与赤道坐标系之间的转换矩阵，见第 1 章中的 (1.16) 式，有

$$(ZR) = R_z(180° - S)R_y(90° - \varphi) \tag{9.24}$$

其中 S 和 φ 分别为跟踪站的地方恒星时和大地纬度。

(2) 动力学条件-卫星运动方程

仅由上述几何关系是不能定轨的，必须了解该测量几何关系式 (9.19) 中的 $\vec{r}$ 所对应的动力学背景，这就是定轨中的动力学条件。在坐标系 $O\text{-}xyz$ 中，卫星相对地心的运动方程即

$$\begin{cases} \ddot{\vec{r}} = -\dfrac{\mu}{r^3}\vec{r} + \vec{F}_\varepsilon(\vec{r}, \dot{\vec{r}}, t; \varepsilon) \\ \vec{r}_0 = \vec{r}(t_0), \quad \dot{\vec{r}}_0 = \dot{\vec{r}}(t_0) \end{cases} \tag{9.25}$$

其中常用符号 $\mu = GE$ 表示地心引力常数，在归一化的无量纲计算单位中，$\mu = 1$。摄动加速度 $\vec{F}_\varepsilon$ 对应各种力学因素，可以是保守力效应，亦可以是耗散效应，只要能写出相应力学因素的数学模型即可。下面将采用该运动方程满足初始条件的时间间隔 Δt 的幂级数解作为动力学条件，构建一个直接求解历元 t_0 时刻的位置矢量和速度矢量 $(\vec{r}_0, \dot{\vec{r}}_0)$ 的定轨方程。

（3）定轨的基本方程

对于受摄情况，上一小节已构造出相应的级数解的形式，见(9.16)式，即

$$\vec{r}(t)=F^*(\vec{r}_0,\dot{\vec{r}}_0,\Delta t)\vec{r}_0+G^*(\vec{r}_0,\dot{\vec{r}}_0,\Delta t)\dot{\vec{r}}_0$$

其中 F^* 和 G^* 由 Δt 的幂级数表达，下一段具体给出。以此解代入测量几何关系(9.19)即得

$$\hat{L}\times(F^*\vec{r}_0+G^*\dot{\vec{r}}_0)=\hat{L}\times\vec{R} \tag{9.26}$$

这就是定轨的基本方程。对于一次测角采样资料，(9.26)式对应的三个方程只有两个是独立的，至少需要三次采样才能定轨，给出定轨历元 t_0 时刻的 $\vec{r}_0(x_0,y_0,z_0)$ 和 $\dot{\vec{r}}_0(\dot{x}_0,\dot{y}_0,\dot{z}_0)$。基本方程(9.26)就是关于历元 t_0 时 $\vec{r}_0,\dot{\vec{r}}_0$ 的"形式上"（因方程左端的系数 F^* 和 G^* 依赖 $\vec{r}_0,\dot{\vec{r}}_0$）的线性代数方程组，如果能确定 $\vec{r}_0,\dot{\vec{r}}_0$，那么再经简单的转换即可由 $\vec{r}_0,\dot{\vec{r}}_0$ 给出 t_0 时刻的瞬时轨道——椭圆轨道或双曲线轨道。

不难看出，关键问题是定轨过程中如何获得满足精度要求的系数 F^* 和 G^*，如果能解决这一问题就能避开一个多变元迭代过程，而无需了解定轨目标的任何初始信息。下面具体介绍定轨基本方程(9.26)式的构成。

前面第 9.2 节已表明，只要运动方程(9.25)的右函数（轨道类型不限）符合一定条件，其满足初始条件的解即存在，且可展成时间间隔 $\Delta t=t-t_0$ 的幂级数，即(9.15)式：

$$\vec{r}(t)=\vec{r}_0+\vec{r}_0^{(1)}\Delta t+\frac{1}{2!}\vec{r}_0^{(2)}\Delta t^2+\cdots+\frac{1}{k!}\vec{r}_0^{(k)}\Delta t^k+\cdots$$

其中 $\vec{r}_0^{(k)}$ 可由 $\vec{r}_0$ 和 $\dot{\vec{r}}_0$ 构成，形式上即(9.10)式：

$$\vec{r}_0^{(k)}=\vec{r}_0^{(k)}(t_0,\vec{r}_0,\dot{\vec{r}}_0),\quad k\geqslant 2$$

下面就中心天体扁率摄动和第三体引力摄动写出其具体表达式，相应的两种摄动加速度为

$$\vec{F}_\varepsilon=\left(\frac{3J_2}{2}\right)\left[\left(5\frac{z^2}{r^7}-\frac{1}{r^5}\right)\vec{r}-\left(\frac{2z}{r^5}\right)\hat{k}\right]-\mu'\left(\frac{\vec{\Delta}}{\Delta^3}+\frac{\vec{r}'}{r'^3}\right) \tag{9.27}$$

为了便于量级分析和公式表达，这里已采用计算单位的无量纲化，相应的地心引力常数 $\mu=GE=1$，$\mu'=GM'/GE$，M' 是第三体（日、月）的质量。(9.27)式中的 J_2 为地球的动力学扁率，其他有关量定义如下：

$$\hat{k}=(0\quad 0\quad 1)^T,\quad \vec{\Delta}=\vec{r}-\vec{r}' \tag{9.28}$$

$\vec{r}'$ 为第三体的位置矢量。

略去推导过程，直接给出形如(9.16)式的 Δt 的幂级数解如下：

$$\begin{cases}x=F(\vec{r}_0,\dot{\vec{r}}_0,\Delta t)x_0+G(\vec{r}_0,\dot{\vec{r}}_0,\Delta t)\dot{x}_0\\ y=F(\vec{r}_0,\dot{\vec{r}}_0,\Delta t)y_0+G(\vec{r}_0,\dot{\vec{r}}_0,\Delta t)\dot{y}_0\\ z=F_z(\vec{r}_0,\dot{\vec{r}}_0,\Delta t)z_0+G_z(\vec{r}_0,\dot{\vec{r}}_0,\Delta t)\dot{z}_0\end{cases} \tag{9.29}$$

其中 F^*,G^* 的 x,y 分量相同，在方程(9.29)中即 F,G，而 z 分量在该方程中则记作 F_z,G_z。

三个相应的基本方程(9.26)式按分量书写的形式为

$$
\begin{cases}
(F\nu)x_0 - (F_z\lambda)z_0 + (G\nu)\dot{x}_0 - (G_z\lambda)\dot{z}_0 = (\nu X_e - \lambda Z_e) \\
(F\nu)y_0 - (F_z\mu)z_0 + (G\nu)\dot{y}_0 - (G_z\mu)\dot{z}_0 = (\nu Y_e - \mu Z_e) \\
(F\mu)x_0 - (F\lambda)y_0 + (G\mu)\dot{x}_0 - (G\lambda)\dot{y}_0 = (\mu X_e - \lambda Y_e)
\end{cases}
\tag{9.30}
$$

前面已指出,该方程一次测量采样形成的三个分量表达式只有两个是独立的,即可由其中任意两个组成第三个。但是考虑到测量采样的随机性,不宜人为地消去其中任何一个分量表达式,三个均保留不仅不会影响该问题在多资料情况下的求解过程,而且可以充分吸取统计信息,有利于改善定轨精度。

这里要注意一点,不能出现 $\hat{L} \times \vec{R} \approx 0$ 的几何状态,否则方程组(9.30)式只有零解,该观测采样的几何状态无需再解释,通常地面测控系统是不会出现的。

若记 $\tau = \Delta t$,则上述基本方程中的系数 F, G 和 F_z, G_z 按 τ 的幂形成的级数展开式如下:

$$
\begin{aligned}
F = {} & 1 + \frac{\tau^2}{2}\left[-u^3 + \left(\frac{3J_2}{2}\right)(5u_7z_0^2 - u_5) - \mu'u_3'\right] \\
& + \frac{\tau^3}{6}\left[(3u_5\sigma) + \left(\frac{3J_2}{2}\right)(5(u_7 - 7u_9z_0^2)\sigma + 10u_7z_0\dot{z}_0)\right] \\
& + \frac{\tau^4}{24}\left[u_5(3v_0^2 - 2u_1 - 15u_2\sigma^2) + \left(\frac{3J_2}{2}\right)(6u_8(4u_2z_0^2 - 1) - 5u_7(7u_2z_0^2 - 1)v_0^2\right. \\
& \left. + 10u_7\dot{z}_0^2 + 35u_9(9u_2z_0^2 - 1)\sigma^2 - 140u_9\sigma z_0\dot{z}_0) + u_3(\mu'u_3')\right] \\
& + \frac{\tau^5}{120}u_7[15\sigma(-3v_0^2 + 2u_1 + 7u_2\sigma^2)] + O(\tau^6)
\end{aligned}
\tag{9.31}
$$

$$
\begin{aligned}
G = {} & \tau + \frac{\tau^3}{6}\left[-u_3 + \left(\frac{3J_2}{2}\right)(5u_7z_0^2 - u_5) - \mu'u_3'\right] \\
& + \frac{\tau^4}{24}\left[6u_5\sigma + \left(\frac{3J_2}{2}\right)(20u_7z_0\dot{z}_0 - 10u_7(7u_2z_0^2 - 1)\sigma)\right] \\
& + \frac{\tau^5}{120}u_5[9v_0^2 - 8u_1 - 45u_2\sigma^2] + O(\tau^6)
\end{aligned}
\tag{9.32}
$$

$$
F_z = F + \left(\frac{3J_2}{2}\right)\left[\frac{\tau^2}{2}(-2u_5) + \frac{\tau^3}{6}(10u_7\sigma) + \frac{\tau^4}{24}u_7(10v_0^2 - 6u_1 - 70u_2\sigma^2)\right]
\tag{9.33}
$$

$$
G_z = G + \left(\frac{3J_2}{2}\right)\left[\frac{\tau^3}{2}(-2u_5) + \frac{\tau^4}{24}(20u_7\sigma)\right]
\tag{9.34}
$$

其中

$$
\begin{cases}
u_n = 1/r_0^n, \quad \sigma = \vec{r}_0 \cdot \dot{\vec{r}}_0, \quad v_0^2 = \dot{\vec{r}}_0 \cdot \dot{\vec{r}}_0 \\
u_n' = 1/(r_0')^n, \quad r_0' = |\vec{r}_0'|
\end{cases}
\tag{9.35}
$$

这里对第三体引力摄动部分作了简化,因地球卫星不会近距离接近第三体,对摄动加速度表达式(9.27)中的最后一部分已处理成 $-\mu'(\vec{r}/r_0'^3)$,$\vec{r}_0'$ 是第三体位置矢量 $\vec{r}'$ 在历元 t_0 时刻的值,即 $\vec{r}_0' = \vec{r}'(t_0)$。即使对于深空探测器近距离接近探测目标天体,不作上述简化处理,同

样可给出系数 F,G 和 F_z,G_z 相应的表达式,后面第 9.3.6 小节中将要介绍。注意,上述表达式(9.31)~(9.35)中的 $\sigma=O(e)$ 是小量,不要与通常表达轨道根数所采用的符号 σ 相混淆,e 是轨道偏心率。

对于无摄运动模型(即早期初轨确定的基本模型),F^* 和 G^* 各自的 x,y,z 三个分量均相同,这从无摄运动方程或上述表达式(9.31)~(9.34)中都可以看出。那么相应的定轨基本方程(9.26)式即变为更简单的形式,即

$$\begin{cases} (F\nu)x_0-(F\lambda)z_0+(G\nu)\dot{x}_0-(G\lambda)\dot{z}_0=(\nu X_e-\lambda Z_e) \\ (F\nu)y_0-(F\mu)z_0+(G\nu)\dot{y}_0-(G\mu)\dot{z}_0=(\nu Y_e-\mu Z_e) \\ (F\mu)x_0-(F\lambda)y_0+(G\mu)\dot{x}_0-(G\lambda)\dot{y}_0=(\mu X_e-\lambda Y_e) \end{cases} \tag{9.36}$$

无论是受摄或无摄运动模型,在上述无量纲的表达式中,F^* 和 G^* 的表达式实为

$$F^*=1+O(s^2), \quad G^*=\tau[1+O(s^2)] \tag{9.37}$$

$$s=n\tau, \quad n=a^{-3/2} \tag{9.38}$$

n 是卫星的平运动角速度。对于短弧而言,$|s|<1$,上述级数解是收敛的。而 $|s|<1$ 对应卫星运行小于 1/6 圈的弧段,若取定轨历元 t_0 为整个采用弧段的"中点"时刻,那么,$|s|<1$ 则对应卫星运行小于 1/3 圈的弧段,这显然与短弧定初轨是相适应的。

对于其他类型的运动,只要给出相应的数学模型,就可以导出相应的 F^* 和 G^* 的表达式,因为运动微分方程是已解出高阶导数(这里是 $\ddot{\vec{r}}$)的表达形式,方程右端仅出现 $\vec{r},\dot{\vec{r}}$,高阶导数 $\vec{r}_0^{(k)}(k\geqslant 2)$ 总是可以用 $\vec{r}_0$ 和 $\dot{\vec{r}}_0$ 来表达的。

(4) 初轨确定的计算流程

由一列测角资料:$t_j;(\alpha_j,\delta_j)$ 或 $(A_j,h_j),j=1,2,\cdots,k,k\geqslant 3$,即可由基本方程(9.30)式或(9.36)式进行定轨,给出定轨历元 t_0 时刻的 $\vec{r}_0,\dot{\vec{r}}_0,t\in(t_1,t_k)$。方程组(9.30)式或(9.36)式是关于 $\vec{r}_0$ 和 $\dot{\vec{r}}_0$ 的形式上的线性代数方程组,只要知道 F,G,F_z,G_z,即可解出 $\vec{r}_0,\dot{\vec{r}}_0$,而 F,G,F_z,G_z 均是 $\vec{r}_0,\dot{\vec{r}}_0$ 的函数。因此,这一定轨计算显然涉及相应的迭代过程,但与精密定轨中的多变元迭代不同,它是一个特殊而简单的迭代过程。由于

$$\begin{cases} F=1+O(s^2), \quad G=\tau[1+O(s^2)] \\ F_z=1+O(s^2), \quad G_z=\tau[1+O(s^2)] \end{cases} \tag{9.39}$$

而 $|s|<1$。因此,即使对于跟踪目标的轨道一无所知,亦可以采用

$$F^{(0)}=1, \quad G^{(0)}=\tau, \quad F_z^{(0)}=F^{(0)}, \quad G_z^{(0)}=G^{(0)} \tag{9.40}$$

作迭代初值,按上述方程组和 F,G,F_z,G_z 的计算式(9.31)~(9.34)进行迭代,直到满足定轨精度要求终止,给出结果 $t_0,\vec{r}_0,\dot{\vec{r}}_0$。而由 $(\vec{r}_0,\dot{\vec{r}}_0)$ 即可根据其与轨道根数的转换关系,最终获得历元 t_0 时刻的椭圆轨道或双曲线轨道。求解 $\vec{r}_0,\dot{\vec{r}}_0$ 的过程不涉及轨道类型,仅在由 $(\vec{r}_0,\dot{\vec{r}}_0)$ 转换成轨道根数时才有差别,具体转换关系请见第 2 章的第 2.4 和 2.6 节。

这里有两点说明:

1) 关于线性方程组(9.30)式或(9.36)式的求解问题。对于测角资料,尽管只要三次采样就可定轨,但通常都是尽量利用多资料定轨。这就涉及条件状态,即 k 次采样数据,提供 $k \times m$ 个条件,这里 $m=2$,对应基本方程的个数是 $k \times 3$,往往有 $k \times 3 \gg n$ 的状态,$n=6$ 是轨道量的维数。为了充分发挥多资料的作用,就需要选择相应的最优估计方法来求解定轨基本方程(9.30)式或(9.36)式。由于初轨确定的特点,包括短弧测量的状况和对初轨精度要求的现实性,不可能也不必要采用过于复杂的估计方法,通常采用的就是等权(实为不加权)的最小二乘估计,更进一步的考虑就是在估计过程中增加一个野值剔除环节。

2) 关于上述迭代终止的控制"标准"问题。此即控制参数和相应控制精度的确定问题,这可根据测量采样的精度和定轨弧段的状态来做出选择。如根据每迭代一次前后参数 F,G,F_z,G_z 的差别大小 $\Delta F,\Delta G,\Delta F_z,\Delta G_z$ 做出选择,或根据每迭代一次前后的轨道量 $\vec{r}_0,\dot{\vec{r}}_0$ 的差别大小 $|\Delta \vec{r}_0|,|\Delta \dot{\vec{r}}_0|$ 做出选择,或根据每迭代一次前后的某一关键性根数 σ(如轨道半长径 a)的差别大小 $\Delta \sigma$ 做出选择,等等。

由上述定轨原理可以看出,尽管是复杂函数关系的迭代计算,但并不涉及多变元问题,而是一个简单的迭代计算,对初始信息要求不高,即使对非合作目标的轨道一无所知,亦可定轨。如果"同时"有测距资料,则采用上述方法的定轨过程会更简单,见下面有关内容。

9.3.3 (ρ,A,h) 资料和导航定位资料的初轨确定方法

(1) (ρ,A,h) 资料的初轨确定方法

有一类跟踪测量手段可以同时进行卫星距离和方位的信息采集,即给出 (ρ,A,h) 资料,而其中距离量 ρ 的精度往往高于方位量 (A,h) 的精度。但是,直接采用距离量 ρ 无法简单确定初轨,只能用来"改善"方位量 (A,h) 定轨的精度状况。

利用两类跟踪测量的"同步性"可获得采样时刻卫星的位置量 $\vec{r}=\vec{r}(x,y,z)$,有

$$\vec{r}=\vec{\rho}+\vec{R} \tag{9.41}$$

其中 $\vec{\rho}$ 即前面已提到过的跟踪站对卫星的观测矢量,对于测角量 (A,h),在坐标系 $O-xyz$ 中,有如下形式:

$$\vec{\rho}=\rho\hat{L} \tag{9.42}$$

$$\hat{L}=\begin{Bmatrix}\lambda\\\mu\\\nu\end{Bmatrix}=(GR)^{\mathrm{T}}(ZR)\begin{Bmatrix}\cos h\cos A\\-\cos h\sin A\\\sin h\end{Bmatrix} \tag{9.43}$$

其中 (GR) 和 (ZR) 两个转换矩阵以及跟踪站的坐标矢量 $\vec{R}$ 在第前面第 9.3.2 小节中已提及。

对于上述 (ρ,A,h) 资料的处理,相应的定轨基本方程相对极其简单,即

$$\begin{cases} Fx_0 + G\dot{x}_0 = x \\ Fy_0 + G\dot{y}_0 = y \\ F_z z_0 + G_z \dot{z}_0 = z \end{cases} \tag{9.44}$$

其中 F,G,F_z,G_z 的具体表达式即前面的 $(9.31) \sim (9.34)$ 式。由此可知,其定轨方法相对测角资料的初轨确定方法而言显得更简单,具体过程见上一小节。

对于初轨确定而言,这种借助高精度测距量 ρ "改善"方位量 (A,h) 的精度措施,既利用了测角量的确定性,又利用了测距量的高精度,应该能改善短弧定初轨的效果,后面第 9.3.4 小节将会通过实测资料的定轨来检验这一结论。

（2）导航定位资料的初轨确定方法

导航定位资料有两种类型:卫星导航系统（如美国的 GPS 系统,我国的北斗系统等）给出的是目标的空间位置: $\vec{r} = \vec{r}(x,y,z)$;另一类天文导航提供的是卫星的地心赤经赤纬 (α,δ),这里不再介绍。

对于卫星导航,相应的定轨方法显然与 (ρ,A,h) 资料的定轨方法基本相同,定轨方程同样为 (9.44) 式,只是卫星位置量 (x,y,z) 的提供方式不同而已。

9.3.4 实测资料的定轨检验

定轨目标是低轨卫星,但涉及的弧段较短,大气影响不足以对定轨结果起作用,在初轨确定中,同时考虑地球非球形引力位的主要摄动项 J_2 的影响即可,该力模型足以逼近真实情况,能保证检验的可靠性。

采用某地面测站的一段光电测量资料 (ρ,A,h),在同一测量弧段内有相应的 GPS 定位资料作为检验标准,该定位资料在空间三个方向的精度均为 15 m。

定轨历元 t_0(UTC):2005 年 10 月 12 日 17 时 21 分 16.0 秒,资料弧段:336 秒,定轨结果列于表 9.1。表中定轨模型 1,2,3,依次为 (A,h) 资料定初轨、(ρ,A,h) 资料定初轨和 GPS 资料定初轨。而类型 4 是采用 GPS 资料的长弧（1 天）精密定轨结果。同时给出 GPS 资料的长弧精密定轨结果,是为了真实地展现短弧定初轨的实际效果。

表 9.1　平动点轨道外推 7 天的轨道状态

模型	半长径 a(km)	偏心率 e	轨道倾角 i(deg)	升交点经度 Ω(deg)	近地点幅角 ω(deg)	平近点角 M(deg)	近地点纬度 λ(deg)
1	6780.0203	0.0097680	42.41975	23.60852	34.55100	353.53114	28.08214
2	6716.1031	0.0012097	42.42771	23.55681	92.56757	295.55009	28.11766
3	6716.3742	0.0012695	42.43379	23.56349	89.09879	299.01709	28.11588
4	6716.3653	0.0012653	42.43365	23.56329	89.00358	299.11240	28.11598

从上述定轨结果的比较不难看出,相对测角量而言,距离量 ρ 的较高精度确实改善了定轨的精度。对此结果,利用国内某激光测量站的光学实测资料（激光测距 ρ、光学测角 A,h）

369

进行定轨,也得到了同样的改善效果,具体算例不再列出。至于单一的测角资料定轨误差为什么会那么大,而且主要体现在轨道的大小和形状上(即半长径 a 和偏心率 e),这是众所周知的短弧初轨确定的基本特征,其原因可从初轨确定的基本方程中得到解答,留给读者自己去分析。另外,表 9.1 中为什么要同时列出近地点纬度角 $\lambda = M + \omega$ 的结果? 这是为了提醒读者注意小偏心率轨道的特征,无须作者再作过多的解释。

根据上面两类测量资料的短弧初轨确定结果,不难看出:本章介绍的初轨确定方法是简洁有效的,不需要任何初始信息即可定轨,而且,在适当长的弧段和一定资料精度的前提下,可获得较好的初轨,特别是测距资料的同时引用,明显改善定轨精度,其原因不难理解,同样留作读者去考虑。另外,若有较高精度的定位资料(如 GPS 资料),加上主要摄动影响的考虑,即使在短弧情况下,亦可提供精度较高的初轨,见表 9.1 中定轨模型 3 对应的 GPS 资料定初轨的结果,其轨道半长径 a 的误差(相对长弧精密定轨结果)仅为 10 m 级。

9.3.5 深空探测器在转移轨道段的初轨确定问题

探测器的运动,从发射到最终进入目标轨道,基本上可以分为三个运行段,各对应不同的轨道,即近地停泊轨道,过渡段的转移轨道和到达目标天体附近后再次变轨进入目标轨道成为环绕目标天体运行的轨道器(即目标天体的卫星)。近地停泊轨道和环绕目标天体的运行轨道仍然对应典型的卫星轨道,相应的初轨确定问题前面已有详尽阐述。这一小节介绍探测器进入转移轨道后在两个大天体之间运行段的初轨确定问题。

探测器在上述过渡段的运动,将受到两个大天体(以月球探测为例,即地球和月球)的共同作用。最初的运动过程接近地球,需同时考虑地球的扁率影响,而在过渡段运行期间,月球的引力必须考虑,这就涉及探测器在作为扁球体的地球和作为质点的月球两个大天体的引力作用下的运动问题。对于该问题,可以构造一个适合短弧情况的时间间隔 $\Delta t = t - t_0$ 的幂级数解(以下简称时间幂级数解),但因在该运行段探测器要接近目标天体(月球),不能像前面第 9.3.2 小节中那样对第三体引力摄动部分作相应的简化,需要另行构造时间幂级数解代替前面第 9.3.2 小节中给出的级数解。具体地说,就是(9.29)式和相应的(9.31)～(9.34)式有改变,以此建立一种适合转移轨道的初轨确定方法[14-15],为地面测控提供应有的保障。

上述考虑有实际背景,对于月球探测器运行的转移轨道段,现有观测手段可以获得精度达到 $1''$ 量级的测角资料,若要充分利用这样的测量精度,就要建立相应的定轨方法。

(1) $\vec{r}$ 和 $\dot{\vec{r}}$ 的时间幂级数解及其特殊的表达形式

以月球探测器的运行为例,仍选用历元(J2000.0)地心天球坐标系,并采用如下归一化的无量纲单位:

$$
\begin{cases}
[M] = E & (\text{地球质量}) \\
[L] = D & (\text{地月之间的平均距离}) \\
[T] = (D^3/GE)^{\frac{1}{2}} \approx 4^{\text{d}}.3484
\end{cases}
\tag{9.45}
$$

　　在所选择的坐标系中,同时考虑地球扁率项(J_2)和第三体(日、月)引力作用,探测器的运动对应下列常微初值问题:

$$\begin{cases} \ddot{\vec{r}} = -\dfrac{\vec{r}}{r^3} + A_2\left(\dfrac{5z^2}{r^7} - \dfrac{1}{r^5}\right)\vec{r} - A_2\dfrac{2z}{r^5}\hat{k} - \sum_{j=1}^{2}\mu'_j\left(\dfrac{\vec{\Delta}_j}{\Delta_j^3} + \dfrac{\vec{r}'_j}{r'^3_j}\right) \\ t = t_0 : \vec{r} = \vec{r}_0, \dot{\vec{r}} = \dot{\vec{r}}_0 \end{cases} \tag{9.46}$$

其中 $A_2 = 3J_2 a_e^2/2$,$\hat{k} = (0,0,1)^{\mathrm{T}}$ 是 z 方向的单位矢量,a_e 是无量纲的地球参考椭球体赤道半径,$\vec{\Delta}_j = \vec{r}_j - \vec{r}'_j$,$\mu'_j = (m'_j/M_e)$,$m'_j(j=1,2)$分别为月球和太阳质量,$\vec{r}'_j$分别为月球和太阳的位置矢量。若用 E,p 和 P_j 分别表示地心、探测器和第三体(月球或太阳),相应的几何关系如图 9.2 所示。

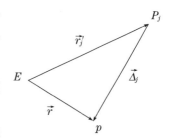

图 9.2　探测器 p 和大天体 P_j 的几何关系

　　只要探测器还没有接近月球,在构造相应的幂级数解时,对其相应的月球作用部分即可作适当的简化处理,略去这些细节和推导过程,直接写出运动微分方程(9.46)的时间幂级数解如下:

$$\begin{cases} x = Fx_0 + G\dot{x}_0 + F'x'_0 + G'\dot{x}'_0, \\ y = Fy_0 + G\dot{y}_0 + F'y'_0 + G'\dot{y}'_0, \\ z = F_z z_0 + G_z \dot{z}_0 + F'z'_0 + G'\dot{z}'_0, \\ \dot{x} = F_d x_0 + G_d \dot{x}_0 + F'_d x'_0 + G'_d \dot{x}'_0, \\ \dot{y} = F_d y_0 + G_d \dot{y}_0 + F'_d y'_0 + G'_d \dot{y}'_0, \\ \dot{z} = F_{dz} z_0 + G_{dz} \dot{z}_0 + F'_d z'_0 + G'_d \dot{z}'_0. \end{cases} \tag{9.47}$$

其中

$$\begin{cases} F = 1 + (\tau^2/2)f_2 + (\tau^3/6)f_3 + (\tau^4/24)f_4 + (\tau^5/120)f_5 + (\tau^6/720)f_6 + O(\tau^7) \\ F_z = F + A_2[(\tau^2/2)(-2u_5) + (\tau^3/6)(10u_7\sigma) + (\tau^4/24)(10u_7 V_0^2 - 6u_8 - 70u_9\sigma^2)] \\ G = \tau + (\tau^3/6)g_3 + (\tau^4/24)g_4 + (\tau^5/120)g_5 + (\tau^6/720)g_6 + O(\tau^7) \\ G_z = G + A_2[(\tau^3/6)(-2u_5) + (\tau^4/24)(20u_7\sigma)] \\ F' = \mu'[(\tau^2/2)f'_2 + (\tau^3/6)f'_3 + O(\tau^4)] \\ G' = \mu'[(\tau^3/6)g'_{3} + O(\tau^4)] \end{cases} \tag{9.48}$$

$$\begin{cases} F_d = \tau f_2 + (\tau^2/2)f_3 + (\tau^3/6)f_4 + (\tau^4/24)f_5 + (\tau^5/120)f_6 + O(\tau^6) \\ F_{dz} = F_d + A_2[\tau(-2u_5) + (\tau^2/2)(10u_7\sigma) + (\tau^3/6)(10u_7 V_0^2 - 6u_8 - 70u_9\sigma^2)] \\ G_d = 1 + (\tau^2/2)g_3 + (\tau^3/6)g_4 + (\tau^4/24)g_5 + (\tau^5/120)g_6 + O(\tau^6) \\ G_{dz} = G_d + A_2[(\tau^2/2)(-2u_5) + (\tau^3/6)(20u_7\sigma)] \\ F'_d = \mu'[\tau f'_2 + (\tau^2/2)f'_3 + O(\tau^4)] \\ G'_d = \mu'[(\tau^2/2)f'_3 + O(\tau^4)] \end{cases} \tag{9.49}$$

各式中有关量的表达如下:

$$\begin{cases} f_2 = -u_3 + A_2 u_5 (5z_0^2 u_2 - 1) - \mu' u_3' \\ f_3 = 3\sigma u_5 + A_2 u_7 (5\sigma(1 - 7z_0^2 u_2) + 10z_0 \dot{z}_0) + \mu'(3u_5'\sigma') \\ f_4 = u_5 (3V_0^2 - 2u_1 - 15\sigma^2 u_2) + A_2 [6u_8 (4z_0^2 u_2 - 1) - 5u_7 V_0^2 (7z_0^2 u_2 - 1) \\ \qquad\qquad + 35u_9\sigma^2 (9z_0^2 u_2 - 1) + 10u_7 \dot{z}^2 - 140u_9\sigma z_0 \dot{z}_0] \\ f_5 = 15u_7\sigma [2u_1 - 3V_0^2 + 7u_2\sigma^2] \\ f_6 = u_7 [u_2\sigma^2 (630V_0^2 - 420u_1 - 945u_2\sigma^2) - (22u_2 - 66u_1 V_0^2 + 45V_0^4)] \end{cases}$$

(9.50)

$$\begin{cases} g_3 = f_2 \\ g_4 = 2f_3 \\ g_5 = u_5 [9V_0^2 - 8u_1 - 45u_2\sigma^2] \\ g_6 = 30u_7\sigma [5u_1 - 6V_0^2 + 14u_2\sigma^2] \end{cases}$$

(9.51)

$$\begin{cases} f_2' = u_3' - u1_3 \\ f_3' = 3(u1_5\sigma_1 - u_5'\sigma') \end{cases}$$

(9.52)

$$g_3' = f_2'$$

(9.53)

$$\begin{cases} u_n = 1/r_0^n, \quad \sigma = \vec{r}_0 \cdot \dot{\vec{r}}_0, \quad V_0^2 = \dot{\vec{r}}_0^2 \\ u_n' = 1/\Delta_0^n, \quad \sigma' = \vec{\Delta}_0 \cdot \dot{\vec{\Delta}}_0, \quad V_0'^2 = \dot{\vec{\Delta}}_0^2, \quad \alpha = \vec{r}_0 \cdot \vec{\Delta}_0 \\ u1_n = 1/r_0'^n, \quad \sigma_1 = \vec{r}_0' \cdot \dot{\vec{r}}_0', \quad V_1^2 = \dot{\vec{r}}_0'^2, \quad \alpha_1 = \vec{r}_0 \cdot \vec{r}_0' \\ \vec{\Delta}_0 = \vec{r}_0 - \vec{r}_0', \quad \dot{\vec{\Delta}}_0 = \dot{\vec{r}}_0 - \dot{\vec{r}}_0' \end{cases}$$

(9.54)

这里的 $\vec{r}_0'$ 和 $\dot{\vec{r}}_0'$ 即第三体对应的 $\vec{r}_j', \dot{\vec{r}}_j'$ 在 t_0 时刻的取值。

(2) 定轨方法

与地球卫星的初轨确定方法类似,探测器在过渡段运动时也可采用上述短弧初轨确定的方法,基本方程即通过上述时间幂级数解构成,同样可用于测角资料和点位测量资料。

1) 测角资料

测角资料为 (α, δ),资料的来源由深空测控网给出,其具体方法和精度不去讨论。仍记 (λ, μ, ν) 和 (X, Y, Z) 分别为 (α, δ) 对应的方向单位矢量 $\hat{L}$ 的三个分量和测站坐标矢量 $\vec{R}$ 的三个分量,前者即由上一小节的(9.22)式表达。相应的定轨基本方程如下:

$$\begin{cases} (F\nu)x_0 - (F_z\lambda)z_0 + (G\nu)\dot{x}_0 - (G_z\lambda)\dot{z}_0 = (\nu X - \lambda Z) - \Delta_1(\vec{r}_0', \dot{\vec{r}}_0') \\ (F\nu)y_0 - (F_z\mu)z_0 + (G\nu)\dot{y}_0 - (G_z\mu)\dot{z}_0 = (\nu Y - \mu Z) - \Delta_2(\vec{r}_0', \dot{\vec{r}}_0') \\ (F\mu)x_0 - (F\lambda)y_0 + (G\mu)\dot{x}_0 - (G\lambda)\dot{y}_0 = (\mu X - \lambda Y) - \Delta_3(\vec{r}_0', \dot{\vec{r}}_0') \end{cases}$$

(9.55)

$$\begin{cases} \Delta_1(\vec{r}_0', \dot{\vec{r}}_0') = (F'\nu)x_0' - (F'\lambda)z_0' + (G'\nu)\dot{x}_0' - (G'\lambda)\dot{z}_0' \\ \Delta_2(\vec{r}_0', \dot{\vec{r}}_0') = (F'\nu)y_0' - (F'\mu)z_0' + (G'\nu)\dot{y}_0' - (G'\mu)\dot{z}_0' \\ \Delta_3(\vec{r}_0', \dot{\vec{r}}_0') = (F'\mu)x_0' - (F'\lambda)y_0' + (G'\mu)\dot{x}_0' - (G'\lambda)\dot{y}_0' \end{cases}$$

(9.56)

2) 点位资料 $\vec{r}(x,y,z)$

对于点位测量资料,定轨的基本方程可以直接由级数解给出,即

$$\begin{cases} Fx_0+G\dot{x}_0=x-(F'x_0'+G'\dot{x}_0') \\ Fy_0+G\dot{y}_0=y-(F'y_0'+G'\dot{y}_0') \\ F_z z_0+G_z \dot{z}_0=z-(F'z_0'+G'\dot{z}_0') \end{cases} \tag{9.57}$$

3) 定轨过程与数值验证

定轨过程与前面介绍的卫星初轨确定过程没有差别,即仍可在无任何初始信息的前提下,对基本方程(9.55)或(9.57)进行迭代求解,这里初值选取形式如下:

$$\begin{cases} F^{(0)}=1, \quad F_z^{(0)}=1, \quad F'^{(0)}=0 \\ G^{(0)}=\tau, \quad G_z^{(0)}=\tau, \quad G'^{(0)}=0 \end{cases} \tag{9.58}$$

确定历元 t_0 时刻对应的 $\vec{r}_0$ 和 $\dot{\vec{r}}_0$ 后即可转换成轨道(椭圆或双曲线)根数。

下面给出一组算例作为上述定轨方法有效性的数值验证。选取初始时刻 T_0 为 2008 年 1 月 10 日零时(UTC)月球探测器的轨道根数如下:

$$a=160450.0 \text{ km}, \quad e=0.95886569, \quad i=9°.0,$$

$$\Omega=328°.0, \quad \omega=212°.0, \quad M=0°.0$$

计算中所涉及的单位即前面(9.45)式列出的归一化单位。以测角资料为例,模拟一组观测资料进行定轨(每组包含 50 个观测资料,时间间隔为 1 分钟,即持续 50 分钟),测站(设在地球上)的地心坐标选用(6372.4124 km,118°.820916,31°.893611),定轨结果列于表 9.2。

表中 t_0 为定轨历元,是自上述初始时刻 T_0 起算后的时刻。资料遍及定轨历元 t_0 前后 25 分钟。表中 A 为完整力模型外推至定轨历元时刻的结果,作为标准轨道,B 为模拟资料未加误差,用二体问题的定轨结果,C 为采用完整力模型,模拟资料只有约为 10^{-8} 的微小误差的定轨结果,D 为模拟资料加约为 10^{-6} 误差的定轨结果,但为了接近真实情况,所加误差并非纯随机差。这里所说的 10^{-8} 和 10^{-6},均为弧度单位(相对地心)。

表 9.2　短弧初轨确定效果验证

模型	a(km)	e	i(°)	Ω(°)	ω(°)	$M+\omega+\Omega$(°)
A	156772.885	0.9579274	8.97521	327.88653	212.16823	204.52762
B	156995.190	0.9582140	8.95750	327.85395	212.17780	204.38883
C	156772.805	0.9579272	8.97522	327.88655	212.16823	204.52770
D	156774.451	0.9578618	8.97996	327.89556	212.16858	204.55371

数值验证的结果表明,由(9.47)式表达的时间幂级数解本身具有较高的精度,显然适用于探测器在过渡段的短弧定轨。当探测器离地球较远时,例如算例中,探测器离地球已达到 20 个地球赤道半径,此时月球引力摄动的影响显著,其摄动量级已明显超过 10^{-4},若用二体问题模型定轨,则误差较大,模拟计算结果 B 证实了这一点,必须同时考虑月球的影响。所

给方法适用于测角、测距＋测角和点位测量资料,但测量弧段不宜过短(视测量状况而定),否则短弧定轨本身的特征将使定轨结果失真,特别是对轨道半长径 a 的影响。该方法在探测器发射过程中的转移段可为地面测控系统提供一种短弧定初轨的手段。

9.3.6　天基测量资料(α,δ)的初轨确定问题

仍采用历元地心天球坐标系 $O\text{-}xyz$,在此坐标系中,测量满足如下几何关系(见图9.1):

$$\vec{\rho}=\vec{r}-\vec{R} \tag{9.59}$$

其中$\vec{r}$是卫星的位置矢量,$\vec{\rho}$是观测矢量。这里测站 A 实为天基平台(确切地说应是天基星对目标星观测采样对应的"基准点"),$\vec{R}$ 即天基平台的位置矢量。

$\vec{\rho}$和$\vec{r}$各满足测量方程和相应的动力学规律,即

$$\vec{\rho}=\rho\hat{L}, \quad \hat{L}=\begin{bmatrix}\lambda\\\mu\\\nu\end{bmatrix}=\begin{bmatrix}\cos\delta\cos\alpha\\\cos\delta\sin\alpha\\\sin\delta\end{bmatrix} \tag{9.60}$$

$$\vec{r}=\vec{r}(\sigma) \tag{9.61}$$

(9.61)式中的 σ 是目标星的轨道根数。在同一空间坐标系中,测站坐标矢量 $\vec{R}$ 则由天基卫星的轨道给出,仍可像地面跟踪站那样,记作

$$\vec{R}=(X_e,Y_e,Z_e)^{\mathrm{T}} \tag{9.62}$$

是否能由测量资料(α,δ)定出轨道量 σ,这就是可观测性问题。而测角资料(α,δ)属于可观测类型,只要没有几何上的缺陷,原则上就可通过三次观测定出轨道。天基站满足上述条件,可以定轨。

(1) 初轨计算的基本方程

定轨的动力学条件仍采用形如(9.29)式表达的时间间隔 $\Delta t=t-t_0$ 的幂级数解,即

$$\vec{r}(t)=F^*(\vec{r}_0,\dot{\vec{r}}_0,\Delta t)\vec{r}_0+G^*(\vec{r}_0,\dot{\vec{r}}_0,\Delta t)\dot{\vec{r}}_0 \tag{9.63}$$

其中 F^* 和 G^* 不再重复写出。相应的定轨基本方程即形同(9.30)式,即

$$\begin{cases}(F\nu)x_0-(F_z\lambda)z_0+(G\nu)\dot{x}_0-(G_z\lambda)\dot{z}_0=(\nu X_e-\lambda Z_e)\\(F\nu)y_0-(F_z\mu)z_0+(G\nu)\dot{y}_0-(G_z\mu)\dot{z}_0=(\nu Y_e-\mu Z_e)\\(F\mu)x_0-(F\lambda)y_0+(G\mu)\dot{x}_0-(G\lambda)\dot{y}_0=(\mu X_e-\lambda Y_e)\end{cases} \tag{9.64}$$

其中不同的是测站坐标(X,Y,Z),它是由天基卫星轨道的星历给出。

(2) 测角资料(α,δ)定初轨的计算流程

由一列测角采样资料:$t_j;(\alpha_j,\delta_j),j=1,2,\cdots,k$,若 $k\geqslant3$,即可由基本方程(9.64)式进行定轨,给出定轨历元 t_0 时的$\vec{r}_0,\dot{\vec{r}}_0,t_0\in(t_1,t_k)$。具体求解的迭代过程与地面跟踪站的定轨过程类似。

(3) 测角资料(α,δ)定初轨的算例

天基平台是一颗近圆太阳同步轨道卫星,目标星是一颗地球同步轨道(GEO)卫星,生成模拟资料采用的"真"轨道(历元为 UTC=2454101.572916666 or 2007/01/01 01:45:0.0)如下:

$$a=42241.2122 \quad e=0.00000210 \quad i=0.000018$$

$$\Omega=350.635953 \quad \omega=213.580436 \quad M=13.033569$$

$$M+\omega+\Omega=217.249957$$

生成的模拟资料弧段对应的时间长度为 3.5 小时,约为 1/7 圈,是一短弧段。生成模拟资料后,赋予资料$(\alpha_j,\delta_j)5''$的随机差进行定轨,结果如下:

$$a=42250.6323 \quad e=0.00017521 \quad i=0.000173$$

$$\Omega=348.960379 \quad \omega=230.252322 \quad M=358.037628$$

$$M+\omega+\Omega=217.250329$$

结果精度为 10^{-4},而设定的资料随机差是 2.5×10^{-5},这与短弧(1/7 圈)定轨的特征相符,误差增大主要反映在轨道半长径 a 和偏心率 e 上。

这里有一点需要注意:当目标星与天基星的轨道相近时,在短弧情况下,$F\approx1,G\approx\tau$,会出现迭代收敛到天基星轨道上的现象,此现象可从定轨的基本方程(9.64)式看出,这在地面跟踪定轨中不会出现。关于这一状态,需要补充"条件",本书不再讨论。

9.3.7 关于初轨确定的简短小结

本节所给出的初轨确定方法,已不再局限于无摄运动(即二体问题)模型,既可适应高精度测量资料的定轨需求,亦可适应多种类型运行轨道的确定,包括双曲线轨道,即使轨道半长径小于地球赤道半径的运行轨道(如导弹)也可用,只要能给出相应的力模型即可。

就定轨的基本原理而言,无论是初轨确定和下一章要介绍的精密定轨之间,还是短弧定轨与长弧定轨之间,两者并无实质性差别,问题是具体实现的定轨过程和相应的方法有重大差别,这是由于两者之间的要求和定轨前提的重大差异所至,本节已作了详尽的阐述。这里再次强调一下:初轨确定有它特定的条件限制,即往往是在没有任何初始信息(或称先验信息)的前提下确定相应空间目标的运行轨道,它必须采用区别于精密定轨的特殊迭代方式,而后者却涉及对初始信息有一定要求的多变元迭代。

参考文献

[1] Plummer, H. C. An Introductory Treatise on Dynamical Astronomy, Cambridge at the University Press, 1918.

[2] Smart, W. M. Celestial Mechanics, University of Glasgow, 1953.

[3] Taff L G.. On initial orbit determination. Astro. J. 1984, 89(12): 1426-1428.

[4] Taff L G. Celestial Mechanics. John Wiley & Sons, New York, Chichester, 1985.

［5］Brouwer D. Clemennce G M. Methods of Celestial Mechanics. 2nd impr. , Academic Press, Orlando, San Diego, New York, 1985.

［6］Morton B G. and Taff L G. A new method of initial orbit determination. Celest. Mech. 1986, 39(2): 181 - 190.

［7］Danby J M A. Fundamentals of Celestial Mechanics. Willmann-Bell, Richmond, Virginia, 1989.

［8］Battin R H. Introduction to the Mathematics and Methods of Astrodynamics, *AIAA*. Education Series, American Institute of Aeronautics and Astronautics, Inc. , Reston, Virginia, 1999.

［9］Beutler G. Methods of Celestial Mechanics. Springer-Verlag Berlin, Heideberg, 2005.

［10］刘林,人造地球卫星轨道力学. 北京:高等教育出版社,1992.

［11］刘林,航天器轨道理论. 北京:国防工业出版社,2000.

［12］LIU Lin. WANG Xin. A Method of Orbit Computation Taking Into Account the Earth's Oblateness. Chin. Astron. Astrophs. 2003, 27(3): 335 - 339.

［13］刘林,王建峰.关于初轨计算.飞行器测控学报.2004,23(3):41 - 50.

［14］刘林,张巍.月球探测器过渡轨道的短弧定轨方法.天文学报.2007,48(2):220 - 27.
LIU Lin, ZHANG Wei, A Method of Short-arc Orbit Determination for the Transfer Orbit of Lunar Probes, Chin. Astron. Astrophys. 2007, 31(3): 288 - 295.

［15］刘林,张巍.关于各种类型数据的初轨计算方法.飞行器测控学报.2009,28(3):70 - 76.

第10章 /

精密轨道确定

10.1 精密定轨——轨道确定与参数估计

上一章第 9.1 节已针对与初轨确定的差别给精密定轨下了简单定义,它是根据大量观测资料所作的轨道确定工作,提供任一运动天体或航天器的精密轨道,而且扩展了传统意义下的单纯轨道改进"职能",可以在定轨的同时确定若干待估参数(与轨道有关的几何和物理参数),现称其为精密定轨,即轨道确定与参数估计[1~3]。

在精密定轨中,与初轨确定一致,符号 X 和 Y 亦分别表示状态量和观测量。状态量 X 包括卫星轨道量 $\vec{r},\dot{\vec{r}}$(或轨道根数 σ)和待估参数 β,即

$$X=\begin{pmatrix} \vec{r} \\ \dot{\vec{r}} \\ \beta \end{pmatrix} \quad \text{or} \quad X=\begin{pmatrix} \sigma \\ \beta \end{pmatrix} \tag{10.1}$$

注意,这里的轨道量 σ 不要与上一章(9.35)式中给出的辅助量 σ 相混淆。$\vec{r}$ 和 $\dot{\vec{r}}$ 是运动体在所采用坐标系中的位置矢量和速度矢量,而同一坐标系中的六个轨道根数 σ 常采用 Kepler 根数或无奇点根数。$\vec{r},\dot{\vec{r}}$ 和 σ 是等价的,两者之间的选择视具体问题而定。待估参数 β 包括影响运动体轨道的各类力学因素中的有关物理参数、测站坐标的几何参数以及运动体的星体参数等有待改进的部分。状态量 X 是 n 维列矢量,$n \geqslant 6$,如果仅作轨道改进,则 $n=6$。就目前的测量技术而言,观测量 Y 包括光学测角资料(赤道坐标 α,δ 或地平坐标 A,h),雷达和激光测距资料 ρ,多普勒测速资料 $\dot{\rho}$,雷达测距、测角资料(ρ,A,h),卫星测高资料 H,以及卫星导航定位资料 $\vec{r}$ 等。只要与运动体轨道有关的量均可作为观测量,而且观测站可以是地面站,亦可以是空间站,这两种观测站分别对应不同的运动性质。观测量 Y 是 m 维列矢量,$m \geqslant 1$,例如测角资料,$m=2$。

状态量 X 满足下列常微初值问题:

$$\begin{cases} \dot{X}=F(X,t) \\ X(t_0)=X_0 \end{cases} \tag{10.2}$$

相应的解即状态方程：

$$X(t) = X(t_0, X_0; t) \tag{10.3}$$

这一解可以是分析形式，即由分析方法求解问题(10.2)获得，亦可以是离散形式，即由数值方法求解问题(10.2)给出。两者的表达形式都较为复杂，均为非线性函数，很难直接而简单地给出相应的状态转移矩阵 $\Phi(t_0, t)$：

$$\Phi(t_0, t) = \left(\frac{\partial X}{\partial X_0}\right) \tag{10.4}$$

这是一个 $(n \times n)$ 维方阵。

观测量 Y 与状态量 X 满足下列函数关系：

$$Y = H(X, t) \tag{10.5}$$

相应的测量方程如下：

$$Y_O = H(X, t) + V \tag{10.6}$$

该方程中 Y_O 即观测量的测量值，H 是相应观测量的理论值，V 是测量误差，在精密定轨中，原则上要求 V 只含随机差，理论上要求它是白噪声。关于测量系统差，只要建立相应的系统差模型 V'，即可放入测量方程(10.6)的右端。就上述所提到的几种观测量形式，$H(X, t)$ 是一非线性函数。

由于待估状态量 X_0（对应历元 t_0）的真值或满足一定精度的理想值通常无法事先得到（这正是待估的原因），因此相应的 $X(t)$ 亦无法获得其所需要的值。若将待估状态量 X_0 的近似值定义为状态量的参考值，记作 X_0^*，相应的 $X(t)$ 即记为 X^*，有

$$X^*(t) = X(t_0, X_0^*; t) \tag{10.7}$$

可将上述测量方程(10.6)在 X_0^* 处进行展开，丢弃高次项（即线性化），从而给出精密定轨的基本方程——条件方程，形式如下：

$$y = \tilde{B} x_0 + V \tag{10.8}$$

其中

$$y = Y_O - Y_C, \quad Y_C = H(X^*, t) \tag{10.9}$$

$$x_0 = X_0 - X_0^* \tag{10.10}$$

$$\tilde{B} = \left(\left(\frac{\partial H}{\partial X}\right)\left(\frac{\partial X}{\partial X_0}\right)\right)_{X^*} \tag{10.11}$$

Y_C 是观测量的"近似"计算值，y 通常称为残差，x_0 即待估状态量 X_0 的改正值，$\tilde{B}$ 矩阵中的 $\left(\frac{\partial H}{\partial X}\right)$ 是测量矩阵，对于任何观测量，它有严格的表达式，而 $\left(\frac{\partial X}{\partial X_0}\right)$ 即前面所说的状态转移矩阵 Φ，见(10.4)式。条件方程(10.8)式是略去了高次项 $O(x_0^2)$ 后构成的一个线性方程，求解中是由迭代过程来补偿高次项的作用。

运动体的精密定轨，即由大量测量数据 $t_j, Y_j (j = 1, \cdots, k)$ 求解条件方程，可给出待估状态量 X_0 的改正值 $\hat{x}_{0/k}$，从而给出达到一定精度要求的历元状态量 $X_0 = \hat{X}_{0/k}$：

$$\hat{X}_{0/k} = X_0^* + \hat{x}_{0/k} \tag{10.12}$$

$\hat{x}_{0/k}$ 和 $\hat{X}_{0/k}$ 表示采用某种最优估计方法求解条件方程(10.8)获得的在某种意义下的最优解,下标 k 表示引用了 k 次测量数据。

事实上,上述定轨过程是一个迭代过程,即第一次给出 $\hat{X}_{0/k}$ 后基本上是不能达到精度要求的,可由它作为 X_0 的近似值再重复前面的过程,直到满足精度要求为止。这种迭代过程亦是减小测量方程线性化引起的截断误差的常用手段。根据这一迭代过程可知,最后的改正量 x_0 是较小的,因此,在条件方程(10.8)中,对 $\tilde{B}$ 矩阵的要求并不像对观测量的计算值 $H(X^*,t)$ 那么高。$H(X^*,t)$ 的计算,要尽量达到观测量采样数据 Y_O 的精度,否则无法充分发挥高精度采样数据的作用。而 $\tilde{B}$ 矩阵计算的复杂性源于状态转移矩阵 Φ 的计算,既然要求不高,故在精密定轨中往往可对其作适当的简化。

根据精密定轨的过程可知,制约定轨精度的关键是观测量的测量值 Y_O 的精度,它涉及相应的数据处理技术,关于这一细节本书不再介绍。那么,从定轨算法这个角度来考虑,就是在测量值 Y_O 具有一定精度的前提下,阐述精密定轨计算的三个部分,内容如下:

(1) 观测量的计算,提供 $H(X^*,t)$,这一部分涉及状态微分方程(10.2)的求解,分析解或数值解;

(2) $\tilde{B}$ 矩阵的计算;

(3) 条件方程(10.8)的求解。

关于第(1)部分,如何提供观测量的理论计算值:$Y_C = H(X^*,t)$,该计算的关键部分是其涉及的状态量 X(即轨道量)的计算,如何由初始轨道信息 X_0^* 给出观测采样时刻 t 对应的状态量 $X^*(t)$。由于精密定轨对应的是长弧定轨,不能采用短弧定轨中引用的形如(9.15)式表达的时间间隔 $\Delta t = t - t_0$ 的幂级数解,即

$$\begin{cases} \vec{r}(t) = \vec{r}_0 + \vec{r}_0^{(1)}\Delta t + \frac{1}{2!}\vec{r}_0^{(2)}\Delta t^2 + \cdots + \frac{1}{k!}\vec{r}_0^{(k)}\Delta t^k + \cdots \\ \vec{r}_0^{(k)} = \left(\frac{\mathrm{d}^k \vec{r}}{\mathrm{d}t^k}\right)_{t=t_0} \end{cases} \tag{10.13}$$

必须严格求解状态量 X 满足的常微初值问题(10.2),即

$$\begin{cases} \dot{X} = F(X,t) \\ t_0\ X(t_0) = X_0 \end{cases}$$

而且相应解的精度还必须达到测量资料的精度,否则,提供高精度的测量资料将失去意义。这就是长弧精密定轨与短弧定初轨的主要差别,由此导致精密定轨将涉及复杂的多变元迭代过程。如果采用前面第 4 章给出的轨道分析解提供运动方程(10.2)在时刻 t 对应的状态量 $X^*(t)$,那么相应的定轨即称为分析法定轨,若采用第 8 章给出的数值解提供相应的状态量 $X^*(t)$,那么该定轨就称为数值法定轨。关于分析法和数值法的有关问题,分别见前面第 4 和第 8 章,本章不再重复,至于如何由轨道量转换成对应测量资料的几何量 (α,δ),(A,h),ρ 和 $\dot{\rho}$ 等,这将在后面第 10.2 节中具体介绍。

第(2)部分 $\tilde{B}$ 矩阵的计算涉及两大矩阵的计算,即观测量的测量矩阵 $\left(\dfrac{\partial H}{\partial X}\right)$ 和状态量的

转移矩阵 $\Phi = \left(\dfrac{\partial X}{\partial X_0}\right)$。其中测量矩阵的计算可由严格表达式完成,而状态转移矩阵 Φ 的各

个元素 $\Phi_{i,j}$,在分析法定轨中由状态量的分析解给出比较简单;而在数值法定轨中,往往要

引进一个关于状态转移矩阵 Φ 对应的高维微分方程的解提供,相应的矩阵微分方程如下:

$$\begin{cases} \dot{\Phi} = A\Phi \\ A = \left(\dfrac{\partial F}{\partial X}\right)_{X^*} \end{cases} \tag{10.14}$$

其中 $F = F(X, t)$ 就是状态微分方程(10.2)式的右函数。由于矩阵 $A = (a_{i,j})$ 的各元素是由

参考状态量 X^* 计算的,故这是一个常系数线性微分方程。

关于第(3)部分条件方程(10.8)的求解问题,可以说是精密定轨中的最重要一步,在测

量资料具备一定精度和几何特征的前提下,这是决定精密定轨实际效果的关键一步,即如何

充分利用多资料的统计信息,获得定轨的最优结果。相应的数学方法就涉及最优估计理论,

本书主要介绍常用的线性估计中的最小二乘估计理论及其相关问题,并单独列一节来介绍

该内容,见下面第 10.5 节。

10.2 观测值的理论计算

上一节提到观测量 $Y_C = H(X^*, t)$ 的计算中,由轨道量转换为几何量的计算过程并不复

杂,根据常规测量状况,本节给出 (α, δ),(A, h),ρ 和 $\dot{\rho}$ 型观测量的理论值在历元 J2000 地心

天球坐标系中的计算公式。

上一节第(1)部分中提到的由轨道量转换成对应测量资料的几何量 (α, δ),(A, h),ρ 和

等的计算,其本身并不复杂,主要涉及状态量中的位置、速度矢量 $\vec{r}$,$\dot{\vec{r}}$(或轨道根数 σ)与各类

观测量之间的转换。

观测矢量 $\vec{\rho}$,测站坐标矢量 $\vec{r_e}$ 和运动体坐标矢量 $\vec{r}$ 在同一坐标系中满足如下几何关系:

$$\vec{\rho} = \vec{r} - \vec{r_e} \tag{10.15}$$

相应的测距量 ρ 与位置矢量 $\vec{r}(x, y, z)$ 以及测站坐标矢量 $\vec{R}(X_e, Y_e, Z_e)$ 的转换关系如下:

$$\rho = |\vec{r} - \vec{r_e}| = [(x - x_e)^2 + (y - y_e)^2 + (z - z_e)^2]^{1/2} \tag{10.16}$$

关于测站坐标矢量 $\vec{r_e}(x_e, y_e, z_e)$,如果是地面站,通常是在地固坐标系中给出的(应与引用的

参考椭球体有关),记作 $\vec{R_e}(X_e, Y_e, Z_e)$,它与 $\vec{r_e}$ 的关系如下:

$$\vec{r_e} = (HG)^{\mathrm{T}} \vec{R_e} \tag{10.17}$$

其中转换矩阵 (HG) 由岁差、章动、地球自转和极移矩阵组成,详见第一章中的(1.30)式及

其相关转换公式。

若记

$$\vec{\rho}=\rho\hat{\rho}, \quad \rho=|\vec{r}-\vec{r}_e|$$

ρ 和 $\hat{\rho}$ 各表示测站到目标天体(地球卫星等)的距离和观测矢量方向的单位矢量,则有

$$\dot{\rho}=\frac{1}{\rho}(\vec{r}-\vec{r}_e)\cdot(\dot{\vec{r}}-\dot{\vec{r}}_e) \tag{10.18}$$

其中

$$\dot{\vec{r}}_e=\frac{\mathrm{d}}{\mathrm{d}t}(HG)^{\mathrm{T}}\vec{R}_e \tag{10.19}$$

由于岁差和章动、极移的变化率很小,它们分别为 3×10^{-9} 和 10^{-10},可略去这些变化。故根据旋转矩阵(HG)的特征,只要考虑地球自转的变化率即可。于是有

$$\frac{\mathrm{d}}{\mathrm{d}t}(HG)^{\mathrm{T}}=(HG)_s^{\mathrm{T}}\dot{S}_G \tag{10.20}$$

矩阵$(HG)_S$ 是矩阵(HG)中包含的 $R_z(S_G)$矩阵相应地变为对恒星时 S 的导数:

$$\frac{\mathrm{d}}{\mathrm{d}S}R_z(S_G)=\begin{pmatrix}-\sin S_G & \cos S_G & 0 \\ -\cos S_G & -\sin S_G & 0 \\ 0 & 0 & 0\end{pmatrix} \tag{10.21}$$

$\dot{S}_G$ 的值可由下式给出,即

$$\dot{S}_G=360°.985647365/\mathrm{day} \tag{10.22}$$

根据上述对测站坐标矢量$\vec{r}_e$及其变化率$\dot{\vec{r}}_e$的阐明可知,四种类型观测量 $\rho,\dot{\rho},(\alpha,\delta)$,$(A,h)$ 的理论值计算还涉及$\vec{r},\dot{\vec{r}}$和单位矢量 $\hat{\rho}(\alpha,\delta)$ 或 $\hat{\rho}(A,h)$ 的计算,下面分别介绍。

(1) 测距型资料 ρ

$$\rho=|\vec{r}-\vec{r}_e|=[(x-x_e)^2+(y-y_e)^2+(z-z_e)^2]^{1/2} \tag{10.23}$$

其中$\vec{r}$在历元地心天球坐标系的计算公式为

$$\vec{r}=\vec{r}(\sigma)=r\cos u\hat{P}+r\sin u\hat{Q} \tag{10.24}$$

$$r=|\vec{r}|, \quad u=f+\omega \tag{10.25}$$

$$\hat{P}=\begin{pmatrix}\cos\Omega\\\sin\Omega\\0\end{pmatrix}, \quad \hat{Q}=\begin{pmatrix}-\sin\Omega\cos i\\\cos\Omega\cos i\\\sin i\end{pmatrix} \tag{10.26}$$

这里$\vec{r}$的计算公式对 Kepler 根数系统和消除小 e 困难的第一类无奇点根数系统均适用。关于角度 u 的计算方法如下:

对 Kepler 根数系统,有

$$E-M=e\sin E(\text{Kepler 方程}) \tag{10.27}$$

$$\left(\frac{a}{r}\right)=(1-e\cos E)^{-1} \tag{10.28}$$

381

$$\sin(f-E) = \left(\frac{a}{r}\right)e\sin E\left(1-\frac{1}{1+\sqrt{1-e^2}}e\cos E\right) \tag{10.29}$$

对于消除小 e 困难的第一类无奇点变量系统,要解下列广义 Kepler 方程:

$$\tilde{u}-\lambda = \xi\sin\tilde{u}-\eta\cos\tilde{u} \tag{10.30}$$

$$\frac{a}{r} = \left[1-(\xi\cos\tilde{u}+\eta\sin\tilde{u})\right]^{-1} \tag{10.31}$$

$$\sin(u-\tilde{u}) = \left(\frac{a}{r}\right)(\tilde{u}-\lambda)\left[1-\frac{1}{1+\sqrt{1-e^2}}(\xi\cos\tilde{u}+\eta\sin\tilde{u})\right] \tag{10.32}$$

对于消除小 e,小 i 困难的第二类无奇点变量系统,亦有类似计算方法,这里不再列出,请见前面第 3 章的相应表达式(3.49)~(3.51)式。

(2)测速型资料 $\dot{\rho}$

$$\dot{\rho} = \frac{1}{\rho}(\vec{r}-\vec{r_e})\cdot(\dot{\vec{r}}-\dot{\vec{r_e}}) \tag{10.33}$$

其中 ρ 和 $\vec{r}$ 的计算公式上面已表达。$\dot{\vec{r}}$ 与 $\vec{r}$ 的计算类似,有

$$\dot{\vec{r}} = \sqrt{\frac{\mu}{p}}\left[(-\sin u-e\sin\omega)\hat{P}+(\cos u+e\cos\omega)\hat{Q}\right] \tag{10.34}$$

同样适用于 Kepler 根数和消除小 e 困难的第一类无奇点根数系统的计算,而 u 的计算公式与上述 $\vec{r}$ 的计算过程相同。而对于消除小 e,小 i 困难的第二类无奇点变量系统,计算公式见前面第 3 章的相应表达式(3.60)式。

(3)赤道坐标 (α,δ) 型资料

无论是照相观测还是 CCD 技术,都是通过背景星定位,提供的 (α,δ) 型测角资料,均对应历元地心天球坐标系。记观测量 (α,δ) 的理论计算值为 (α_0,δ_0),有

$$\hat{\rho}_0 = \begin{pmatrix} \cos\delta_0\cos\alpha_0 \\ \cos\delta_0\sin\alpha_0 \\ \sin\delta_0 \end{pmatrix} = (\vec{r}-\vec{r_e})/\rho \tag{10.35}$$

其中 $\rho = |\vec{r}-\vec{r_e}|$,该式右端的 $\vec{r}$ 和 $\vec{r_e}$ 由相应的轨道根数和测站坐标矢量计算。

若记

$$\vec{\rho} = \begin{pmatrix} x' \\ y' \\ z' \end{pmatrix} = (\vec{r}-\vec{r_e}) \tag{10.36}$$

则 α,δ 的理论值 (α_c,δ_c) 由下式计算:

$$\begin{cases} \alpha_c = \tan^{-1}(y'/x') \\ \delta_c = \sin^{-1}(z'/\rho) \end{cases} \tag{10.37}$$

(4)地平坐标 (A,h) 型资料

测角资料 (A,h) 对应的是瞬时真地平坐标系,相应的观测矢量为

$$\vec{\rho} = \rho\hat{A}_h, \quad \hat{A}_h = \begin{bmatrix} \cos h\cos A \\ -\cos h\sin A \\ \sin h \end{bmatrix} \tag{10.38}$$

其中方位角 A(亦称地平经度)由地平北点沿地平向东计量,高度角 h 由地平沿地平经圈向天顶方向计量。

对于历元地心天球坐标系,直接由轨道给出的计算值 $(\vec{r}(\sigma) - \vec{r_e})/\rho$,经坐标转换后才能给出与观测量的测量值(10.38)式对应的理论计算值 $(\hat{A}_h)_c$:

$$(\hat{A}_h)_c = \begin{bmatrix} \cos h_c\cos A_c \\ -\cos h_c\sin A_c \\ \sin h_c \end{bmatrix} = (ZR)^{\mathrm{T}}(GR)\left[(\vec{r} - \vec{r_e})/\rho\right] \tag{10.39}$$

其中矩阵 $(GR) = (NR)(PR)$ 前面已出现过,是岁差、章动矩阵,而 (ZR) 是瞬时真赤道坐标系与地平坐标系之间的转换矩阵,有

$$\begin{cases} (ZR) = R_z(\pi - S)R_y(\pi/2 - \varphi) \\ S = S_G + \lambda_G \end{cases} \tag{10.40}$$

这里 S_G 是格林尼治恒星时,计算方法见第 1 章的(1.35)式或(1.65)式。λ_G 和 φ 是测站的经度和纬度(天文纬度)。

由(10.39)式即可计算相应的 (A_c, h_c)。若记

$$\vec{\rho} = \begin{bmatrix} x' \\ y' \\ z' \end{bmatrix} = (ZR)^{\mathrm{T}}(GR)(\vec{r} - \vec{r_e}) \tag{10.41}$$

则

$$\begin{cases} A_c = \arctan(-y'/x') \\ h_c = \arccos(z'/\rho) \end{cases} \tag{10.42}$$

10.3 转移矩阵的计算

根据前面第 10.1 节精密定轨轮廓的阐述可知,观测量 Y 与状态量 X 满足的函数关系以及相应的条件方程(10.8)中的 $\tilde{B}$ 矩阵分别为

$$Y = H(X, t) \tag{10.43}$$

$$\tilde{B} = \left(\frac{\partial Y}{\partial X}\right)\left(\frac{\partial X}{\partial X_0}\right) \tag{10.44}$$

就算法而言,这里主要考虑状态量 X 中的轨道量,因其相应的转移矩阵部分具有统一算法,而待估参数不具备这一特征,但只要了解轨道量部分的算法,待估参数部分的处理与计算也就完全清楚了,本书无需再作不必要的阐述。

对于轨道量部分，$\tilde{B}$ 矩阵将涉及几组偏导数关系，它们都是精密定轨工作中的基本关系式。若定轨中的轨道量采用运动体的位置矢量和速度矢量 $\vec{r},\dot{\vec{r}}$，上述相应矩阵的偏导数关系即

$$\frac{\partial Y}{\partial(\vec{r},\dot{\vec{r}})}; \quad \frac{\partial(\vec{r},\dot{\vec{r}})}{\partial(\vec{r}_0,\dot{\vec{r}}_0)}$$

若定轨中的轨道量采用运动体的轨道根数 σ，则相应的偏导数关系变为

$$\frac{\partial Y}{\partial(\vec{r},\dot{\vec{r}})}, \quad \frac{\partial(\vec{r},\dot{\vec{r}})}{\partial\sigma}, \quad \frac{\partial\sigma}{\partial\sigma_0}$$

上述几组偏导数关系中的 $\dfrac{\partial Y}{\partial(\vec{r},\dot{\vec{r}})}$ 和 $\dfrac{\partial(\vec{r},\dot{\vec{r}})}{\partial\sigma}$ 对应测量矩阵 $\left(\dfrac{\partial Y}{\partial X}\right)$，可以严格给出，而

$\dfrac{\partial(\vec{r},\dot{\vec{r}})}{\partial(\vec{r}_0,\dot{\vec{r}}_0)}$ 和 $\dfrac{\partial\sigma}{\partial\sigma_0}$ 即对应状态转移矩阵 $\left(\dfrac{\partial X}{\partial X_0}\right)$，可以在一定精度前提下给出简单表达形式。

这一节将针对上述四种类型的观测量 Y：$\rho;\dot{\rho};\alpha,\delta;A,h$ 和三组轨道根数 σ：Kepler 根数 (a,e,i,Ω,ω,M)，第一类无奇点根数 $(a,i,\Omega,\xi=e\cos\omega,\eta=e\sin\omega,\lambda=M+\omega)$ 和第二类无奇点根数 $(a,\xi=e\cos\tilde{\omega},\eta=e\sin\tilde{\omega},h=\sin\dfrac{i}{2}\cos\Omega,k=\sin\dfrac{i}{2}\sin\Omega,\lambda=M+\tilde{\omega})$，给出相应的偏导数关系式。

10.3.1 矩阵 $\left[\dfrac{\partial Y}{\partial(\vec{r},\dot{\vec{r}})}\right]$

（1）测距资料 ρ

$\left(\dfrac{\partial\rho}{\partial\dot{\vec{r}}}\right)=0$，只需给出矩阵 $\left(\dfrac{\partial\rho}{\partial\vec{r}}\right)$，有

$$\left(\frac{\partial\rho}{\partial\vec{r}}\right)=\frac{1}{\rho}(\vec{r}-\vec{r}_e)^{\mathrm{T}}=\frac{1}{\rho}((x-x_e),(y-y_e),(z-z_e))^{\mathrm{T}} \tag{10.45}$$

$$\rho=|\vec{r}-\vec{r}_e| \tag{10.46}$$

（2）测速资料 $\dot{\rho}$

$$\left(\frac{\partial\dot{\rho}}{\partial\vec{r}}\right)=\frac{1}{\rho}\left((\dot{\vec{r}}-\dot{\vec{r}}_e)-\frac{\dot{\rho}}{\rho}(\vec{r}-\vec{r}_e)\right)^{\mathrm{T}} \tag{10.47}$$

$$\left(\frac{\partial\dot{\rho}}{\partial\dot{\vec{r}}}\right)=\frac{1}{\rho}(\vec{r}-\vec{r}_e)^{\mathrm{T}} \tag{10.48}$$

其中

$$\dot{\rho}=\frac{1}{\rho}(\vec{r}-\vec{r}_e)\cdot(\dot{\vec{r}}-\dot{\vec{r}}_e) \tag{10.49}$$

（3）测角资料(α,δ)型

$\left(\dfrac{\partial(\alpha,\delta)}{\partial\dot{\vec{r}}}\right)=0$，只需给出矩阵$\left(\dfrac{\partial(\alpha,\delta)}{\partial\vec{r}}\right)$。对测角资料中的 α 和 A 相应的残差 y 是以

$\cos\delta(\alpha-\alpha_c)$ 和 $\cos h(A-A_c)$ 表示的，故相应的矩阵$\left(\dfrac{\partial(\alpha,\delta)}{\partial\vec{r}}\right)$为

$$\begin{bmatrix} \cos\delta\dfrac{\partial\alpha}{\partial\vec{r}} \\[2mm] \dfrac{\partial\delta}{\partial\vec{r}} \end{bmatrix}=\dfrac{1}{\rho}\begin{bmatrix} -\sin\alpha & \cos\alpha & 0 \\ -\sin\delta\cos\alpha & -\sin\delta\sin\alpha & \cos\delta \end{bmatrix} \tag{10.50}$$

（4）测角资料(A,h)型

在历元地心天球坐标系中，有

$$\begin{bmatrix} \cos h\dfrac{\partial A}{\partial\vec{r}} \\[2mm] \dfrac{\partial h}{\partial\vec{r}} \end{bmatrix}=\dfrac{1}{\rho}\begin{bmatrix} a_{11} & a_{12} & a_{13} \\ h_{11} & h_{12} & h_{13} \end{bmatrix}(GR) \tag{10.51}$$

其中岁差、章动矩阵(GR)前面已出现过。而元素 a_{ij}，h_{ij} 的表达式如下：

$$\begin{cases} a_{11}=-\sin S\cos A+\cos S\sin A\sin\varphi \\ a_{12}=\cos S\cos A+\sin S\sin A\sin\varphi \\ a_{13}=-\cos\varphi\sin A \end{cases} \tag{10.52}$$

$$\begin{cases} h_{11}=\cos S\cos\varphi\cos h+\sin S\sin h\sin A+\cos S\sin\varphi\sin h\cos A \\ h_{12}=\sin S\cos\varphi\cos h-\cos S\sin h\sin A+\sin S\sin\varphi\sin h\cos A \\ h_{13}=\sin\varphi\cos h-\cos\varphi\sin h\cos A \end{cases} \tag{10.53}$$

10.3.2　矩阵$\left(\dfrac{\partial(\vec{r},\dot{\vec{r}})}{\partial\sigma}\right)$

（1）σ 为 Kepler 椭圆根数 a,e,i,Ω,ω,M

$$\begin{cases} \left(\dfrac{\partial\vec{r}}{\partial\sigma}\right)=\left(\dfrac{\partial\vec{r}}{\partial a},\dfrac{\partial\vec{r}}{\partial e},\dfrac{\partial\vec{r}}{\partial i},\dfrac{\partial\vec{r}}{\partial\Omega},\dfrac{\partial\vec{r}}{\partial\omega},\dfrac{\partial\vec{r}}{\partial M}\right) \\[3mm] \left(\dfrac{\partial\dot{\vec{r}}}{\partial\sigma}\right)=\left(\dfrac{\partial\dot{\vec{r}}}{\partial a},\dfrac{\partial\dot{\vec{r}}}{\partial e},\dfrac{\partial\dot{\vec{r}}}{\partial i},\dfrac{\partial\dot{\vec{r}}}{\partial\Omega},\dfrac{\partial\dot{\vec{r}}}{\partial\omega},\dfrac{\partial\dot{\vec{r}}}{\partial M}\right) \end{cases} \tag{10.54}$$

12 个元素的表达式如下：

$$\begin{cases} \dfrac{\partial\vec{r}}{\partial a}=\dfrac{1}{a}\vec{r}, & \dfrac{\partial\vec{r}}{\partial\Omega}=\vec{\Omega} \\[3mm] \dfrac{\partial\vec{r}}{\partial e}=H\vec{r}+K\dot{\vec{r}}, & \dfrac{\partial\vec{r}}{\partial\omega}=\vec{\omega} \\[3mm] \dfrac{\partial\vec{r}}{\partial i}=\vec{I}, & \dfrac{\partial\vec{r}}{\partial M}=\dfrac{1}{n}\dot{\vec{r}} \end{cases} \tag{10.55}$$

$$\begin{cases} \dfrac{\partial \dot{\vec{r}}}{\partial a} = -\dfrac{1}{2a}\dot{\vec{r}}, & \dfrac{\partial \dot{\vec{r}}}{\partial \Omega} = \vec{\Omega}' \\[2mm] \dfrac{\partial \dot{\vec{r}}}{\partial e} = H'\vec{r} + K'\dot{\vec{r}}, & \dfrac{\partial \dot{\vec{r}}}{\partial \omega} = \vec{\omega}' \\[2mm] \dfrac{\partial \dot{\vec{r}}}{\partial i} = \vec{I}', & \dfrac{\partial \dot{\vec{r}}}{\partial M} = -\dfrac{\mu}{n}\left(\dfrac{\vec{r}}{r^3}\right) \end{cases} \tag{10.56}$$

其中

$$\begin{cases} H = -\dfrac{a}{p}(\cos E + e), & K = \dfrac{\sin E}{n}\left(1 + \dfrac{r}{p}\right) \\[2mm] p = a(1-e^2), & n = \sqrt{\mu}\, a^{-3/2}, \quad E - e\sin E = M \end{cases} \tag{10.57}$$

$$\vec{I} = \begin{bmatrix} z\sin\Omega \\ -z\cos\Omega \\ -x\sin\Omega + y\cos\Omega \end{bmatrix} \tag{10.58}$$

$$\vec{\Omega} = \begin{bmatrix} -y \\ x \\ 0 \end{bmatrix} \tag{10.59}$$

$$\vec{\omega} = \hat{R} \times \vec{r} = \begin{bmatrix} zR_y - yR_z \\ xR_z - zR_x \\ yR_x - xR_y \end{bmatrix} \tag{10.60}$$

$$\begin{cases} H' = \dfrac{\sqrt{\mu a}}{rp}\sin E\left[1 - \dfrac{a}{r}\left(1 + \dfrac{p}{r}\right)\right] \\[2mm] K' = \dfrac{a}{p}\cos E \end{cases} \tag{10.61}$$

$$\vec{I}' = \begin{bmatrix} \dot{z}\sin\Omega \\ -\dot{z}\cos\Omega \\ -\dot{x}\sin\Omega + \dot{y}\cos\Omega \end{bmatrix} \tag{10.62}$$

$$\vec{\Omega}' = \begin{bmatrix} -\dot{y} \\ \dot{x} \\ 0 \end{bmatrix} \tag{10.63}$$

$$\vec{\omega}' = \hat{R} \times \dot{\vec{r}} = \begin{bmatrix} \dot{z}R_y - \dot{y}R_z \\ \dot{x}R_z - \dot{z}R_x \\ \dot{y}R_x - \dot{x}R_y \end{bmatrix} \tag{10.64}$$

(10.60)和(10.64)式中的 $\hat{R}$ 是轨道面法向单位矢量,有

$$\hat{R} = \begin{bmatrix} \sin i \sin\Omega \\ -\sin i\cos\Omega \\ \cos i \end{bmatrix} \tag{10.65}$$

关于 $\vec{r}$ 和 $\dot{\vec{r}}$ 的计算公式前面已有阐述。

（2）σ 为第一类无奇点根数

$$a,\quad i,\quad \Omega,\quad \xi=e\cos\omega,\quad \eta=e\sin\omega,\quad \lambda=M+\omega$$

$$\begin{cases} \left(\dfrac{\partial \vec{r}}{\partial \sigma}\right)=\left(\dfrac{\partial \vec{r}}{\partial a},\dfrac{\partial \vec{r}}{\partial i},\dfrac{\partial \vec{r}}{\partial \Omega},\dfrac{\partial \vec{r}}{\partial \xi},\dfrac{\partial \vec{r}}{\partial \eta},\dfrac{\partial \vec{r}}{\partial \lambda}\right) \\[3mm] \left(\dfrac{\partial \dot{\vec{r}}}{\partial \sigma}\right)=\left(\dfrac{\partial \dot{\vec{r}}}{\partial a},\dfrac{\partial \dot{\vec{r}}}{\partial i},\dfrac{\partial \dot{\vec{r}}}{\partial \Omega},\dfrac{\partial \dot{\vec{r}}}{\partial \xi},\dfrac{\partial \dot{\vec{r}}}{\partial \eta},\dfrac{\partial \dot{\vec{r}}}{\partial \lambda}\right) \end{cases} \tag{10.66}$$

12 个元素的表达式如下：

$$\begin{cases} \dfrac{\partial \vec{r}}{\partial a}=\dfrac{1}{a}\vec{r} & \dfrac{\partial \vec{r}}{\partial \xi}=A\vec{r}+B\dot{\vec{r}} \\[3mm] \dfrac{\partial \vec{r}}{\partial i}=\vec{I} & \dfrac{\partial \vec{r}}{\partial \eta}=C\vec{r}+D\dot{\vec{r}} \\[3mm] \dfrac{\partial \vec{r}}{\partial \Omega}=\vec{\Omega} & \dfrac{\partial \vec{r}}{\partial \lambda}=\dfrac{1}{n}\dot{\vec{r}} \end{cases} \tag{10.67}$$

$$\begin{cases} \dfrac{\partial \dot{\vec{r}}}{\partial a}=-\dfrac{1}{2a}\dot{\vec{r}} & \dfrac{\partial \dot{\vec{r}}}{\partial \xi}=A'\vec{r}+B'\dot{\vec{r}} \\[3mm] \dfrac{\partial \dot{\vec{r}}}{\partial i}=\vec{I}' & \dfrac{\partial \dot{\vec{r}}}{\partial \eta}=C'\vec{r}+D'\dot{\vec{r}} \\[3mm] \dfrac{\partial \dot{\vec{r}}}{\partial \Omega}=\vec{\Omega}' & \dfrac{\partial \dot{\vec{r}}}{\partial \lambda}=-\dfrac{\mu}{n}\left(\dfrac{\vec{r}}{r^3}\right) \end{cases} \tag{10.68}$$

其中 $\vec{I},\vec{\Omega}$ 和 $\vec{I}',\vec{\Omega}'$ 已在前面出现过，剩下的 $A,B,\cdots,A',B',\cdots$ 8 个量由下列各式表达（表达式中已取地心引力常数 $\mu=1$，对应归一化的无量纲单位）：

$$\begin{cases} A=\dfrac{a}{p}\left[-(\cos u+\xi)-\left(\dfrac{r}{p}\right)(\sin u+\eta)(\xi\sin u-\eta\cos u)\right] \\[3mm] B=\dfrac{ar}{\sqrt{p}}\left[\sin u+\left(\dfrac{a}{r}\right)\dfrac{\sqrt{1-e^2}}{1+\sqrt{1-e^2}}\eta+\left(\dfrac{r}{p}\right)(\sin u+\eta)\right] \\[3mm] C=-\dfrac{a}{p}\left[(\sin u+\eta)-\left(\dfrac{r}{p}\right)(\cos u+\xi)(\xi\sin u-\eta\cos u)\right] \\[3mm] D=-\dfrac{ar}{\sqrt{p}}\left[\cos u+\left(\dfrac{a}{r}\right)\dfrac{\sqrt{1-e^2}}{1+\sqrt{1-e^2}}\xi+\left(\dfrac{r}{p}\right)(\cos u+\xi)\right] \end{cases} \tag{10.69}$$

$$
\begin{cases}
A' = \sqrt{\dfrac{1}{p}}\left\{\dfrac{1}{p}(\sin u + \eta) - \dfrac{1}{r}\left[\left(\dfrac{a}{p}\right)(\sin u + \eta) + \left(\dfrac{a}{r}\right)\sin u + \left(\dfrac{a}{r}\right)^2\dfrac{\sqrt{1-e^2}}{1+\sqrt{1-e^2}}\eta\right]\right\} \\[4mm]
B' = \left(\dfrac{r}{p}\right)\cos u + \left(\dfrac{a}{p}\right)\xi \\[4mm]
C' = -\sqrt{\dfrac{1}{p}}\left\{\dfrac{1}{p}(\cos u + \xi) - \dfrac{1}{r}\left[\left(\dfrac{a}{p}\right)(\cos u + \xi) + \left(\dfrac{a}{r}\right)\cos u + \left(\dfrac{a}{r}\right)^2\dfrac{\sqrt{1-e^2}}{1+\sqrt{1-e^2}}\xi\right]\right\} \\[4mm]
D' = \left(\dfrac{r}{p}\right)\sin u + \left(\dfrac{a}{p}\right)\eta
\end{cases}
$$

$$(10.70)$$

这里的 $e^2 = \xi^2 + \eta^2$，而 $r,\sin u$ 和 $\cos u$ 的计算，见(10.30)～(10.32)式。

(3) σ 为第二类无奇点根数

$$
a, \quad \xi = e\cos\tilde{\omega}, \quad \eta = e\sin\tilde{\omega}, \quad h = \sin\frac{i}{2}\cos\Omega, \quad k = \sin\frac{i}{2}\sin\Omega, \quad \lambda = M + \tilde{\omega}
$$

转换矩阵为

$$
\begin{cases}
\left(\dfrac{\partial \vec{r}}{\partial \sigma}\right) = \left(\dfrac{\partial \vec{r}}{\partial a}, \dfrac{\partial \vec{r}}{\partial \xi}, \dfrac{\partial \vec{r}}{\partial \eta}, \dfrac{\partial \vec{r}}{\partial h}, \dfrac{\partial \vec{r}}{\partial k}, \dfrac{\partial \vec{r}}{\partial \lambda}\right) \\[4mm]
\left(\dfrac{\partial \dot{\vec{r}}}{\partial \sigma}\right) = \left(\dfrac{\partial \dot{\vec{r}}}{\partial a}, \dfrac{\partial \dot{\vec{r}}}{\partial \xi}, \dfrac{\partial \dot{\vec{r}}}{\partial \eta}, \dfrac{\partial \dot{\vec{r}}}{\partial h}, \dfrac{\partial \dot{\vec{r}}}{\partial k}, \dfrac{\partial \dot{\vec{r}}}{\partial \lambda}\right)
\end{cases}
$$

$$(10.71)$$

其中 12 个元素可分为三类，即

1) $\dfrac{\partial \vec{r}}{\partial a}, \dfrac{\partial \dot{\vec{r}}}{\partial a}, \dfrac{\partial \vec{r}}{\partial \lambda}, \dfrac{\partial \dot{\vec{r}}}{\partial \lambda}$ 的表达式与第一类无奇点根数中的相应表达式完全相同，见 (10.67)和(10.68)式。

2) $\dfrac{\partial \vec{r}}{\partial \xi}, \dfrac{\partial \dot{\vec{r}}}{\partial \xi}, \dfrac{\partial \vec{r}}{\partial \eta}, \dfrac{\partial \dot{\vec{r}}}{\partial \eta}$ 的表达式与第一类无奇点根数中的相应表达在形式上相同，见 (10.69)和(10.70)式中 A,B,C,D 和 A',B',C',D' 的表达式，只是那里的 ξ,η 和 u，应改为

$$
\xi = e\cos\tilde{\omega}, \quad \eta = e\sin\tilde{\omega}, \quad u = f + \tilde{\omega}, \quad \tilde{\omega} = \omega + \Omega
$$

3) $\dfrac{\partial \vec{r}}{\partial h}, \dfrac{\partial \dot{\vec{r}}}{\partial h}, \dfrac{\partial \vec{r}}{\partial k}, \dfrac{\partial \dot{\vec{r}}}{\partial k}$ 前面未出现过，其表达式如下（同样取 $\mu = 1$）：

$$
\begin{cases}
\dfrac{\partial \vec{r}}{\partial h} = \vec{H} = r\cos u\,\hat{P}_h + r\sin u\,\hat{Q}_h \\[4mm]
\dfrac{\partial \vec{r}}{\partial k} = \vec{K} = r\cos u\,\hat{P}_k + r\sin u\,\hat{Q}_k
\end{cases}
$$

$$(10.72)$$

$$
\begin{cases}
\dfrac{\partial \dot{\vec{r}}}{\partial h} = \vec{H}' = \dfrac{1}{\sqrt{p}}[-(\sin u + \eta)\hat{P}_h + (\cos u + \xi)\hat{Q}_h] \\[4mm]
\dfrac{\partial \dot{\vec{r}}}{\partial k} = \vec{K}' = \dfrac{1}{\sqrt{p}}[-(\sin u + \eta)\hat{P}_k + (\cos u + \xi)\hat{Q}_k]
\end{cases}
$$

$$(10.73)$$

其中

$$\hat{P}_h = \begin{pmatrix} 0 \\ 2k \\ 2hk/\cos\dfrac{i}{2} \end{pmatrix}, \quad \hat{Q}_h = \begin{pmatrix} 2k \\ -4h \\ 2(1-2h^2-k^2)/\cos\dfrac{i}{2} \end{pmatrix} \tag{10.74}$$

$$\hat{P}_k = \begin{pmatrix} -4k \\ 2h \\ -2(1-h^2-2k^2)/\cos\dfrac{i}{2} \end{pmatrix}, \quad \hat{Q}_k = \begin{pmatrix} 2h \\ 0 \\ -2hk/\cos\dfrac{i}{2} \end{pmatrix} \tag{10.75}$$

$$\cos\frac{i}{2} = \left[(1-(h^2+k^2)\right]^{1/2} \tag{10.76}$$

10.3.3 状态转移矩阵 Φ

为了表明精密定轨中包含参数待估的功能,就以通常在低轨人造地球卫星精密定轨中引进大气参数作为历元待估参数为例,相应参数记作 β,并作如下假定:

$$\begin{cases} \dot{\beta}=0 \\ \beta=\beta_0=\left(\dfrac{C_D S}{m}\right)\bar{\rho}_{P_0} \end{cases} \tag{10.77}$$

β 实为一组合参数,它包含了大气阻力系数、卫星承受阻力的等效面质比和选定点的平均大气密度,这三个参数在一般情况下都无法精确给定,而且在定轨中又无法分离,故以一种组合参数的形式出现,即 $\left(\dfrac{C_D S}{m}\right)\bar{\rho}_{P_0}$。上述处理中,待估参数 β 是以常数形式设定的,因此,定轨状态量 X 实为 7 维列矢量。尽管只考虑了一个待估参数,但其对应的精密定轨算法,已能体现在定轨的同时可以满足某些参数需要进一步改善精度的功能。

(1) 计算状态转移矩阵 $\Phi=\left(\dfrac{\partial X}{\partial X_0}\right)$ 的数值方法

数值解的具体形式依赖所选用的数值方法,不同的方法有不同的差分格式。因此,即使状态微分方程(10.2)式右端的形式不复杂,可以给出状态转移矩阵:

$$\Phi(t_n,t_{n+1})=\left(\frac{\partial X_{n+1}}{\partial X_n}\right) \tag{10.78}$$

亦因采用不同的数值方法而异,这当然不便于使用,何况方程(10.2)式右端是较复杂的,特别是高阶积分器或多步法。因此,实际定轨中显然不会采用这种途径给出状态转移矩阵 Φ。

因条件方程(10.8)式本来就是线性化的结果,故给出矩阵 Φ 的过程亦可采用相应的线性化处理。为此,令

$$X(t)=\Phi(t,t_0)X_0 \tag{10.79}$$

相应地有

$$\begin{cases} X^*=\Phi(t,t_0)X_0^* \\ x=X-X^*=\Phi(t,t_0)x_0 \end{cases} \tag{10.80}$$

这一线性化的状态转移矩阵 $\Phi(t,t_0)$ 所满足的条件可通过对状态微分方程

$$\begin{cases} \dot{X}=F(X,t) \\ t_0, \quad X(t_0)=X_0 \end{cases} \tag{10.81}$$

的线性化给出,有

$$\begin{cases} \dot{\Phi}=A\Phi \\ A=\left(\dfrac{\partial F}{\partial X}\right)_{X^*}, \quad \Phi(t_0,t_0)=I \end{cases} \tag{10.82}$$

其中 $A=A(t)$。经这一处理,状态转移矩阵 $\Phi(t,t_0)$ 的获得转化为求解矩阵微分方程的过程,该方程是一高维($n\times n$ 维)变系数线性常微分方程组,它要与状态微分方程(10.2)同时积分,明显地增加了数值法定轨的计算量。

若轨道量采用 $(\vec{r},\dot{\vec{r}})$,相应的状态微分方程(10.81)式有如下形式:

$$\begin{cases} \dfrac{\mathrm{d}\vec{r}}{\mathrm{d}t}=\dot{\vec{r}}, \quad \dfrac{\mathrm{d}\dot{\vec{r}}}{\mathrm{d}t}=\ddot{\vec{r}}=F(\vec{r},\dot{\vec{r}},\beta_0) \\ \dot{\beta}=0 \end{cases} \tag{10.83}$$

状态转移矩阵 Φ 的形式为

$$\Phi=\left(\frac{\partial(\vec{r},\dot{\vec{r}},\beta)}{\partial(\vec{r}_0,\dot{\vec{r}}_0,\beta_0)}\right)_{(n\times n)}=\begin{bmatrix} \left(\dfrac{\partial \vec{r}}{\partial X_0}\right)_{3\times n} \\ \left(\dfrac{\partial \dot{\vec{r}}}{\partial X_0}\right)_{3\times n} \\ \left(\dfrac{\partial \beta}{\partial X_0}\right)_{1\times n} \end{bmatrix}, \quad n=7 \tag{10.84}$$

则方程(10.82)的系数矩阵 A 有如下形式:

$$A=\begin{bmatrix} \left(\dfrac{\partial \dot{\vec{r}}}{\partial \vec{r}}\right) & \left(\dfrac{\partial \dot{\vec{r}}}{\partial \dot{\vec{r}}}\right) & \left(\dfrac{\partial \dot{\vec{r}}}{\partial \beta}\right) \\ \left(\dfrac{\partial \ddot{\vec{r}}}{\partial \vec{r}}\right) & \left(\dfrac{\partial \ddot{\vec{r}}}{\partial \dot{\vec{r}}}\right) & \left(\dfrac{\partial \ddot{\vec{r}}}{\partial \beta}\right) \\ \left(\dfrac{\partial 0}{\partial \vec{r}}\right) & \left(\dfrac{\partial 0}{\partial \dot{\vec{r}}}\right) & \left(\dfrac{\partial 0}{\partial \beta}\right) \end{bmatrix}_{X^*}=\begin{bmatrix} (0) & (1) & (0) \\ \left(\dfrac{\partial \ddot{\vec{r}}}{\partial \vec{r}}\right) & \left(\dfrac{\partial \ddot{\vec{r}}}{\partial \dot{\vec{r}}}\right) & \left(\dfrac{\partial \ddot{\vec{r}}}{\partial \beta}\right) \\ (0) & (0) & (0) \end{bmatrix}_{X^*} \tag{10.85}$$

若轨道量采用轨道根数 σ,相应的状态微分方程有如下形式:

$$\begin{cases} \dot{\sigma}=f(\sigma,t;\beta_0) \\ \dot{\beta}=0 \end{cases} \tag{10.86}$$

状态转移矩阵 Φ 的形式变为

$$\Phi=\left(\frac{\partial(\sigma,\beta)}{\partial(\sigma_0,\beta_0)}\right)_{(n\times n)}=\begin{bmatrix} \left(\dfrac{\partial \sigma}{\partial X_0}\right)_{6\times n} \\ \left(\dfrac{\partial \beta}{\partial X_0}\right)_{1\times n} \end{bmatrix}, \quad n=7 \tag{10.87}$$

则方程(10.82)的系数矩阵 A 有如下形式:

$$A = \begin{pmatrix} \left(\dfrac{\partial f}{\partial \sigma}\right) & \left(\dfrac{\partial f}{\partial \beta}\right) \\ \left(\dfrac{\partial 0}{\partial \sigma}\right) & \left(\dfrac{\partial 0}{\partial \beta}\right) \end{pmatrix}_{X^*} = \begin{pmatrix} \left(\dfrac{\partial f}{\partial \sigma}\right) & \left(\dfrac{\partial f}{\partial \beta}\right) \\ (0) & (0) \end{pmatrix}_{X^*} \tag{10.88}$$

(2) 计算状态转移矩阵 $\varPhi = \left(\dfrac{\partial X}{\partial X_0}\right)$ 的分析表达式

对于存在轨道分析解的定轨问题,状态转移矩阵 $\varPhi$ 亦可采用相应的分析表达形式。由于定轨方法受线性化过程的影响,实际上是采用迭代过程来完成的,迭代收敛前,待估状态量 X_0 的改正值 x_0 已很小。既然如此,那么在条件方程中对 $\tilde{B}$ 矩阵的要求就无需像对观测量的理论计算值 $H(X^*,t)$ 那样,可对 $\tilde{B}$ 矩阵的计算进行简化处理。通常定轨弧段不太长,状态转移矩阵中只需要考虑轨道量的主要变化(如一阶长期变化项)即可。于是,无论分析法或数值法定轨,都可以采用通过轨道量摄动解的分析表达式给出的状态转移矩阵 $\varPhi$。

若轨道量采用 $(\vec{r},\dot{\vec{r}})$,待估状态量 X_0 为 $\vec{r}_0$、$\dot{\vec{r}}_0$ 和 β_0,此时状态转移矩阵的形式为

$$\varPhi = \left(\frac{\partial(\vec{r},\dot{\vec{r}},\beta)}{\partial(\vec{r}_0,\dot{\vec{r}}_0,\beta_0)}\right) = \varPhi^{(0)} + \varPhi^{(1)} \tag{10.89}$$

$\varPhi^{(0)}$ 和 $\varPhi^{(1)}$ 分别是无摄部分和受摄部分(只需考虑主要摄动项,即一阶长期变化项),其表达形式在参考文献[4]中已具体给出,本书不再列出。

若轨道量采用轨道根数 σ,则待估状态量 X_0 为 σ_0 和 β_0,在分析法定轨中 σ_0 为平均根数或拟平均根数,而在数值法定轨中 σ_0 为瞬时根数。同样记

$$\varPhi = \left(\frac{\partial(\sigma,\beta)}{\partial(\sigma_0,\beta_0)}\right) = \varPhi^{(0)} + \varPhi^{(1)} \tag{10.90}$$

下面对不同根数系统分别给出 $\varPhi^{(0)}$ 和 $\varPhi^{(1)}$。

1) σ 取 Kepler 根数 (a,e,i,Ω,ω,M) 的情况,有

$$\varPhi^{(0)} = (a_{ij}) = \begin{pmatrix} 1 & 0 & 0 & 0 & 0 & 0 & 0 \\ 0 & 1 & 0 & 0 & 0 & 0 & 0 \\ 0 & 0 & 1 & 0 & 0 & 0 & 0 \\ 0 & 0 & 0 & 1 & 0 & 0 & 0 \\ 0 & 0 & 0 & 0 & 1 & 0 & 0 \\ a_{61} & 0 & 0 & 0 & 0 & 1 & 0 \\ 0 & 0 & 0 & 0 & 0 & 0 & 1 \end{pmatrix}, \quad a_{61} = -\frac{3n}{2a}(t - t_0) \tag{10.91}$$

$$\Phi^{(1)} = (b_{ij}) = \begin{pmatrix} 0 & 0 & 0 & 0 & 0 & 0 & b_{17} \\ 0 & 0 & 0 & 0 & 0 & 0 & 0 \\ 0 & 0 & 0 & 0 & 0 & 0 & 0 \\ b_{41} & b_{42} & b_{43} & 0 & 0 & 0 & 0 \\ b_{51} & b_{52} & b_{53} & 0 & 0 & 0 & 0 \\ b_{61} & b_{62} & b_{63} & 0 & 0 & 0 & b_{67} \\ 0 & 0 & 0 & 0 & 0 & 0 & 0 \end{pmatrix} \tag{10.92}$$

其中

$$\begin{cases} b_{17} = \dfrac{\partial a}{\partial \beta_0} = -\left[a^2 I_0(z) \exp\left(-\dfrac{a - r_{p_0}}{H_{p_0}}\right) \right] n(t - t_0) \\ b_{67} = \dfrac{\partial M}{\partial \beta_0} = \left[\dfrac{3}{2} a I_0(z) \exp\left(-\dfrac{a - r_{p_0}}{H_{p_0}}\right) \right] \dfrac{1}{2} \left[n(t - t_0) \right]^2 \end{cases} \tag{10.93}$$

$$b_{41} = -\frac{7}{2a}\Omega_1(t - t_0), \quad b_{42} = \frac{4e}{1 - e^2}\Omega_1(t - t_0), \quad b_{43} = -\tan i \, \Omega_1(t - t_0) \tag{10.94}$$

$$b_{51} = -\frac{7}{2a}\omega_1(t - t_0), \quad b_{52} = \frac{4e}{1 - e^2}\omega_1(t - t_0), \quad b_{53} = -\frac{5\sin 2i}{4 - 5\sin^2 i}\omega_1(t - t_0) \tag{10.95}$$

$$b_{61} = -\frac{7}{2a}M_1(t - t_0), \quad b_{62} = \frac{3e}{1 - e^2}M_1(t - t_0), \quad b_{63} = -\frac{3\sin 2i}{2 - 3\sin^2 i}M_1(t - t_0)$$

$$\tag{10.96}$$

$$\begin{cases} \Omega_1 = -\dfrac{3J_2}{2p^2}n\cos i, \quad \omega_1 = \dfrac{3J_2}{2p^2}n\left(2 - \dfrac{5}{2}\sin^2 i\right) \\ M_1 = \dfrac{3J_2}{2p^2}n\left(1 - \dfrac{3}{2}\sin^2 i\right)\sqrt{1 - e^2} \end{cases} \tag{10.97}$$

上述各式中出现的 a, e, i 及 $p = a(1 - e^2)$，$n = a^{-3/2}$，在分析法定轨中都是待估历元 t_0 时刻的平均根数 $\bar{a}_0, \bar{e}_0, \bar{i}_0, \cdots$，而在数值法定轨中则是待估历元 t_0 时的瞬时根数 $a_0, e_0, i_0, \cdots$。关于与大气有关的 b_{17} 和 b_{67} 表达式中的有关量的计算，见前面第 4 章中有关大气阻力摄动解的表达式的相关内容。

2) σ 取第一类无奇点根数 $(a, i, \Omega, \xi = e\cos\omega, \eta = e\sin\omega, \lambda = M + \omega)$ 的情况

$\Phi^{(0)}$ 与 (10.91) 式相同，而 $\Phi^{(1)}$ 的表达式变为下列形式：

$$\Phi^{(1)} = (b_{ij}) = \begin{pmatrix} 0 & 0 & 0 & 0 & 0 & 0 & b_{17} \\ 0 & 0 & 0 & 0 & 0 & 0 & 0 \\ b_{31} & b_{32} & 0 & b_{34} & b_{35} & 0 & 0 \\ b_{41} & b_{42} & 0 & b_{44} & b_{45} & 0 & 0 \\ b_{51} & b_{52} & 0 & b_{54} & b_{55} & 0 & 0 \\ b_{61} & b_{62} & 0 & b_{64} & b_{65} & 0 & b_{67} \\ 0 & 0 & 0 & 0 & 0 & 0 & 0 \end{pmatrix} \tag{10.98}$$

其中 b_{17} 和 b_{67} 由 (10.93) 表达，其他元素如下：

$$\begin{cases} b_{31} = -\dfrac{7}{2a}\Omega_1(t-t_0), \quad b_{32} = -\tan i\,\Omega_1(t-t_0) \\[3mm] b_{34} = \dfrac{4\xi_0}{1-e^2}\Omega_1(t-t_0), \quad b_{35} = \dfrac{4\eta_0}{1-e^2}\Omega_1(t-t_0) \end{cases} \quad (10.99)$$

$$\begin{cases} b_{41} = -\eta_0\left[-\dfrac{7}{2a}\omega_1(t-t_0)\right] \\[3mm] b_{42} = -\eta_0\left[-\dfrac{5\sin 2i}{4-5\sin^2 i}\omega_1(t-t_0)\right] \\[3mm] b_{44} = -\eta_0\left[\dfrac{4\xi_0}{1-e^2}\omega_1(t-t_0)\right] \\[3mm] b_{45} = -\left[1+\dfrac{4}{1-e^2}\eta_0^2\right]\omega_1(t-t_0) \end{cases} \quad (10.100)$$

$$\begin{cases} b_{51} = \xi_0\left[-\dfrac{7}{2a}\omega_1(t-t_0)\right] \\[3mm] b_{52} = \xi_0\left[-\dfrac{5\sin 2i}{4-5\sin^2 i}\omega_1(t-t_0)\right] \\[3mm] b_{54} = \left[1+\dfrac{4}{1-e^2}\xi_0^2\right]\omega_1(t-t_0) \\[3mm] b_{55} = \xi_0\left[\dfrac{4\eta_0}{1-e^2}\omega_1(t-t_0)\right] \end{cases} \quad (10.101)$$

$$\begin{cases} b_{61} = -\dfrac{7}{2a}\lambda_1(t-t_0) \\[3mm] b_{62} = -\left(\dfrac{3}{2-3\sin^2 i}M_1 + \dfrac{5}{4-5\sin^2 i}\omega_1\right)\sin 2i(t-t_0) \\[3mm] b_{64} = \dfrac{\xi_0}{1-e^2}(3M_1+4\omega_1)(t-t_0) \\[3mm] b_{65} = \dfrac{\eta_0}{1-e^2}(3M_1+4\omega_1)(t-t_0) \end{cases} \quad (10.102)$$

上面各式中出现的 a,e,i 等根数分别取待估历元 t_0 时的平均根数 $\bar{a}_0,\bar{e}_0^2 = \bar{\xi}_0^2 + \bar{\eta}_0^2,\bar{i}_0,\cdots$，或瞬时根数 $a_0,e_0^2 = \xi_0^2 + \eta_0^2,i_0,\cdots$。其他各量的意义同前，并有 $\lambda_1 = M_1 + \omega_1$。

与前面相同，各式中出现的 a,e,i 等根数分别取待估历元 t_0 时的平均根数 $\bar{a}_0,\bar{e}_0^2 = \bar{\xi}_0^2 + \bar{\eta}_0^2,\bar{i}_0,\cdots$。其他各量的意义同前，并有 $\lambda_1 = M_1 + \omega_1$。

3）σ 取第二类无奇点根数的相应表达形式

σ 为 $(a,\xi = e\cos\tilde{\omega},\eta = e\sin\tilde{\omega},h = \sin\dfrac{i}{2}\cos\Omega,k = \sin\dfrac{i}{2}\sin\Omega,\lambda = M+\tilde{\omega})$，$\Phi^{(0)}$ 亦同前，$\Phi^{(1)}$ 的形式如下：

$$\Phi^{(1)}=(b_{ij})=\begin{bmatrix} 0 & 0 & 0 & 0 & 0 & 0 & b_{17} \\ b_{21} & b_{22} & b_{23} & b_{24} & b_{25} & 0 & 0 \\ b_{31} & b_{32} & b_{33} & b_{34} & b_{35} & 0 & 0 \\ b_{41} & b_{42} & b_{43} & b_{44} & b_{45} & 0 & 0 \\ b_{51} & b_{52} & b_{53} & b_{54} & b_{55} & 0 & 0 \\ b_{61} & b_{62} & b_{63} & b_{64} & b_{65} & 0 & b_{67} \\ 0 & 0 & 0 & 0 & 0 & 0 & 0 \end{bmatrix} \tag{10.103}$$

其中 b_{17} 和 b_{67} 仍由(10.93)式表达,其他各元素由下列各式表达:

$$\begin{cases} b_{21}=-\eta_0\left[-\dfrac{7}{2a}\widetilde{\omega}_1(t-t_0)\right] \\[2mm] b_{22}=-\eta_0\left[-\dfrac{4\xi_0}{1-e^2}\widetilde{\omega}_1(t-t_0)\right] \\[2mm] b_{23}=-\left[1+\dfrac{4}{1-e^2}\eta_0^2\right]\widetilde{\omega}_1(t-t_0) \\[2mm] b_{24}=-\eta_0\left[\left(-\dfrac{5}{2}\right)8h_0(1-2(h_0^2+k_0^2))+4h_0\right]\left(\dfrac{3J_2}{2p^2}\right)n(t-t_0) \\[2mm] b_{25}=-\eta_0\left[\left(-\dfrac{5}{2}\right)8k_0(1-2(h_0^2+k_0^2))+4k_0\right]\left(\dfrac{3J_2}{2p^2}\right)n(t-t_0) \end{cases} \tag{10.104}$$

$$\begin{cases} b_{31}=\xi_0\left[-\dfrac{7}{2a}\widetilde{\omega}_1(t-t_0)\right] \\[2mm] b_{32}=\left[1+\dfrac{4}{1-e^2}\xi_0^2\right]\widetilde{\omega}_1(t-t_0) \\[2mm] b_{33}=\xi_0\left[-\dfrac{4\eta_0}{1-e^2}\widetilde{\omega}_1(t-t_0)\right] \\[2mm] b_{34}=\xi_0\left[\left(-\dfrac{5}{2}\right)8h_0(1-2(h_0^2+k_0^2))+4h_0\right]\left(\dfrac{3J_2}{2p^2}\right)n(t-t_0) \\[2mm] b_{35}=\xi_0\left[\left(-\dfrac{5}{2}\right)8k_0(1-2(h_0^2+k_0^2))+4k_0\right]\left(\dfrac{3J_2}{2p^2}\right)n(t-t_0) \end{cases} \tag{10.105}$$

$$\begin{cases} b_{41}=-k_0\left[-\dfrac{7}{2a}\Omega_1(t-t_0)\right] \\[2mm] b_{42}=-k_0\left[\dfrac{4\xi_0}{1-e^2}\Omega_1(t-t_0)\right] \\[2mm] b_{43}=-k_0\left[\dfrac{4\eta_0}{1-e^2}\Omega_1(t-t_0)\right] \\[2mm] b_{44}=-k_0\left[4h_0\left(\dfrac{3J_2}{2p^2}\right)n(t-t_0)\right] \\[2mm] b_{45}=-\left[\Omega_1+4k_0^2\left(\dfrac{3J_2}{2p^2}\right)n\right](t-t_0) \end{cases} \tag{10.106}$$

$$\begin{cases} b_{51} = h_0 \left[-\frac{7}{2a} \Omega_1 (t-t_0) \right] \\[2mm] b_{52} = h_0 \left[\frac{4\xi_0}{1-e^2} \Omega_1 (t-t_0) \right] \\[2mm] b_{53} = h_0 \left[\frac{4\eta_0}{1-e^2} \Omega_1 (t-t_0) \right] \\[2mm] b_{54} = \left[\Omega_1 + 4h_0^2 \left(\frac{3J_2}{2p^2} \right) n \right] (t-t_0) \\[2mm] b_{55} = h_0 \left[4k_0 \left(\frac{3J_2}{2p^2} \right) n(t-t_0) \right] \end{cases} \tag{10.107}$$

$$\begin{cases} b_{61} = -\frac{7}{2a} \lambda_1 (t-t_0) \\[2mm] b_{62} = \frac{\xi_0}{1-e^2} (3M_1 + 4\tilde{\omega}_1)(t-t_0) \\[2mm] b_{63} = \frac{\eta_0}{1-e^2} (3M_1 + 4\tilde{\omega}_1)(t-t_0) \\[2mm] b_{64} = \left[\left(-\frac{3}{2}\sqrt{1-e^2} - \frac{5}{2} \right) 8h_0 (1-2(h_0^2+k_0^2)) + 4h_0 \right] \left(\frac{3J_2}{2p^2} \right) n(t-t_0) \\[2mm] b_{65} = \left[\left(-\frac{3}{2}\sqrt{1-e^2} - \frac{5}{2} \right) 8k_0 (1-2(h_0^2+k_0^2)) + 4k_0 \right] \left(\frac{3J_2}{2p^2} \right) n(t-t_0) \end{cases} \tag{10.108}$$

各式右端出现的量,其意义均同前,但 $\lambda_1 = M_1 + \tilde{\omega}_1$,$\tilde{\omega}_1 = \omega_1 + \Omega_1$,而 M_1,ω_1 和 Ω_1 中出现的 e_0 和 i_0 由 $e_0^2 = \xi_0^2 + \eta_0^2$ 和 $\sin^2(i_0/2) = h_0^2 + k_0^2$ 给出。这里的 σ_0 亦与前面两种情况相同,取平均根数 $\bar{\sigma}_0$。

在 $\beta = \beta_0 = \left(\frac{C_D S}{m} \right) \bar{\rho}_{P_s}$ 的选择下,对于上述三种不同根数系统,均有

$$\left(\frac{\partial \beta}{\partial \sigma_0} \right) = (0), \quad \left(\frac{\partial \beta}{\partial \beta_0} \right) = (1) = I \tag{10.109}$$

该式中的 (0) 和 $(1) = I$ 分别表示零矩阵元素和单位矩阵元素。

在实际工作中,若对大气因素或其他摄动因素另有某种形式的处理时,上述转移矩阵可作相应的改变,本书不再逐一介绍。

10.4　状态估计——精密定轨解的计算

由上面两节提供的残差 y 和 $\tilde{B}$ 矩阵,就可构成定轨的基本方程,即条件方程(10.8)式:

$$y = \tilde{B}x_0 + V$$

该方程中待估状态量 X_0 的改正值 x_0 是 n 维,而一列观测量的改正值(即残差) t_j, y_j ($j=1$, $2, \cdots, k$)是 $m \times k$ 维, $m \geqslant 1$, m 是观测量的维数(测角量一次采样是 2 维)。当 $(m \times k) \geqslant n$ 时,

原则上方程组(10.8)可解,即最终可由一列观测量 $t_j,Y_j(j=1,2,\cdots,k)$,给出历元 t_0 时刻的状态量 X_0,而具体采用的算法通常是最小二乘估计方法。关于最小二乘估计的细节,读者可参阅这一章所列出的有关文献[5]~[7],后面第 10.5 节将会作相应的介绍,本节要阐明的是这一解算问题涉及的解的确定性问题和如何求解的具体过程。

10.4.1 定轨解的确定性问题

(1) 解的确定性问题(定轨条件),即是否能由上述一列观测量 $t_j,Y_j(j=1,2,\cdots,k)$ 唯一确定相应历元 t_0 时刻的状态量 X_0,亦称可观测性问题,例如单站测距和测速,如果是短弧,将难以定轨。

可观测性是上述求解条件方程(10.8)式的迭代收敛与否的前提,这在本章第 9.1 节关于定轨解的确定性问题中就已阐明,该问题归结为条件方程(10.8)右端 $\tilde{B}$ 矩阵的性质,即是否正定,或相应的矩阵行列式 $|\tilde{B}^{\mathrm{T}}\tilde{B}|=0$ 与否,这关系到定轨的成败。事实上这涉及多个方面,包括定轨资料类型,定轨弧段分布,状态量的选择(如小偏心率轨道,若仍采用 Kepler 根数 a,e,i,Ω,ω,M 作为定轨的待估状态量,也无法定轨)等。这在多年来的各类航天器定轨工作中已受到重视。

10.4.2 定轨解的计算过程

(1) 定轨计算的迭代过程

在观测资料较多的情况下,可充分利用多资料的统计特性进行定轨,下面以批处理算法为例,介绍这一定轨计算的过程。

已知一测量序列 $Y_1,Y_2,\cdots,Y_k$ 和待估状态量 X_0 的初值 $\hat{X}_{0/0},X_0$ 对应 t_0 时刻,一般有 $t_1\leqslant t_0\leqslant t_k$。定轨任务是:在上述条件下用最小二乘估计给出待估状态量 X_0 的最优估计 $\hat{X}_{0/k}$。

事实上,批处理定轨计算是一迭代过程,是由于非线性测量方程线性化所导致的。所谓状态量的参考值 X_0^*,在无先验估计的情况下,实为迭代初值,记作 $\hat{X}_{0/k}^{(j-1)}$,$j=1,2,\cdots$ 即迭代次数,$j=1$ 对应 $\hat{X}_{0/k}^{(j-1)}=\hat{X}_{0/0}=X_0^*$。

上述定轨计算过程中,每求解条件方程(10.8)一次,给出待估状态量的最优估计实为

$$\hat{X}_{0/k}^{(j)}=\hat{X}_{0/k}^{(j-1)}+\hat{x}_{0/k}^{(j)} \quad j=1,2,\cdots \tag{10.110}$$

接着是比较迭代前后两次残差平方和 U 之差,如果达到下列要求:

$$|U^{(j)}-U^{(j-1)}|\leqslant\mu \tag{10.111}$$

则迭代过程结束,$\hat{X}_{0/k}^{(j)}$ 即所求状态量的最小二乘估计值,否则继续迭代下去。这里 $\mu>0$,其具体值要根据实际需求和资料情况而定。残差平方和(或加权残差平方和)U 的一般定义为

$$U=\sum_{l=1}^{k}(y_l^{\mathrm{T}}W_ly_l) \tag{10.112}$$

其中 W_l 是观测量的权矩阵,在实际定轨工作中,很难按最优加权的要求取值,往往根据残

差的大小来加权,或采用等权处理。

（2）迭代过程中收敛标准的选择

最小二乘估计的最优准则就是残差平方和 U 达到极小,原则上按（10.111）式来决定迭代过程的结束是一个合理的选择,但实际定轨中常用均方根差（RMS）σ^* 代替残差平方和 U 更为合适,均方根差 σ^* 的定义如下:

$$\sigma^* = \sqrt{U/(k \times m)} \tag{10.113}$$

该表达式中的 m 是观测量 Y 的维数,而 k 即观测采样次数,事实上 $k \times m$ 即观测数据的总数目,那么 σ^* 就有更明确的精度概念。

迭代收敛的控制条件通常有两种选择,即

$$\begin{cases} |\sigma^{*(j)} - \sigma^{*(j-1)}| < \mu^*, \\ |(\sigma^{*(j)} - \sigma^{*(j-1)})/\sigma^{*(j)}| < \mu^* \end{cases} \tag{10.114}$$

μ^* 的设定值往往是根据定轨数据的测量精度和定轨精度要求等条件确定的。

（3）定轨中的野值剔除问题

这一问题,理论上有一"结论",即残差 $y > 3\sigma^*$ 的采样资料出现的概率应很小,如果出现,即认为是"错误",作为野值剔除,该资料将不参加下次的迭代计算。但在实际定轨计算中会遇到各种情况,往往视具体问题和定轨状态而定。

10.5 最小二乘估计及其在精密定轨中的应用

条件方程（10.8）式是一线性代数方程组。测量采样 k 次,相应方程组的维数是 $(m \times k)$,通常采样量较大,$(m \times k) \gg n$,n 是待估状态量的维数。因此,如何充分利用采样数据的统计特性,给出待估状态量 X_0 的最优估计值亦是精密定轨中的一个重要环节。有关最优估计理论的基本原理,可见参考文献[5]～[7],本节将对其作一简单介绍。

10.5.1 估计理论及常用的几种最优估计方法

估计理论实际上是根据状态方程和测量方程,按概率统计和优化的原理对系统的状态或参数作出估计。描述状态 $X(t)$ 演变的方程通常受到系统误差的影响,同样描述观测量 $Y(t)$ 与状态量 $X(t)$ 关系的测量方程也不可避免地受到测量噪声的影响。这个系统可用数学形式描述如下:

$$\begin{cases} \dot{X} = F(X,t) + Q \\ Y = H(X,t) + V \end{cases} \tag{10.115}$$

其中 Q 和 V 分别为动态系统模型误差和测量噪声。一般来说,$F(X,t)$ 和 $H(X,t)$ 都是复杂的非线性函数。如果动态系统是人造地球卫星（或其他类型的航天器）在各种力因素作用下的运动过程,那么上述过程就是精密定轨,给出的状态估计是卫星的状态矢量,如$(\vec{r},\dot{\vec{r}};\beta)$或$(\sigma,\beta)$,其中$\beta$可以是参与估计的力模型涉及的物理参数或卫星本体的星体参数等。

所谓最优估计,是指在某一估计准则条件下求得的最优估计值,如果换了一个估计准则,这一估计就不一定是最优的。实践中,根据经验和不同的需要,人们提出了多种估计准则:最小方差准则、极大似然准则、极大验后准则、线性最小方差准则及最小二乘准则等,对应每一种准则各有相应的估计方法,例如最小方差估计、极大似然估计、极大验后估计、线性最小方差估计及最小二乘估计等。

事实上,卫星观测量Y,对应的是动态测量中的随机量。运动体精密定轨中的估计问题可归结为:有一随机观测(矢量)序列$Y_1,Y_2,\cdots,Y_k$,要给出非随机或随机矢量X(卫星轨道量及相关的待估参数)的估计。通常将X的估计写为$\hat{X}$,显然,$\hat{X}$是随机序列$Y_1,Y_2,\cdots,Y_k$的函数,由于$Y_j(1\leqslant j\leqslant k)$是随机量,$\hat{X}$亦是随机量,一般可以表示为

$$\hat{X}_k=g(Y_1,Y_2,\cdots,Y_k) \qquad (10.116)$$

式中$\hat{X}_k$的下标k表示依据k个观测量的估计。不同的函数g将给出不同的估计,如何衡量一个估计值的优劣? 下面将在介绍常用的几种估计方法中逐一说明。

(1) 一致估计

定义1:如果序列$\{\hat{X}_k\}$随机收敛到X,则称$\hat{X}_k$为X的一致估计。其含义是,对任何$\varepsilon>0$,有

$$\lim_{k\to\infty}P(|\hat{X}_k-X|>\varepsilon)=0 \qquad (10.117)$$

这里P即概率函数。这表明,如果$\hat{X}_k$是X的一致估计,则当样本Y_k数量k充分大时,估计$\hat{X}_k$在其真值X的附近。

(2) 无偏估计

如果随机序列$Y_1,Y_2,\cdots,Y_k$有N个重复独立取样,设第n次取样为$Y_1^{(n)},Y_2^{(n)},\cdots,Y_k^{(n)}$,用这第$n$次取样求得的$X$的估计值记作$\hat{X}_k^{(n)}$。很自然,我们将要求

$$\frac{1}{N}\sum_{n=1}^{N}\hat{X}_k^{(n)}$$

当N充分大时,趋于X的均值。具有这种性质的估计,就是无偏估计,可作如下定义:

定义2:如果关系式

$$\mathrm{E}\,\hat{X}_k=\mathrm{E}X \qquad (10.118)$$

成立,则称$\hat{X}_k$为X的无偏估计,这里$\mathrm{E}\,\hat{X}_k$表示随机量$\hat{X}_k$的数学期望,即平均值。如果关系式

$$\lim_{k\to\infty}\mathrm{E}\,\hat{X}_k=\mathrm{E}X \qquad (10.119)$$

成立,则称$\hat{X}_k$为X的渐近无偏估计。

无偏性将保证估计$\hat{X}$在真值X的附近摆动,但没有指明这种摆动幅度的大小。下一段

将要介绍的最小方差估计将保证这种摆动幅度的平均值达到极小。

（3）最小方差估计

定义 3：如果估计误差 $\hat{X}-X$ 的方差达到极小，即

$$\text{Var}(\hat{X}-X)=\text{E}(\hat{X}-X)(\hat{X}-X)^{\text{T}}=\min \tag{10.120}$$

则称 $\hat{X}$ 为 X 的最小方差估计。这里"T"即转置，而 min 是对一切可能的估计 $\hat{X}$ 而言。

通常又称无偏最小方差估计为均方意义下的最优估计，它既保证估计 $\hat{X}$ 在真值 X 的附近摆动，又保证这种摆动幅度的平均值达到极小。这里的最优估计是指在一切线性和非线性无偏估计中使方差达到极小的一种估计。

（4）线性无偏最小方差估计

上面已指出，无偏最小方差估计未必是线性的，因此这里要介绍的线性无偏最小方差估计，一般不是均方意义下的最优估计。

所谓线性估计，就是指 X 的估计 $\hat{X}$ 为观测量 Y 的线性函数，一般有如下形式：

$$\hat{X}=C+\Lambda Y \tag{10.121}$$

这里考虑 X 为 n 维随机矢量，Y 为 m 维随机矢量，上式中的 C 为 n 维非随机矢量，A 则为 $n\times m$ 维矩阵。引进线性估计是由于在很多实际应用中将会涉及，如本章的主要内容，即运动体的精密定轨。

10.5.2　最小二乘估计

最小二乘估计是一种古典的估计方法，该方法早在二百多年前（Gauss，1809）的天体定轨（即轨道改进）问题中就已被采用，随着最优估计理论的发展，古典最小二乘估计也被赋予了新的内容。古典最小二乘估计只是残差平方和达极小意义下的一种估计，从最优估计的观点来看，它是一个线性无偏估计，但一般而言，它不是线性无偏最小方差估计，只有在赋予最优加权的前提下，它才是线性无偏最小方差估计。这种取最优加权的最小二乘估计通常又称为马尔可夫（Markov）估计。

（1）古典最小二乘估计

考虑下列线性系统：

$$\begin{cases} X_l=\Phi_{l,0}X_0 \\ Y_l=H_lX_l+V_l \end{cases} \quad l=1,2,\cdots,k \tag{10.122}$$

其中观测序列 $Y_1,Y_2,\cdots,Y_k$ 对应时间序列 $t_1,t_2,\cdots,t_k$，X_0 对应时刻 t_0，$t_0\grave{o}[t_1,t_k]$，这一系统中状态量 X 的动态方程和观测量 Y 的测量方程均为线性的。X 为非随机向量（n 维），$\Phi_{l,0}$ 是 $n\times n$ 维的状态转移矩阵。观测量 Y 是 m 维随机向量，H_l 为 $m\times n$ 维测量矩阵。V_l 为测量噪声，假定均值为零，且有方差矩阵：

$$\begin{cases} \text{E}V_lV_l^{\text{T}}=R_l(R_l>0) \\ \text{E}V_lV_s^{\text{T}}=0(l\neq s) \end{cases} \tag{10.123}$$

由观测序列 $Y_1,Y_2,\cdots,Y_k$ 获得的 X_0 的最小二乘估计 $X_{0/k}$，它使残差平方和 U 达到极

小，即

$$U = \sum_{l=1}^{k}(Y_l - H_l\Phi_{l,0}\hat{X}_{0/k})^{\mathrm{T}}(Y_l - H_l\Phi_{l,0}\hat{X}_{0/k}) = \min \tag{10.124}$$

要求其达到极小应满足下式：

$$\frac{\partial U}{\partial \hat{X}_{0/k}} = -2\sum_{l=1}^{k}\Phi_{l,0}{}^{\mathrm{T}}H_l^{\mathrm{T}}(Y_l - H_l\Phi_{l,0}\hat{X}_{0/k}) = 0$$

因此得

$$\Big(\sum_{l=1}^{k}\Phi_{l,0}{}^{\mathrm{T}}H_l^{\mathrm{T}}H_l\Phi_{l,0}\Big)\hat{X}_{0/k} = \sum_{l=1}^{k}(\Phi_{l,0}^{\mathrm{T}}H_l^{\mathrm{T}})Y_l \tag{10.125}$$

此方程通常称为法化方程（Normal Equation），简称法方程，而矩阵

$$\sum_{l=1}^{k}(H_l\Phi_{l,0})^{\mathrm{T}}(H_l\Phi_{l,0}) \tag{10.126}$$

就称为法化矩阵。

方程组（10.125）是关于 n 维矢量 $\hat{X}_{0/k}$ 的线性方程组，能唯一确定其解的充要条件即 $(n\times n)$ 维法化矩阵（10.126）是正定的，亦即要求矩阵 $(H_l\Phi_{l,0})$ 是满秩的。这一要求就是通常在定轨问题中所说的可观测性，即可由观测序列 $Y_1,Y_2,\cdots,Y_k$ 唯一确定系统（10.122）在时刻 t_0 的状态 X_0。其解为

$$\hat{X}_{0/k} = \Big(\sum_{l=1}^{k}\Phi_{l,0}{}^{\mathrm{T}}H_l^{\mathrm{T}}H_l\Phi_{l,0}\Big)^{-1}\Big(\sum_{l=1}^{k}\Phi_{l,0}{}^{\mathrm{T}}H_l^{\mathrm{T}}Y_l\Big) \tag{10.127}$$

不难证明上述古典最小二乘估计 $\hat{X}_{0/k}$ 是 X_0 的无偏估计，有

$$\mathrm{E}\hat{X}_{0/k} = \Big(\sum_{l=1}^{k}\Phi_{l,0}{}^{\mathrm{T}}H_l^{\mathrm{T}}H_l\Phi_{l,0}\Big)^{-1}\Big(\sum_{l=1}^{k}\Phi_{l,0}{}^{\mathrm{T}}H_l^{\mathrm{T}}\mathrm{E}Y_l\Big)$$

而

$$\mathrm{E}Y_l = \mathrm{E}(H_lX_l + V_l) = H_lX_l + \mathrm{E}V_l = H_l\Phi_{l,0}X_0$$

代入上式即得

$$\mathrm{E}\hat{X}_{0/k} = \Big(\sum_{l=1}^{k}\Phi_{l,0}{}^{\mathrm{T}}H_l^{\mathrm{T}}H_l\Phi_{l,0}\Big)^{-1}\Big(\sum_{l=1}^{k}\Phi_{l,0}{}^{\mathrm{T}}H_l^{\mathrm{T}}H_l\Phi_{l,0}\Big)X_0 = X_0 \tag{10.128}$$

由此可知，古典最小二乘估计是线性无偏估计，保证了估计 $\hat{X}_0$ 在真值 X_0 附近摆动，并使估计的残差平方和 U 达极小。

显然，古典最小二乘估计没有充分利用大量随机采样数据的统计特性，这是限于当时的实际背景。随着测量技术的提高和最优估计理论的发展，古典最小二乘估计也被赋予了新的内容，如最优加权的考虑，下面介绍。

（2）加权最小二乘估计

考虑随机采样数据具有不同的精度，假定一测量序列 $Y_1,Y_2,\cdots,Y_k$，相应地有权矩阵序列 $W_1,W_2,\cdots,W_k$，皆为正定矩阵。加权残差平方和为

$$U = \sum_{l=1}^{k}(Y_l - H_l\Phi_{l,0}\hat{X}_{0/k})^{\mathrm{T}}W_l(Y_l - H_l\Phi_{l,0}\hat{X}_{0/k})$$

由

$$\frac{\partial U}{\partial \hat{X}_{0/k}} = 0$$

得

$$\left(\sum_{l=1}^{k} \Phi_{l,0}^{\mathrm{T}} H_l^{\mathrm{T}} W_l H_l \Phi_{l,0} \right) \hat{X}_{0/k} = \sum_{l=1}^{k} (\Phi_{l,0}^{\mathrm{T}} H_l^{\mathrm{T}}) W_l Y_l \tag{10.129}$$

这就是加权法方程,由此可得加权最小二乘估计 $\hat{X}_{0/k}$ 的计算公式:

$$\hat{X}_{0/k} = \left(\sum_{l=1}^{k} \Phi_{l,0}^{\mathrm{T}} H_l^{\mathrm{T}} W_l H_l \Phi_{l,0} \right)^{-1} \left(\sum_{l=1}^{k} \Phi_{l,0}^{\mathrm{T}} H_l^{\mathrm{T}} W_l Y_l \right) \tag{10.130}$$

可以证明加权最小二乘估计 $\hat{X}_{0/k}$ 也是无偏估计,即

$$\mathrm{E}\,\hat{X}_{0/k} = X_0$$

由此可给出估计误差:

$$\hat{X}_{0/k} - X_0 = \hat{X}_{0/k} - \mathrm{E}\,\hat{X}_{0/k}n$$

$$= \left(\sum_{l=1}^{k} \Phi_{l,0}^{\mathrm{T}} H_l^{\mathrm{T}} W_l H_l \Phi_{l,0} \right)^{-1} \left(\sum_{l=1}^{k} \Phi_{l,0}^{\mathrm{T}} H_l^{\mathrm{T}} W_l V_l \right)$$

相应的误差方差矩阵为

$$\mathrm{Var}(\hat{X}_{0/k} - X_0) = \left(\sum_{l=1}^{k} \Phi_{l,0}^{\mathrm{T}} H_l^{\mathrm{T}} W_l H_l \Phi_{l,0} \right)^{-1} \times$$

$$\left(\sum_{l=1}^{k} \Phi_{l,0}^{\mathrm{T}} H_l^{\mathrm{T}} W_l R_l W_l H_l \Phi_{l,0} \right) \left(\sum_{l=1}^{k} \Phi_{l,0}^{\mathrm{T}} H_l^{\mathrm{T}} W_l H_l \Phi_{l,0} \right)^{-1}$$

$$\tag{10.131}$$

其中用到 V_l 的性质(见(10.123)式)和 $W_l = W_l^{\mathrm{T}}$。不难证明,当权矩阵 W_l 取 R_l^{-1} 时,上述方差达极小。这里证明从略,详细过程可阅读参考文献[5]的第一章,或参考文献[7]的第十四章。

当取最优加权

$$W_l = R_l^{-1} \tag{10.132}$$

时,有如下估计结果:

$$\hat{X}_{0/k} = \left(\sum_{l=1}^{k} \Phi_{l,0}^{\mathrm{T}} H_l^{\mathrm{T}} R_l^{-1} H_l \Phi_{l,0} \right)^{-1} \left(\sum_{l=1}^{k} \Phi_{l,0}^{\mathrm{T}} H_l^{\mathrm{T}} R_l^{-1} Y_l \right) \tag{10.133}$$

相应的估计误差方差阵 $\mathrm{Var}(\hat{X}_{0/k} - X_0)$ 记作 $P_{0/k}$,由下式表达:

$$P_{0/k} = \left(\sum_{l=1}^{k} \Phi_{l,0}^{\mathrm{T}} H_l^{\mathrm{T}} R_l^{-1} H_l \Phi_{l,0} \right)^{-1} \tag{10.134}$$

这一估计是线性无偏方差达极小意义下的最优估计,这在当代精密定轨等工作中常被引用。但是,由于观测序列 $\{Y_k\}$ 很难达到(10.123)式的要求,因此权矩阵 W_l 的选择实际上会受到限制,在精密定轨任务的实际处理中往往会以其他选择来代替。

10.5.3 最小二乘估计的两种算法

最小二乘估计的两种常用算法,即批处理算法和递推算法。

批处理算法是最小二乘估计的经典算法,即前面各段中阐述的,观测序列 $Y_1, Y_2, \cdots, Y_k$ 的所有采样值同时参与估计过程,给出 t_0 时刻状态量 X_0 的估计值 $\hat{X}_{0/k}$。这种算法的采用有其历史原因,过去天文观测所取得的资料不多,也不需要"快速"给出结果。而当今应用背景已大不相同,不仅观测数据量大,还需要快速给出结果。这就在上述最小二乘估计算法中发展了一种递推算法,既避免大量数据存储,又可快速获得估计值。

最小二乘的递推算法可用下述过程说明:将观测序列 $Y_1, Y_2, \cdots, Y_k, Y_{k+1}, Y_{k+2}, \cdots, Y_{k+s}$ 分成两批(亦可分成多批),首先由 $Y_1, Y_2, \cdots, Y_k$ 获得 X_k 的最小二乘估计 $\hat{X}_{k/k}$,然后丢掉这一批观测量,再利用估计 $\hat{X}_{k/k}$ 和后一批观测量 $Y_{k+1}, Y_{k+2}, \cdots, Y_{k+s}$ 求得状态 X_{k+s} 的最小二乘估计 $X_{k+s/k+s}$,这不同于批处理算法中将 $k+s$ 个观测量作为一批处理而获得 $\hat{X}_{0/k+s}$(这里 X_0 对应的 t_0 即 t_{k+s})的过程。

按上述最小二乘估计公式(10.133)和(10.134)给出

$$\hat{X}_{k+s/k+s} = \Big(\sum_{l=1}^{k+s} \Phi_{l,k+s}^{\mathrm{T}} H_l^{\mathrm{T}} R_l^{-1} H_l \Phi_{l,k+s} \Big)^{-1} \Big(\sum_{l=1}^{k+s} \Phi_{l,k+s}^{\mathrm{T}} H_l^{\mathrm{T}} R_l^{-1} Y_l \Big) \tag{10.135}$$

$$P_{k+s/k+s} = \Big(\sum_{l=1}^{k+s} \Phi_{l,k+s}^{\mathrm{T}} H_l^{\mathrm{T}} R_l^{-1} H_l \Phi_{l,k+s} \Big)^{-1} \tag{10.136}$$

若令

$$\hat{X}_{k+s/k} = \Phi_{k+s,k} \hat{X}_{k/k} \tag{10.137}$$

$$P_{k+s/k} = \Phi_{k+s,k} P_{k/k} \Phi_{k+s,k}^{\mathrm{T}} \tag{10.138}$$

并利用

$$\Phi_{k+s,k}^{-1} = \Phi_{k,k+s}$$

则得

$$\hat{X}_{k+s/k+s} = \Big(P_{k+s/k}^{-1} + \sum_{l=k+1}^{k+s} \Phi_{l,k+s}^{\mathrm{T}} H_l^{\mathrm{T}} R_l^{-1} H_l \Phi_{l,k+s} \Big)^{-1}$$

$$\times \Big(P_{k+1/k}^{-1} \hat{X}_{k+s/k} + \sum_{l=k+1}^{k+s} \Phi_{l,k+s}^{\mathrm{T}} H_l^{\mathrm{T}} R_l^{-1} Y_l \Big) \tag{10.139}$$

$$P_{k+s/k+s} = \Big(P_{k+s/k}^{-1} + \sum_{l=k+1}^{k+s} \Phi_{l,k+s}^{\mathrm{T}} H_l^{\mathrm{T}} R_l^{-1} H_l \Phi_{l,k+s} \Big)^{-1} \tag{10.140}$$

(10.139)和(10.140)式就构成了最小二乘估计的递推公式,可以称 $\hat{X}_{k+s/k}$ 为预估值,$P_{k+s/k}$ 即预估值误差方差阵。显然,上述分批不限于两批,对线性系统而言,这种由(10.139)~(10.140)分批递推给出的最小二乘估计 $\hat{X}_{k+s/k+s}$ 与由前面批处理给出的估计结果是等价的。

由于 s 表示该批观测量的个数,而且可任意选取,那么当 $s=1$ 时,就可构成类似卡尔曼(Kalman)滤波那样的逐步递推。

10.5.4　具有先验值的最小二乘估计

一般的最小二乘估计是没有状态量 X_0 的先验值的(或称先验估计),这是最小二乘估计与卡尔曼滤波的一个重要区别。但是,利用上一段最小二乘递推算法,同样可导出具有先验估计条件下的最小二乘估计公式。

除有一测量序列 $Y_1, Y_2, \cdots, Y_k$ 外,对 t_0 时刻的状态量 X_0 还有一个先验估计值 $\hat{X}_{0/0}$,并知道 $\hat{X}_{0/0}$ 的估计误差方差阵 $P_{0/0}$(又称 $P_{0/0}^{-1}$ 为先验权)。在此情况下,由(10.137)—(10.138)式不难给出具有先验估计的最小二乘估计,计算公式如下:

$$\hat{X}_{k/0} = \Phi_{k,0}\hat{X}_{0/0} \tag{10.141}$$

$$P_{k/0} = \Phi_{k,0} P_{0/0} \Phi_{k,0}^{\mathrm{T}} \tag{10.142}$$

$$\hat{X}_{k/k} = \left(P_{k/0}^{-1} + \sum_{l=1}^{k}\Phi_{l,k}^{\mathrm{T}}H_l^{\mathrm{T}}R_l^{-1}H_l\Phi_{l,k}\right)^{-1}\left(P_{k/0}^{-1}\hat{X}_{k/0} + \sum_{l=1}^{k}\Phi_{l,k}^{\mathrm{T}}H_l^{\mathrm{T}}R_l^{-1}Y_l\right) \tag{10.143}$$

$$P_{k/k} = \left(P_{k/0}^{-1} + \sum_{l=1}^{k}\Phi_{l,k}^{\mathrm{T}}H_l^{\mathrm{T}}R_l^{-1}H_l\Phi_{l,k}\right)^{-1} \tag{10.144}$$

或

$$\hat{X}_{0/k} = \left(P_{0/0}^{-1} + \sum_{l=1}^{k}\Phi_{l,0}^{\mathrm{T}}H_l^{\mathrm{T}}R_l^{-1}H_l\Phi_{l,0}\right)^{-1}\left(P_{0/0}^{-1}\hat{X}_{0/0} + \sum_{l=1}^{k}\Phi_{l,0}^{\mathrm{T}}H_l^{\mathrm{T}}R_l^{-1}Y_l\right) \tag{10.145}$$

$$P_{0/k} = \left(P_{0/0}^{-1} + \sum_{l=1}^{k}\Phi_{l,0}^{\mathrm{T}}H_l^{\mathrm{T}}R_l^{-1}H_l\Phi_{l,0}\right)^{-1} \tag{10.146}$$

其中 $\hat{X}_{k/0}$ 就可看作初始预估值,$P_{k/0}$ 为其预报误差方差阵。

本节所介绍的最小二乘估计方法,已在人造地球卫星和各类航天器精密定轨中得到了广泛的应用,特别在事后处理中,批处理算法也成为主要算法,而在某些实时处理中,常采用由递推算法派生出的序贯估计算法。

10.6 天地基网联合定轨和星间测量自主定轨

在太阳系中,过去对自然天体的跟踪测量都是由地面测量站(如各天文台、站)承担的,而人造卫星上天后,由于各类航天器运行轨道的特征,致使测控体制有了相应的变化。在此背景下,出现了天基站对航天器跟踪测量的定轨问题,天基网的建设既可部分的代替全球布站的地面测控站的职能,又可解决单纯依靠地面站无法完成的测控任务。

目前的天基系统主要有两类,一类是跟踪与数据中继卫星系统(Tracking and Data Relay Satellite System),是以数据中继为主要任务的综合航天测控系统;另一类是导航定位系统,包括全球导航系统和区域导航系统,可为航天器和地面目标提供高精度定位、测速和定时能力。

中继星系统是天基系统的重要组成部分。数据中继卫星是转发地面站对中、低轨道运载器以及航天器测控信号和数据的地球同步轨道通信卫星,它相当于把地面上的测控站升高到地球同步轨道高度,三颗数据中继卫星便能形成全球测控的天基网。导航定位系统是天基测控网的另一重要组成部分,如美国的全球定位系统 GPS(Global Position System),俄罗斯的 GLONASS 系统,欧洲的 Galileo 系统以及我国的北斗导航系统。高轨导航定位系统可以全天候实时地为地面到 36 000 km 高度之间的目标提供高精度的定位(位置、速度和时间)服务。

利用某类高轨卫星星座对其他航天器进行跟踪定轨,那么该星座的每颗卫星就相当于一个空间测量站,整个星座就相当于一个天基测控网,相应的定轨体制即天基网定轨。

除上述各类星座系统外,随着卫星应用需求的日益发展,越来越多的飞行任务要靠多颗卫星组成的星座来实现,特别是一些星与星之间距离较近的星座。对于这类星座,与 GPS 星座不同,地面测控系统可对其中几颗或一颗(均称为测量星)进行跟踪测量定轨,而其他星则由星一星(测量星和用户星)间的相对测量数据进行定轨,或将地面测量资料和星一星相对测量资料一并对上述测量星和用户星同时进行定轨。对于星间跟踪而言,测量星就相当于空间测控站。这种定轨形式就称为天基网和地基网联合定轨。

10.6.1　天基网测轨体制简况

所谓测轨,其含义包括跟踪测量与定轨,天基网系统的测量类型一般是测距和测速。

(1) 中继星系统对用户航天器的测轨

中继星系统对用户航天器提供测距测速跟踪,采用双向测距测速用于确定用户航天器轨道。另外,单向测距测速技术也在发展,即由用户航天器发出信标信号,经中继星转发至地面终端站进行数据处理。中继星本身也有测轨问题,它对应一个地球的高轨卫星的测轨问题,无需再作介绍。

(2) 导航定位系统对用户航天器的测轨

利用导航定位系统测定用户航天器轨道的方法有两种:一种是伪码测距,另一种是载波相位测量。测量量都可以转化为用户航天器与导航卫星间的距离,可以由接收的导航信息提取出导航卫星的星历实现星上自主定轨。实时性要求不高时,也可以将接收的导航信号转发给地面,地面获取导航卫星精密星历处理后可得到用户航天器的高精度轨道解。

(3) 编队组网卫星间的相对测量

星座中卫星之间可建立星间链路进行相对测量,由于在大气层外部,可以减少甚至消除电离层对资料的影响,还可以利用星间相对测量实现星座整网的自主定轨。

10.6.2　天地基网联合定轨的基本原理

航天器跟踪采用不同的测控体制,那么就对应着不同的定轨方法。目前基于导航星座或者中继卫星系统的中低轨用户星,采用的是由地面站提供高轨测量星轨道的单纯的天基网定轨模式。由于天基系统的测量星轨道由地面测控系统负责测轨,测量星就相当于测站坐标已知的在空间绕地球运转的观测站,测量星本身的轨道误差就相当于地面站的站坐标误差,不同的是它随时间变化,给用户星定轨又增添一个误差源。鉴于这一原因,可采用测量星与用户星联合定轨的方法来提高定轨精度,但这必须同时有地面站对测量星的采样资料,故称之为天地基网联合定轨。一个中低轨星座中星一星相对测量与地面站对星座中一颗或几颗星(相当于测量星)的采样资料进行联合定轨亦是基于同一原理。下面将以测距资料为例,对天地基网联合定轨计算的基本原理加以阐明。

测量资料有两种,即地面测控网对测量星和测量星对用户星的测距资料 ρ_1 和 ρ_2,状态量为 X,有

$$X=\begin{bmatrix}\sigma_1\\\sigma_2\end{bmatrix}\tag{10.147}$$

其中 σ_1 和 σ_2 分别为测量星和用户星的轨道量,可以是坐标、速度矢量,亦可以是轨道根数。

状态微分方程的形式与单星类似,即

$$\begin{cases}\dot{X}=F(X,t)\\X(t_0)=X_0\end{cases}\tag{10.148}$$

观测量仍记为 Y,测量方程为

$$Y=H(X,t)+V\tag{10.149}$$

对于 ρ 资料,有

$$\rho_1=H_1(t,X)+V_1=|\vec{r}_1-\vec{r}_e|+V_1\tag{10.150}$$
$$\rho_2=H_2(t,X)+V_2=|\vec{r}_2-\vec{r}_1|+V_2\tag{10.151}$$

这里 $\vec{r}_e$ 是地面站的位置矢量,相应的条件方程仍为前面(10.8)的形式:

$$y=\tilde{B}x+V\tag{10.152}$$
$$y=Y_O-Y_C=\rho_O-\rho_C\tag{10.153}$$

其中 y 是残差,Y_O 和 Y_C 分别是观测量的测量值和计算值。对于 ρ 资料,矩阵 $\tilde{B}$ 的具体形式为

$$\tilde{B}=\begin{bmatrix}B_1\\B_2\end{bmatrix}=\begin{bmatrix}\left(\left(\dfrac{\partial\rho_1}{\partial(\vec{r}_1,\vec{r}_e)}\right)\left(\dfrac{\partial(\vec{r}_1,\vec{r}_e)}{\partial X}\right)\left(\dfrac{\partial X}{\partial X_0}\right)\right)\\\left(\left(\dfrac{\partial\rho_2}{\partial(\vec{r}_2,\vec{r}_1)}\right)\left(\dfrac{\partial(\vec{r}_2,\vec{r}_1)}{\partial X}\right)\left(\dfrac{\partial X}{\partial X_0}\right)\right)\end{bmatrix}\tag{10.154}$$

如果地面测站坐标不参与定轨,上式可写为

$$\tilde{B}=\begin{bmatrix}B_1\\B_2\end{bmatrix}=\begin{bmatrix}\left(\left(\dfrac{\partial\rho_1}{\partial\vec{r}_1}\right)\left(\dfrac{\partial\vec{r}_1}{\partial X}\right)\left(\dfrac{\partial X}{\partial X_0}\right)\right)\\\left(\left(\dfrac{\partial\rho_2}{\partial(\vec{r}_2,\vec{r}_1)}\right)\left(\dfrac{\partial(\vec{r}_2,\vec{r}_1)}{\partial X}\right)\left(\dfrac{\partial X}{\partial X_0}\right)\right)\end{bmatrix}\tag{10.155}$$

这里涉及的各表达式的具体形式不再列出,与前面单星情况无实质性差别。

根据上述定轨原理的介绍可知,天地基网联合定轨的计算过程,与单星定轨类似。这里要说明一点,如果对测量星没有地面站的支持,单靠星一星之间的相对测距资料,是无法定轨的。在上述定轨计算过程中反映出的是迭代过程发散,它对应一个亏秩问题,直观上亦容易理解,即从轨道几何上看,两星的轨道发生整体漂移,因它们与地面无任何联系,轨道面当然不确定,亏秩问题也正是出现在 $\tilde{B}$ 矩阵中的 Ω 元素上,下一小节给出证明。

10.6.3　星间测量自主定轨中的亏秩问题

这里要讨论的是仅利用星－星之间的相对测距资料能否定轨问题,测量方程即 (10.151)式,相应的 $\widetilde{B}$ 矩阵即(10.155)中的 B_2,而且为了清楚地了解问题所在,待估状态量 X 仅限于两颗卫星的 Kepler 根数 $\sigma=(a,e,i,\Omega,\omega,M)^{\mathrm{T}}$,有

$$B_2=\left(\frac{\partial\rho_2}{\partial(\vec{r_2},\vec{r_1})}\right)\left(\frac{\partial(\vec{r_2},\vec{r_1})}{\partial(\sigma_2,\sigma_1)}\right)\left(\frac{\partial(\sigma_2,\sigma_1)}{\partial(\sigma_{20},\sigma_{10})}\right) \tag{10.156}$$

其中

$$\left(\frac{\partial\rho_2}{\partial(\vec{r_2},\vec{r_1})}\right)=\frac{1}{\rho_2}((x_2-x_1),(y_2-y_1),(z_2-z_1),-(x_2-x_1),-(y_2-y_1),-(z_2-z_1))$$

$$\tag{10.157}$$

$$\left(\frac{\partial(\vec{r_2},\vec{r_1})}{\partial(\sigma_2,\sigma_1)}\right)=\begin{pmatrix}\left(\dfrac{\partial\vec{r_2}}{\partial\sigma_2}\right) & (0)_{3\times6} \\ \\ (0)_{3\times6} & \left(\dfrac{\partial\vec{r_1}}{\partial\sigma_1}\right)\end{pmatrix} \tag{10.158}$$

$$\begin{cases}\left(\dfrac{\partial\vec{r_2}}{\partial\sigma_2}\right)=\left(\dfrac{\vec{r_2}}{a_2} \quad H_2\,\vec{r_2}+K_2\,\dot{\vec{r_2}} \quad \dfrac{z_2}{\sin i_2}\hat{R}_2 \quad \vec{\Omega}_2 \quad \hat{R}_2\times\vec{r_2} \quad \dfrac{1}{n_2}\dot{\vec{r_2}}\right) \\ \\ \left(\dfrac{\partial\vec{r_1}}{\partial\sigma_1}\right)=\left(\dfrac{\vec{r_1}}{a_1} \quad H_1\,\vec{r_1}+K_1\,\dot{\vec{r_1}} \quad \dfrac{z_1}{\sin i_1}\hat{R}_1 \quad \vec{\Omega}_1 \quad \hat{R}_1\times\vec{r_1} \quad \dfrac{1}{n_1}\dot{\vec{r_1}}\right)\end{cases} \tag{10.159}$$

而状态转移矩阵 $\left(\dfrac{\partial(\sigma_2,\sigma_1)}{\partial(\sigma_{20},\sigma_{10})}\right)$ 只要取无摄部分即可。有

$$\left(\frac{\partial(\sigma_2,\sigma_1)}{\partial(\sigma_{20},\sigma_{10})}\right)=\begin{pmatrix}\left(\dfrac{\partial\sigma_2}{\partial\sigma_{20}}\right) & (0)_{6\times6} \\ \\ (0)_{6\times6} & \left(\dfrac{\partial\sigma_1}{\partial\sigma_{10}}\right)\end{pmatrix}+O(\varepsilon) \tag{10.160}$$

其中

$$\left(\frac{\partial\sigma_2}{\partial\sigma_{20}}\right)=\begin{pmatrix}1 & 0 & 0 & 0 & 0 & 0 \\ 0 & 1 & 0 & 0 & 0 & 0 \\ 0 & 0 & 1 & 0 & 0 & 0 \\ 0 & 0 & 0 & 1 & 0 & 0 \\ 0 & 0 & 0 & 0 & 1 & 0 \\ -\dfrac{3n_2}{2a_2}\Delta t & 0 & 0 & 0 & 0 & 1\end{pmatrix} \tag{10.161}$$

$$\left(\frac{\partial \sigma_1}{\partial \sigma_{10}}\right) = \begin{pmatrix} 1 & 0 & 0 & 0 & 0 & 0 \\ 0 & 1 & 0 & 0 & 0 & 0 \\ 0 & 0 & 1 & 0 & 0 & 0 \\ 0 & 0 & 0 & 1 & 0 & 0 \\ 0 & 0 & 0 & 0 & 1 & 0 \\ -\frac{3n_1}{2a_1}\Delta t & 0 & 0 & 0 & 0 & 1 \end{pmatrix} \tag{10.162}$$

(10.159)式中的有关量(去掉两星根数的下标"1"或"2")为

$$\begin{cases} H = -\frac{a}{p}(\cos E + e), \quad K = \frac{\sin E}{n}\left(1 + \frac{r}{p}\right) \\ p = a(1 - e^2), \quad n = \sqrt{\mu}a^{-3/2}, \quad \mu = GE \end{cases} \tag{10.163}$$

$$\vec{\Omega} = \begin{pmatrix} -y \\ x \\ 0 \end{pmatrix}, \quad \hat{R} = \begin{pmatrix} \sin i \sin \Omega \\ -\sin i \cos \Omega \\ \cos i \end{pmatrix} \tag{10.164}$$

(10.163)式中的 E 是偏近点角,$\mu = GE$ 是地心引力常数,若采用本书提出的归一化无量纲单位,则 $\mu = 1$。

(10.160)式右端的 $O(\varepsilon)$ 即受摄部分,对地球卫星的轨道运动而言确为小量,因此针对这里要讨论的亏秩问题无实质性影响。经简单运算,即可给出一次星间测距采样所对应的矩阵 B_2 的 1 行 12 列的 12 个元素如下:

$$B_2 = \frac{1}{\rho_2}(B_{1,1} \quad B_{1,2} \quad \cdots \quad B_{1,6} \quad B_{1,7} \quad \cdots \quad B_{1,12}) \tag{10.165}$$

其中

$$\begin{cases} B_{1,1} = (\vec{r_2} - \vec{r_1})\left(\frac{\vec{r_2}}{a_2}\right) + (\vec{r_2} - \vec{r_1})\left(\frac{\dot{\vec{r_2}}}{n_2}\right)\left(-\frac{3n_2}{2a_2}\Delta t\right) \\ B_{1,2} = (\vec{r_2} - \vec{r_1})(H_2\vec{r_2} + K_2\dot{\vec{r_2}}) \\ B_{1,3} = (\vec{r_2} - \vec{r_1})\left(\frac{z_2}{\sin i_2}\hat{R}_2\right) \\ B_{1,4} = (\vec{r_2} - \vec{r_1})\vec{\Omega}_2 \\ B_{1,5} = (\vec{r_2} - \vec{r_1})(\hat{R}_2 \times \vec{r_2}) \\ B_{1,6} = (\vec{r_2} - \vec{r_1})\left(\frac{\dot{\vec{r_2}}}{n_2}\right) \end{cases} \tag{10.166}$$

$$\begin{cases} B_{1,7}=-(\vec{r}_2-\vec{r}_1)\left(\dfrac{\vec{r}_1}{a_1}\right)-(\vec{r}_2-\vec{r}_1)\left(\dfrac{\dot{\vec{r}}_1}{n_1}\right)\left(-\dfrac{3n_1}{2a_1}\Delta t\right) \\[2mm] B_{1,8}=-(\vec{r}_2-\vec{r}_1)(H_1\,\vec{r}_1+K_1\,\dot{\vec{r}}_1) \\[2mm] B_{1,9}=-(\vec{r}_2-\vec{r}_1)\left(\dfrac{z_1}{\sin i_1}\hat{R}_1\right) \\[2mm] B_{1,10}=-(\vec{r}_2-\vec{r}_1)\vec{\Omega}_1 \\[2mm] B_{1,11}=-(\vec{r}_2-\vec{r}_1)(\hat{R}_1\times\vec{r}_1) \\[2mm] B_{1,12}=-(\vec{r}_2-\vec{r}_1)\left(\dfrac{\dot{\vec{r}}_1}{n_1}\right) \end{cases} \qquad (10.167)$$

根据 $\vec{\Omega}_2$ 和 $\vec{\Omega}_1$ 的表达式(10.164),上述 $B_{1,4}$ 和 $B_{1,10}$ 两项即可分别写为下列形式:

$$\begin{cases} B_{1,4}=x_1y_2-y_1x_2 \\ B_{1,10}=-(x_1y_2-y_1x_2)=-B_{1,4} \end{cases} \qquad (10.168)$$

由此可知,$\tilde{B}$ 矩阵中关于根数 Ω_2 和 Ω_1 的两列元素的绝对值是严格相等的,即该矩阵是亏秩的,故在上述自主定轨中相应的(12×12)阶方阵 $\tilde{B}^{\mathrm{T}}\tilde{B}$ 的行列式将满足 $|\tilde{B}^{\mathrm{T}}\tilde{B}|=0$,无法定轨,此即亏秩问题及其对应的轨道几何特征——两星轨道的整体漂移。关于这一问题,参考文献[8]曾有相应的探讨。

这里要说明一点,对其他类型的航天器定轨问题,如在月球探测任务中,当探测器到达月球附近还没有再次变轨成为环绕月球的卫星之前,仍为地球的一颗远地卫星,此时月球的引力摄动很大,几乎与地球的引力作用同量级,那么上述要讨论的问题中,$O(\varepsilon)$ 不再是小量,结论不成立。

参考文献

[1] 刘林.航天器轨道理论.北京:国防工业出版社,2000.

[2] Tapley, B. D. Schutz, B. E. Born, G. H. Statistical Orbit Determination. Academic Press, Amsterdam, Boston, Heidelberg, London, New York, Oxford, Paris, San Francisco, Singapore, Sydney, Tokyo, 2004.

[3] 刘林,胡松杰等.航天器定轨理论与应用.北京:电子工业出版社,2015.

[4] 刘林,张强,廖新浩.精密定轨中的算法问题.中国科学(A).1998,28(9):848-856.
LIU Lin, ZHANG Qiang, LIAO Xinhao. Problem of Algorithm in Precision Orbit Determination. SCIENCE INCHINA(Series A). 1999,42(5):552-560.

[5] 贾沛璋,朱征桃.最优估计及其应用.北京:科学出版社,1984.

[6] 贾沛璋.误差分析与数据处理.北京:国防工业出版社,1992.

[7] 刘林.人造地球卫星轨道力学.北京:高等教育出版社,1992.

[8] 刘林,刘迎春.星-星相对测量自主定轨中的亏秩问题.飞行器测控学报.2000,19(3):13-16.

附 录

附录 1 天文常数

单位:米(m)、千克(kg)和秒(s)分别为国际单位系统(SI)中的长度、质量和时间单位。

定义常数(Defining constants)

光速(Speed of light) $c = 299792.458 \times 10^3$ m·s^{-1}

高斯引力常数(Gaussian gravitational constant) $k = 0.01720209895 = 3548''.1876069651$

1 - d(TT)/d(TCG) $L_G = 6.968290134 \times 10^{-10}$

1 - d(TDB)/d(TCB) $L_B = 1.550519768 \times 10^{-8}$

TDB - TCB($T_0 = 2443144.5003752$) $\text{TDB}_0 = -6.55 \times 10^{-5}$ s

地球自转角(J2000.0UT1) $\theta_0 = 2\pi \times 0.7790572732640$ rad

地球自转角变化率 $\mathrm{d}\theta/\mathrm{dUT1} = 2\pi \times 1.00273781191135548$ rad/day(UT1)

自然可测量常数

引力常数(Constant of gravitation) $G = 6.67428 \times 10^{-11}$ m^3/(kg·s^2)

天体常数

日心引力常数(heliocentric gravitational constant)

$GS = 1.32712440041 \times 10^{20}$ m^{3}s^{-2} (TDB)

地球赤道半径(Equatorial radius for Earth) $a_e = 6378136.6$ m

地球形状力学因子(Dynamical form-factor for Earth) $J_2 = 0.0010826359$

地球扁率(Flattening factor for the Earth) $f = 0.0033528197 = 1/298.25642$

地心引力常数(Geocentric gravitational constant)

$GE = 3.986004356 \times 10^{14}$ m^{3}s^{-2} (TDB)

地球平均自转角速度 $\omega = 7.292115 \times 10^{-5}$ rad/s

月球与地球质量比(Ratio of mass of Moon to that of Earth) $\mu = 0.0123000371$

其他常数(Primary constants)

一天文单位的长度(Unit distance)　　　　　　　1 AU＝1.49597870700×10^{11} m

1－d(TCG)/d(TCB)(平均值)　　　　　　　　L_C＝1.48082686741×10^{-8}

一天文单位的光行时间(Light-time for unit distance)　　τ_A＝499.00478384 s

黄经总岁差(General precession in longitude, per Julian century, at standard epoch 2000)　　　　　　　　　　　　　　　p＝5028″.796195/儒略世纪

平黄赤交角(Obliquity of the ecliptic,at standard epoch 2000)　　ε＝23°26′21″.406

章动常数(Constant of nutation,at standard epoch 2000)　　N＝9″.2052331

太阳视差(Solar parallax)　　　　　　　　　　　π＝8″.794143

光行差常数(Constant of aberration,for standard epoch 2000)　　κ＝20″.49551

太阳质量(Mass of the Sun)　　　　　　S＝GS/G＝1.9884×10^{30} kg

太阳与行星质量比

水星(Mercury)	6023600	火星(Mars)	3098703.59
金星(Venus)	408523.71	木星(Jupiter)	1047.348644
地球(Earth)	332946.0487	土星(Saturn)	3497.9018
地球＋月球	328900.5596	天王星(Uranus)	22902.98
(Earth＋Moon)		海王星(Neptune)	19412.26
冥王星(Pluto)＊	136566000		

＊根据 IAU 2006 年第 26 届大会的有关决议,冥王星被定义为矮行星。

附录 2　太阳系主要天体的平均历表计算公式

要获得太阳系主要天体(这里指的是八大行星和月球)的星历,有两条途径:一是高精度的数值历表,自 2005 年开始,大行星的基本历表采用 DE405,这可从网上直接调用;另一是由大行星轨道变化的摄动分析解计算公式提供。为了轨道力学问题研究中的某些需要,下面列出平均轨道根数的一种近似计算公式,引自参考文献[1];如需更高精度的分析公式,可查阅参考文献[2]。

2.1　大行星的平均轨道根数

这里列出的均为 J2000.0 日心黄道坐标系中的数据。

水星的平均轨道根数为

$$\begin{cases} a=0.38709831(\text{AU}) \\ e=0.20563175+0.000020406T-0.000000028T^2 \\ i=7°.004986+0°.0018215T-0°.0000181T^2 \\ \Omega=48°.330893+1°.1861882T+0°.0001759T^2 \\ \tilde{\omega}=77°.456119+1°.5564775T+0°.0002959T^2 \\ L=174°.794787+4°.092334444960d+0°.0000081T^2 \\ M=174°.794787+4°.092334444960d+0°.0000081T^2 \\ n=4°.092339/d \end{cases} \quad (1)$$

金星的平均轨道根数为

$$\begin{cases} a=0.72332982(\text{AU}) \\ e=0.00677188-0.000047765T+0.000000097T^2 \\ i=3°.394662+0°.0010037T-0°.0000009T^2 \\ \Omega=76°.679920+0°.9011204T+0°.0004066T^2 \\ \tilde{\omega}=131°.563707+1°.4022289T-0°.0010729T^2 \\ L=181°.979801+1°.60216873457d+0°.0003106T^2 \\ M=50°.416094+1°.60213034364d+0°.0013835T^2 \\ n=1°.602130/d \end{cases} \quad (2)$$

地球的平均轨道根数为

$$\begin{cases} a=1.00000102(\text{AU}) \\ e=0.01670862-0.000042040T-0.000001240T^2 \\ i=0°.0 \\ \Omega=0°.0 \\ \tilde{\omega}=102°.937347+0°.3225621T-0°.0001576T^2 \\ M=357°.529100+0°.98560028169d-0°.0001561T^2 \end{cases} \quad (3)$$

火星的平均轨道根数为

$$\begin{cases} a=1.52367934(\text{AU}) \\ e=0.09340062+0.000090484T-0.000000081T^2 \\ i=1°.849726-0°.0006011T-0°.0000128T^2 \\ \Omega=49°.558093+0°.7720956T+0°.0000161T^2 \\ \tilde{\omega}=336°.060234+1°.8410446T+0°.0001351T^2 \\ L=355°.433275+0°.52407108760d+0°.0003110T^2 \\ M=19°.373041+0°.52402068219d+0°.0001759T^2 \\ n=0°.504033/d \end{cases} \quad (4)$$

木星的平均轨道根数为

$$\begin{cases} a=5.20260319+0.0000001913T\,(\text{AU}) \\ e=0.04849485+0.000163244T-0.000000472T^2 \\ i=1°.303270-0°.0054966T+0°.0000046T^2 \\ \Omega=100°.464441+1°.0209542T+0°.0004011T^2 \\ \tilde{\omega}=14°.331309+1°.6126383T+0°.0010314T^2 \\ L=34°.351484+0°.08312943981d+0°.0002237T^2 \\ M=20°.020175+0°.08308528818d-0°.0008077T^2 \\ n=4°.0830912/d \end{cases} \tag{5}$$

土星的平均轨道根数为

$$\begin{cases} a=9.5549096-0.000002139T\,(\text{AU}) \\ e=0.05550862-0.000346818T-0.000000646T^2 \\ i=2°.488878-0°.0037362T-0°.0000152T^2 \\ \Omega=113°.665524+0°.8770949T-0°.0001208T^2 \\ \tilde{\omega}=93°.056787+1°.9637685T+0°.0008375T^2 \\ L=50°.077471+0°.03349790593d+0°.0005195T^2 \\ M=317°.020684+0°.03344414088d-0°.0003180T^2 \\ n=0°.0334597/d \end{cases} \tag{6}$$

天王星的平均轨道根数为

$$\begin{cases} a=19.2184461-0.00000037T\,(\text{AU}) \\ e=0.04629590-0.000027337T-0.000000079T^2 \\ i=0°.773196+0°.0007744T-0°.0000375T^2 \\ \Omega=74°.005947+0°.5211258T+0°.0013399T^2 \\ \tilde{\omega}=173°.005159+1°.4863784T+0°.0002145T^2 \\ L=314°.055005+0°.01176903644d+0°.0003043T^2 \\ M=141°.049846+0°.01172834162d+0°.0000898T^2 \\ n=0°.0117308/d \end{cases} \tag{7}$$

海王星的平均轨道根数为

$$\begin{cases} a=30.1103869-0.000000166T\,(\text{AU}) \\ e=0.00898809+0.000006408T-0.000000001T^2 \\ i=1°.769952+0°.0093082T-0°.0000071T^2 \\ \Omega=131°.784057+1°.1022035T+0°.0002600T^2 \\ \tilde{\omega}=48°.123691+1°.4262678T+0°.0003792T^2 \\ L=304°.348665+0°.00602007691d+0°.0003093T^2 \\ M=256°.224974+0°.00598102783d-0°.00006991T^2 \\ n=0°.0059818/d \end{cases} \tag{8}$$

上述轨道根数 $(a,e,i,\Omega,\tilde{\omega},L)$ 分别为轨道半长径、偏心率、倾角、升交点经度、近日点经度和平经度，1 AU=1.49597870×10¹¹ m 是距离的天文单位，$\tilde{\omega},L,n$ 的定义如下：

$$\begin{cases} \tilde{\omega}=\omega+\Omega \\ L=\tilde{\omega}+M=\omega+\Omega+M \\ n=\sqrt{\mu}a^{-3/2},\mu=G(S+m) \end{cases} \tag{9}$$

其中 n 是各大行星绕日运行的平运动角速度，μ 是各大行星的引力常数，m 即各大行星的质量，而 S 是太阳的质量。各式中的时间单位 d 和 T 是自 J2000.0 起算的时刻 t 对应的儒略日和儒略世纪数，有

$$T=[JD(t)-JD(J2000.0)]/36525.0 \tag{10}$$

2.2 月球的平均轨道根数

月球在 J2000.0 地心黄道坐标系中平均轨道根数的近似计算公式为

$$\begin{cases} a=0.0025718814(\text{AU})=384747.981 \text{ km} \\ e=0.054879905 \\ i=J=5°.129835071 \\ \Omega=125°.044556-1934°.1361850T+0°.0020767T^2 \\ \omega=318°.308686+6003°.1498961T-0°.0124003T^2 \\ M=134°.963414+13°.06499315537d+0°.0089939T^2 \end{cases} \tag{11}$$

对于月球，由于其轨道摄动变化较大，最大的周期项振幅可达 $2×10^{-2}$，故由上述平均轨道根数给出的位置精度较低。

2.3 大行星平均轨道根数的另一种算法

为了比较，下面再列出引自参考文献[3]的另一种 J2000.0 日心黄道坐标系中大行星轨道根数的计算公式，即

$$a=a_0+\dot{a}T \tag{12}$$

$$e=e_0+\dot{e}T \tag{12}$$

$$i=i_0+(\dot{i}/3600)T \tag{14}$$

$$\tilde{\omega}=\tilde{\omega}_0+(\dot{\tilde{\omega}}/3600)T \tag{15}$$

$$\Omega=\Omega_0+(\dot{\Omega}/3600)T \tag{16}$$

$$\lambda=\lambda_0+(\dot{\lambda}/3600+360N_r)T \tag{17}$$

其中 T 的意义和轨道根数 $(a,e,i,\tilde{\omega},\Omega,\lambda)$ 的定义同前，$\lambda=L$。历元 J2000.0 时刻的轨道根数 $(a_0,e_0,i_0,\tilde{\omega}_0,\Omega_0,\lambda_0)$ 及其变率值 $(\dot{a}_0,\dot{e}_0,\dot{i}_0,\dot{\tilde{\omega}}_0,\dot{\Omega}_0,\dot{\lambda}_0,N_r)$ 分别列于表 1 和表 2。

表 1　历元 J2000.0(JD2451545.0)的行星轨道根数

Planet	a_0(AU)	e_0	i_0(°)	$\tilde{\omega}_0$(°)	Ω_0(°)	λ_0(°)
Mercury	0.38709893	0.20563069	7.00487	77.45645	48.33167	252.26084
Venus	0.72333199	0.00677323	3.39471	131.53298	76.68069	181.97973
Earth	1.00000011	0.01671022	0.00005	102.94719	348.73936	100.46435
Mars	1.52366231	0.09341233	1.85061	336.04084	49.57854	355.45332
Juptter	5.20336301	0.04839266	1.30530	14.75385	100.55615	34.40438
Saturn	9.53707032	0.05415060	2.48446	92.43194	113.71504	49.94432
Uranus	19.19126393	0.04616771	0.76986	170.96424	74.22988	313.23218
Neptune	30.06896348	0.00858587	1.76917	44.97135	131.72169	304.88003

表 2　历元 J2000 (JD2451545.0) 时刻行星轨道根数的变率

Planet	$\dot{a}_0$	$\dot{e}_0$	$\dot{i}_0$	$\dot{\tilde{\omega}}_0$	$\dot{\Omega}_0$	$\dot{\lambda}_0$	N_r
Mercury	66	2527	−23.51	573.57	−446.30	261628.29	415
Venus	92	−4938	−2.86	−108.80	−996.89	712136.06	162
Earth	−5	−3804	−46.94	1198.28	−18228.25	1293740.63	99
Mars	−7221	11902	−25.47	1560.78	−1020.19	217103.78	53
Juptter	60737	−12880	−4.15	839.93	1217.17	557078.35	8
Saturn	−301530	−36762	6.11	−1948.89	−1591.05	513052.95	3
Uranus	152025	−19150	−2.09	1312.56	1681.40	246547.79	1
Neptune	−125196	2514	−3.64	−844.43	−151.25	786449.21	0

表 2 中 $\dot{a},\dot{e},\dot{i},\dot{\tilde{\omega}},\dot{\Omega}$ 和 $\dot{\lambda}$ 的值是每儒略世纪的变率,其中 $\dot{a}$ 和 $\dot{e}$ 的值放大了 10^8 倍,即表中的值是 $\dot{a}\times10^8$ 和 $\dot{e}\times10^8$,而 $\dot{i},\dot{\tilde{\omega}},\dot{\Omega}$ 和 $\dot{\lambda}$ 的值是弧秒($1°=3600$ arcsecond),N_r 是(17)式中的系数。上述两表中对应地球(Earth)的值,实为对应地—月系(Earth-Moon)的值。

参考文献[3]给出的这组计算公式,其近似程度是用于 1800—2050 年的弧段内,最大误差为 600 弧秒,即 3×10^{-3},对于一般问题的分析,还是可以引用的。

附录 3　太阳系主要天体的定向模型

对太阳系各大天体而言,在图 1 给出的天体定向模型中,α_0,δ_0 分别是各天体平北极的赤经、赤纬,W 是距春分点 $90°+\alpha_0$ 的节点方向 Q 至天体本初子午线方向 B 的角距。这一天体定向模型,就把各天体的天球坐标系、体固坐标系直接与地球的天球坐标系、体固坐标系联系起来了,引用方便。关于该系统的详细说明,请见参考文献[4]。

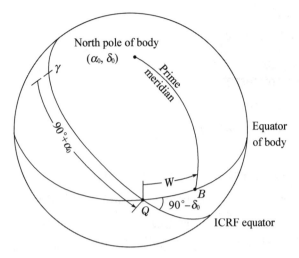

图 1　天体的定向模型

引用上述定向模型,从 J2000.0 天球坐标系(实为 ICRF,下同)$\vec{r}$ 到体固坐标系 $\vec{R}$ 的转换关系就可表示为

$$\vec{R} = R_z(W)R_x(90°-\delta_0)R_z(90°+\alpha_0)\vec{r} \tag{18}$$

其中旋转矩阵 $R_{x,y,z}(\theta)$ 的定义见第 1 章中的表达式(1.20)～(1.22)。

针对深空探测的需求,这里列出太阳系八大行星和月球 9 个天体涉及的北极点赤道坐标及本初子午线等参数如下:

水星:

$\alpha_0 = 281°.0097 - 0°.0328T$

$\delta_0 = 61°.4143 - 0°.0049T$

$W = 329°.5469 + 6°.1385025d + 0°.00993822 \sin(M1) - 0°.00104581 \sin(M2)$
$\qquad\qquad - 0°.00010280 \sin(M3) - 0°.00002364 \sin(M4)$
$\qquad\qquad - 0°.00000532 \sin(M5)$

其中

$M1 = 174°.791086 + 4°.092335d$;　$M2 = 349°.582171 + 8°.184670d$

$M3 = 164°.373257 + 12°.277005d$;　$M4 = 339°.164343 + 16°.369340d$

$M5 = 153°.955429 + 20°.461675d$

金星:

$\alpha_0 = 272°.76$

$\delta_0 = 67°.16$

$W = 160°.20 - 1°.4813688d$

地球:

$\alpha_0 = 0°.00 - 0°.641T$

$\delta_0 = 90°.00 - 0°.557T$

$W = 190°.147 + 360°.9856235d$

火星：

$\alpha_0 = 317°.68143 - 0°.1061T$

$\delta_0 = 52°.88650 - 0°.0609T$

$W = 176°.630 + 350°.89198226d$

木星：

$\alpha_0 = 268°.056595 - 0°.006499T + 0°.000117 \sin(Ja) + 0°.000938 \sin(Jb)$
$$+ 0°.001432 \sin(Jc) + 0°.000030 \sin(Jd) + 0°.002150$$
$$\sin(Je)$$

$\delta_0 = 64°.495303 + 0°.002413T + 0°.000050 \cos(Ja) + 0°.000404\cos(Jb)$
$$+ 0°.000617 \cos(Jc) - 0°.000013 \cos(Jd) + 0°.000926$$
$$\cos(Je)$$

$W = 284°.95 + 870°.5360000d$

其中

Ja $= 99°.360714 + 4850°.4046T$， Jb $= 175°.895369 + 1191°.9605T$

Jc $= 300°.323162 + 262°.5475T$， Jd $= 114°.012305 + 6070°.2476T$

Je $= 49°.511251 + 64°.3000T$

土星：

$\alpha_0 = 40°.589 - 0°.036T$

$\delta_0 = 83°.537 - 0°.004T$

$W = 38°.90 + 810°.7939024d$

天王星：

$\alpha_0 = 257°.311$

$\delta_0 = -15°.175$

$W = 203°.81 - 501°.1600928d$

海王星：

$\alpha_0 = 299°.36 + 0°.70 \sin(N)$

$\delta_0 = 43°.46 - 0°.51 \cos(N)$

$W = 253°.18 + 536°.3128492d - 0°.48 \sin(N)$， $N = 357°.85 + 52°.316T$

月球：

$\alpha_0 = 269°.9949 + 0°.0031T - 3°.8787 \sin(E1) - 0°.1204 \sin(E2)$
$$+ 0°.0700 \sin(E3) - 0°.0172 \sin(E4) + 0°.0072 \sin(E6)$$
$$- 0°.0052 \sin(E10) + 0°.0043 \sin(E13)$$

$\delta_0 = 66°.5392 + 0°.0130T + 1°.5419 \cos(E1) + 0°.0239 \cos(E2)$

$$-0°.0278 \cos(E3) + 0°.0068 \cos(E4) - 0°.0029 \cos(E6)$$
$$+0°.0009 \cos(E7) + 0°.0008 \cos(E10) - 0°.0009 \cos(E13)$$

$$W = 38°.3213 + 13°.17635815d - 1°.4 \times 10^{-12} d^2$$
$$+3°.5610 \sin(E1) + 0°.1208 \sin(E2) - 0°.0642 \sin(E3)$$
$$+0°.0158 \sin(E4) + 0°.0252 \sin(E5) - 0°.0066 \sin(E6)$$
$$-0°.0047 \sin(E7) - 0°.0046 \sin(E8) + 0°.0028 \sin(E9)$$
$$+0°.0052 \sin(E10) + 0°.0040 \sin(E11)$$
$$+0°.0019 \sin(E12) - 0°.0044 \sin(E13)$$

其中

$$E1 = 125°.045 - 0°.0529921d, \quad E2 = 250°.089 - 0°.1059842d$$
$$E3 = 260°.008 + 13°.0120009d, \quad E4 = 176°.625 + 13°.3407154d$$
$$E5 = 357°.529 + 0°.9856003d, \quad E6 = 311°.589 + 26°.4057084d$$
$$E7 = 134°.963 + 13°.0649930d, \quad E8 = 276°.617 + 0°.3287146d$$
$$E9 = 34°.226 + 1°.7484877d, \quad E10 = 15°.134 - 0°.1589763d$$
$$E11 = 119°.743 + 0°.0036096d, \quad E12 = 239°.961 + 0°.1643573d$$
$$E13 = 25°.053 + 12°.9590088d$$

上面的公式中,T 表示从 J2000.0 起算的儒略世纪,d 表示从 J2000.0 起算的儒略日,这里的标准历元 J2000.0 指的是 2000 年 1 月 1 日 12 时 TDB。

关于地球和月球,除上述 IAU 工作组的定义之外,各自都另有高精度的坐标转换方案,前面已作过介绍,IAU 方案对地球和月球而言只是为了提供一种备选策略,未必是最佳方案,特别对于地球而言,因其章动量较大,显然不必采用。

参考文献

[1] P. Bretagnon. Planetary Ephemerides VSOP82,1982.

[2] J. Simon,P. Bretagnon,J. Chapron et al. ,A & Ap 282,1994,663-683.

[3] C. D. Murray and S. F. Dermott. Solar System Dynamics (Appendix A). Cambridge University Press,1999.

[4] Archinal, B. A. , A'Hearn, M. F. , Bowell, E. , Conrad, A. , Consolmagno, G. J. , Courtin, R. , Fukushima, T. , Hestroffer, D. , Hilton, J. L. , Krasinsky, G. A. , Neumann, G. , Oberst, J. , Seidelmann, P. K. , Stooke, P. , Tholen, D. J. , Thomas, P. C. , Williams, I. P. . Report of the IAU working group on cartographic coordinates and rotational elements:2009. Celest. Mech. Dyn. Astron. 2011,109:101-135.